U0198163

# 单片机
## 原理及其接口技术
## （第4版）

胡汉才　编著

清华大学出版社
北 京

# 内 容 简 介

本书以 MCS-51 为主线,系统地论述了单片机的组成原理、指令系统和汇编语言程序设计、中断系统、并行和串行 I/O 接口以及 MCS-51 对 A/D 和 D/A 的接口等内容,并在此基础上介绍了单片机应用系统的设计。全书共分 10 章,第 1 章留给学生自学和查阅,第 2~9 章为必须讲授的内容,第 10 章可根据情况选讲。

本书继承和发扬了《单片机原理及其接口技术(第 3 版)》的风格和特色,删除了 8255A 和 LM331 等一些旧内容,全面论述了 LCD 显示器和数字温度传感器的原理及应用。书中内容全面、自成体系、结构紧凑、前后呼应、衔接自然、语言通俗且行文流畅。为便于读者学习,作者还专门制作了与本书配套的 CAI 教学光盘,光盘上的软件可从清华大学出版社网站下载。

本书既可作为高等院校教材,也可作为广大科技人员的自学参考书。

**图书在版编目(CIP)数据**

单片机原理及其接口技术/胡汉才编著. —4 版. —北京:清华大学出版社,2018(2023.8重印)
ISBN 978-7-302-49014-2

Ⅰ.①单…　Ⅱ.①胡…　Ⅲ.①单片微型计算机—基础理论—高等学校—教材 ②单片微型计算机—接口技术—高等学校—教材　Ⅳ.①TP368.1

中国版本图书馆 CIP 数据核字(2017)第 293515 号

责任编辑:白立军
封面设计:杨玉兰
责任校对:白　蕾
责任印制:杨　艳

出版发行:清华大学出版社
　　　　网　　　址:http://www.tup.com.cn,http://www.wqbook.com
　　　　地　　　址:北京清华大学学研大厦 A 座　　　　　　邮　　编:100084
　　　　社　总　机:010-83470000　　　　　　　　　　　　邮　　购:010-62786544
　　　　投稿与读者服务:010-62776969,c-service@tup.tsinghua.edu.cn
　　　　质量反馈:010-62772015,zhiliang@tup.tsinghua.edu.cn
　　　　课件下载:http://www.tup.com.cn,010-83470236
印 装 者:三河市君旺印务有限公司
经　　销:全国新华书店
开　　本:185mm×260mm　　　　　印　　张:31.25　　　字　　数:718 千字
版　　次:1996 年 7 月第 1 版　2018 年 2 月第 4 版　　　　印　　次:2023 年 8 月第 9 次印刷
定　　价:89.00 元

产品编号:073194-01

# 前　言

《单片机原理及其接口技术(第 3 版)》自出版以来,受到广大读者的一致好评,也得到了高等院校师生们的再次肯定。为了使单片机课程教学能跟上新的发展形势并满足教学需要,作者对原书进行了全面审校,并在此基础上加以修订,删除了 8255A 和 LM331 等一些旧内容;全面论述了 LCD 显示器和数字温度传感器的原理及应用,还增加了 15 个可以在 PROTEUS 环境下仿真运行的应用实例,以此奉献给广大读者。

修订后,全书分为 10 章。第 1 章是微型计算机基础,供学生自学或查阅;第 2～4 章是指令系统和汇编语言程序设计,用于培养读者的程序设计能力;第 5～9 章为半导体存储器、MCS-51 中断系统、并行 I/O 接口、MCS-51 对 A/D 和 D/A 的接口以及 MCS-51 的串行通信;第 10 章为单片机应用系统的设计,主要讲授单片机应用系统前向和后向通道的设计以及单片机应用系统的抗干扰设计等内容。与第 3 版相比,本书内容更全面,结构更紧凑,通用性、系统性和实用性更好。

本教材配有 CAI 教学光盘,光盘内容可从清华大学出版社网站(www.tup.com.cn)下载。光盘中的教学内容共分 10 章和 1 个附录,分别与教材中的第 1～10 章和附录相对应,每章后都有"习题与思考题"的参考答案。在光盘上每章后的"习题与思考题"中,还有填充题和选择题,并附有相应参考答案。该光盘总揽了教学所需的内容和图形,教师可根据不同层次学生的情况和不同教学要求从中选取适用的教学内容。光盘中还穿插了大量动画来展现指令和程序的执行功能以及硬件电路中的信息流,活泼而又生动,具有创新特色。

在本书编写以及资料制作和移植过程中,得到了上官剑峰、王梓骁、张世逸和姜晓琳等的大力支持和指导。为此,对于上述同志以及参与本书出版工作的有关人员表示诚挚谢意。

注:文中所说光盘并没有随书一起出版,而是把其内容放到了清华大学出版社网站上供读者下载。

由于作者水平所限,书中可能还会存在某些错误和不妥之处,恳请广大读者批评指正。

作　者

2017 年 11 月

# 目　　录

# 第1章　微型计算机基础

电子计算机是一种能对信息进行加工处理的机器,它具有记忆、判断和运算能力,能模仿人类的思维活动,代替人的部分脑力劳动,并能对生产过程实施某种控制,等等。1946 年,美国宾夕法尼亚大学研制成世界上第一台计算机 ENIAC(Electronic Numerical Integrator and Computer,电子数字积分计算机)以来,电子计算机经历了电子管、晶体管和集成电路三个发展时代,并于 1971 年进入第四代。第四代电子计算机通常可以分为巨型机、大型机、中型机、小型机和微型机 5 类。但以系统结构和基本工作原理来说,微型计算机和其他几类计算机并无本质区别,只是在体积、性能和应用范围方面有所不同。

本章主要介绍微型计算机的基础知识和微型计算机的组成原理,最后论述单片微型计算机的产生、发展和应用,以便为读者学习后续章节打下基础。

## 1.1　计算机中的数制及数的转换

迄今为止,所有计算机都以二进制形式进行算术运算和逻辑操作,微型计算机也不例外。因此,对于用户在键盘上输入的十进制数字和符号命令,微型计算机必须先把它们转换成二进制形式进行识别、运算和处理,然后再把运算结果还原成十进制数字和符号,并在显示器上显示出来。

虽然上述过程十分烦琐,但都由计算机自动完成。为了使读者最终弄清楚计算机的这一工作机理,先对计算机中常用的数制和数制间数的转换进行讨论。

### 1.1.1　计算机中的数制

数制是指数的制式,是人们利用符号计数的一种科学方法。数制是人类在长期的生存斗争和社会实践中逐步形成的。数制有很多种,微型计算机中常用的数制有十进制、二进制、八进制和十六进制等。现对十进制、二进制和十六进制 3 种数制讨论如下。

#### 1. 十进制(Decimal)

十进制是大家很熟悉的进位计数制,它共有 0、1、2、3、4、5、6、7、8 和 9 十个数字符号。这十个数字符号又称为"数码",每个数码在数中最多可有两个值的概念。例如,十进制数 45 中的数码 4,其本身的值为 4,但它实际代表的值为 40。在数学上,数制中数码的个数定义为基数,故十进制数的基数为 10。

十进制是一种科学的计数方法,它所能表示的数的范围很大,可以从无限小到无限大。十进制数的主要特点如下。

(1) 它有 0~9 十个不同的数码,这是构成所有十进制数的基本符号。

(2) 它是逢 10 进位。十进制数在计数过程中,当它的某位计满 10 时就要向它邻近的高位进一。

因此,任何一个十进制数不仅与构成它的每个数码本身的值有关,而且还与这些数码在数中的位置有关。这就是说,任何一个十进制数都可以展开成幂级数形式。例如:

$$123.45 = 1 \times 10^2 + 2 \times 10^1 + 3 \times 10^0 + 4 \times 10^{-1} + 5 \times 10^{-2}$$

式中:指数 $10^2$、$10^1$、$10^0$、$10^{-1}$ 和 $10^{-2}$ 在数学上称为权,10 为它的基数;整数部分中每位的幂是该位位数减 1;小数部分中每位的幂是该位小数的位数。

通常,任意一个十进制数 $N$ 均可表示为

$$N = \pm [a_{n-1} \times 10^{n-1} + a_{n-2} \times 10^{n-2} + \cdots + a_0 \times 10^0$$
$$+ a_{-1} \times 10^{-1} + a_{-2} \times 10^{-2} + \cdots + a_{-m} \times 10^{-m}]$$
$$= \pm \sum_{i=n-1}^{-m} a_i \times 10^i \tag{1-1}$$

式中:$i$ 表示数中任一位,是一个变量;$a_i$ 表示第 $i$ 位的数码;$n$ 为该数整数部分的位数;$m$ 为小数部分的位数。

**2. 二进制(Binary)**

二进制比十进制更为简单,它是随着计算机的发展而发展起来的。二进制数的主要特点如下。

(1) 它共有 0 和 1 两个数码,任何二进制数都由这两个数码组成。

(2) 二进制数的基数为 2,它奉行逢 2 进 1 的进位计数原则。

因此,二进制数同样也可以展开成幂级数形式,不过内容有所不同罢了。例如:

$$10110.11 = 1 \times 2^4 + 0 \times 2^3 + 1 \times 2^2 + 1 \times 2^1 + 0 \times 2^0 + 1 \times 2^{-1} + 1 \times 2^{-2}$$
$$= 1 \times 2^4 + 1 \times 2^2 + 1 \times 2^1 + 1 \times 2^{-1} + 1 \times 2^{-2}$$
$$= 22.75$$

式中:指数 $2^4$、$2^3$、$2^2$、$2^1$、$2^0$、$2^{-1}$ 和 $2^{-2}$ 为权,2 为基数,其余和十进制时相同。

为此,任何二进制数 $N$ 的通式为

$$N = \pm [a_{n-1} \times 2^{n-1} + a_{n-2} \times 2^{n-2} + \cdots + a_0 \times 2^0$$
$$+ a_{-1} \times 2^{-1} + a_{-2} \times 2^{-2} + \cdots + a_{-m} \times 2^{-m}]$$
$$= \pm \sum_{i=n-1}^{-m} a_i \times 2^i \tag{1-2}$$

式中:$a_i$ 为第 $i$ 位数码,可取 0 或 1;$n$ 为该二进制数整数部分的位数;$m$ 为小数部分位数。

**3. 十六进制(Hexadecimal)**

十六进制是人们学习和研究计算机中二进制数的一种工具,它随着计算机的发展而被广泛应用。十六进制数的主要特点如下。

(1) 它有 0、1、2、…、9、A、B、C、D、E、F 共 16 个数码,任何一个十六进制数都是由其中的一些或全部数码构成的。

(2) 十六进制数的基数为 16,进位计数为逢 16 进 1。

十六进制数也可展开成幂级数形式。例如:

$$70F.B1H = 7 \times 16^2 + F \times 16^0 + B \times 16^{-1} + 1 \times 16^{-2} = 1807.6914$$

其通式为

$$N = \pm [a_{n-1} \times 16^{n-1} + a_{n-2} \times 16^{n-2} + \cdots + a_0 \times 16^0$$
$$+ a_{-1} \times 16^{-1} + a_{-2} \times 16^{-2} + \cdots + a_{-m} \times 16^{-m}]$$
$$= \pm \sum_{i=n-1}^{-m} a_i \times 16^i \tag{1-3}$$

式中：$a_i$ 为第 $i$ 位数码，取值为 0～F 中的一个；$n$ 为该数整数部分位数；$m$ 为小数部分位数。

为方便起见，现将部分十进制、二进制和十六进制数的对照表列于表 1-1 中。

表 1-1　部分十进制、二进制和十六进制数的对照表

| 整　　数 | | | 小　　数 | | |
| --- | --- | --- | --- | --- | --- |
| 十进制 | 二进制 | 十六进制 | 十进制 | 二进制 | 十六进制 |
| 0 | 0000 | 0 | 0 | 0 | 0 |
| 1 | 0001 | 1 | 0.5 | 0.1 | 0.8 |
| 2 | 0010 | 2 | 0.25 | 0.01 | 0.4 |
| 3 | 0011 | 3 | 0.125 | 0.001 | 0.2 |
| 4 | 0100 | 4 | 0.0625 | 0.0001 | 0.1 |
| 5 | 0101 | 5 | 0.03125 | 0.00001 | 0.08 |
| 6 | 0110 | 6 | 0.015625 | 0.000001 | 0.04 |
| 7 | 0111 | 7 | | | |
| 8 | 1000 | 8 | | | |
| 9 | 1001 | 9 | | | |
| 10 | 1010 | A | | | |
| 11 | 1011 | B | | | |
| 12 | 1100 | C | | | |
| 13 | 1101 | D | | | |
| 14 | 1110 | E | | | |
| 15 | 1111 | F | | | |
| 16 | 10000 | 10 | | | |

在计算机内部，数的表示形式是二进制。这是因为二进制数只有 0 和 1 两个数码，采用晶体管的导通和截止、脉冲的高电平和低电平等都很容易表示它。此外，二进制数运算简单，便于用电子线路实现。

采用十六进制可以大大减轻阅读和书写二进制数时的负担。例如：

11011011B = DBH

1001001111110010B = 93F2H

显然,采用十六进制数描述一个二进制数特别简短,尤其在被描述二进制数的位数较长时,更令计算机工作者感到方便。

在阅读和书写不同数制的数时,如果不在每个数上外加一些辨认标记,就会混淆,从而无法分清。通常,标记方法有两种:一种是把数加上方括号,并在方括号右下角标注数制代号,如$[101]_{16}$、$[101]_2$和$[101]_{10}$分别表示十六进制、二进制和十进制数;另一种是用英文字母标记,加在被标记数的后面,分别用B、D和H大写字母表示二进制、十进制和十六进制数,如89H为十六进制数、101B为二进制数等,其中十进制数中的D标记也可以省略。

### 1.1.2　计算机中数制间数的转换

计算机采用二进制数操作,但人们习惯于使用十进制数,这就要求计算机能自动对不同数制的数进行转换。下面暂且不讨论计算机怎样进行这种转换,先来看看在数学中如何进行上述3种数制间数的转换,如图1-1所示。

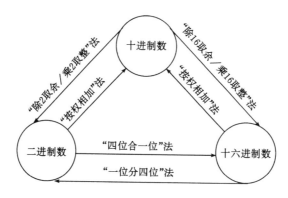

图1-1　3种数制间数的转换方法示意图

#### 1. 二进制数和十进制数间的转换

(1)二进制数转换成十进制数。转换时只要把欲转换的数按权展开后相加即可,也可以从小数点开始每4位一组按十六进制的权展开并相加。例如:

$$11010.01B = 1 \times 2^4 + 1 \times 2^3 + 1 \times 2^1 + 1 \times 2^{-2}$$
$$= 26.25$$

或者　　　　$$11010.01B = 1A.4H = 1 \times 16^1 + 10 \times 16^0 + 4 \times 16^{-1}$$
$$= 26.25$$

(2)十进制数转换成二进制数。本转换过程是上述转换过程的逆过程,但十进制整数和小数转换成二进制整数和小数的方法是不相同的,现分别进行介绍。

① 十进制整数转换成二进制整数的方法有很多种,但最常用的是"除2取余法"。"除2取余法"是用2连续去除要转换的十进制数,直到商小于2为止,然后把各次余数按最后得到的为最高位、最先得到的为最低位,依次排列起来所得到的数便是所求的二进制数。现举例加以说明。

[例1.1]　试求十进制数215的二进制数。

**解**:把215连续除以2,直到商数小于2,相应竖式为

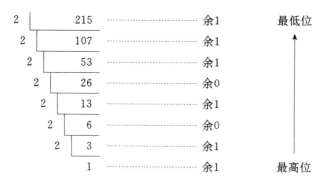

把所得余数按箭头方向从高位到低位排列起来便可得到：

$$215 = 11010111B$$

② 十进制小数转换成二进制小数通常采用"乘 2 取整法"。"乘 2 取整法"是用 2 连续去乘要转换的十进制小数，直到所得积的小数部分为 0 或满足所需精度为止，然后把各次整数按最先得到的为最高位、最后得到的为最低位，依次排列起来所对应的数便是所求的二进制小数，现结合实例加以介绍。

[**例 1.2**] 试把十进制小数 0.6879 转换为二进制小数。

**解**：把 0.6879 不断地乘 2，取每次所得乘积的整数部分，直到乘积的小数部分满足所需精度，相应竖式为

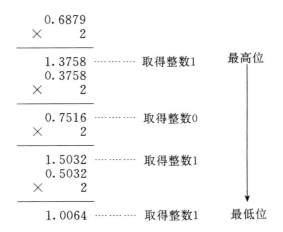

把所得整数按箭头方向从高位到低位排列后得到：

$$0.6879 \approx 0.1011B$$

对同时有整数和小数两部分的十进制数，其转换成二进制数的方法是：对整数和小数部分分开转换后，再合并起来。例如，把例 1.1 和例 1.2 合并起来便可得到：

$$215.6879 \approx 11010111.1011B$$

**应当指出**：任何十进制整数都可以精确转换成一个二进制整数，但不是任何十进制小数都可以精确转换成一个二进制小数，例 1.2 中的情况就是一例。

**2. 十六进制数和十进制数间的转换**

（1）十六进制数转换成十进制数 转换的方法和二进制数转换成十进制数的方法类似,即可以把十六进制数按权展开后相加。例如:

$$3FEAH=3\times16^3+15\times16^2+14\times16^1+10\times16^0=16362$$

（2）十进制数转换成十六进制数。

① 与十进制整数转换成二进制整数类似,十进制整数转换成十六进制整数可以采用"除16取余法"。"除16取余法"是用16连续去除要转换的十进制整数,直到商数小于16为止,然后把各次余数按逆序排列起来所得的数,便是所求的十六进制数。

〔例1.3〕 求3901所对应的十六进制数。

**解**:把3901连续除以16,直到商数为15,相应竖式为

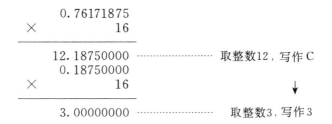

所以,3901=F3DH。

② 十进制小数转换成十六进制小数的方法类似于十进制小数转换成二进制小数,常采用"乘16取整法"。"乘16取整法"是把欲转换的十进制小数连续乘以16,直到所得乘积的小数部分为0或达到所需精度为止,然后把各次整数按相同的得到顺序排列起来所得的数,便是所求的十六进制小数。

〔例1.4〕 求0.76171875的十六进制数。

**解**:把0.76171875连续乘以16,直到所得乘积的小数部分为0,相应竖式为

$$
\begin{array}{r}
0.76171875\\
\times\qquad16\\
\hline
12.18750000\\
0.18750000\\
\times\qquad16\\
\hline
3.00000000
\end{array}
$$

取整数12,写作C

取整数3,写作3

所以,0.76171875=0.C3H。

**3. 二进制数和十六进制数间的转换**

二进制数和十六进制数间的转换十分方便,这就是人们要采用十六进制形式对二进制数加以表达的原因。

（1）二进制数转换成十六进制数。二进制数转换成十六进制数可采用"四位合一位法"。"四位合一位法"是从二进制数的小数点开始,或左或右每4位一组,不足4位以0

补足,然后分别把每组用十六进制数码表示,并按序相连。

[例1.5] 若把1101111100011.10010100B转换为十六进制数,则有

$$
\underbrace{0001}_{1}\quad\underbrace{1011}_{B}\quad\underbrace{1110}_{E}\quad\underbrace{0011}_{3}.\underbrace{1001}_{9}\quad\underbrace{0100}_{4}
$$

所以,1101111100011.10010100B=1BE3.94H。

(2) 十六进制数转换成二进制数。

转换方法是把十六进制数的每位分别用4位二进制数码表示,然后把它们连成一体。

[例1.6] 若把十六进制数3AB.7A5H转换为一个二进制数,则有

$$
\begin{array}{cccccc}
3 & A & B & \cdot & 7 & A & 5 \\
| & | & | & & | & | & | \\
0011 & 1010 & 1011 & & 0111 & 1010 & 0101
\end{array}
$$

所以,3AB.7A5H=1110101011.011110100101B。

## 1.2 计算机中数的表示方法

在讨论计算机如何对有符号数或无符号数进行运算和处理之前,先弄清计算机中数的表示方法十分必要。在计算机中,小数和整数都是以二进制形式表示的,但对小数点通常有定点和浮点两种表示方法。小数点采用定点表示法的称为定点机,采用浮点表示法的称为浮点机。

### 1.2.1 定点机中数的表示方法

在定点计算机中,二进制数的小数点位置是固定不变的,小数点位置可以固定在数值位之前,也可以约定在数值位之后。前者称为定点小数计算机,后者称为定点整数计算机。

在理论和习惯上,小数点固定在中间位置比较合适,但因为它所能表示的数既有整数部分又有小数部分,会给数在数制间替换带来麻烦,故这种方法通常并不为计算机设计师们所采用。

**1. 定点整数表示法**

在采用定点整数表示法的计算机中,小数点位置被固定在数值位之后。因此,这种计算机在实际运算前应先把参加运算的数(二进制形式)按适当比例替换成纯整数,并在运算后把结果操作数按同一比例还原后输出。设 $N$ 为某一定点二进制整数,其表示形式为

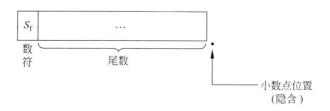

其中：$S_f$为数符，$S_f=0$表示$N$为正数；$S_f=1$表示$N$为负数。

数的表示形式在大多数计算机中都采用定点整数法，MCS-51也是一种定点整数计算机。因此，MCS-51只能对二进制整数进行直接运算和处理，它在遇到二进制小数时必须把该小数按比例扩大成二进制整数后进行处理，并在处理完后再按同样比例缩小后进行输出。

定点整数表示法的优点是：运算规则简单，它所能表示的数的范围没有相同位数的浮点法大。例如，一个16位的二进制定点整数$N$，若它的$S_f$占一位，尾数为15位，则它所能表示的原码数的范围为$|N| \leqslant \underbrace{11 \cdots 11}_{15\text{个}} = 1\underbrace{00 \cdots 00}_{15\text{个}} - 1 = 2^{15} - 1$，近似形式为$-2^{15} \leqslant N \leqslant 2^{15}$。

**2. 定点小数表示法**

在采用定点小数表示法的计算机中，小数点的位置被约定在数值位之前。因此，这种计算机在实际运算前应首先把参加运算的二进制整数按适当比例替换成纯小数，并在运算结束后把结果操作数(纯小数)按同样比例逆替换后输出。设$N$为定点小数，其表示形式为

其中：$S_f$为数符，$S_f=0$表示$N$为正数；$S_f=1$表示$N$为负数。

定点小数表示法的优点是：运算规则简单，但它所能表示的数的范围较小。例如，一个16位的二进制小数$N$，若它的$S_f$占一位，尾数为15位，则它所能表示的原码数范围为

$$|N| \leqslant 0.\underbrace{11 \cdots 11}_{15\text{个}} = 1 - 0.\underbrace{00 \cdots 01}_{15\text{个}} = 1 - 2^{-15}$$

即$-(1-2^{-15}) \leqslant N \leqslant 1-2^{-15}$。

## 1.2.2 浮点机中数的表示方法

在采用浮点表示的二进制数中，小数点位置是浮动的、不固定的。

通常，任意一个二进制数都可以写成：

$$N = 2^P \times S \tag{1-4}$$

式中：$S$为二进制数$N$的尾数，代表了$N$的实际有效值；$P$为$N$的阶码，可以决定小数点

的具体位置。例如，$N=101.11\text{B}=2^3\times0.10111\text{B}$。

因此，任何一个浮点数 $N$ 都由阶码和尾数两部分组成。阶码部分包括阶符和阶码，尾数部分由数符和尾数组成，其形式为

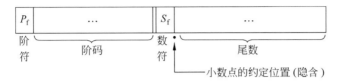

其中：$P_f$ 为阶符，$P_f=0$ 表示阶码为正，$P_f=1$ 表示阶码为负；$S_f$ 为数符，$S_f=0$ 表示该数为正数，$S_f=1$ 表示该数为负数；小数点的约定位置在尾数之前，实际位置是浮动的，由阶码决定。

浮点法的优点是：数的表示范围大。例如，一个二进制 16 位数，若它的 $P_f$ 和 $S_f$ 各占一位，阶码为 5 位，尾数为 9 位，则采用定点整数法所能表示的数的范围为 $-2^{(2^5-1)}\times(1-2^{-9})\sim+2^{(2^5-1)}\times(1-2^{-9})$，近似值范围为 $-2^{31}\sim2^{31}$。浮点表示法的缺点是：运算规则复杂，通常要对阶码和尾数分别运算。

## 1.2.3 二进制数的运算

二进制数的运算可分为二进制整数运算和二进制小数运算，但运算法则完全相同。由于大部分计算机中数的表示方法均采用定点整数表示法，故这里仅介绍二进制整数运算，二进制小数运算与它相同，留给读者思考。

在计算机中，经常遇到的运算分为两类：一类是算术运算；另一类是逻辑运算。算术运算包括加、减、乘、除运算，逻辑运算有逻辑乘、逻辑加、逻辑非和逻辑异或等，现分别加以介绍。

**1. 算术运算**

（1）加法运算。二进制加法法则为

$$0+0=0$$
$$1+0=0+1=1$$
$$1+1=0 \qquad （向邻近高位有进位）$$
$$1+1+1=1 \qquad （向邻近高位有进位）$$

两个二进制数的加法过程和十进制加法过程类似，现举例加以说明。

[例 1.7]　设有两个 8 位二进制数 $X=10110110\text{B}$，$Y=11011001\text{B}$，试求出 $X+Y$ 的值。

**解**：$X+Y$ 可写成如下竖式：

$$
\begin{array}{rll}
\text{被加数} & X & 10110110\text{B} \\
\text{加数} & Y & 11011001\text{B} \\
\hline
\text{和} & X+Y & 110001111\text{B}
\end{array}
$$

所以，$X+Y=10110110\text{B}+11011001\text{B}=110001111\text{B}$。

两个二进制数相加时要注意低位的进位,且两个 8 位二进制数的和最大不会超过 9 位。

（2）减法运算。二进制减法法则为

$$0-0=0$$
$$1-1=0$$
$$1-0=1$$
$$0-1=1 \qquad (向邻近高位借 1 当作 2)$$

两个二进制数的减法运算过程和十进制减法类似,现举例说明。

[例 1.8]　设两个 8 位二进制数 $X=10010111B,Y=11011001B$,试求 $X-Y$ 的值。

解：由于 $Y>X$,故有 $X-Y=-(Y-X)$,相应竖式为

| 被减数 | $Y$ | 11011001B |
|---|---|---|
| 减数 | $X$ | 10010111B |
| 差数 | $Y-X$ | 01000010B |

所以,$X-Y=-(11011001-10010111)=-01000010B$。

两个二进制数相减时先要判断它们的绝对值大小,把大数作为被减数,小数作为减数,差的符号由两数关系决定。此外,在减法过程中还要注意低位向高位借 1 当作 2。

（3）乘法运算。二进制乘法法则为

$$0\times0=0$$
$$1\times0=0\times1=0$$
$$1\times1=1$$

两个二进制数相乘与两个十进制数相乘类似,可以用乘数的每一位分别去乘被乘数,所得结果的最低位与相应乘数位对齐,最后把所有结果加起来,便得到积,这些中间结果又称为部分积。

[例 1.9]　设有两个 4 位二进制数 $X=1101B$ 和 $Y=1011B$,试用手工算法求出 $X\times Y$ 的值。

解：二进制乘法运算竖式为

| 被乘数 | | 1 1 0 1 B |
|---|---|---|
| 乘数 | $\times$ | 1 0 1 1 B |
| | | 1 1 0 1 |
| | | 1 1 0 1 |
| | | 0 0 0 0 |
| | | 1 1 0 1 |
| 乘积 | | 1 0 0 0 1 1 1 1 B |

所以,$X\times Y=1101B\times1011B=10001111B$。

上述人工算法可总结为：先对乘数最低位判断,若是 1 就把被乘数写在和乘数位对齐的位置上（若是 0,就写下全 0）;然后逐次从低位向高位对乘数其他位判断,每判断一位就把被乘数或 0（相对于前次被乘数位置）左移一位后写下来,直至判断完乘数的最高位;最后进行总加。这种乘法算法复杂,用电子线路实现较困难,故计算机中通常不采用这种

算法。

在计算机中,"部分积左移"和"部分积右移"是普遍采用的两种乘法算法。前者从乘数最低位向高位逐位进行,后者从乘数最高位向低位进行,其本质是异曲同工。"部分积右移法"是:先使部分积为0并右移一位,若乘数最低位为1,则右移后的部分积与被乘数相加(若乘数最低是0,则该部分积与0相加后仍为0);然后使得到的部分积右移一位,用同样的方法对乘数次低位进行处理,直至处理到乘数的最高位为止。这就是说:部分积右移法采用了边相乘边相加的方法,每次加被乘数或0时总要先使部分积右移(相当于人工算法中的被乘数左移),而每次被加的被乘数的位置可保持不变。

上述算法很难为人们所理解,但它十分有利于计算机采用硬件或软件的方法来实现。通常,计算机内部只有一个加法器,乘法指令由加法、移位和判断电路利用上述算法来完成。有的微型计算机无乘法指令,乘法问题是通过由加法指令、移位指令和判断指令按"部分积左移"或"部分积右移"的算法编成的乘法程序来实现(详见本书第4章)。

(4) 除法运算。除法是乘法的逆运算。与十进制类似,二进制除法也是从被除数最高位开始,查找出够减除数的位数,并在其最高位处上商1和完成它对除数的减法运算,然后把被除数的下一位移到余数位置上。若余数不够减除数,则上商0,并把被除数的再下一位移到余数位置上;若余数够减除数,则上商1并进行余数减除数。这样反复进行,直到全部被除数的各位都下移到余数位置上为止。

[例 1.10] 设 $X=10101011B,Y=110B$,试求 $X \div Y$ 的值。

**解**:$X \div Y$ 的竖式为

$$
\begin{array}{r}
11100 \phantom{00} \\
110 \overline{)\ 10101011} \\
110 \phantom{00000} \\
\hline
1001 \phantom{000} \\
110 \phantom{000} \\
\hline
110 \phantom{0} \\
110 \phantom{0} \\
\hline
11
\end{array}
$$

所以,$X \div Y=10101011B \div 110B=11100B \cdots 余 11B$。

归根到底,上述手工除法由判断、减法和移位等步骤组成。也就是说,只要有了减法器,外加判断和移位就可实现除法运算。在计算机中,原码除法常可分为"比较法""恢复余数法"和"不恢复余数法"3种,但基本原理和手工除法相同。其中,"比较法"常因算法复杂和实现困难较大而被人们忽略。

"恢复余数法"的法则是:一是要判断除数不为0(除数为0时除法无法进行);二是把被除数除以除数(实际做减法),若所得余数大于0,则上商1(否则,上商0并恢复余数);三是把所得余数连同被除数中的下一位作为本次除法的被除数,并用第二步中的同样方法完成本次除法;四是让除法逐位进行下去,直到除法完成为止。

在现代计算机中,"恢复余数法"和"不恢复余数法"是原码除法的两种基本算法,可以采用硬件电路实现,也可以采用软件程序实现。恢复余数法原码除法程序将在第 4 章中介绍。

**2. 逻辑运算**

计算机处理数据时常常要用到逻辑运算。逻辑运算由专门的逻辑电路完成。下面介绍几种常用的逻辑运算。

(1) 逻辑乘运算。逻辑乘又称为逻辑与,常用 $\wedge$ 算符表示。逻辑乘的运算规则为

$$0 \wedge 0 = 0$$
$$1 \wedge 0 = 0 \wedge 1 = 0$$
$$1 \wedge 1 = 1$$

两个二进制数进行逻辑乘,其运算方法类似于二进制算术运算。

[例 1.11] 已知 $X=01100110B$,$Y=11110000B$,试求 $X \wedge Y$ 的值。

**解**: $X \wedge Y$ 的运算竖式为

$$
\begin{array}{r}
01100110B \\
\wedge \quad 11110000B \\
\hline
01100000B
\end{array}
$$

所以,$X \wedge Y = 01100110B \wedge 11110000B = 01100000B$。

逻辑乘运算通常可用于从某数中取出某几位。由于上例中 $Y$ 的取值为 F0H,因此逻辑乘运算结果中高 4 位可看作是从 $X$ 的高 4 位中取出来的。若要把 $X$ 中最高位取出来,则 $Y$ 的取值显然应为 80H。

(2) 逻辑加运算。逻辑加又称为逻辑或,常用 $\vee$ 算符表示。逻辑加的运算规则为

$$0 \vee 0 = 0$$
$$1 \vee 0 = 0 \vee 1 = 1$$
$$1 \vee 1 = 1$$

[例 1.12] 已知 $X=00110101B$,$Y=00001111B$,试求 $X \vee Y$ 的值。

**解**: $X \vee Y$ 的运算竖式为

$$
\begin{array}{r}
00110101B \\
\vee \quad 00001111B \\
\hline
00111111B
\end{array}
$$

所以,$X \vee Y = 00110101B \vee 00001111B = 00111111B$。

逻辑加运算通常可用于使某数中某几位添加 1。由于上例中 $Y$ 的取值为 0FH,因此逻辑加运算结果中低 4 位可看作是给 $X$ 的低 4 位添加 1 的结果。若要使 $X$ 的高 4 位添加 1,则 $Y$ 的取值显然应取 F0H。

(3) 逻辑非运算。逻辑非运算又称为逻辑取反,常采用‾算符表示。运算规则为

$$\overline{0} = 1$$
$$\overline{1} = 0$$

［例 1.13］ 已知 $X=11000011B$,试求 $\overline{X}$ 的值。

**解**：因为　　$X=11000011B$

所以　　$\overline{X}=00111100B$

（4）逻辑异或。逻辑异或又称为半加,是不考虑进位的加法,常采用 $\oplus$ 算符表示。逻辑异或的运算规则为

$$0\oplus0=1\oplus1=0$$
$$1\oplus0=0\oplus1=1$$

［例 1.14］ 已知 $X=10110110B$,$Y=11110000B$,试求 $X\oplus Y$ 的值。

**解**：$X\oplus Y$ 的运算竖式为

$$
\begin{array}{r}
10110110B \\
\oplus \quad 11110000B \\
\hline
01000110B
\end{array}
$$

所以,$X\oplus Y=10110110B\oplus11110000B=01000110B$。

异或运算通常可用于使某数中某几位取反。由于上例中 $Y$ 的取值为 F0H,因此异或运算结果中高 4 位可看作是 $X$ 的高 4 位取反的结果。若要使 $X$ 的最高位取反,则 $Y$ 的取值应为 80H。异或运算还可用于乘除法运算中的符号位处理。

# 1.3　计算机中数的表示形式

在现代微型机中,其内部运算器通常只有一个补码加法器、$n$ 位寄存器/计数器组和移位控制电路等,但它恰能进行各种算术运算和逻辑操作。这就是说,补码加法器既能做加法,又能将减法运算变为加法来做,从而大大简化了运算器内部的电路设计。这应归功于人们长期以来对计算机中码制的研究。

机器数是指数的符号和值均采用二进制的表示形式。因此,机器数在定点和浮点机中的表示形式各不相同。为了方便起见,这里的机器数均指在定点整数机中的表示形式。即最高位是符号位(0 表示正数,1 表示负数),其余位为数值位,小数点约定在数值位之后。在计算机中,机器数有原码、反码、补码、变形原码、变形反码、变形补码和移码等多种形式。

## 1.3.1　机器数的原码、反码和补码

原码、反码和补码是机器数的 3 种基本形式,它和机器数的真值不同。机器数的真值定义为采用 + 和 − 表示的二进制数,并非真正的机器数。例如,+76 的机器数真值为 +1001100B,原码形式为 01001100B(最高位的 0 表示正数);−76 的真值为 −1001100B,原码为 11001100B(最高位的 1 表示负数)。

**1. 原码(true form)**

机器数的原码(简称原码)定义为:最高位为符号位,其余位为数值位,符号位为 0 表示该数为正数,符号位为 1 表示它是负数。通常,一个数的原码可以先把该数用方括号括起来,并在方括号右下角加个"原"字来标记。

**［例 1.15］** 设 $X=+1010B$，$Y=-1010B$，请分别写出它们在 8 位微型机中的原码形式。

**解**：因为 $X=+1010B$      因为 $Y=-1010B$

   所以 $[X]_原=00001010B$     所以 $[Y]_原=10001010B$

在微型计算机中，0 这个数非常特别，它有 +0 和 -0 之分，它也有原码、反码和补码 3 种表示形式。例如，0 在 8 位微型计算机中的两种原码形式为

$$[+0]_原=0000\ 0000B$$
$$[-0]_原=1000\ 0000B$$

**2．反码（one's complement）**

在微型计算机中，二进制数的反码求法很简单，有正数的反码和负数的反码之分。正数的反码和原码相同；负数反码的符号位和负数原码的符号位相同，数值位是它的数值位的按位取反。反码的标记方法和原码类似，只要在被括数方括号的右下角添加一个"反"字即可。

**［例 1.16］** 设 $X=+1101101B$，$Y=-0110110B$，请写出 $X$ 和 $Y$ 的原码和反码形式。

**解**：因为 $X=+1101101B$     因为 $Y=-0110110B$

   所以 $[X]_原=01101101B$     所以 $[Y]_原=10110110B$

     $[X]_反=01101101B$      $[Y]_反=11001001B$

**3．补码（two's complement）**

在日常生活中，补码的概念是经常会遇到的。例如，如果现在是北京时间下午 3 点钟，而手表还停在早上 8 点钟。为了校准手表，自然可以顺拨 7 个小时，但也可倒拨 5 个小时，效果都是相同的。显然，顺拨时针是加法操作，倒拨时针是减法操作，据此便可得到如下两个数学表达式：

顺拨时针    8＋7＝12（自动丢失）＋3＝3

倒拨时针    8－5＝3

顺拨时针时，人们通常在 1 点钟左右自动丢失了数 12。但也有人把它提前到 12 点钟时丢失，这些人常常把 12 点称为 0 点。在数学上，这个自动丢失的数 12 称为模（mod），这种带模的加法称为按模 12 的加法，通常写为

$$8+7=3 \quad (\text{mod} \quad 12)$$

比较上述两个数学表达式，可发现 8－5 的减法和 8＋7 的按模加法等价了。这里，+7 和 -5 是互补的，+7 称为 -5 的补码（mod 12）。它们在数学上的关系为

$$X+[-Y]_补=8+[-5]_补=12+3=模+3=3$$

这就是说：8－5 的减法可以用 $8+[-5]_补=8+7(\text{mod}\ 12)$ 的加法替代。但遗憾的是：在求取 $[-5]_补$ 时仍然要用减法实现，数学表达式为 $[-5]_补=12-|-5|=+7$。如果在求取负数的补码时不需要用减法，那么在既有加法又有减法的复合运算中碰到减法时就可采用补码加法实现。

在微型计算机中，加法器是采用二进制数加法法则进行的，加法器的最高进位位也会和钟表中的时针一样自动丢失模值。不过，加法器丢失的不是模 12，而是 $2^n$，这里 $n$ 是加

法器的字长。和以 12 为模的钟表校时运算一样,若微型计算机在求取负数补码时仍然要采用减法运算,则要想把 $X-Y$ 的减法变成 $X+[-Y]_{补}$ 的加法来做也是一句空话。根据上述补码定义,一个字长为 $n$ 的二进制数 $-Y$ 的补码求取公式为

$$[-Y]_{补} = 2^n - |-Y| = (2^n - 1) - |-Y| + 1 = \overline{Y} + 1 \qquad (1\text{-}5)$$

式(1-5)可以解释为:负数的补码是反码加 1(即 $\overline{Y}+1$)。

因此,微型计算机变 $X-Y$ 为 $X+\overline{Y}+1$ 运算只要先判断 $Y$ 的符号位。若它为正,则完成 $X+Y$ 操作;若它为负,则完成 $X+\overline{Y}+1$ 运算。如果把所有参加运算的带符号数都用它们的补码来表示,并规定正数的原码、反码和补码相同,负数的补码是反码加 1,那么就可以用补码加法来替代加减运算(结果为补码形式)。在微处理器 CPU 内部,补码加法器既能做加法,又能变减法为加法来做。补码加法器还配有左移、右移和判断等电路,故它不仅可以进行逻辑操作,还能完成加、减、乘、除的四则运算,这就是微型计算机的补码加法所带来的巨大经济效益。

[**例 1.17**] 已知 $X=+1010\text{B},Y=-01010\text{B}$,试分别写出它们在 8 位微型机中的原码、反码和补码形式。

**解**:因为 $X=+1010\text{B}$        因为 $Y=-01010\text{B}$

所以 $[X]_{原}=00001010\text{B}$      所以 $[Y]_{原}=10001010\text{B}$

$[X]_{反}=00001010\text{B}$            $[Y]_{反}=11110101\text{B}$

$[X]_{补}=00001010\text{B}$            $[Y]_{补}=11110110\text{B}$

由于 0 在反码中也有如下两种表示形式:

$[+0]_{反}=00000000\text{B}$,正数的原码和反码相同

$[-0]_{反}=11111111\text{B}$

因此,0 的补码形式为

$[+0]_{补}=[+0]_{原}=[+0]_{反}=00000000\text{B}$

$[-0]_{补}=[-0]_{反}+1=11111111\text{B}+1=00000000\text{B}$

由此可见,不论是 +0 还是 -0,0 在补码中只有唯一的一种表示形式。

**4. 补码数符号位的左移规则**

补码数符号位的左移规则通常称为补码数的符号扩展,可以定义为一个 $n$ 位补码数扩展为 $2n$ 位补码数,只要把符号位向左扩展 $n$ 位,其值不变。

例如,$[X]_{补}=01\text{H}(+1)$,符号扩展为 16 位后变为 0001H$(+1)$;$[Y]_{补}=\text{FFH}(-1)$,符号扩展为 16 位后变为 FFFFH$(-1)$。扩展过程图示如下:

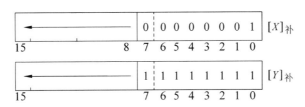

补码机器数的符号扩展是补码特有的一种算术运算特征,适合于定点整数计算机,常用于运算控制器中的电路设计,并以指令形式提供给用户使用。

### 5. 补码数的右移规则

补码数的右移规则可以表述为一个 $n$ 位的 $X$ 的补码数,其符号位连同数值位向右移动一位(符号位不变),其值是 $\dfrac{X}{2}$ 的补码(仍为 $n$ 位)。

例如:设 $[X]_{补} = 1.1000B$,则有

$$[X]_{补} = 1.1000B$$

$$\left[\frac{X}{2}\right]_{补} = 1.1100B$$

$$\left[\frac{X}{4}\right]_{补} = 1.1110B$$

$$\left[\frac{X}{8}\right]_{补} = 1.1111B$$

补码数的右移规则也是补码特有的一种算术运算特征,适用于定点小数计算机。

## 1.3.2　补码的加减运算

在微型计算机中,原码表示的数易于被人们识别,但运算复杂,符号位往往需要单独处理。补码虽不易识别,但运算方便,特别在加减运算中更是这样。所有参加运算的带符号数都表示成补码后,微型机对它运算后得到的结果必然也是补码,符号位无须单独处理。

(1) 补码加法运算。补码加法运算的通式为

$$[X+Y]_{补} = [X]_{补} + [Y]_{补} \qquad (\bmod\ 2^n) \qquad (1\text{-}6)$$

即:两数之和的补码等于两数补码之和,其中 $n$ 为机器数字长。不过,$X$、$Y$ 和 $X+Y$ 三个数必须都在 $-2^{n-1} \sim 2^{n-1}-1$ 范围内,否则机器便会产生溢出错误。在运算过程中,符号位和数值位一起参加运算,符号位的进位位略去不计。

**[例 1.18]**　已知 $X=+19$,$Y=-7$,试求 $X+Y$ 的二进制值。

**解**:因为,$[X+Y]_{补} = [X]_{补} + [Y]_{补} = [+19]_{补} + [-7]_{补}$

所以,有如下竖式:

$$
\begin{array}{rl}
[X]_{补} = & 00010011B \\
[Y]_{补} = & 11111001B \\
\hline
[X+Y]_{补} = & \boxed{1}00001100B
\end{array}
$$

故有:$[X+Y]_{补} = [X]_{补} + [Y]_{补} = 00001100B$

真值为:$+0001100B$

(2) 补码减法运算。补码减法运算的通式为

$$[X-Y]_{补} = [X]_{补} + [-Y]_{补} \qquad (\bmod\ 2^n) \qquad (1\text{-}7)$$

即:两数之差的补码等于两数补码之和,其中 $n$ 为机器的字长。和补码加法情况一样,$X$、$Y$ 和 $X-Y$ 三个数也必须满足在 $-2^{n-1} \sim 2^{n-1}-1$ 范围内。在补码减法过程中,符号位和数位也一起参加运算,符号位的进位位略去不计。

**[例 1.19]**　已知 $X=+6$,$Y=+25$,试求 $X-Y$ 的值。

**解**：因为，$[X-Y]_{\text{补}}=[X]_{\text{补}}+[-Y]_{\text{补}}=[+6]_{\text{补}}+[-25]_{\text{补}}$

所以，有如下竖式

$$
\begin{array}{rl}
[X]_{\text{补}} &=00000110B\\
+[-Y]_{\text{补}} &=11100111B\\
\hline
[X-Y]_{\text{补}} &=11101101B
\end{array}
$$

故有：$[X-Y]_{\text{补}}=[X]_{\text{补}}+[-Y]_{\text{补}}=11101101B$

真值为$-0010011B$。

[**例 1.20**] 已知$|X|=13$，$|Y|=11$，试证明无论 $X$ 和 $Y$ 的符号如何变，补码运算的结果都是正确的。

**解**：① 两数符号相同。

若 $X=+13$ 和 $Y=+11$，则有

$$
\begin{array}{rlll}
 & +13 & [X]_{\text{补}}= & 00001101B\\
+) & +11 & [Y]_{\text{补}}= & 00001011B\\
\hline
 & 24 & [X+Y]_{\text{补}}= & 00011000B
\end{array}
$$

若 $X=-13$ 和 $Y=-11$，则有

$$
\begin{array}{rlll}
 & -13 & [X]_{\text{补}}= & 11110011B\\
+) & -11 & [Y]_{\text{补}}= & 11110101B\\
\hline
 & -24 & [X+Y]_{\text{补}}= & \boxed{1}\,11101000B \quad (-24\text{ 的补码})
\end{array}
$$

显然，十进制运算和补码运算的结果是相同的。

② 两数符号相异。

若 $X=+13$ 和 $Y=-11$，则有

$$
\begin{array}{rlll}
 & +13 & [X]_{\text{补}}= & 00001101B\\
+) & -11 & [Y]_{\text{补}}= & 11110101B\\
\hline
 & +2 & [X+Y]_{\text{补}}= & \boxed{1}\,00000010B
\end{array}
$$

若 $X=-13$ 和 $Y=+11$，则有

$$
\begin{array}{rlll}
 & -13 & [X]_{\text{补}}= & 11110011B\\
+) & +11 & [Y]_{\text{补}}= & 00001011B\\
\hline
 & -2 & [X+Y]_{\text{补}}= & 11111110B \quad (-2\text{ 的补码})
\end{array}
$$

显然，十进制运算的结果和补码运算的结果是完全相同的。

上述运算表明：补码加法可以将减法运算化为加法来做；把加法和减法问题巧妙地统一起来，从而实现了一个补码加法器在移位控制电路作用下完成加、减、乘、除的四则运算。

### 1.3.3　补码运算的正确性及变形码

补码加法虽然可以把加法和减法统一成为先求两数的补码(正数的补码和原码相同，负数的补码是反码加 1)，然后用补码加法求和，但这种统一是有条件的。这个条件是参

加运算的两数 $X$ 和 $Y$ 必须不溢出，运算结果$[X+Y]_补$也必须不溢出。前者的判断常常取决于程序员，后者应由计算机自动做出判断。用于判断运算结果是否溢出的方法颇多，这里仅对利用变形补码判断溢出的方法进行介绍。

**1. 补码运算的正确性**

在前述字长为 8 位(含符号位 1 位)的补码加法中，如果参加运算的两数或运算结果超出 8 位数所能表示的范围，则机器的上述运算就会出现溢出，运算结果就不正确。例如，当 $X=|127|$ 和 $Y=|20|$ 时，上述运算结果必然不正确。对于 8 位二进制数，其原码、反码和补码所能表示的数的范围是不相同的。为加深读者的印象，现将它们列于表 1-2 中。

表 1-2　8 位二进制数的表示形式

| 二进制数码形式 | 看作无符号十进制数 | 看作带符号十进制数 | | |
| --- | --- | --- | --- | --- |
| | | 原　码 | 反　码 | 补　码 |
| 00000000 | 0 | +0 | +0 | +0 |
| 00000001 | 1 | +1 | +1 | +1 |
| 00000010 | 2 | +2 | +2 | +2 |
| ⋮ | ⋮ | ⋮ | ⋮ | ⋮ |
| 01111110 | 126 | +126 | +126 | +126 |
| 01111111 | 127 | +127 | +127 | +127 |
| 10000000 | 128 | −0 | −127 | −128 |
| 10000001 | 129 | −1 | −126 | −127 |
| 10000010 | 130 | −2 | −125 | −126 |
| ⋮ | ⋮ | ⋮ | ⋮ | ⋮ |
| 11111101 | 253 | −125 | −2 | −3 |
| 11111110 | 254 | −126 | −1 | −2 |
| 11111111 | 255 | −127 | −0 | −1 |

由表 1-2 可知，一个 8 位二进制数，若把它看成无符号数，则它的可表示范围为 $0\sim255$；若把它看成是原码或反码，则它们的可表示范围为 $-127\sim+127$；若把它看成是补码，则可表示范围变为 $-128\sim+127$，因为 10000000B 看作反码时为 $-127$，看作补码时还需减 1。

对于字长为 $n$ 位(符号位 1 位)的二进制数，若把它看成无符号数，则它的可表示范围为 $0\sim2^n-1$；若把它看成是原码或反码，则它们的可表示范围变为 $-(2^{n-1}-1)\sim+(2^{n-1}-1)$；若把它看成补码，则可表示范围为 $-2^{n-1}\sim+(2^{n-1}-1)$。

上述分析表明，对 8 位机而言，如果运算结果超出 $-128\sim+127$，则称为溢出(小于 $-128$ 的运算结果称为下溢，大于 $+127$ 的运算结果称为上溢)；对于字长为 $n$ 位(含符号位 1 位)的定点整数机,如果运算结果超出 $-2^{n-1} \sim +(2^{n-1}-1)$,则称为溢出(小于 $-2^{n-1}$ 的运算结果称为下溢,大于 $+(2^{n-1}-1)$ 的运算结果称为上溢)。因此,补码运算的正确性集中体现在对补码运算结果的溢出判断上。

**2. 补码运算的溢出判断**

判断补码运算结果是否产生溢出的原始方法是:先根据运算结果(补码形式)求出原码数的十进制值,然后再看它是否超过机器数的允许表示范围。因此,每次由使用计算机的人来判断运算结果是否产生溢出显然是不现实的。现介绍 MCS-51 单片机采用的一种较为简便的判断运算结果是否产生溢出的方法。今以二进制 8 位数为例加以分析。

以下是 4 种进行 $\bmod 2^4$ 的补码运算实例,并注意 $[X]_\text{补}$ 和 $[Y]_\text{补}$ 的最高位是符号位,$[X+Y]_\text{补}$ 的最高位(带□的位)是运算结果中符号位的进位位,用 $C_n$ 表示,$C_{n-1}$ 是补码运算过程中次高位(即最高数值位)向符号位的进位位。

(1) $X=127$ 和 $Y=-85$ 的补码加法。

$$
\begin{array}{rrl}
 & 127 & [X]_\text{补} = 0111\ 1111\text{B} \\
+) & -85 & [Y]_\text{补} = 1010\ 1011\text{B} \\
\hline
 & 42 & [X+Y]_\text{补} = \boxed{1}0010\ 1010\text{B} \\
 & & \qquad\quad C_n\ C_{n-1}
\end{array}
$$

(2) $X=126$ 和 $Y=5$ 的补码加法。

$$
\begin{array}{rrl}
 & 126 & [X]_\text{补} = 0111\ 1110\text{B} \\
+) & 5 & [Y]_\text{补} = 0000\ 0101\text{B} \\
\hline
 & 131 & [X+Y]_\text{补} = \boxed{0}1000\ 0011\text{B} \\
 & & \qquad\quad C_n\ C_{n-1}
\end{array}
$$

(3) $X=-126$ 和 $Y=2$ 的补码加法。

$$
\begin{array}{rrl}
 & -126 & [X]_\text{补} = 1000\ 0010\text{B} \\
+) & 2 & [Y]_\text{补} = 0000\ 0010\text{B} \\
\hline
 & -124 & [X+Y]_\text{补} = \boxed{0}1000\ 0100\text{B} \\
 & & \qquad\quad C_n\ C_{n-1}
\end{array}
$$

(4) $X=-126$ 和 $Y=-10$ 的补码加法。

$$
\begin{array}{rrl}
 & -126 & [X]_\text{补} = 1000\ 0010\text{B} \\
+) & -10 & [Y]_\text{补} = 1111\ 0110\text{B} \\
\hline
 & -136 & [X+Y]_\text{补} = \boxed{1}0111\ 1000\text{B} \\
 & & \qquad\quad C_n\ C_{n-1}
\end{array}
$$

由表 1-2 可见,上述 8 位二进制补码数的表示范围为 $-128 \sim +127$。因此,上述(1)和(3)的 $[X+Y]_\text{补}$ 是正确的,没有产生溢出,符号位进位 $C_n$ 是正常的自动丢弃;(2)和(4)的 $[X+Y]_\text{补}$ 超出了 8 位二进制数能够表示的范围,无论符号位 $C_n$ 有无进位,实际都产生了溢出。由此可见,带符号数相加时,符号位所产生的进位 $C_n$ 有自动丢弃和用来指示操作结果是否溢出两种功效。

从上述(1)和(3)可以看出:两数符号位相异,其和数是不可能产生溢出的;从(2)和(4)可以看出,只有当两个操作数符号位相同而和的符号位与操作数符号位不相同时才会产生溢出。现假设:

操作数 $\qquad\qquad\qquad\qquad X = X_n X_{n-1} \cdots X_1$

$\qquad\qquad\qquad\qquad\qquad\quad Y = Y_n Y_{n-1} \cdots Y_1$

两数和 $\qquad\qquad\qquad\qquad S = S_n S_{n-1} \cdots S_1$

则溢出信号的逻辑表示式为

$$OV = \overline{X}_n \cdot \overline{Y}_n \cdot S_n + X_n \cdot Y_n \cdot \overline{S}_n = (X_n \oplus S_n)(Y_n \oplus S_n) \qquad (1\text{-}8)$$

从上述(2)和(4)的实例还可以看出:若加法过程中符号位无进位($C_n = 0$)以及最高数值位有进位($C_{n-1} = 1$),则操作结果产生了正溢出(见实例(2));若加法过程中符号位有进位($C_n = 1$)以及最高数值位无进位($C_{n-1} = 0$),则运算结果产生了负溢出(见实例(4))。写成逻辑表达式为

$$OV = C_n \oplus C_{n-1}$$

在 MCS-51 单片机中,$C_n$ 用 $C_p$ 表示,$C_{n-1}$ 用 $C_s$ 表示后,上述逻辑表达式也可表示为

$$OV = C_p \oplus C_s \qquad (1\text{-}9)$$

其中,$C_p$ 是符号位的进位位,$C_s$ 是最高数值位在加法过程中的进位位,OV 是溢出标志位。

显然,对式(1-8)和式(1-9)进行比较,用式(1-9)来实现符号数补码加法运算中的溢出判断要简单一些。

**3. 变形码的溢出判断**

在计算机的逻辑电路设计中,也常常采用变形补码运算来代替上述机器数的补码加法。如果您的计算机采用变形补码后,变形补码的正确性(即溢出)判断就会变得十分简单。

(1)变形补码的定义。变形码是计算机工作者经常采用的一种代码形式。变形码又可分为变形原码、变形反码和变形补码。由于变形补码的应用更为广泛,故在此重点加以介绍。

变形补码比补码多一位符号位,最左边的符号位称为第一符号位,右边的那位称为第二符号位。如果不考虑第一符号位,那么变形补码和补码没有区别。

[**例 1.21**] 已知 $X = 36$,$Y = -55$,试写出 $X$ 和 $Y$ 的真值、补码和变形补码(变补)。

**解**:$[X]_真 = +0010 \quad 0100B$

$\qquad [X]_补 = \quad\, 0010 \quad 0100B$

$\qquad [X]_{变补} = 00010 \quad 0100B$

$\qquad [Y]_真 = -0011 \quad 0111B$

$\qquad [Y]_补 = \quad\, 1100 \quad 1001B$

$\qquad [Y]_{变补} = 11100 \quad 1001B$

(2)变形补码对溢出的判断。在变形补码的加法运算中,第一符号位才是真正的符

号位,第二符号位常常会因运算过程中的溢出而改变。因此,变形补码对运算结果的溢出判断可以总结为:若运算结果中两位符号位同号(00 或 11),则运算结果正确;若运算结果中的两位符号位为 01,则运算结果为正溢出(即超过了允许表示的正数);若运算结果的两位符号位为 10,则运算结果为负溢出(即超过了允许表示的负值)。

**[例 1.22]** 已知 $X=+127,Y=8$,试求$[X+Y]_{变补}$,并分析溢出情况。

**解**:因为$[X+Y]_{变补}=[X]_{变补}+[Y]_{变补}$,故有以下竖式。

$$
\begin{array}{rll}
[X]_{变补}= & 0\,0,111\ \ 1111\mathrm{B} & +127\\
[Y]_{变补}= & 0\,0,000\ \ 1000\mathrm{B} & 8\\
\hline
[X+Y]_{变补}=01,000\ \ 0111\mathrm{B} & & +135
\end{array}
$$

两位符号位为 01,故运算结果正溢出。

**[例 1.23]** 已知 $X=-127,Y=-8$,试求$[X+Y]_{变补}$,并分析溢出情况。

**解**:因为$[X+Y]_{变补}=[X]_{变补}+[Y]_{变补}$,故有如下竖式。

$$
\begin{array}{rll}
[X]_{变补}= & 1\,1,000\ \ 0001\mathrm{B} & -127\\
[Y]_{变补}= & 1\,1,111\ \ 1000\mathrm{B} & -8\\
\hline
[X+Y]_{变补}=10,111\ \ 1001\mathrm{B} & & -135
\end{array}
$$

$\boxed{1}$

两位符号位为 10(第 1 符号位进位自动消失),故运算结果为负溢出。

# 1.4　计算机中数和字符的编码

在日常生活中,编码问题是经常会遇到的,例如电话号码、房间编号、班级号和学号等。这些编码问题的共同特点是采用十进制数字来为用户、房间、班级和学生等编号,编码位数和用户数的多少有关。例如,一个两位十进制数字的编码最多容许 100 家用户装电话。

在计算机中,由于机器只能识别二进制数,因此键盘上的所有数字、字母和符号也必须事先为它们进行二进制编码,以便机器对它们加以识别、存储、处理和传送。和日常生活中的编码问题一样,所需编码的数字、字母和符号越多,二进制数字的位数也就越长。

下面介绍几种微型机中常用的编码。

## 1.4.1　BCD 码和 ASCII 码

BCD 码(Binary Coded Decimal,十进制数的二进制编码)和 ASCII 码(American Standard Code for Information Interchange,美国信息交换标准码)是计算机中两种常用的二进制编码。前者称为十进制数的二进制编码,后者是对键盘上输入字符的二进制编码。计算机对十进制数的处理过程是:键盘上输入的十进制数字先被替换成一个个 ASCII 码送入计算机,然后通过程序替换成 BCD 码,并对 BCD 码直接进行运算;也可以先把 BCD 码替换成二进制码进行运算,并把运算结果再变为 BCD 码,最后还要把 BCD

码形式的输出结果变换成 ASCII 码才能在屏幕上加以显示,这是因为 BCD 码形式的十进制数是不能直接在键盘/屏幕上输入输出的。

**1. BCD 码**

BCD 码是一种具有十进制权的二进制编码。BCD 码的种类较多,常用的有 8421 码、2421 码、余 3 码和格雷码等。现以 8421 码为例进行介绍。

(1) 8421 码的定义。8421 码是 BCD 码中的一种,因组成它的 4 位二进制数码的权为 8、4、2、1 而得名。8421 码是一种采用 4 位二进制数来代表十进制数码的代码系统。在这个代码系统中,10 组 4 位二进制数分别代表了 0~9 中的 10 个数字符号,如表 1-3 所示。

表 1-3 8421 码

| 十进制数 | 8421 码 | 十进制数 | 8421 码 |
| :---: | :---: | :---: | :---: |
| 0 | 0000B | 8 | 1000B |
| 1 | 0001B | 9 | 1001B |
| 2 | 0010B | 10 | 00010000B |
| 3 | 0011B | 11 | 00010001B |
| 4 | 0100B | 12 | 00010010B |
| 5 | 0101B | 13 | 00010011B |
| 6 | 0110B | 14 | 00010100B |
| 7 | 0111B | 15 | 00010101B |

4 位二进制数字共有 16 种组合,其中 0000B~1001B 为 8421 的基本代码系统,1010B~1111B 未被使用,称为非法码或冗余码。10 以上的所有十进制数至少需要 2 位 8421 码字(即 8 位二进制数字)来表示,而且不应出现非法码,否则就不是真正的 BCD 数。因此,BCD 数是由 BCD 码构成的,是以二进制形式出现的,是逢十进位的,但它并不是一个真正的二进制数,因为二进制数是逢二进位的。例如,十进制数 45 的 BCD 形式为 01000101B(即 45H),而它的等值二进制数为 00101101B(即 2DH)。

(2) BCD 加法运算。BCD 加法是指两个 BCD 数按"逢十进一"原则进行相加,其和也是一个 BCD 数。BCD 加法应由计算机自动完成,但计算机只能进行二进制加法,它在两个相邻 BCD 码之间只能按"逢 16 进位",不可能进行逢十进位。因此,计算机在进行 BCD 加法时,必须对二进制加法的结果进行修正,使两个紧邻的 BCD 码之间真正能够做到逢十进一。

在进行 BCD 加法过程中,计算机对二进制加法结果进行修正的原则是:若和的低 4 位大于 9 或低 4 位向高 4 位发生了进位,则低 4 位加 6 修正;若高 4 位大于 9 或高 4 位的最高位发生进位,则高 4 位加 6 修正。这种修正由微处理器内部的十进制调正电路自动完成,这个十进制调正电路在专门的十进制调正指令的控制下工作,因此最终也是由人来控制的。

**[例 1.24]** 已知 $X=48, Y=69$，试分析 BCD 的加法过程。

**解：** 根据 BCD 数的定义，如下竖式成立：

```
      48        0100   1000B
  +)  69        0110   1001B
 ──────────────────────────────
     117        1011   0001B
                +      0110B   ── 低4位加6修正(因为低4位有进位)
 ──────────────────────────────
                1011   0111B
                +0110         ── 高4位加6修正(因为高4位大于9)
 ──────────────────────────────
              1 0001   0111B
```

因为两数相加为无符号数，所以最高位进位有效。

显然，人工算法和机器算法的结果一致。

（3）BCD 减法。与 BCD 加法类似，BCD 减法时也要修正。

在 BCD 减法过程中，若本位被减数大于减数（即低 4 位二进制数的最高位无借位），则减法是正确的；若本位被减数小于减数，则减法时就需要借位，由于 BCD 运算规则是借 1 当作 10，二进制在两个 BCD 码间的运算规则是借 1 当作 16，而机器是按二进制规则运算的，故必须进行减 6 修正。

在 BCD 减法过程中，计算机对二进制运算结果修正的原则是：若低 4 位大于 9 或低 4 位向高 4 位有借位，则低 4 位减 6 修正；若高 4 位大于 9 或高 4 位最高位有借位，则高 4 位减 6 修正。和 BCD 加法类似，这个修正也由机器内部的十进制调正电路自动完成。

**[例 1.25]** 已知 $X=51, Y=28$，试分析 BCD 减法的原理。

**解：** 按二进制数运算规则，$X-Y$ 的竖式为

```
      51        0101   0001B
  -)  28        0010   1000B
 ──────────────────────────────
      23        0010   1001B
                -      0110B   ── 减6修正(因为低4位有借位)
 ──────────────────────────────
                0010   0011B
```

所以，$X-Y=51-28=00100011B$。

**应当指出：** 计算机在做减法时，实际上是按补码运算的，即变减法运算为加法来做。

**2. ASCII 码（字符编码）**

现代微型计算机不仅要处理数字信息，而且还需要处理大量字母和符号。这就需要人们对这些数字、字母和符号进行二进制编码，以供微型计算机识别、存储和处理。这些数字、字母和符号统称为字符，故字母和符号的二进制编码又称为字符的编码。

ASCII 码诞生于 1963 年，是一种比较完整的字符编码，现已成为国际通用的标准编码，广泛应用于微型计算机中。

通常,ASCII 码由 7 位二进制数码构成,共 128 个字符编码,如附录 A 所列。这 128 个字符共分两类:一类是图形字符,共 96 个;另一类是控制字符,共 32 个。96 个图形字符包括十进制数符 10 个、大小写英文字母 52 个以及其他字符 34 个,这类字符有特定形状,可以显示在 CRT 上以及打印在打印纸上,其编码可以存储、传送和处理。32 个控制字符包括回车符、换行符、退格符、设备控制符和信息分隔符等,这类字符没有特定形状,其编码虽然可以存储、传送和起某种控制作用,但字符本身不能在 CRT 上显示,也不能在打印机上打印。

在附录 A 的 ASCII 字符表中,中间部分为 96 个图形字符和 32 个控制字符代号,最左边和最上边为相应字符的 ASCII 码,其中上边为高 3 位二进制码,左边为低 4 位二进制码。例如:数字 0~9 的 ASCII 码为 0110000B~0111001B(即 30H~39H),大写字母 A~Z 的 ASCII 码为 41H~5AH。

在 8 位微型计算机中,信息通常是按字节存储和传送的,一个字节有 8 位。ASCII 码共有 7 位,作为一个字节还多出一位。多出的这位是最高位,常常用作奇偶校验,故称为奇偶校验位。奇偶校验位在信息发送中用处很大,它可以用来校验信息传送过程中是否有错。

## 1.4.2 汉字的编码

西文是拼音文字,只需用几十个字母(英文为 26 个字母,俄文为 33 个字母)就可写出西文资料。因此,计算机只要对这些字母进行二进制编码就可以对西文信息进行处理。汉字是表意文字,每个汉字都是一个图形。计算机要对汉字文稿进行处理(例如编辑、删改、统计等)就必须对所有汉字进行二进制编码,建立一个庞大的汉字库,以便计算机进行查找。

据统计,历史上使用过的汉字有 6 万多个。虽然目前大部分已成为不再使用的"死字",但有用汉字仍有 1.6 万个。1974 年,人们对书刊杂志上大约 2100 万汉字文献资料进行统计,共用到汉字 6347 个。其中,使用频度达到 90% 的汉字只有 2400 个,其余汉字的使用频度只占 10%。

汉字的编码方法通常分为两类:一类称为汉字输入法编码,例如五笔字型编码、拼音编码等,现已多达数百种;另一类是计算机内部对汉字处理时所用的二进制编码,通常称为机内码,如电报码、国标码和区位码等。由于汉字输入法编码已超出本书讨论范围,这里仅对机内码作一简述。

**1. 国标码(GB 2312)**

国标码是《信息交换用汉字编码字符集的基本集》的简称,是我国国家标准总局于 1981 年颁布的国家标准,编号为 GB 2312—80。

在国标码中,共收集汉字 6763 个,分为两级。第一级收集汉字 3755 个,按拼音排序。第二级收集汉字 3008 个,按部首排序。除汉字外,该标准还收集一般字符 202 个(包括间隔符、标点符号、运算符号、单位符号和制表符等)、序号 60 个、数字 22 个、拉丁字母 66 个、汉语拼音符号 26 个、汉语注音字母 37 个等。因此,这张表很大,连同汉字一共是 7445 个图形字符。

为了给 7445 个图形字符编码,采用 7 位二进制显然是不够的。因此,国标码采用 14 位二进制来给 7445 个图形字符编码。14 位二进制中的高 7 位占一个字节(最高位不用),称为第一字节;低 7 位占另一个字节(最高位不用),称为第二字节(见附录 B)。

国标码中的汉字和字符分为字符区和汉字区。21H~2FH(第一字节)和 21H~7EH(第二字节)为字符区,用于存放非汉字图形字符;30H~7EH(第一字节)和 21H~7EH(第二字节)为汉字区。在汉字区中,30H~57H(第一字节)和 21H~7EH(第二字节)为一级汉字区;58H~77H(第一字节)和 21H~7EH(第二字节)为二级汉字区,其余为空白区,可供使用者扩充。因此,国标码是采用 4 位十六进制数来表示一个汉字的。例如,"啊"的国标码为 3021H(30H 为第一字节,21H 为第二字节),"厂"的国标码为 3327H(33H 为第一字节,27H 为第二字节)。

**2. 区位码及其向国标码的替换**

其实区位码和国标码的区别并不大,它们共用一张编码表(见附录 B)。国标码用 4 位十六进制数来表示一个汉字,区位码是用 4 位十进制区号和位号来表示一个汉字,只是在编码的表示形式上有所区别。具体来讲,区位码把国标码中第一字节的 21H~7EH 映射成 1~94 区,把第二字节的 21H~7EH 映射成 1~94 位。区位码中的区号决定对应汉字位于哪个区(每区 94 位,每位一个汉字),位号决定相应汉字的具体位置。例如,"啊"的区位码为 1601(十进制),16 是区号,01 是位号;"厂"的区位码为 1907(十进制),19 是区号,07 是位号。

国标码是计算机赖以处理汉字的最基本编码,区位码在输入时比较容易记忆。计算机最终还是要把区位码替换成国标码,替换方法是先把十进制形式的区号和位号替换成二进制形式,然后分别加上 20H。例如,"啊"的区位码为 1601,替换成十六进制形式为 1001H,区号和位号分别加上 20H 后变为 3021H,这就是"啊"的国标码。同理,"厂"的区位码为 1907,国标码为 3327H。

## 1.4.3 校验码编码

在计算机中,信息在存入磁盘、磁带或存储器中常常会由于某种干扰而发生错误,信息在传输过程中也会因为传输线路上的各种干扰而使接收端接收到的数据和发送端发送的数据不相同。为了确保计算机可靠工作,人们常常希望计算机能对从磁盘、磁带或存储器中读出的信息或从接收端接收到的信息自动做出判断,并加以纠错。由此,引出了计算机对校验码的编码和解码问题。校验码编码发生在信息发送(或存储)之前,校验码解码则在信息被接收(或读出)后进行。这就是说:欲发送信息应首先按照某种约定规律编码成校验码,使这些有用信息加载在校验码上进行传送;接收端对接收到的校验码按约定规律的逆规律进行解码和还原,并在解码过程中去发现和纠正因传输过程中的干扰所引起的错误码位。

校验码编码采用"冗余校验"的编码思想。所谓"冗余校验"编码是指在基本的有效信息代位上再扩充几位校验位。增加的几位校验位对编码前的信息来说是多余的,故又称为"冗余位"。冗余位对于信息的查错和纠错是必需的,而且冗余位越多,其查错和纠错能力就越强。

迄今为止,人们对校验码编码的研究仍在继续,校验码编码的方法也有很多。例如,奇偶校验码编码、汉明码编码、循环冗余码编码和 CIRC(Cross Interleaved Read-Solomon Code,交叉交插里德-索罗蒙码)编码,等等。本文就奇偶校验码编码和汉明码编码作一介绍。

### 1. 奇偶校验码编码

奇偶校验码编码和解码又称为奇偶校验,是一种只有一位冗余位的校验码编码方法,常用于主存校验和信息传送。奇偶校验分为奇校验和偶校验两种。奇校验的约定编码规律要求编码后的校验码中 1 的个数(包括有效信息位和奇校验位)保持为奇数,偶校验则要求编码后的校验码中 1 的个数(包括有效信息位和偶校验位)保持为偶数。

一个 8 位奇偶校验码,有效信息位通常位于奇偶校验码中的低 7 位,一位奇偶校验位处于校验码中的最高位。奇偶校验位状态常由发送端的奇偶校验电路自动根据发送字节低 7 位中 1 的个数来确定。对于采用奇校验的信息传输线路,奇偶校验位的状态取决于其余 7 位信息中 1 的奇偶性。对于奇校验,若其他 7 位中 1 的个数为奇数,则奇偶校验电路自动在奇偶校验位上补 0;若 1 的个数为偶数,则奇偶校验位上为 1,以保证所传信息字节中 1 的个数为奇数。例如,A、B、C、D 的 ASCII 码经奇偶校验电路后变为

|  | 奇校位 | 有效数位 |
|---|---|---|
| A = | 1 | 1 0 0　0 0 0 1 B |
| B = | 1 | 1 0 0　0 0 1 0 B |
| C = | 0 | 1 0 0　0 0 1 1 B |
| D = | 1 | 1 0 0　0 1 0 0 B |

这样,接收端奇偶校验电路只要判断每个字节中是否有奇数个 1(包括奇偶校验位)就可以知道信息在传输中是否出错。奇偶校验的缺点是无法检验每个字节中同时发生偶数个错码的通信错误,但这种机会是很小的,因此奇偶校验广泛应用于微型计算机通信中。

### 2. 汉明码编码

汉明码是一种既能发现错误又能纠正错误的校验码,由理查德·汉明(Richard Hamming)于 1950 年提出。汉明码的码位有 $n+k$ 位,$n$ 为有效信息的位数,$k$ 为奇偶校验位位数。$k$ 个奇偶校验位有 $2^k$ 种组合,除采用一种组合指示信息在传送或读出过程中有无错误外,尚有 $2^k-1$ 种组合可以用来指示出错的码位。因此,若要能指示汉明码中任一位是否有错,则校验码的位数 $k$ 必须满足如下关系:

$$2^k \geqslant n+k+1$$

由此可以计算出 $n$ 与 $k$ 的关系如表 1-4 所示。

表 1-4　有效信息位与所需校验位的关系

| $k$(最小) | $n$ | $k$(最小) | $n$ |
|---|---|---|---|
| 2 | 1 | 5 | 12~26 |
| 3 | 2~4 | 6 | 27~57 |
| 4 | 5~11 | 7 | 58~120 |

在 $n$ 和 $k$ 的值确定以后,还要进一步确定哪些位为有效信息位以及哪些位作为奇偶校验位。在汉明码编码中规定:位号恰好等于 2 的权值的那些位(即:第 $1(2^0)$ 位、第 $2(2^1)$ 位、第 $4(2^2)$ 位、第 $8(2^3)$ 位……)均可用作奇偶校验位,并命名为 $P_1$,$P_2$,$P_3$,$P_4$,…,$P_k$ 位,余下各位则是有效信息位。

现举例说明对 ASCII 码进行汉明码编码和解码的原理。

(1) 汉明码的结构形式。ASCII 码有 7 位有效信息位($n=7$),由表 1-4 可得 $k=4$,故汉明码码长为 $n+k=11$ 位。根据汉明码对奇偶校验位位号的上述规定,第 1,2,4,8 位应为奇偶校验位,其余各位为有效信息位。分配关系如下:

| 1 | 2 | 3 | 4 | 5 | 6 | 7 | 8 | 9 | 10 | 11 |
|---|---|---|---|---|---|---|---|---|---|---|
| $P_1$ | $P_2$ | $D_6$ | $P_3$ | $D_5$ | $D_4$ | $D_3$ | $P_4$ | $D_2$ | $D_1$ | $D_0$ |

其中,$P_1$、$P_2$、$P_3$ 和 $P_4$ 为奇偶校验位;$D_6 \sim D_0$ 为有效数据位;最上面一排为汉明码的位号。

在汉明码中,奇偶校验位 $P_1 \sim P_4$(汉明码位号为 1、2、4、8)负责对各有效信息位的校验。$P_1$ 负责对第 3、5、7、9、11 位的校验;$P_2$ 负责对第 3、6、7、10 和 11 位的校验,其余如表 1-5 所列。

表 1-5　奇偶校验位

| 奇偶校验位 | 被校(汉明码)位号 | 奇偶校验位 | 被校(汉明码)位号 |
|---|---|---|---|
| $P_1$(1) | 3,5,7,9,11 | $P_3$(4) | 5,6,7 |
| $P_2$(2) | 3,6,7,10,11 | $P_4$(8) | 9,10,11 |

(2) 汉明码的编码原理。汉明码编码过程在发送端一侧进行,其主要任务是要根据有效信息位确定 $P_1$、$P_2$、$P_3$ 和 $P_4$ 的值,并填入相应汉明码的码位上。现以字符 b 的汉明码编码为例分析如下。

字符 b 的 ASCII 码为 62H(1 1 0 0 0 1 0 B),填入汉明码的相应位号上后变为

| 1 | 2 | 3 | 4 | 5 | 6 | 7 | 8 | 9 | 10 | 11 |
|---|---|---|---|---|---|---|---|---|---|---|
| $P_1$ | $P_2$ | 1 | $P_3$ | 1 | 0 | 0 | $P_4$ | 0 | 1 | 0 |

确定奇偶校验位 $P_1 \sim P_4$ 的值必须按表 1-5 进行。方法是按偶校验或奇校验规则统计相应被校汉明码位号中 1 的个数。对于偶校验编码的方法是:若被校位号中 1 的个数为奇数,则相应奇偶校验位为 1;若被校验位号中 1 的个数为偶数,则相应偶校验位为 0。例

如，$P_1$ 的被校位号为 3、5、7、9、11（见表 1-5），其中只有第 3 和第 5 位为 1（偶数个 1），故 $P_1=0$；$P_4$ 的被校位号为 9、10、11（见表 1-5），其中只有第 10 位为 1（奇数个 1），故 $P_4=1$；同理可得 $P_2=0$ 和 $P_3=1$。最后，汉明码编码电路只要把求得的 $P_1$、$P_2$、$P_3$ 和 $P_4$ 的值填入上述第 1、2、4、8 位中便可得到字符 b 的 11 位汉明码 00111001010B。

（3）汉明码的纠错。汉明码纠错是在汉明码解码过程中完成的。纠错很简单，只要把错位取反就行了。问题的关键是要弄清 11 位汉明码中究竟错在哪一位上。

汉明码的出错指示码 $E_4E_3E_2E_1$ 又称为指误字。指误字不仅可以指出数据在读出或传送过程中有无错误，而且可以指示究竟错在哪一位上。例如，若 $E_4E_3E_2E_1=0000B$，则表明数据在读出或传送过程中没有发生错误；若 $E_4E_3E_2E_1=0001B$，则表明汉明码的第 1 位（奇偶校验位 $P_1$）有错；若 $E_4E_3E_2E_1=0011B$，则表明汉明码的第 3 位有错……因此，汉明码解码的主要问题可以归结为如何求取出错标志位 $E_4$、$E_3$、$E_2$ 和 $E_1$。

出错标志位的求取规则是按照表 1-6 进行的。

表 1-6　出错标志位和所检测的位号

| 出错标志位 | 被检汉明码的位号 | 出错标志位 | 被检汉明码的位号 |
|---|---|---|---|
| $E_1$ | 1,3,5,7,9,11 | $E_3$ | 4,5,6,7 |
| $E_2$ | 2,3,6,7,10,11 | $E_4$ | 8,9,10,11 |

偶校验解码的方法是，若被检测所有汉明码位号中 1 的个数为奇数，则相应出错标志位的值为 1；若被检测所有汉明码位号中 1 的个数为偶数，则相应出错标志位的值为 0。例如，若接收端接收到的字符 b 的汉明码中第 11 位错成 1，变成如下形式：

| 1 | 2 | 3 | 4 | 5 | 6 | 7 | 8 | 9 | 10 | 11 |
|---|---|---|---|---|---|---|---|---|---|---|
| 0 | 0 | 1 | 1 | 1 | 0 | 0 | 1 | 0 | 1 | 1 |

则有

$$
\begin{array}{ccccccccccc}
& 1 & & 3 & & 5 & & 7 & & 9 & & 11 \\
E_1= & 0 & + & 1 & + & 1 & + & 0 & + & 0 & + & 1 & =1（奇数个 1） \\
\end{array}
$$

$$
\begin{array}{ccccccccccc}
& 2 & & 3 & & 6 & & 7 & & 10 & & 11 \\
E_2= & 0 & + & 1 & + & 0 & + & 0 & + & 1 & + & 1 & =1（奇数个 1） \\
\end{array}
$$

$$
\begin{array}{ccccccc}
& 4 & & 5 & & 6 & & 7 \\
E_3= & 1 & + & 1 & + & 0 & + & 0 & =0（偶数个 1） \\
\end{array}
$$

$$
\begin{array}{ccccccc}
& 8 & & 9 & & 10 & & 11 \\
E_4= & 1 & + & 0 & + & 1 & + & 1 & =1（奇数个 1） \\
\end{array}
$$

故指误字为 $E_4E_3E_2E_1=1011B$，以指示第 11 位由 0 错成 1。若将它取反，则错码得到纠正。

# 1.5 单片微型计算机概述

单片微型计算机是微型计算机的一个重要分支,也是一种非常活跃且颇具生命力的机种。单片微型机简称单片机,特别适用于控制领域,故又称为微控制器(Microcontroller)。

通常,单片机由单块集成电路芯片构成,内部包含计算机的基本功能部件:CPU(Central Processing Unit,中央处理器)、存储器和I/O接口电路等。因此,单片机只需要与适当的软件及外部设备相结合,便可成为一个单片机控制系统。

## 1.5.1 单片机的内部结构

与单片机相比,微型计算机是一种多片机系统。微型计算机是由中央处理器芯片、ROM芯片、RAM芯片和I/O接口芯片等通过印刷电路板上总线(地址总线AB、数据总线DB和控制总线CB)连成一体的完整计算机系统。其中,中央处理器的字长长,功能强大;ROM和RAM的容量很大;I/O接口的功能也大,这是单片机无法比拟的。因此,单片机在结构上与微型计算机十分相似,是一种集微型计算机主要功能部件于同一块芯片上的微型计算机,并由此而得名。单片机内部结构如图1-2所示。

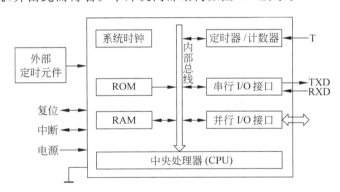

图 1-2 单片机内部结构

由图1-2可见,中央处理器是通过内部总线与ROM、RAM、I/O接口以及定时器/计数器相连的,这个结构并不复杂,但并不好理解。为此,在分析单片机工作原理前,先对图1-2中各部件进行基本介绍是十分必要的。

### 1. 存储器

在单片机内部,ROM和RAM存储器是分开制造的。通常,ROM存储器的容量较大,RAM存储器的容量较小,这是单片机用于控制的一大特点。

(1) ROM。ROM(Read Only Memory,只读存储器)一般为1～32KB(Kilo Byte,千字节),用于存放应用程序,故又称为程序存储器。单片机主要在控制系统中使用,因此一旦该系统研制成功,其硬件和应用程序均已定型。为了提高系统的可靠性,应用程序通常固化在片内ROM中。根据片内ROM的结构,单片机又可分为无ROM型、ROM型和EPROM (Erasable Programmable Read Only Memory, 可擦除可编程只读存储器)

型三类。近年来,又出现了 $E^2$PROM(Electrically Erasable Programmable Read Only Memory,电可擦除可编程只读存储器)和 Flash 型 ROM 存储器。

无 ROM 型单片机的特点是片内不集成 ROM 存储器,故应用程序必须固化到外接的 ROM 存储器芯片中,才能构成有完整功能的单片机应用系统。ROM 型单片机内部,其程序存储器是采用掩膜工艺制成的,程序一旦固化进去便永远不能修改。EPROM 型单片机内部的程序存储器是采用特殊 FAMOS(Floating gate Avalanche Injection Metal-Oxide-Semiconductor,浮栅雪崩注入金属氧化物半导体)管构成的,程序一旦写入,也可通过特殊手段加以修改。因此,EPROM 型单片机是深受研制人员欢迎的。

(2) RAM。通常,单片机片内 RAM(Random Access Memory,随机存取存储器)容量为 64~256B,最大可达 48KB。RAM 主要用来存放实时数据或作为通用寄存器、数据堆栈和数据缓冲器之用。

ROM 和 RAM 的内部结构大致相同,所不同的是存储每位二进制数码的基本电路不一样。UVEP ROM 的基本存储电路采用特殊的 FAMOS 管,由 FAMOS 管浮置栅内有电荷和无电荷表示存 0 还是存 1;RAM 的基本存储电路是触发器,用触发器的两个暂稳状态来表示存 0 或存 1。为使读者对存储器内部结构有一个基本了解,在图 1-3 中显示出了一个容量为 16×8 RAM 芯片的内部结构。图中可见,A3~A0 为地址线,共 4 条,传送地址码;D7~D0 是数据线,共 8 条,传送一个二进制数的 8 位;$\overline{RD}$ 和 $\overline{WR}$ 为控制线,传送读写控制信号。存储阵列是芯片的主体,它有 16 个地址单元,分别对应于 4 条地址线的 16 种组合,每个地址单元有 8 个触发器,用于存储一个 8 位二进制数,故它可以存储 16 个 8 位二进制数。在 16 个地址单元中,哪一个单元工作是由地址译码器输出的 16 条地址选择线中哪一条为高电平所决定。地址译码器的译码信号由地址线上地址码经地址寄存器暂存后送来。因此,地址线条数和存储容量间的关系通常为

$$存储容量 = 2^n$$

其中,$n$ 为地址线条数。数据线条数和每个地址单元中二进制位数一一对应,并应和所有地址单元中的基本存储电路(即触发器)相通。

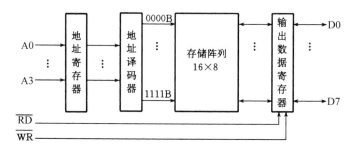

图 1-3  16×8 RAM 的内部结构框图

对于一个有 16 条地址线和 8 条数据线的 ROM 存储器,如果它的 16 条地址线皆为高电平(即地址为 FFFFH),则必定选中读出 FFFFH 号地址单元中的内容,且读出的数据是送到数据线上的;如果 16 条地址线上的地址码变为 0000H(即全为低电平),则必定选中 0000H 单元工作。因此,一个有 16 条地址线的存储器其存储容量的地址范围为

0000H～FFFFH,共64KB。

## 2. 中央处理器

中央处理器的内部结构极其复杂,要像电子线路那样画出它的全部电原理图来加以分析介绍是根本不可能的。为了弄清它的基本工作原理,现以图1-4中的模型CPU结构框图为例加以概述。

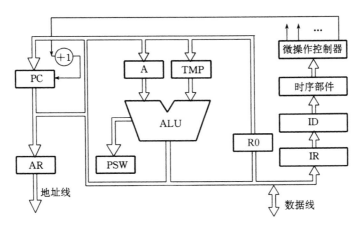

图1-4  模型CPU结构框图

(1) 运算器。运算器用于对二进制数进行算术运算和逻辑操作;其操作顺序在控制器控制下进行。运算器由算术逻辑单元ALU、累加器A、通用寄存器R0、暂存器TMP和状态寄存器PSW组成。

累加器A(Accumulator)是一个具有输入输出能力的移位寄存器,由8个触发器组成。累加器A在加法前用于存放一个操作数,加法操作后用于存放两数之和,以便再次累加,故此得名。TMP(Temporary Register,暂存器)也是一个8位寄存器,用于暂存另一操作数。ALU(Arithmetic and Logical Unit,算术逻辑单元)主要由加法器、移位电路和判断电路等组成,用于对累加器A和暂存器TMP中两个操作数进行四则运算和逻辑操作。PSW(Program Status Word,程序状态字)也由8位触发器组成,用于存放ALU操作过程中形成的状态。例如累加器A中的运算结果是否为零,最高位是否有进位或借位,低4位向高4位是否有进位或借位等,都可以记录到PSW中去。R0为GR(General-purpose Register,通用寄存器),用于存放操作数或运算结果。

(2) 控制器。控制器是发布操作命令的机构,是计算机的指挥中心,相当于人脑的神经中枢。控制器由指令部件、时序部件和微操作控制部件三部分组成。

① 指令部件:是一种能对指令进行分析、处理和产生控制信号的逻辑部件,也是控制器的核心。通常,指令部件由PC(Program Counter,程序计数器)、IR(Instruction Register,指令寄存器)和ID(Instruction Decoder,指令译码器)三部分组成。

指令是一种能供机器执行的控制代码,有操作码和地址码两部分。指令不同,相应的代码长度也不一样。因此,指令可分为单字节指令、双字节指令和三字节指令,等等。指令的有序集合称为程序,程序必须预先放在存储器内,机器执行程序应从第一条指令开始逐条执行。这就需要有一个专门的寄存器用来存放当前要执行指令的内存地址,这个寄存器就是程序计数器 PC。当机器根据 PC 中的地址取出要执行指令的一个字节后,PC 就自动加 1,指向指令的下一字节,为机器下次取这个字节时做好准备。在 8 位 CPU 中,程序计数器通常为 16 位。

指令寄存器 IR 是 8 位长,用于存放从存储器中取出的当前要执行指令的指令码。该指令码在 IR 中得到寄存和缓冲后被送到指令译码器 ID 中译码,指令操作码译码后就知道该指令进行哪种操作,并在时序部件的帮助下去推动微操作控制部件完成指令的执行。

② 时序部件:由时钟系统和脉冲分配器组成,用于产生微操作控制部件所需的定时脉冲信号。其中,时钟系统(Clock System)产生机器的时钟脉冲序列,脉冲分配器(Pulse Distributor)又称为"节拍发生器",用于产生节拍电位和节拍脉冲。

③ 微操作控制部件:可以为 ID 输出信号配上节拍电位和节拍脉冲,也可与外部进来的控制信号组合,共同形成相应的微操作控制序列,以完成规定的操作。

总之,CPU 是单片机的核心部件,它通常由上述的运算器、控制器和中断电路等组成。CPU 进行算术运算和逻辑操作的字长同样有 4 位、8 位、16 位和 32 位之分,字长越长运算速度越快,数据处理能力也就越强。

**3. 内部总线**

单片机内部总线是 CPU 连接片内各主要部件的纽带,是各类信息传送的公共通道。内部总线主要由 3 种不同性质的连线组成,它们是地址线、数据线和控制/状态线。

地址线主要用来传送存储器所需要的地址码或外部设备的设备号,通常由 CPU 发出并被存储器或 I/O 接口电路所接收。数据线用来传送 CPU 写入存储器或经 I/O 接口送到输出设备的数据,也可以传送从存储器或输入设备经 I/O 接口读入的数据。因此,数据线通常是双向信号线。控制/状态线有两类:一类是 CPU 发出的控制命令,如读命令、写命令、中断响应等;另一类是存储器或外设的状态信息,如外设的中断请求、存储器忙和系统复位信号等。

**4. I/O 接口和特殊功能部件**

I/O 接口电路有串行和并行两种。串行 I/O 用于串行通信,它可以把单片机内部的并行 8 位数据(8 位机)变成串行数据向外传送,也可以串行接收外部送来的数据并把它们变成并行数据送给 CPU 处理。并行 I/O 接口电路可以使单片机和存储器或外设之间并行地传送 8 位数据(8 位机)。

通常,特殊功能部件包括定时器/计数器、A/D 和 D/A、DMA(Direct Memory Access,直接(内)存储器存取)通道和系统时钟等电路。定时器/计数器用于产生定时脉冲,以实现单片机的定时控制;A/D 和 D/A 转换器用于模拟量和数字量之间的相互转换,以完成实时数据的采集和控制;DMA 通道可以使单片机和外设之间实现数据的快速传送。总之,某一单片机内部究竟包括哪些特殊功能部件以及特殊功能部件的数量是和它的型号有关的。

## 1.5.2 单片机的基本原理

单片机是通过执行程序来工作的,机器执行不同程序就能完成不同的运算任务。因此,单片机执行程序的过程实际上也体现了单片机的基本工作原理。为此,先从指令程序谈起。

**1. 单片机的指令系统和程序编制**

前面已经介绍,指令是一种可以供机器执行的控制代码,故它又称为指令码(Instruction Code)。指令码由操作码(Operation Code)和地址码(Address Code)构成:操作码用于指示机器执行何种操作;地址码用于指示参加操作的数在哪里。其格式为

| 操作码 | 地址码 |
| --- | --- |

指令码的二进制形式既不便于记忆,又不便于书写,故人们通常采用助记符形式来表示,如表1-7所示。

表 1-7 指令的 3 种形式

| 指令的二进制形式 | 指令的十六进制形式 | 指令的汇编形式 |
| --- | --- | --- |
| 01110100 data1 | 74 data1 | MOV A,♯data1 ;A←data1 |
| 00100100 data2 | 24 data2 | ADD A,♯data2 ;A←data1＋data2 |
| 10000000 11111110 | 80 FE | SJMP $ ;停机 |

指令的集合或指令的全体称为指令系统(Instruction System)。微处理器类型不同,它的指令系统也不一样。例如,Z80 有 158 条指令,Intel 8085 有 78 条指令,MCS-51 系列单片机有 111 条指令,等等。程序就是采用指令系统中的指令根据题目要求排列起来的有序指令的集合。

程序的编制称为"程序设计"。通常,设计人员采用指令的汇编符(即助记符)形式编程,这种程序设计称为"汇编语言程序设计"。显然,设计人员如果不熟悉机器的指令系统是无法编出优质高效的程序的。

**2. 单片机执行程序的过程**

为了弄清单片机的工作原理,现以如下的 $Y=5+10$ 求和程序来说明单片机的工作过程。

```
7405H    MOV  A,♯05H   ;A←05H
240AH    ADD  A,♯0AH   ;A←5+10
80FEH    SJMP $        ;停机
```

该程序由三条指令组成,每条指令均为双字节指令(即第一字节为操作码,第二字节为地址码或立即数)。第一条指令操作码 74H 的含义是把 05H 传送到累加器 A 中;第二条指令操作码 24H 的含义是加法指令,它把累加器 A 中的 5 和立即数 10 相加,结果保留到累加器 A 中;第三条是停机指令,机器执行操作码 80H 后处于动态停机状态。为了说明程序的执行过程,现在假设上述程序的指令码已装入从 2000H 开始的存储器区域,共占用 6 个存储单元,程序计数器 PC 中也预先放入初值地址 2000H,以便机器可以根据 PC 中地址从第一条指令处执行程序,如图 1-5 所示。

(1)第一条指令的执行过程。第一条指令为双字节指令,第一字节为操作码 74H,它指示机器进行传送操作,操作数 05H 在指令的第二字节(即 2001H)内。执行步骤如下。

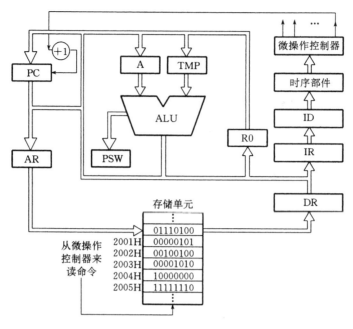

图 1-5　指令执行操作示意图

① 微操作控制器使程序计数器 PC 中初值地址 2000H 送入 AR(Address Register,地址寄存器)后发出读命令,同时使程序计数器 PC 中的内容自动加 1 而变成 2001H,以便为取指令的第二字节预先做准备。

② 存储器根据地址寄存器中的地址 2000H,在读命令控制下完成读出操作码 74H并送入数据寄存器 DR(Data Register)中。

③ 微操作控制序列继续使 DR 中的操作码 74H 经 IR(Instruction Register,指令寄存器)缓冲后送入 ID(Instruction Decoder,指令译码器)。

④ 指令译码器 ID 结合时序部件产生 74H 操作码的微操作序列,该微操作序列把程序计数器 PC 中的地址 2001H 送入 AR 后发出新的读命令,同时又使程序计数器 PC 自动加 1,从而变成 2002H,为取第二条指令操作码 24H 做准备。

⑤ 存储器在新的 AR 中地址 2001H 和 74H 微操作序列共同作用下,把 2001H 单元中的 05H 送入数据寄存器 DR。

⑥ 74H 微操作控制序列使数据寄存器 DR 中的 05H 操作数送入累加器 A 中。

至此,第一条指令的执行宣告完成。

(2) 第二条指令的执行过程。第二条指令也是双字节指令,第一字节为操作码 24H,指示机器进行加法操作,两个操作数中一个在累加器 A 中,另一个在指令的第二字节。执行步骤如下。

① 第一条指令执行完后,程序计数器 PC 中的内容已变为 2002H,微操作控制器也使程序计数器 PC 中的 2002H 送入地址寄存器后向存储器发出读命令,同时又使 PC 中的内容加 1 从而变为 2003H,使 PC 指向第二条指令的第二字节 0AH。

② 存储器在地址寄存器 AR 中的 2002H 和 CPU 送来的读命令作用下,读出操作码

24H 并送到数据寄存器 DR 中。

③ 微操作控制器发出的微操作控制序列使 DR 中的 24H 操作码送入指令寄存器 IR,并通过它进入指令译码器 ID。

④ 指令译码器 ID 也结合时序部件使微操作控制器产生 24H 的微操作控制序列,该微操作控制序列又使程序计数器 PC 中的 2003H 送入 AR 和向存储器发出读命令,还使 PC 自动加 1 从而变为 2004H,使 PC 指向第三条指令第一字节 80H 的地址。

⑤ 24H 微操作控制序列把存储器读出的操作数 0AH 从 DR 送入 TMP,并会同累加器 A 中的另一操作数 05H,完成两数求和操作以及把操作结果 0FH 经过内部总线送入累加器 A,从而完成本条指令的执行。

(3) 第三条指令的执行过程。第三条指令的执行过程和第一、二两条类似,所不同的是,第三条指令执行后 CPU 处于动态停机状态,在此不再赘述。

### 1.5.3　单片机的分类及发展

1974 年,美国仙童(Fairchild)公司研制出世界上第一台单片微型计算机 F8,该机由两块集成电路芯片组成,结构奇特,具有与众不同的指令系统,深受民用电器和仪器仪表领域的欢迎和重视。从此,单片机开始迅速发展,应用范围也在不断扩大,现已成为微型计算机的重要分支。

**1. 单片机的分类**

20 世纪 80 年代以来,单片机有了新的发展,各半导体器件厂商也纷纷推出自己的产品系列。迄今为止,市售单片机产品已达 60 多个系列,600 多个品种。按照 CPU 对数据处理位数来分,单片机通常可以分为以下 4 类。

(1) 4 位单片机。4 位单片机的控制功能较弱,CPU 一次只能处理 4 位二进制数。这类单片机常用于计算器、各种形态的智能单元以及作为家用电器中的控制器。典型产品有美国 NS(National Semiconductor)公司的 COP4×× 系列、Toshiba 公司的 TMP47 ××× 系列以及 Panasonic 公司的 MN1400 系列等单片机。

(2) 8 位单片机。8 位单片机的控制功能较强,品种最为齐全。和 4 位单片机相比,它不仅具有较大的存储容量和寻址范围,而且中断源、并行 I/O 接口和定时器/计数器个数都有了不同程度的增加,并集成有全双工串行通信接口。在指令系统方面,普遍增设了乘除指令和比较指令。特别是 8 位机中的高性能增强型单片机,除片内增加了 A/D 和 D/A 转换器以外,还集成有定时器捕捉/比较寄存器、监视定时器(Watchdog)、总线控制部件和晶体振荡电路等。这类单片机由于其片内资源丰富且功能强大,主要在工业控制、智能仪表、家用电器和办公自动化系统中应用。代表产品有 Intel 公司的 MCS-51 系列机、荷兰 Philips 公司的 80C51 系列机(同 MCS-51 兼容)、Motorola 公司的 M6805 系列机、Microchip 公司的 PIC 系列机和 Atmel 公司的 AT89 系列机(同 MCS-51 兼容)等。

(3) 16 位单片机。16 位单片机是在 1983 年以后发展起来的。这类单片机的特点是:CPU 是 16 位的,运算速度普遍高于 8 位机,有的单片机寻址能力高达 1MB,片内含有 A/D 和 D/A 转换电路,支持高级语言。这类单片机主要用于过程控制、智能仪表、家用电器以及作为计算机外部设备的控制器,典型产品有 Intel 公司的 MCS-96/98 系列机、

Motorola 公司的 M68HC16 系列机、NS 公司的 HPC×××系列机等。

（4）32 位单片机。32 位单片机的字长为 32 位，是单片机的顶级产品，具有极高的运算速度。近年来，随着家用电子系统的新发展，32 位单片机的市场前景看好。这类单片机的代表产品有 Motorola 公司的 M68300 系列机、英国 Inmos 公司的 IM-ST414 和日立公司的 SH 系列机等。

**2. 8 位单片机的新发展**

目前，单片机正朝着高性能和多品种方向发展，尤其是 8 位单片机已成为当前单片机的主流。因此，介绍 8 位单片机的新发展是十分必要的。8 位单片机的新发展具体体现在如下 4 个方面。

（1）CPU 功能增强。CPU 功能主要表现在运算速度和精度的提高。为了提高单片机的运算速度，不少半导体厂商把亚微米的 CMOS 工艺用于 8 位单片机的生产，以提高机器的运算速度。

在开发未来 8 位单片机的竞争中，Intel 公司正在执行 MCS51-ZX 计划，要把 80C51 系列的功能提高 3～5 倍，以弥补它与 16 位单片机之间的差距。Dallas Semiconductor 公司计划把 80C51 设计成 $\frac{1}{3}$ 时钟周期执行一条指令，并可在 33MHz 时钟下运行。Philips 公司制定了一个能把 80C51 目标代码的运行速度提高 4 倍的 80C51-XA 计划。因此，80C51 已成为世界单片机电路设计中广泛采用的一种基础结构，也为我国高校采用 MCS-51 单片机组织教学提供了依据。

（2）内部资源增多。单片机内部资源通常由其片内功能体现。单片机片内资源越丰富，用它构成的单片机控制系统的硬件开销就会越少，产品的体积和可靠性就会越高。近年来，世界各大半导体厂商热衷于开发增强型 8 位单片机。这类增强型单片机不仅可以把 CPU、RAM、ROM、定时器/计数器、I/O 接口和中断系统等电路集成进去，而且片内新增了 A/D 和 D/A 转换器、监视定时器、DMA 通道和总线接口等，有些厂家还把晶振和 LCD 驱动电路也集成到芯片中。所有这些，都为 8 位单片机开辟了新的应用天地。

（3）引脚的多功能化。随着芯片内部的功能增强和资源丰富，单片机芯片所需引脚数也会相应增多，这是难以避免的。例如，一个能寻址 1MB 存储空间的单片机需要 20 条地址线和 8 条数据线。太多的引脚不仅会增加制造时的困难，而且会使芯片的集成度大为减少。为了减少引脚数量和提高应用灵活性，单片机制造中普遍采用了一脚多用的设计方案。

（4）低电压和低功耗。在许多应用场合，单片机不仅要有很小的体积，而且还需要较低的工作电压和极小的功耗。因此，单片机制造时普遍采用 CMOS 工艺，并设有空闲和掉电两种工作方式。例如，美国 Microchip 公司的 PIC16C5×系列单片机正常工作电流为 2mA，空闲方式下为 15μA，待命工作状态（2.5V 电源电压）下为 0.6μA，以至于它可以采用干电池供电。

## 1.5.4　典型单片机性能概览

迄今为止，单片机制造商有很多，主要有美国的 Intel、Motorola、Zilog、NS、

Microchip、Atmel 和 TI 公司,日本的 NEC(日电)、Toshiba(东芝)、Fujitsu(富士通)和 Hitachi(日立)公司,荷兰的 Philips、英国的 Inmos 和德国的 Siemens(西门子)公司,等等。为了给读者一个关于单片机性能的总体概念,现对 Intel、Philips、Motorola、Microchip、Atmel 和 Hitachi 等公司的部分单片机系列产品加以介绍。

**1. 8 位单片机**

8 位单片机的生产厂家较多,品种十分齐全。这里,主要介绍 Intel 和 Philips、Motorola、Microchip、Atmel 公司的 8 位单片机。

(1) Intel 和 Philips 公司的 8 位单片机。MCS-51 系列单片机是 Intel 公司 1980 年推出的 8 位单片机,与该公司的 MCS-48 系列机相比,MCS-51 无论在 CPU 功能还是存储容量以及特殊功能部件性能上都要高出一筹。典型产品为 8051,其内部资源分配和性能如下:8 位 CPU、寻址能力达 2×64K;4KB 的 ROM 和 128B 的 RAM;4 个 8 位 I/O 接口电路;一个串行全双工异步接口;5 个中断源和两个中断优先级。

MCS-51 系列单片机特性如表 1-8 所示。

表 1-8  MCS-51 系列单片机特性

| 单 片 机 | | 片内 ROM /KB | 片内 RAM /B | I/O 接 口 | | | DMA | A/D | 中断源 | 空闲和 掉电方式 |
|---|---|---|---|---|---|---|---|---|---|---|
| 类  别 | 型  号 | | | 并行 I/O | 计数器 | 串行 I/O | | | | |
| 无 ROM 型 | 8031/8031AH | | 128 | 4×8 | 2×16 | 1 | | | 6 | |
| | 8032/8032AH | | 256 | 4×8 | 3×16 | 1 | | | 8 | |
| | 80C31BH | | 128 | 4×8 | 2×16 | 1 | | | 6 | √ |
| | 80C51FA | | 256 | 4×8 | 3×16 | 1 | | | 14 | √ |
| | 80C51GA | | 128 | 4×8 | 2×16 | 1 | | 8 位 | 8 | √ |
| | 80C152JA | | 256 | 5×8 | 2×16 | 1 | 2 | | 9 | √ |
| | 80C451 | | 128 | 7×8 | 2×16 | 1 | | | 6 | √ |
| | 80C452 | | 256 | 5×8 | 2×16 | 1 | 2 | | 9 | √ |
| ROM 型 | 8051/8051AH | 4 | 128 | 4×8 | 2×16 | 1 | | | 6 | |
| | 8052AH | 8 | 256 | 4×8 | 3×16 | 1 | | | 8 | |
| | 80C51BH | 4 | 128 | 4×8 | 2×16 | 1 | | | 6 | √ |
| | 83C51FA | 8 | 256 | 4×8 | 3×16 | 1 | | 5 通道 8 位 | 14 | √ |
| | 83C51GA | 4 | 128 | 4×8 | 2×16 | 1 | | | 8 | √ |
| | 83C152JA | 8 | 256 | 5×8 | 2×16 | 1 | 2 | | 19 | √ |
| | 83C152JC | 8 | 256 | 5×8 | 2×16 | 1 | 2 | | 19 | √ |
| | 83C451 | 4 | 128 | 7×8 | 2×16 | 1 | | | 6 | √ |
| | 83C452 | 8 | 256 | 5×8 | 2×16 | 1 | 2 | | 9 | √ |
| EPROM 型 | 8751/8751BH | 4 | 128 | 4×8 | 2×16 | 1 | | | 5 | |
| | 8752BH | 8 | 256 | 4×8 | 3×16 | 1 | | | 8 | |
| | 87C51 | 4 | 128 | 4×8 | 2×16 | 1 | | | 6 | √ |
| | 87C51FA | 8 | 256 | 4×8 | 3×16 | 1 | | 5 通道 | 14 | √ |
| | 87C51GA | 4 | 128 | 4×8 | 2×16 | 1 | | | 8 | √ |
| | 87C452P | 8 | 256 | 5×8 | 2×16 | 1 | 2 | | 9 | √ |

80C51 系列单片机是 MCS-51 中的一个子系列,是一族高性能兼容型单片机。除 Intel公司外,Siemens、Philips 和 Fujitsu 等公司都在 80C51 基础上推出与 80C51 兼容的新型单片机,统称为 80C51 系列,其中 Philips 公司的 80C51 系列单片机性能卓著,产品最齐全,最具有代表性,这是因为 Philips 和 Intel 之间有着一项特殊的技术互换协议。

80C51 系列中的典型产品是 80C552,它与 Intel 公司的 MCS-51 系列单片机完全兼容,具有相同的指令系统、地址空间和寻址方式,采用模块化的系统结构。该系列中许多新的高性能单片机都是以 80C51 为内核和增加一定功能部件构成的。这些新增功能部件(电路)有:A/D 转换器、捕捉输入/定时输出、PWM(Pulse Width Modulator,脉冲宽度调制器)、I²C 总线接口、视频显示控制器、监视定时器(Watchdog Timer)和 E²PROM 等。Philips 公司的 80C51 系列单片机的主要类型和性能如表 1-9 所示。

表 1-9　80C51 系列单片机的主要类型和性能

| 单 片 机 | | 片内ROM/KB | 片内RAM/B | I/O 接 口 | | | A/D | PWM | 外部中断 | DMA |
| --- | --- | --- | --- | --- | --- | --- | --- | --- | --- | --- |
| 类 别 | 型 号 | | | 并行 I/O | 计数器 | 串行 I/O | | | | |
| 无 ROM 型 | 80C31 | | 128 | 4 | 2×16 | UART | | | 2 | |
| | 80C32 | | 256 | 4 | 3×16 | UART | | | 2 | |
| | 80C528 | | 512 | 4 | 3×16+WDT | UART,I²C | | | 2 | |
| | 80C550 | | 128 | 4 | 3×16+WDT | UART | 8 位 | | 2 | 6/8 通道 |
| | 80C552 | | 256 | 4 | 3×16+WDT | UART,I²C | 8×10 位 | 2 路 | 2 | |
| | 80C562 | | 256 | 6 | 3×16+WDT | UART | 8×8 位 | 2 路 | 6 | |
| | 80C592 | | 512 | 6 | 3×16+WDT | UART,CAN | | | 2 | |
| | 80C652 | | 256 | 4 | 2×16 | UART,I²C | | | 2 | |
| | 80C851 | | 128,256* | 4 | 2×16 | UART | | | 2 | |
| ROM 型 | 83C752 | 2 | 64 | 2.5/8 | 1×16 | I²C | 5×8 位 | | 2 | |
| | 80C51B | 4 | 128 | 4 | 2×16 | UART | | | 2 | |
| | 80C52 | 8 | 256 | 4 | 3×16 | UART | | | 2 | |
| | 83C528 | 32 | 512 | 4 | 3×16+WDT | UART,I²C | | | 2 | |
| | 83C550 | 4 | 128 | 4 | 3×16+WDT | UART | 8 位 | | 2 | 6/8 通道 |
| | 83C552 | 8 | 256 | 4 | 3×16+WDT | UART,I²C | 8×10 位 | 2 路 | 2 | |
| | 83C562 | 8 | 256 | 6 | 3×16+WDT | UART | 8×8 位 | 2 路 | 6 | |
| | 83C592 | 16 | 512 | 6 | 3×16+WDT | UART,CAN | | | 2 | |
| | 83C652 | 8 | 256 | 4 | 2×16 | UART,I²C | | | 2 | |
| | 83CE654 | 16 | 256 | 4 | 2×16 | UART,I²C | | | 2 | |
| | 83C851 | 4 | 128,256* | 4 | 2×16 | UART | | | 2 | |
| EPROM 型 | 87C51 | 4 | 128 | 4 | 2×16 | UART | | | 2 | |
| | 87C52 | 8 | 256 | 4 | 3×16 | UART | | | 2 | |
| | 87C528 | 32 | 512 | 4 | 3×16+WDT | UART,I²C | | | 2 | |
| | 87C550 | 4 | 128 | 4 | 3×16+WDT | UART | 8 位 | | 2 | 6/8 通道 |
| | 87C552 | 8 | 256 | 4 | 3×16+WDT | UART,I²C | 8×10 位 | 2 路 | 2 | |
| | 87C592 | 16 | 512 | 6 | 3×16+WDT | UART,CAN | | | 2 | |
| | 87C652 | 8 | 256 | 4 | 2×16 | UART,I²C | | | 2 | |
| | 87C654 | 16 | 256 | 4 | 2×16 | UART,I²C | | | 2 | |

注:＊表示 E²PROM。

（2）Microchip 公司的 8 位单片机。美国 Microchip 公司生产的 PIC 系列单片机具有价格低、速度高、功耗低和体积小等特点，并率先采用 RISC（Reduced Instruction Set Computer，精简指令系统计算机）技术。该公司的 8 位 PIC 系列单片机的市场占有率已从 1990 年的第 20 位提高到 1996 年的前 5 位，现已成为嵌入式单片机（Embedded Controller）的主流产品之一。

PIC 系列单片机分为低档、中档和高档 3 个层次，指令条数分别是 33、35 和 58 条，均向上兼容。PIC 系列单片机内部采用哈佛（HarVard）双总线结构，数据和程序分开传送，有效地避免了 CISC 设计中经常出现的处理瓶颈；两级指令流水线结构允许 CPU 在执行本条指令的同时也能取出下条指令的指令码，这就可以使 CPU 的工作速度得到很大提高。Microchip 基于 EPROM 的 OTP（One Time Program，一次性程序）技术实际上是不带窗口的 EPROM，它比熔丝式 PROM 更为可靠，更能满足客户需求。PIC 系列单片机内部资源丰富，用户可根据需要选取。现将 PIC 系列部分中档单片机性能列于表 1-10 中。

表 1-10　PIC 系列中档单片机性能（部分）

| 型　　号 | ROM | E²PROM | OTP ROM | RAM | 定时器 | I/O | A/D | 串行口 | 备　　注 |
|---|---|---|---|---|---|---|---|---|---|
| PIC16C621 | | | 1KB×14 | 80B×8 | 1 | 13 | | | |
| PIC16C61 | | | 1KB×14 | 36B×8 | 1 | 13 | | | |
| PIC16C64 | | | 2KB×14 | 128B×8 | 3 | 33 | | SPI,I²C | |
| PIC16CR64 | 2KB×14 | | | 128B×8 | 3 | 33 | | SPI,I²C | |
| PIC16C73 | | | 4KB×14 | 192B×8 | 1 | 22 | 5×8位 | SPI,I²C | UART |
| PIC16C74 | | | 4KB×14 | 192B×8 | 1 | 33 | 5×8位 | SPI,I²C | UART |
| PIC16C74A | | | 4KB×14 | 192B×8 | 1 | 33 | 5×8位 | SPI,I²C | UART |
| PIC16F84 | | 1KB×14<br>64B×8(数) | | 36B×8 | 1 | 13 | | | |
| PIC16CR84 | 1KB×14 | 64B×8(数) | | 68B×8 | 1 | 13 | | | |
| PIC16C923 | | | 4KB×14 | 178B×8 | 3 | 52 | | | LCD 驱动 |
| PIC16C924 | | | 4KB×14 | 178B×8 | 3 | 52 | | | LCD 驱动 |

（3）Atmel 公司的 8 位单片机。美国 Atmel 公司是世界上著名的高性能、低功耗、非易失性存储器和数字集成电路的一流半导体制造公司。Atmel 公司最令人瞩目的是 E²PROM 和闪速（Flash）存储器技术，一直处于世界领先地位。该公司把 E²PROM 和 Flash 存储器技术巧妙地运用于单片机，并采用多种封装形式和高标准质量检测。

Atmel 单片机可分为 AT89、AT90、AT91 和智能 IC 卡 4 个系列，这些单片机内部含有 Flash 存储器，故它们在便携类产品中大有用武之地。Atmel 单片机按使用环境可分为 C（商业）档、I（工业）档、A（汽车）档和 M（军用）档，其中 M 档产品的环境使用温度为 $-55℃\sim+150℃$。因此，Atmel 单片机除广泛用于计算机外部设备、通信设备、自动化工业控制、仪器仪表和各种消费类产品中以外，还在航空航天仪表、雷达系统、导弹、智能自适应仪器、机器人和各类武器系统中具有广泛的应用。

AT89 系列单片机可分为标准型、低档型和高档型三类,均属于 8 位机。标准型单片机有 AT89C51、AT89LV51、AT89C52、AT89LV52、AT89C55 和 AT89S8252 和 AT89S4D12 等型号。其中,数字 9 表示内含 Flash 存储器,C 表示 CMOS 工艺,LV 表示低电压,S 表示含有串行下载 Flash 存储器,51、52 和 8252 等表示型号。

AT90 系列单片机属于增强型 RISC 内载 Flash 8 位单片机,通常简称为 AVR 单片机。AVR 单片机具有最高为 MIPS/mW 的能力,内部采用 HarVard 结构,可直接访问 8MB 的 ROM 存储器和 8MB 的 RAM 存储器,允许采用 C 语言编程。AT90 系列里的部分单片机特性如表 1-11 所示。

表 1-11　AT90 系列单片机选型

| 特　性 | AT90S1200 | AT90S2313 | AT90S4414 | AT90S8515 | AT90SMEG103 | AT90S8535 |
|---|---|---|---|---|---|---|
| Flash | 1KB(512×16) | 2KB(1024×16) | 4KB(2048×16) | 8KB(4K×16) | 128KB(64K×16) | 8KB(4K×16) |
| SRAM | | 128B | 256/64KB 片外 | 512/64KB 片外 | 4K/64KB 片外 | 512/64KB 片外 |
| E²PROM | 64B | 128B | 256B | 512B | 4KB | 512B |
| 工作寄存器 | 32B | 32B | 32B | 32B | 32B | 32B |
| I/O | 15(20mA) | 15(20mA) | 32(20mA) | 32(20mA) | 32 | 32 |
| A/D | | | | | 8~10 位 | 8~10 位 |
| PWM(D/A) | | 1~10 位 | 2~10 位 | 2~10 位 | 2~8 位,2~10 位 | 3~10 位 |
| 频率/MHz | 4/8/12/16MHz WDT | 4/8/12MHz WDT | 4/8MHz WDT | 4/8MHz WDT | 4/6MHz,WDT 32768RTC | 8MHz,WDT RTC |
| 定时器/计数器 | 1~8 位 | 1~8 位 1~16 位 | 1~8 位 1~16 位 | 1~8 位 1~16 位 | 1~8 位 1~16 位 | 1~8 位 1~16 位 |
| ISP 编程 | 是 | 是 | 是 | 是 | 是 | 是 |
| UART | | 1~8 位 9 位 | 1~8 位 9 位 | 1~8 位 9 位 | 1~8 位 9 位 | 1~8 位 9 位 |
| SPI | | | 1-主,从 | 1-主,从 | 1-主,从 | 1-主,从 |
| $V_{CC}$/V | 2.7~6 | 2.7~6 | 2.7~6 | 2.7~6 | 2.7~6 | 2.7~6 |
| $I_{CC}$/mA | 2 | 2.5 | 3.5 | 3.5 | 9.5 | 3.5 |
| 电源存储 | 空闲($\mu A$) 掉电 | 空闲($\mu A$) 掉电 | 空闲($\mu A$) 掉电 | 空闲($\mu A$) 掉电 | 空闲($\mu A$) 掉电 | 空闲($\mu A$) 掉电 |
| 比较器 | 1 | 1,B,R,直接 | 1 | 1 | 1 | 1,B,R,直接 |
| 包装 | dip20,soic20 | dip20,soic20 | dip40,plcc44 tqfp44 | dip40,plcc44 tqfp44 | tqfp64 | dip40,plcc44 tqfp44 |

（4）Motorola 公司的 8 位单片机。Motorola 公司于 1979 年推出真正的单片机 M6801,采用 NMOS 工艺,内含 2.5 万只晶体管。1982 年,该公司又研制成结构更为简单的 M6804 系列单片机,采用内部串行结构和动态 RAM 技术。1983 年,Motorola 公司采用 HCMOS 技术再次推出 M68HC05 系列单片机,其速度要比 M6805 快 3~4 倍,I/O 功能更强,功耗更低。

迄今为止,Motorola 的 M6805 系列、M68HC05 系列和 M68HC11 系列单片机是国

际上应用最广泛的 8 位主流机型之一,约占 8 位单片机市场的 30％份额。因此,Motorola 公司对推动单片机技术的发展具有举足轻重的影响。

M68HC05 系列单片机的基本结构和 M6805 相似,但功能更为强大。M68HC05 比 M6805 增加了乘法和低功耗控制指令,指令执行速度比 M6805 要快。M68HC05 系列单片机有 100 多个品种。现把其中部分产品的主要性能列于表 1-12 中。表中 IC(Input Capture,输入捕捉)、OC(Output Compare,输出比较)、I/O(Bidirectional Input and Output Port Pins,双向输入输出端口引脚)、SIOP(Simple Serial I/O Port,简单串行 I/O 端口)、SPI(Serial Peripheral Interface,串行外围接口)、SCI(Serial Communication Interface,串行通信接口)。

表 1-12　M68HC05 系列单片机主要性能

| 型　　号 | ROM /KB | RAM /B | E²PROM /B | A/D | PWM | I/O | 定时器 | 显示器 驱动 | 串行口 | 封　　装 |
|---|---|---|---|---|---|---|---|---|---|---|
| MC68HC05B16 | 15 | 352 | 256 | 8×8 | 2×8 | 24I/O 8I,2O | 16 位 2IC,2OC | — | SCI | 56B 52FN,64FU |
| MC68HC05C12 | 12 | 176 | — | — | — | 28I/O 3I | 16 位 1IC,1OC | — | SCI SPI | 40P,44FN 44FB,42B |
| XC68HC05H2 | 2 | 128 | — | — | 2×8 | 16I/O 4I,4O | MFT RTI | — | SIOP | 40P,42B 44FB |
| XC68HC05K0 | 0.5 | 32 | — | — | — | 10I/O | MFT RTI | — | — | 16P 16DW |
| XC68HC05L1 | 4 | 128 | — | 6×8 | — | 17I/O 15I,2O | 16 位 2IC,2OC | 64 段 LCD | — | 56B 64FU |
| MC68HC05L16 | 16 | 512 | — | — | — | 16I/O 8I,15O | 16 位,8 位 RTI | 156 段 LCD | SIOP | 80FU |
| MC68HC05P5 | 3 | 128 | — | — | 2×8 | 15I/O 3I,3O | 16 位 1IC,1OC | — | — | 28DW |
| XC68HC05P15 | 3 | 128 | — | — | 2×8 或 2×16 | 15I/O 3I,1O | 16 位 1IC,1OC | — | — | 28DW |
| XC68HC05T12 | 8 | 320 | — | 1×4 | — | 8×7 1×14 | 32I/O 4I | 16 位 1IC,1OC | OSD(64 字符 ROM) | I²C | 56B |
| MC68HC705B5 | 6 | 176 | — | 8×8 | 2×8 | 24I/O 8I,2O | 16 位 2IC,2OC | — | SCI | 56B 52FN |
| XC68HC705E24 | 24 | 352 | 320 | 2×8 | — | 47I/O 2I | 16 位,2IC 2OC,MFT | — | I²C | 64FU |
| XC68HC705G10 | 12 | 304 | — | 5×8 | 4×8 | 39I/O 23I | MFT RTC | — | — | 100FU |
| XC68HC705J3 | 2 | 128 | — | — | — | 14I/O | 16 位,1IC 1OC,MFT | — | — | 20DW |
| XC68HC705K1 | 0.5 | 32 | — | — | — | 10I/O | MFT RTI | — | — | 16P 16DW |
| MC68HC705L16 | 16 | 512 | — | — | — | 16I/O 8I,15O | 16 位,8 位 RTI | 156 段 LCD | SIOP | 80FU |
| XC68HC705T10 | 12 | 320 | — | 1×8 | — | 8×16 1×14 | 20I/O 4I | 16 位 RTC | OSD(64 EPROM) | I²C | 56B |
| MC68HC705X16 | 15 | 352 | 255 | 8×8 | 2×6 | 32I/O | 16 位 2IC,2OC | — | SCI | 64FU 68FN |

M68HC11 系列单片机是 Motorola 公司的 8 位高性能单片机,1984 年推出,采用 HCMOS 工艺制造,具有灵活的 CPU、大量面向控制的外围接口以及更加复杂的 I/O 功能。M68HC11 单片机和 M6800、M6801、M68HC05 等在软件上向上兼容,全部采用静态半导体技术,故可进一步降低功耗。其主要特点为:CPU 有两个 8 位或一个 16 位累加器和两个 16 位变址寄存器,新增了可用于 16 位变址运算、16 位乘除运算、位操作和功耗操作等指令,共有指令 91 条,总线速度高达 4MHz;片内 ROM 存储器为 0～32KB,片内 RAM 存储器为 192～1250B,EPROM 容量为 4～32KB,$E^2PROM$ 为 0～2KB;片内 I/O 功能丰富而且灵活,大多数 I/O 引脚都由数据方向寄存器 DDR 控制,输出带锁存和输入带缓冲,可带多路 8 位 A/D 和 8 位 PWM,串行 I/O 分串行通信接口 SCI 和串行外围接口 SPI,前者用于单片机与单片机之间的全双工 UART 异步通信,后者用于单片机与外设之间的高速数据通信;片内定时器具有输入捕捉和输出比较功能,监视定时器可以起到 Watchdog 功能;4 路 DMA(Direct Memory Access,直接(内)存储器存取)可以加速存储器和外部设备间的数据传送,一个 MMU(Memory Management Unit,内存管理单元)可以使原来寻址 64KB 的物理空间扩展到 1MB,16 位片内协处理器还可使乘除法操作速度提高 10 倍。

M68HC11 系列单片机的工作温度范围广、可靠性高、抗干扰能力强,内部资源丰富。因此,这类单片机在工业控制、仪器仪表和家用电器等方面得到广泛应用,现已成为欧美汽车行业的一种工业标准。曾经,Motorola 公司还专门开发成功了一种适用于 M68HC11 的模糊控制软件,这进一步促进了它的推广应用。M68HC11 系列单片机有几十种型号,表 1-13 列出了部分 M68HC11 系列单片机主要性能。

表 1-13　M68HC11 系列单片机主要性能

| 型　　号 | EPROM /KB | RAM /B | $E^2PROM$ /B | 定时器 | A/D | PWM | I/O | 串行口 | 封　　装 |
|---|---|---|---|---|---|---|---|---|---|
| MC68HC11A0 | — | 256 | — | 16 位,RTI,WDOG 脉冲累加器 | 8×8 | — | 22 | SPI SCI | 52FN,48P 64FU |
| MC68HC11A8 | 8 | 256 | 512 | 16 位,RTI,WDOG 脉冲累加器 | 8×8 | — | 38 | SPI SCI | 52FN 48P |
| XC68HC11C0 | — | 256 | 512 | 16 位,RTI,WDOG 脉冲累加器 | 4×8 | 2×8 | 36 | SPI SCI | 68FN 64FU |
| MC68HC11D3 | 4 | 192 | — | 16 位,RTI,WDOG 脉冲累加器 | — | — | 32 | SPI SCI | 44FB,40P 44FU |
| MC68HC11E0 | — | 512 | — | 16 位,RTI,WDOG 脉冲累加器 | 8×8 | — | 22 | SPI SCI | 52FN |
| MC68HC11E8 | 12 | 512 | — | 16 位,RTI,WDOG 脉冲累加器 | 8×8 | — | 38 | SPI SCI | 52FN |
| XC68HC11E20 | 20 | 768 | 512 | 16 位,RTI,WDOG 脉冲累加器 | 8×8 | — | 38 | SPI SCI | 52FN 64FU |
| PC68HC11G0 | — | — | 512 | 16 位,RTI,WDOG 脉冲累加器 | 8×10 | 4×8 | 38 | SPI SCI | 84FN 80FU |
| PC68HC11G7 | 24 | 512 | — | 16 位,RTI,WDOG 脉冲累加器 | 8×10 | 4×8 | 66 | SPI SCI | 84FN 80FU |

| 型　　号 | EPROM /KB | RAM /B | E²PROM /B | 定 时 器 | A/D | PWM | I/O | 串行口 | 封　装 |
|---|---|---|---|---|---|---|---|---|---|
| MC68HC11K0 | — | 768 | — | 16 位,RTI,WDOG 脉冲累加器 | 8×8 | 4×8 | 37 | SPI SCI | 84FN 80FU |
| MC68HC11K1 | — | 768 | 640 | 16 位,RTI,WDOG 脉冲累加器 | 8×8 | 4×8 | 37 | SPI SCI | 84FN 80FU |
| MC68HC11KA3 | 24 | 768 | — | 16 位,RTI,WDOG 脉冲累加器 | 8×8 | 4×8 | 51 | SPI SCI | 68FN 64FU |
| MC68HC11L0 | — | 512 | — | 16 位,RTI,WDOG 脉冲累加器 | 8×8 | — | 30 | SPI SCI | 68FN 64FU |
| MC68HC11L6 | 16 | 512 | 512 | 16 位,RTI,WDOG 脉冲累加器 | 8×8 | — | 46 | SPI SCI | 68FN 64FU |
| MC68HC11M2 | 32 | 1.25K | — | 16 位,RTI,WDOG 脉冲累加器 | 8×8 | 4×8 | 62 | SPI SCI | 84FN 80FU |
| XC68HC11P2 | 32 | 1K | 640 | 16 位,RTI,WDOG 脉冲累加器 | 8×8 | 4×8 | 62 | SPI 3-SCI | 84FN 80FU |

Motorola 公司推出的新一代 8 位加强型 M68HC08 系列单片机,典型产品有 MC68HC08×L36。该单片机除能和 M68HC05 兼容外,堆栈指针有 16 位,增加了多功能时钟发生器(CGM)、计算机正常工作监视器(COP)以及低电平检测、非法操作码检测和非法地址码检测等功能。

**2. 16 位单片机**

16 位单片机内部的 CPU 是 16 位的,它对数据处理的能力通常比 8 位单片机强,现以 Intel 和 Motorola 两家公司的 16 位单片机为例加以介绍。

(1) Intel 公司的 16 位单片机。Intel 公司于 1984 年推出 16 位高性能 MCS-96 系列单片机,该系列包括 8096BH、8096 和 8098 三个子系列。MCS-96 系列单片机采用多累加器和流水线作业的系统结构,运算速度快、精度高,典型产品为 8397BH。主要性能有:一个 16 位 CPU 可以直接面向 256 字节寄存器空间;16 位乘 16 位和 32 位除以 16 位的乘除操作速度为 $6.25\mu s$;8 路 10 位 A/D 转换器;9 个中断源和 5 个 8 位 I/O 口;一个 8KB 的 ROM 存储器;一个全双工串行口,一个专用串行口;两个 16 位定时器/计数器,一个 16 位监视定时器,4 个 16 位软件定时器;高速输入(HSI)和高速输出(HSO)部件可用于测量和产生分辨率为 $2\mu s$ 的脉冲;一个脉冲宽度调制输出可以用作 8 位 D/A 输出。MCS-96 系列单片机主要性能如表 1-14 所示。

**表 1-14　MCS-96 系列单片机主要性能**

| 型　　号 | ROM /KB | EPROM | RAM /B | 定 时 器 | I/O | A/D | PWM | 串行口 | 封　装 |
|---|---|---|---|---|---|---|---|---|---|
| 8395BH | 8 | | 232 | 2×16 位 | 40 | 4×10 | 1 | UART | 48DIP |
| 8398 | 8 | | 232 | 2×16 位 | 40 | 4×10 | 1 | UART | 48DIP |
| 8095BH | | | 232 | 2×16 位 | 40 | 4×10 | 1 | UART | 48DIP |
| 8096BH | | | 232 | 2×16 位 | 40 | | 1 | UART | 48DIP |

| 型号 | ROM /KB | EPROM | RAM /B | 定时器 | I/O | A/D | PWM | 串行口 | 封装 |
|---|---|---|---|---|---|---|---|---|---|
| 8098 | | | 232 | 2×16 位 | 40 | 4×10 | 1 | UART | 48DIP |
| 8795BH | | 8KB | 232 | 2×16 位 | 40 | 4×10 | 1 | UART | 48DIP |
| 8798 | | 8KB(或 OTP) | 232 | 2×16 位 | 40 | 4×10 | 1 | UART | 48DIP |
| 8397BH | 8 | | 232 | 2×16 位 | 40 | 8×10 | 1 | UART | 64DIP |
| 8397JF | 16 | | 232 | 2×16 位 | 40 | 8×10 | 1 | UART | 64DIP |
| 8097BH | | | 232 | 2×16 位 | 40 | 8×10 | 1 | UART | 64DIP |
| 8097JF | | | 232 | 2×16 位 | 40 | 8×10 | 1 | UART | 64DIP |
| 8797BH | | 8KBOTP | 232 | 2×16 位 | 40 | 8×10 | 1 | UART | 64DIP |
| 8797JF | | 16KBOTP | 232 | 2×16 位 | 40 | 8×10 | 1 | UART | 64DIP |
| 8396BH | 8 | | 232 | 2×16 位 | 40 | 8×10 | 1 | UART | 68PLCC |
| 8397BH | 8 | | 232 | 2×16 位 | 40 | 8×10 | 1 | UART | 68PLCC |
| 8397JF | 16 | | 232 | 2×16 位 | 40 | 8×10 | 1 | UART | 68PLCC |
| 8097BH | | | 232 | 2×16 位 | 40 | 8×10 | 1 | UART | 68PLCC |
| 8097JF | | | 232 | 2×16 位 | 40 | 8×10 | 1 | UART | 68PLCC |
| 8797BH | | 8KB(或 OTP) | 232 | 2×16 位 | 40 | 8×10 | 1 | UART | 68PLCC |
| 8797JF | | 16KBOTP | 232 | 2×16 位 | 40 | 8×10 | 1 | UART | 68PLCC |

（2）Motorola 公司的 16 位单片机。Motorola 公司生产的 M68HC16 系列的 16 位单片机是为嵌入式控制应用而设计。该系列芯片内部除含有一个 16 位 CPU 和 16 位指令系统以外，还有三个 16 位变址寄存器和两个 16 位累加器，寻址能力为 $2×1MB$，指令的源代码和 M68HC11 兼容，支持高级语言，等等。M68HC16 系列单片机的主要性能如表 1-15 所示。

**表 1-15　M68HC16 系列单片机性能**

| 型号 | ROM /KB | RAM /KB | E²PROM /KB | 定时器 | I/O | A/D | 集成模块 | 串行口 | 封装 |
|---|---|---|---|---|---|---|---|---|---|
| MC68HC16Z1 | — | 1 | — | GPT | 46 | 8×10 | SIM | QSM | 132-FN/FD 144-FN/V |
| MC68HC16Z2 | 8 | 2 | — | GPT | 46 | 8×10 | SIM | QSM | 132-FC 132-FD |
| MC68HC16Y1 | 48 | 2 | — | TPU+GPT | 95 | 8×10 | SCIM | MCCI | 160-FT 160-FM |
| NC68HC16 | — | 1 | 48 Flash | GPT | 70 | 8×10 | RPSCIM | QSM | 120-TH |
| XC68HC916Y1 | — | 4 | 48 Flash | TPU+GPT | 95 | 8×10 | SCIM | MCCI | 160-FT 160-FM |

表 1-15 中，GPT（General Purpose Timer）为通用定时器，QSM（Queued Serial Module）为队列串行模块，TPU（Time Processing Unit）为定时处理单元，SIM（System Integration Module）为系统集成模块，MCCI（Multichannel Communication Interface）为多路通信接口，SCIM（Single-chip Integration Module）为单片集成模块，RPSCIM（Reduced Pin Count Single-chip Integration Module）为少引脚单片集成模块。

**3. 32 位单片机**

32 位单片机一次能完成二进制 32 位运算，具有极高的数据处理能力，也是为嵌入式控制应用而设计的。

（1）Motorola 公司的 32 位单片机。M68300 是 Motorola 公司生产的 32 位单片机系列。这类单片机内部含有一个基于 M68000 的 32 位 CPU 模块和大量其他专用模块。M68300 单片机内部的地址总线有 32 位，外部地址总线有 24 位，8 个 32 位通用数据寄存器和 7 个 32 位通用地址寄存器，并能在不工作期间设置成低功耗 STOP 模式。M68300系列单片机设计灵活，性能优良，能与原有的 M6805、M68HC05 和 M68HC16 等单片机在硬件和软件上兼容。

M68300 系列单片机的主要性能如表 1-16 所示。

表 1-16　M68300 系列单片机的主要性能

| 型　　号 | RAM /KB | E²PROM /KB | 定时器 | I/O | A/D | 串行口 | 集成模块 | 封　装 |
|---|---|---|---|---|---|---|---|---|
| M68331 | — | — | GPT | 43 | — | QSM | QIM | 132-FC/FD 144-FM/FV |
| M68332 | 2 | — | TPU | 47 | — | QSM | SIM | 132-FC/FD 144-FM/FV |
| PC68F333 | 4 | 16 Flash 48 Flash Emulator | TPU | 96 | 8×10 | QSM | SCIM | 160-FT 160-FM |
| PC68F334 | 1 | — | TPU | 47 | 8×10 | — | SIM | 132-FC 132-FD |

（2）Hitachi 公司的 32 位单片机。Super H（简称 SH）系列单片机是日本 Hitachi（日立）公司生产的 32 位单片机系列。SH 系列单片机采用 RISC 结构，数据处理速度快、功能强并且功耗低，也是目前世界上广泛应用的 32 位单片机之一。

SH 系列单片机可以分为基本型 SH-1、改进型 SH-2、低功耗型 SH-3 和增强型 SH-4四类。SH-1 中，现有 SH7034、SH7032、SH7021 和 SH7020 四个型号；SH-2 采用 Cache 结构，片内无 ROM 和 RAM，仅有 SH7604 一种型号；SH-3 是低功耗型，允许在 2.25V 电源电压下运行，现有 SH7702、SH7708 和 SH7709 三种型号。

SH-3 内部有一个 32 位的 RISC 型 CPU，片内有 4 路 8KB Cache 和存储器管理单元MMU，运算速度高达 100MIPS（60MHz 时钟）。SH-3 片内的专用模块有多功能定时器（三通道 32 位定时器和一个监视定时器 WDT）、二通道 DMAC、串行通信接口 SCI、中断控制器 INTC（内部中断 14 个和外部中断 17 个）、片内时钟发生器 CPG、锁相环电路、实时时钟 RTC、用户断点控制器、总线控制器 BSC 和 I/O 接口等。

SH 系列 32 位单片机的独特优点是对数据的极高处理能力。这可以使它广泛用于多媒体、蜂窝电话、硬盘和光盘驱动器、激光打印机、扫描仪、数字通信、数字相机、可视电话、自动汽车、PDA 个人数字助理和高档游戏机等的嵌入式控制中。

### 1.5.5 单片机在工业控制中的应用

单片机具有体积小、可靠性高、功能强、灵活方便等许多优点,故可以广泛应用于国民经济的各个领域,对各行各业的技术改造和产品更新换代起到了重要的推动作用。为了使读者一开始就建立一个关于单片机的应用概念,现就单片机在直接数字控制系统和分布控制系统中的应用问题作一概述。

**1. 单片机在直接数字控制系统中的应用**

直接数字控制(Direct Digital Control,DDC)是单片机在工业控制中应用最普遍的一种方式。在这种方式中,单片机作为系统的一个组成部分或环节,直接参与控制过程,其结构框图如图 1-6 所示。由图中可见,一台单片机可以对多个被控参数进行巡回检测,并把检测结果和给定值进行比较,再按事先约定的控制规律进行运算处理,然后通过 D/A 和反多路开关控制执行机构动作,从而使生产过程始终处于最佳状态。

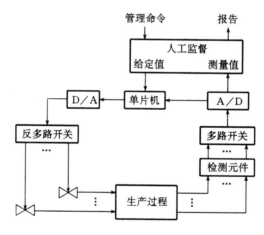

图 1-6  DDC 控制系统原理框图

**2. 单片机在分布式控制系统中的应用**

分布式控制系统(Distributed Control Systems,DCS)实际上是一个分级结构的计算机系统,是由一台或数台主计算机和若干单片机构成的计算机系统。图 1-7 为一个三级管理的分布式计算机控制系统。

图 1-7 中,厂级管理计算机用于厂级事务管理、新产品开发和对下属车间的指导,主要采用大型或超级微型计算机系统。SCC(Supervisory Computer Control,车间监督计算机)用于车间一级的事务管理和对班组生产的指导,常常由微型计算机系统或中、小型计算机构成。设备控制级又称为 DDC 级,用于对生产过程的直接控制和接受来自 SCC 级的指导,大部分采用单片机制成。

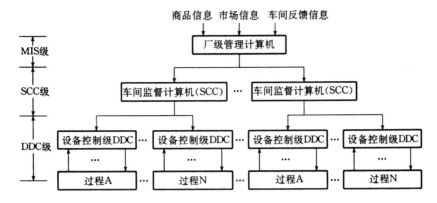

商品信息  市场信息  车间反馈信息

图 1-7  三级管理的分布式计算机控制系统

显然,单片机在工业控制中直接位于控制第一线,它面广量大,是工厂自动化的关键部件之一。

# 习题与思考题

**1.1**  十进制数和二进制数各有什么特点? 请举例加以说明。

**1.2**  为什么微型计算机要采用二进制?

**1.3**  十六进制数有什么特点? 为什么它不能被微型计算机直接执行? 学习十六进制数的目的是什么?

**1.4**  标记二进制数、十进制数和十六进制数有哪两种方法? 请举例加以说明。

**1.5**  把下列十进制数转换为二进制数和十六进制数:

① 135  ② 0.625  ③ 47.6875  ④ 0.94  ⑤ 111.111  ⑥ 1995.12

**1.6**  把下列二进制数转换为十进制数和十六进制数:

① 11010110B  ② 1100110111B  ③ 0.1011B

④ 0.10011001B  ⑤ 1011.1011B  ⑥ 111100001111.11011B

**1.7**  把下列十六进制数转换成十进制数和二进制数:

① AAH  ② BBH  ③ C.CH  ④ DE.FCH  ⑤ ABC.DH  ⑥ 128.08H

**1.8**  在定点小数计算机中,所有参加运算的原码数都必须小于1,运算结果也必须小于1。这种计算机要处理大于1的数怎么办?

**1.9**  在定点整数计算机中,一个二进制16位的原码数的可表示范围为多少? 把它表示成浮点数(阶码5位、尾数9位、阶符和数符各一位)的可表示范围(十进制形式)为多少?

**1.10**  先把下列各数变成二进制形式,然后完成加法和减法运算,写在前面的数为被加数或被减数:

① 97H 和 0FH  ② A6H 和 33H  ③ F3H 和 F4H  ④ B6H 和 EDH

**1.11**  完成下列各数的乘除运算,写在前面的数为被乘数或被除数。

① 110011B 和 101101B  ② 111111B 和 1011B

**1.12**  先把下列十六进制数变成二进制数,然后分别完成逻辑乘、逻辑加和逻辑异或操作,应写出竖式。

    ① 33H 和 BBH　　② ABH 和 7FH　　③ CDH 和 80H　　④ 78H 和 0FH

**1.13** 设有一个小数 $x \geqslant 0$,表示成二进制形式为 $0.k_1k_2k_3k_4k_5k_6k_7$,其中 $k_1$、$k_2$、$k_3$、$k_4$、$k_5$、$k_6$、$k_7$ 可分别取 0 或 1,试问:

    ① 若要 $x > \dfrac{1}{2}$,则 $k_1$、$k_2$、$k_3$、$k_4$、$k_5$、$k_6$、$k_7$ 要满足的充分与必要条件是什么?

    ② 若要 $x > \dfrac{1}{8}$,则 $k_1$、$k_2$、$k_3$、$k_4$、$k_5$、$k_6$、$k_7$ 要满足的充分与必要条件是什么?

**1.14** 已知一个二进制整数 $k = k_1k_2k_3k_4k_5k_6k_7$,若要判断它能否被 4 整除,则 $k_1$、$k_2$、$k_3$、$k_4$、$k_5$、$k_6$、$k_7$ 分别应满足的充分与必要条件是什么?

**1.15** 请写出下列各十进制数在 8 位定点整数机中的原码、反码和补码形式(最高位为符号位):

    ① $X = +38$　　② $X = +76$　　③ $X = -54$　　④ $X = -115$

**1.16** 先把下列各数变成 8 位二进制数(含符号位),然后按补码运算规则求 $[X + Y]_{补}$ 及其真值:

    ① $X = +46$　　② $X = +78$　　③ $X = +112$　　④ $X = -51$
      $Y = +55$　　　　$Y = +15$　　　　$Y = -83$　　　　$Y = +97$

**1.17** 请根据式(1-8)画出溢出信号 OV 的真值表,思考产生正溢出和负溢出的两种情况。

**1.18** 已知下列十进制数,请先写出它们的变形补码,然后求 $[X + Y]_{变补}$,并对所得结果进行溢出判断(要求写出竖式)。

    ① $X = 53$,$Y = -33$　　　　　　② $X = 120$,$Y = 38$
    ③ $X = -115$,$Y = -36$　　　　④ $X = -50$,$Y = -70$

**1.19** 已知下列各十进制数,请先写出它们的 8 位二进制补码形式,然后采用补码数的符号扩展方法,把它们扩展成 16 位二进制形式(含符号位)。

    ① 89　　② 96　　③ −39　　④ −113

**1.20** 写出下列各数的 BCD 码:

    ① 47　② 59　③ 1996　④ 1997.6

**1.21** 用十六进制形式写出下列字符的 ASCII 码:

    ① AB8　② STUDENT　③ COMPUTER　④ GOOD

**1.22** 一级字库中的汉字有多少个?二级字库中的汉字有多少个?

**1.23** 区位码替换成国标码的方法是什么?

**1.24** 奇偶校验码编码冗余几位?ASCII 字符的汉明码编码至少冗余几位?

**1.25** 请写出 B 的汉明码。

**1.26** 单片机内部由哪几部分电路组成?各部分电路的主要功能是什么?

**1.27** 请结合图 1-5 简述单片机执行程序的过程。

**1.28** 按照 CPU 对数据的处理位数,单片机通常可分为哪几类?各有什么特点?

**1.29** 结合图 1-6 说明单片机在 DDC 系统中的作用。

# 第 2 章　MCS-51 单片机结构与时序

MCS-51 是美国 Intel 公司的 8 位高档单片机系列,是在 MCS-48 系列基础上发展而来,也是我国目前应用最广的一种单片机系列。在这个系列里,有多种机型,性能特点也各不相同。

本章主要以 8051 为主线叙述 MCS-51 单片机的内部结构、引脚功能、工作方式和时序,这些对后续章节的学习十分重要。

## 2.1　MCS-51 单片机内部结构

在 MCS-51 系列里,所有产品都是以 8051 为核心电路发展起来的,它们都具有 8051 的基本结构和软件特征。从制造工艺来看,MCS-51 系列中的器件基本上可分为 HMOS (High-speed MOS,高速 MOS)和 CMOS 两类(见表 2-1)。CMOS 器件的特点是电流小且功耗低(掉电方式下消耗 $10\mu A$ 电流),但对电平要求高(高电平大于 4.5V,低电平小于 0.45V),HMOS 对电平要求低(高电平大于 2.0V,低电平小于 0.8V),但功耗大。

表 2-1　MCS-51 系列芯片及制造工艺

| ROM 型 | 无 ROM 型 | EPROM 型 | 片内 ROM/KB | 片内 RAM/B | 16 位定时器 | 制造工艺 |
|---|---|---|---|---|---|---|
| 8051 | 8031 | 8751 | 4 | 128 | 2 | HMOS |
| 8051AH | 8031AH | 8751H | 4 | 128 | 2 | HMOS |
| 8052AH | 8032AH | 8752BH | 8 | 256 | 3 | HMOS |
| 80C51BH | 80C31BH | 87C51 | 4 | 128 | 2 | CHMOS |

8051 单片机内部包含了作为微型计算机所必需的基本功能部件,各功能部件相互独立地集成在同一块芯片上。8051 内部结构如图 2-1 所示。如果把图中 ROM/EPROM 这部分电路移走,则它和 8031 的内部结构相同。为了进一步介绍 8051 或 8031 内部结构和工作原理,现把图中各功能部件划分为 CPU、存储器、I/O 端口、定时器/计数器和中断系统 5 部分加以介绍。

### 2.1.1　CPU 结构

8051 内部 CPU 是一个字长为二进制 8 位的中央处理单元,也就是说它对数据的处理是按字节为单位进行的。与微型计算机 CPU 类似,8051 内部 CPU 也是由算术逻辑部件(ALU)、控制器(定时控制部件等)和专用寄存器组三部分电路构成。

**1. 算术逻辑部件**

8051 的 ALU 是一个性能极强的运算器,它既可以进行加、减、乘、除四则运算,也可

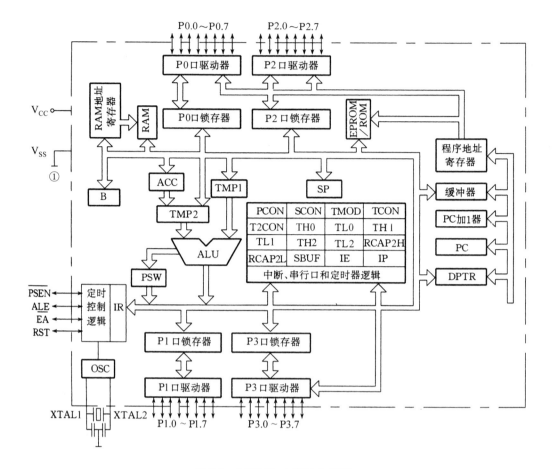

图 2-1　MCS-51 内部结构框图

以进行与、或、非、异或等逻辑运算,还具有数据传送、移位、判断和程序转移等功能。8051 ALU 为用户提供了丰富的指令系统和极快的指令执行速度,大部分指令的执行时间为 1μs,乘法指令可达 4μs。

8051 ALU 由一个加法器、两个 8 位暂存器(TMP1 与 TMP2)和一个性能卓著的布尔处理器(图中未画出)组成。虽然 TMP1 和 TMP2 对用户并不开放,但可用来为加法器和布尔处理器暂存两个 8 位二进制操作数。8051 时钟频率可达 12MHz。

**2. 定时控制部件**

定时控制部件起着控制器的作用,由定时控制逻辑、指令寄存器和振荡器 OSC 等电路组成。指令寄存器 IR 用于存放从程序存储器 EPROM/ROM 中取出的指令(即操作)码,定时控制逻辑用于对指令寄存器中的操作码进行译码,并在 OSC 的配合下产生执行该指令的时序脉冲,以完成相应指令的执行。

OSC(OSCillator)是控制器的心脏,能为控制器提供时钟脉冲。图 2-2 为 HMOS 型单片机内部的 OSC 电路。图中,引脚 XTAL1 为反相放大管 Q4 的输入端,XTAL2 为 Q4

---

① 图中的接地符号用⊥表示,全书同。在 PROTEUS 软件中采用 ⊥ 表示接地符号。

的输出端。只要在引脚 XTAL1 和 XTAL2 上外接定时反馈回路,OSC 就能自激振荡。定时反馈回路常由石英晶振和电容组成,如图 2-1 所示。OSC 振荡器产生矩形时钟脉冲序列,其频率是单片机的重要性能指标之一。时钟频率越高,单片机控制器的控制节拍就越快,运算速度也就越快。因此,不同型号的单片机所需要的时钟频率是不相同的。

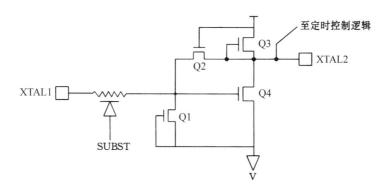

图 2-2　HMOS 型单片机内部振荡器 OSC

### 3. 专用寄存器组

专用寄存器组主要用来指示当前要执行指令的内存地址、存放操作数和指示指令执行后的状态等。它是任何一台计算机的 CPU 不可缺少的组成部件,其寄存器的多寡因机器型号不同而异。专用寄存器组主要包括程序计数器 PC、累加器 A、程序状态字 PSW、堆栈指示器 SP、数据指针 DPTR 和通用寄存器 B 等。

(1) 程序计数器 PC(Program Counter)。

程序计数器 PC 是一个二进制 16 位的程序地址寄存器,专门用来存放下一条将要执行指令的内存地址,能自动加 1。CPU 执行指令时,它是先根据程序计数器 PC 中的地址从存储器中取出当前需要执行的指令码,并把它送给控制器分析执行,随后程序计数器 PC 中的地址码自动加 1,以便为 CPU 取下一个需要执行的指令码做准备。当下一个指令码取出执行后,PC 又自动加 1。这样,程序计数器 PC 一次次加 1,指令就被一条条地执行。所以,需要执行程序的机器码必须在程序执行前预先一条条地按序放到程序存储器 EPROM/ROM 中,并为程序计数器 PC 设置成程序第一条指令的内存地址。

8051 程序计数器 PC 由 16 个触发器构成,故它的编码范围为 0000H～FFFFH,共64K。这就是说,8051 对程序存储器的寻址范围为 64KB。如果想为 8051 配置大于64KB 的程序存储器,就必须在制造 8051 器件时加长程序计数器的位数。但在实际应用中,64KB 的程序存储器通常已足够了。

(2) 累加器 A(Accumulator)。

累加器 A 又记作 ACC,是一个具有特殊用途的二进制 8 位寄存器,专门用来存放操作数或运算结果。在 CPU 执行某种运算前,两个操作数中的一个通常应放在累加器 A中,运算完成后累加器 A 中便可得到运算结果。例如,在如下的 3+5 加法程序中:

　　MOV　A,♯03H　;A←3

```
ADD    A，♯05H  ;A←A＋05H
```

第一条指令是把加数 3 预先送入累加器 A，为第二条加法指令的执行做准备。因此，第二条指令执行前累加器 A 中为加数 3，在执行后变为两数之和 8。

（3）通用寄存器 B(General-Purpose Register)。

通用寄存器 B 是专门为乘法和除法设置的寄存器，也是一个二进制 8 位寄存器，由 8 个触发器组成。该寄存器在乘法或除法前，用来存放乘数或除数，在乘法或除法完成后用于存放乘积的高 8 位或除法的余数。现以乘法运算为例加以说明：

```
MOV    A，♯05H  ;A←5
MOV    B，♯03H  ;B←3
MUL    AB        ;BA←A×B＝5×3
```

上述程序中，前面两条是传送指令，是进行乘法前的准备指令。因此，乘法指令执行前累加器 A 和通用寄存器 B 中分别存放了两个乘数，乘法指令执行完后，积的高 8 位自动在 B 中形成，积的低 8 位自动在 A 中形成。

（4）程序状态字 PSW(Program Status Word)。

PSW 是一个 8 位标志寄存器，用来存放指令执行后的有关状态。PSW 中各位状态通常是在指令执行过程中自动形成的，但也可以由用户根据需要采用传送指令加以改变。它的各标志位定义如下：

| PSW7 | PSW6 | PSW5 | PSW4 | PSW3 | PSW2 | PSW1 | PSW0 |
|------|------|------|------|------|------|------|------|
| Cy | AC | F0 | RS1 | RS0 | OV | — | P |

其中，PSW7 为最高位，PSW0 为最低位。

① 进位标志位 Cy(Carry)：用于表示加减运算过程中最高位 A7（累加器最高位）有无进位或借位。在加法运算时，若累加器 A 中最高位 A7 有进位，则 Cy＝1；否则 Cy＝0。在减法运算时，若 A7 有了借位，则 Cy＝1；否则 Cy＝0。此外，CPU 在进行移位操作时也会影响这个标志位。

② 辅助进位标志位 AC(Auxiliary Carry)：用于表示加减运算时低 4 位（即 A3）有无向高 4 位（即 A4）进位或借位。若 AC＝0，则表示加减过程中 A3 没有向 A4 进位或借位；若 AC＝1，则表示加减过程中 A3 向 A4 有了进位或借位。

③ 用户标志位 F0(Flag zero)：F0 标志位的状态通常不是机器在执行指令过程中自动形成的，而是由用户根据程序执行的需要通过传送指令确定。该标志位状态一经设定，便由用户程序直接检测，以决定用户程序的流向。

④ 寄存器选择位 RS1 和 RS0：8051 共有 8 个 8 位工作寄存器，分别命名为 R0～R7。工作寄存器 R0～R7 常常被用户用来进行程序设计，但它在 RAM 中的实际物理地址是可以根据需要选定的。RS1 和 RS0 就是为了这个目的提供给用户使用，用户通过改变 RS1 和 RS0 的状态可以方便地决定 R0～R7 的实际物理地址。工作寄存器 R0～R7 的物理地址和 RS1、RS0 之间的关系如表 2-2 所示。

表 2-2　RS1、RS0 对工作寄存器的选择

| RS1、RS0 | R0～R7 的组号 | R0～R7 的物理地址 |
|---|---|---|
| 00 | 0 | 00H～07H |
| 01 | 1 | 08H～0FH |
| 10 | 2 | 10H～17H |
| 11 | 3 | 18H～1FH |

采用 8051 或 8031 做成的单片机控制系统,开机后的 RS1 和 RS0 总是为零状态,故 R0～R7 的物理地址为 00H～07H,即 R0 的地址为 00H,R1 的地址为 01H……R7 的地址为 07H。但若机器执行如下指令

MOV　PSW,♯08H　;PSW←08H

则 RS1、RS0 显然为 01B,故 R0～R7 的物理地址变为 08H～0FH。因此,用户利用这种方法可以很方便地达到保护 R0～R7 中数据的目的,这对用户的程序设计是非常有利的。

⑤ 溢出标志位 OV(OVerflow):可以指示运算过程中是否发生了溢出,在机器执行指令过程中自动形成。若机器在执行运算指令过程中,累加器 A 中运算结果超出了 8 位数能表示的范围,即−128～+127,则 OV 标志自动置 1;否则 OV=0。因此,人们根据执行运算指令后的 OV 状态就可判断累加器 A 中的结果是否正确。

⑥ 奇偶标志位 P(Parity):PSW1 为无定义位,用户也可不使用。PSW0 为奇偶标志位 P,用于指示运算结果中 1 的个数的奇偶性。若 P=1,则累加器 A 中 1 的个数为奇数;若 P=0,则累加器 A 中 1 的个数为偶数。

[例 2.1]　设程序执行前 F0=0,RS1RS0=00B,请问机器执行如下程序后,PSW 中各位的状态是什么?

MOV　A,♯0FH　;A←0FH
ADD　A,♯F8H　;

**解**:上述加法指令执行时的人工算式为

$$
\begin{array}{r}
0\ 0\ 0\ 0\ 1\ 1\ 1\ 1\ B \\
+\quad 1\ 1\ 1\ 1\ 1\ 0\ 0\ 0\ B \\
\hline
\boxed{1}\ 0\ 0\ 0\ 0\ 0\ 1\ 1\ 1\ B
\end{array}
$$

CP　CS

式中:CP 为最高位进位,为 1;CS 为次高位进位,也为 1;F0、RS1 和 RS0 由用户设定,加法指令也不会改变其状态;Cy 为 1;AC 为 1(因为加法过程中低 4 位向高 4 位有进位);P 也为 1(因为运算结果中 1 的个数为 3,是奇数);OV 状态由如下关系确定:

$$OV=CP\oplus CS=1\oplus 1=0$$

所以 PSW=C1H。

（5）堆栈指针 SP(Stack Pointor)。

堆栈指针 SP 是一个 8 位寄存器,能自动加 1 或减 1,专门用来存放堆栈的栈顶地址。

人们在堆放货物时,总是把先入栈的货物堆放在下面,后入栈的货物堆放在上面,一层一层向上堆。取货时的顺序和堆货顺序正好相反,最后入栈的货物最先被取走,最先入栈的货物最后被取走。因此,货栈的堆货和取货符合"先进后出"或"后进先出"的规律。

计算机中的堆栈类似于商业中的货栈,是一种能按"先进后出"或"后进先出"规律存取数据的 RAM 区域。这个区域是可大可小的,常称为堆栈区。8051 片内 RAM 共有 128B,地址范围为 00H～7FH,故这个区域中的任何子域都可以用作堆栈区,即作为堆栈来用。堆栈有栈顶和栈底之分,栈底由栈底地址标识,栈顶由栈顶地址指示。栈底地址是固定不变的,它决定了堆栈在 RAM 中的物理位置;栈顶地址始终在 SP 中,即由 SP 指示,是可以改变的,它决定堆栈中是否存放有数据。因此,当堆栈为空(即无数据)时,栈顶地址必定与栈底地址重合,即 SP 中一定是栈底地址;当堆栈中存放的数据越多,SP 中的栈顶地址比栈底地址就越大。这就是说,SP 就好像是一个地址指针,始终指示着堆栈中最上面的那个数据。通常堆栈由如下指令设定:

MOV　SP, ♯data　;SP←data

若把指令中的 data 用 70H 替代,则机器执行这条指令后就设定了堆栈的栈底地址 70H。此时,堆栈中尚未压入数据,即堆栈是空的,故 SP 中的 70H 地址就是堆栈的栈顶地址,如图 2-3(a)所示。堆栈中数据是由 PUSH 指令压入和 POP 指令弹出的,PUSH 指令能使 SP 中内容加 1,POP 指令则使 SP 减 1。例如,如下程序可以把 X 压入堆栈:

MOV　　A, ♯X　;A←X
PUSH　　ACC　　;SP←SP+1,(SP)←ACC

第一条指令可以把 X 送入累加器 A;第二条指令先使 SP 加 1 变为 71H,然后把累加器 A 中的 X 取出来按 SP(即 71H)压入堆栈,如图 2-3(b)所示。如果要继续向堆栈中压入数据,则可继续使用 PUSH 指令;如果要从堆栈中弹出数据,则可使用 POP 指令。这些将在指令系统中详细介绍。

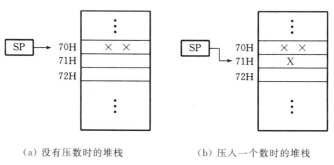

（a）没有压数时的堆栈　　　　（b）压入一个数时的堆栈

图 2-3　堆栈示意图

由于堆栈区在程序中没有标识,因此程序设计人员在进行程序设计时应主动给可能的堆栈区空出若干存储单元,这些单元是禁止用传送指令存放数据的,只能由 PUSH 和

POP 指令访问它们。

（6）数据指针 DPTR(Data Pointer)。

数据指针 DPTR 是一个 16 位的寄存器，由两个 8 位寄存器 DPH 和 DPL 拼成。其中，DPH 为 DPTR 的高 8 位，DPL 为 DPTR 的低 8 位。DPTR 可以用来存放片内 ROM 的地址，也可以用来存放片外 RAM 和片外 ROM 的地址。例如，设片外 RAM 的 2000H 单元中有一个数 X，若要把它取入累加器 A，则可采用如下程序：

```
MOV     DPTR，♯2000H    ;DPTR←2000H
MOVX    A，@DPTR        ;A←X
```

第一条指令执行后，机器自动把 2000H 装入 DPTR；第二条指令执行时，机器自动把 DPTR 中的 2000H 作为外部 RAM 的地址，并根据这个地址把 X 取到累加器 A 中。其中，第二条指令操作码助记符中的@指示 DPTR 中的 2000H 是外部 RAM 地址，而不是外部 ROM 地址，这点将在第 3 章中深入讨论。

## 2.1.2 存储器结构

MCS-51 的存储器不仅有 ROM 和 RAM 之分，而且有片内和片外之分。MCS-51 的片内存储器集成在芯片内部，是 MCS-51 的一个组成部分；片外存储器是外接的专用存储器芯片，MCS-51 只提供地址和控制命令，需要通过印刷电路板上三总线才能联机工作。

### 1. 存储器地址分配

不论是单片机的片内存储器还是片外存储器，MCS-51 对某存储单元的读写地址都是由 MCS-51 提供的。存储器的地址分配有 3 个地址空间，这 3 个地址空间是：ROM 存储器地址空间（包括片内 ROM 和片外 ROM），地址范围是 0000H～FFFFH；片内 RAM 地址空间，地址范围是 00H～FFH；片外 RAM 地址空间，地址范围是 0000H～FFFFH，如图 2-4 所示。

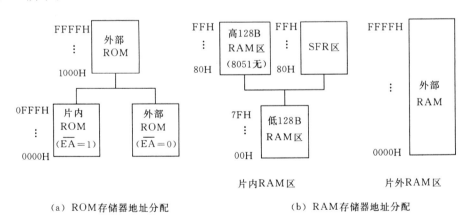

(a) ROM存储器地址分配　　　　　　　(b) RAM存储器地址分配

图 2-4　MCS-51 存储器地址分配

### 2. 片内 ROM

8031 内部没有 ROM，只有 8051 才有 4KB ROM，地址范围为 0000H～0FFFH。无

论 8031 还是 8051,都可以外接外部 ROM,但片内和片外之和不能超过 64KB。8051 和 87C51 有 64KB ROM 的寻址区,其中 0000H～0FFFH 的 4KB 地址区可以为片内 ROM 和片外 ROM 公用,1000H～FFFFH 的 60KB 地址区为片外 ROM 所专用。在 0000H～ 0FFFH 的 4KB 地址区,片内 ROM 可以占用,片外 ROM 也可以占用,但不能为两者同时 占用。为了指示机器的这种占用,器件设计者为用户提供了一条专用的控制引脚$\overline{EA}$。若 $\overline{EA}$接+5V 高电平,则机器使用片内 4KB ROM;若$\overline{EA}$接低电平,则机器自动使用片外 ROM,这一关系如图 2-4(a)所示。由于 8031 片内无 ROM,故它的$\overline{EA}$应接地。

**3. 片外 RAM**

MCS-51 的片内 RAM 容量有 128 个存储单元,可以用来存放操作数、操作结果和实 时数据。如果片内 RAM 容量太小,不能满足控制需要,也可以外接外部 RAM。但外接 外部 RAM 的最大容量不能超过 64KB,地址范围为 0000H～FFFFH。

MCS-51 可以对片外 RAM 中的数据进行读写。读写指令共有如下 4 条。前两条用 于把片外 RAM 中的数据读入累加器 A,后两条用于把累加器 A 中的数据写入片外 RAM 中。

```
MOVX   A, @Ri              ;A←(Ri)
MOVX   A, @DPTR            ;A←(DPTR)
MOVX   @Ri, A              ;A→(Ri)
MOVX   @DPTR, A            ;A→(DPTR)
```

**4. 片内 RAM**

由表 2-1 可见,8052AH/8752BH 的片内 RAM 共有 256 个存储单元,地址范围为 00H～FFH。其中,00H～7FH 为片内 RAM 的低 128 字节区,80H～FFH 为片内 RAM 的高 128 字节区。由于片内 RAM 的高 128 字节区和特殊功能寄存器 SFR 的物理地址 区产生冲突,故 8052AH/8752BH 的设计师们采用不同的寻址方式对它们分别存取,即 8052AH/8752BH 采用间接寻址方式存取片内 RAM 的高 128 字节区,采用直接寻址方式存 取 SFR(Special Function Register,特殊功能寄存器)区。例如,若要把片内 RAM 的 83H 中 的内容存入累加器 A,则应采用如下两条指令,因为"MOV A,@ R0"为间接寻址指令。

```
MOV   R0,♯83H         ;R0←83H
MOV   A, @R0           ;A←(83H)
```

若把 DPH 中的内容送入累加器 A,可采用如下一条直接寻址指令,因为 DPH 寄存 器的物理地址是 83H(见表 2-3),这两个 83H 显然不是同一个存储单元。

```
MOV   A, 83H          ;A←DPH
```

00H～7FH 是片内 RAM 的低 128 字节区。由于这个地址范围和 SFR 的物理地址 不产生冲突,因此 MCS-51 既可以采用直接寻址方式对它寻址,也可以采用间接寻址方式 寻址。对于 8051/8031,除无片内 RAM 的高 128 字节区外,其余与 8052AH/8752BH 没 有任何区别。

在 00H～7FH 这个地址空间中,根据不同功能又可分为工作寄存器区、位寻址区和便笺区 3 个子区域,如图 2-5 所示。

| | | | | | | | | | |
|---|---|---|---|---|---|---|---|---|---|
| 7FH ⋮ 30H | | | | | | | | | 便笺区 |
| 2FH | 7F | 7E | 7D | 7C | 7B | 7A | 79 | 78 | |
| 2EH | 77 | 76 | 75 | 74 | 73 | 72 | 71 | 70 | |
| 2DH | 6F | 6E | 6D | 6C | 6B | 6A | 69 | 68 | |
| 2CH | 67 | 66 | 65 | 64 | 63 | 62 | 61 | 60 | |
| 2BH | 5F | 5E | 5D | 5C | 5B | 5A | 59 | 58 | |
| 2AH | 57 | 56 | 55 | 54 | 53 | 52 | 51 | 50 | |
| 29H | 4F | 4E | 4D | 4C | 4B | 4A | 49 | 48 | 位寻址区 |
| 28H | 47 | 46 | 45 | 44 | 43 | 42 | 41 | 40 | |
| 27H | 3F | 3E | 3D | 3C | 3B | 3A | 39 | 38 | |
| 26H | 37 | 36 | 35 | 34 | 33 | 32 | 31 | 30 | |
| 25H | 2F | 2E | 2D | 2C | 2B | 2A | 29 | 28 | |
| 24H | 27 | 26 | 25 | 24 | 23 | 22 | 21 | 20 | |
| 23H | 1F | 1E | 1D | 1C | 1B | 1A | 19 | 18 | |
| 22H | 17 | 16 | 15 | 14 | 13 | 12 | 11 | 10 | |
| 21H | 0F | 0E | 0D | 0C | 0B | 0A | 09 | 08 | |
| 20H | 07 | 06 | 05 | 04 | 03 | 02 | 01 | 00 | |
| 1FH ⋮ 18H | 3组 | | | | | | | | |
| 17H ⋮ 10H | 2组 | | | | | | | | |
| 0FH ⋮ 08H | 1组 | | | | | | | | 工作寄存器区 |
| 07H ⋮ 00H | 0组 | | | | | | | | |

图 2-5  8051 内部 RAM 分配

(1) 工作寄存器区(00H~1FH)。这 32 个 RAM 单元共分 4 组,每组占 8 个 RAM 单元,分别用代号 R0~R7 表示。R0~R7 可以指向 4 组中的任一组,由 PSW 中的 RS1RS0 状态决定,如表 2-2 所示。

(2) 位寻址区(20H~2FH)。这 16 个 RAM 单元具有双重功能。它们既可以像普通 RAM 单元一样按字节存取,也可以对每个 RAM 单元中的任何一位单独存取,这就是位寻址。

20H~2FH 用作位寻址时,共有 $16 \times 8 = 128$ 位,每位都分配了一个特定地址,即 00H~7FH。这些地址称为位地址,如图 2-5 所示。位地址在位寻址指令中使用。例如, 欲把 2FH 单元中最高位(位地址为 7FH)置位成 1,可使用如下位置位指令:

 SETB  7FH  ;7FH←1

其中,SETB 为位置位指令的操作码。

位地址的另一种表示方法是采用字节地址和位数相结合的表示法。例如,位地址 00H 可以表示成 20H.0,位地址 1AH 可以表示成 23H.2,等等。

（3）便笺区（30H～7FH）。便笺区共有 80 个 RAM 单元,用于存放用户数据或作堆栈区使用。MCS-51 对便笺区中每个 RAM 单元是按字节存取的。

**5. 特殊功能寄存器 SFR（80H～FFH）**

特殊功能寄存器是指有特殊用途的寄存器集合。SFR 的实际个数和单片机型号有关:8051 或 8031 的 SFR 有 21 个,8052 的 SFR 有 26 个。每个 SFR 占有一个 RAM 单元,它们离散地分布在 80H～FFH 地址范围内,不为 SFR 占用的 RAM 单元实际上并不存在,访问它们也是没有意义的,如表 2-3 所示。

表 2-3　特殊功能寄存器一览表

| 符　　　号 | 物理地址 | 名　　　称 |
|---|---|---|
| ＊ACC | F0H | 累加器 |
| ＊B | F0H | B 寄存器 |
| ＊PSW | D0H | 程序状态字 |
| SP | 81H | 堆栈指针 |
| DPL | 82H | 数据寄存器指针（低 8 位） |
| DPH | 83H | 数据寄存器指针（高 8 位） |
| ＊P0 | 80H | 通道 0 |
| ＊P1 | 90H | 通道 1 |
| ＊P2 | A0H | 通道 2 |
| ＊P3 | B0H | 通道 3 |
| ＊IP | B8H | 中断优先级控制器 |
| ＊IE | A8H | 中断允许控制器 |
| TMOD | 89H | 定时器方式选择 |
| ＊TCON | 88H | 定时器控制器 |
| ＊＋T2CON | C8H | 定时器 2 控制器 |
| TH0 | 8CH | 定时器 0 高 8 位 |
| TL0 | 8AH | 定时器 0 低 8 位 |
| TH1 | 8DH | 定时器 1 高 8 位 |
| TL1 | 8BH | 定时器 1 低 8 位 |
| ＋TH2 | CDH | 定时器 2 高 8 位 |
| ＋TL2 | CCH | 定时器 2 低 8 位 |
| ＋RCAP2H | CBH | 定时器 2 捕捉寄存器高 8 位 |
| ＋RCAP2L | CAH | 定时器 2 捕捉寄存器低 8 位 |
| ＊SCON | 98H | 串行控制器 |
| SBUF | 99H | 串行数据缓冲器 |
| PCON | 87H | 电源控制器 |

注: ＊表示可以位寻址,＋表示仅 8052 有。

对于 8051,已对累加器 A、B 寄存器、PSW、SP 和 DPTR 等进行过介绍,余下的 15 个寄存器将在后面逐步进行介绍。

在 21 个 SFR 中,用户可以通过直接寻址指令对它们进行字节存取,也可以对带有 * 的 11 个字节寄存器中的每一位进行位寻址。在字节型寻址指令中,直接地址的表示方法有两种:一种是使用物理地址,如累加器 A 要用 E0H、B 寄存器用 F0H、SP 用 81H,等等;另一种是采用表 2-3 中的寄存器标号,如累加器 A 要用 ACC、B 寄存器用 B、程序状态字寄存器用 PSW,等等。这两种表示方法中,采用后一种方法比较普遍,因为它们比较容易为人们所记忆。

在 SFR 中,可以位寻址的寄存器有 11 个,共有位地址 88 个,其中 5 个未用,其余 83 个位地址离散地分布于 80H～FFH,如图 2-6 所示。

| 寄存器号 | D7 | D6 | D5 | D4 | D3 | D2 | D1 | D0 | 字节地址 |
|---|---|---|---|---|---|---|---|---|---|
| B | F7 | F6 | F5 | F4 | F3 | F2 | F1 | F0 | F0H |
| ACC | E7 | E6 | E5 | E4 | E3 | E2 | E1 | E0 | E0H |
| PSW | D7 | D6 | D5 | D4 | D3 | D2 | D1 | D0 | D0H |
| IP | — | — | — | BC | BB | BA | B9 | B8 | B8H |
| P3 | B7 | B6 | B5 | B4 | B3 | B2 | B1 | B0 | B0H |
| IE | AF | — | — | AC | AB | AA | A9 | A8 | A8H |
| P2 | A7 | A6 | A5 | A4 | A3 | A2 | A1 | A0 | A0H |
| SCON | 9F | 9E | 9D | 9C | 9B | 9A | 99 | 98 | 98H |
| P1 | 97 | 96 | 95 | 94 | 93 | 92 | 91 | 90 | 90H |
| TCON | 8F | 8E | 8D | 8C | 8B | 8A | 89 | 88 | 88H |
| P0 | 87 | 86 | 85 | 84 | 83 | 82 | 81 | 80 | 80H |

图 2-6　SFR 中的位地址分布

### 2.1.3　I/O 端口

I/O 端口又称为 I/O 接口,也称为 I/O 通道或 I/O 通路。I/O 端口是 MCS-51 单片机对外部实现控制和信息交换的必经之路,是一个过渡的集成电路,用于信息传送过程中的速度匹配和增强它的负载能力。I/O 端口有串行和并行之分,串行 I/O 端口一次只能传送 1 位二进制信息,并行 I/O 端口一次可以传送一组(8 位)二进制信息。

#### 1. 并行 I/O 端口

8051 有 4 个并行 I/O 端口,分别命名为 P0、P1、P2 和 P3,在这 4 个并行 I/O 端口中,每个端口都有双向 I/O 功能,即 CPU 既可以从 4 个并行 I/O 端口中的任何一个输出数据,又可以从它们那里输入数据。每个 I/O 端口内部都有一个 8 位数据输出锁存器和一个 8 位数据输入缓冲器,4 个数据输出锁存器和端口号 P0、P1、P2 和 P3 同名,皆为特殊功能寄存器 SFR 中的一个(见表 2-3)。因此,CPU 数据从并行 I/O 端口输出时可以得到锁存,数据输入时可以得到缓冲。

4个并行I/O端口在结构上并不相同,因此它们在功能和用途上的差异较大。P0口和P2口内部均有一个受控制器控制的二选一选择电路,故它们除可以用作通用I/O口外,还具有特殊的功能。例如,P0口可以输出片外存储器的低8位地址码和读写数据,P2口可以输出片外存储器的高8位地址码,等等。P1口常作为通用I/O口使用,为CPU传送用户数据;P3口除可以作为通用I/O口使用外,还具有第二功能。在4个并行I/O端口中,只有P0口是真正的双向I/O口,故它具有较大的负载能力,最多可以推动8个LSTTL门,其余3个I/O口是准双向I/O口,只能推动4个LSTTL门。

4个并行I/O端口作为通用I/O使用时,共有写端口、读端口和读引脚3种操作方式。写端口实际上就是输出数据,是把累加器A或其他寄存器中的数据传送到端口锁存器中,然后由端口自动从端口引脚线上输出。读端口不是真正从外部输入数据,而是把端口锁存器中的输出数据读到CPU的累加器A。读引脚才是真正输入外部数据的操作,是从端口引脚线上读入外部的输入数据。端口的上述3种操作实际上是通过指令或程序来实现的,这些将在以后章节中详细介绍。

**2. 串行I/O端口**

8051有一个全双工的可编程串行I/O端口。这个串行I/O端口既可以在程序控制下把CPU的8位并行数据变成串行数据逐位从发送数据线TXD发送出去,也可以把RXD线上串行接收到的数据变成8位并行数据送给CPU,而且这种串行发送和串行接收可以单独进行,也可以同时进行。

8051串行发送和串行接收利用了P3口的第二功能,即它利用P3.1引脚作为串行数据的发送线TXD和P3.0引脚作为串行数据的接收线RXD,如表2-4所示。串行I/O口的电路结构还包括串行口控制寄存器SCON、电源及波特率选择寄存器PCON和串行数据缓冲器SBUF等,它们都属于SFR(特殊功能寄存器)。其中,PCON和SCON用于设置串行口工作方式和确定数据的发送和接收波特率,SBUF实际上由两个8位寄存器组成,一个用于存放欲发送的数据,另一个用于存放接收到的数据,起着数据的缓冲作用,这些将在第9章中详细介绍。

**表 2-4 P3 口各位的第二功能**

| P3 口的位 | 第二功能 | 注　释 |
|---|---|---|
| P3.0 | RXD | 串行数据接收口 |
| P3.1 | TXD | 串行数据发送口 |
| P3.2 | $\overline{INT0}$ | 外中断 0 输入 |
| P3.3 | $\overline{INT1}$ | 外中断 1 输入 |
| P3.4 | T0 | 计数器 0 计数输入 |
| P3.5 | T1 | 计数器 1 计数输入 |
| P3.6 | $\overline{WR}$ | 外部 RAM 写选通信号 |
| P3.7 | $\overline{RD}$ | 外部 RAM 读选通信号 |

### 2.1.4　定时器/计数器

8051 内部有两个 16 位可编程的定时器/计数器,命名为 T0 和 T1。T0 由两个 8 位寄存器 TH0 和 TL0 拼装而成,其中 TH0 为高 8 位,TL0 为低 8 位。和 T0 类同,T1 也由 TH1 和 TL1 拼装而成,其中 TH1 为高 8 位,TL1 为低 8 位。TH0、TL0、TH1 和 TL1 均为 SFR 中的一个,用户可以通过指令对它们存取数据(见表 2-3)。因此,T0 和 T1 的最大计数模值为 $2^{16}-1$,即需要 65 535 个脉冲才能把它们从全 0 变为全 1。

T0 和 T1 有定时器和计数器两种工作模式,在每种模式下又分为若干工作方式。在定时器模式下,T0 和 T1 的计数脉冲可以由单片机时钟脉冲经 12 分频后提供,故定时时间和单片机时钟频率有关。在计数器模式下,T0 和 T1 的计数脉冲可以从 P3.4 和 P3.5 引脚上输入。对 T0 和 T1 的控制由两个 8 位特殊功能寄存器完成:一个称为定时器方式选择寄存器 TMOD,用于确定是处于定时器还是计数器工作模式;另一个称为定时器控制寄存器 TCON,可以决定定时器或计数器的启动、停止以及进行中断控制。TMOD 和 TCON 也是 21 个特殊功能寄存器 SFR 中的两个,用户也可以通过指令确定它们的状态。

### 2.1.5　中断系统

计算机中的中断是指 CPU 暂停原程序执行转而为外部设备服务(执行中断服务程序),并在服务完后回到原程序执行的过程。中断系统是指能够处理上述中断过程所需要的那部分电路。

中断源是指能产生中断请求信号的源泉。8051 共可处理 5 个中断源发出的中断请求,可以对 5 个中断请求信号进行排队和控制,并响应其中优先权最高的中断请求。8051 的 5 个中断源有内部和外部之分:外部中断源有两个,通常指外部设备;内部中断源有 3 个,两个定时器/计数器中断源和一个串行口中断源。外部中断源产生的中断请求信号可以从 P3.2 和 P3.3(即 $\overline{INT0}$ 和 $\overline{INT1}$)引脚上(见表 2-4)输入,有电平或边沿两种引起中断的触发方式。内部中断源 T0 和 T1 的两个中断是在它们从全 1 变为全 0 溢出时自动向中断系统提出的,内部串行口中断源的中断请求是在串行口每发送完一个 8 位二进制数据或接收到一组输入数据(8 位)后自动向中断系统提出的。

8051 的中断系统主要由 IE(Interrupt Enable,中断允许)控制器和中断优先级控制器 IP 等电路组成。其中,IE 用于控制 5 个中断源中哪些中断请求被允许向 CPU 提出,哪些中断源的中断请求被禁止;IP 用于控制 5 个中断源的哪一个中断请求的优先权最高,可以被 CPU 最先处理。IE 和 IP 也属于 21 个 SFR,其状态也可以由用户通过指令设定。这些也将在后续章节中加以详细介绍。

## 2.2　MCS-51 单片机引脚功能

在 MCS-51 系列中,各类单片机是相互兼容的,只是引脚功能略有差异。在器件引脚的封装上,MCS-51 系列机通常有两种封装:一种是双列直插式封装,常为 HMOS 型器件所用;另一种是方形封装,大多数在CHMOS型器件中使用,如图2-7所示。

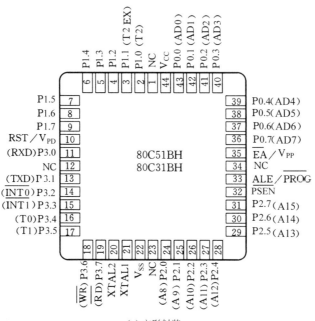

(a) 方形封装

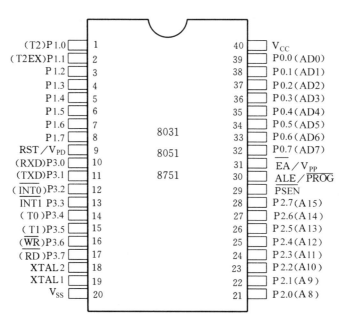

(b) 双列直插式封装

图 2-7   MCS-51 封装和引脚分配

图 2-7(b)中,引脚 1 和引脚 2(方形封装为引脚 2 和引脚 3)的第二功能仅用于 8052/8032,NC 为空引脚。

## 2.2.1 MCS-51 单片机引脚及其功能

8051 有 40 条引脚,共分为端口线、电源线和控制线三类。

**1. 端口线(4×8＝32 条)**

8051 共有 4 个并行 I/O 端口,每个端口都有 8 条端口线,用于传送数据/地址。由于每个端口的结构各不相同,因此它们在功能和用途上的差别颇大。现述如下。

① P0.7～P0.0:这组引脚共有 8 条,为 P0 口所专用,其中 P0.7 为最高位,P0.0 为最低位。这 8 条引脚共有两种不同功能,分别使用于两种不同情况。第一种情况是 8051 不带片外存储器,P0 口可以作为通用 I/O 口使用,P0.7～P0.0 用于传送 CPU 的输入输出数据。这时,输出数据可以得到锁存,不需外接专用锁存器;输入数据可以得到缓冲,增加了数据输入的可靠性。第二种情况是 8051 带片外存储器,P0.7～P0.0 在 CPU 访问片外存储器时先是用于传送片外存储器的低 8 位地址,然后传送 CPU 对片外存储器的读写数据。

8751 的 P0 口还有第 3 种功能,即它们可以用来给 8751 片内 EPROM 编程或进行编程后的读出校验。这时,P0.7～P0.0 用于传送 EPROM 的编程机器码或读出校验码。

② P1.7～P1.0:这 8 条引脚和 P0 口的 8 条引脚类似,P1.7 为最高位,P1.0 为最低位。当 P1 口作为通用 I/O 使用时,P1.7～P1.0 的功能和 P0 口的第一功能相同,也用于传送用户的输入输出数据。

8751 的 P1 口还有第二功能,即它在 8751 编程/校验时用于输入片内 EPROM 的低 8 位地址。

③ P2.7～P2.0:这组引脚的第一功能和上述两组引脚的第一功能相同,即它可以作为通用 I/O 使用。它的第二功能和 P0 口引脚的第二功能相配合,用于输出片外存储器的高 8 位地址,共同选中片外存储器单元,但并不能像 P0 口那样还可以传送存储器的读写数据。

8751 的 P2.7～P2.0 还具有第二功能,即它可以配合 P1.7～P1.0 传送片内 EPROM 12 位地址中的高 4 位地址。

④ P3.7～P3.0:这组引脚的第一功能和其余三个端口的第一功能相同。第二功能作控制用,每个引脚并不完全相同,如表 2-4 所示。

**2. 电源线(2 条)**

$V_{CC}$ 为＋5V 电源线,$V_{SS}$ 为接地线。

**3. 控制线(6 条)**

① ALE/$\overline{PROG}$(引脚 30):地址锁存允许/编程线,配合 P0 口引脚的第二功能使用。在访问片外存储器时,8051 CPU 在 P0.7～P0.0 引脚线上输出片外存储器低 8 位地址的同时还在 ALE/$\overline{PROG}$线上输出一个高电位脉冲,其下降沿用于把这个片外存储器低 8 位地址锁存到外部专用地址锁存器,以便空出 P0.7～P0.0 引脚线去传送随后而来的片外存储器读写数据。在不访问片外存储器时,8051 自动在 ALE/$\overline{PROG}$线上输出频率为 $f_{osc}/6$ 的脉冲序列。该脉冲序列可用作外部时钟源或作为定时脉冲源使用。

对于 8751,ALE/$\overline{PROG}$线还具有第二功能。它可以在对 8751 片内 EPROM 编程/

校验时传送 52ms 宽的负脉冲。

② $\overline{EA}/V_{PP}$(引脚 31)：允许访问片外存储器/编程电源线。它可以控制 8051 使用片内 ROM 还是使用片外 ROM。若 $\overline{EA}=1$，则允许使用片内 ROM；若 $\overline{EA}=0$，则允许使用片外 ROM，如图 2-4(a)所示。

对于 8751，$\overline{EA}/V_{PP}$ 用于在片内 EPROM 编程/校验时输入 21V 编程电源。

③ $\overline{PSEN}$(引脚 29)：片外 ROM 选通线。在执行访问片外 ROM 的指令 MOVC 时，8051 自动在 $\overline{PSEN}$ 线上产生一个负脉冲，用于为片外 ROM 芯片的选通。其他情况下，$\overline{PSEN}$ 线均为高电平封锁状态。

④ RST/$V_{PD}$(引脚 9)：复位/备用电源线，可以使 8051 处于复位(即初始化)工作状态。通常，8051 的复位有自动上电复位和开关复位两种，图 2-8 给出了它们的电路。

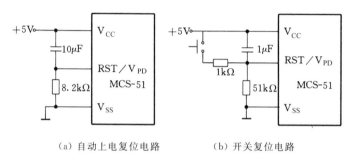

（a）自动上电复位电路　　　　（b）开关复位电路

图 2-8　MCS-51 的复位电路

在单片机应用系统中，除单片机本身需要复位以外，外部扩展 I/O 接口电路等也需要复位，因此需要一个包括上电和开关复位在内的系统同步复位电路，如图 2-9 所示。

RST/$V_{PD}$ 的第二功能是作为备用电源输入端。当主电源 $V_{CC}$ 发生故障而降低到规定低电平时，RST/$V_{PD}$ 线上的备用电源自动投入，以保证片内 RAM 中信息不丢失。

⑤ XTAL1 和 XTAL2：片内振荡电路输入线，这两个端子用来外接石英晶体和微调电容，即用来连接 8051 片内 OSC 的定时反馈回路，相应电路如图 2-10 所示。

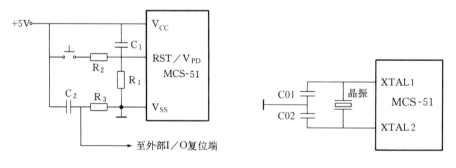

图 2-9　系统复位电路　　　　图 2-10　MCS-51 OSC 的晶振连接图

石英晶振起振后，应能在 XTAL2 线上输出一个 3V 左右的正弦波，以便使 MCS-51 片内的 OSC 电路按石英晶振相同频率自激振荡。通常，OSC 的输出时钟频率 $f_{OSC}$ 为 0.5~16MHz，典型值为 12MHz 或 11.0592MHz。电容 C01 和 C02 可以帮助起振，典型值为 30pF，调节它们可以达到微调 $f_{OSC}$ 的目的。

MCS-51 所需的时钟也可以由外部振荡器提供,常用的几种电路结构如图 2-11 所示。外部时钟源应是方波发生器,频率应根据所用 MCS-51 中的具体机型确定。

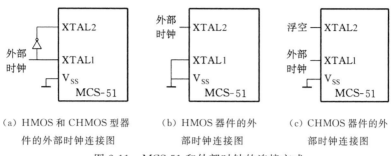

(a) HMOS 和 CHMOS 型器件的外部时钟连接图　　(b) HMOS 器件的外部时钟连接图　　(c) CHMOS 器件的外部时钟连接图

图 2-11　MCS-51 和外部时钟的连接方式

## 2.2.2　8031 对片外存储器的连接

为了帮助读者进一步理解 MCS-51 各引脚的功能,在尚未讲授第 5 章半导体存储器之前先介绍 8031 对片外存储器的连接原理是有好处的。

8031 片内无程序存储器,片内 RAM 也只有 128B,这么小的存储容量常常限制了它的应用领域。为了扩大单片机的存储容量,MCS-51 可以外接片外存储器。图 2-12 给出了 8031 对片外 RAM 和 ROM 的一种连接图。

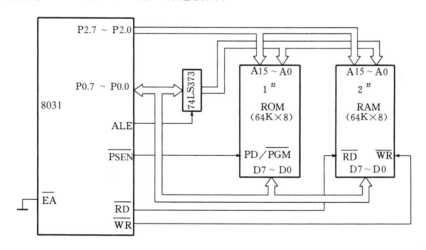

图 2-12　8031 对片外 RAM 和 ROM 的连接

图中,1# 和 2# 芯片的存储容量均为 64KB,即 1# 芯片可以存放 65 536 个二进制8 位程序代码,2# 芯片也可以存放 65 536 个二进制 8 位实时数据。因此,1# 和 2# 芯片各有16 条地址线和 8 条数据线。其中,16 条地址线中高 8 位 A15～A8 分别与 P2.7～P2.0 相接,低 8 位 A7～A0 与 P0 口上的地址锁存器 74LS373 的输出端对应相接,8 位数据线 D7～D0 则与 P0 口直接相接。PD/$\overline{\text{PGM}}$、$\overline{\text{RD}}$ 和 $\overline{\text{WR}}$ 均为 1# 和 2# 芯片的控制端,控制信号由 8031 送来。若 PD/$\overline{\text{PGM}}$线上为高电平 1 时,则 1# 芯片被封锁工作;若 PD/$\overline{\text{PGM}}$线上低电平 0,则 CPU 可对 1# 芯片进行读操作。若$\overline{\text{RD}}$和$\overline{\text{WR}}$线上皆为高电平 1,则 2# 芯

片被封锁工作;若$\overline{RD}=0$且$\overline{WR}=1$,则 CPU 可对 $2^\#$ 芯片进行读操作;若$\overline{RD}=1$且$\overline{WR}=0$,则 CPU 可对 $2^\#$ 芯片进行写操作。

为了分析 8031 对片外 ROM 和 RAM 的读写原理,现在假设 8031 的 DPTR 中已经存放了一个地址 2050H。

**1. 8031 对片外 ROM 的读操作**

如果片外 ROM 的 2050H 单元中有一个常数 X 且累加器 A 中为 0,现欲把 X 读出并送入 CPU 的累加器 A,则指令为

MOVC　A,@A+DPTR　;A←(A+DPTR)=X

8031 执行上述指令的具体步骤如下。

① 8031 CPU 先把累加器 A 中的 0 和 DPTR 中的 2050II 相加后送回 DPTR,然后把 DPH 中的 20H 送到 P2.7~P2.0 上,把 DPL 中的 50H 送到 P0.7~P0.0 上。

② 一旦 P0 口上片外存储器低 8 位地址 50H 稳定,8031 在 ALE 线上发出正脉冲的下降沿就能把 50H 锁存到地址锁存器 74LS373 中。

③ 由于 CPU 执行的是 MOVC 指令,故 8031 自动使$\overline{PSEN}$变为低电平以及$\overline{RD}$和$\overline{WR}$保持高电平,以至于 CPU 可对 $1^\#$ 芯片进行读操作且 $2^\#$ 芯片被封锁。

④ $1^\#$ 芯片按照 CPU 送来的 2050H 地址,从中读出 X 并被送到 8031 的 P0 口,8031 CPU 先打开 P0 口的输入门后再把它送到了累加器 A。

至此,这条指令的执行宣告结束。

**2. 8031 对片外 RAM 的写操作**

如果把累加器 A 中的 X 存入片外 RAM 的 2050H 单元,可以采用如下指令:

MOVX　@DPTR,A　;X→2050H

8031 执行上述指令的步骤如下。

① 8031 把 DPTR 中的 2050H 地址以上述同样方法分别送到 P2 口和 P0 口的地址引脚线上。

② 8031 在 ALE 线上产生的正脉冲下降沿使 P0 口的低 8 位片外 RAM 的地址锁存到 74LS373 中。

③ 由于 CPU 执行的是 MOVX 指令,故它使$\overline{PSEN}$保持高电平 1,封锁了 $1^\#$ 芯片工作。

④ 由于 CPU 执行的上述指令中累加器 A 为源操作数寄存器(A 在逗号右边),故 8031 发出$\overline{WR}=0$和$\overline{RD}=1$,并完成累加器 A 中的数 X 经 P0 口存入 $2^\#$ 芯片的 2050H 单元。

8031 对片外 RAM 某存储单元的读操作与此类似,在此不再赘述。

# 2.3　MCS-51 单片机的工作方式

单片机的工作方式是进行系统设计的基础,也是单片机应用工作者必须熟悉的问题。通常,MCS-51 单片机的工作方式包括复位方式、程序执行方式、节电方式、EPROM 的编程和校验方式 4 种。

## 2.3.1 复位方式

单片机在开机时都需要复位,以便中央处理器 CPU 以及其他功能部件都处于一个确定的初始状态,并从这个状态开始工作。MCS-51 的 RST 引脚是复位信号的输入端。复位信号是高电平有效,持续时间要有 24 个时钟周期以上。例如,若 MCS-51 单片机时钟频率为 12MHz,则复位脉冲宽度至少应为 $2\mu s$。单片机复位后,其片内各寄存器状态如表 2-5 所示。这时,堆栈指针 SP 为 07H,ALE、$\overline{\text{PSEN}}$、P0、P1、P2 和 P3 口各引脚均为高电平,片内 RAM 中的内容不变。

表 2-5　复位后的内部寄存器状态

| 寄存器名 | 内　　容 | 寄存器名 | 内　　容 |
|---|---|---|---|
| PC | 0000H | T CON | 00H |
| ACC | 00H | TH0 | 00H |
| B | 00H | TL0 | 00H |
| PSW | 00H | TH1 | 00H |
| SP | 07H | TL1 | 00H |
| DPTR | 0000H | TH2(8052) | 00H |
| P0～P3 | FFH | TL2(8052) | 00H |
| IP(8051) | ×××00000B | RCAP2H(8052) | 00H |
| IP(8052) | ××000000B | RCAP2L(8052) | 00H |
| IE(8051) | 0××00000B | SCON | 00H |
| IE(8052) | 0×000000B | PCON(HMOS) | 0×××××××B |
| SBUF | 不定 | PCON(CHMOS) | 0×××0000B |
| TMOD | 00H | | |

## 2.3.2 程序执行方式

程序执行方式是单片机的基本工作方式,通常可以分为单步执行和连续执行两种工作方式。

### 1. 单步执行方式

单步执行方式是指单片机在控制面板上的某个按钮(即单步执行键)控制下逐条执行用户程序中指令的方式,即按一次单步执行键就执行一条用户指令的方式。单步执行方式常常用于用户程序的调试。

单步执行方式是利用单片机外部中断功能实现的。单步执行键相当于外部中断的中断源,当它被按下时相应电路就产生一个负脉冲(即中断请求信号)送到单片机的 $\overline{\text{INT0}}$(或 $\overline{\text{INT1}}$)引脚。MCS-51 单片机在 $\overline{\text{INT0}}$ 上负脉冲的作用下,便能自动执行预先安排在中断服务程序中的如下两条指令:

$\vdots$

```
LOOP1：JNB    P3.2,LOOP1    ;若INT0=0,则不往下执行
LOOP2：JB     P3.2,LOOP2    ;若INT0=1,则不往下执行
        RETI
```

并返回用户程序中执行一条用户指令。这条用户指令执行完后,单片机又自动返回到上述中断服务程序执行,并等待用户再次按下单步执行键。

**2. 连续执行方式**

连续执行方式是所有单片机都需要的一种工作方式,被执行程序可以放在片内或片外 ROM 中。由于单片机复位后 PC＝0000H,因此机器在加电或按钮复位后总是转到 0000H 处执行程序,这就可以预先在 0000H 处放一条转移指令,以便跳转到 0000H～FFFFH 中的任何地方执行用户程序。

## 2.3.3　节电方式

节电方式是一种能减少单片机功耗的工作方式,通常可以分为空闲(等待)方式和掉电(停机)方式两种,只有 CHMOS 型器件才有这种工作方式。CHMOS 型单片机是一种低功耗器件,正常工作时消耗 11～20mA 电流,空闲状态时为 1.7～5mA 电流,掉电方式为 5～50$\mu$A。因此,CHMOS 型单片机特别适用于低功耗的应用场合。

CHMOS 型单片机的节电方式是由特殊功能寄存器 PCON 控制的,PCON 各位定义为

| PCON. 7 | PCON. 6 | PCON. 5 | PCON. 4 | PCON. 3 | PCON. 2 | PCON. 1 | PCON. 0 |
|---------|---------|---------|---------|---------|---------|---------|---------|
| SMOD | — | — | — | GF1 | GF0 | PD | IDL |

其中,SMOD 为串行口波特率倍率控制位,若 SMOD＝1,则串行口波特率按 $2^{SMOD}$ 倍率增加;PCON.6～PCON.4 无定义,用户不可使用;GF1 和 GF0 为通用标志位,用户可通过指令改变它们的状态;PD 为掉电控制位;IDL 为空闲控制位。空闲和掉电方式控制电路如图 2-13 所示。

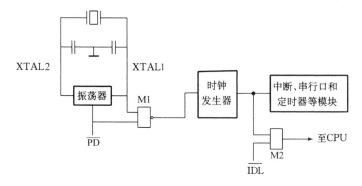

图 2-13　空闲和掉电方式控制电路

图中,$\overline{PD}$ 和 $\overline{IDL}$ 均为 PCON 中的 PD 和 IDL 触发器的相应输出端。

**1. 掉电方式**

80C31 执行如下指令便可进入掉电方式：

MOV　PCON，　♯02H　;PD←1

由图 2-13 可见,上述指令执行后 $\overline{PD}$ 端变为低电平(与门 M1 关闭),时钟发生器因此停振,片内所有功能部件停止工作,但片内 RAM 和特殊功能寄存器中的内容保持不变,ALE 和 $\overline{PSEN}$ 的输出为逻辑低电平。在掉电期间,$V_{CC}$ 电源可以降为 2V(可以由干电池供电),但必须等待 $V_{CC}$ 恢复＋5V 电压并经过一段时间后,才能允许 80C31 退出掉电方式。

80C31 从掉电状态退出的唯一方法是硬件复位,即需要给 RST 引脚上外加一个足够宽的复位正脉冲。80C31 复位以后 SFR 被重新初始化,但 RAM 中的内容保持不变。因此,若要使得 80C31 在市电恢复正常后继续执行掉电前的程序,那就必须在掉电前预先把 SFR 中的内容保护到片内 RAM,并在市电恢复正常后先恢复 SFR 在掉电前的状态。

**2. 空闲方式**

80C31 执行如下指令可以进入空闲方式：

MOV　PCON，　♯01H　;IDL←1

由图 2-13 可见,上述指令执行后 $\overline{IDL}$ 端变为低电平,与门 M2 无输出,CPU 停止工作,但中断、串行口和定时器/计数器可以继续工作。此时,CPU 现场(即 SP、PC、PSW 和 ACC 等)、片内 RAM 和 SFR 中其他寄存器的内容均维持不变、ALE 和 $\overline{PSEN}$ 变为高电平,等等。总之,CPU 进入空闲状态后是不工作的,但各功能部件保持了进入空闲状态前的内容,且消耗功耗很少。因此,在程序执行过程中,用户在 CPU 无事可做或不希望它执行有用程序时应先让它进入空闲状态,一旦需要继续工作就让它退出空闲状态。

CHMOS 型器件退出空闲状态有两种方法：一种方法是让被允许中断的中断源发出中断请求(例如定时器 T0 定时 1ms 时间已到),中断系统收到这个中断请求后,片内硬件电路会自动使 IDL＝0,致使图 2-13 中与门 M2 重新打开,CPU 便可从激活空闲方式指令的下一条指令开始继续执行程序;另一种使 CPU 退出空闲状态的方法是硬件复位,即在 80C31 的 RST 引脚上送一个脉宽大于 24 个时钟周期的脉冲。此时,PCON 中的 IDL 被硬件自动清零(即 M2 重新打开),CPU 便可继续执行进入空闲方式前的用户程序。

现在,以图 2-14 来说明空闲方式的应用。我们希望 80C31 在市电正常时执行用户程序,停电时依靠备用电池处于空闲方式,并在市电恢复后继续执行停电前的用户程序。

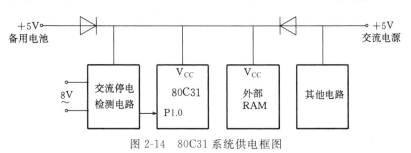

图 2-14　80C31 系统供电框图

图 2-14 中,硬件电路十分简单。两个二极管用于对两种电源起隔离作用,即市电正常时备用电池不工作,反之亦然。"交流停电检测电路"既可以由市电电源+5V供电,也可以由备用干电池供电。"交流停电检测电路"的作用是:若市电未停,则它使 P1.0 引脚变为低电平 0;若市电停,则它使 P1.0 变为高电平 1。

其实,空闲方式的进入和退出是由程序控制的,图 2-14 只是它的硬件支持电路。通常,能完成上述切换的程序由主程序和定时器 T0 的中断服务程序组成,程序流程如图 2-15 所示。

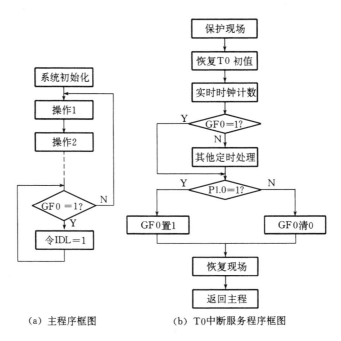

(a) 主程序框图      (b) T0 中断服务程序框图

图 2-15　80C31 系统供电程序流程图

在主程序中,80C31 利用了通用标志位 GF0(开机后 GF0=0)作为检测标志。当 80C31 检测到 GF0=0,它就执行用户程序,只要 GF0 始终为 0,80C31 就一直执行用户程序。定时器 T0 的中断服务程序是一个每隔 1ms 就能自动使 80C31 进入并执行一次的程序,也就是说,80C31 在"交流停电检测电路"检测到市停电时的 1ms 内便会自动执行一次 T0 中断服务程序。在 T0 中断服务程序中,80C31 检测到 P1.0 为高电平 1(即停电)时使 GF0=1,然后恢复现场返回主程序。80C31 返回主程序后,因 GF0=1 而激励空闲方式,CPU 停止工作而等待市电恢复正常。当市电恢复供电后,定时器 T0 在 1ms 内自动向 CPU 发出溢出中断请求,80C31 在该中断作用下将 PCON 中的 IDL 硬件清 0,并进入 T0 中断服务程序。在 T0 中断服务程序中,80C31 因 P1.0=0(即市电已恢复正常)而使 GF0=0,故它返回主程序后便可继续执行用户程序。

### 2.3.4　EPROM 的编程和校验方式

这里的编程是指利用特殊手段对单片机片内 EPROM 进行写操作的过程,校验则是对刚刚写入的程序代码进行读出验证的过程。因此,单片机的编程和校验方式只有EPROM型器件才有,如8751H这样的器件。

8751H和8051类似,只是8751H片内的4KB程序存储器是EPROM型的,不像8051那样是ROM型的。8751H片内EPROM有编程、校验和保密编程3种工作方式。在每种工作方式下,8751H各引脚的输入电平是不相同的,如表2-6所示。

表 2-6  8751H EPROM 的操作方式

| 方式 | RST | $\overline{PSEN}$ | $\overline{EA}/V_{PP}$ | ALE/$\overline{PROG}$ | P2.7 | P2.6 | P2.5 | P2.4 |
|---|---|---|---|---|---|---|---|---|
| 编程 | 1 | 0 | $V_{PP}$ | 编程负脉冲 | 1 | 0 | × | × |
| 禁止 | 1 | 0 | × | 1 | 1 | 0 | × | × |
| 校验 | 1 | 0 | 1 | 1 | 0 | 0 | × | × |
| 保密位编程 | 1 | 0 | $V_{PP}$ | 编程负脉冲 | 1 | 1 | × | × |

表中:1表示逻辑高电平,0表示逻辑低电平,×表示任意逻辑电平,$V_{PP}$为$21V \pm 0.5V$,$\overline{PROG}$的编程脉冲为50ms负脉冲。

**应当注意**:$\overline{EA}/V_{PP}$上编程电源电压不能大于21.5V,即使是一个小小的尖脉冲也会引起器件的永久性损坏。

**1. EPROM 的编程方式**

8751H的EPROM编程方式要求它的引脚按表2-6中相应状态连接,如图2-16所示。

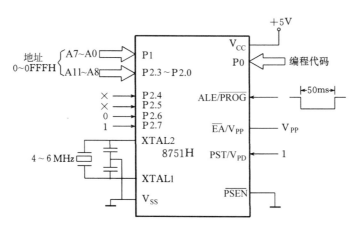

图 2-16  8751H 编程时的引脚连接

图2-16中,8751H振荡器频率应为4~6MHz,CPU应处于工作状态。8751H片内EPROM的编程是在另一台微型计算机控制下进行的,片内EPROM的12位地址加在P2.3~P2.0和P1.7~P1.0引脚上,被写入的程序代码由P0口输入,ALE/$\overline{PROG}$线上应输入一个50ms宽的负脉冲,以完成一个存储单元的程序代码写入。因此,若为每个负脉冲再外加5ms的余量,则8751H完成片内4KB EPROM编程至少需要55ms×4096≈3.75min。在编程时,12位EPROM地址码、被写入的编程代码和ALE/$\overline{PROG}$上负脉冲

必须彼此间符合一定的时间关系,符合这种时间关系的波形称为编程波形。8751H 的编程波形如图 2-17 所示。

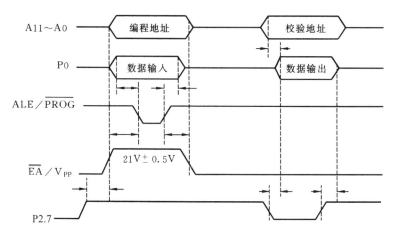

图 2-17　8751H 的 EPROM 编程和校验波形

### 2. EPROM 的校验方式

8751H EPROM 的校验方式要求它的引脚按表 2-6 中相应状态连接,如图 2-18 所示。

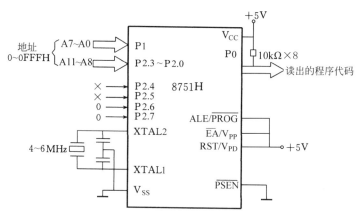

图 2-18　8751H EPROM 校验时的引脚连接

与编程时类似,EPROM 校验也是在另一台微型计算机控制下进行的。在校验时,微型计算机把 12 位地址送入被校验 8751H 的 P2 和 P1 口,以选中读出相应 EPROM 单元中的内容,经 P0 口送给微型计算机。微型计算机把该读出代码和编程时写入的编程代码进行比较:若两者结果相同,则该单元编程正确;若结果不同,则应查明原因重新进行编程,直到正确为止。

前面已对 8751H 的编程和校验方式分别进行了介绍。其实,8751H 的编程和校验是在同一台微型计算机的控制下进行的。微型计算机先对 8751H 中的某个 EPROM 单元写入程序代码,随后读出该存储单元中的代码,并把它和编程前写入的代码进行比较,比较正确后对下一个 EPROM 单元进行同样操作,直到完成所有 EPROM 单元的编程和校验为止。8751H 的编程和校验波形如图 2-17 所示,编程和校验波形中的有关参数从略。

**3. EPROM 的保密编程**

8751H 的保密编程要求它的引脚按表 2-6 中的相应状态连接,它和图 2-17 的唯一差别在于 P2.6 应接逻辑高电平 1。8751H EPROM 保密编程的过程和 EPROM 编程过程类同,在此不再赘述。

8751H 一旦完成保密编程,用户就可以让它自由执行 EPROM 中的程序,但不能以任何形式读出和对它进一步编程,8751H 执行片外 ROM 中程序的功能也随之消失。因此,8751H 的这种保密编程功能对于保护单片机应用系统中软件的版权具有十分重要的意义。

不论是编程还是保密编程,8751H 的 EPROM 中的程序代码均可在专用的 EPROM 擦除器中擦除。一旦 EPROM 中的信息被擦除,读出时均变为全 1。

# 2.4 MCS-51 单片机时序

单片机时序就是 CPU 在执行指令时所需控制信号的时间顺序。因此,微型计算机中的 CPU 实质上就是一个复杂的同步时序电路,这个时序电路在时钟脉冲推动下工作。在执行指令时,CPU 首先要到程序存储器中取出需要执行指令的指令码,然后对指令码译码,并由时序部件产生一系列控制信号去完成指令的执行。这些控制信号在时间上的相互关系就是 CPU 时序。

CPU 发出的时序信号有两类:一类用于片内各功能部件的控制,这类信号很多,但对于用户是没有意义的,故通常不专门介绍;另一类用于片外存储器或 I/O 端口的控制,需要通过器件的控制引脚送到片外,这部分时序对于分析硬件电路原理至关重要,也是每个计算机工作者普遍关心的问题。

在单片微型计算机中,由于 CPU、存储器、定时器/计数器、中断系统和 I/O 端口电路等都集成在同一块芯片上,因此单片机的时序通常要比微处理器简单一些。

## 2.4.1 机器周期和指令周期

为了对 CPU 的时序进行分析,首先要为它定义一种能够度量各时序信号出现时间的尺度。最常用的尺度包括时钟周期、机器周期和指令周期。

**1. 时钟周期**

时钟周期 $T$ 又称为振荡周期,由单片机片内振荡电路 OSC 产生,常定义为时钟脉冲频率的倒数,是时序中最小的时间单位。例如,若某单片机时钟频率为 1MHz,则它的时钟周期 $T$ 应为 $1\mu s$。因此,时钟周期的时间尺度不是绝对的,而是一个随时钟脉冲频率而变化的参量。但时钟脉冲毕竟是计算机的基本工作脉冲,它控制着计算机的工作节奏,使计算机的每一步工作统一到它的步调上来。因此,采用时钟周期作为时序中最小时间单位是必然的。

**2. 机器周期**

机器周期定义为实现特定功能所需的时间,通常由若干时钟周期 $T$ 构成。因此,微型计算机的机器周期常常按其功能来命名,且不同机器周期所包含的时钟周期的个数也不相同。例如,Z80 CPU 中的取指令机器周期由 4 个时钟周期 $T$ 构成,而存储器读写机器周期所需的时钟周期数是不固定(最少有 4 个 $T$ 的),由 $\overline{WAIT}$ 引脚上的电平决定。

MCS-51 的机器周期没有采用上述方案,它的机器周期时间是固定不变的,均由12 个时钟周期 $T$ 组成,分为 6 个状态(S1~S6),每个状态又分为 P1 和 P2 两拍。因此,一个机器周期中的 12 个振荡周期可以表示为 S1P1、S1P2、S2P1、S2P2、…、S6P2。

**3. 指令周期**

指令周期是时序中的最大时间单位,定义为执行一条指令所需的时间。由于机器执行不同指令所需的时间不同,因此不同指令所包含的机器周期数也不相同。通常,包含一个机器周期的指令称为单周期指令,包含两个机器周期的指令称为双周期指令,等等。

指令的运算速度和指令所包含的机器周期数有关,机器周期数越少的指令执行速度越快。MCS-51 单片机通常可以分为单周期指令、双周期指令和四周期指令 3 种。四周期指令只有乘法和除法指令两条,其余均为单周期和双周期指令。

## 2.4.2 MCS-51 指令的取指/执行时序

单片机执行任何一条指令时都可以分为取指令阶段和执行指令阶段。取指令阶段简称取指阶段,单片机在这个阶段里可以把程序计数器 PC 中的地址送到程序存储器,并从中取出需要执行指令的操作码和操作数。指令执行阶段可以对指令操作码进行译码,以产生一系列控制信号完成指令的执行。图 2-19 给出了 MCS-51 指令的取指/执行时序。

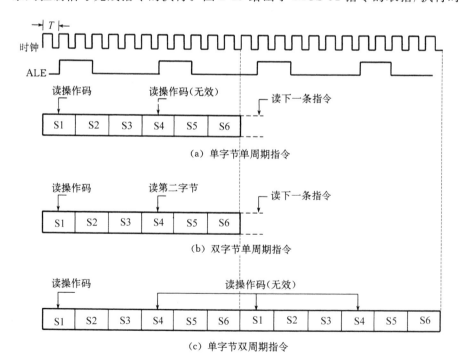

图 2-19 MCS-51 指令的取指/执行时序

由图 2-19 可见,ALE 引脚上出现的信号是周期性的,每个机器周期内出现两次高电平,出现时刻为 S1P2 和 S4P2,持续时间为一个状态 S。ALE 信号每出现一次,CPU 就进行一次取指操作,但由于不同指令的字节数和机器周期数不同,因此取指令操作也随指令不同而有小的差异。

按照指令字节数和机器周期数,MCS-51 的 111 条指令可分为 6 类,分别对应于 6 种基本时序。这 6 类指令是:单字节单周期指令、单字节双周期指令、单字节四周期指令、双字节单周期指令、双字节双周期指令和三字节双周期指令。为了弄清楚这些基本时序的特点,现将几种主要时序进行简述。

**1. 单字节单周期指令时序**

这类指令的指令码只有一个字节(如 INC A 指令),存放在程序存储器 ROM 中,机器从取出指令码到完成指令的执行仅需一个机器周期,如图 2-19(a)所示。

图 2-19(a)中,机器在 ALE 第一次有效(S1P2)时从 ROM 中读出指令码,把它送到指令寄存器 IR,接着开始执行。在执行期间,CPU 一方面在 ALE 第二次有效(S4P2)时封锁 PC 加 1,使第二次读操作无效;另一方面在 S6P2 时完成指令的执行。

**2. 双字节单周期指令时序**

双字节单周期指令时序如图 2-19(b)所示,MCS-51 在执行这类指令时需要分两次从 ROM 中读出指令码。ALE 在第一次有效时读出指令操作码,CPU 对它译码后便知道是双字节指令,故使程序计数器 PC 加 1,并在 ALE 第二次有效时读出指令的第二字节(也使 PC 加 1 一次),最后在 S6P2 时完成指令的执行。

**3. 单字节双周期指令时序**

单字节双周期指令时序如图 2-19(c)所示。这类指令执行时,CPU 在第一机器周期 S1 期间从程序存储器 ROM 中读出指令操作码,经译码后便知道是单字节双周期指令,故控制器自动封锁后面的连续三次读操作,并在第二机器周期的 S6P2 时完成指令的执行。

## 2.4.3 访问片外 ROM/RAM 的指令时序

MCS-51 专门有两类可以访问片外存储器的指令:一类是读片外 ROM 指令,另一类是访问片外 RAM 指令。这两类指令执行时所产生的时序除涉及 ALE 引脚外,还和 $\overline{PSEN}$、P0、P2 和 $\overline{RD}$ 等引脚上的信号有关。

**1. 读片外 ROM 指令时序**

MCS-51 执行如下指令时:

MOVC A, @A+DPTR ;A←(A+DPTR)

首先把累加器 A 中的地址偏移量和 DPTR 中的地址相加,然后把 16 位"和地址"作为片外 ROM 地址,并从中读出该地址单元中的数据,送到累加器 A。因此,累加器 A 在指令执行前为地址偏移量,指令执行后为片外 ROM 中的读出数据。指令执行中产生的时序如图 2-20 所示。

指令的详细执行过程如下。

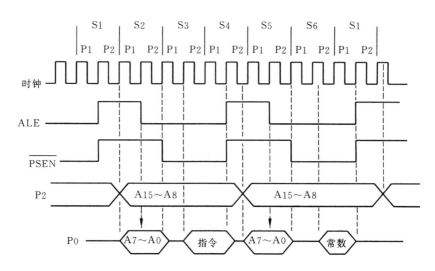

图 2-20 读片外 ROM 指令时序

① ALE 信号在 S1P2 高电平有效时,$\overline{PSEN}$ 继续保持高电平或从低电平变为高电平无效状态(见图 2-12)。

② MCS-51 在 S2P1 时把 PC 中高 8 位地址送到 P2 口引脚线上,把 PC 中低 8 位地址送到 P0 口引脚线上,P0 口地址 A7~A0 在 ALE 下降沿被锁存到片外地址锁存器(如图 2-12 中的 74LS373),P2 口地址 A15~A8 一直保持到 S4P2,故它不必外接锁存器。

③ $\overline{PSEN}$ 在 S3 到 S4P1 期间低电平有效,选中片外 ROM 工作,并根据 P2 口和地址锁存器(74LS373)输出地址读出 MOVC 指令的指令码 93H(见附录 C),经 P0 口送到 CPU 的指令寄存器 IR。

④ MCS-51 对指令寄存器 IR 中的 MOVC 指令码译码,产生执行该指令所需的一系列控制信号。

⑤ 在 S4P2 时,CPU 先把累加器 A 中的地址偏移量和 DPTR 中的地址相加,然后把"和地址"的高 8 位送到 P2 口并把低 8 位送到 P0 口,其中 P0 口地址由 ALE 的第二个下降沿锁存到片外地址锁存器(74LS373)。

⑥ $\overline{PSEN}$ 在 S6 到下个机器周期的 S1P1 期间第二次低电平有效,并在 S6P2 时从片外 ROM 中读出由 P2 口和片外地址锁存器(74LS373)输出地址所对应 ROM 单元中的常数,该常数经 P0 口送到 CPU 累加器 A。

上述指令执行过程表明,MOVC 指令执行时分两个阶段:第一阶段是根据程序计数器 PC 到片外 ROM 中取指令码;第二阶段是对累加器 A 和 DPTR 中的 16 位地址进行运算,并按运算所得到的和地址去片外 ROM 取出所需的常数送到累加器 A。也就是说:MCS-51 执行"MOVC A,@A+DPTR"指令时需要两次访问片外 ROM 存储器,第 1 次访问是从中读取"MOVC A,@A+DPTR"的指令码;第 2 次访问片外 ROM 存储器是要从中读出由 A+DPTR 所指相应存储单元中的常数。

**2. 读外部 RAM 指令时序**

设片外 RAM 的 2000H 单元中有一数 X,且 DPTR 中已存放有该数地址 2000H,则

CPU 执行如下指令便可从片外 RAM 中取出 X 送到累加器 A 中：

     MOVX　A，@DPTR　;A←X

该指令的指令码为 E0H(见附录 C)，存放在片外 ROM 中，其地址已存放在 CPU 程序计数器 PC 中。上述指令执行时的时序如图 2-21 所示。

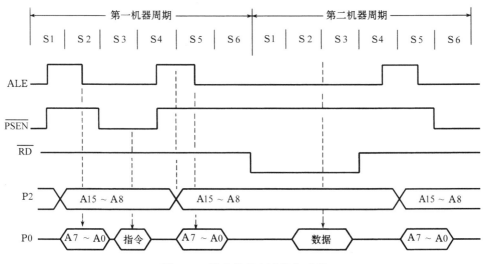

图 2-21　读片外 RAM 指令时序

指令的详细执行过程如下。

① ALE 在第一次高电平有效期间，用于从片外 ROM 中读取 MOVX 指令的指令码 E0H，即 PC 中高 8 位地址送到 P2 口，PC 中低 8 位地址送到 P0 口，并在 ALE 第一个下降沿将 P0 口低 8 位地址锁存于片外地址锁存器 74LS373(见图 2-12)。

② CPU 在 $\overline{PSEN}$ 有效低电平(S3 和 S4P1 时)作用下，把从片外 ROM 读得的指令码 E0H 经 P0 口送入指令寄存器 IR，译码后产生一系列控制信号，控制以下各步骤的完成。

③ CPU 在 S5P1 把 DPTR 中高 8 位地址 20H 送到 P2 口，并把低 8 位地址 00H 送到 P0 口，且 ALE 在它的第 2 个下降沿时锁存 P0 口上的地址。

④ CPU 在第二机器周期的 S1～S3 期间使 $\overline{RD}$ 低电平有效，选中片外 RAM 工作，以读出 2000H 单元中的数 X。

⑤ CPU 把外部 RAM 中读出的数 X 经 P0 口送到 CPU 的累加器 A 中，以终止指令的执行。

上述过程表明，执行"MOVX A,@DPTR"指令也可以分为两个阶段。第一阶段是根据 PC 中的地址读片外 ROM 中的指令码 E0H，第二阶段是根据 DPTR 中的地址读片外 RAM，并把读出的数 X 送往累加器 A。在读片外 RAM 时，$\overline{PSEN}$ 被封锁为高电平，$\overline{RD}$ 有效，用作片外 RAM 的选通信号。这就是说，MCS-51 执行"MOVX A,@DPTR"指令时也需要两次访问片外存储器，第 1 次访问的是片外 ROM，以便从中读取"MOVX A,@DPTR"的指令码 E0H；第 2 次访问的是片外 RAM，以便从中读出由 DPTR 中地址所指片外 RAM 单元中的操作数。

# 习题与思考题

**2.1** 从工艺上来分,MCS-51 单片机可分为哪两类?各有什么特点?

**2.2** 在 MCS-51 中,能够决定程序执行顺序的寄存器是哪一个?它由几位二进制数组成?是不是特殊功能寄存器?

**2.3** 程序状态字 PSW 各位的定义是什么?

**2.4** 什么叫堆栈?8031 堆栈的最大容量是多少?MCS-51 堆栈指示器 SP 有多少位?作用是什么?单片机初始化后 SP 中的内容是什么?

**2.5** 数据指针 DPTR 有多少位?作用是什么?

**2.6** MCS-51 单片机寻址范围是多少?8051 最多可以配置多大容量的 ROM 和 RAM?用户可以使用的容量又是多少?

**2.7** 8051 片内 RAM 容量是多少?可以分为哪几个区?各有什么特点?

**2.8** 8051 的特殊功能寄存器 SFR 有多少个?可以位寻址的有哪些?

**2.9** P0、P1、P2 和 P3 是特殊功能寄存器吗?它们的物理地址各为多少?作用是什么?

**2.10** 8051 单片机主要由哪几部分组成?各有什么特点?

**2.11** 8051 和片外 RAM/ROM 连接时,P0 和 P2 口各用来传送什么信号?为什么 P0 口需要采用片外地址锁存器?

**2.12** 8051 的 ALE 线的作用是什么?8051 不和片外 RAM/ROM 相连时 ALE 线上输出的脉冲频率是多少?作用是什么?

**2.13** 8051 的 $\overline{PSEN}$ 线的作用是什么?$\overline{RD}$ 和 $\overline{WR}$ 的作用是什么?

**2.14** 8051 XTAL1 和 XTAL2 的作用是什么?时钟频率和哪些因素有关?

**2.15** 8051 RST 引脚的作用是什么?有哪两种复位方式?请画出电路形式。

**2.16** 复位方式下,程序计数器 PC 中的内容是什么?这意味着什么?

**2.17** 什么是空闲方式?怎样进入和退出空闲方式?

**2.18** 什么是掉电方式?怎样进入和退出掉电方式?

**2.19** 什么样的单片机才有节电方式?什么样的单片机才有编程和校验方式?

**2.20** 单片机进入编程方式时各引脚应如何连接?编程所需时间如何计算?

**2.21** 什么是保密编程?它和编程有什么异同?保密编程时各引脚应如何连接?

**2.22** 时钟周期、机器周期和指令周期的含义是什么?MCS-51 的一个机器周期包含多少个时钟周期?

**2.23** 根据图 2-20 简述读片外 ROM 指令的执行过程。

**2.24** 参照读片外 RAM 指令时序(见图 2-21),简述写片外 RAM 指令的执行过程,并画出时序图。

# 第 3 章　MCS-51 单片机指令系统

在前两章的学习中,我们已经对单片微型计算机的内部结构和工作原理有了一个基本的了解。在此基础上,本章将进一步介绍指令的格式、分类和寻址方式,并以大量实例阐述 MCS-51 指令系统中每条指令的含义和特点,以便为汇编语言程序设计打下基础。

## 3.1　概　　述

本节主要论述指令格式、指令的 3 种表示形式、指令的字节数、指令的分类和指令系统综述 5 个问题,作为本章后面各节的介绍准备。

### 3.1.1　指令格式

指令格式是指指令码的结构形式。通常,指令可以分为操作码和操作数两部分。其中,操作码部分比较简单,操作数部分则比较复杂,常常随计算机类型的不同而有较大差别。

在最原始的计算机中,操作数部分可以包括 4 部分地址,故称为 4 地址计算机。这种计算机的指令格式为

| 操作码 | 第一操作数地址 | 第二操作数地址 | 结果操作数地址 | 下一条指令地址 |
| --- | --- | --- | --- | --- |

其中,操作码字段用于指示机器执行何种操作,是加法操作还是减法操作,是数据传送还是数据移位操作,等等;"第一操作数地址"用于指示两个操作数中的第一操作数在内存中的地址;"第二操作数地址"可以使机器在内存中找到参加运算的第二个操作数;"结果操作数地址"用于存放操作结果;"下一条指令地址"指示机器按此地址取出下一条要执行指令的指令码。这种指令格式的缺点是指令码太长,严重影响了指令执行的速度。

MCS-51 单片机的指令格式采用了地址压缩技术,它把操作数字段的 4 个地址压缩到一个,故称为单地址指令格式。指令的具体格式为

| 操 作 码 | 操作数或操作数地址 |
| --- | --- |

其中,"操作数或操作数地址"字段相当于四地址机中的"第一操作数地址"字段;"第二操作数地址"和"结果操作数地址"合二为一,由累加器 A 充任,物理地址为 E0H,在操作码中隐含;"下一条指令地址"由程序计数器 PC 充任,PC 自动加 1 就能使 MCS-51 连续按序执行程序。因此,在指令执行前,用户通常必须安排一条传送指令,预先把第二操作数传送到累加器 A。这样,累加器 A 在指令执行后就可自动获得结果操作数。

### 3.1.2 指令的 3 种表示形式

指令是计算机用于控制各功能部件完成某一指定动作的指示和命令。指令不同,各功能部件所完成的动作也不一样,指令的功能也不相同。因此,根据题目要求,选用不同功能指令的有序组合就构成了程序。计算机执行不同的程序就可完成不同的运算任务。

指令的表示形式是识别指令的标志,也是人们用来编写和阅读程序的基础。通常,指令有二进制、十六进制和助记符 3 种表示形式,指令的这 3 种表示形式各有各的用处,是人们学习、掌握和使用好计算机的重要手段。

指令的二进制形式是一种可以直接为计算机识别和执行的形式,故又称为指令的机器码或汇编语言源程序的目标代码。指令的二进制形式具有难读、难写、难记忆和难修改等缺点,因此人们通常不用它来编写程序。指令的十六进制形式虽然读写方便,但仍不易为人们识别和修改,通常也不被用来编写程序,只是在某些场合(如实验室)才被用来作为输入程序的一种辅助手段。指令以这种十六进制代码输入机器以后,需要由常驻于机器内部的监控程序把它们翻译成二进制形式存入内存储器,而后才能为机器所识别和执行。指令的助记符形式又称为指令的汇编符形式或汇编语句形式,是一种由英文单词或缩写字母形象表征指令功能的形式。这种形式不仅易为人们识别和读写,而且记忆和交流极为方便,常常被人们用来进行程序设计,但编好和修改好的程序必须通过人工或机器把它们翻译成机器码形式才能被计算机执行。例如,如果累加器 A 中已有一个加数 10,那么,能够完成 10+8 并把结果送入累加器 A 的加法指令的二进制形式为 0010010000001000B;指令的十六进制形式为 2408H;指令的助记符形式为

    ADD  A, ♯08H ;A←A+08H

其中,ADD 为操作码,指示进行加法操作;逗号右侧为源操作数或第一操作数;逗号左侧的累加器 A 在指令执行前为第二操作数寄存器,在指令执行后为结果操作数寄存器;分号的后面部分为注释,它并非指令的组成部分,只是用来标明相应指令的功能。

### 3.1.3 指令的字节数

在指令的二进制形式中,指令不同,指令的操作码和操作数也不相同。有些指令的操作码和操作数加起来只有 1B,这种指令称为单字节指令;有些指令是双字节指令,操作码和操作数各占 1B。同样道理,可以有 3 字节指令,4 字节指令,等等。

按照指令码的字节来分,MCS-51 单片机的指令通常可以分为单字节、双字节和三字节指令 3 种。

**1. 单字节指令(49 条)**

单字节指令码只有一个字节,由 8 位二进制数组成。这类指令共有 49 条,占总指令数的 44%。通常,单字节指令又可分为两类:一类是无操作数的单字节指令;另一类是含有操作数寄存器编号的单字节指令。

(1) 无操作数单字节指令。这类指令的指令码只有操作码字段,没有专门指示操作数的字段,操作数是隐含在操作码中的。例如,INC  DPTR 指令的二进制形式为

| 1 | 0 | 1 | 0 | 0 | 0 | 1 | 1 |
|---|---|---|---|---|---|---|---|

其中,8 位二进制数码均为操作码,DPTR 数据指针由操作码隐含。

（2）含有操作数寄存器号的单字节指令。这类指令的指令码由操作码字段和专门用来指示操作数所在寄存器号的字段组成。

例如,8 位数传送指令

    MOV  A,  R*n*  ;A←R*n*

其中,*n* 的取值范围为 0～7。相应指令码格式如图 3-1 所示。

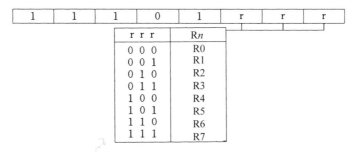

图 3-1 "MOV  A,  R*n*"指令的格式

图 3-1 中,r r r 3 位为源操作数所在的寄存器号,取值范围为 000B～111B;其余 5 位为操作码,目的操作数寄存器是累加器 A,由操作码字段隐含。

**2. 双字节指令（46 条）**

双字节指令含有两个字节,可以分别存放在两个存储单元中,操作码字节在前,操作数字节在后。操作数字节可以是立即数（即指令码中的数）,也可以是操作数所在的片内RAM 地址。

例如,8 位数传送指令

    MOV  A,  ♯data  ;A←data

这条指令的含义是把指令码中第 2 字节 data 取出来存放到累加器 A 中,该指令的指令码为

| 0 | 1 | 1 | 1 | 0 | 1 | 0 | 0 |
|---|---|---|---|---|---|---|---|
| data | | | | | | | |

其中,74H 为操作码,占 1B;data 为源操作数,也占 1B;累加器 A 是目的操作数寄存器,由操作码隐含。

**3. 三字节指令（16 条）**

这类指令的指令码的第 1 字节为操作码,第 2 和第 3 字节为操作数或操作数地址。由于有两个字节的操作数或操作数地址,故三字节指令共有如下 4 类:

| 操作码 |
|---|
| data15～data8 |
| data7～data0 |

例如,指令 MOV　DPTR,＃data16

| 操作码 |
|---|
| direct |
| data |

例如,指令 MOV　direct,＃data

| 操作码 |
|---|
| data |
| direct(rel) |

例如,指令 CJNZ A,＃data,rel

| 操作码 |
|---|
| addr15～addr8 |
| addr7～addr0 |

例如,指令 LCALL addr16

通常,指令字节数越少,指令执行速度越快,所占存储单元也就越少。因此,在程序设计中,应在可能的情况下注意选用指令字节数少的指令。

### 3.1.4　指令的分类

指令通常是按功能分类的,MCS-51 单片机按功能指令可以分为 5 类:数据传送指令、算术运算指令、逻辑操作和环移指令、控制转移指令和位操作指令等。

**1. 数据传送指令(28 条)**

这类指令共有 28 条,主要用于在单片机片内 RAM 和特殊功能寄存器 SFR 之间传送数据,也可以用于在单片机片内和片外存储单元之间传送数据。数据传送指令是把源地址中的操作数传送到目的地址(或目的寄存器)的指令,在该指令执行后源地址中的操作数不被破坏。源操作数有 8 位和 16 位之分,前者称为 8 位数传送指令,后者称为 16 位数传送指令。

交换指令也属于数据传送指令,是把两个地址单元中的内容相互交换。因此,这类指令中的操作数或操作数地址是互为“源操作数/源操作数地址”和“目的操作数/目的操作数地址”的。

**2. 算术运算指令(24 条)**

算术运算指令共有 24 条,用于对两个操作数进行加、减、乘、除等算术运算。在两个操作数中,一个应放在累加器 A 中,另一个可以放在某个寄存器或片内 RAM 单元中,也可以放在指令码的第 2 和第 3 字节中。指令执行后,运算结果便可保留在累加器 A 中,运算中产生的进位标志、奇偶标志和溢出标志等均可保留在 PSW 中。参加运算的两数可以是 8 位的,也可以是 16 位的。

**3. 逻辑操作和环移指令(25 条)**

这类指令包括逻辑操作和环移两类指令。逻辑操作指令用于对两个操作数进行逻辑乘、逻辑加、逻辑取反和异或等操作。大多数指令在执行前也需要把两个操作数中的一个预先放入累加器 A,操作结果也在累加器 A 中。环移指令可以对累加器 A 中的数进行环移。环移指令有左环移和右环移之分,也有带进位位 Cy 和不带进位位 Cy 之分。

**4. 控制转移指令(17 条)**

控制转移指令分为条件转移、无条件转移、调用和返回等指令,共 17 条。这类指令的共同特点是可以改变程序执行的流向,或者是使 CPU 转移到另一处地址执行,或者是继续顺序地执行。无论是哪一类指令,执行后都以改变程序计数器 PC 中地址为目标。

**5. 位操作指令(17 条)**

位操作指令又称为布尔变量操作指令,共分为位传送、位置位、位运算和位控制转移指令 4 类。其中,位传送、位置位和位运算指令的操作数不是以字节为单位进行操作,而是以字节里某位中的内容为单位进行的;位控制转移指令不是以检测某个字节为条件而转移,而是以检测字节中的某一位的状态来转移的。

## 3.1.5 指令系统综述

指令的集合或全体称为指令系统。指令系统是微型计算机核心部件 CPU 的重要性能指标,是进行 CPU 内部电路设计的基础,也是计算机应用工作者共同关心的问题。因此,计算机类型不同,指令系统中每条指令的格式和功能也不相同。例如,MCS-48 中的 8048 有 90 条指令,MCS-96 中的 8096 单片机有 100 条指令,它们之间的指令是不相同的。但同一系列不同型号的计算机,其指令系统常常有不少是同宗相近的。例如,8022 指令系统是 8048 的一个子集,Z80-CPU 有 158 条基本指令,其中 78 条和 Intel 8080 在机器码一级上兼容。

MCS-51 单片机指令系统共有 111 条指令,可以实现 51 种基本操作。这 111 条指令的分类方法颇多,除可以按照指令功能和字节数分类外,还可以按照指令的机器周期数来分类。如果按照指令的机器周期数来分,MCS-51 系列单片机常可以分为单机器周期指令 57 条,双机器周期指令 52 条和四机器周期指令 2 条等。

**1. 指令系统中所用符号的说明**

MCS-51 指令系统中的所有指令如附录 C 所列。表 C.1 中,除操作码字段采用了 42 种操作码助记符外,还在源操作数和目的操作数字段中使用了一些符号。这些符号的含义归纳如下。

(1) R$n$:工作寄存器,可以是 R0～R7 中的一个。

(2) #data:8 位立即数,实际使用时 data 应是 00H～FFH 中的一个。

(3) direct:8 位直接地址,实际使用时 direct 应该是 00H～FFH 中的一个,也可以是特殊功能寄存器 SFR 中的一个。

(4) @Ri:表示寄存器间接寻址,Ri 只能是 R0 或 R1。

(5) #data16:16 位立即数。

(6) @DPTR:表示以 DPTR 为数据指针的间接寻址,用于对外部 64K RAM/ROM 寻址。

(7) bit:位地址,可以是 00H～FFH 中的一个。

(8) addr11:11 位目标地址,可以是 000H～7FFH 中的一个。

(9) addr16:16 位目标地址,取值范围为 0000H～FFFFH。

(10) rel:8 位带符号地址偏移量。

(11) $：当前指令的地址。

**2. 指令对标志位的影响**

MCS-51 指令分为两类：一类指令执行后要影响 PSW 中某些标志位的状态,即不论指令执行前标志位状态如何,指令执行时总按标志位的定义形成新的标志状态;另一类指令执行后不会影响标志位的状态,标志位原来是什么状态,指令执行后也是这个状态。

不同的指令对标志位影响是不相同的,每条指令对标志位的影响如附录 C 中表 C.1 所示。其中,√表示对相应标志位有影响,×表示对相应标志位无影响。

# 3.2 寻 址 方 式

在计算机中,寻找操作数的方法定义为指令的寻址方式。在执行指令时,CPU 首先要根据地址寻找参加运算的操作数,然后才能对操作数进行操作,操作结果还要根据地址存入相应存储单元或寄存器中。因此,计算机执行程序实际上是不断寻找操作数并进行操作的过程。通常,指令的寻址方式可以有多种,寻址方式越多,指令功能就越强。

在 MCS-51 单片机中,操作数的存放范围是很大的,可以放在片外 ROM/RAM 中,也可以放在片内 ROM/RAM 以及特殊功能寄存器 SFR 中。为了适应这一操作数范围内的寻址,MCS-51 的指令系统共使用了 7 种寻址方式,它们是:寄存器寻址、直接寻址、立即寻址、寄存器间址、变址寻址、相对寻址和位寻址。

## 3.2.1 寄存器寻址

这类指令所需操作数在 MCS-51 内部累加器 A、通用寄存器 B 和某个工作寄存器 R0~R7 等中,指令码内含有该操作数的寄存器号。例如,加 1 指令 INC R$n$,含义是把 R$n$ 工作寄存器中的内容加 1,其指令格式为

| 0 | 0 | 0 | 0 | 1 | r | r | r |

其中,r r r 三位二进制代码可以代表工作寄存器 R0~R7 中的任何一个,其编号如图 3-1 所示。若 r r r＝000B,则上述指令变为 INC R0,指令码为 08H,CPU 执行后可使 R0 中的内容加 1。由表 2-2 可知,R0 的物理地址由 PSW 中 RS1 和 RS0 的状态决定。因此,若设 RS1RS0＝01B,则 R0 的物理地址必为 08H,MCS-51 单片机执行 INC R0 指令后,08H 单元中的内容可由原来的 24H 变为 25H,如图 3-2 所示。

寄存器寻址方式的指令很多,在 3.1.3 节中所述单字节指令"MOV A,R$n$"的源操作数也属于寄存器寻址方式。

## 3.2.2 直接寻址

直接寻址指令的指令码中含有操作数地址,该地址通常可以是 8 位二进制数,常处于指令码中的第二或第三字节,机器执行它们时便可根据直接地址找到所需要的操作数。

在 MCS-51 单片机中,可以用于直接寻址的存储空间主要有片内 RAM 的低 128 字

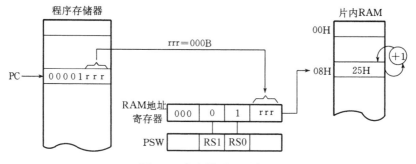

图 3-2　寄存器寻址示意图

节和特殊功能寄存器 SFR(8052 片内 RAM 的高 128 字节只能被间接寻址)。在这类寻址方式的指令中,直接地址通常采用 direct(或 addr11 或 addr16)表示。例如,8 位数传送指令"MOV A,direct"中的源操作数就是采用直接寻址的,其操作码为 E5 direct。但在这条指令的实际使用中或将它汇编成机器码时,direct 必须采用实际操作数的物理地址。例如,若用 3AH 代替上述指令中的 direct,则指令变为

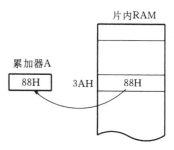

图 3-3　直接寻址示意图

$\qquad$ MOV　A,3AH　;A←(3AH)

该指令的操作码为 E5H,处在指令的第 1 字节,3AH 为直接寻址地址,处在指令的第 2 字节(见附录 C 中表 C.2 的指令表)。指令的含义是把 3AH 中的内容 88H 送入累加器 A 中,如图 3-3 所示。

**直接寻址指令颇多,使用时特别容易混淆。为此,特提出以下三点注意事项。**

(1) 指令助记符中的 direct 是操作数所在存储单元的物理地址,由两位十六进制数码表示。当直接寻址的地址为 SFR 中的某一个时,direct 既可以使用 SFR 的物理地址,也可以使用 SFR 的名称符号。但提倡使用后者,因为这可以增强所编程序的可读性。不过,在汇编时仍应将它翻译成物理地址才能为机器识别和执行。例如,如下两条指令:

$\qquad$ MOV　A,　SP　　;A←SP
$\qquad$ MOV　A,　81H　;A←(81H)

它们的形式虽然不同,但汇编后的指令码是完全一样的,均为 E581H。在注释字段中,SP(Stack Pointer,堆栈指针)中的内容也可采用 81H 加圆括号后来表示。

(2) 在 MCS-51 指令系统中,累加器有 A、ACC 和 E0H 三种表示形式,分属于两种不同的寻址方法,但指令的执行效果完全相同。例如:

$\qquad$ INC　　A
$\qquad$ INC　　ACC
$\qquad$ INC　　0E0H

其中,第一条指令是寄存器寻址,指令码为 04H;第二条和第三条指令是直接寻址,指令码为 05E0H,第三条指令中的物理地址 E0H 前面要加 0(凡以字母 A～F 开头的十六进

制数均需加前导 0)。这三条指令的执行效果相同,都是使累加器 A 中的内容加 1。

(3) 在指令系统中,字节地址和位地址是有区别的。前者用 direct 表示,后者用 bit 表示。但在实际程序中,两者都要用十六进制数表示,因此使用中也容易混淆。例如:

```
MOV   A, 20H   ;A←(20H)
MOV   C, 20H   ;Cy←(20H)
```

在第一条指令中,由于目标寄存器是累加器 A,因此指令中的 20H 是字节地址 direct,汇编时应汇编成 E520H。第二条指令中由于目标寄存器是进位标志位 C(即 PSW.7),故它的 20H 属于位地址 bit,相应 20H 中的内容是指 24H 单元中的最低位 20H(见图 2-5)中的内容,汇编后的指令码为 A220H(见附录 C 中表 C.2)。显然,两条指令的含义和执行效果是完全不同的。

### 3.2.3 立即寻址

立即寻址指令的特点是指令码中直接含有所需寻找的操作数。该操作数称为立即数,可以是二进制 8 位,也可以是二进制 16 位,常处在指令码的第二和第三字节位置上。

在指令的汇编形式中,立即数通常使用 ♯data 或 ♯data16 表示,其中 ♯ 是它区别于 direct(或 bit)的唯一标志,读者使用时务必不要疏忽。例如:

```
MOV   A, ♯3AH   ;A←3AH
MOV   A, 3AH    ;A←(3AH)
```

其中,第一条指令的源操作数是立即寻址,3AH 作为一个 8 位二进制数传送到累加器 A 中,指令码为 743AH;第二条指令的源操作数是直接寻址,3AH 是作为地址看待的,指令的含义是把 3AH 中的内容送入累加器 A,指令码为 E53AH(见附录 C 中表 C.2)。

对于 16 位立即数指令,汇编时它的高 8 位应放在前面(即指令的第二字节位置),低 8 位放在后面(即指令的第三字节位置)。例如,如下指令的指令码为 901828H:

```
MOV   DPTR, ♯1828H   ;DPTR←1828H
```

### 3.2.4 寄存器间址

寄存器间址指令的特点是指令码中含有操作数地址的寄存器号。计算机执行这类指令时,它首先根据指令码中寄存器号找到所需要的操作数地址,再由操作数地址找到操作数,并完成相应操作。因此,寄存器间址实际上是一种二次寻找操作数地址的寻址方式。

在汇编形式的指令中,间址寄存器采用 @Ri 或 @DPTR 表示。其中,Ri 或者是 R0,或者是 R1(即:$i$ 的取值为 0 或 1),@是它区别于寄存器寻址的标记。例如:

```
MOV   A, R0    ;A←R0
MOV   A, @R0   ;A←(R0)
```

其中,第一条指令是寄存器寻址,R0 中为操作数,指令码为 E8H;第二条指令是寄存器间址,R0 中为操作数地址,不是操作数,指令码为 E6H。两条指令的含义是截然不同的:第一条指令执行后累加器 A 中为 3AH;第二条指令执行后累加器 A 中为操作数 65H,如图 3-4 所示。

**使用寄存器间址指令时,应注意如下两点。**

(1) 寄存器间址指令可以拓宽单片机寻址范围。其中,@Ri 用于对片内 RAM 的寻址(8052 的地址范围为 00H~FFH,8031/8051 的地址范围为 00H~7FH),也可以对片外 RAM 寻址(地址范围为 0000H~00FFH);@DPTR 的寻址范围可以覆盖片外 ROM/RAM 的全部 64KB 区域。

(2) 寄存器间址指令不能用于特殊功能寄存器 SFR 的寻址。例如,如下程序是不能访问 SP 的:

```
MOV    R0,#81H
MOV    A,@R0
```

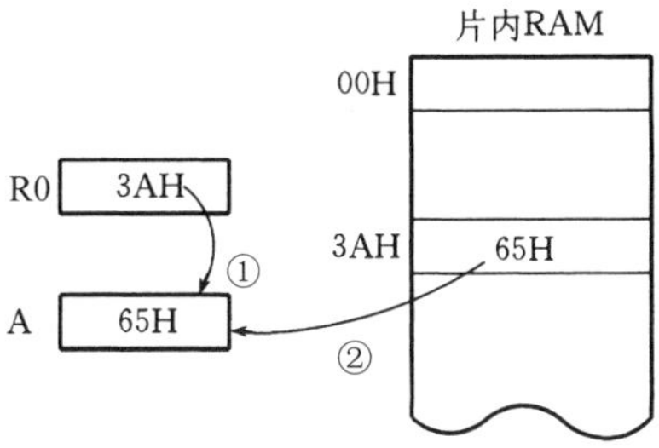

①第一条指令的执行效果
②第二条指令的执行效果

图 3-4　寄存器间址寻址示意图

## 3.2.5　变址寻址

MCS-51 变址寻址指令具有以下 3 个特点。

(1) 指令操作码内隐含有作为基地址寄存器用的数据指针 DPTR 或程序计数器 PC,其中 DPTR 或 PC 中应预先存放有操作数的基地址。

(2) 指令操作码内也隐含有累加器 A,累加器 A 中应预先存放有被寻址操作数地址对基地址的偏移量,该地址偏移量应是一个 00H~FFH 范围内的无符号数。

(3) 在执行变址寻址指令时,单片机先把基地址(在 DPTR 或 PC 内)和地址偏移量(累加器 A 中)相加,以形成操作数的物理地址。

MCS-51 单片机有如下两条变址寻址指令:

```
MOVC    A,@A+PC              ;A←(A+PC)
MOVC    A,@A+DPTR            ;A←(A+DPTR)
```

第一条变址寻址指令是单字节指令,机器码为 83H。该指令执行时先使 PC 中当前值(机器码 83H 所在 ROM 单元地址)加 1,即取出指令码 83H,然后把这个加 1 后的 PC 中的地址与累加器 A 中的地址偏移量相加,从而取出该地址中操作数并传送到累加器 A 中。第二条指令执行过程和第一条指令类似,现举例加以说明。

〔例 3.1〕　已知片外 ROM 的 0302H 单元中有一常数 X,现欲把它取到累加器 A,请编写相应程序,并进行必要的分析。

**解**:根据变址寻址特点,基地址显然应取 0300H,地址偏移量为 02H。相应程序为

```
MOV     DPTR,#0300H          ;DPTR←0300H
MOV     A,#02H               ;A←02H
MOVC    A,@A+DPTR            ;A←X
```

其中,第一条和第二条传送指令是为第三条变址寻址指令准备条件的。在第三条指令执行时,单片机先把 DPTR 中的 0300H 和累加器 A 中的 02H 相加后得到 0302H,然后到片外 ROM 中取出操作数 X 送到累加器 A。因此,累加器 A 具有双重作用,在指令执行前用来存放地址偏移量 02H,指令执行后的内容为目的操作数 X,指令执行过程如图 3-5 所示。

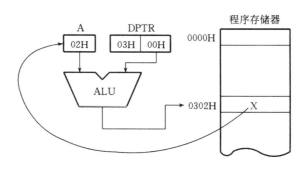

图 3-5　变址寻址示意图

**应当指出两点**：一是变址寻址指令的变址寻址区是程序存储器 ROM,而不是数据存储器 RAM;二是变址寻址是单字节双周期指令,CPU 执行这条指令前应预先在 DPTR 和累加器 A 中为该指令的执行准备条件。

### 3.2.6　相对寻址

相对寻址在相对转移指令中使用。相对转移指令的指令码中含有相对地址偏移量,相对地址偏移量是一个带符号的 8 位二进制补码,其取值范围为 $-128 \sim +127$(见表1-2)。

MCS-51 单片机有两类相对转移指令:一类是双字节相对转移指令,又称为短转移指令;另一类是三字节相对转移指令,又称为长转移指令。不论是哪一类指令,单片机执行时总是把程序计数器 PC 中的**当前值**(即从程序存储器中取出转移指令后的 PC 值)和指令码中的相对地址偏移量 rel 相加,以形成下一条要执行指令的地址。例如,现有如下双字节相对转移指令

```
2000H   8054H   SJMP   rel   ;PC←PC+2+rel
```

其中,80H 是该指令的操作码,放在 2000H 单元中,54H 是相对地址偏移量(相当于 rel),放在 2001H 单元。在执行这条指令时,单片机先从 2000H 和 2001H 单元取出指令码(程序计数器 PC 被加 1 两次从而变为 2002H),然后把程序计数器 PC 中的内容和 54H 相加,以形成目标地址 2056H,重新送回 PC。这样,当单片机再根据 PC 取指令执行时,程序就转到 2056H 处执行,指令的执行过程如图 3-6 所示。

相对转移指令特别有用,能生成浮动代码,深受用户青睐。

**在使用中应注意以下两点。**

(1) 在相对转移指令的执行中,当前 PC 值是指相对转移指令从程序存储器中取出来后的 PC 值,该值和地址偏移量相加便可形成目标转移地址,地址偏移量是一个带符号的

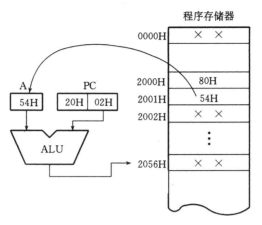

图 3-6　相对寻址示意图

二进制数。

（2）在程序中，相对地址偏移量常常用符号（由英文字母构成）表示，以便为程序的设计提供方便。但在上机操作前，指令码中的 rel（相当于前述指令中的 54H）是需要计算的，计算原理和方法将在后续章节中介绍。

## 3.2.7　位寻址

在计算机中，操作数不仅可以按字节为单位进行存取和操作，而且也可以按 8 位二进制数中的某一位为单位进行存取和操作。当把 8 位二进制数中的某一位作为操作数看待时，这个操作数的地址就称为位地址，对位地址寻址简称位寻址。

位寻址指令的指令码中含有位地址，计算机根据指令码中的位地址就可以找到位操作数，完成相应位操作。在位寻址指令中，位地址用 bit 表示，以区别字节地址 direct。但在指令码中，bit 用实际的物理地址代真后，计算机区别它们的根据是位寻址指令的操作码，它和字节寻址指令是不相同的。

在 MCS-51 单片机中，位寻址区专门安排在片内 RAM 中的两个区域：一是片内 RAM 的位寻址区，字节地址范围是 20H～2FH，共 16 个 RAM 单元，其中每一位都可单独作为操作数（见图 2-5）；二是某些特殊功能寄存器 SFR，其特征是它们的物理地址应能被 8 整除，共 11 个，它们分布在 80H～FFH 的字节地址区（见图 2-6）。

为了使程序设计方便可读，MCS-51 特地为用户提供了多种位地址的表示方法，归纳起来共有 4 种。

（1）直接使用物理的位地址。例如：

MOV　C, 7FH　　　　　;Cy←(7FH)

其中，7FH 为位地址的物理形式，它表示 2FH 单元中最高位 D7（见图 2-5）。

（2）采用第几字节单元第几位的表示法。例如，上述 7FH 的位地址可以表示为 2FH.7，相应指令为

MOV　C, 2FH.7　　　　　;Cy←(7FH)

（3）可以位寻址的特殊功能寄存器容许直接采用寄存器名加位数的命名法。例如，若累加器 A 中最高位表示为 ACC.7，则可以把 ACC.7 位状态送到进位标志位 Cy 的指令是

MOV　C，ACC.7　　;Cy←ACC.7

（4）经伪指令定义过的字符名称（详见第 4 章）。

# 3.3　数据传送指令

在 MCS-51 单片机中，数据传送是最基本和最主要的操作。数据传送操作可以对片内 RAM 或在 SFR 内进行，也可以在累加器 A 和片外存储器之间进行。传送指令中必须指定传送数据的源地址和目的地址，以便机器执行指令时把源地址中的内容传送到目的地址中，但不改变源地址中的内容。在这类指令中，除了在以累加器 A 为目的操作数寄存器时的传送指令会对奇偶标志位 P 有影响外，其余指令执行时均不会影响任何标志位。

MCS-51 单片机的数据传送指令共有 28 条，分为内部数据传送指令、外部数据传送指令、堆栈操作指令和数据交换指令 4 类。

## 3.3.1　内部数据传送指令（15 条）

这类指令的源操作数和目的操作数地址都在单片机内部，可以是片内 RAM 的地址，也可以是特殊功能寄存器 SFR 的地址。指令通式为

MOV　＜dest＞，＜src＞

其中，＜src＞为源字节，＜dest＞为目的字节。

指令功能是把源字节送到目的字节单元，源字节单元中的源字节不变，因为源字节单元也可以是由触发器构成的寄存器。

按照寻址方式，内部数据传送指令又可以分为立即型、直接型、寄存器型和寄存器间址型 4 类。

**1. 立即寻址型传送指令**

这类指令的特点是源操作数字节是立即数，处在指令码的第 2 字节或第 3 字节位置上，共有如下 4 条：

MOV　A，♯data　　　;A←data
MOV　Rn，♯data　　;Rn←data
MOV　@Ri，♯data　　;(Ri)←data
MOV　direct，♯data　;direct←data

第一条指令是双字节指令，第 1 字节是操作码，第 2 字节是立即数，指令码为 74data（见附录 C 指令表，以下同），指令功能是把 data 送入累加器 A。第二条指令共包括 8 条实际指令，指令码为

| 0 1 1 1 1 r r r | data |
| --- | --- |

其中,r r r 的取值为 000B～111B,对应于 R0～R7,指令的功能是把 data 送入 R$n$ 中。第三条指令包括两条实际指令,指令码为

| 0　1　1　1　0　1　1　$i$ | data |
|---|---|

其中 $i$ 取 0 或 1,对应于 R0 或 R1,指令功能是把 data 送到(Ri)中。

第四条指令的指令码为 75direct data,其中立即数处在指令的第 3 字节上,指令功能是把立即数 data 送入 direct 存储单元中。

[例 3.2] 已知:R0=20H,试问 8031 执行如下指令后累加器 A、R7、20H 和 21H 单元中的内容是什么。

```
MOV   A，♯18H        ;A←18H
MOV   R7，♯28H       ;R7←28H
MOV   @R0，♯38H      ;(R0)←38H
MOV   21H，♯48H      ;21H←48H
```

**解**:A=18H,R7=28H,(20H)=38H,(21H)=48H。

**2. 直接寻址型传送指令**

这类指令的特点是指令码中至少含有一个操作数的直接地址,直接地址处在指令的第 2 字节或第 3 字节位置上。这类指令共有以下 5 条:

```
MOV   A，direct        ;A←(direct)
MOV   direct，A        ;A→direct
MOV   R$n$，direct      ;R$n$←(direct)
MOV   @Ri，direct      ;(Ri)←(direct)
MOV   direct2，direct1  ;direct2←(direct1)
```

这些指令的功能是把上述逗号右侧所规定的源操作数传送到逗号左侧的目的存储单元,目的存储单元可以由累加器 A、工作寄存器 R$n$ 和片内 RAM 单元(对 8031/8051,仅限 00H～7FH 范围)充任。

**注意**:在第 5 条指令中,direct1 及 direct2 的顺序和它们在指令码中的顺序是不相同的,如"MOV P2,P1"的指令码应为

| 85H | 90H | A0H |
|---|---|---|

其中 90H 为 P1 口地址,A0H 为 P2 口地址(见图 2-6)。

[例 3.3] 已知:R1=32H,(30H)=AAH,(31H)=BBH,(32H)=CCH,试问如下指令执行后累加器 A、50H、R6、32H 和 P1 口中的内容是什么。

```
MOV   A，30H         ;A←(30H)
MOV   50H，A         ;50H←A
MOV   R6，31H        ;R6←(31H)
MOV   @R1，30H       ;(R1)←(30H)
MOV   P1，32H        ;P1←32H
```

解：A＝AAH,(50H)＝AAH,R6＝BBH,(32H)＝AAH,P1＝AAH。

**3. 寄存器寻址型传送指令**

这类指令共有如下 3 条：

```
MOV   A，Rn              ;A←Rn
MOV   Rn，A              ;A→Rn
MOV   direct，Rn         ;Rn→direct
```

第一条指令和第二条指令属于同一种类型,用于累加器 A 和工作寄存器 Rn 之间的数据传送,第三条指令是把工作寄存器 Rn 中的内容传送到以 direct 为地址的 RAM 单元。

**4. 寄存器间址型传送指令**

这类指令共有如下 3 条：

```
MOV   A，@Ri             ;A←(Ri)
MOV   @Ri，A             ;A→(Ri)
MOV   direct，@Ri        ;(Ri)→direct
```

这三条指令的共同特点是：Ri 中存放的不是操作数本身,而是操作数所在存储单元的地址。第一条指令的功能是把 Ri 中地址(由符号@标记,以下同)所指 RAM 单元中的操作数传送到累加器 A 中;第二条指令的功能是把累加器 A 中的操作数传送到以 Ri 中的内容为地址的存储单元;第三条指令的作用是把以 Ri 中内容为地址的源操作数传送到 direct 存储单元。

〔**例 3.4**〕 已知：(40H)＝11H、(41H)＝22H、R0＝40H 和 R1＝41H,试问如下指令执行后累加器 A、40H、41H 和 42H 单元中的内容是什么。

```
MOV   A，@R0             ;A←(R0)
MOV   @R1，A             ;A→(R1)
MOV   42H，@R1           ;42H←(R1)
```

解：A＝11H,(40H)＝11H,(41H)＝11H,(42H)＝11H。

**5. 内部数据传送指令的使用**

上述 15 条指令可以总结为图 3-7 所示的传送关系,图中箭头表示数据传送方向。

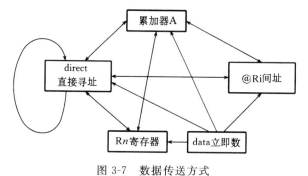

图 3-7　数据传送方式

**在使用上述指令编程时,应注意以下几点。**

(1) 每条指令的格式和功能均由制造厂家提供用户使用,因而是合法的。用户只能

正确地使用它们,而不能任意制造非法指令。例如,如下指令是非法的、错误的:

```
MOV   Rn,@Ri
MOV   #data,A
```

(2) 以累加器 A 为目的寄存器的传送指令会影响 PSW 中的奇偶标志位(参见 2.1.1 节中的程序状态字 PSW),其余传送指令对所有标志位均无影响。

(3) 要学会正确估计指令字节数的方法。凡指令码中含有直接地址或立即数的指令字节数均应在原有基础上加 1 字节的操作码。例如:

```
MOV   A,@Ri          ;单字节指令
MOV   A,direct       ;双字节指令
MOV   direct,#data   ;三字节指令
```

(4) 同一程序设计问题常常可以有多种不同的编程方法,有些程序是合理的,有些程序不太好,甚至是不合理的。读者应当在一开始就养成编写合理和合法程序的习惯。

(5) 注意对程序进行正确注释,也是阅读和编写程序的重要问题。在程序注释中,源操作数通常可以采用寄存器名或外加圆括号的地址来表示,目的操作数单元可以用寄存器名或不带圆括号的地址表示,这种表示方法比较合乎人们的习惯。例如:

```
MOV   A,30H     ;(30H)→A
MOV   A,R0      ;R0→A
MOV   40H,30H   ;(30H)→40H
MOV   A,@Ri     ;(Ri)→A
```

[**例 3.5**]  试编写把 30H 单元和 40H 单元中的内容进行交换的程序。

**解**:30H 和 40H 单元中都装有数,要想把其中的内容相交换必须寻求第三个存储单元对其中的一个数进行缓冲,这个存储单元若选为累加器 A,则相应程序如下:

```
MOV   A,30H     ;(30H)→A
MOV   30H,40H   ;(40H)→30H
MOV   40H,A     ;40H←A
```

## 3.3.2  外部数据传送指令(7 条)

### 1. 16 位数传送指令

在 MCS-51 指令系统中,只有唯一的一条 16 位数传送指令。该指令格式为

```
MOV   DPTR,  #data16  ;DPTR←data16
```

该指令的功能是把指令码中的 16 位立即数送入 DPTR,其中高 8 位送入 DPH,低 8 位送入 DPL,这个被机器作为立即数看待的数 data16(由符号 # 标记,以下同)其实是外部 RAM/ROM 地址,是专门配合外部数据传送指令用的。

### 2. 外部 ROM 的字节传送指令

这类指令共有两条,均属于变址寻址指令,因专门用于查表而又称为查表指令。指令格式为

```
MOVC   A,@A+DPTR    ;A←(A+DPTR)
MOVC   A,@A+PC      ;PC←PC+1,A←(A+PC)
```

第一条指令采用 DPTR 作为基址寄存器,查表时用来存放表的起始地址。由于用户可以很方便地通过上述 16 位数据传送指令把任意一个 16 位地址送入 DPTR,所以外部 ROM 的 64KB 范围内的任何一个子域都可以用来存放被查表的表格数据。

第二条指令以 PC 作为基址寄存器,但指令中 PC 的地址是可以变化的,它随着被执行指令在程序中位置的不同而不同。一旦被执行指令在程序中的位置确定,PC 中的内容也被给定。这条指令执行时分为两步:第一步是取指令码,故 PC 中内容自动加 1,变为指令执行时的当前值;第二步是把这个 PC 当前值和累加器 A 中的地址偏移量相加,以形成源操作数地址,并从外部 ROM 中取出相应的源操作数,传送到作为目的操作数寄存器的累加器 A 中。该指令用作查表时,PC 也要用来存放表的起始地址,但由于进行查表时 PC 的当前值并不一定恰好是表的起始地址,因此常常需要在这条指令前安排一条加法指令,以便把 PC 中的当前值修正为表的起始地址。只有被查表紧紧跟在查表指令后,PC 中的当前值才会恰好是表的起始地址,但一般是不可能的。

[例 3.6]  已知累加器 A 中有一个 0～9 范围内的数,试用以上查表指令编出能查找出该数平方值的程序。

解:为了进行查表,必须确定一张 0～9 的平方值表。若该平方值表起始地址为 2000H,则相应平方值表如图 3-8 所示。

表中累加器 A 中的数恰好等于该数平方值的地址对表起始地址的偏移量。例如,5 的平方值为 25,25 的地址为 2005H,它对 2000H 的地址偏移量也为 5。因此,查表时作为基址寄存器用的 DPTR 或 PC 的当前值必须是 2000H。

(1) 采用 DPTR 作为基址寄存器。采用 DPTR 作为基址寄存器的查表程序比较简单,也容易理解,只要预先使用一条 16 位数传送指令,把表的起始地址 2000H 送入 DPTR,然后执行如下程序就行了。

| | |
|---|---|
| 2000H | 0 |
| 2001H | 1 |
| 2002H | 4 |
| 2003H | 9 |
| 2004H | 16 |
| 2005H | 25 |
| 2006H | 36 |
| 2007H | 49 |
| 2008H | 64 |
| 2009H | 81 |

图 3-8  0～9 平方值表

```
MOV   DPTR,♯2000H      ;DPTR←表起始地址 2000H
MOVC  A,@A+DPTR        ;A←(A+DPTR)
```

显然,计算机根据 A+DPTR 便可找到累加器 A 中数的平方值,且保留在 A 中。

(2) 采用 PC 作为基址寄存器。为了便于理解,把如下查表程序定位在 1FFBH。

```
              ORG    1FFBH
1FFBH  24data  ADD   A,♯data        ;A←A+data
1FFDH  83H     MOVC  A,@A+PC        ;A←(A+PC)
1FFEH  80FEH   SJMP  $              ;停机
2000H  00H     DB    0
```

| 2001H | 01H | DB | 1 |
|---|---|---|---|
| 2002H | 04H | DB | 4 |
| ⋮ | | ⋮ | |
| 2009H | 81H | DB | 81 |
| | | END | |

现对上述程序说明如下。

① 第一条指令执行前,累加器 A 中已放有平方值表的地址偏移量(即平方表的项数)。

② 第二条指令取出后,PC 的当前值为 1FFEH,显然它并不是平方表的起始地址,故需使它变为 2000H,这就要在第一条加法指令中外加一个修正量 data,即如下关系应成立:

$$PC \text{ 当前值} + data = \text{平方表起始地址}$$

所以,data=平方表起始地址−PC 当前值=2000H−1FFEH=02H。

在上述程序中,用 02H 为 data 代真。

③ 修正量 data 实际上可以理解为查表指令对表起始地址间的存储单元个数,是一个 8 位无符号数。因此,查表指令和被查表通常必须在同一页内,即它们在所在外部 ROM 的 16 位地址中的高 8 位(页面地址)必须相同。

**3. 外部 RAM 的字节传送指令**

这类指令可以实现外部 RAM 和累加器 A 之间的数据传送。相应指令如下:

```
MOVX  A, @Ri              ;A←(Ri)
MOVX  @Ri, A              ;A→(Ri)
MOVX  A, @DPTR            ;A←(DPTR)
MOVX  @DPTR, A            ;A→(DPTR)
```

前面两条指令用于访问外部 RAM 的低地址区,地址范围为 0000H～00FFH;后面两条指令可以访问外部 RAM 的 64KB 区,地址范围是 0000H～FFFFH。

[**例 3.7**] 已知外部 RAM 的 88H 单元中有一数 X,试编写一个能把 X 传送到外部 RAM 的 1818H 单元的程序。

**解**:外部 RAM 88H 单元中的数 X 是不能直接传送到外部 RAM 的 1818H 单元的,必须经过累加器 A 的转送。相应程序为

```
ORG    2000H
MOV    R0, ♯88H          ;R0←88H
MOV    DPTR, ♯1818H      ;DPTR←1818H
MOVX   A, @R0            ;A←X
MOVX   @DPTR, A          ;X→1818H
SJMP   $                 ;停机
END
```

上述程序还有其他的编程方法,请读者思考。

### 3.3.3　堆栈操作指令（2 条）

堆栈操作指令是一种特殊的数据传送指令,其特点是根据堆栈指示器 SP 中栈顶地址进行数据传送操作。这类指令共有以下两条:

```
PUSH    direct   ;SP←SP+1,(SP)←(direct)
POP     direct   ;(SP)→direct,SP←SP-1
```

第一条指令称为压栈指令,用于把 direct 为地址的操作数传送到堆栈中去。这条指令执行时分为两步:第一步是先使 SP 中的栈顶地址加 1,使之指向堆栈的新的栈顶单元;第二步是把 direct 中的操作数压入由 SP 指示的栈顶单元。

第二条指令称为弹出指令,其功能是把堆栈中的操作数传送到 direct 单元。指令执行时仍分为两步:第一步是把由 SP 所指栈顶单元中的操作数弹到 direct 单元;第二步是使 SP 中的原栈顶地址减 1,使之指向新的栈顶地址。弹出指令不会改变堆栈区存储单元中的内容,故堆栈中是不是有数据的唯一标志是 SP 中栈顶地址是否与栈底地址相重合,与堆栈区中是什么数据无关。因此,只有压栈指令才会改变堆栈区(或堆栈)中的数据。

**[例 3.8]** 设(30H)=X,(40H)=Y,试利用堆栈作为转存介质编写 30H 和 40H 单元中内容相交换的程序。

**解**:堆栈是一个数据区,进栈和出栈数据符合"先进后出"和"后进先出"的原则。相应程序为

```
MOV     SP,♯70H      ;令栈底地址为 70H
PUSH    30H          ;SP←SP+1,71H←X
PUSH    40H          ;SP←SP+1,72H←Y
POP     30H          ;30H←Y,SP←SP-1=71H
POP     40H          ;40H←X,SP←SP-1=70H
```

前面三条指令执行后,X 和 Y 均被压入堆栈。其中,X 先入栈,故它在 71H 单元中;Y 后入栈,故它在 72H 单元中;SP 因执行的是两条 PUSH 指令,故它两次加 1 后变为72H,指向了堆栈的新栈顶地址,如图 3-9(a)所示。

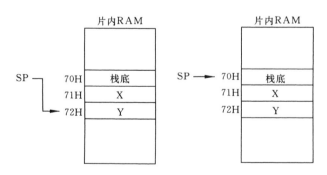

（a）压入 X、Y 两数后的堆栈　　（b）弹出 Y、X 两数后的堆栈

图 3-9　例 3.8 的堆栈变化示意图

第 4 条指令执行时,后入栈的数 Y 最先弹回 30H 单元,SP 减 1 后指向新的栈顶单元 71H。第 5 条指令执行时,先入栈的 X 被弹入 40H 单元,SP 减 1 后变为 70H,与堆栈栈底地址重合,因而堆栈变空,如图 3-9(b)所示。

30H 和 40H 单元中内容进行交换的另一种编程方法是改变 X 和 Y 入栈和出栈顺序,即把上述程序中第二条和第三条指令对调并把第 4 条和第 5 条指令对调位置。这两种程序的效果是完全相同的,读者可自行分析它们的工作原理。

应当指出:堆栈操作指令是直接寻址指令,因此也要注意指令的书写格式。例如下面指令中,左边的是正确的,右边的是不正确的。

| 正确指令 | 错误指令 |
|---|---|
| PUSH  ACC | PUSH  A |
| PUSH  00H | PUSH  R0 |
| POP  ACC | POP  A |
| POP  00H | POP  R0 |

## 3.3.4  数据交换指令(4 条)

数据交换指令共有 4 条,其中字节交换指令三条,半字节交换指令一条:

```
XCH     A, Rn          ;A ⇌ Rn
XCH     A, direct      ;A ⇌ (direct)
XCH     A, @Ri         ;A ⇌ (Ri)
XCHD    A, @Ri         ;A3～A0 ⇌ (Ri)3～0
```

前面三条指令的功能是把累加器 A 中的内容和片内 RAM 单元内容相互交换。第 4 条指令是半字节交换指令,用于把累加器 A 中的低 4 位与 Ri 为间址寻址单元中的低 4 位相互交换,各自的高 4 位保持不变。

[例 3.9]  已知外部 RAM 的 20H 单元中有一个数 X,内部 RAM 的 20H 单元中有一个数 Y,试编出可以使它们互相交换的程序。

解:本题是一个字节交换问题,故可以采用上述三条字节交换指令中的任何一条。若采用第三条字节交换指令,则相应程序为

```
MOV    R1, #20H    ;R1←20H
MOVX   A, @R1      ;A←X
XCH    A, @R1      ;X→20H,A←Y
MOVX   @R1, A      ;Y→20H(片外 RAM)
```

[例 3.10]  已知 50H 单元中有一个 0～9 的数,请编程把它变为相应的 ASCII 码程序。

解:由附录 A 可以知道,0～9 的 ASCII 码为 30H～39H。进行比较后可以看到,0～9 和它的 ASCII 码间仅相差 30H,故可以利用半字节交换指令把 0～9 的数装配成相应的 ASCII 码。相应程序为

```
MOV    R0, #50H    ;R0←50H
MOV    A, #30H     ;A←30H
```

```
XCHD    A，@R0        ;A 中形成相应 ASCII 码
MOV     @R0，A        ;ASCII 码送回 50H 单元
```

本题还可以把 50H 单元中的内容直接与 30H 相加,以形成相应的 ASCII 码。

# 3.4  算术与逻辑运算和移位指令

在这类指令中,大多数指令都要用累加器 A 来存放一个源操作数,另一个源操作数可以存放在任何一个工作寄存器 Rn 或片内 RAM 单元中,也可以是指令码中的一个立即数。在执行指令时,CPU 总是根据指令码中的源操作数地址找到源操作数并与累加器 A 中的源操作数进行相应操作,然后把操作结果保留在累加器 A 中。因此,累加器 A 既可以看作是一个源操作数寄存器,也可以认作目的操作数寄存器,是一个二者兼而有之的特殊功能寄存器。

这类指令是 MCS-51 的核心指令,共有 49 条,分为算术运算、逻辑运算和移位(环移)指令三大类。

## 3.4.1  算术运算指令(24 条)

MCS-51 有比较丰富的算术运算指令,可以分为加法、减法、十进制调整、乘法和除法 4 类。除加 1 和减 1 指令外,其余指令均能影响标志位。

**1. 加法指令**

加法指令共有 13 条,由不带 Cy 加法、带 Cy 加法和加 1 指令三类组成。

(1) 不带 Cy 加法指令。这组指令共有如下 4 条:

```
ADD    A，  Rn        ;A←A+Rn
ADD    A，  direct     ;A←A+(direct)
ADD    A，  @Ri        ;A←A+(Ri)
ADD    A，  #data      ;A←A+data
```

指令功能是把源地址所指示的操作数和累加器 A 中的操作数相加,并把两数之和保留在累加器 A 中。这些指令的功能正如指令注释段符号所示。

**在使用中应注意以下 4 个问题。**

① 参加运算的两个操作数必须是 8 位二进制数,操作结果也是一个 8 位二进制数,且对 PSW 中所有标志位产生影响。

② 用户既可以根据编程需要把参加运算的两个操作数看作是无符号数(0～255),也可以把它们看作是带符号数。若看作是带符号数,则通常采用补码形式(—128～+127)。例如,若把二进制数 11010011B 看作是无符号数,则该数的十进制值为 211;若把它看作是一个带符号补码数,则它的十进制值为—45。

③ 不论把这两个参加运算的操作数看作无符号数还是带符号数,计算机总是按照带符号数法则运算,并产生 PSW 中的标志位(见 2.1.1 节中程序状态字 PSW)。

④ 若将参加运算的两个操作数看作无符号数,则应根据 Cy 判断结果操作数是否溢

出;若将参加运算的两个操作数看作带符号数,则运算结果是否溢出应判断 OV 标志位。

[例3.11] 试分析8051执行如下指令后累加器 A 和 PSW 中各标志位的变化状况。

```
MOV  A,  ♯19H  ;A←19H
ADD  A,  ♯66H  ;A←A+66H=7FH,PSW=01H
```

**解**:上述程序中,第一条是数据传送指令,把两个需要相加的源操作数中的一个预先传送到累加器 A;第二条是加法指令,机器执行加法指令时按带符号数运算,相应竖式为

$$
\begin{array}{r}
25 \qquad A= \quad 0\ 0\ 0\ 1\ 1\ 0\ 0\ 1\ B \\
+)\ \ 102 \quad data= \quad 0\ 1\ 1\ 0\ 0\ 1\ 1\ 0\ B \\
\hline
127 \qquad\qquad \boxed{0}\ 0\ 1\ 1\ 1\ 1\ 1\ 1\ 1\ B
\end{array}
$$

$$\underset{CP\ CS}{0\quad 0}$$

故加法指令执行后 A=7FH,其中 CP 是最高位的进位位,CS 是次高位的进位位。

单片机在加法时确定 PSW 中各标志位的方法是:由于 CP=0,因此 Cy=0;由于低 4 位向高 4 位无进位位,因此 AC=0;溢出标志 OV=CP⊕CS=0⊕0=0,表示加法运算没有产生溢出,累加器 A 中操作结果是正确的;由于 A 中结果操作数有奇数个 1,因此 P=1,即 PSW 中各位为

| Cy | AC | F0 | RS1 | RS0 | OV | — | P |
|----|----|----|-----|-----|----|----|----|
| 0  | 0  | 0  | 0   | 0   | 0  | 0  | 1 |

其中,F0、RS1、RS0 和"—"位以 0 计,故有 PSW=01H。

上述分析表明:若把两个操作数 19H 和 66H 都看作无符号数,则机器的加法结果是正确的(因为 Cy=0);若把 19H 和 66H 看作带符号数,则机器的加法结果也是正确的,并以 OV=0 来表示这种操作的正确性。

[例3.12] 试分析8051执行如下指令后累加器 A 和 PSW 中各标志位的变化状态。

```
MOV  A,  ♯5AH  ;A←5AH
ADD  A,  ♯6BH  ;A←A+6BH=C5H,PSW=44H
```

**解**:机器执行上述加法指令时仍按带符号数运算,并产生 PSW 状态。相应竖式为

$$
\begin{array}{r}
90 \qquad A= \quad 0\ 1\ 0\ 1\ 1\ 0\ 1\ 0\ B \\
+)\ \ 107 \quad data= \quad 0\ 1\ 1\ 0\ 1\ 0\ 1\ 1\ B \\
\hline
197 \qquad\qquad \boxed{0}\ 1\ 1\ 0\ 0\ 0\ 1\ 0\ 1\ B
\end{array}
$$

$$\underset{}{0\quad 1}$$

采用前面的分析方法,OV=CP⊕CS=1,PSW=44H。

上述分析表明:若把两个操作数 5AH 和 6BH 看作无符号数,则运算结果是正确的(因

为 Cy＝0）；若把它们看作带符号数,则根据 PSW 中 OV＝1 便可知道加法运算中产生了溢出,累加器 A 中的操作结果 C5H 显然是错误的,因为两个正数相加是不可能变为负数的。

因此,采用加法指令来编写带符号数的加法运算程序时,要想使累加器 A 中获得正确结果,就必须检测 PSW 中 OV 标志位的状态。若 OV＝0,则 A 中结果正确；若 OV＝1,则 A 中结果不正确。

（2）带 Cy 加法指令。带 Cy 加法指令共有 4 条,主要用于多字节加法运算：

```
ADDC   A, Rn         ;A←A+Rn+Cy
ADDC   A, direct      ;A←A+(direct)+Cy
ADDC   A, ♯data       ;A←A+data+Cy
ADDC   A, @Ri         ;A←A+(Ri)+Cy
```

这组指令可以使指令中规定的源操作数、累加器 A 中的操作数与 Cy 中的值相加,并把操作结果保留在累加器 A 中。这里所指的 Cy 中的值是指令执行前的 Cy 值,不是指令执行中形成的 Cy 值。PSW 中其他各标志位状态变化和不带 Cy 加法指令相同。

[例 3.13] 已知：A＝85H,R0＝30H,(30H)＝11H,(31H)＝FFH,Cy＝1,试问 CPU 执行如下指令后累加器 A 和 Cy 中的值是多少。

① ADDC   A, R0            ② ADDC   A,31H
③ ADDC   A, @R0           ④ ADDC   A, ♯85H

解：按照不带 Cy 加法指令中类似的分析方法,操作结果应为

① A＝B6H, Cy＝0          ② A＝85H, Cy＝1
③ A＝97H, Cy＝0          ④ A＝0BH, Cy＝1

（3）加 1 指令。加 1 指令又称为增量（INCrease）指令,共有如下 5 条：

```
INC   A        ;A←A+1
INC   Rn       ;Rn←Rn+1
INC   direct   ;direct←(direct)+1
INC   @Ri      ;(Ri)←(Ri)+1
INC   DPTR     ;DPTR←DPTR+1
```

前面 4 条指令是 8 位数加 1 指令,用于使源地址所规定的 RAM 单元中的内容加 1。机器在执行加 1 指令时仍按 8 位带符号数相加,但与加法指令不同,只有第一条指令能对奇偶标志位 P 产生影响,其余三条指令执行时均不会对任何标志位产生影响。第 5 条指令的功能是对 DPTR 中的内容（通常为地址）加 1,是 MCS-51 唯一的一条 16 位算术运算指令。

[例 3.14] 已知：M1 和 M2 分别为始址的连续单元中存放有两个 16 位无符号数 X1 和 X2（低 8 位在前,高 8 位在后）,试写出 X1＋X2 并把结果放在 M1 和 M1＋1 单元（低 8 位在 M1 单元,高 8 位在 M1＋1 单元）的程序。设两数之和不会超过 16 位。

解：16 位数加法问题可以采用 8 位数加法指令来实现,办法是两个操作数的高 8 位与低 8 位分开相加,即把 X1 的低 8 位与 X2 的低 8 位相加作为和的低 8 位,放在 M1 单

元;把 X1 的高 8 位与 X2 的高 8 位相加后再与在低 8 位相加过程中形成的进位位(在 Cy 内)相加作为和的高 8 位,放在 M1+1 单元内。参考程序为

```
ORG     0500H
MOV     R0,#M1      ;X1 的起始地址送 R0
MOV     R1,#M2      ;X2 的起始地址送 R1
MOV     A,@R0       ;A←X1 的低 8 位
ADD     A,@R1       ;A←X1 的低 8 位+X2 的低 8 位,形成 Cy
MOV     @R0,A       ;和的低 8 位存 M1
INC     R0          ;修改地址指针 R0
INC     R1          ;修改地址指针 R1
MOV     A,@R0       ;A←X1 的高 8 位
ADDC    A,@R1       ;A←X1 的高 8 位+X2 的高 8 位+Cy
MOV     @R0,A       ;和的高 8 位存入 M1+1
SJMP    $           ;停机
END
```

程序中的第一条和最后一条指令称为伪指令,其功能将在第 4 章中介绍。

**2. 减法指令**

在 MCS-51 指令中,减法指令共 8 条,分为带 Cy 减法指令和减 1 指令两类。

(1) 带 Cy 减法指令。

```
SUBB    A,  Rn       ;A←A−Rn−Cy
SUBB    A,  direct   ;A←A−(direct)−Cy
SUBB    A,  @Ri      ;A←A−(Ri)−Cy
SUBB    A,  #data    ;A←A−data−Cy
```

这组指令的功能是把累加器 A 中的操作数减去源地址所指的操作数以及指令执行前的 Cy 值,并把结果保留在累加器 A 中。指令的这一功能正如指令注释字段所标明的那样。

**在实际使用时应注意以下问题。**

① 在单片机内部,减法操作实际上是在控制器的控制下采用补码加法来实现的。但在实际应用中,若要判定减法的操作结果,则仍可按二进制减法法则进行。

② 无论相减的两数是无符号数还是带符号数,减法操作总是按带符号二进制数进行,并能对 PSW 中各标志位产生影响。产生各标志位的法则是,若最高位在减法时有借位,则 Cy=1,否则 Cy=0;若低 4 位在减法时向高 4 位有借位,则 AC=1,否则 AC=0;若减法时最高位有借位而次高位无借位,或最高位无借位而次高位有借位,则 OV=1,否则 OV=0;奇偶校验标志位 P 和加法时的取值相同。

③ 在 MCS-51 指令中,没有不带 Cy 的减法指令,也就是说不带 Cy 的减法指令是非法指令,用户不应该用它们来编程和执行。其实,这种不带 Cy 的减法指令可以用带 Cy 的合法减法指令替代,只要在合法的带 Cy 减法指令前预先用一条能够清零 Cy 的指令即可。这条清零指令的格式是

```
CLR     C        ;Cy←0
```

其中,CLR 是 Clear(清零)一词的缩写。

**[例 3.15]** 试判断 8031 执行如下程序后累加器 A 和 PSW 中各标志位的状态。

```
CLR    C
MOV    A，♯52H
SUBB   A，♯0B4H
```

**解**：第一条指令用于清零 Cy;第二条指令可以把被减数送入累加器 A;第三条是减法指令,减数是一个负数。减法指令的模拟执行过程为

$$
\begin{array}{rl}
82 & A= \quad 0\ 1\ 0\ 1\ 0\ 0\ 1\ 0\ B \\
-)\ -76 & data= \quad 1\ 0\ 1\ 1\ 0\ 1\ 0\ 0\ B \\
\hline
158 & \boxed{1}\ 1\ 0\ 0\ 1\ 1\ 1\ 0\ B
\end{array}
$$

CP CS

减法后的正确结果应当为十进制的 158,但累加器 A 中的实际结果是一个负数,这显然是错误的。但在另一方面,机器在执行减法指令时可以产生如下 PSW 中的标志位。

| Cy | AC | F0 | RS1 | RS0 | OV | — | P |
|----|----|----|-----|-----|----|----|----|
| 1  | 1  | 0  | 0   | 0   | 1  | 0  | 1  |

显然,PSW 中 OV=1 也指示了累加器 A 中结果操作数的不正确性。

因此,在实际使用减法指令来编写带符号数减法运算程序时,要想在累加器 A 中获得正确的操作结果,也必须对减法指令执行后的 OV 标志位加以检测。若减法指令执行后 OV=0,则累加器 A 中结果正确;若 OV=1,则累加器 A 中结果产生了溢出。

(2) 减 1 指令。

```
DEC   A        ;A←A−1
DEC   Rn       ;Rn←Rn−1
DEC   direct   ;direct←(direct)−1
DEC   @Ri      ;(Ri)←(Ri)−1
```

这组指令可以使指令中源地址所指 RAM 单元中的内容减 1。与加 1 指令一样,MCS-51 的减 1 指令也不影响 PSW 标志位状态,只是第一条减 1 指令对奇偶校验标志位 P 有影响。

**[例 3.16]** 已知：A=DFH,R1=40H,R7=19H,(30H)=00H,(40H)=FFH,试问机器分别执行如下指令后累加器 A 和 PSW 中各标志位状态如何。

① DEC  A          ② DEC  R7

③ DEC  30H        ④ DEC  @R1

**解**：根据减 1 指令功能,操作结果为

① A=DEH, P=0      ② R7=18H, PSW 不变

③（30H）＝FFH，PSW 不变　　　④（40H）＝FEH，PSW 不变

### 3. 十进制调整指令

这是一条专用指令，是绝大多数微处理器都具有的指令，用于实现 BCD 运算。指令格式为

```
DA    A      ;若 AC＝1 或 A3～A0＞9,则 A←A＋06H
             ;若 Cy＝1 或 A7～A4＞9,则 A←A＋60H
```

这条指令在使用中通常紧跟在加法指令之后，用于对执行加法后累加器 A 中的操作结果进行十进制调整。该指令的功能有两条：若在加法过程中低 4 位向高 4 位有进位（即 AC＝1）或累加器 A 中低 4 位大于 9，则累加器 A 进行加 6 调整；若在加法过程中最高位有进位（即 Cy＝1）或累加器 A 中高 4 位大于 9，则累加器 A 进行加 60H 调整（即高 4 位进行加 6 调整）。十进制调整指令执行时仅对进位位 Cy 产生影响。

（1）BCD 加法。如果两个 BCD 数相加的结果也是 BCD 数，则该加法称为 BCD 加法。通常，计算机中并不设有专门的 BCD 加法指令，BCD 加法必须通过一条普通加法指令之后紧跟一条十进制调整指令才能完成。这是因为普通的二进制加法指令对两个 BCD 加数相加，其结果并不一定是一个 BCD 数，必须通过这条十进制调整指令才能调整为 BCD 数。

[例 3.17] 试写出能完成 85＋59 的 BCD 加法程序，并对其工作过程进行分析。

解：相应 BCD 加法程序为

```
ORG    1000H
MOV    A,＃85H    ;A←85
ADD    A,＃59H    ;A←85＋59＝DEH
DA     A         ;A←44,Cy＝1
SJMP   $         ;停机
END
```

二进制加法和十进制调整过程为

```
        85        A＝    1 0 0 0 0 1 0 1 B
  ＋）    59       data＝  0 1 0 1 1 0 0 1 B
      ─────────          ─────────────────
       144          [0]  1 1 0 1 1 1 1 0 B
                          1 1 0 B ──── 低4位＞9，加6调整
                         ─────────────────
                          1 1 1 0 0 1 0 0 B
                          1 1 0 ──── 高4位＞9，加60H调整
                         ─────────────────
                      [1] 0 1 0 0 0 1 0 0 B
```

显然，Cy＝1,A＝44H，即操作结果为 144。

（2）BCD 减法。如果两个 BCD 数相减结果也是 BCD 数，则该减法称为 BCD 减法。BCD 减法可以通过对二进制减法结果进行减 6 调整来实现，但在 MCS-51 中没有十进制

减法调整指令,也不像有些微处理器那样有加减标志。因此,MCS-51 中的 BCD 减法运算必须采用 BCD 补码运算法则,变被减数减减数为被减数加减数的补数,然后对其和进行十进制加法调整来实现。具体实现步骤如下。

① 求 BCD 减数的补数,即 9AH—减数。由于 MCS-51 是 8 位 CPU,故 BCD 减数由两位 BCD 码组成,但两位 BCD 减数的模是 100,需要 9 位二进制,故只能用 9AH 代替两位 BCD 数的模 100。

② BCD 被减数加 BCD 减数的补数。

③ 对第②步中得到的两数之和进行十进制加法调整,便可得到正确的 BCD 减法的运算结果。

[例 3.18] 已知:M1 和 M2 中分别存有被减数 91 和减数 36,试编程求差并存入 M3 单元。

**解**:根据上述 BCD 减法的实施步骤,相应程序为

```
ORG     1000H
CLR     C            ;Cy←0
MOV     A,♯9AH       ;A←BCD 模 100
SUBB    A,M2         ;A←BCD 减数的补数
ADD     A,M1         ;A←被减数+减数的补数
DA      A            ;对 A 进行加法调整
MOV     M3,A         ;BCD 差→M3
CLR     C            ;恢复 Cy 中的 0
SJMP    $            ;停机
END
```

为了验证上述程序的正确性,按照 BCD 减法法则,91—36 的演算过程为

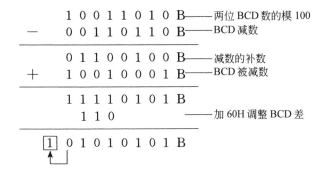

忽略进位位,减法结果为十进制 55,显然结果是正确的。

**4. 乘法和除法指令**

MCS-51 的乘法和除法指令均为单字节 4 周期指令,相当于执行 4 条加法指令的时间。指令格式为

```
MUL     AB           ;A×B=BA,形成标志
DIV     AB           ;A÷B=A…B,形成标志
```

第一条指令是乘法指令,MUL 是 Multiplication(乘法)的缩写,指令功能是把累加器 A 和寄存器 B 中的两个 8 位无符号整数相乘,并把积的高 8 位放在 B 寄存器中,低 8 位放在累加器 A 中。本指令执行过程中将对 Cy、OV 和 P 三个标志位产生影响。其中,Cy 为 0;奇偶校验标志位 P 仍由累加器 A 中 1 的奇偶性确定;OV 标志位用来表示积的大小,若积超过 255(即 B≠0),则 OV=1,否则 OV=0。

第二条指令是除法指令,DIV 是 Division(除法)的缩写,指令功能是把累加器 A 中的 8 位无符号整数除以寄存器 B 中的 8 位无符号整数,所得商的整数部分存放在累加器 A 中,余数保留在 B 中。除法指令执行过程中对 Cy 和 P 标志的影响和乘法时相同,只是溢出标志位 OV 不一样。在除法指令执行过程中,若 CPU 发现 B 寄存器中的除数为 0,则 OV 自动被置 1,表示除数为 0 的除法是没有意义的;其余情况下,OV 均被复位成 0 状态,表示除法操作是合理的。

[例 3.19] 已知两个 8 位无符号乘数分别放在 30H 和 31H 单元中,试编出令它们相乘并把积的低 8 位放入 32H 单元、积的高 8 位放入 33H 单元的程序。

解:这是一个 8 位无符号单字节乘法,故可直接利用乘法指令来实现。相应程序为

```
ORG     0100H
MOV     R0,♯30H      ;R0←第一个乘数地址
MOV     A,@R0        ;A←第一个乘数
INC     R0           ;修改乘数地址
MOV     B,@R0        ;B←第二个乘数
MUL     AB           ;A×B=BA
INC     R0           ;修改目标单元地址
MOV     @R0,A        ;积的低 8 位→32H
INC     R0           ;修改目标单元地址
MOV     @R0,B        ;积的高 8 位→33H
SJMP    $            ;停机
END
```

在上述例题中,乘数和被乘数都是 8 位无符号二进制整数。若被乘数变为 16 位无符号整数,乘数仍为 8 位无符号整数,则程序应如何编写,请读者思考。

## 3.4.2 逻辑运算指令(20 条)

这 20 条指令可以对两个 8 位二进制数进行与、或、非和异或等逻辑运算,常用来对数据进行逻辑处理,使之适合于传送、存储和输出打印等。在这类指令中,除以累加器 A 为目标寄存器指令外,其余指令均不会改变 PSW 中的任何标志位。

**1. 逻辑与运算指令**

逻辑与运算指令又称为逻辑乘指令,共有以下 6 条:

```
ANL     A,Rn         ;A←A∧Rn
ANL     A,direct     ;A←A∧(direct)
ANL     A,@Ri        ;A←A∧(Ri)
ANL     A,♯data      ;A←A∧data
```

```
ANL     direct，A          ;direct←(direct)∧A
ANL     direct，♯data      ;direct←(direct)∧data
```

这组指令又可分两类：一类是以累加器 A 为目标操作数寄存器的逻辑与指令，该类指令可以把累加器 A 和源地址中操作数按位进行逻辑乘操作，并把操作结果送回累加器 A；另一类是以 direct 为目标地址的逻辑与指令，它们可以把 direct 中的源操作数和源地址中的源操作数按位进行逻辑乘操作，并把操作结果送入 direct 目标单元。

[例 3.20]　已知 R0＝30H,(30H)＝AAH,试问 8031 分别执行如下指令后累加器 A 和 30H 单元中的内容是什么。

```
① MOV    A，♯0FFH      ② MOV    A，♯0FH
  ΛNL    Λ，R0                  ΛNL    A，30II
③ MOV    A，♯0F0H      ④ MOV    A，♯80H
  ANL    A，@R0                 ANL    30H，A
```

**解**：根据逻辑乘指令功能，上述指令执行后的操作结果为

```
① A＝30H，  (30H)＝AAH      ② A＝0AH,(30H)＝AAH
③ A＝A0H，  (30H)＝AAH      ④ A＝80H，(30H)＝80H
```

在实际编程中，逻辑与指令主要用于从某个存储单元中取出某几位，而把其他位变为 0。

[例 3.21]　已知 M1 单元中有一个 9 的 ASCII 码 39H,试通过编程把它变为 BCD 码（即高 4 位变为 0,低 4 位不变）。

**解**：本题可以有多种方法求解，现介绍如下两种。

① 采用"ANL direct，♯data "指令。

```
ANL  M1，♯0FH  ;M1←39H∧0FH
```

指令执行过程为

$$
\begin{array}{ll}
(M1)= & 0\ 0\ 1\ 1\ 1\ 0\ 0\ 1\ B \\
\Lambda\quad data= & 0\ 0\ 0\ 0\ 1\ 1\ 1\ 1\ B \\
\hline
(M1) & 0\ 0\ 0\ 0\ 1\ 0\ 0\ 1\ B
\end{array}
$$

② 采用"ANL　A，♯data "指令。

```
MOV     A，M1        ;A←(M1)＝39H
ANL     A，♯0FH      ;A←39H∧0FH
MOV     M1，A        ;M1←A
```

指令执行过程和①相同。

设 M1 中内容为带符号数，若要取出它的符号位，仅需把上述程序中立即数 0FH 改为 80H 即可。

**2. 逻辑或指令**

```
ORL     A，Rn            ;A←A∨Rn
```

```
ORL     A，direct        ;A←A∨(direct)
ORL     A，@Ri           ;A←A∨(Ri)
ORL     A，♯data         ;A←A∨data
ORL     direct，A        ;direct←(direct)∨A
ORL     direct，♯data    ;direct←(direct)∨data
```

这组指令和逻辑与指令类似,只是指令所执行的操作不是逻辑乘而是逻辑或。逻辑或指令又称为逻辑加指令,可以用于对某个存储单元或累加器 A 中的数据进行变换,使其中的某些位变为 1 而其余位不变。

［例 3.22］  设 A＝AAH,P1＝FFH,试通过编程把累加器 A 中的低 4 位送入 P1 口低 4 位,P1 口高 4 位不变。

**解**:本题也有多种求解方法,现介绍其中一种。

```
ORG     0100H
MOV     R0，A            ;A 中内容暂存 R0
ANL     A，♯0FH          ;取出 A 中低 4 位,高 4 位为 0
ANL     P1，♯0F0H        ;取出 P1 口中高 4 位,低 4 位为 0
ORL     P1，A            ;字节装配
MOV     A，R0            ;恢复 A 中原数
SJMP    $               ;停机
END
```

### 3. 逻辑异或指令

```
XRL     A，Rn            ;A←A⊕Rn
XRL     A，direct        ;A←A⊕(direct)
XRL     A，@Ri           ;A←A⊕(Ri)
XRL     A，♯data         ;A←A⊕data
XRL     direct，A        ;direct←(direct)⊕A
XRL     direct，♯data    ;direct←(direct)⊕data
```

这类指令和前两类指令类似,只是指令所进行的操作是逻辑异或。逻辑异或指令也可以用来对某个存储单元或累加器 A 中的数据进行变换,使其中某些位变反而其余位不变。

［例 3.23］  已知外部 RAM 30H 中有一数 AAH,现欲令它高 4 位不变和低 4 位取反,试编出它的相应程序。

**解**:本题也有多种求解方法,现介绍其中两种。

① 利用"MOVX  A,  @Ri"类指令。

```
ORG     0100H
MOV     R0 ♯30H         ;地址 30H 送 R0
MOVX    A，@R0           ;A←AAH
XRL     A，♯0FH          ;A←AAH⊕0FH＝A5H
MOVX    @R0，A           ;送回 30H 单元
SJMP    $               ;停机
```

END

程序中,异或指令执行过程为

$$
\begin{array}{r}
(30\mathrm{H})=\ 1\,0\,1\,0\,1\,0\,1\,0\ \mathrm{B} \\
\oplus\quad data=\ 0\,0\,0\,0\,1\,1\,1\,1\ \mathrm{B} \\
\hline
(30\mathrm{H})\quad 1\,0\,1\,0\,0\,1\,0\,1\ \mathrm{B}
\end{array}
$$

② 利用"MOVX A, @DPTR"类指令。

```
ORG     0200H
MOV     DPTR，♯0030H    ;地址 0030H 送 DPTR
MOVX    A，@DPTR        ;A←AAH
XRL     A，♯0FH         ;A←AAH⊕0FH－A5H
MOVX    @DPTR，A        ;送回 30H 单元
SJMP    $              ;停机
END
```

在程序中,异或指令的执行原理和①相同。

**4. 累加器清零和取反指令**

在 MCS-51 中,专门安排了一条累加器清零和一条累加器取反指令,这两类指令均为单字节单周期指令。虽然采用数据传送或者逻辑异或指令也同样可以达到对累加器 A 清零或取反的目的,但它们至少需要两个字节。

```
CLR  A  ;A←0
CPL  A  ;A←A̅
```

其中取反指令十分有用,常用于对某个存储单元或某个存储区域中带符号数的求补。

[**例 3.24**] 已知:30H 单元中有一正数 X,试写出求－X 补码的程序。

**解**:一个 8 位带符号二进制机器数的补码可以定义为反码加 1。为此,相应程序为

```
ORG     0200H
MOV     A，30H          ;A←X
CPL     A              ;A←X̅
INC     A              ;A←－X 的补码
MOV     30H，A          ;－X 补码送回 30H 单元
SJMP    $              ;停机
END
```

本题也可以采用逻辑异或指令,其效果是相同的,但所编程序的总字节数至少比本程序多 1。

## 3.4.3 移位指令(5 条)

MCS-51 虽然只有 5 条对累加器 A 中的数据进行移位操作的指令,但足以用来处理所有移位问题。这 5 条指令为

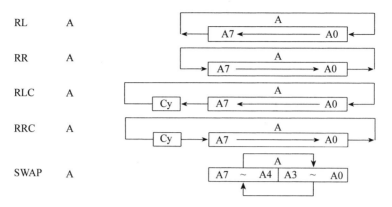

| RL | A |
| RR | A |
| RLC | A |
| RRC | A |
| SWAP | A |

这组指令功能如指令注释中的图所示。5 条指令共分三类：前两条属于不带 Cy 标志位的环移指令，累加器 A 中最高位 A7 和最低位 A0 连接后进行左移或右移；后面两条指令为带 Cy 标志位的左移或右移；第五条指令称为半字节交换指令，用于累加器 A 中的高 4 位和低 4 位相互交换。

[例 3.25] 已知 M1 和 M1+1 单元中有一个 16 位的二进制数（M1 中为低 8 位），请通过编程令其扩大到二倍（设该数扩大后小于 65 536）。

**解**：一个 16 位二进制数扩大到二倍就等于是把它进行了一次算术左移。由于 MCS-51 的移位指令都是二进制 8 位的移位指令，因此 16 位数的移位指令必须用程序来实现。

① 算法：

② 相应程序为

```
ORG     1000H
CLR     C           ;Cy←0
MOV     R1,♯M1      ;操作数低 8 位地址送 R1
MOV     A,@R1       ;A←操作数低 8 位
RLC     A           ;低 8 位操作数左移,低位补 0
MOV     @R1,A       ;送回 M1 单元,Cy 中为最高位
INC     R1          ;R1 指向 M1+1 单元
MOV     A,@R1       ;A←操作数高 8 位
RLC     A           ;高 8 位操作数左移
MOV     @R1,A       ;送回 M1+1 单元
SJMP    $           ;停机
END
```

在程序中,Cy 用于把 M1 中的最高位移入 M1+1 单元的最低位。

[例 3.26] 在 M1 和 M1+1 单元中有两个 BCD 数,请通过编程将它们紧缩成一个字节并放入 M1 单元(见图 3-10)。

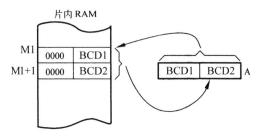

图 3-10 例 3.26 附图

**解**：本题需要用到半字节交换指令。

```
ORG    1000H
MOV    R1，♯M1          ;地址 M1 送 R1
MOV    A，@R1           ;A←M1 中 BCD 数
SWAP   A，              ;BCD1 移入高 4 位
INC    R1               ;修改地址指针 R1
ORL    A，@R1           ;BCD1 和 BCD2 合并后送 A
MOV    M1，A            ;送回 M1 单元
SJMP   $                ;停机
END
```

**应当注意**：本章所给程序实例都比较简单，目的是要大家正确理解和掌握每条指令的功能和使用特点。

# 3.5 控制转移和位操作指令

MCS-51 的控制转移和位操作指令共有 34 条。控制转移指令是任何指令系统都具有的一类指令，主要以改变程序计数器 PC 中的内容为目的，以控制程序的执行流向；位操作指令不是以字节为对象对操作数进行操作，而是以字节中的某位为对象进行操作。

## 3.5.1 控制转移指令(17 条)

MCS-51 的控制转移指令共有 17 条，分为无条件转移指令、条件转移指令、子程序调用和返回指令、空操作指令 4 类。

### 1. 无条件转移指令

这组指令共有如下 4 条：

```
LJMP   addr16      ;PC←addr16
AJMP   addr11      ;PC←PC+2,PC10～PC0←addr11
SJMP   rel         ;PC←PC+2,PC←PC+rel
JMP    @A+DPTR     ;PC←A+DPTR
```

第一条指令称为长转移指令，第二条指令称为绝对转移指令，第三条指令称为短转移指令，第四条指令称为变址寻址转移指令。显然，每条指令均以改变程序计数器 PC 中的

内容为宗旨。

（1）长转移指令（64KB 范围内转移指令）。长转移指令的功能是把指令码中的 addr16 送入程序计数器 PC,使机器执行下条指令时无条件转移到 addr16 处执行程序。由于 addr16 是一个 16 位二进制地址（地址范围为 0000H～FFFFH）,因此长转移指令是一条可以在 64KB 范围内转移的指令。为了使程序易编写,addr16 常采用符号地址（如 LOOP、LOOP1…）表示,只有在上机执行前才被汇编（或代真）为 16 位二进制地址。

长转移指令为三字节双周期指令。指令码为

| 操作码 | 高 8 位地址 | 低 8 位地址 |
|---|---|---|
| 02H | addr15～addr8 | addr7～addr0 |

［**例 3.27**］ 已知某单片机监控程序起始地址为 A080H,试问用什么办法可使单片机开机后自动执行监控程序。

**解**：单片机开机后程序计数器 PC 总是复位成全 0,即 PC＝0000H。因此,为使机器开机后能自动转入 A080H 处执行监控程序,则在 0000H 处必须存放一条如下指令:

LJMP　0A080H　;PC←A080H

即：（0000H）＝02H、（0001H）＝A0H 和（0002H）＝80H。

（2）绝对转移指令（2KB 范围内转移指令）。绝对转移指令是一条双字节双周期指令,11 位地址 addr11（a10～a0）在指令中的分布为

| a10 | a9 | a8 | 0 | 0 | 0 | 0 | 1 | a7 | a6 | a5 | a4 | a3 | a2 | a1 | a0 |
|---|---|---|---|---|---|---|---|---|---|---|---|---|---|---|---|

其中 00001B 是操作码。在程序设计中,11 位地址也可用符号表示,但在汇编时必须按照上述指令格式加以代真。

绝对转移指令执行时分为两步：第一步是取指令操作,程序计数器 PC 中的内容被加 1 两次;第二步是把 PC 加 1 两次后的高 5 位地址 PC15～PC11 和指令码中低 11 位地址构成目标转移地址:

| PC15～PC11 | a10 | a9 | a8 | a7 | a6 | a5 | a4 | a3 | a2 | a1 | a0 |
|---|---|---|---|---|---|---|---|---|---|---|---|

其中,a10～a0 的地址范围是 00000000000～11111111111,是一个无符号的二进制数。因此,绝对转移指令可以在 2KB 范围内向前或向后转移,如图 3-11 所示。

如果把单片机 64KB 寻址区域划分成 32 页（每页 2KB）,则 PC15～PC11（00000B～11111B）称为页面地址（即 0 页～31 页）,a10～a0 称为页内地址。但应注意：AJMP 指令的目标转移地址不是与 AJMP 指令地址在同一个 2KB 区域,而是应与 AJMP 指令取出后的 PC 地址（即 PC＋2）在同一个 2KB 区域。例如,若 AJMP 指令地

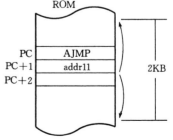

图 3-11　AJMP 指令转移范围

址为 2FFEH,则 PC＋2＝3000H,故目标转移地址必在 3000H～37FFH 这个 2KB 区域。

［例 3.28］ 已知如下绝对转移指令:

KWR:AJMP　addr11

其中,KWR 为 AJMP addr11 指令的标号地址(由该指令在程序存储器中的位置确定),addr11 为 11 位地址。

试分析该指令执行后情况以及指令码的确定方法。

**解:** 设 KWR＝3100H,addr11＝10110100101B,则根据上述指令码格式可得绝对转移指令的指令码为

| a10 | a9 | a8 | 操作码 | | | | | a7 | a6 | a5 | a4 | a3 | a2 | a1 | a0 |
|---|---|---|---|---|---|---|---|---|---|---|---|---|---|---|---|
| 1 | 0 | 1 | 0 | 0 | 0 | 0 | 1 | 1 | 0 | 1 | 0 | 0 | 1 | 0 | 1 |

即:A1A5H。该指令执行后:

| PC15~PC11 | | | | | a10 | a9 | a8 | a7 | a6 | a5 | a4 | a3 | a2 | a1 | a0 |
|---|---|---|---|---|---|---|---|---|---|---|---|---|---|---|---|
| PC= 0 | 0 | 1 | 1 | 0 | 1 | 0 | 1 | 1 | 0 | 1 | 0 | 0 | 1 | 0 | 1 |

=35A5H

即:程序转到 35A5H 处执行。

(3) 短转移指令(−126～＋129 范围内转移指令)。短转移指令的功能是先使程序计数器 PC 加 1 两次(即取出指令码),然后把加 1 两次后的地址和 rel 相加作为目标转移地址。因此,短转移指令是一条相对转移指令,是一条双字节双周期指令。指令码格式为

| 操　作　码 | 地址偏移量 |
|---|---|
| 80H | rel |

这里,80H 是 SJMP 指令操作码;rel 是地址偏移量,在程序中也常采用符号表示,上机运行前才被代真成二进制形式。

［例 3.29］ 今有如下程序,请计算 SJMP START 指令码中的 rel,并分析目标地址的转移范围。

```
              ORG     1000H
1000H   7401H   START:MOV   A,#01H        ;字位码初值送 A
1002H   F8H           MOV   R0,A          ;暂存于 R0
1003H   90CF01H  LOOP:MOV   DPTR,#0CF01H  ;端口地址 CF01H 送 DPTR
                       ⋮
1017H   80rel         SJMP       START    ;转入 START
                       ⋮
                       END
```

**解:** 显然,SJMP 指令中的地址偏移量是采用 START 符号表示的,用于指明指令执行后转入本程序开头重新执行。

① 地址偏移量 rel 的计算：根据短转移指令的功能，如下关系成立：

$$目标转移地址＝源地址＋2＋rel$$

所以，　　　rel＝目标转移地址－源地址－2＝1000H－1017H－2

$$＝－25＝[－25]_{补}＝E7H$$

② 转移地址范围的确定：转移地址范围通常以 SJMP 指令起始地址为参照点（如本例中的 1017H），但实际的参照点是对 PC＋2 而言（即 1019H）的。因此，短转移指令的实际转移范围为 － 126 ～ ＋129（rel 的取值范围为 － 128 ～ ＋127），如图 3-12 所示。

停机指令其实并不是真正的停机指令，该指令通常写成：

HERE：SJMP　HERE

或者　HERE：SJMP　$

采用例 3.29 中同样的分析方法，该指令的机器码为 80FEH。其中，FEH 为－2 的补码。由于指令的目标转移地址和源地址重合，因此机器始终在连续不断地执行该指令本身，以达到停机目标。

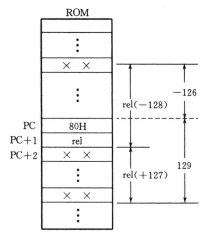

图 3-12　例 3.29 附图

（4）变址寻址转移指令。这是一条单字节双周期无条件转移指令。在指令执行前，用户应预先把目标转移地址的基地址送入 DPTR，目标转移地址对基地址的偏移量放在累加器 A 中。在指令执行时，MCS-51 单片机把 DPTR 中的基地址和累加器 A 中的地址偏移量相加，以形成目标转移地址送入程序计数器 PC。

通常，DPTR 中的基地址是一个确定的值，常常是一张转移指令表的起始地址，累加器 A 中之值为表的偏移量地址，机器通过变址转移指令便可实现程序的分支转移。

[例3.30]　已知累加器 A 中放有待处理命令，编号为 0～4，程序存储器中放有起始地址为 PMTB 的三字节长转移指令表。试编一程序能使机器按照累加器 A 中的命令编号转去执行相应的命令程序。

解：相应程序为

```
    CM：MOV    R1, A
        RL     A
        ADD    A, R1          ;A←3 * A
        MOV    DPTR, ♯PMTB    ;转移指令表起始地址送 DPTR
        JMP    @A＋DPTR
  PMTB：LJMP   PM0            ;转入 0♯命令程序
        LJMP   PM1            ;转入 1♯命令程序
        LJMP   PM2            ;转入 2♯命令程序
        LJMP   PM3            ;转入 3♯命令程序
        LJMP   PM4            ;转入 4♯命令程序
        END
```

**在使用上述无条件转移指令时,用户应注意以下两个问题。**

① 短转移指令只能在 256 个存储单元内转移,绝对转移指令可以在 2KB 范围内转移,长转移指令允许在 64KB 范围内转移。但人们在编写程序时通常并不经常采用长转移指令,而是采用短转移和绝对转移指令。因为,采用短转移和绝对转移指令编写的程序可以生成浮动代码而置于 64KB 区域的任何地方,只要该指令对它的目标转移地址间的存储单元个数不变,无论用户对程序做出怎样的修改,均无须修改转移指令本身的指令码。

② 使用转移指令时,指令中的地址或地址偏移量均可采用标号,这可以给编程带来很大的方便。但在汇编成机器码时,用户必须将它们翻译成二进制或十六进制形式的代码。

**2. 条件转移指令**

这类指令是一种在执行过程中需要判断某种条件是否满足而决定要不要转移的指令。某种条件满足则转移,不满足则继续执行原程序。条件转移指令共有 8 条,分为累加器 A 的判零转移、比较条件转移和减 1 条件转移三类。

(1) 累加器 A 的判零转移指令。这组指令执行时均要判断累加器 A 中的内容是否为零,并将其作为转移条件,共有以下两条:

```
JZ      rel      ;若 A=0,则 PC←PC+2+rel
                 ;若 A≠0,则 PC←PC+2
JNZ     rel      ;若 A≠0,则 PC←PC+2+rel
                 ;若 A=0,则 PC←PC+2
```

**这组指令在使用时应注意如下两个问题。**

① 第一条指令的功能是如果累加器 A=0 则转移,否则不转移;第二条指令正好和第一条指令的功能相反,若累加器 A≠0 则转移,否则继续执行原程序。

② 这两条指令都是双字节相对转移指令,rel 为相对地址偏移量。rel 在程序中常用标号替代,翻译成机器码时才换算成 8 位相对地址 rel。换算方法和转移地址范围均与无条件转移指令中的短转移指令相同。

[**例 3.31**] 已知:外部 RAM 中以 DATA1(DATA1 在 0 页内)为起始地址的数据块以零为结束标志。试通过编程将之传送到以 DATA2 为起始地址的内部 RAM 区。

**解**:相应程序为

```
        ORG     0500H
        MOV     R0,♯DATA1      ;外部 RAM 数据块起始地址送 R0
        MOV     R1,♯DATA2      ;内部 RAM 数据块起始地址送 R1
LOOP:   MOVX    A,@R0          ;外部 RAM 取数送 A
        JZ      DONE           ;若 A=0,则转 DONE
        MOV     @R1,A          ;若 A≠0,则给内部 RAM 送数
        INC     R0             ;修改外部 RAM 地址指针
        INC     R1             ;修改内部 RAM 地址指针
        SJMP    LOOP           ;循环
```

```
DONE: SJMP    $                    ;结束
         END
```

（2）比较条件转移指令。比较条件转移指令共有如下 4 条：

```
CJNE A,♯data,rel        ;若 A＝data,则 PC←PC+3
                        ;若 A≠data,则 PC←PC+3+rel
                        ;形成 Cy 标志
CJNE A,direct,rel       ;若 A＝(direct),则 PC←PC+3
                        ;若 A≠(direct),则 PC←PC+3+rel
                        ;形成 Cy 标志
CJNE Rn,♯data,rel       ;若 Rn＝data,则 PC←PC+3
                        ;若 Rn≠data,则 PC←PC+3+rel
                        ;形成 Cy 标志
CJNE @Ri,♯data,rel      ;若 (Ri)＝data,则 PC←PC+3
                        ;若 (Ri)≠data,则 PC←PC+3+rel
                        ;形成 Cy 标志
```

第一条指令执行时,单片机先把累加器 A 和立即数 data 进行比较。若累加器 A 中的内容与立即数 data 相等,则程序不发生转移,继续执行原程序,Cy 标志也为零;若累加器 A 中的内容与立即数不相等,则机器便根据累加器 A 和立即数 data 的大小形成 Cy 标志位状态,然后使程序发生转移。形成 Cy 标志位的方法是:累加器 A 中的内容大于等于立即数 data,则表示累加器 A 中的内容够减立即数 data,故 Cy＝0;若累加器 A 中的内容小于立即数 data,则表示累加器 A 中的内容不够减立即数 data,故 Cy＝1。其余三条指令功能与第一条指令相同,只是相比较的两个源操作数不相同,请读者自行分析。

**这类指令十分有用,但使用时应注意以下问题。**

① 这 4 条指令都是三字节指令,指令执行时 PC 三次加 1,然后再加地址偏移量 rel。由于 rel 的地址范围为 $-128\sim+127$,因此指令的相对转移范围为 $-125\sim+130$。

② 指令执行过程中的比较操作实际上是减法操作,不保存两数之差,但要形成 Cy 标志。

③ 若参加比较的两个操作数 $X$ 和 $Y$ 是无符号数,则可以直接根据指令执行后产生的 Cy 来判断两个操作数的大小。若 Cy＝0,则 $X{\geqslant}Y$;若 Cy＝1,则 $X{<}Y$。

④ 若参加比较的两个源操作数 $X$ 和 $Y$ 是带符号数补码,则仅根据 Cy 是无法判断它们的大小的。判断带符号数补码的大小可采用如图 3-13 所示的方法。

由图中可见,若 $X{>}0$ 且 $Y{<}0$,则 $X{>}Y$;若 $X{<}0$ 且 $Y{>}0$,则 $X{<}Y$;若 $X{>}0$ 且 $Y{>}0$(或 $X{<}0$ 且 $Y{<}0$),则需对比较条件转移中产生的 Cy 值进一步判断。若 Cy＝0,则 $X{>}Y$;若 Cy＝1,则 $X{<}Y$。根据上述方法编写出的程序,将在后续章节中加以介绍。

（3）减 1 条件转移指令。减 1 条件转移指令有如下两条:

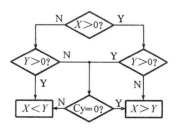

图 3-13 带符号数的比较方法

DJNZ  R$n$,  rel  ;若 R$n$－1≠0,则 PC←PC+2+rel

                  ;若 R$n$－1=0,则 PC←PC+2

DJNZ  direct,rel  ;若(direct)－1≠0,则 PC←PC+3+rel

                  ;若(direct)－1=0,则 PC←PC+3

第一条指令是双字节双周期指令,单片机执行时先把 R$n$ 中的内容减 1,然后判断 R$n$ 中的内容是否为零。若不为零,则程序发生转移;若为零,则程序继续执行。第二条指令是三字节指令,指令执行过程中 PC 加 1 三次,指令功能与第一条指令类似,只是被减 1 的操作数不在 R$n$ 中,而在 direct 中。

[例 3.32]  试编一程序令片内 RAM 中以 DAT 为起始地址的数据块中的连续 10 个无符号数相加,并将累加和送到 SUM 单元。这里的累加和是不考虑进位的和,所以它们为二进制 8 位。

**解**:相应程序为

```
        ORG    1000H
        MOV    R2,♯0AH      ;数据块长度送 R2
        MOV    R0,♯DAT      ;数据块起始地址送 R0
        CLR    A            ;累加器清零
·LOOP：ADD    A,@R0        ;加一个数
        INC    R0           ;修改加数地址指针
        DJNZ   R2,LOOP      ;若 R2－1≠0,则 LOOP
        MOV    SUM,A        ;存和
        SJMP   $            ;结束
        END
```

**应当注意**:条件转移指令均为相对转移指令,因此指令的转移范围十分有限。若要实现 64KB 范围内的转移,则可以借助于一条长转移指令的过渡来实现。

**3. 子程序调用和返回指令**

为了减少编写和调试程序的工作量,以及减少程序在内存储器中所占的存储空间,人们常常把具有完整功能的程序段定义为子程序,供主程序在需要时调用。例如,主程序可以 $n$ 次地调用延时程序,只要在每次调用前给延时子程序传送不同的入口参数,就可达到延时不同时间的目的。

为了实现主程序对子程序的一次完整调用,主程序应该能在需要时通过调用指令自动转入子程序执行,子程序执行完后应能通过返回指令自动返回调用指令的下一条指令(该指令地址称为断点地址)执行。因此,调用指令是在主程序需要调用子程序时使用的,返回指令则需放在子程序末尾。

调用和返回指令是成对使用的,调用指令必须具有把程序计数器 PC 中的断点地址保护到堆栈以及把子程序入口地址自动送入程序计数器 PC 的功能;返回指令则必须具有能把堆栈中的断点地址自动恢复到程序计数器 PC 的功能。

主程序和子程序是相对的,同一个子程序既可以作为另一个程序的子程序,也可以有自己的子程序,这种程序称为子程序嵌套。如图 3-14(a)所示是一个两级嵌套的子程序调

用示意图,图 3-14(b)为两级子程序调用后堆栈中断点地址的存放情况。

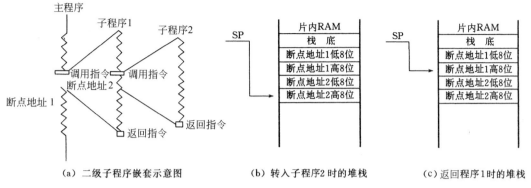

图 3-14 二级子程序嵌套及断点地址存放

当单片机执行主程序中的调用指令时,断点地址 1 被压入堆栈保护起来(先压入低 8 位,后压入高 8 位)。当执行到子程序 1 中的调用指令时,断点地址 2 又被压入堆栈。当执行到子程序 2 中的返回指令时,堆栈中的断点地址 2 被恢复到程序计数器 PC,故机器能自动返回断点地址 2 处执行程序,此时 SP 指向断点地址 1 的高 8 位单元。当执行到子程序 1 中的返回指令时,断点地址 1 被恢复到程序计数器 PC,故机器返回断点地址 1 处执行主程序,此时 SP 指向堆栈的栈底地址(即堆栈已空)。

(1) 调用指令。

MCS-51 有长调用和短调用两条调用指令。

① 短调用指令。指令格式为

ACALL　　　addr11　;PC←PC+2
　　　　　　　　　　　;SP←SP+1,(SP)←PC7~PC0
　　　　　　　　　　　;SP←SP+1,(SP)←PC15~PC8
　　　　　　　　　　　;PC10~0←addr11

短调用指令也称为绝对调用指令,是一条双字节指令。短调用指令的指令码格式为

| a10 | a9 | a8 | 1 | 0 | 0 | 0 | 1 | a7 | a6 | a5 | a4 | a3 | a2 | a1 | a0 |
|-----|----|----|---|---|---|---|---|----|----|----|----|----|----|----|----|

该指令执行时,PC 先加 1 两次(即取出它的指令码),然后分别把它的断点地址压入堆栈,最后把 PC 加 1 两次后的高 5 位地址 PC15~PC11 作为子程序起始地址的高 5 位,并把 addr11 作为子程序起始地址的低 11 位,并按该地址转入子程序执行。用户在使用本指令时应注意如下两点。

a. 在实际编程中,addr11 可用标号表示,只有在汇编时才需要按上述指令格式翻译成机器码。

b. 本调用指令应与被调子程序起始地址在同一个 2KB 范围内。也就是说:只有当 ACALL 指令处在上一页末尾时,被调用子程序才可以放在本页之内。

[例 3.33] 设 ACALL addr11 指令在程序存储器中的起始地址为 1FFEH,堆栈指

针 SP 为 60H。试画出 8031 执行该指令时的堆栈变化示意图,并指出被调用子程序在程序存储器中的合法地址范围。

解:上述指令执行后堆栈中的数据如图 3-15 所示。

图中,断点地址为 1FFEH+2=2000H。

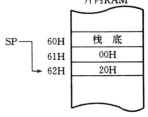

片内RAM

其实,被调用子程序起始地址的高 5 位就是断点地址的高 5 位,其余各位由 addr11 决定。由于 addr11 的变化范围为 00000000000B～11111111111B,因此被调用子程序的合法地址范围为 2000H～27FFH 的 2KB 区域。

图 3-15  例 3.33 附图

② 长调用指令。

```
LCALL   addr16   ;PC←PC｜3
                 ;SP←SP＋1,(SP)←PC7～PC0
                 ;SP←SP＋1,(SP)←PC15～PC8
                 ;PC←addr16
```

长调用指令是一条三字节指令。该指令执行时 PC 先加 1 三次(取出指令码),然后把断点地址(PC+3 后的地址)压入堆栈,最后把 addr16 送入程序计数器 PC,转入子程序执行。由于指令码中的 addr16 是一个 16 位地址,故长调用指令是一种 64KB 范围内的调用指令,即主程序和被调用子程序可以任意地放在 64KB 范围内。

[例 3.34]  已知:MA＝0500H。试问 8031 执行如下指令

```
    MOV  SP,＃70H
MA：LCALL  8192H
```

堆栈中数据如何变化,PC 中的内容是什么。

解:上述指令执行后的操作结果为 SP＝72H,(71H)＝03H,(72H)＝05H,PC＝8192H。

(2) 返回指令。

```
RET          ;PC15～PC8←(SP),SP←SP－1
             ;PC7～PC0←(SP),SP←SP－1
RETI         ;PC15～PC8←(SP),SP←SP－1
             ;PC7～PC0←(SP),SP←SP－1
```

这两条指令的功能完全相同,都是把堆栈中的断点地址恢复到程序计数器 PC 中,从而使单片机回到断点地址处执行程序。

**使用这两条指令应注意以下两点。**

① RET 称为子程序返回指令,只能用在子程序末尾。

② RETI 称为中断返回指令,只能用在中断服务程序末尾。机器执行 RETI 指令后除返回原程序断点地址处执行外,还将清除相应中断优先级状态位,以允许单片机响应低优先级的中断请求(见 6.2.2 节)。

[例 3.35]  试利用子程序技术编出令 20H～2AH、30H～3EH 和 40H～4FH 三个子域清零的程序。

**解**：相应程序为

```
        ORG     1000H
        MOV     SP，#70H      ;令堆栈的栈底地址为 70H
        MOV     R0，#20H      ;第一清零区起始地址送 R0
        MOV     R2，#0BH      ;第一清零区单元数送 R2
        ACALL   ZERO         ;给 20H～2AH 区清零
        MOV     R0，#30H      ;第二清零区起始地址送 R0
        MOV     R2，#0FH      ;第二清零区单元数送 R2
        ACALL   ZERO         ;给 30H～3EH 单元清零
        MOV     R0，#40H      ;第三清零区起始地址送 R0
        MOV     R2，#10H      ;第三清零区单元数送 R2
        ACALL   ZERO         ;给 40H～4FH 单元清零
        SJMP    $            ;结束
        ORG     1050H
ZERO：MOV     @R0，#00H     ;清零
        INC     R0           ;修改清零区指针
        DJNZ    R2，ZERO     ;若 R2−1≠0,则 ZERO
        RET                  ;返回
        END
```

**4. 空操作指令**

NOP       ;PC←PC+1

这条空操作指令是一条单字节单周期控制指令。机器执行这条指令仅使程序计数器 PC 加 1,不进行任何操作,共消耗 12 个时钟周期,故它常在延时程序中使用。

## 3.5.2 位操作指令(17 条)

位操作指令的操作数不是字节,而是字节中的某一位(每位取值只能是 0 或 1),故又称之为布尔变量操作指令。

位操作指令的操作对象是片内 RAM 的位寻址区(即 20H～2FH)和 SFR 中的 11 个可以位寻址的寄存器中的每一位(见图 2-5 和图 2-6)。位操作指令共有 17 条,分为位传送、位置位和位清零、位运算以及位控制转移指令 4 类。

**1. 位传送指令**

位传送指令共有如下两条：

MOV  C，bit     ;Cy←(bit)
MOV  bit，C     ;Cy→bit

第一条指令的功能是把位地址 bit 中的内容传送到 PSW 中的进位标志位 Cy;第二条指令的功能与此相反,是把进位标志位 Cy 中的内容传送到位地址 bit 中。

[**例 3.36**]  试通过编程把 00H 位地址中的内容和 7FH 位地址中的内容相交换。

**解**：为了实现 00H 和 7FH 位地址单元中的内容相交换,可以采用 01H 位地址作为

暂存寄存器位，相应程序为

```
MOV     C, 00H          ;Cy←(00H 位)
MOV     01H, C          ;暂存于 01H 位
MOV     C, 7FH          ;Cy←(7FH 位)
MOV     00H, C          ;存入 00H 位
MOV     C, 01H          ;00H 位的原内容送 Cy
MOV     7FH, C          ;存入 7FH 位
SJMP    $               ;结束
END
```

在程序中，00H、01H 和 7FH 均为位地址。其中，00H 是指 20H 字节单元中的最低位，01H 是它的次低位，7FH 是 2FH 字节单元中的最高位。

**2. 位置位和位清零指令**

这类指令共有如下 4 条：

```
CLR     C       ;Cy←0
CLR     bit     ;bit←0
SETB    C       ;Cy←1
SETB    bit     ;bit←1
```

这组指令可以把进位标志位 Cy 和位地址中的内容清零或置位成 1 状态。

**3. 位运算指令**

这类指令共分与、或、非三组，每组各两条指令。

```
ANL     C,   bit     ;Cy←Cy∧(bit)
ANL     C,  /bit     ;Cy←Cy∧(bit)̄
ORL     C,   bit     ;Cy←Cy∨(bit)
ORL     C,  /bit     ;Cy←Cy∨(bit)̄
CPL     C            ;Cy←Cȳ
CPL     bit          ;bit←(bit)̄
```

在这组指令中，除最后一条外，其余指令执行时均不改变 bit 中的内容，Cy 既是源操作数寄存器，又是目的操作数寄存器。

这组指令常常用于电子电路的逻辑设计。

**[例 3.37]** 设 M、N 和 W 都代表位地址，试编程完成 M、N 中内容的异或操作。

**解**：由于 MCS-51 指令系统中无位异或指令，所以位异或操作必须用位操作指令来实现。位异或运算的算式是 $W = \overline{(M)} \wedge (N) + (M) \wedge \overline{(N)}$，相应程序为

```
MOV     C, N     ;Cy←(N)
ANL     C, /M    ;Cy←(M)̄∧(N)
MOV     W, C     ;暂存于 W
MOV     C, M     ;Cy←(M)
ANL     C, /N    ;Cy←(M)∧(N)̄
ORL     C, W     ;Cy←(M)̄∧(N)+(M)∧(N)̄
```

```
MOV      W, C       ;存入 W
SJMP     $          ;结束
END
```

显然,采用位操作指令进行电子电路的逻辑设计与采用字节型逻辑指令相比节约存储单元,运算操作十分方便。

**4. 位控制转移指令**

位控制转移指令共有 5 条,分为以 Cy 中的内容为条件的转移指令和以位地址中的内容为条件的转移指令两类。

(1) 以 Cy 中的内容为条件的转移指令。这组指令共有以下两条:

```
JC    rel     ;若 Cy=1,则 PC←PC+2+rel
              ;若 Cy=0,则 PC←PC+2
JNC   rel     ;若 Cy=0,则 PC←PC+2+rel
              ;若 Cy=1,则 PC←PC+2
```

第一条指令执行时,机器先判断 Cy 中的值。若 Cy=1,则程序发生转移;若 Cy=0,则程序不转移,继续执行原程序。第二条指令执行时的情况与第一条指令恰好相反:若 Cy=0,则程序发生转移;若 Cy=1,则程序不转移,继续执行原程序。

这两条指令是相对转移指令,都是以 Cy 中的值来决定程序是否需要转移。因此,这组指令常常与比较条件转移指令 CJNE 连用,以便根据 CJNE 指令执行过程中形成的 Cy 进一步决定程序的流向或形成三分支模式。

**[例 3.38]** 已知内部 RAM 的 M1 和 M2 单元中各有一个无符号 8 位二进制数。试编程比较它们的大小,并把大数送到 MAX 单元。

**解**:相应程序为

```
       MOV   A, M1         ;A←(M1)
       CJNE  A, M2,LOOP     ;若 A≠(M2),则 LOOP,形成 Cy 标志
LOOP:  JNC   LOOP1         ;若 A≥(M2),则 LOOP1
       MOV   A, M2         ;若 A<(M2),则 A←(M2)
LOOP1: MOV   MAX, A        ;大数→MAX
       RET                 ;返回
```

**[例 3.39]** 已知 20H 中有一无符号数 X,若它小于 50,则转向 LOOP1 执行;若它等于 50,则转向 LOOP2 执行;若它大于 50,则转向 LOOP3 执行,试编写相应程序。

**解**:相应程序为

```
       MOV   A,  20H        ;A←X
       CJNE  A,#50,COMP      ;若 X≠50,则转向 COMP 执行,形成 Cy 标志
       SJMP  LOOP2,          ;若 X=50,则转向 LOOP2 执行
COMP:  JNC   LOOP3,          ;若 X>50,则转向 LOOP3 执行
LOOP1: ↙                    ;LOOP1 程序段
LOOP2: ↙                    ;LOOP2 程序段
```

```
LOOP3：↙                          ;LOOP3 程序段
     END
```

（2）以位地址中的内容为条件的转移指令。这组指令共有 3 条：

```
JB   bit，rel    ;若(bit)=1,则 PC←PC+3+rel
                 ;若(bit)=0,则 PC←PC+3
JNB  bit，rel    ;若(bit)=0,则 PC←PC+3+rel
                 ;若(bit)=1,则 PC←PC+3
JBC  bit，rel    ;若(bit)=1,则 PC←PC+3+rel,且 bit←0
                 ;若(bit)=0,则 PC←PC+3
```

这类指令可以根据位地址 bit 中的内容来决定程序的流向。其中,第一条指令和第三条指令的作用相同,只是 JBC 指令执行后还能把 bit 位清零,一条指令起到了两条指令的作用。

**[例 3.40]** 已知从外部 RAM 的 2000H 开始有一个输入数据缓冲区,该缓冲区中的数据以回车符 CR(ASCII 码为 0DH)为结束标志,试编写一个程序能把正数送入从 30H(片内 RAM)开始的正数区,并把负数送入从 40H 开始的负数区。

**解**：相应程序为

```
          MOV   DPTR，#2000H    ;缓冲区起始地址送 DPTR
          MOV   R0，#30H        ;正数区指针送 R0
          MOV   R1，#40H        ;负数区指针送 R1
NEXT：    MOVX  A，@DPTR        ;从外部 RAM 取数
          CJNE  A，#0DH，COMP   ;若 A≠0DH,则转向 COMP 执行
          SJMP  DONE            ;若 A=0DH,则转向 DONE 执行
COMP：JB  ACC.7，LOOP          ;若为负数,则转向 LOOP 执行
          MOV   @R0，A          ;若为正数,则送正数区
          INC   R0              ;修改正数区指针
          SJMP  NEXT1           ;循环
LOOP：    MOV   @R1，A          ;若为负数,则送负数区
          INC   R1              ;修改负数区指针
NEXT1：INC   DPTR              ;修改缓冲区指针
          SJMP  NEXT            ;循环
DONE：RET                      ;返回
          END
```

至此,已介绍了 8051 的 111 条指令,这些指令是程序设计的基础,因此应正确理解并掌握它们。

# 习题与思考题

**3.1** 指令通常有哪 3 种表示形式？各有什么特点？

**3.2** MCS-51 指令按功能可以分为哪几类？每类指令的作用是什么？

**3.3** MCS-51 共有哪 7 种寻址方式？各有什么特点？

**3.4** 指出下列每条指令源操作数的寻址方式和功能。

① MOV A，#40H      ② MOV A,40H

③ MOV A，@R1      ④ MOV A,R3

⑤ MOVC A，@A+PC      ⑥ SJMP LOOP

**3.5** 内部 RAM 的 00H 单元可以有哪几种寻址方式？特殊功能寄存器中的操作数有几种寻址方式？请举例说明。

**3.6** 变址寻址和相对寻址中的地址偏移量有何异同？

**3.7** 写出下列指令的机器码,指出每条指令中的 50H 或 66H 各代表什么？

① MOV A，#50H      ② MOV @R0，#66H

  MOV A，50H      MOV R6，#66H

  MOV 50H，#20H      MOV 66H，#45H

  MOV C，50H      MOV 66H,C

  MOV 50H，20H      MOV 66H,R1

**3.8** 写出下列指令的机器码,指出下列程序执行后的操作结果。

① MOV A，#60H      ② MOV DPTR，#2003H

  MOV R0，#40H      MOV A，#18H

  MOV @R0，A      MOV 20H，#38H

  MOV 41H，R0      MOV R0，#20H

  XCH A，R0      XCH A，@R0

**3.9** 写出能完成下列数据传送的指令。

① R1 中的内容传送到 R0。

② 内部 RAM 的 20H 单元中的内容送到 30H 单元。

③ 外部 RAM 的 20H 单元中的内容送到内部 RAM 的 20H 单元。

④ 外部 RAM 的 2000H 单元中的内容送到内部 RAM 的 20H 单元。

⑤ 外部 ROM 的 2000H 单元中的内容送到内部 RAM 的 20H 单元。

⑥ 外部 ROM 的 2000H 单元中的内容送到外部 RAM 的 3000H 单元。

**3.10** 试编出把外部 RAM 的 2050H 单元中的内容与 2060H 单元中的内容相交换的程序。

**3.11** 已知(20H)＝X,(21H)＝Y,(22H)＝Z。请用图示说明下列程序执行后堆栈中的内容是什么。

① MOV SP，#70H      ② MOV SP，#60H

  PUSH 20H      PUSH 22H

  PUSH 21H      PUSH 21H

  PUSH 22H      PUSH 20H

**3.12** 已知 SP＝73H,(71H)＝X,(72H)＝Y,(73H)＝Z。执行下列程序后 20H、

21H 和 22H 单元中的内容是什么？并用图示说明堆栈指针 SP 的指向和堆栈中数据的变化。

    ① POP  20H          ② POP  22H
      POP  21H            POP  21H
      POP  22H            POP  20H

**3.13** 如下程序执行后累加器 A 和 PSW 中的内容是什么？

    ① MOV  A, ♯0FEH      ② MOV  A, ♯92H
      ADD  A, ♯0FEH        ADD  A, ♯0A4H

**3.14** 已知 A＝7AH, R0＝30H,(30H)＝A5H, PSW＝80H。如下指令执行后的结果是什么？

    ① ADDC  A, 30H       ② SUBB  A, 30H
      INC   30H            INC   A
    ③ SUBB  A, ♯30H      ④ SUBB  A, R0
      DEC   R0             DEC   30H

**3.15** 已知内部 RAM 的 M1、M2 和 M3 单元中有无符号数 X1、X2 和 X3。试编一程序令其相加,并把和存入 R0 和 R1(R0 中为高 8 位)中。

**3.16** 被乘数是 16 位无符号数,低 8 位在 M1 单元且高 8 位在 M1＋1 单元,乘数为 8 位无符号数(M2 单元内)。试编写能将它们相乘并把积存入 R2、R3 和 R4(R2 内为高 8 位、R4 内为低 8 位)中的程序。

**3.17** 已知被除数和除数都是 8 位无符号数(被除数在 20H 单元,除数在 21H 单元)。请编写程序令其相除,并把商放在外部 RAM 的 20H 单元,余数放在外部 RAM 的 21H 单元。

**3.18** 请编写减法程序,令其完成 6F5DH－13B4H,并把操作结果存入内部 RAM 的 30H 和 31H 单元,30H 单元存放差的低 8 位。

**3.19** 已知 A＝7AH, Cy＝1,试指出 8031 执行下列程序的最终结果。

    ① MOV  A, ♯0FH        ② MOV  A, ♯0BBH
      CPL  A                CPL  A
      MOV  30H, ♯00H       RR   A
      ORL  30H, ♯0ABH      MOV  40H, ♯0AAH
      RL   A               ORL  A, 40H
    ③ ANL  A, ♯0FFH       ④ ORL  A, ♯0FH
      MOV  30H, A          SWAP A
      XRL  A, 30H          RRC  A
      RLC  A               XRL  A, ♯0FH
      SWAP A               ANL  A, ♯0F0H

**3.20** 试编写能完成如下操作的程序。

    ① 使 20H 单元中数的高两位变 0,其余位不变。

② 使 20H 单元中数的高两位变 1,其余位不变。

③ 使 20H 单元中数的高两位变反,其余位不变。

④ 使 20H 单元中数的所有位变反。

**3.21** 已知 X 和 Y 皆为 8 位无符号二进制数,分别在外部 RAM 的 2000H 和 2001H 单元。试编写能完成如下操作并把操作结果(设 Z<255)送入内部 RAM 20H 单元的程序。

① Z=3X+2Y ② Z=5X−2Y

**3.22** 试编写当累加器 A 中的内容分别满足下列条件时都能转到 LABEL(条件不满足时停机)处执行的程序。

① A≥20 ② A<20 ③ A≤10 ④ A<10

**3.23** 利用减 1 条件转移指令把外部 RAM 起始地址为 DATA1 的数据块(数据块长度为 20)传送到内部 RAM 起始地址为 30H 的存储区。请编写相应程序。

**3.24** 已知 SP=70H,试问 8031 执行存放在 2348H 处的一条 LCALL 3456H 指令后,堆栈指针和堆栈中的内容是什么?此时机器调用何处的子程序?

**3.25** 在题 3.24 中,当 8031 执行完子程序末尾一条 RET 返回指令时,堆栈指针 SP 和程序计数器 PC 变为多少?71H 和 72H 单元中的内容是什么?它们是否属于堆栈中的数据?为什么?

**3.26** 已知 SP=70H,SUBPR=4060H。如下 3 种程序中哪些是正确的?为什么?哪些程序最好?为什么?若 SUBPR=2060H,则哪一个程序最好?为什么?

```
①        ORG   2000H
   MA   :ACALL  SUBPR
           ⋮
②        ORG   2000H
   MA   :LCALL  4000H
           ⋮
   4000H  :ORG  4000H
        ACALL  SUBPR
           ⋮
③        ORG   2000H
   MA   :LCALL  SUBPR
```

**3.27** 已知以外部 RAM 2000H 为起始地址的存储区有 20 个带符号补码数,请编写程序把正数和正零取出来存放到内部以 RAM 20H 为起始地址的存储区(负数和负零不作处理)。

**3.28** 请编写能求 20H 和 21H 单元内两数差的绝对值,并把操作结果|(20H)−(21H)|保留在 30H 单元的程序。

# 第4章 汇编语言程序设计

在单片机的应用中,汇编语言程序设计是一个关键问题。它不仅是实现人机对话的基础和直接关系到所设计单片机控制(或应用)系统的控制特性,而且对系统的存储容量和工作效能也有很大影响。因此,读者重视本章内容的学习无疑能够获益匪浅。

## 4.1 汇编语言的构成

汇编语言是一种面向机器的程序设计语言,常因机器的不同而有差别。现以MCS-51单片机为例来介绍汇编语言的构成。

### 4.1.1 程序设计语言

计算机程序设计语言是指计算机能够理解和执行的语言,它随着计算机的诞生而诞生,随着计算机的发展而发展。迄今为止,计算机程序设计语言有很多,通常分为机器语言、汇编语言和高级语言三类,现对它们的性能特点分析如下。

(1) 机器语言(machine language)是一种能为计算机直接识别和执行的机器级语言。通常,机器语言有两种表示形式:一种是二进制形式;另一种是十六进制形式,如表 4-1所示。机器语言的二进制形式由二进制代码 0 和 1 构成,可以直接存放在计算机存储器内;十六进制形式由 0~9、A~F 共 16 个数字符号组成,是人们通常采用的一种形式,它输入计算机后由监控程序翻译成二进制形式,以供机器直接执行。机器语言不易为人们识别和读写,用机器语言编写程序具有难编写、难读懂、难查错和难交流等缺点。因此,人们通常不用它进行程序设计。

表 4-1 机器语言和汇编语言的形式

| 地 址 | 机 器 语 言 | | 汇编语言形式 |
|---|---|---|---|
| | 二进制形式 | 十六进制形式 | |
| 2000H | 0111010000000101B | 7405H | START: MOV A,♯05H |
| 2002H | 0010010000001010B | 240AH | ADD A, ♯0AH |
| 2004H | 1111010100100000B | F520H | MOV 20H, A |
| 2006H | 1000000011111110B | 80FEH | SJMP $ |

(2) 汇编语言(assembly language)是人们用来替代机器语言进行程序设计的一种语言,由助记符、保留字和伪指令等组成,很容易为人们所识别、记忆和读写,故有时也称为符号语言。采用汇编语言编写的程序称为汇编语言源程序,该程序虽然不能为计算机直接执行,但它可由"汇编程序"翻译成机器语言程序(即目标代码),并被装入程序存储器供 CPU 执行。

汇编(assembler)程序(例如 μVision 2)通常由计算机软件公司编写,可以驻留在微型计算机的程序存储器内,也可以存放在软盘或硬盘上,使用时调入系统机内存。

汇编语言并不独立于具体机器,是一种非常通用的低级程序设计语言,表 4-1 中列出了一段 MCS-51 汇编语言源程序。采用汇编语言编程,用户可以直接操作到单片机内部的工作寄存器和片内 RAM 单元,能把数据的处理过程表述得非常具体和翔实。因此,汇编语言程序设计可以在空间和时间上充分发掘微型计算机的潜力,是一种经久不衰的广泛用于编写实时控制程序的计算机语言。

(3) 高级语言(high-level language)是面向过程和问题并能独立于机器的通用程序设计语言,是一种接近人们自然语言和常用数学表达式的计算机语言。因此,人们在利用高级语言编程时可以不去了解机器内部结构而把主要精力集中于掌握语言的语法规则和程序的结构设计方面。采用高级语言编写的程序是不能被机器直接执行的,但可以被常驻内存或磁盘上的解释程序和编译程序等编译,编译成目标代码才能被 CPU 执行。随着计算技术的飞速发展,高级语言不仅在类型和版本上有所增强,而且在功能上也越来越接近于人类的自然语言。常用的高级语言有 BASIC、FORTRAN、COBOL、Pascal 和 VB等,它们都在按自身的规律发展。

## 4.1.2 汇编语言的格式

根据题目要求,人们采用汇编语言编写的程序称为汇编语言源程序。这种程序是不能被 CPU 直接识别和执行的,必须由人工或机器把它翻译(汇编)成机器语言才能被计算机执行。为了使机器能够识别和正确汇编,人们必须对汇编语言的格式和语法规则做出种种规定。因此,用户在进行程序设计时必须严格遵循汇编语言的格式和语法规则,才能编出符合要求的汇编语言源程序。

汇编语言源程序由一条一条的汇编语言语句构成。这就好像写文章,文章由语句构成,每个语句要正确,不能有病句和漏句,标点符号也要正确。因此,汇编语言语句也要正确,必须符合相应的语法规则。

汇编语言直接面向机器,因机器而异。对 MCS-51 来说,汇编语言中的每条语句应当符合典型的四分段格式:

| 标 号 字 段<br>(LABEL) | 操作码字段<br>(OPCODE) | 操作数字段<br>(OPERAND) | 注 释 字 段<br>(COMMENT) |
| --- | --- | --- | --- |

格式中的标号字段和操作码字段之间要有冒号":"相隔;操作码字段和操作数字段间的分界符是空格;双操作数之间用逗号","相隔;操作数字段和注释字段之间的分界符采用分号";"相隔。操作码字段是必选项,其余各段为任选项。这就是说,任何语句都必须有操作码字段。

现结合如下程序进行分析:

```
        ORG 0060H
START: MOV   A,#00H              ;A←0
```

```
        MOV    R2，＃0AH              ;R2←10
        MOV    R1，＃03H              ;R1←3
LOOP：ADD    A，R1                   ;A←A+R1
        DJNZ   R2，LOOP              ;若 R2－1≠0,则 LOOP
        NOP
        SJMP   $
        END
```

这个程序共由 9 条语句组成,第 1、9 两条是指示性语句(伪指令),其余为指令性语句。第 2、5 两条是四分段齐全的语句,第 3、4、6、7 和 8 五条是缺省标号段的语句,第 7、9 两条只有操作码字段。在第 6 条语句中,LOOP 是一个符号,不是标号地址,实际上是一个相对地址偏移量,可以理解为 $-LOOP,$ 是"DJNZ R2,LOOP"这条指令操作码所在内存单元的地址。为了进一步弄清汇编语句中各字段的语法规则,现结合本程序对各字段加以说明。

(1) 标号字段。标号字段位于一条语句的开头,用于存放语句的标号,以指明标号所在指令操作码在内存的地址。标号又称为标号地址或符号地址,是一个可有可无的任选项。例如,上述程序中的 START 和 LOOP 均为标号,分别指明了第 2、5 两条指令操作码的内存地址。标号由大写英文字母开头的字母和数字串组成,长度为 1~8 个字符。在标号长度超过 8 个字符时,汇编程序自动舍去超过部分的字符。为了避免机器错误地把标号中的字符当作指令来汇编,用户在编写自己的程序时绝对不应采用指令保留符、寄存器号以及伪指令符等作为语句的标号,而且同一标号绝不能在同一程序的不同语句中使用。

(2) 操作码字段。操作码字段可以是指令的保留字(如上述程序中的 MOV、ADD 和 NOP 等),也可以是伪指令和宏指令的助记符(如 ORG 和 END),用于指示计算机进行何种操作。操作码字段是任一语句不可缺少的必选项,汇编程序根据这一字段生成目标代码。

(3) 操作数字段。操作数字段用于存放指令的操作数或操作数地址,可以采用字母和数字等多种表示形式。在操作数字段中,操作数个数因指令不同而不同,通常有双操作数、单操作数和无操作数 3 种情况。

在 MCS-51 单片机的汇编中,操作数通常有以下 5 种合法表示形式。

① 操作数的二进制、十进制和十六进制形式。在大多数情况下,操作数或操作数地址总是采用十六进制形式表示的,只有在某些特殊场合才采用二进制或十进制的表示形式。若操作数采用二进制形式,则需加后缀 B;若操作数采用十进制形式,则需加后缀 D;若操作数或操作数地址采用十六进制形式,则需加后缀 H。若十六进制的操作数以字符 A~F 中的某个开头时,则还需在它前面加一个前导 0,以便机器可以把它和字母 A~F 区别开来。例如,如下程序中的语句都是合法的:

```
ORG    0500H
MOV    A，＃00110101B       ;A←53
ADD    A，＃20D              ;A←53+20
MOV    R0，＃20H             ;R0←20H
MOV    R1，＃0BFH            ;R1←BFH
SJMP   $
END
```

② 工作寄存器和特殊功能寄存器。当操作数在某个工作寄存器或特殊功能寄存器中时,操作数字段允许采用工作寄存器或特殊功能寄存器的代号表示。例如,上例中的累加器 A、工作寄存器 R0 和 R1。

③ 标号地址。为了便于记忆和编程序方便,操作数字段里的操作数地址常常可以采用经过定义的标号地址表示。例如,若地址 M 中有一个操作数 X,且 M 已在某处进行过定义,则如下指令是合法的:

MOV    A,M

④ 带加减算符的表达式。在上例中,若 M 已在某处进行过定义,则 M+1 和 M−1都可以作为直接地址来使用。

MOV    A,M+1
MOV    A,M+3

⑤ 采用 $ 符。美元符 $ 常在转移类指令的操作数字段中使用,用于表示该转移指令操作码所在的内存地址。例如以下指令:

JNB    TF0,  $

该指令的含义是:若 TF0=0,则机器总执行该指令;只有 TF0≠0 时才继续往下执行程序(TF0 是 TCON 中的一位,参见图 7-29)。

(4) 注释字段。注释字段用于注解指令或程序的含义,对编写和阅读程序有利。注释字段是任选项,但选用时必须以分号";"开头,一行不够写需另起一行时也必须以分号";"开头。在机器汇编时,注释字段可以输入系统机,也可以不输入系统机。若需要输入系统机,则汇编时不会产生机器码,但可以原文输出到 CRT 显示器或打印纸上,供用户阅读和长久保存。当程序较长、较复杂时,在汇编语言源程序的适当位置上标上简练的英文注释,这对程序的交流和以后重读颇有方便之处。

分界符也称为分隔符,是汇编语言语句的组成部分。汇编程序对汇编语言源程序汇编时,机器遇到不合法的分界符就会出错停机,要求用户改正。因此,读者在编程时对每条语句中的分界符也不能掉以轻心,必须正确使用。标号字段中的冒号":"用于指示标号字段的结束;操作数字段中的逗号","用于分隔两个操作数;注释字段的开头是分号";",操作码字段和操作数字段之间应加空格。

## 4.1.3  汇编语言的构成

汇编语言是汇编语言语句的集合,是构成汇编语言源程序的基本元素,也是汇编语言程序设计的基础。汇编语言语句因机器而异,常可分为指令性语句和指示性语句两类。

### 1. 指令性语句

指令性语句是指采用指令助记符构成的汇编语言语句,它当然必须符合汇编语言的语法规则。对 MCS-51 单片机而言,指令性语句是指 111 条指令的助记符语句。因此,指令性语句是大量的,是汇编语言语句的主体,也是人们进行汇编语言程序设计的基本语句。每条指令性语句都有与之对应的指令码(即机器码),并由机器在汇编时翻译成目标代码(机器码),以供 CPU 执行。

**2. 指示性语句**

指示性语句又称为伪指令语句,简称伪指令。伪指令并不是真正的指令,而是一种假指令。虽然它具有与真指令类似的形式,但并不会在汇编时产生可供机器直接执行的机器码,也不会直接影响存储器中代码和数据的分布。伪指令是在机器汇编时供汇编程序识别和执行的命令,可以用来对机器的汇编过程进行某种控制,令其进行一些特殊操作。例如,规定汇编生成的目标代码在内存中的存放区域、为源程序中的符号和标号赋值以及指示汇编的结束等。

在 MCS-51 的汇编语言中,常用的伪指令共有 8 条,现分别介绍如下。

(1) ORG(起始汇编)伪指令。ORG 伪指令称为起始汇编伪指令,常用于汇编语言源程序或数据块开头,用来指示汇编程序对源程序开始进行汇编。其格式为

[标号：] ORG    16 位地址或标号

在上述格式中,标号段为任选项,通常省略。在机器汇编时,当汇编程序检测到该语句时,它就把该语句的下一条指令或数据的首字节按 ORG 后面的 16 位地址或标号存入相应存储单元,其他字节和后续指令字节(或数据)便连续存放在后面的存储单元内。例如,在如下程序中

```
        ORG   2000H
START：MOV   A ， ＃64H
        ⋮
        END
```

ORG 伪指令规定了 START 为 2000H,第一条指令及其后续指令汇编后的机器码便从 2000H 开始依次存放。因此,ORG 伪指令可以为其后的程序在 64KB 程序存储器中定位。

(2) END(结束汇编)伪指令。END 伪指令称为结束汇编伪指令,常用于汇编语言源程序末尾,用来指示源程序到此全部结束。其格式为

[标号：]  END

在上述格式中,标号段通常省略。在机器汇编时,当汇编程序检测到该语句时,它就确认汇编语言源程序已经结束,对 END 后面的指令都不予汇编。因此,一个汇编语言源程序只能有一个 END 语句,而且必须放在整个程序的末尾。

(3) EQU(赋值)伪指令。EQU 伪指令称为赋值(Equate)伪指令,用于给它左边的"字符名称"赋值。EQU 伪指令格式为

字符名称   EQU   数据或汇编符

在机器汇编时,EQU 伪指令被汇编程序识别后,汇编程序自动把 EQU 右边的"数据或汇编符"赋给左边的"字符名称"。这里,"字符名称"不是标号,故它和 EQU 之间不能用冒号"："来作为分界符。一旦"字符名称"被赋值,它就可以在程序中作为一个数据或地址来使用。因此,"字符名称"所赋的值可以是一个 8 位二进制数或地址,也可以是一个

130

16 位二进制数或地址。例如,如下程序中的语句都是合法的:

```
            ORG    0500H
    AA      EQU    R1
    A10     EQU    10H
  DELAY     EQU    07E6H
            MOV    R0,A10            ;R0←(10H)
            MOV    A,AA              ;A←R1
              ⋮
            LCALL   DELAY            ;调用 07E6H 子程序
              ⋮
            END
```

其中,AA 赋值后当作寄存器 R1 来使用,A10 为 8 位直接地址,DELAY 被赋值为 16 位地址 07E6H。

EQU 伪指令中的"字符名称"必须先赋值后使用,故该语句通常放在源程序的开头。在有些 MCS-51 汇编程序中,EQU 定义的"字符名称"不能在表达式中运算。例如,下面语句是错误的:

MOV   A,A10+1

(4) DATA(数据地址赋值)伪指令。DATA 伪指令称为数据地址赋值伪指令,也用来给它左边的"字符名称"赋值。DATA 伪指令的格式为

字符名称   DATA   表达式

DATA 伪指令的功能和 EQU 伪指令类似,它可以把 DATA 右边"表达式"的值赋给左边的"字符名称"。这里,表达式可以是一个数据或地址,也可以是一个包含所定义"字符名称"在内的表达式,但不可以是一个汇编符号(如 R0~R7)。DATA 伪指令和 EQU 伪指令的主要区别是:EQU 定义的"字符名称"必须先定义后使用,而 DATA 定义的"字符名称"没有这种限制,故 DATA 伪指令通常用在源程序的开头或末尾。

DATA 伪指令一般用来定义程序中所用的 8 位或 16 位数据或地址,但也有些汇编程序只允许 DATA 语句定义 8 位的数据或地址,16 位地址需用 XDATA 伪指令加以定义。例如:

```
            ORG     0200H
    AA      DATA    35H
  DELAY     XDATA   0A7E6H
            MOV     A,AA              ;A←(35H)
              ⋮
            LCALL   DELAY             ;调用 A7E6H 子程序
              ⋮
            END
```

在程序中,DATA 语句也可以放在程序的其他位置上,EQU 语句则没有这种灵活性。

（5）DB 伪指令。DB（Define Byte，定义字节）伪指令称为定义字节伪指令，可用来为汇编语言源程序在内存的某区域中定义一个或一串字节。DB 伪指令格式为

[标号：]　DB　　项或项表

其中，标号段为任选项。DB 伪指令能把"项或项表"中的数据依次存放到以左边标号为起始地址的存储单元中，"项或项表"中的数可以是一个 8 位二进制数或用逗号分开的一串 8 位二进制数，8 位二进制数也可以采用二进制、十进制、十六进制和 ASCII 码等多种表示形式。例如：

```
        ORG    0600H
START：MOV    A，♯64H
        ⋮
  TAB：DB     45H，73，01011010B，'5'，'A'
        ⋮
        END
```

在上述源程序中，TAB 是 DB 伪指令语句的标号，是一个物理地址为 16 位二进制的标号地址。TAB 的具体数值由 0600H 到 TAB 之间的实际指令字节数决定，也可以直接在 TAB 语句前使用一条 ORG 伪指令语句来定义。上述程序被汇编时，汇编程序自动把 TAB 单元置成 45H、TAB+1 单元置成 49H（即 73 的二进制数）、TAB+2 单元置成 5AH（即 01011010B）、TAB+3 单元置成 35H（5 的 ASCII 码）、TAB+4 单元置成 41H（A 的 ASCII 码）。

（6）DW 伪指令。DW（Define Word，定义字）伪指令称为定义字伪指令，用于为源程序在内存某个区域定义一个或一串字。相应伪指令格式为

[标号：]　DW　　项或项表

其中，标号段为任选项。DW 伪指令的功能和 DB 伪指令类似，其主要区别在于 DB 定义的是一个字节，而 DW 定义的是一个字（即两个字节）。因此，DW 伪指令主要用来定义 16 位地址（高 8 位在前，低 8 位在后）。例如：

```
        ORG   1500H
START：  MOV   A，♯20H
        ⋮
        ORG   1520H
HETAB：DW    1234H，8AH，10
        END
```

上述程序汇编后能使：

| | |
|---|---|
| (1520H)=12H | (1523H)=8AH |
| (1521H)=34H | (1524H)=00H |
| (1522H)=00H | (1525H)=0AH |

（7）DS 伪指令。DS（Define Storage，定义存储空间）伪指令称为定义存储空间伪指

令。DS 的格式为

　　　　[标号：]　DS　表达式

　　在上述格式中,标号段也为任选项,"表达式"常为一个数值。DS 语句可以指示汇编程序从它的标号地址(或实际物理地址)开始预留一定数量的内存单元,以备源程序执行过程中使用。这个预留单元的数量由 DS 语句中"表达式"的值决定。例如:

```
            ORG    0400H
    START：MOV   A,♯32H
              ⋮
      SPC：DS     08H
            DB     25H
            END
```

　　汇编程序对上述源程序汇编时,碰到 DS 语句便自动从 SPC 地址开始预留 8 个连续内存单元,第 9 个存储单元(即 SPC+8)存放 25H。

　　(8) BIT 伪指令。BIT(位地址赋值)伪指令称为位地址赋值伪指令,用于给以符号形式的位地址赋值。BIT 伪指令的格式为

字符名称　BIT　位地址

　　该语句的功能是把 BIT 右边的位地址赋给它左边的"字符名称"。因此,BIT 语句定义过的"字符名称"是一个符号位地址。例如:

```
        ORG    0300H
  A1    BIT    00H
  A2    BIT    P1.0
        MOV   C,A1         ;Cy←(20H.0)
        MOV   A2,C         ;Cy→P1.0
          ⋮
        END
```

　　显然,A1 和 A2 经 BIT 语句定义后便作为位地址使用,其中 A1 的物理位地址是00H,A2 的物理位地址是 90H。但不是所有汇编程序都允许有 BIT 这条伪指令语句。在无 BIT 伪指令语句可用时,用户也可以采用 EQU 语句来定义位地址变量 A1 和 A2,但EQU 语句右边必须采用物理地址,而不应采用像 P1.0 那样的符号位地址。

## 4.2　汇编语言源程序的设计与汇编

　　在单片机应用中,绝大部分实用程序都采用汇编语句编写。因此,汇编语言源程序设计不仅关系单片机控制系统的特性和效率,而且还与控制系统本身的硬件结构有关。为了编出质量高且功能强的实用程序,设计者一方面要正确理解程序设计的目标和步骤,另一方面还要掌握汇编语言源程序的汇编原理和方法,下面对这两个关键内

容进行介绍。

### 4.2.1 汇编语言源程序的设计步骤

根据任务要求,采用汇编语句编制程序的过程称为汇编语言源程序设计。一个应用程序的编制,从拟制设计任务书直到所编程序的调试通过,通常可以分成以下 6 步。

(1)拟制设计任务书。这是一个收集资料和项目调研的过程。设计者应根据设计要求到现场进行实地考察,并根据国内外情况写出比较翔实的设计任务书,必要时还应聘请有关专家帮助论证。设计任务书应包括程序功能、技术指标、精度等级、实施方案、工程进度、所需设备、研制费用和人员分工,等等。

(2)建立数学模型。在弄清设计任务书的基础上,设计者应把控制系统的计算任务或控制对象的物理过程抽象并归纳为数学模型。数学模型是多种多样的,可以是一系列的数学表达式,可以是数学的推理和判断,也可以是运行状态的模拟等。

(3)确立算法。根据被控对象的实时过程和逻辑关系,设计者还必须把数学模型演化为计算机可以处理的形式,并拟制出具体的算法和步骤。同一数学模型,往往有几种不同的算法,设计者还应对各种不同算法进行分析和比较,从中找出一种切合实际的最佳算法。

(4)绘制程序流程图。这是程序的结构设计阶段,也是程序设计前的准备阶段。对于一个复杂的设计任务,还应根据实际情况确定程序的结构设计方法(如模块化程序设计、自顶向下程序设计等),把总设计任务划分为若干子任务(即子模块),并分别绘制出相应的程序流程图。因此,程序流程图不仅可以体现程序的设计思想,而且可以使复杂问题简化并收到提纲挈领的效果。

(5)编制汇编语言源程序。编制汇编语言源程序是根据程序流程图进行的,也是设计者充分施展才华的地方。但是,设计者应在掌握程序设计的基本方法和技巧的基础上,注意所编程序的可读性和正确性,必要时应在程序的适当位置上加上注释。

(6)上机调试。上机调试可以检验程序的正确性,也是任何有实用价值的程序设计无法超越的阶段。因为任何程序编写完成后都难免会有缺点和错误,只有通过上机调试和试运行才能比较容易发现并纠正。

汇编语言程序设计的上述各步骤及其相互间的关系如图 4-1 所示。由图可见,编写好的程序在上机调试前必须汇编成目标机器码,以便在计算机上调试并运行。如果汇编不能通过,则说明源程序中有错或使用了不合法语句,调试者应根据汇编时指出的错误类型对被汇编源程序做出修改,直到可以通过汇编为止。汇编通过的源程序才能在机器上调试并执行,但上机调试不一定能够通过。调试不通过的原因可能有两条:一是程序中存在一般性的小问题,经过修改后便可通过;二是程序有大问题,必须更改程序流程图中其他部分才能上机调试通过。

各子模块分调完成后,还应逐步挂接其他子模块,以实现程序的联调。联调时的情况和分调时类似,也会发现和纠正不少错误。联调通过后的程序还必须试运行,即在所设计系统的硬件环境下运行。试运行应先在实验室条件下进行,然后才可以到现场进行。

上面介绍的是复杂程序设计问题,对于简单一些的程序设计问题,自然可以省略其中

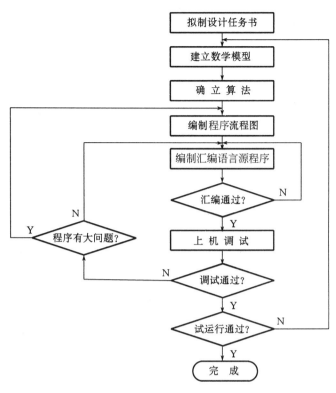

图 4-1　程序设计步骤流程图

的某些步骤。

## 4.2.2　汇编语言源程序的汇编

前面已经谈到,汇编语言源程序在上机调试前必须翻译成目标机器码才能被 CPU 执行。这种能把汇编语言源程序翻译成目标代码的过程称为汇编。通常,汇编语言源程序的汇编可以分为人工汇编和机器汇编两类。

### 1. 人工汇编

人工汇编是指人工直接把汇编语言源程序翻译成机器码的过程,有时也称为程序的人工"代真"。人工汇编常常作为机器汇编的补充,因为人工汇编只需一张指令码表以及一支笔和一张纸就可开展工作。

通常,源程序的人工汇编需要进行两次才能完成,只有无分支程序才可以一次完成。对于包含有转移指令和标号在内的汇编语言源程序,第一次汇编完成指令码的人工"代真",第二次汇编完成地址偏移量的"代真"。现对它们分述如下。

(1) 第一次汇编。第一次汇编时,用户应先确定源程序在内存的起始地址,然后在指令码表中依次找出每条指令的指令码,按照程序的起始地址逐一把它们写出来,对于一时无法确定其实际值的地址偏移量,应照原样写在指令码的相应位置上,但对那些已定义过的"字符名称"应立即"代真"(见表 4-2)。

表 4-2 例 4.1 第一次汇编结果

| 地　址 | 指 令 码 | 标　号 | 指 令 助 记 符 |
|---|---|---|---|
| 1000H | 78 20H | START | MOV　R0,#BLOCK |
| 1002H | E6H | | MOV　A,@R0 |
| 1003H | B400 LOOP | | CJNE　A,#00H,LOOP |
| 1006H | 80 $ | HERE | SJMP　$ |
| 1008H | E4H | LOOP | CLR　A |
| 1009H | 08H | NEXT | INC　R0 |
| 100AH | 26H | | ADD　A,@R0 |
| 100BH | D5 20 NEXT | | DJNZ　BLOCK,NEXT |
| 100EH | F51FH | | MOV　SUM,A |
| 1010H | 80 HERE | | SJMP　HERE |

（2）第二次汇编。第二次汇编是第一次的继续,其任务是确定第一次汇编过程中未确定的标号或地址偏移量的值。由于每条指令码的起始地址已在第一次汇编过程中确定,因此确定标号或地址偏移量的实际值仅需进行一些简单计算便可完成(见表 4-3)。

表 4-3　例 4.1 第二次汇编结果

| 地　址 | 指 令 码 | 标　号 | 指 令 助 记 符 |
|---|---|---|---|
| 1000H | 78 20H | START | MOV　R0,#BLOCK |
| 1002H | E6H | | MOV　A,@R0 |
| 1003H | B400 02H | | CJNE　A,#00H,LOOP |
| 1006H | 80FEH | HERE | SJMP　$ |
| 1008H | E4H | LOOP | CLR　A |
| 1009H | 08H | NEXT | INC　R0 |
| 100AH | 26H | | ADD　A,@R0 |
| 100BH | D5 20 FBH | | DJNZ　BLOCK,NEXT |
| 100EH | F51FH | | MOV　SUM,A |
| 1010H | 80F4H | | SJMP　HERE |

对于人工汇编的过程和方法,现举例加以说明。

［例 4.1］　设在内部 RAM 的 BLOCK 单元内有一无符号数据块的长度,无符号数据块起始地址是 BLOCK＋1。试编程求无符号数据块中数据的累加和(不考虑进位的加法之和),并把它存入 SUM 单元。程序编好后请人工汇编成相应目标代码。

解：程序应能对数据块长度做出判断：若它不为零，则求和；若它为零，则不必进行加法。相应程序为

```
            ORG    1000H
   SUM      DATA   1FH
  BLOCK     DATA   20H
  START：MOV   R0, ♯BLOCK        ;数据块长度地址送 R0
         MOV   A, @R0            ;数据块长度送 A
         CJNE  A,♯00H,LOOP       ;若数据块长≠0,则转向 LOOP 执行
   HERE：SJMP  $                 ;若数据块长=0,则结束
   LOOP：CLR   A
   NEXT：INC   R0                ;修改数据指针
         ADD   A, @R0            ;加一个数
         DJNZ  BLOCK,NEXT        ;若(BLOCK)－1≠0,则转向 NEXT 执行
         MOV   SUM, A            ;存累加和
         SJMP  HERE
         END
```

这是一个包含 ORG 和 END 伪指令语句的完整程序段,数据块长度地址和数据块起始地址由 DATA 语句定义。第一次汇编时需要查指令表(见附录 C),并写下每条指令的指令码和指令码起始地址,对于无法确认的标号和地址偏移量,应把它们按原样抄录在指令码的相应位置上,如表 4-2 所示。

第二次汇编时需要确定指令码中的标号或地址偏移量,即需要计算出表 4-2 中的 NEXT、HERE、LOOP 和 $ 的实际值,计算时应注意的是转移指令本身的字节数。计算公式为

地址偏移量＝目标地址－转移指令起始地址－转移指令字节数

据此,LOOP 和 NEXT 的计算式分别为

LOOP＝1008H－1003H－3＝02H
NEXT＝1009H－100BH－3＝－5        补码为 FBH

同理,可计算出 $ ＝FEH 和 HERE＝F4H。上述计算值均为补码形式,并置换表4-2中的地址偏移量,如表 4-3 所示。

**2. 机器汇编**

人工汇编具有简单易行的优点,但它的效率低,出错率高,尤其在被汇编程序较长和较复杂时更是如此。因此,工程上的实用程序都是采用机器汇编来实现的。

机器汇编是用机器代替人脑的一种汇编,是机器自动把汇编语言源程序(助记符形式)翻译成目标代码的过程。这里,完成这一翻译工作的机器是系统机(如 IBM-PC/386),给系统机输入源程序的(助记符形式)是人,完成这一翻译工作的软件称为"汇编程序"。因此,机器汇编实际上是 IBM-PC 通过执行"汇编程序"来对源程序进行汇编。机器汇编的原理与人工汇编类似,实际上是人工汇编的模拟,如图 4-2 所示。

为了实现对源程序的汇编,汇编程序中编入了两张表,一张是指令码表,另一张是伪

指令表。"汇编程序"通过两次扫描完成对源程序的汇编：第一次扫描时对源程序中每条指令查一次表，并把查到的指令码存入某一内存区，形成与表 4-2 相同的电子表格；第二次扫描时完成对地址偏移量的计算，并用计算得到的值置换表 4-2 中的地址偏移量，以形成与表 4-3 一样的

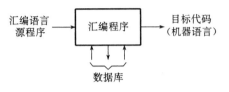

图 4-2　汇编程序的功能

列表清单。因此，用户在机器汇编前应预先在系统机上输入被汇编的汇编语言源程序，并把它编辑好后存放到磁盘上，然后再启用"汇编程序"对它进行汇编，以生成源程序列表清单。源程序列表清单可以在 CRT 或打印机上输出，也可以直接输入单片机内存或作为磁盘文件保存在磁盘上。

　　"汇编程序"是一种系统软件，有时也称为工具软件，因机器而异，常由计算机厂家提供。

### 4.2.3　μVision 3 集成开发环境简介

　　μVision 3 是 Windows 环境下的一种集成开发软件，由美国 Keil Software 公司于 2003 年推出，是 μVision 2 的改进版(1997 年开发成功)。该软件性能优异，使用简便，是目前国内外广泛使用的一种单片机控制系统的开发软件，也是每位单片机应用工作者必须驾轻就熟的开发工具。

　　**1. μVision 3 的组成**

　　μVision 3 是一种集成开发软件，其内部由 IDE 集成开发环境、A51 汇编器和 C51 编译器、LIB51 库管理器、BL51 连接/定位器、μVision 3 调试器、Monitor-51 监控程序和 RTX51 多任务实时操作系统内核 7 部分组成。

　　IDE 集成开发环境又称为 μVision 3 编辑器，可把用户编写的多个汇编语言源程序包含到某一工程项目(由读者创建)中去，也能对源程序在汇编(编译)过程中的错误加以屏幕提示，并具有对源程序在汇编(编译)后的代码进行连接的功能。A51 汇编器可把汇编语言源程序汇编成可重定位的目标文件，C51 编译器可对由 IDE 创建的工程项目中的 C51 源程序按 ANSI C 语言标准进行编译。LIB51 库管理器能把 A51 汇编器(或 C51 编译器)生成的目标文件转换为目标库文件。BL51 连接/定位器能把由 A51 汇编器(或 C51 编译器)生成的可重定位目标模块同由 LIB51 库中提取的目标模块连成一体，以生成不可重定位的目标模块。μVision 3 调试器内含一个高速模拟器，能对由单片机片内和片外功能部件构成的应用系统进行模拟调试和仿真。Monitor-51 其实是一个监控程序，驻留在目标单片机的程序存储器内，通过其串行口同 IBM-PC 内的 μVision 3 调试器进行串行通信。RTX51 是 Keil 公司专门为 MCS-51 系列单片机开发的一个多任务实时操作系统内核，全部集成在 C51 编译器中。

　　**2. μVision 3 的功能**

　　μVision 3 的功能强大，性能卓著，适合于用来开发由 Intel、Philips、Atmel 和 Siemens 等几十家公司生产的近百种型号的单片机应用系统。μVision 3 不仅能把用户编写的汇编语言源程序(或 C51 源程序)进行键盘输入、编辑修改和将之汇编(或编译)成目标代码，而且还为用户提供了对目标代码的模拟调试和硬件调试。

模拟调试又称为软件调试,其实是一种虚拟调试。$\mu$Vision 3 的模拟调试利用了 IBM-PC 内部的 CPU 去模拟单片机对用户程序(汇编语言源程序)的执行,并能把用户程序的执行效果以虚拟方式显示于 IBM-PC 的 CRT 屏幕上,供用户观察、分析和判断被执行程序的正确性。硬件调试不仅需要一台 IBP-PC,也需要一台单片机仿真实验仪和用户的一块目标硬件板。IBM-PC 中的 $\mu$Vision 3 通过串行口(或并行口)与单片机仿真实验仪相接。用户的目标程序实际由单片机仿真实验仪中的单片机执行,程序中每条指令的执行效果既可以在 IBM-PC 的 CRT 上显示,也可以在单片机仿真实验仪或用户目标板上见到。因此,硬件调试是真正的目标板调试,IBM-PC 通过 $\mu$Vision 3 这个软件平台仅仅为用户提供了一个友好的人-机界面,单片机仿真实验仪中的 CPU 和目标板上的硬件才是真正的调试对象。

总之,模拟调试其实是硬件调试前的一种调试,硬件调试才是单片机应用系统(控制)的最终调试。

**3. $\mu$Vision 3 的安装**

$\mu$Vision 3 有两个版本:一个是评估版;另一个是专业版。评估版和专业版在功能上没有本质区别,只是评估版限定了源程序汇编(或编译)后的代码长度不得超过 2KB。因此,在实际的工程项目开发中,建议读者还是要选用 $\mu$Vision 3 的专业版。

$\mu$Vision 3 对它所依赖的 IBM-PC 系统机性能要求并不高,只要具有 64KB 的内存和 20MB 以上硬盘空间的系统机均能很好地满足其运行要求。

在 Keil 公司的中国网站 http://www.realview.com.cn 上,读者可以下载 $\mu$Vision 3 的评估版。$\mu$Vision 3 的安装过程十分简单,只要先对压缩文件解压缩,然后根据提示操作即可顺利完成安装任务。

安装程序能把 $\mu$Vision 3 的所有程序复制到基本目录中,默认的基本目录是 C:\Keil。

# 4.3　简单程序与分支程序设计

汇编语言程序设计并不难,但要编写出质量高、可读性好且执行速度快的优秀程序并不十分容易。欲达此目的,除应娴熟掌握所依托的指令系统外,读者还应掌握程序设计的基本方法和技巧,熟悉汇编语言源程序的分类方法和特点。

## 4.3.1　简单程序设计

简单程序是指程序中没有使用转移类指令的程序段,机器执行这类程序时也只需按照先后顺序依次执行,中间不会有任何分支,故又称为无分支程序,有时也称为顺序程序或直线程序。在这类程序中,大量使用了数据传送指令,程序结构比较单一和简单,但也能解决某些实际问题,或可以成为复杂程序的某个组成部分。现以相应程序为例加以说明。

[例4.2]　请编写能把 20H 单元内两个 BCD 数变换成相应的 ASCII 码并放在 21H(高位 BCD 数的 ASCII 码)和 22H(低位 BCD 数的 ASCII 码)单元的程序。

**解**：根据 ASCII 字符表，0～9 的 BCD 数和它们的 ASCII 码之间仅相差 30H。因此，本题仅需把 20H 单元中的两个 BCD 数拆开，分别与 30H 相加即可。

相应程序如下：

```
ORG    0500H
MOV    R0，♯22H          ;R0←22H
MOV    @R0，♯00H         ;22H 单元清零
MOV    A，20H            ;20H 中 BCD 数送 A
XCHD   A，@R0            ;低位 BCD 数送至 22H
ORL    22H，♯30H         ;完成低位 BCD 数转换
SWAP   A                ;高位 BCD 数送低 4 位
ORL    A，♯30H           ;完成高位 BCD 数转换
MOV    21H，A            ;存入 21H 单元
SJMP   $                ;结束
END
```

以上程序共需 17 个 ROM 单元，执行时间为 11 个机器周期。

本题采用除法指令来做时，只要把 20H 单元中的两个 BCD 数除以 10H（相当于被除数右移 4 位），累加器 A 中便可得到高 4 位 BCD 数（商数），B 寄存器中为低 4 位 BCD 数（余数），然后使累加器 A 和 B 寄存器分别与 30H 相加便可得到与上述相同的结果。

［例 4.3］　已知一个补码形式的 16 位二进制数（低 8 位在 NUM 单元，高 8 位在 NUM＋1 单元），试编写能求该 16 位二进制数原码的绝对值的程序。

**解**：先对 NUM 单元中低 8 位取反加 1，再把由此产生的进位位加到 NUM＋1 单元内容的反码上，最后去掉它的最高位（符号位）。

相应程序如下：

```
ORG    0300H
NUM    DATA 20H
MOV    R0，♯NUM          ;R0←NUM
MOV    A，@R0            ;低 8 位送 A
CPL    A
ADD    A，♯01H           ;A 中内容变补，进位位留 Cy
MOV    @R0，A            ;存数
INC    R0
MOV    A，@R0            ;高 8 位送 A
CPL    A                ;高 8 位取反
ADDC   A，♯00H           ;加进位位
ANL    A，♯7FH           ;去掉符号位
MOV    @R0，A            ;存数
SJMP   $                ;结束
END
```

［例 4.4］　已知 20H 单元中有一个二进制数，请编程把它转换为 3 位 BCD 数，把

百位 BCD 数送入 FIRST 单元的低 4 位,十位和个位 BCD 数放在 SECOND 单元,十位 BCD 数在 SECOND 单元中的高 4 位。

**解**:实现这种转换的方法很多。由于 MCS-51 有除法指令,因此本题求解变得十分容易。只要把 20H 单元中的内容除以 100(64H),得到的商就是百位 BCD 数,然后把余数除以 10(0AH)便可得到十位和个位 BCD 数。

相应程序为

```
            ORG    0200H
    FIRST   DATA   30H
    SECOND  DATA   31H
            MOV    A,20H          ;被除数送 A
            MOV    B,♯64H         ;除数 100 送 B
            DIV    AB             ;A÷B=A…B
            MOV    FIRST,A        ;百位 BCD 送 FIRST
            MOV    A,B            ;余数送 A
            MOV    B,♯0AH         ;除数 10 送 B
            DIV    AB             ;A÷B=A…B
            SWAP   A              ;十位 BCD 送高 4 位
            ORL    A,B            ;完成十位和个位 BCD 数装配
            MOV    SECOND,A       ;存入 SECOND 单元
            SJMP   $              ;结束
            END
```

采用除法指令的另一种办法是把 20H 单元中的内容连续除以 10,即先把原数除以 10 得到个位 BCD 数,然后再把商除以 10 得到百位 BCD 数(商)和十位 BCD 数(余数)。

### 4.3.2 分支程序设计

分支程序的特点是程序中含有转移指令。由于转移指令有无条件转移和条件转移之分,因此分支程序也可分为无条件分支程序和条件分支程序两类。无条件分支程序中含有无条件转移指令,因为这类程序十分简单,就不专门讨论了;条件分支程序中含有条件转移指令,这类程序极为普遍,是讨论的重点。

条件分支程序体现了计算机执行程序时的分析判断能力:若某种条件满足,则机器就转移到另一分支上执行程序;若条件不满足,则机器按原程序继续执行。在 MCS-51 中,条件转移指令共有 13 条,分为累加器 A 判零条件转移、比较条件转移、减 1 条件转移和位控制条件转移 4 类。因此,MCS-51 汇编语言源程序的分支程序设计实际上就是如何正确运用这 13 条条件转移指令来进行编程的问题。

[**例 4.5**] 已知 VAR 单元内有一自变量 $X$,请按如下条件编出求函数值 $Y$ 并将它存入 FUNC 单元的程序。

$$Y=\begin{cases} 1 & X>0 \\ 0 & X=0 \\ -1 & X<0 \end{cases}$$

**解**：这是一个三分支归一的条件转移问题,通常可分为"先分支后赋值"和"先赋值后分支"两种求解办法。

① 先分支后赋值。题意告诉我们,自变量 $X$ 是个带符号数,故可采用累加器判零条件转移和位控制条件转移指令来做,程序流程如图 4-3(a)所示。

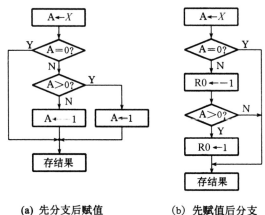

(a) 先分支后赋值　　　　(b) 先赋值后分支

图 4-3　例 4.5 附图

相应程序为

```
        ORG    0100H
VAR     DATA   30H
FUNC    DATA   31H
        MOV    A, VAR           ;A←X
        JZ     DONE             ;若 X=0,则转 DONE
        JNB    ACC.7, POSI      ;若 X>0,则转 POSI
        MOV    A, #0FFH         ;若 X<0,则 A←-1
        SJMP   DONE             ;转 DONE
POSI：  MOV    A, #01H          ;A←1
DONE：  MOV    FUNC, A          ;存 Y 值
        SJMP   $
        END
```

② 先赋值后分支。先把 $X$ 调入累加器 A,并判断它是否为零,若 $X=0$,则 A 中的内容送 FUNC 单元;若 $X\neq0$,则先给 R0 赋值(如-1),然后判断是否 A<0,若 A<0,则 R0 送 FUNC 单元;若 A>0,则把 R0 修改成 1 后送 FUNC 单元,程序流程如图 4-3(b)所示。

相应程序为

```
        ORG    0100H
VAR     DATA   30H
FUNC    DATA   31H
        MOV    A, VAR           ;A←X
        JZ     DONE             ;若 X=0,则转 DONE
```

```
            MOV    R0，＃0FFH        ;若 X≠0,则 R0←—1
            JB     ACC.7，NEG       ;若 X<0,则转 NEG
            MOV    R0，＃01H         ;若 X>0,则 R0←1
    NEG：   MOV    A，R0            ;A←R0
    DONE：  MOV    FUNC，A          ;存 Y 值
            SJMP   $
            END
```

[**例 4.6**] N＝128 的分支程序。已知 R3 的值为 00H～7FH 中的一个,请编出根据 R3 中的值转移到相应分支程序的程序。

**解**:先在外部 ROM 存储器内安排一张起始地址为 BRTAB 的绝对转移指令表,要求 BRTAB 的低 8 位地址为 00H,表中连续存放 128 条两字节绝对转移指令的指令码,其中操作码字节在偶地址单元,且地址偏移量正好是 R3 中相应值的两倍,如图4-4所示。每条绝对转移指令的目标转移地址 ROUT*nn* 是第 *nn* 分支程序的入口地址,且 ROUT00～ROUT127 在同一个 2KB 范围内。

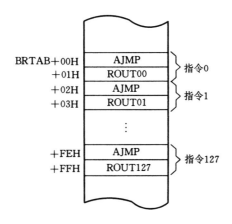

图 4-4　128 分支绝对转移指令表

相应程序为

```
            ORG    2100H
            MOV    A，R3            ;R3 中的值送 A
            RL     A               ;A←2 * A
            MOV    DPTR，＃BRTAB     ;绝对转移指令表起始地址送 DPTR
            JMP    @A＋DPTR         ;PC←A＋DPTR
            ⋮
    BRTAB： AJMP   ROUT00
            AJMP   ROUT01
            AJMP   ROUT02
            ⋮
            AJMP   ROUT127
    ROUT00： ⋮
```

ROUT127： :
                END

[**例4.7**] 已知两个带符号数分别存于 ONE 和 TWO 单元,试编程比较它们的大小,并把大数存入 MAX 单元。

**解**：在前面章节里已经介绍过判断两个带符号数大小的方法,这里介绍利用溢出标志 OV 状态来判断两个带符号数大小的方法。

① 算法。

若 $X-Y$ 为正数,则：在 OV＝0 时 $X>Y$

在 OV＝1 时 $X<Y$

若 $X-Y$ 为负数,则：在 OV＝0 时 $X<Y$

在 OV＝1 时 $X>Y$

这一算法是可以证明的,只要分 4 种情况设定 $X$ 和 $Y$ 的值,则程序流程如图 4-5 所示。

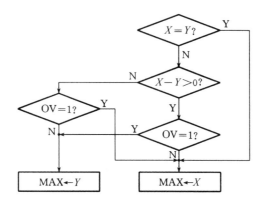

图 4-5    例 4.7 程序流程图

② 相应程序为

```
            ORG     0400H
    ONE   DATA   30H
    TWO   DATA   31H
    MAX   DATA   32H
            CLR     C           ;Cy 清零
            MOV    A, ONE       ;X 送 A
            SUBB   A, TWO       ;X－Y,形成 OV 标志
            JZ       DONE        ;若 X＝Y,则转 DONE
            JB       ACC.7, NEG  ;若 X－Y 为负,则转 NEG
            JB       OV, YMAX    ;若 OV＝1,则转 YMAX
            SJMP    XMAX        ;若 OV＝0,则转 XMAX
    NEG：  JB       OV, XMAX    ;若 OV＝1,则转 XMAX
    YMAX： MOV    A, TWO       ;Y＞X
```

```
            SJMP    DONE            ;转 DONE
XMAX：       MOV     A, ONE          ;X＞Y
DONE：       MOV     MAX, A          ;大数送 MAX 单元
            SJMP    $
            END
```

[例 4.8]　某系有 200 名学生参加外语统考,若成绩已存放在 MCS-51 外部 RAM 起始地址为 ENGLISH 的连续存储单元,现决定给成绩在 95～100 分之间的学生颁发 A 级合格证书,并给成绩在 90～94 分之间的学生颁发 B 级合格证书。试编写程序,统计获得 A 级和 B 级证书的学生人数,并把统计结果存入内部 RAM 的 GRADA 和 GRADB 单元。

解：这是一个循环和分支相结合程序,程序流程如图 4-6 所示。

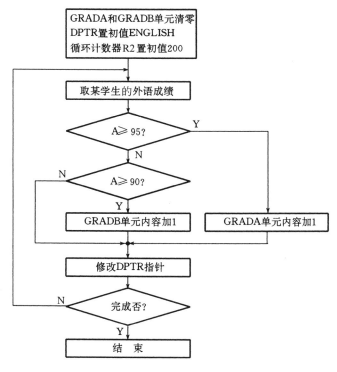

图 4-6　例 4.8 程序流程

相应程序为

```
            ORG     0600H
ENGLISH     XDATA   1000H
GRADA       DATA    20H
GRADB       DATA    21H
            MOV     GRADA, #00H     ;GRADA 单元清零
            MOV     GRADB, #00H     ;GRADB 单元清零
```

```
          MOV    R2，♯0C8H          ;参赛总人数送 R2
          MOV    DPTR，♯ENGLISH     ;学生成绩起始地址送 DPTR
    LOOP：MOVX   A，@DPTR           ;取某学生的成绩到 A
          CJNE   A，♯5FH，LOOP1     ;与 95 进行比较,形成 Cy
   LOOP1：JNC    NEXT1             ;若 A≥95,则转 NEXT1
          CJNE   A，♯5AH，LOOP2     ;与 90 进行比较
   LOOP2：JC     NEXT              ;若 A<90,则转 NEXT
          INC    GRADB             ;若为 B 级,则 GRADB 单元内容加 1
          SJMP   NEXT
   NEXT1：INC    GRADA             ;若 A≥95,则 GRADA 单元内容加 1
    NEXT：INC    DPTR              ;修改学生成绩指针
          DJNZ   R2，LOOP          ;若未完,则转 LOOP
          SJMP   $                 ;结束
          END
```

# 4.4 循环与查表程序设计

循环程序和查表程序是两类最常见的程序,读者必须掌握它们的基本设计方法。

## 4.4.1 循环程序设计

循环程序的特点是程序中含有可以重复执行的程序段,该程序段通常称为循环体。例如,求 100 个数的累加和是没有必要连续安排 100 条加法指令的,可以只用一条加法指令并使之循环执行 100 次。因此,循环程序设计不仅可以大大缩短所编程序长度并且使程序所占内存单元数最少,同时也可以使程序结构紧凑并且可读性变好。

循环程序由以下 4 部分组成。

**1. 循环初始化**

循环初始化程序段位于循环程序开头,用于完成循环前的准备工作。例如,给循环体中的循环计数器和各工作寄存器设置初值,其中循环计数器用于控制循环次数。

**2. 循环处理**

这部分程序位于循环体内,是循环程序的工作程序,需要重复执行,要求编写得尽可能地简练,以提高程序的执行速度。

**3. 循环控制**

循环控制也在循环体内,常常由循环计数器修改和条件转移语句等组成,用于控制循环的执行次数。

**4. 循环结束**

这部分程序用于存放执行循环程序所得结果以及恢复各工作单元的初值。

循环程序通常有两种编制方法:一种是先循环处理后循环控制(即先处理后判断);另一种是先循环控制后循环处理(即先判断后处理),如图 4-7 所示。

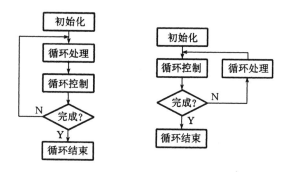

（a）先处理后判断　　　（b）先判断后处理

图 4-7　循环程序结构类型

［**例 4.9**］　已知内部 RAM 的 BLOCK 单元开始有一无符号数据块,块长在 LEN 单元。请编写求数据块中各数累加和并存入 SUM 单元的程序。

**解**：为了使读者对两种循环结构有一个全面了解,以便进行分析比较,现给出两种设计方案。

① 先判断后处理（见图 4-8(a)）。

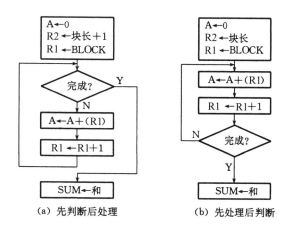

（a）先判断后处理　　　　　　（b）先处理后判断

图 4-8　例 4.9 程序流程

参考程序为

```
        ORG    0200H
  LEN   DATA   20H
  SUM   DATA   21H
BLOCK   DATA   22H
        CLR    A              ;A 清零
        MOV    R2, LEN        ;块长送 R2
        MOV    R1, ♯BLOCK     ;块起始地址送 R1
        INC    R2             ;R2←块长+1
        SJMP   CHECK
```

```
LOOP：ADD    A，@R1              ;A←A+(R1)
      INC    R1                 ;修改数据块指针 R1
CHECK：DJNZ  R2，LOOP            ;若未完,则转 LOOP
      MOV    SUM，A              ;存累加和
      SJMP   $
      END
```

② 先处理后判断(见图 4-8(b))。

参考程序为

```
      ORG    0200H
LEN   DATA   20H
SUM   DATA   21H
BLOCK DATA   22H
      CLR    A                  ;A 清零
      MOV    R2，LEN             ;块长送 R2
      MOV    R1，♯BLOCK          ;数据起始地址送 R1
NEXT：ADD    A，@R1              ;A←A+(R1)
      INC    R1                 ;修改数据指针
      DJNZ   R2，NEXT            ;若未完,则转 NEXT
      MOV    SUM，A              ;存累加和
      SJMP   $                  ;结束
      END
```

**应当注意**：上述两个程序是有区别的。若块长≠0,则两个程序的执行结果相同;若块长＝0,则先处理后判断程序的执行结果是错误的。也就是说,先处理后判断程序至少有一次执行循环体内的程序。

[**例 4.10**] 已知内部 RAM ADDR 为起始地址的数据块内的数据是无符号数,块长在 LEN 单元内。请编程求数据块中最大值并存入 MAX 单元。

**解**：在无符号数据中寻找最大值的方法颇多,现以比较交换法为例加以介绍。比较交换法先使 MAX 单元清零,然后把它和数据块中每个数逐一进行比较,只要 MAX 中的数比数据块中某数大就进行下一个数的比较,否则把数据块中的大数传送到 MAX 单元后再进行下个数的比较,直到数据块中每个数都比较完为止。此时,MAX 单元中便可得到最大值。

相应程序为

```
      ORG    0300H
LEN   DATA   20H
MAX   DATA   22H
ADDR  DATA   23H
      MOV    MAX，♯00H           ;MAX 单元清零
      MOV    R0，♯ADDR           ;ADDR 送 R0
LOOP：MOV    A，@R0              ;数据块中某数送 A
```

```
         CJNE   A,MAX,NEXT1           ;A 和(MAX)比较
NEXT1: JC      NEXT                   ;若 A<(MAX),则转 NEXT
         MOV    MAX, A                ;若 A≥(MAX),则大数送 MAX
 NEXT: INC     R0                     ;修改数据块指针 R0
         DJNZ   LEN, LOOP             ;若未完,则转 LOOP
         SJMP   $
         END
```

**[例 4.11]** 设有 10 组 3 字节被加数和加数,分别存放在以 BLOCK1 和 BLOCK2 为起始地址的两个数据块中。请编程求 10 组数的和(设和仍为 3 字节),并把和送回以 BLOCK1 为起始地址的数据块中。

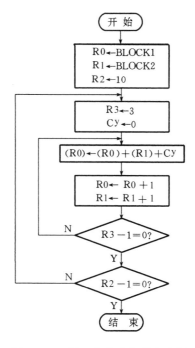

图 4-9　10 组 3 字节求和程序流程

**解**:这是一个双重循环问题。内循环用于完成 3 字节被加数和加数的求和,外循环用于控制 10 组 3 字节数的求和是否完成,程序流程如图 4-9 所示。

图 4-9 中,外循环次数由 R2 控制,内循环次数由 R3 控制,求和由 ADDC 指令完成。相应程序为

```
         ORG    0500H
BLOCK1 DATA   20H
BLOCK2 DATA   40H
         MOV    R0, #BLOCK1           ;被加数数据块起始地址送 R0
         MOV    R1, #BLOCK2           ;加数数据块起始地址送 R1
         MOV    R2, #0AH              ;加法组数 10 送 R2
```

```
        LOOP:  MOV   R3,♯03H          ;被加数或加数字节数送 R3
               CLR   C                ;Cy 清零
        LOOP1: MOV   A,@R0            ;被加数送 A
               ADDC  A,@R1            ;加一个字节
               MOV   @R0,A            ;存和数字节
               INC   R0               ;修改被加数指针
               INC   R1               ;修改加数指针
               DJNZ  R3,LOOP1         ;若一组加法未完,则转 LOOP1
               DJNZ  R2,LOOP          ;若 10 组加法未完,则转 LOOP
               SJMP  $
               END
```

**[例 4.12]** 设单片机 8031 内部 RAM 起始地址为 30H 的数据块中有 64 个无符号数。试编写程序使它们按从小到大的顺序排列。

**解**：设 64 个无符号数在数据块中的序号为 $e_{64}, e_{63}, \cdots, e_2, e_1$,使它们按从小到大的顺序排列的方法颇多。现以冒泡排序法为例加以介绍。

冒泡排序法又称为两两比较法。它先使 $e_{64}$ 和 $e_{63}$ 比较,若 $e_{64} > e_{63}$,则两个存储单元中的内容交换,反之则不交换,然后使 $e_{63}$ 和 $e_{62}$ 相比,按同样原则决定是否交换,一直比较下去,最后完成 $e_2$ 和 $e_1$ 的比较及交换,经过 $N-1=63$ 次比较(常用内循环 63 次来实现)后,$e_1$ 位置上必然得到数组中的最大值,犹如一个气泡从水底冒到了水面,如图 4-10 所示。第二次冒泡过程和第一次冒泡过程完全相同,比较次数也可以是 63 次(其实只需 62次),冒泡后可以在 $e_2$ 位置上得到次最大值,如图 4-10 所示。如此冒泡(即大循环)共 63 次(内循环为 63×63 次)便可完成 64 个数的排序。

其实,64 个无符号数的数组排序需要冒泡 63 次的机会是很少的,每次冒泡所需的比较次数,也是从 63 逐次减少(每冒一次泡减少一次比较)。为了禁止那些不必要的冒泡次数,人们常常设置一个"交换标志位"。"交换标志位"在循环初始化时清零,在数据交换时置位成 1(表示冒泡中进行过数据交换)。"交换标志位"用来控制是否再需要冒泡:若"交换标志位"为 1,则表明刚刚进行的冒泡中发生过数据交换(即排序尚未完成),应继续进行冒泡;若"交换标志位"为 0,则表明刚进行完的冒泡中未发生过数据交换(即排序已完成),冒泡应该禁止。例如,对于一个已经排好序的数组:1,2,3,…,63,64,排序程序只要进行一次冒泡便可根据"交换标志位"状态而结束排序程序的再执行,这自然可以节省 $63-1=62$ 次的冒泡时间。冒泡程序流程如图 4-11 所示。

参考程序为

```
               ORG   1000H
        BUBBLE: MOV   R0,♯30H          ;置数据块指针 R0
               MOV   R2,♯64           ;块长送 R2
               CLR   7FH              ;交换标志 2FH.7 清零
               DEC   R2               ;块长-1 为比较次数
        BULOOP: MOV   20H,@R0          ;e_N 送 20H
               MOV   A,@R0            ;e_N 送 A
```

· 150 ·

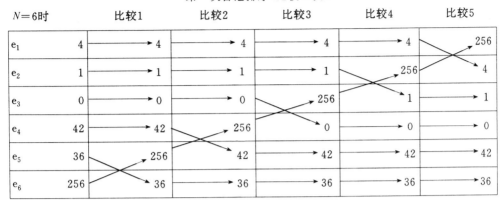

第一次冒泡排序（比较5次）

图 4-10 冒泡排序过程

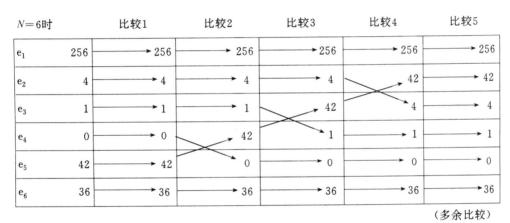

第二次冒泡排序（比较5次）

（多余比较）

图 4-10 冒泡排序过程

```
        INC     R0
        MOV     21H，@R0          ;e_{N-1}送 21H
        CJNE    A,21H,LOOP       ;(20H)和(21H)比较
LOOP：  JC      BUNEXT           ;若(20H)<(21H),则转 BUNEXT
        MOV     @R0,20H          ;若(20H)≥(21H),则两者交换
        DEC     R0
        MOV     @R0,21H
        INC     R0               ;恢复数据块指针
        SETB    7FH              ;置1交换标志位
BUNEXT：DJNZ    R2,BULOOP        ;若一次冒泡未完,则转 BULOOP
        JB      7FH,BUBBLE       ;若交换标志位为1,则转 BUBBLE
        SJMP    $                ;结束
        END
```

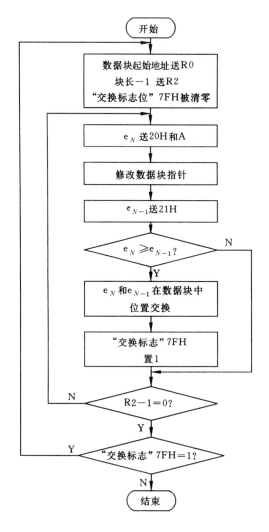

图 4-11 冒泡程序流程

若要进一步提高冒泡排序的速度,请读者思考程序应如何编写。

在以上循环程序的实例中,单循环程序结构比较简单,程序每循环一次,其循环体就被执行一次。双循环程序就不同了,外循环一次则内循环执行一圈。因此,在双重循环和多重循环程序设计中,内层循环体前应注意安排循环初始化,内外循环间也不应相互交叉。

## 4.4.2　查表程序设计

在许多情况下,本来通过计算才能解决的问题也可以改用查表方法解决,而且要简便得多。因此,在实际单片机应用中,常常需要编制查表程序以缩短程序长度并提高程序执行效率。

查表是根据存放在 ROM 中数据表格的项数来查找与它对应的表中值。例如,查

$Y=X^2$(设 $X$ 为 0~9)的平方表时,可以预先计算出 $X$ 为 0~9 时的 $Y$ 值作为数据表格,存放在起始地址为 DTAB 的 ROM 存储器中,并使 $X$ 的值和数据表格的项数(所查数据的实际地址对 DTAB 的偏移量)一一对应。这样,就可以根据 DTAB+$X$ 找到与 $X$ 对应的 $Y$ 值。

采用 MCS-51 汇编语言进行查表尤为方便,它有两条专门的查表指令:

MOVC　A,　@A+DPTR

MOVC　A,　@A+PC

第一条查表指令采用 DPTR 存放数据表格的起始地址,其查表过程比较简单。查表前需要把数据表格起始地址存入 DPTR,然后把所查表的项数送入累加器 A,最后使用"MOVC A,@A+DPTR"完成查表。

采用"MOVC A,@A+PC"指令查表,其步骤可分为如下三步。

(1) 使用传送指令把所查数据表格的项数送入累加器 A。

(2) 使用"ADD A,♯data"指令对累加器 A 进行修正。data 值由下式确定。

PC+data=数据表起始地址 DTAB

其中,PC 是查表指令"MOVC A,@A+PC"的下一条指令码的起始地址。因此,data 值实际上等于查表指令和数据表格之间的字节数。

(3) 采用查表指令"MOVC A,@A+PC"完成查表。

查表程序主要用于代码转换、代码显示、实时值的查表计算和按命令号实现转移等。

[**例 4.13**] 已知 R0 低 4 位有一个十六进制数(0~F 中的一个),请编写能把它转换成相应 ASCII 码并送入 R0 的程序。

**解**:本题给出 3 种求解方案:两种是计算求解,一种是查表求解,请比较它们的优劣。

① 计算求解 1:由 ASCII 码字符表可知 0~9 的 ASCII 码为 30H~39H,A~F 的 ASCII 码为 41H~46H。因此,计算求解的思路是:若 R0≤9,则 R0 的内容只需加 30H;若 R0>9,则 R0 需加 37H。相应程序为

```
        ORG   0400H
        MOV   A,R0            ;取转换值到 A
        ANL   A,♯0FH          ;屏蔽高 4 位
        CJNE  A,♯10,NEXT1     ;A 和 10 比较
NEXT1:  JNC   NEXT2           ;若 A>9,则转 NEXT2
        ADD   A,♯30H          ;若 A<10,则 A←A+30H
        SJMP  DONE            ;转 DONE
NEXT2:  ADD   A,♯37H          ;A←A+37H
DONE:   MOV   R0,A            ;存结果
        SJMP  $
        END
```

② 计算求解 2：本方案先把 R0 中的内容加上 90H，并进行十进制调整，然后再用 ADDC 指令使 R0 中的内容加上 40H，也进行十进制调整，所得结果即为相应的 ASCII 码。

本方案实际上与第一种方案类同，只是使用了十进制调整指令。当 R0<10 时，经过上述处理相当于 R0 中的内容加了 30H；当 R0＝0AH 时，加 90H 并进行十进制调整后，低 4 位的辅助进位位加到高 4 位后变为 A0H，对高 4 位进一步调整便得到 00H，最后使用 ADDC 指令(Cy＝1)加上 40H 实际上相当于加上 41H。相应程序为

```
        ORG    0400H
        MOV    A，R0              ;取转换值到 A
        ANL    A，♯0FH            ;屏蔽高 4 位
        ADD    A，♯90H            ;A 中内容加 90H
        DA     A                  ;十进制调整
        ADDC   A，♯40H            ;A 中内容加 40H
        DA     A                  ;十进制调整
        MOV    R0，A              ;存转换结果
        SJMP   $                  ;结束
        END
```

③ 查表求解：查表求解时，两条查表指令均可以使用。现以"MOVC A，@A＋PC"指令为例给出相应程序。

```
        ORG    0400H
        MOV    A，R0              ;取转换值到 A
        ANL    A，♯0FH            ;屏蔽高 4 位
        ADD    A，♯03H            ;地址调整,因查表指令和表始址间为 3 字节
        MOVC   A，@A＋PC          ;查表
        MOV    R0，A              ;存结果
        SJMP   $
ASCTAB: DB     ′0′,′1′,′2′,′3′,′4′
        DB     ′5′,′6′,′7′,′8′,′9′
        DB     ′A′,′B′,′C′,′D′,′E′,′F′
        END
```

[例 4.14]　已知 BLOCK1 为起始地址的数据块(数据块长度在 LEN 单元)，数据块中每个存储单元中的高、低 4 位分别为两个十六进制数，请通过编程把它们转换为相应的 ASCII 码，并放在从 BLOCK2 开始的连续存储单元(低 4 位 ASCII 码在前，高 4 位 ASCII 码在后)。

解：由于每个存储单元中放有两个十六进制数，所以每个存储单元中的十六进制数应分别转换成 ASCII 码。这就需要两次使用查表指令"MOVC A，@A＋PC"，这两条查表指令在程序中的位置是不相同的，故两次对 PC 调整的值也不相同。在编程时，可以先把整个程序编完，然后再计算两条加法指令中的 data 修正值，并填入相应位置。相应参考程序为

```
        ORG    0500H
```

```
            LEN    DATA  20H
         BLOCK1    DATA  21H
         BLOCK2    DATA  51H
                   MOV   R0，#BLOCK1              ;BLOCK1 送 R0
                   MOV   R1，#BLOCK2              ;BLOCK2 送 R1
            LOOP：MOV    A，@R0                   ;取源数据块中的数
                   ANL   A，#0FH                  ;取出低 4 位
                   ADD   A，#17                   ;第一次地址调整
                   MOVC  A，@A+PC                 ;第一次查表
                   MOV   @R1，A                   ;存第一次转换结果
                   MOV   A，@R0                   ;重新取出被转换数
                   SWAP  A                        ;高 4 位调入低 4 位
                   ANL   A，#0FH                  ;取出低 4 位
                   ADD   A，#09H                  ;第二次地址调整
                   MOVC  A，@A+PC                 ;第二次查表
                   INC   R1                       ;修改目的数据块指针
                   MOV   @R1，A                   ;存第二次转换结果
                   INC   R0                       ;修改源数据块指针
                   INC   R1                       ;修改目的数据块指针
                   DJNZ  LEN，LOOP                ;若未转换完,则转 LOOP
                   SJMP  $                        ;结束
          ASCTAB：DB    '0','1','2','3','4'
                   DB    '5','6','7','8','9'
                   DB    'A','B','C','D','E','F'
                   END
```

**[例 4.15]** 设有一起始地址为 DTATAB 的数据表格,表中存放有 1024 个元素,每个元素为 2 字节。请编写能根据 R5、R4 中元素的序号查找对应元素并放入 R5、R4(R5 中为高 8 位,R4 中为低 8 位)的程序。

**解**: 由于数据表格内的每个元素为 2 字节,故 R5、R4 中的元素序号应扩大两倍后再与 DPTR 中的数据表格起始地址 DTATAB 相加,以获得数据元素的绝对地址。根据这一思想,相应参考程序为

```
                   ORG    0500H
          START：MOV     DPTR，#DTATAB           ;数据表格起始地址送 DPTR
                   MOV    A，R4                   ;元素序号低字节送 A
                   CLR    C                      ;Cy 清零
                   RLC    A                      ;2*元素序号低字节
                   XCH    A，R5                   ;存入 R5,元素序号高字节送 A
                   RLC    A                      ;2*元素序号高字节
                   XCH    A，R5
                   ADD    A，DPL                  ;2*元素序号低字节+DPL
```

```
         MOV    DPL，A              ;存入 DPL
         MOV    A，DPH
         ADDC   A，R5               ;2＊元素序号高字节＋DPH
         MOV    DPH，A              ;存入 DPH
         CLR    A                  ;清零 A
         MOVC   A，@A＋DPTR         ;查表得元素高字节
         MOV    R5，A               ;存入 R5
         MOV    A，♯01H
         MOVC   A，@A＋DPTR         ;查表得元素低字节
         MOV    R4，A               ;存入 R4
         RET                       ;返回主程序
DTATAB：DW …                       ;元素表格,高字节在前
         DW …
           ⋮
         END
```

本程序是以子程序形式编写的,可被主程序调用。程序使用了 DPTR 作为基地址寄存器,故它可以在 64KB 范围内查表。

# 4.5  子程序与运算程序设计

子程序和运算程序是实用程序的两大支柱程序,在汇编语言程序设计中占有极其重要的地位。

## 4.5.1  子程序设计

子程序是指完成确定任务并能为其他程序反复调用的程序段。调用子程序的程序称为主程序或称调用程序。例如,代码转换、通用算术及函数计算、外部设备的输入输出驱动程序,等等,都可以编成子程序。这样,只要在主程序中安排程序的主要线索,在需要调用某个子程序时采用 LCALL 或 ACALL 调用指令,便可从主程序转入相应子程序执行,CPU 执行到子程序末尾的 RET 返回指令,即可从子程序返回主程序的断点处执行。

在工程上,几乎所有实用程序都是由许多子程序构成的。子程序常常可以构成子程序库,集中放在某一存储空间,任凭主程序随时调用。因此,采用子程序能使整个程序结构简单,缩短程序设计时间,减少对存储空间的占用。例如,如果某一实用程序需要调用某一子程序 10 次,那么只要在主程序的相应地方安排 10 条调用指令,就可以避免把同一子程序编写 10 遍,几乎可以减少达 9 倍于子程序长度的内存空间。主程序和子程序是相对的,没有主程序就不会有子程序。同一程序既可以作为另一程序的子程序,也可以有自己的子程序。这就是说,子程序是允许嵌套的,嵌套深度和堆栈区的大小有关。

总之,子程序是一种能完成某一特定任务的程序段,其资源需要被所有调用程序共享,因此子程序在结构上应具有通用性和独立性,在编写子程序时应注意以下问题。

（1）子程序的第一条指令地址称为子程序的起始地址或入口地址。该指令前必须有

标号,标号应以子程序任务定名,以便于一目了然。例如,延时程序常以 DELAY 作为标号。

(2) 主程序调用子程序是通过安排在主程序中的调用指令实现的,子程序返回主程序必须执行安排在子程序末尾的一条 RET 返回指令。

(3) 主程序调用子程序以及从子程序返回主程序后,计算机能自动保护并恢复主程序的断点地址。但对于各工作寄存器、特殊功能寄存器和内存单元中的内容,如果需要保护和恢复,就必须在子程序开头和末尾(RET 指令前)安排一些能够保护和恢复它们的指令。

(4) 为使所编子程序可以放在 64KB 内存的任何子域,并能被主程序调用,子程序内部必须使用相对转移指令,而不使用其他转移指令,以便汇编时生成浮动代码。

(5) 子程序参数可以分为入口和出口两类参数:入口参数是指子程序需要的原始参数,由调用它的主程序通过约定的工作寄存器 R0~R7、特殊功能寄存器 SFR、内存单元或堆栈等预先传送给子程序使用;出口参数是由子程序根据入口参数执行程序后获得的结果参数,应由子程序通过约定的 R0~R7、SFR、内存单元或堆栈等传递给主程序使用。

传送子程序参数的方法通常有以下 4 种。

① 利用寄存器或片内 RAM 传送子程序参数。对于某些简单子程序,入口参数和出口参数通常较少,常采用本传送参数的方式。例如,CPU 可以预先在主程序中把乘数和被乘数送入 R0~R7,转入乘法子程序执行后得到的乘积也可通过 R0~R7 传送给主程序。

② 利用寄存器传送子程序参数的地址。如果上述方法不太方便,CPU 也可在主程序中把子程序入口参数地址通过 R0~R7 传送给子程序,子程序根据 R0~R7 中的入口参数地址便可找到入口参数,并对它们进行相应操作,操作得到的出口参数也可把它们的地址通过寄存器 R0~R7 传送给主程序。

③ 利用堆栈传送子程序参数。任何符合先进后出或后进先出原则的片内 RAM 区都可称为堆栈。堆栈中数据的存取是由堆栈指针 SP 指示的。因此,堆栈也可用来传送子程序参数。例如,CPU 可以通过主程序中的 PUSH 指令把入口参数压入堆栈传送给子程序,子程序的出口参数也可通过堆栈传送给主程序。

④ 利用位地址传送子程序参数。如果子程序的入口参数是字节中的某些位,那么利用本方法传送入口参数和出口参数也有方便之处,传送参数的过程与上述诸方法类似。

子程序参数的上述传递方法也适用于中断服务程序的编制。

[例 4.16]  设 MDA 和 MDB 内有两数 $a$ 和 $b$,请编写求 $c = a^2 + b^2$ 并把 $c$ 送入 MDC 的程序。设 $a$ 和 $b$ 均为小于 10 的整数。

**解**:本程序由两部分组成:主程序和子程序。主程序通过累加器 A 传送子程序的入口参数 $a$ 或 $b$,子程序也通过累加器 A 传送出口参数 $a^2$ 或 $b^2$ 给主程序,该子程序为求平方的通用子程序。相应程序如下:

```
        ORG     1000H
MDA     DATA    20H
MDB     DATA    21H
```

| MDC | DATA | 22H | |
|---|---|---|---|
| | MOV | A, MDA | ;入口参数 $a$ 送 A |
| | ACALL | SQR | ;求 $a^2$ |
| | MOV | R1, A | ;$a^2$ 送 R1 |
| | MOV | A, MDB | ;入口参数 $b$ 送 A |
| | ACALL | SQR | ;求 $b^2$ |
| | ADD | A, R1 | ;$a^2+b^2$ 送 A |
| | MOV | MDC, A | ;存入 MDC |
| | SJMP | $ | ;结束 |
| SQR: | ADD | A, ♯01H | ;地址调整 |
| | MOVC | A, @A＋PC | ;查平方表 |
| | RET | | ;返回 |
| SQRTAB: | DB | 0, 1, 4, 9, 16 | |
| | DB | 25,36,49,64,81 | |
| | END | | |

[例 4.17]　在 HEX 单元中存有两个十六进制数,试通过编程分别把它们转换成 ASCII 码存入 ASC 和 ASC＋1 单元。

解:本题子程序采用查表方式完成一个十六进制数的 ASCII 码转换,主程序完成入口参数的传递和子程序的两次调用,以满足题目要求。相应程序为

| | ORG | 1200H | |
|---|---|---|---|
| | PUSH | HEX | ;入口参数压栈 |
| | ACALL | HASC | ;求十六进制数低位的 ASCII 码 |
| | POP | ASC | ;出口参数存入 ASC |
| | MOV | A, HEX | ;十六进制数送 A |
| | SWAP | A | ;十六进制数高位送累加器 A 的低 4 位 |
| | PUSH | ACC | ;入口参数压栈 |
| | ACALL | HASC | ;求十六进制数高位的 ASCII 码 |
| | POP | ASC＋1 | ;出口参数送 ASC＋1 单元 |
| | SJMP | $ | ;结束 |
| HASC: | DEC | SP | |
| | DEC | SP | ;入口参数地址送 SP |
| | POP | ACC | ;入口参数送 A |
| | ANL | A, ♯0FH | ;取出入口参数低 4 位 |
| | ADD | A, ♯07H | ;地址调整 |
| | MOVC | A, @A＋PC | ;查表得相应 ASCII 码 |
| | PUSH | ACC | ;出口参数压栈 |
| | INC | SP | |
| | INC | SP | ;SP 指向断点地址高 8 位 |
| | RET | | ;返回主程序 |
| ASCTAB: | DB | '0','1','2','3','4','5','6','7' | |
| | DB | '8','9','A','B','C','D','E','F' | |

　　　　END

　　在上述程序中,参数是通过堆栈完成传送的,堆栈传送子程序参数时要注意堆栈指针的指向。为简便起见,本程序中字符名称 HEX 和 ASC 的定义省略,此后程序实例中的"字符名称"也将省略对它的定义语句。

　　[例 4.18] 已知片内 RAM 中有一个 5 位 BCD 码(高位在前,低位在后),最大不超过65 535,起始地址在 R0 中,BCD 码位数减 1(04H)已在 R2 中。请编写把 BCD 码转换为二进制整数并存入 R4R3(R4 中为高 8 位)中的程序。

　　解:本题只编写子程序,主程序从略。

　　① 算法。

　　设:5 位 BCD 码为 $a_4a_3a_2a_1a_0$, $y$ 为相应 16 位二进制数,则以下算式成立。

$$y = a_4 \times 10^4 + a_3 \times 10^3 + a_2 \times 10^2 + a_1 \times 10^1 + a_0$$
$$= ((((a_4 \times 10) + a_3) \times 10 + a_2) \times 10 + a_1) \times 10 + a_0$$

式中,括号内的数可用加法循环来做,循环次数为指数的幂(即 BCD 位数减 1)。相应程序流程如图 4-12 所示。

　　② 参考程序。

　　入口参数:BCD 字节地址指针 R0,指数幂在 R2 中。

　　出口参数:$y$ 值应存于 R4R3 中(R4 中为高字节)。

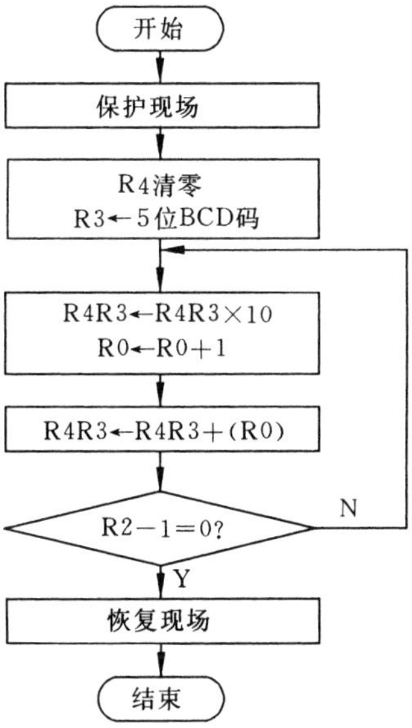

图 4-12　例 4.18 程序流程

```
        ORG    0800H
BCDB:   PUSH   PSW            ;保护现场
        PUSH   ACC
        PUSH   B
        MOV    R4,#00H        ;R4 清零
        MOV    A,@R0
        MOV    R3,A           ;5 位 BCD 码最高位送 R3
LOOP:   MOV    A,R3           ;R3 送 A
        MOV    B,#10
        MUL    AB             ;A×10 送 BA
        MOV    R3,A
        MOV    A,#10
        XCH    A,B
        XCH    A,R4           ;B 中内容暂存 R4
        MUL    AB
        ADD    A,R4           ;完成 R4R3×10 送 AR3
        XCH    A,R3           ;送入 R3A
        INC    R0
        ADD    A,@R0
        XCH    A,R3
        ADDC   A,#00H
        MOV    R4,A           ;完成 R4R3←R4R3+(R0)
```

```
        DJNZ    R2，LOOP            ;若未完，则转 LOOP
        POP     B                  ;恢复现场
        POP     ACC
        POP     PSW
        RET                        ;返回
```

在程序中，R2 中的初值为位数 $n$ 减1。对于 5 位 BCD 码，R2 中的初值为 4。

### 4.5.2　运算程序设计

运算程序可以分为浮点数运算程序和定点数运算程序两大类。浮点数就是小数点不固定的数，其运算通常比较麻烦，常由阶码运算和数值运算两部分组成；定点数就是小数点固定的数，通常包括整数、小数和混合小数等，其运算比较简单，但在数位相同时定点数的表示范围比浮点数的小。本书只介绍定点数运算程序设计问题，若无特别说明，则所有程序均指定点数运算程序。

MCS-51 单片机提供了单字节运算指令，但在实际应用中经常需要编写一些多字节运算程序，这些运算程序通常编成子程序形式，以供主程序在需要时调用。

#### 1. 加减运算程序设计

加减运算程序可以分为无符号多字节数加减运算程序和带符号多字节数加减运算程序两种。现分述如下。

（1）无符号多字节加减运算程序。无符号多字节加法运算程序的编制已在前面介绍过，现以多字节减法程序为例加以介绍。

[例 4.19]　已知以内部 RAM BLOCK1 和 BLOCK2 为起始地址的存储区中分别有 5 字节无符号被减数和减数（低位在前，高位在后）。请编写减法子程序令它们相减，并把差放入以 BLOCK1 为起始地址的存储单元。

解：本程序算法很简单，只要用减法指令从低字节开始相减即可。相应程序为

```
            ORG     0A00H
SBYTESUB：MOV     R0，♯BLOCK1      ;被减数起始地址送 R0
            MOV     R1，♯BLOCK2      ;减数起始地址送 R1
            MOV     R2，♯05H         ;字长送 R2
            CLR     C               ;Cy 清零
    LOOP：MOV     A，@R0           ;被减数送 A
            SUBB    A，@R1           ;相减，形成 Cy
            MOV     @R0，A           ;存差
            INC     R0              ;修改被减数地址指针
            INC     R1              ;修改减数地址指针
            DJNZ    R2，LOOP         ;若未完，则转 LOOP
            RET
            END
```

（2）带符号单字节加减运算程序。带符号单字节加减运算程序和无符号加减运算程序类似，只是在符号位处理上有所差别。

[**例 4.20**]  设在 BLOCK 和 BLOCK+1 单元中有两个补码形式的带符号数。请编出求两数之和并把它放在 SUM 和 SUM+1 单元(低 8 位在 SUM 单元)的子程序。

**解:** 在两个 8 位二进制带符号数相加时,其和很可能会超过 8 位数所能表示的范围,从而需要采用 16 位数形式来表示。因此,在进行加法时,可以预先把这两个加数扩张成 16 位二进制补码形式,然后对它完成双字节相加。例如,加数和被加数皆为−98(补码为 9EH)时,扩张成 16 位二进制形式后相加的算式为

最高进位位丢失不计,换算成真值显然也是−196,结果是正确的。

因此,一个 8 位二进制正数扩张成 16 位时只要把它的高 8 位变成全 0,一个 8 位二进制负数扩张成 16 位时需要把它的高 8 位变成全 1。据此,在编程时应在加减运算前先对加数和被加数进行扩张,然后完成求和。设 R2 和 R3 分别用来存放被加数和加数高 8 位,则相应程序为

```
        ORG    0100H
SBADD:  PUSH   ACC
        PUSH   PSW
        MOV    PSW, #08H          ;保护现场
        MOV    R0, #BLOCK         ;R0 指向一个加数
        MOV    R1, #SUM           ;R1 指向和单元
        MOV    R2, #00H           ;高位先令其为 0
        MOV    R3, #00H
        MOV    A, @R0             ;一个加数送 A
        JNB    ACC.7, POS1        ;若为正数,则转 POS1
        MOV    R2, #0FFH          ;若为负数,则全 1 送 R2
POS1:   INC    R0                 ;R0 指向下个加数
        MOV    B, @R0             ;取第二加数到 B
        JNB    B.7, POS2          ;若是正数,则转 POS2
        MOV    R3, #0FFH          ;若是负数,则全 1 送 R3
POS2:   ADD    A, B               ;低 8 位相加
        MOV    @R1, A             ;存 8 位和
        INC    R1                 ;R1 指向 SUM+1 单元
        MOV    A, R2
        ADDC   A, R3              ;完成高 8 位求和
        MOV    @R1, A             ;存高 8 位和
        POP    PSW                ;恢复现场
        POP    ACC
        RET
        END
```

在上述程序中，参数传递是利用 BLOCK、BLOCK＋1、SUM 和 SUM＋1 单元实现的。根据本程序，读者编写带符号 8 位数减法子程序并不困难。

**2. 乘除运算程序设计**

(1) 无符号多字节乘除运算程序。这类程序并不难，但关键是要理解和掌握它们的算法，现分别举例进行介绍。

［**例 4.21**］ 16 位无符号数乘法程序。已知以内部 RAM 的 BLOCK1 和 BLOCK2 开始的存储单元中存放有 16 位乘数和被乘数（低字节在前，高字节在后）。试编程求积并把积放入以内部 RAM BLOCK3 开始的连续 4 个存储单元（低字节在前，高字节在后）。

| | | | | |
|---|---|---|---|---|
| | | | a[R7] | b[R6] |
| × | | | c[R5] | d[R4] |
| | | | bdH | bdL |
| ＋) | | adH | adL | |
| | | R2 | R3 | @R0 |
| ＋) | | bcH | bcL | |
| | R1 | R2 | @R0＋1 | |
| ＋) | acH | acL | | |
| | @R0 ＋3 | @R0 ＋2 | | |

图 4-13　边乘边加 16 位乘法法则示意图

**解**：MCS-51 乘法指令只能完成两个 8 位无符号数相乘，因此 16 位无符号数求积必须将它们分解成 4 个 8 位数相乘来实现。其方法有先乘后加和边乘边加两种，现以边乘边加进行分析。边乘边加的乘法原理和过程如图 4-13 所示。图中 ab 为 16 位被乘数（a 为高 8 位，b 为低 8 位）、cd 为 16 位乘数（c 为高 8 位，d 为低 8 位）。第 1 次乘法完成b×d，其积为 bdH 和 bdL（bdH 为高 8 位，bdL 为低 8 位）；第 2 次乘法完成 a×d，其积为 adH 和 adL（adH 为高 8 位，adL 为低 8 位）；同理可以得到第 3 次和第 4 次乘积 bcHbcL 和 acHacL，其中 bcH 和 acH 分别为高 8 位。ab×cd 的积共为 4 字节，分别存放在以 R0 为起始地址的连续 4 个内存单元中。相应参考程序如下。

① 主程序。

```
        ORG     0A00H
        MOV     R4, BLOCK1
        MOV     R5, BLOCK1+1          ;乘数送 R5R4
        MOV     R6, BLOCK2
        MOV     R7, BLOCK2+1          ;被乘数送 R7R6
        MOV     R0, #BLOCK3           ;R0 指向积单元起始地址
        ACALL   MLTY                  ;转入乘法子程序
          ⋮
```

② 乘法子程序。

入口参数：R7R6 存放被乘数。

R5R4 存放乘数，R0 存放积单元起始地址。

```
MLTY:   MOV     A, R6
        MOV     B, R4
        MUL     AB                ;b×d=BA
        MOV     @R0, A            ;bdL 送(R0)
        MOV     R3, B             ;bdH 送 R3
```

```
        MOV   A，R7
        MOV   B，R4
        MUL   AB                    ;a×d＝BA
        ADD   A，R3                  ;加法形成 Cy
        MOV   R3，A                  ;bdH＋adL 送 R3
        MOV   A，B
        ADDC  A，#00H
        MOV   R2，A                  ;adH＋Cy 送 R2
        MOV   A，R6
        MOV   B，R5
        MUL   AB                    ;b×c＝BA
        ADD   A，R3
        INC   R0
        MOV   @R0，A                 ;R3＋bcL 送(R0＋1)
        MOV   A，R2
        ADDC  A，B                   ;加法,并形成 Cy
        MOV   R2，A                  ;R2＋bcH＋Cy 送 R2
        MOV   R1，#00H
        JNC   NEXT                  ;若 Cy＝0,则转 NEXT
        INC   R1                    ;若 Cy＝1,则存 R1
NEXT：  MOV   A，R7
        MOV   B，R5
        MUL   AB                    ;a×c＝BA
        ADD   A，R2                  ;加法,形成 Cy
        INC   R0
        MOV   @R0，A                 ;R2＋acL 送(R0＋2)
        MOV   A，B
        ADDC  A，R1
        INC   R0
        MOV   @R0，A                 ;R1＋acH＋Cy 送(R0＋3)
        RET                         ;返回主程序
        END
```

其他多字节无符号乘法程序可以仿照以上程序编写。

[**例 4.22**]  设 32 位长的被除数已放在 R5R4R3R2(R5 内为最高字节)中,16 位除数存放在 R7R6 中,请编写使商存于 R3R2 中且余数存于 R5R4 中的除法程序。该程序应能判定除数为零时转入 ERR 出错处理程序并且当商超过双字节时使 PSW 中的 F0＝1(否则 F0＝0)。

**解**：根据题意,除法执行前后各寄存器分配如图 4-14 所示。

除法运算的法则可采用重复减法,相应算法步骤如下。

① 判断除数是否为零。若除数为零,则转出错处理程序 ERR 执行。

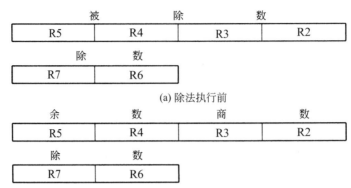

(a) 除法执行前

(b) 除法执行后

图 4-14　除法执行前后的寄存器分配

② 若除数不为零,则判断商是否大于双字节,即 R5R4 是否大于等于 R7R6,若 R5R4 大于等于 R7R6,则商大于双字节,使 F0＝1 并结束除法运算。

③ 若 R5R4 小于 R7R6,则采用重复比较法求商。由于是 16 位除法,故比较法求商时比较次数 16 送 B 寄存器,以控制除法的循环次数。

④ 使 32 位被除数 R5R4R3R2 左移一位,即扩大两倍,R2 最低位空出。

⑤ 使被除数高 16 位减去除数。若够减,则在 R2 最低位上商 1(即除法完成后 R3R2 内可得到商,R5R4 内得到余数);若不够减,则 R2 最低位上商 0。

⑥ 判断除法是否完成(B＝0),若未完成,则重复执行第④步;若已完成,则令 F0＝0,然后结束除法运算。

重复减法法则的除法程序流程如图 4-15 所示。

参考程序为

```
              ORG    0A00H
NSDIV：MOV    A, R6           ;除数低 8 位送 A
              JNZ    START          ;若除数≠0,则转 START
              MOV    A, R7          ;除数高 8 位送 A
              JZ     ERR            ;若除数＝0,则转 ERR
START：MOV    A, R4          ;R4 送 A
              CLR    C              ;Cy 清零
              SUBB   A, R6          ;R4－R6 送 A,形成 Cy
              MOV    A, R5          ;R5 送 A
              SUBB   A, R7          ;R5－R7－Cy 送 A,形成 Cy
              JNC    LOOP4          ;若 R5R4≥R7R6,则转 LOOP4(溢出)
              MOV    B, ♯16         ;否则,准备做除法
LOOP1：CLR    C              ;Cy 清零
              MOV    A, R2          ;R2 送 A
              RLC    A              ;左移一位,低位补零
              MOV    R2, A          ;送回 R2
              MOV    A, R3          ;R3 送 A
```

164　·

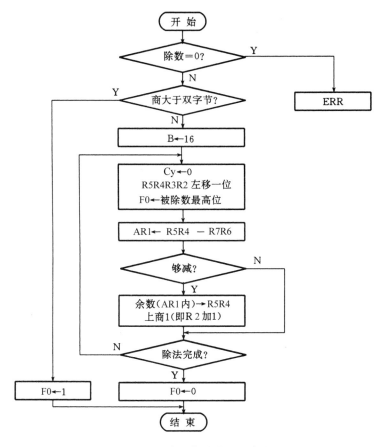

图 4-15　16 位无符号除法程序流程

```
        RLC    A                  ;左移一位
        MOV    R3，A               ;送回 R3
        MOV    A，R4               ;R4 送 A
        RLC    A                  ;左移一位
        MOV    R4，A               ;送回 R4
        XCH    A，R5               ;R5 进入 A
        RLC    A                  ;左移一位
        XCH    A，R5               ;送回 R5
        MOV    PSW.5，C            ;被除数最高位送 F0
        CLR    C                  ;Cy 清零
        SUBB   A，R6               ;R4－R6 送 A,形成 Cy
        MOV    R1，A               ;送 R1 保存
        MOV    A，R5               ;R5 送 A
        SUBB   A，R7               ;R5－R7－Cy 送 A
        JB     PSW.5，LOOP2        ;若够减(F0＝1),则转 LOOP2
        JC     LOOP3              ;若不够减,则转 LOOP3
LOOP2：MOV    R5，A               ;余数高字节送 R5
```

```
            MOV   A, R1              ;余数低字节送 A
            MOV   R4, A              ;存入 R4
            INC   R2                 ;上商 1
    LOOP3：DJNZ  B, LOOP1            ;若除法未完,则转 LOOP1
            CLR   PSW.5              ;若除法完成,则 F0 清零
    DONE：RET                        ;返回主程序
    LOOP4：SETB  PSW.5              ;令 F0＝1
            SJMP  DONE               ;转入 DONE
     ERR：…                         ;出错处理程序
            END
```

上述了程序中,省略了对累加器 A、B 寄存器、PSW 和 R1 中内容的保护和恢复语句。在实际编程中,若需要则可根据实际情况添补。

(2) 带符号多字节乘法运算程序。带符号多字节乘除法运算程序和无符号多字节乘除法运算程序类似,只是符号位应单独处理。为了简便起见,以 8 位带符号乘法运算程序为例来说明符号处理的运算规则。

**[例 4.23]**  设 R0 和 R1 中有两个补码形式的带符号数,试编写求两数之积并把积送入 R3R2(R3 内为积的高 8 位)中的程序。

**解:** MCS-51 乘法指令是对两个无符号数求积。若要对两个带符号数求积,则可采用对符号位单独处理的办法。相应处理步骤如下。

① 单独处理被乘数和乘数的符号位。办法是单独取出被乘数符号位并与乘数符号位进行异或操作,因为积的符号位的产生规则是同号相乘为正、异号相乘为负。

② 求被乘数和乘数的绝对值,并使两绝对值相乘从而获得积的绝对值。方法是分别判断被乘数和乘数的符号位:若它为正,则其本身就是绝对值;若它为负,则对它求补。

③ 对积进行处理。若积为正,则对积不进行处理;若积为负,则对积求补,使之变为补码形式。

8 位带符号数乘法程序如下。

```
            ORG   0600H
    SBIT   BIT   20H.0
    SBIT1  BIT   20H.1
    SBIT2  BIT   20H.2
            MOV   A, R0              ;被乘数送 A
            RLC   A                  ;被乘数符号送 Cy
            MOV   SBIT1, C           ;送入 SBIT1
            MOV   A, R1              ;乘数送 A
            RLC   A                  ;乘数符号送 Cy
            MOV   SBIT2, C           ;送入 SBIT2
            ANL   C, /SBIT1          ;SBIT1̄ ∧ SBIT2 送 Cy
            MOV   SBIT, C            ;送入 SBIT
            MOV   C, SBIT1           ;SBIT1 送 Cy
```

166

```
        ANL  C, /SBIT2              ;SBIT1∧SBIT2‾送 Cy
        ORL  C, SBIT                ;积的符号位送 Cy
        MOV  SBIT, C                ;送入 SBIT
        MOV  A, R0                  ;处理被乘数
        JNB  SBIT1, NCH1            ;若它为正,则转 NCH1
        CPL  A                      ;若它为负,则求补得绝对值
        INC  A
NCH1：MOV  B, A                     ;被乘数绝对值送 B
        MOV  A, R1                  ;处理乘数
        JNB  SBIT2, NCH2            ;若它为正,则转 NCH2
        CPL  A                      ;若它为负,则求补得绝对值
        ADD  A, ♯01H
NCH2：MUL  AB                       ;求积的绝对值
        JNB  SBIT, NCH3             ;若积为正,则转 NCH3
        CPL  A                      ;若积为负,则低字节求补
        ADD  A, ♯01H
NCH3：MOV  R2, A                    ;积的低字节存入 R2
        MOV  A, B                   ;积的高字节送 A
        JNB  SBIT, NCH4             ;若积为正,则转 NCH4
        CPL  A                      ;若积为负,则高字节求补
        ADDC A, ♯00H
NCH4：MOV  R3, A                    ;积的高字节存入 R3
        SJMP $                      ;结束
        END
```

**应当注意**：对积的低字节求补时使用了 ADD 加法指令,之所以没有用 INC 指令,是因为 INC 指令执行时不会影响 Cy 标志。

这种对带符号数的处理方法,不仅可以用作单字节的乘法和除法,而且对多字节的乘法和除法也是适用的。

# 习题与思考题

**4.1**  程序设计语言有哪 3 种？各有什么异同？汇编语句有哪两类？各有何特点？

**4.2**  在汇编语言程序设计中,为什么要采用标号来表示地址？标号的构成原则是什么？使用标号有什么限制？注释段起什么作用？

**4.3**  MCS-51 汇编语言有哪几条常用伪指令？各起什么作用？

**4.4**  汇编语言程序设计分哪几步？各步骤的任务是什么？

**4.5**  汇编语言源程序的机器汇编过程是什么？第二次汇编的任务是什么？

**4.6**  请用除法指令编写例 4.2 的程序,并计算所占内存字节数和所需机器周期数。

**4.7**  设内部 RAM 20H 单元有两个非零的 BCD 数,请编写求两个 BCD 数的积并把积送入 21H 单元的程序。

**4.8** 已知,从内部 RAM BLOCK 单元开始存放有一组带符号数,数的个数存放在 LEN 单元。请编写可以统计其中正数和负数个数并分别存入 NUM 和 NUM+1 单元的程序。

**4.9** 设自变量 $X$ 为一无符号数,存放在内部 RAM 的 VAX 单元,函数 $Y$ 存放在 FUNC 单元。请编写满足如下关系的程序:

$$Y = \begin{cases} X & X \geqslant 50 \\ 5X & 50 > X \geqslant 20 \\ 2X & X < 20 \end{cases}$$

**4.10** 在例 4.6 的 128 分支程序中,若用 LJMP 指令代替 AJMP 指令,以便分支程序可以放在 64KB 地址范围的任何位置。请修改源程序,修改后的程序最多可实现多少个分支?

**4.11** 从外部 RAM 的 SOUCE(二进制 8 位)开始有一数据块,该数据块以 $ 字符结尾。请编写程序,把它们传送到以内部 RAM 的 DIST 为起始地址的区域($ 字符也要传送)。

**4.12** 在上例中,若 SOUCE 为二进制 16 位,则程序又该如何编?

**4.13** 在外部 RAM 的低 256 地址单元区,有起始地址为 SOUCE 且长度存放在内部 RAM 的 LEN 单元的数据块。请编写能对它们进行奇偶校验的程序。凡满足奇校验(奇数个 1)的数据均送到内部 RAM 起始地址为 DIST 的存储区。

**4.14** 在上例中,若 SOUCE 的地址不在外部 RAM 的低 256 地址区,则程序该如何编?

**4.15** 外部 RAM 从 2000H 到 2100H 有一数据块,请编写将它们传送到从 3000H 到 3100H 区域的程序。

**4.16** 设有一起始地址为 FIRST+1 的数据块,存放在内部 RAM 单元,数据块长度存放在 FIRST 单元而且不为 0,要求统计该数据块中正偶数和负奇数的个数,并将它们分别存放在 PAPE 单元和 NAOE 单元。试画出能实现上述要求的程序流程图并编写相应程序。

**4.17** 请编写能从以内部 RAM 的 BLOCK 为起始地址的 100 个无符号数中找出最小值并把它送入 MIN 单元的程序。

**4.18** 已知,在内部 RAM 中,共有 6 组无符号 4 字节被加数和加数分别存放在以 FIRST 和 SECOND 为起始地址的区域(低字节在前,高字节在后)。请编程求和(设和也为 4 字节),并把和存于以 SUM 开始的区域。

**4.19** 在内部 RAM 中,有一个以 BLOCK 为起始地址的数据块,块长存放在 LEN 单元。请用查表指令编写程序,先检查它们是否是十六进制数中的 A~F,若是十六进制数中的 A~F,则把它们变为 ASCII 码;若不是,则把它们变为 00H。

**4.20** 设在片内 RAM 的 20H 单元中有一数,其值范围为 0~100,要求利用查表法求此数的平方值并把结果存入片外 RAM 的 20H 和 21H 单元(20H 单元中为低字节),试编写相应程序。

**4.21** 在内部 RAM 中,从 BLOCK 开始的存储区有 10 个单字节十进制数(每字节有两个 BCD 数),请编程求 BCD 数之和(和为 3 位 BCD 数),并把它们存于 SUM 和 SUM+1 单元(低字节在 SUM 单元)。

**4.22** 在题 4.21 中,若改为 10 个双字节十进制数求和(和为 4 位 BCD 数),结果仍存于从 SUM 开始的连续单元(低字节先存)。请修改相应程序。

**4.23** 已知 MDA 和 MDB 内分别存有两个小于 10 的整数,请用查表子程序实现 $c=a^2+2ab+b^2$,并把和存于 MDC 和 MDC+1 单元(MDC 中放低字节)。

**4.24** 已知外部 RAM 起始地址为 STR 的数据块中有一以回车符 CR 断尾的十六进制 ASCII 码。请编写程序,将它们变为二进制代码,放在起始地址为 BDATA 的内部 RAM 存储区中。

**4.25** 设晶振频率为 6MHz,试编写能延时 20ms 的子程序。

**4.26** 已知内部 RAM 的 MA(被减数)和 MB(减数)中分别有两个带符号数。请编写减法子程序,并把差存入 RESULT 和 RESULT+1(低 8 位在 RESULT 单元)中。

**4.27** 设 R0 内为一补码形式的带符号被除数,R1 内为补码形式的带符号除数,请通过编程完成除法,并把商置于 R2 内且余数置于 R3 内。

**4.28** 设 8031 单片机外部 RAM 从 1000H 单元开始存放 100 个无符号 8 位二进制数。要求编写子程序,能把它们从大到小依次存入片内从 10H 开始的 RAM 存储区,请画出程序流程图。

# 第 5 章　半导体存储器

半导体存储器是微型计算机的重要记忆元件,常用于存储程序、常数、原始数据、中间结果和最终结果。半导体存储器的存储容量越大,微型计算机的记忆功能就越强;半导体存储器存取信息的速度越快,微型计算机的运算速度就会越快。因此,半导体存储器的性能对微型计算机功能的影响颇大。

本章先论述存储器的分类、半导体存储器的性能指标和基本结构,然后分析它们的内部结构、工作原理和引脚功能,并在此基础上重点介绍它和 MCS-51 之间的连接。

## 5.1　半导体存储器基础

在计算机中,存储器可以分为内存储器和外存储器两大类。内存储器简称内存,常与 CPU 安装在同一块主机板上,以便 CPU 对它直接存取信息;外存储器简称外存,又称为海量存储器,是计算机的一种重要外部设备。CPU 通过执行程序可以实现外存和内存间数据和程序的批量传送。

内存储器分为磁芯存储器和半导体存储器两类。前者依靠一颗颗磁芯来存储一位位二进制信息,现已被完全淘汰;后者采用 LSI(Large Scale Integrated,大规模集成)和 VLSI(Very Large Scale Integrated,超大规模集成)电路工艺制成,具有体积小、重量轻和成本低等一系列优点,现已成为微型计算机的主要器件之一。

外存储器分为磁表面存储器、光盘存储器和磁泡存储器等。磁表面存储器是一种在金属或塑料制品表面涂覆一层磁介质的存储器,依靠对磁性材料不同的磁化方向来存储二进制的 0 和 1。磁表面存储器根据磁表面材料形状分类,通常分为磁鼓、磁带和磁盘等几种。磁盘又可以分为硬盘和软盘:硬盘安装在硬盘驱动器内;软盘安装在软盘驱动器内。硬盘通常按照存储容量分类,目前个人计算机中使用的硬盘通常有 40GB、80GB、256GB 和 512GB 等。软盘是按照盘的直径分类的,常可分为 8 英寸、5 英寸和 3 英寸等数种。光盘是一种用聚碳酸酯做成的圆盘,盘上的光道和磁盘上的磁道不同,是一条由里向外的连续螺旋形路径,光道上布满了信息凹坑(宽×深为 $0.5\mu m \times 0.1\mu m$),用有凹坑和无凹坑来表示所存信息是 0 还是 1。光盘在光盘驱动器中高速旋转(单倍速光驱的数据传输率为 153KB/s),光盘驱动器通过光头中的反射激光束来读取光道上的凹坑信息。市售光盘驱动器有 24 速、32 速和 52 速等多种。

内存储器是配合中央处理器工作的,因此半导体存储器才是本章介绍的重点。

### 5.1.1　半导体存储器的分类和作用

对半导体存储器可以从不同角度进行分类,这种分类还与半导体存储器的发展有关。过去,半导体存储器通常分为 RAM(Random Access Memory,随机存取存储器)和 ROM

(Read Only Memory,只读存储器)两大类。随着存储器技术的飞速发展,人们近年来把半导体存储器分为断电后数据会丢失的易失性存储器和断电后数据不会丢失的非易失性存储器两大类。

为了与传统的分类方法相接轨,现从以下3个方面简述存储器的分类和作用。

**1. RAM**

RAM 又称为读写存储器。正常工作时信息既可以读又可以写:数据读出后原数据不变;新数据写入后,原数据自然丢失,并被新数据替代,因此,RAM 可以用来存储实时数据、中间结果、最终结果或作为程序的堆栈区使用。按照信息存储的不同原理,RAM 通常可以分为静态 RAM 和动态 RAM 两类。

(1) 静态 RAM(SRAM)。SRAM(Static RAM,静态随机存取存储器)依靠触发器存储每位二进制信息,用触发器的两个稳定状态来表示所存二进制信息 0 和 1,因此,SRAM 所存信息可以长久保存,无需刷新电路为它刷新。但由于每个触发器所用晶体管数量较多,因而在芯片面积和集成度相同时,静态 RAM 芯片的存储容量比动态 RAM 的要小。

(2) 动态 RAM(DRAM)。DRAM(Dynamic RAM,动态随机存取存储器)依靠存储电容寄存二进制信息,通常存储 1 位二进制信息只需一只晶体管,但存储电容上的电荷容易泄漏,故需经常刷新。刷新可以补充存储电容上的电荷,由刷新电路自动完成,通常是 2ms 刷新一次。动态 RAM 的存储容量大,集成度也高。

**2. ROM**

ROM 中的信息不因停电而消失,故它又称为非易失性存储器或非挥发性存储器。ROM 主要用来存储固定程序、常数和表格等,这些程序、常数和表格是用特殊手段固化进去的,但在正常工作状态下只能读不能写,因此而得名。ROM 按工艺常可分为掩膜 ROM、PROM 和 EPROM 三类。

(1) 掩膜 ROM。掩膜 ROM 中的信息在制造时由掩膜工艺固化进去,信息一旦固化便不能再修改。因此,掩膜 ROM 适合于大批量的定型产品,它具有工作可靠和成本低等优点。

(2) PROM。PROM(Programmable ROM,可编程只读存储器)是一种可以在用户的实验室里把程序和常数用特殊方法和手段写入的只读存储器。这种写入是在编程脉冲作用下由计算机通过执行程序来完成的,故又称为编程。采用 PROM 存储器通常比采用掩膜 ROM 方便,但它只能编程一次,且写入的信息不能修改。

(3) EPROM。EPROM(Erasable PROM,可擦写的 PROM)用户可根据需要对它多次编程,只要在每次编程前先对它进行一次擦除即可。按照信息擦除的不同方法,EPROM 通常可以分为 UVEPROM 和 $E^2$PROM 两类,前者称为紫外光擦除的 PROM,后者称为电可擦 PROM。通常,UVEPROM 的擦除可以在专门的擦除器内完成,读者仅需学会操作方法就可以了。

**3. 新型存储器**

近年来,存储器市场又增加了一批新型存储器。这些存储器主要有 OTP ROM、Flash 存储器、FRAM、nvSRAM 和新型动态存储器。

（1）OTP ROM。OTP（One Time Programmable，一次性编程）ROM 是一种新型 PROM，采用 EPROM 技术生产，克服了双极性熔丝式 PROM 的缺点。每个 OTP ROM 芯片在生产过程中都得到测试性编程，编程信息在封装前擦除，因而可以确保产品的可编程性和具有合格的性能，深受用户青睐。

（2）Flash 存储器。$E^2$PROM（Electrically Erasable Programmable ROM，电擦除可编程只读存储器）是一种原理上属于 ROM 且功能上属于 RAM 的非易失性存储器。这种存储器的优点是数据不会因停电而丢失；缺点是 CPU 对它的存取速度太慢。Flash（闪速）存储器是一种基于上述原理的改进型 $E^2$PROM：有的采用基于 EPROM 隧道氧化层的 ETOX（Eprom Tunnel Oxide）原理；有的采用 Fowler Nordheim 的冷电子擦除原理和 $E^2$PROM 的 NAND 体系结构；有的采用把长寿命后备锂电池同 SRAM 封装于一体的原理。自 1988 年以来，全世界已有 40 多家半导体厂商生产闪速存储器，其中 Intel、AMD 和 Atmel 三家公司生产的闪速存储器占最大份额。1993 年 4 月，AMD 公司推出采用 Negative Gate 技术的 +5V 单电源闪速存储器，Intel 公司的 Boot Block 系列的闪速存储器使存取时间达到了 60ns，Atmel 公司的闪速存储器只需 +3.3V（或 2.7V）单电源就能工作。

（3）FRAM。FRAM 称为非易失性铁电存储器，是一种理想的未来型存储器。FRAM 既具有 DRAM 高集成度和低成本的优点，又具有 SRAM 的存取速度以及 EPROM 的非易失性。1996 年 2 月，日本 NEC 公司宣布研制成功存取时间为 60ns 的 1MB FRAM。FRAM 与其他存储器不同，其存取周期是有限的。虽然现在产品的存取周期已达 100 亿次，但它仍然不适合作为需要频繁操作的主存储器。不过，人们已经看到可以无限次地读写 FRAM 的曙光，因为日本松下公司研制的 256KB FRAM 经过 $10^{12}$ 读写周期后未出现明显疲劳。

（4）nvSRAM。nvSRAM 称为新型非易失性静态读写存储器，是由美国 Simtek 公司于 1996 年年底推出的。nvSRAM 存储器不需要备用电源，可靠性也很高。目前，商品化的芯片容量已达 4～256KB，存取时间为 25ns，工作温度范围分为商业级、工业级和军用级三种。这种存储器号称 LOW COST，也是一种十分理想的存储器。

（5）新型动态存储器。这类新型动态存储器专门用于大容量的系统机和工作站机中，主要有 DSRAM、VRAM、WRAM、CDRAM、EDO RAM、SDRAM 和 RDRAM，等等。DSRAM（Dual-port SRAM）是一种多处理机系统用的双端口 SRAM，用于提高扫描显示速度和通信速度；VRAM（Video RAM）是一种图形卡用的视频读写存储器，是为解决图形显示的带宽瓶颈而设计的；WRAM（Windows RAM）是一种视窗 RAM，用于改善 Windows 图形用户接口中的图形性能；CDRAM（Cached DRAM，高速缓存动态 RAM）由 Mitsubishi 公司开发，是一种在 DRAM 中集成少量高速 SRAM 并作为 DRAM 的高速缓冲存储器（Cache）；EDO（Extended Data Out，扩展数据输出）RAM 是一种扩展数据输出存储技术，用于提高 PC 内动态读写存储器的存取速度，EDO RAM 比 VRAM 便宜，用它取代显示卡上的 VRAM 是一个绝妙的主意；S（Synchronous）DRAM 是 TI 公司 1995 年推出的一种新型高速同步动态读写存储器，存取时间为 10ns，可以作为二级高速缓存，成本比 SRAM 低；R（Rambus）DRAM 由 Rambus 公司开发，片内有独特的 Rambus 通道，突发数据传输速率高达 500MB/s，这种存储器的唯一缺点是价格昂贵。

## 5.1.2　半导体存储器的技术指标

半导体存储器的技术指标是正确选用半导体存储器的基本依据，也是进行微型计算机硬件电路设计的基础。半导体存储器的主要技术指标包括存储容量、最大存取时间、存储器功耗、可靠性和工作寿命、集成度等，现对它们分别介绍。

### 1. 存储容量

存储容量是指存储器能够记忆的信息总量。存储器芯片的存储容量是有限制的，主要与集成度、芯片面积以及制造工艺有关。存储容量是存储器的重要技术指标，通常用存储器芯片所能存储的字数和字长的乘式表示，即：

$$存储容量＝字数×字长$$

例如，存储容量为 256×4 的存储芯片表示它有 256 个存储单元，每个存储单元只能存储 4 位二进制信息。当字数较多时，字数常以 K 或 M 或 G 为单位，1K＝1024 个字，1M＝1024K 个字，1G＝1024M 个字；字长为 8 位时称为一个字节（Byte），常用 B 来表示。例如，存储容量为 1MB 的存储器表示它可以有 1024×1024 个存储单元，每个存储单元可以存储 8 位二进制信息。显然，存储器芯片的存储容量越大越好，但必须与 CPU 相匹配。8051 单片机的 RAM 存储器寻址范围为 64KB，故它最多只需要 64KB 的存储器。

### 2. 最大存取时间

存储器的存取时间是指 CPU 从它那里读或写一个数所需要的时间，即存储器从 CPU 接收地址起到从该地址单元取出或写入数码为止所需要的时间，该时间的上限值称为存储器的最大存取时间，通常可以从有关手册中查到。因此，存储器的最大存取时间和计算机的工作速度有关，最大存取时间越小，计算机的工作速度就越快。通常，半导体存储器的最大存取时间为几十到几百纳秒。

### 3. 存储器功耗

存储器功耗是指它在正常工作时所消耗的电功率。该电功率由"维持功耗"和"操作功耗"两部分组成。"维持功耗"是指存储器芯片未被选中工作时所消耗的电能，"操作功耗"是指存储器芯片选中工作时的功耗。通常，半导体存储器功耗和存取速度有关，存取速度越快，功耗就越大。因此，在保证存取速度的前提下，存储器的功耗越小越好。

### 4. 可靠性和工作寿命

半导体存储器的可靠性是指它对周围电磁场、温度和湿度等的抗干扰能力。由于半导体存储器常采用 VLSI 工艺制成，故它的可靠性通常较高，寿命也较长，平均无故障时间可达几千小时以上。

### 5. 集成度

半导体存储器的集成度是指它在一块几平方毫米的芯片上能够集成的晶体管数目，有时也以每块芯片上集成的"基本存储电路"个数来表征。由于每个"基本存储电路"可以存储 1 位二进制信息，因此存储器芯片的集成度常以位/片表示。例如，Intel 2764 的集成度为 64K 位/片。

### 5.1.3 半导体存储器的现状和前景

微处理器 CPU 不仅需要从存储器中读取程序和原始数据,而且也需要把运算结果直接存入存储器。因此,半导体存储器和微处理器是相辅相成而且密不可分的,它是随着微处理器诞生并发展起来的。三十多年来,它和微处理器类似,也获得了高速且持续的发展,各类新型存储器芯片不断投放市场,日积月累,使存储器市场品种齐全,琳琅满目,呈现一片欣欣向荣的景象。

然而,事物的发展是无止境的。目前,半导体存储技术的发展尚未停息,正朝着高速、高密、低电压和低功耗四大方向飞速向前。现对它们分述如下。

**1. 集成度方面**

半导体器件的集成度是指一块数平方毫米的硅片上所能集成的晶体管数目。半导体存储器的集成度虽和存储容量不是同一概念,但二者是一致的,存储容量越大,集成度也就越高。表 5-1 列出了 DRAM 中集成度和存储容量间的关系。

表 5-1　DRAM 发展的简单过程

| 发表时间 | 存储容量/B | 集成度(位/片) | 圆片尺寸/in | 工　艺 | 线　宽 |
|---|---|---|---|---|---|
| 1970 年 | 1K | 0.2 万 | 2 | PMOS | 10 |
| 1976 年 | 16K | 3.5 万 | 3 | NMOS | 6 |
| 1978 年 | 64K | 14 万 | 4 | NMOS | 4 |
| 1980 年 | 256K | 54 万 | 4～6 | NMOS | 2.5 |
| 1984 年 | 1M | 225 万 | 6 | NMOS | 1.3 |
| 1986 年 | 4M | 920 万 | 6～8 | CMOS | 0.8 |
| 1987 年 | 16M | 3500 万 | 8 | CMOS | 0.5 |
| 1990 年 | 64M | 1.4 亿 | 8 | CMOS | 0.35 |
| 1993 年 | 256M | 5.6 亿 | 10～12 | CMOS | 0.25 |
| 1995 年 | 1G | 22.4 亿 | 10～12 | CMOS | 0.18 |
| 1997 年 | 4G | 89.6 亿 | 10～12 | CMOS | 0.15 |

由表 5-1 可见,DRAM 芯片容量可以做得很大,主要用在以 PC 和工作站等系统机中。Windows 操作系统以及与图形图像有关的软件对内存提出的要求日趋增加,从而导致存储器芯片的大容量化。尽管 SRAM、EPROM 和 $E^2$PROM 产品的大容量化已日趋平缓,但对 DRAM 和闪速存储器(Flash)的大容量化需求却一天天高涨。目前,256MB 容量的 DRAM 已商品化,日立(Hitachi)、日电(NEC)和三星(Samsung)等十多家公司先后生产出 1GB 的 DRAM,NEC 公司于 1997 年也宣布研制成 4GB 的 DRAM(采用 $0.15\mu m$工艺)。

2010 年,美国多家公司采用 $0.07\mu m$ 工艺生产出了 64GB 的 DRAM,实现了一块数平方毫米芯片上集成 43 亿个晶体管。

**2. 存取速度方面**

在现代计算机中,存储器是配合微处理器 CPU 工作的重要部件。微处理器工作速度的提高,同时也要求存储器存取数据速度的提高,因此存储器存取速度始终是计算机制造商追求的又一目标。多少年来,存储器的工作速度总跟不上微处理器速度的提高,而且两者的差距越来越大,这在很大程度上制约了计算机性能的进一步提高。当前,人们通常把存取时间小于 35ns 的存储器称为"高速存储器"。在 SRAM 和 DRAM 两类存储器中,SRAM 的工作速度虽快但集成度较低,DRAM 的集成度高但工作速度较慢。

在 SRAM 中,20 世纪 80 年代初期,人们多数选用 ECL 工艺,但它的制造工艺复杂、成本高且功耗大,以致集成度无法进一步提高。20 世纪 80 年代以来,世界各大半导体厂商纷纷采用 GaAa 和 BiCMOS 工艺来提高 SRAM 的速度。1995 年,美国 Cypress 公司开发出 25ns 1Mb 的 EPROM,成为世界上最快的 EPROM。在 SRAM 方面,9ns 速度的 16Mb SRAM 和 4ns 速度的 4Mb SRAM 现已商品化;速度为 3.5ns,容量为 $2K \times 9$、64Kb 和 512Kb 的 SRAM 也相继投放市场。目前,存取时间为 1ns 的 SRAM 已研制成功,21 世纪初,存取时间可达 100ps 的 SRAM 可以问世。

高速 DRAM 技术的研究方向仍然是给 DRAM 附加片外逻辑电路,以便提高 CPU 在单位时间内与 DRAM 间的数据流量。目前,世界各大半导体厂商也已开发出能提高 DRAM 速度的新产品,这类新产品有 EDRAM(Enhanced DRAM)、EDODRAM (Extended Data Out DRAM)、CDRAM(Cached DRAM)、SDRAM(Synchronous DRAM)和 RDRAM(Rambus DRAM)等。

**3. 工作电压和功耗方面**

普通半导体存储器芯片的工作电压大多数是 +5V,功耗为 1pJ(皮焦耳)左右,这通常可以满足用户要求。但在航空航天领域和各种便携式电子产品中,低电压存储器深受用户青睐。存储器电源电压的降低不仅可以降低芯片功耗并改善对通风的要求,而且可以减轻电池重量并延长器件寿命。目前,低电压存储器大都采用 3~3.3V 电源电压,也有采用 2.7V 或 1.8V 甚至更低电源电压的存储器芯片。例如,三星(Samsung)公司的 1Gb DDRSRAM 就采用了 1.8V 电源电压,日立公司也推出了只需 1V 电压的 4Mb SRAM。

应当指出,半导体存储技术的发展尽管令人振奋,但它已逐渐逼近物理极限,难以大幅度提高存储器的性能,逐渐成为制约计算机技术发展的瓶颈。为了取得突破性进展,人们正在另辟蹊径,寻找新的原理和方法,呼唤产生完全崭新的存储器。这类存储器有超导存储器、全息存储器、单电子存储器、蛋白质分子存储器和三维光存储器,等等。在它们之中,有的已经实现或部分实现,有的正在商品化。由于篇幅所限,在此从略。

## 5.1.4　半导体存储器的基本结构

半导体存储器的类型很多,生产厂家各异,但它们的基本结构差别不大。半导体存储器从结构上通常可以分为单译码编址存储器和双译码编址存储器两类,前者用于小容量存储器,后者用于大容量存储器。

**1. 单译码编址存储器**

单译码编址存储器由存储阵列、地址寄存器和地址译码器、三态双向缓冲器和控制电路 4 部分电路组成,如图 5-1 所示。现对图中各部分电路分述如下。

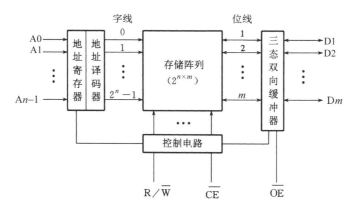

图 5-1 单译码编址存储器的基本结构框图

(1) 存储阵列。存储阵列是存储器的主体,实质上是由"基本存储电路"组成的集合体,每个"基本存储电路"可以存储 1 位二进制信息。在静态 RAM 中,"基本存储电路"(后续章节中将介绍)通常可以理解为触发器,CPU 对它存取实际上是对触发器的存取。"基本存储电路"组成存储单元,其个数由存储容量中的"字长"决定;存储单元组成存储阵列,其总数由存储容量中的"字数"决定,由地址译码器输出"字线"选取。因此,存储容量不仅可以反映存储器存储单元的总数和位数,而且决定了"字线"和"数据线"的条数,据此还可计算出"基本存储电路"的总数。例如,一个 8KB 存储器的地址线有 13 条,"字线"必定有 $2^{13}=8192$ 条,数据线有 8 条,"基本存储电路"的总数为 $8192×8=65\,536$。

(2) 地址寄存器和地址译码器。地址寄存器用于存放 CPU 送来的地址码,其位数通常由地址线条数决定;地址译码器用于对地址寄存器中的地址码进行译码,译码后产生的"字线"可以用来选择存储阵列中的相应存储单元工作,因此"字线"和存储单元的总数是相等的,它与地址线条数 $n$ 之间有如下关系:

$$"字线"总数 = 2^n$$

因此,存储容量越大,存储单元越多,"字线"总数就越多,所需地址线 $n$ 的条数也越多。例如,一个 8KB 存储器的"字线"数应为 $8×1024=8192$ 条。这么大的"字线"条数在存储器芯片的制造工艺中是不能容忍的,因为集成一条短路线所花费的芯片面积远远大于集成一只 MOS 管的面积。因此,单译码编址方式常用于小容量的存储器中。

(3) 三态双向缓冲器。三态双向缓冲器用于锁存从存储阵列中读出被选中存储单元中的每位信息,或用来存放被写存储单元所需要的写入信息,因此它是双向缓冲器,其位数由存储阵列中存储单元的位数决定。例如,$8K×4$ 存储器的三态双向缓冲器应当有 4 位。三态双向缓冲器受控制电路和 $\overline{OE}$ 控制引脚的控制。当 $\overline{OE}$ 为低电平时,三态双向缓冲器可以把从存储阵列中读出的数据送到 D$m$～D1(D$m$ 为最高位)上;当 $\overline{OE}$ 为高电平时,三态双向缓冲器可以把 CPU 送到 D$m$～D1 上的写入数据传送到存储阵列被选中的存储单元。

（4）控制电路。控制电路通过控制引脚 R/$\overline{\text{W}}$ 和 $\overline{\text{CE}}$ 接收 CPU 送来的控制信号,经过组合变换后对地址寄存器、存储阵列和三态双向缓冲器等进行控制,其中 R/$\overline{\text{W}}$ 称为读写控制线,当它为高电平时,控制电路使芯片处于读工作状态;当它变为低电平时,控制电路使芯片处于写工作状态。$\overline{\text{CE}}$ 称为片选控制线,当它为低电平时,控制电路使芯片处在被选中工作状态;当它为高电平时,控制电路使芯片处在禁止工作状态。

**2. 双译码编址存储器**

和单译码编址存储器类似,双译码编址存储器也由存储阵列、地址寄存和译码器、三态双向缓冲器和控制电路 4 部分组成,如图 5-2 所示。由图可见,双译码编址存储器和单译码编址存储器的基本结构类似,其主要区别在于地址译码器的结构不同,现就不同之处加以分析。

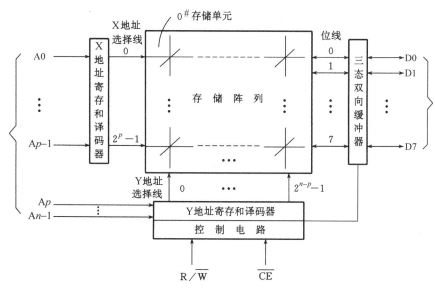

图 5-2　双译码编址存储器基本结构框图

在图 5-2 中,A$n-1$～A0 为地址线,用于传送 CPU 送来的地址编码信号,共有 $n$ 条,分为 X 和 Y 两组。其中,A$p-1$～A0 与 X 地址寄存和译码器相连;A$n-1$～A$p$ 与 Y 地址寄存和译码器相连。A$p-1$～A0 上的地址编码信号经 X 地址寄存和译码器译码后选中 X 地址选择线中的某一条输出高电平,A$n-1$～A$p$ 上的地址编码信号经 Y 地址寄存和译码器选中 Y 地址选择线中的某一条输出高电平。X 和 Y 地址选择线在存储阵列中组成了一个矩阵,故由地址编码信号选中输出的 X 和 Y 地址选择线交叉点上的存储单元就是该地址编码需要选中的存储单元。例如,当 A$n-1$～A0 上的地址编码信号为全 0 时,图中 0 号 X 地址选择线和 0 号 Y 地址选择线交叉处的存储单元就是 0# 存储单元。如果该存储单元的字长（位数）为 8,那么每个交叉点处的存储单元均由 8 个“基本存储电路”组成。

假设某双译码编址存储器的存储容量为 8KB,它的地址总线应为 13 条（$2^{13}$ = 8192）。若 X 地址线为 A6～A0（共 7 条）,Y 地址线为 A12～A7（共 6 条）,则 X 地址选

择线应为 $2^7 = 128$ 条，Y 地址选择线应为 $2^6 = 64$ 条，总数只有 192 条，这和同样容量单译码编址存储器的 8192 条选择线无法相比。因此，双译码编址方式常用于大容量存储芯片中。

## 5.2 只读存储器

在只读存储器中，它的"基本存储电路"中所存信息是固定的、非易失性和非挥发性的，不会因停电而消失，因此只读存储器又称为固定存储器(fixed memory)或永久性存储器(permanent memory)。在正常工作时，ROM 中的信息只能读不能写，常常用来存放控制程序，以便单片机应用系统开机后便可执行 ROM 中的控制程序，从而实现对被控系统的控制。

通常，ROM 中的控制程序和常数是在特殊条件下由另一台计算机执行程序写入的，故又称为编程 ROM。按照编程方式，ROM 可以分为掩膜 ROM、PROM 和 EPROM 三类。

### 5.2.1 掩膜 ROM 的原理

掩膜 ROM 又称为掩膜编程 ROM(Mask programmable ROM)，这是由于 ROM 中的信息是在制造芯片的掩膜工艺时编程写入而得名。掩膜 ROM 也有单译码编址和双译码编址两种结构形式，但两者的基本工作原理是相同的。现以单译码编址掩膜 ROM 为例加以介绍。

图 5-3 所示为 $4 \times 4$ MOS 型掩膜 ROM 结构。图中，两位地址码 A1A0 经"字地址寄存和译码器"译码后产生 $2^2 = 4$ 条字选择线，每一条字(选择)线选择一个存储单元，每个存储单元共有 4 位，由 D3～D0(D3 为高位)位线输出。字线和位线交叉处有 MOS 管表示存 0，无 MOS 管表示存 1。例如，当 A1A0=00B 时，字线 0 输出高电平(其余字线为低电平)，故 D3～D0 位线上输出数据为 0110B，这是由于字线 0 和位线 D3 以及字线 0 和位线 D0 交叉处的 MOS 管通导而引起的。

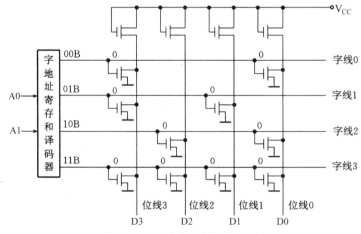

图 5-3  $4 \times 4$ MOS 型掩膜 ROM

上述分析表明：掩膜 ROM 存储 0 或 1 是由存储单元中各位是否有 MOS 管决定（有 MOS 管为存 0，无 MOS 管为存 1），归根结底是由制造芯片时二次光刻版掩膜图的设计确定的。按照制造工艺，掩膜 ROM 通常又可分为双极型掩膜 ROM 和 MOS 型掩膜 ROM 两大类，前者存储阵列中集成的晶体管为 TTL 型，后者集成的晶体管是 MOS 型。在掩膜 ROM 中，由于是根据有无晶体管来存储信息的，故它具有结构简单、集成度高、成本低和可靠性好等特点，适合批量生产。

## 5.2.2  PROM 的原理

PROM(Programmable ROM，可编程 ROM)克服了掩膜 ROM 中程序和常数需要在制造时写入的缺点。PROM 在出厂时并未存储任何信息，用户可以根据需要来写入自己的程序和常数。

图 5-4 是一个 32×8 的熔丝式 PROM 原理图。图中，存储阵列由 32 个 8 发射极 TTL 晶体管组成，每个 8 发射极 TTL 晶体管构成一个存储单元，用于存储 8 位二进制信息。信息存储的原理是：熔丝未烧断的位为存 0，熔丝烧断的位为存 1。PROM 在工作时，A4～A0 上地址编码信号经译码后选中 32 条字线中的某一条输出高电平，未被选中的字线为低电平。若被选中存储单元中某位为 0（熔丝通），则相应位的 W 点（射极跟随点）为高电平，经 T1 管后在相应数据线上输出 0，反相后（图中反相器未画出）输出 1；若被选中存储单元中某位为 1（熔丝断），则相应位的 W 点悬空而使 T1 截止，输出为 1，反相后输出 0。在 PROM 出厂时，存储阵列中所有熔丝都是连着的，故所有存

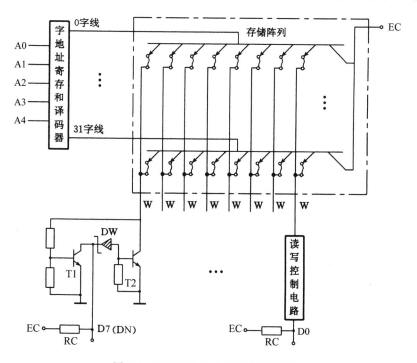

图 5-4  32×8 熔丝式 PROM 原理图

储单元读出均为全 1,只有在编程时,用户才根据需要烧断存储阵列中某些位的熔丝来达到存 0 的目的。

"读写控制电路"每位一套,共有 8 套(见图 5-4),用于输出存储阵列中的信息或作为编程写入用。在正常工作时,EC 接+5V,稳压二极管 DW 不导通,T2 截止,输出端 D7~D0 上的电平受输出晶体管 T1 控制。在编程写入时,EC 接+12V,被写存储单元由地址码经译码后的输出字线选取。编程分写 0(熔丝断)和写 1(熔丝通)两种状况:写 0 位的数据输出线 DN(如 D7)悬空,+12V 的 EC 使 DW 导通,T2 中的大电流使相应位熔丝烧断;写 1 位的数据输出线 DN 为低电平,DW 截止,T2 也截止,相应位熔丝不会烧断。

PROM 克服了掩膜 ROM 需要在掩膜工艺编程的缺点,但它仍是一次性编程写入的只读存储器,一旦程序和数据被写错,则无法更改。

### 5.2.3 EPROM 的原理

EPROM(Erasable PROM,可擦除 PROM)可以多次复用,每次编程前只要先进行一次擦除便可。因此,EPROM 在微型机中的应用十分广泛,尤其可以满足实验和研究工作的需要。按照擦除方法,EPROM 通常可以分为 UVEPROM(紫外光擦除 PROM)和 $E^2$PROM(电可擦 PROM)两种。前者的"基本存储电路"中的信息可以通过紫外光照射来擦除,后者的"基本存储电路"中的信息可以采用电脉冲擦除。

**1. UVEPROM**

UVEPROM(Ultra Violet EPROM)的"基本存储电路"通常由一只 FAMOS 管和一只普通 MOS 管构成。其中,FAMOS(Floating gate Avalanche injection MOS,浮置栅雪崩注入式 MOS)管通常可以分为 P 沟 FAMOS 管和 N 沟 FAMOS 管两种。

(1) P 沟 FAMOS 管。P 沟 FAMOS 管的内部结构如图 5-5 所示。由图可见,

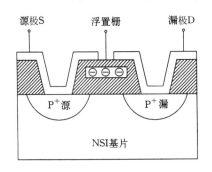

图 5-5 P 沟 FAMOS 管结构

FAMOS 管有一个生长在同一基片上的源极和漏极,源极 S 和漏极 D 分别生长了一个高浓度 P 型区,源极和漏极间为绝缘物二氧化硅 $SiO_2$,其间埋设了一个浮置栅。若浮置栅内无电荷,表示管内存 1;若浮置栅内有电荷,表示管内存 0。因此,FAMOS 管是通过浮置栅内有无电荷生成导电沟道而存储信息的。对于受过紫外光擦除或新出厂的 UVEPROM,源极和漏极间因浮置栅内无电荷而截止,这就是对新出厂的 UVEPROM 内所有存储单元都能读出全 1 的原因。

P 沟 FAMOS 管浮置栅内注入电荷的方法很简单,只要在源极 S 和漏极 D 间加上 21V 高压,并在 UVEPROM 芯片的 $\overline{PGM}$ 引脚上给一个 52ms 宽的负脉冲就行了。在负脉冲作用期间,源极 S 和漏极 D 之间在 21V 高压作用下雪崩击穿,电荷因此而被注入浮置栅内。负脉冲过去或 21V 电压撤除后,浮置栅内电荷因受 $SiO_2$ 包围和无处泄漏从而保存下来。

（2）基本存储电路。P沟FAMOS管的基本存储电路如图5-6所示,图中字线由字地址译码器输出端引来,T1是公共负载管,一条"位线"一个,T2和T3组成"基本存储电路"。电路的工作原理是:若要读1(即T3浮置栅内无电荷),则字线为高电平(+5V),T2管虽然可以导通,但因FAMOS管浮置栅中无电荷而截止,$V_{CC}$电压经T1管后在位线上输出高电平1;若要读0(即T3浮置栅内有电荷),则T2和T3因FAMOS管浮置栅内有电荷而通导,故位线上输出低电平0。

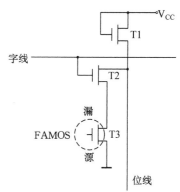

图5-6　P沟FAMOS管的基本存储电路

UVEPROM存储芯片中央有一个石英玻璃窗口,当紫外光透过小窗口照射时,片内浮置栅内的电荷便会泄漏。因此,编程后的UVEPROM切忌在阳光下暴晒,应该用不透光的过滤纸把窗口遮盖起来。UVEPROM通常在专用擦除器内擦除,操作方法极为简单。UVEPROM的优点是集成度高,缺点是工作速度慢、功耗大和擦除时间太长。

**2. $E^2PROM$**

$E^2PROM$(Electrically EPROM)是一种利用电脉冲擦除所存信息的EPROM。UVEPROM在擦除信息时需要从所用系统上拆卸下来,放在专用的擦除器中擦除干净,然后再编程写入,编程完成后UVEPROM还需贴上专用滤光纸再插到所用单片机控制系统的相应插座上。$E^2PROM$在擦除信息时无须从所用系统上拆卸下来,可以通过长途通信线路对它进行远距离擦除和再编程。$E^2PROM$可以分为字节擦除和片擦除两种方式:字节擦除时可以一次(50ms单脉冲)擦除一个字节;片擦除时可以一次擦除芯片上的所有存储信息。

$E^2PROM$这种独特的擦除性能,使它可以用于远距离更新固件,进行ROM的写入、差错记录、诊断和图像存储等。

## 5.2.4　ROM举例

### 1. Intel 2764(UVEPROM)

Intel 2764是一种+5V的8KB UVEPROM存储器芯片,采用HMOS工艺,标准存取时间为250ns,27是系列号,64和存储容量有关。该系列的产品如表5-2所示。

为使读者对2764有一个全面了解,现从内部结构、引脚功能、擦除特性、工作方式和编程4个方面介绍如下。

（1）内部结构。2764的内部结构如图5-7(a)所示。由图可见,2764采用双译码编程方式,A12～A0上的地址信号经X和Y译码后,在X选择线和Y选择线上产生选择信号,选中存储阵列中相应地址的存储单元工作,并在控制电路的控制下对所选中的存储单元进行读操作(或编程写操作),从存储单元读出的8位二进制信息经输出缓冲器输出到数据线O7～O0上。在编程方式下,O7～O0上的编程信息在控制电路的控制下写入存储阵列的相应存储单元。

表 5-2　27 系列常用 UVEPROM 存储器

| 型　号 | 容　量/KB | 读出时间/ns | 制造工艺 | 所用电源/V | 引脚数 |
|--------|-----------|-------------|----------|------------|--------|
| 2708 | 1 | 350～450 | NMOS | ±5,+12 | 24 |
| 2716 | 2 | 300～450 | NMOS | +5 | 24 |
| 2732A | 4 | 200～450 | NMOS | +5 | 24 |
| 2764 | 8 | 200～450 | HMOS | +5 | 28 |
| 27128 | 16 | 250～450 | HMOS | +5 | 28 |
| 27256 | 32 | 200～450 | HMOS | +5 | 28 |
| 27512 | 64 | 250～450 | HMOS | +5 | 28 |
| 27513 | 256 | 250～450 | HMOS | +5 | 28 |

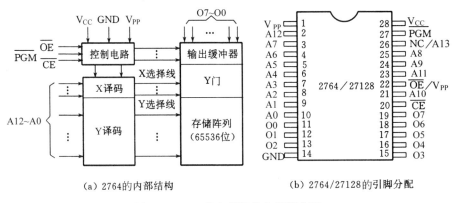

(a) 2764 的内部结构　　　　(b) 2764/27128 的引脚分配

图 5-7　2764 的内部结构和引脚分配

（2）引脚功能（28 条）。2764 和 27128 都是 28 引脚的 UVEPROM,27128 的存储容量为 16KB,正好是 2764 的二倍,故 27128 的地址线应比 2764 多一条,图 5-7(b)为它们的引脚分配图。图中,2764 的 26 引脚脚标为 NC,表示轮空不用;27128 的 26 引脚脚标为 A13,用于传送 27128 的最高位地址码。其他引脚功能分述如下。

① 地址输入线 A12～A0。2764 的存储容量为 8KB,故按照地址线条数和存储容量的关系($2^{13}=8192$),共需 13 条地址线,编号为 A12～A0。2764 的地址线应和 MCS-51 单片机的 P2 和 P0 口相接,用于传送单片机送来的地址编码信号,其中 A12 为最高位。

② 数据线 O7～O0。O7～O0 是双向数据总线,O7 为最高位。在正常工作时,O7～O0 用于传送从 2764 中读出的数据或程序代码;在编程方式时用于传送需要写入的编程代码(即程序的机器码)。

③ 控制线(3 条)。片选输入线 $\overline{CE}$:该输入线用于控制本芯片是否工作。若给 $\overline{CE}$ 上加一个高电平,则本片不工作;若给 $\overline{CE}$ 上加一个低电平,则选中本片工作。

编程输入线 $\overline{PGM}$:该输入线用于控制 2764 处于正常工作状态还是编程/校验状态。若给它输入一个 TTL 高电平(即 $V_{IH}$),则 2764 处于正常工作状态;若给 $\overline{PGM}$ 输入一个 50ms 宽的负脉冲,则 2764 配合 $V_{PP}$ 引脚上的 21V 高压可以处于编程状态。

允许输出线 $\overline{OE}$：$\overline{OE}$ 也是一条由用户控制的输入线，若给 $\overline{OE}$ 线上输入一个 TTL 高电平，则数据线 O7～O0 处于高阻状态；若给 $\overline{OE}$ 线上输入一个 TTL 低电平，则 O7～O0 处于读出状态。

④ 其他引脚线（4 条）。$V_{CC}$ 为＋5V±10％电源输入线，GND 为直流地线。$V_{PP}$ 为编程电源输入线，当它接＋5V 时，2764 处于正常工作状态；当 $V_{PP}$ 接＋21V 电压时，2764 处于编程/校验状态。NC 为 2764 的空线。

（3）擦除特性。2764 存储阵列中的信息可以采用紫外光擦除，擦除后存储的代码为全 1。2764 在擦除时应先取下芯片中央小窗口上的贴纸，然后用光源波长为 2537 埃（Å）和强度为 $1200\mu W/cm^2$ 的紫外光照射，照射时间为 15～20min。这实际上就是使 FAMOS 管浮置栅中的电子获得高能量，从而形成光电流从浮置栅流入基片。2764 中的信息擦除也不是很容易的，把 2764 放在阳光下暴晒大约需要一星期才会擦干净，在普通荧光灯下需要三年才会擦除。

（4）工作方式和编程。2764 可以分为正常和编程两种工作方式。正常工作方式是指 2764 在它所应用系统中的工作方式，常分为读出和维持两种工作状态；编程方式是指给 2764 写入程序时的工作方式，又可分为编程、禁止编程和校验 3 种工作状态。

总之，2764 共有两种工作方式和 5 种工作状态，究竟处在哪一种方式和状态下工作是由 2764 的控制线和电源线上的信号决定的。表 5-3 列出了 2764 的工作状态和相应引脚线上电平的关系。

表 5-3　2764 的工作状态和相应引脚线上电平的关系

| 工作方式 | 引　　　脚 | | | | | |
| --- | --- | --- | --- | --- | --- | --- |
| | $\overline{CE}$<br>(20) | $\overline{OE}$<br>(22) | $\overline{PGM}$<br>(27) | $V_{PP}$<br>(1) | $V_{CC}$<br>(8) | 输出端<br>O7～O0 |
| 读　　出 | $V_{IL}$ | $V_{IL}$ | $V_{IH}$ | $V_{CC}$ | $V_{CC}$ | 输　出 |
| 维　　持 | $V_{IH}$ | × | × | $V_{CC}$ | $V_{CC}$ | 高　阻 |
| 编　　程 | $V_{IL}$ | $V_{IH}$ | 编程负脉冲 | $V_{PP}$ | $V_{CC}$ | 输　入 |
| 编程校验 | $V_{IL}$ | $V_{IL}$ | $V_{IH}$ | $V_{PP}$ | $V_{CC}$ | 输　出 |
| 禁止编程 | $V_{IH}$ | × | × | $V_{PP}$ | $V_{CC}$ | 高　阻 |

注：$V_{IL}$ 为 TTL 低电平，$V_{IH}$ 为 TTL 高电平，×为任意（$V_{IL}/V_{IH}$），$V_{PP}$ 为＋5V/＋21V。

由表 5-3 可见，2764 的正常和编程方式是由 $V_{PP}$ 引线上的电源电压决定的。若 $V_{PP}$ 接＋5V 电源，则 2764 处在正常工作方式；若 $V_{PP}$ 接＋21V 电源，则 2764 处在编程方式。为使读者正确认识和使用 2764，现对它的 5 种工作状态分述如下。

① 读出和维持状态。这两种工作状态实际上是 2764 在正常工作时的两种不可缺少的状态，因此 $V_{PP}$ 和 $V_{CC}$ 都必须接＋5V 电源。读出和维持状态主要由 $\overline{CE}$ 上的电平决定，若 $\overline{CE}$ 接 TTL 低电平，则本芯片被选中工作，数据线 O7～O0 上便可读出 A12～A0 上地址码所决定存储单元中的程序代码；若 $\overline{CE}$ 为 TTL 高电平，则本芯片不工作，处于维持状态，O7～O0 为高阻，芯片的有效功耗也从读出状态时的 100mA 降到 40mA。相应时序如

图5-8所示。

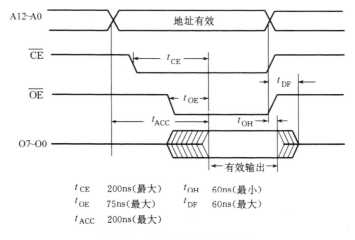

| $t_{CE}$ | 200ns(最大) | $t_{OH}$ | 60ns(最小) |
|---|---|---|---|
| $t_{OE}$ | 75ns(最大) | $t_{DF}$ | 60ns(最大) |
| $t_{ACC}$ | 200ns(最大) | | |

图 5-8　2764 读出数据时序图

② 编程和禁止状态。这两种状态都要求 $V_{PP}$ 接＋21V 电源（$V_{CC}$ 接＋5V）。编程和禁止编程主要也是由 $\overline{CE}$ 上的电平决定的：若 $\overline{CE}$ 为 TTL 低电平，则本芯片被选中编程，数据线 O7～O0 上的程序代码便可在 $\overline{PGM}$ 上 50ms 宽负脉冲作用下写入由 A12～A0 决定的存储单元；若 $\overline{CE}$ 为 TTL 高电平（$\overline{PGM}$ 也为 TTL 高电平），则本芯片处于禁止编程状态，O7～O0 上为高阻，隔断了它和 2764 内部总线的电气连接。因此，禁止编程状态实际上是前后两个存储单元进行编程写入的一个间隙状态，即 $\overline{PGM}$ 上两个 50ms 宽负脉冲的间隙期。

③ 校验状态。校验状态要求 $V_{PP}$ 接＋21V（$V_{CC}$ 仍为＋5V），$\overline{PGM}$ 接 TTL 高电平。此时，用户通过对 2764 的 $\overline{CE}$ 和 $\overline{OE}$ 上电平的控制就可从存储阵列中读出编程状态下刚写入的程序代码，以便与原写入程序代码进行比较，用于检验编程的正确性。相应编程和校验的时序如图 5-9 所示。

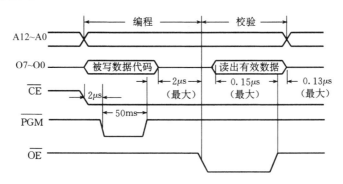

图 5-9　2764 编程/校验时序

**应当指出**：2764 的编程和校验都是由编程计算机执行编程和校验程序自动完成的，读者在这里应把重点放在 2764 在不同工作方式和状态下各引脚的连接方式上。

### 2. Intel 2815（$E^2$ PROM）

2815 是 Intel 公司研制的 $E^2$ PROM，28 是系列号，15 是序号。在这个系列里，还有

2816 和 2817 芯片,其存储容量均为 2KB。2815 采用 FLOTOX 单元设计和大功率 HMOS-E 技术研制而成,最大存取时间为 250ns,它可以在保护已存入的数据不丢失的同时允许内部电路重新编程。

2815 依靠 50ms 宽正脉冲来擦除每个存储单元中的程序代码,擦除方式分为字节擦除和片擦除两种。字节擦除是指在一个 50ms 宽正脉冲作用期间可以擦除一个存储单元中的信息,片擦除是指一个正脉冲可以擦除芯片内部所有存储单元中的信息。

2815 内部采用双译码编址方式,其结构与前述 2764 类似,只是基本存储电路有所差别。2815 有 24 条引脚,双列直插式封装,如图 5-10 所示。图中,A10~A0 为地址线,I/O7~I/O0 为数据线,$\overline{OE}$、$\overline{CE}$和 $V_{PP}$ 等功能与前述 2764 中所定义的类似,在此不再赘述。

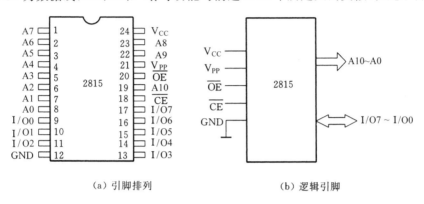

（a）引脚排列　　　　　　　　　（b）逻辑引脚

图 5-10　Intel 2815 引脚分配图

2815 有正常和编程两种工作方式:正常工作方式有读出和维持两种状态;编程方式有 4 种工作状态,分别为字节擦除、字节写入、片擦除和禁止读写状态。每种工作状态对有关引脚电平的依赖关系如表 5-4 所示。

结合 2764,读者不难理解表 5-4 中各工作状态的引脚连接、作用和特点,只是字节写入和片擦除需要进一步说明。

表 5-4　2815 工作状态选择表

| 工作方式 | 引　　脚 | | | |
|---|---|---|---|---|
| | $\overline{CE}$<br>(18) | $\overline{OE}$<br>(20) | $V_{PP}/V$<br>(21) | 输 出 端<br>I/O7~I/O0 |
| 读　　出 | $V_{IL}$ | $V_{IL}$ | $+4\sim+6$ | 输出 |
| 维　　持 | $V_{IH}$ | $\times$ | $+4\sim+6$ | 高阻 |
| 字节擦除 | $V_{IL}$ | $V_{IH}$ | $+21$ | $V_{IH}$ |
| 字节写入 | $V_{IL}$ | $V_{IH}$ | $+21$ | 被写入信息 |
| 片擦除 | $V_{IL}$ | $+9\sim+15V$ | $+21$ | $V_{IH}$ |
| 禁止读写 | $V_{IH}$ | $\times$ | $+4\sim+22$ | 高阻 |

注:$V_{IL}$ 为 TTL 低电平,$V_{IH}$ 为 TTL 高电平,$\times$为任意电平($V_{IL}$ 或 $V_{IH}$)。

（1）片擦除。在片擦除时,除在$\overline{CE}$引脚上需要接 TTL 低电平外,还要在 $V_{PP}$ 和$\overline{OE}$引脚上分别加一个 50ms 宽正脉冲。其中,$V_{PP}$ 上的波形如图 5-12(b)所示,$\overline{OE}$上的正脉冲可采用图 5-11 所示的擦除控制电路。在 $V_{PP}$ 上正脉冲的作用下,$\overline{OE}$上的电压超过 9V 时片擦除开始,直到 $V_{PP}$ 回到＋6V（$\overline{OE}$回到 TTL 高电平）时片擦除完成。片擦除完成后,各存储单元读出全 1。

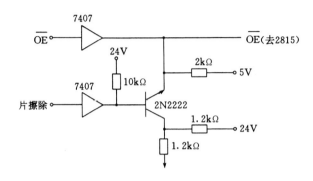

图 5-11　$\overline{OE}$片擦除控制

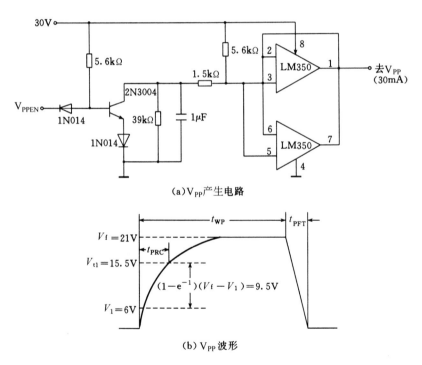

（a）$V_{PP}$产生电路

（b）$V_{PP}$波形

图 5-12　$V_{PP}$产生电路及波形

（2）字节写入。字节写入状态实际上是指 2815 的编程状态。此时,$\overline{CE}$应为 TTL 低电平,$\overline{OE}$应为 TTL 高电平,$V_{PP}$ 上的波形和片擦除时相同,如图 5-12(b)所示。

$V_{PP}$脉冲形状对确保 2815 长期可靠工作至关重要。$V_{PP}$ 必须按照 RC 波形（指数规律）上升到 21V,而且开关特性要好。图 5-12(a)为推荐用户使用的一种 $V_{PP}$ 波形产生电路,该电路可以驱动 4 个 2815 器件工作。

# 5.3 随机存取存储器

随机存取存储器(RAM)是一种正常工作时既能读又能写的存储器,故又称为读写存储器。RAM 通常用来存放数据、中间结果和最终结果等,是现代计算机不可缺少的一种半导体存储器。

RAM 通常可以分为静态 RAM 和动态 RAM 两大类,其差别主要在于基本存储电路存储信息的方式不同。前者依靠触发器存储二进制信息,后者依靠存储电容存储二进制信息。静态 RAM 的存储容量较小,动态 RAM 的存储容量较大。

## 5.3.1 静态 RAM 的基本存储电路

静态 RAM 的基本存储电路是触发器,通常由 6 个晶体管组成,如图 5-13 所示。图中 T3 和 T4 为负载管(相当于两只电阻),T5 和 T6 为门控管,T1 和 T2 为存储管,其他如图 5-13 所示。

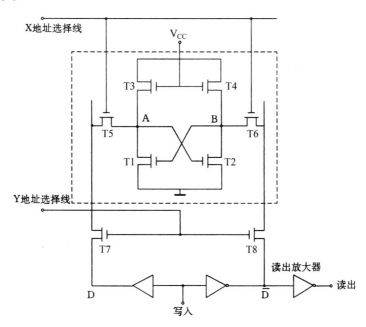

图 5-13　静态 RAM 的基本存储电路

工作原理分述如下。

(1) 写入过程。存储器地址编码经 X 和 Y 地址译码器(图中未画出)译码后,使图中的 X 地址选择线和 Y 地址选择线变为高电平,故 T5、T6、T7 和 T8 导通。若为写 1,则数据总线上的 1 信号经倒相电路后使 D 变为高电平,$\overline{D}$ 变为低电平,经通导管 T5、T6、T7 和 T8 的传导作用而导致 A 点为高电平,B 点为低电平(即 T1 管截止,T2 管导通),表示 1 信息被写入;若为写 0,则 D 点为低电平,$\overline{D}$ 为高电平,同样经 T5、T6、T7 和 T8 使 A 点为低电平,B 点为高电平(即 T1 导通,T2 截止),表示 0 信号被写入。

（2）读出过程。在读出操作时,X 地址选择线和 Y 地址选择线变为高电平,故 T5、T6、T7 和 T8 导通。若存储电路中原存 1(即 A 点为高电平,B 点为低电平),则 A 点和 B 点电平经 T5、T6、T7 和 T8 通导管传送到 D 点和 $\overline{D}$ 点,其中 $\overline{D}$ 点的低电平经读出放大器输出高电平逻辑 1,表示存储电路中的 1 信息被读出;若存储电路中原存 0(即 A 点为低电平,B 点为高电平),则同样道理可使 $\overline{D}$ 点变为高电平,经读出放大器倒相后输出逻辑 0,表示 0 信号被读出。

无论读 1 还是读 0,由于每次读出时只是把 A 点和 B 点电平传送到 D 点和 $\overline{D}$ 点,并经读出放大器放大后送到数据总线,并不会改变触发器的工作状态。因此,静态 RAM 的读出也是一种非破坏性的读出。

### 5.3.2 动态 RAM 的基本存储电路

动态 RAM 的基本存储电路是以电荷形式存储二进制信息的,通常可以分为单管、三管和四管动态 RAM 存储电路。但是,广泛应用的还是单管动态 RAM 存储电路,现以它为例来分析动态 RAM 存储信息的原理。

图 5-14 为一个 NMOS 型单管动态 RAM 的基本存储电路。图中 $C_g$ 为存储电容,若 $C_g$ 上存有电荷,则表示存储电路存 1;若 $C_g$ 上无电荷,则表示它存 0;T 为 MOS 管,用作开关。工作过程如下。

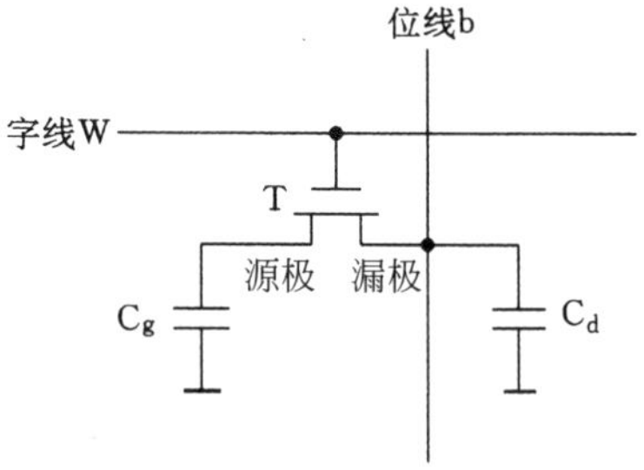

图 5-14 单管动态 RAM 存储电路

#### 1. 写入过程

当图 5-14 中存储电路被选中工作时,字线 W 为高电平,MOS 管 T 通导,位线 b 上的写电平便可经过 T 管直接送入存储电容 $C_g$。若位线 b 上的写信息为高电平 1,则存储电容 $C_g$ 被充电到这个高电平;若位线 b 上写信息为低电平 0,则 $C_g$ 被放电到低电平。因此,动态 RAM 存储信息的原理是以存储电容上是否有电荷来标识的,$C_g$ 上有电荷表示存 1,$C_g$ 上无电荷表示存 0。

#### 2. 读出过程

对存储电路读出时,字线 W 也变为高电平,T 通导,故 $C_g$ 上的电压可直接送到位线 b。若读 1,则 $C_g$ 上的电荷使位线 b 输出高电平 1;若读 0,则 $C_g$ 上无电荷,故位线 b 输出低电平 0。

上述分析表明:单管动态 RAM 存储 1 位二进制信息只需一只 MOS 管,故它集成度高,成本低,适合制造大容量存储器。但对于未选中的基本存储电路,由于字线 W 为低电平,存储 1 的那些存储电容 $C_g$ 上的电荷因无泄漏通路而保持下来。但 $C_g$ 上的电荷总会有泄漏存在,且电容量又小。因此,为了保持住 $C_g$ 上的信息,必须周期性地给存 1 的基本存储电路充电。这种充电过程称为刷新。动态 RAM 的刷新由刷新电路完成,刷新是周期性地进行的,通常需要 2ms 的时间完成芯片上所有存储单元的刷新。刷新电路的刷新原理从略。

### 5.3.3 RAM 举例

#### 1. Intel 6264（静态 RAM）

6264 是 Intel 公司的产品，其中 62 是系列号，64 是序号，与存储容量有关。这个系列的产品如表 5-5 所列。

表 5-5  常用静态 RAM 一览表

| 型　　　号 | 存储容量/b | 最大存取时间/ns | 所用工艺 | 所需电源/V | 引脚数 |
|---|---|---|---|---|---|
| 2114A | 1K×4 | 100～250 | HMOS | +5 | 18 |
| 2115A | 1K×8 | 45～95 | NMOS | +5 | 16 |
| 2128 | 2K×8 | 150～200 | HMOS | +5 | 24 |
| 6116 | 2K×8 | 200 | CMOS | +5 | 24 |
| 6264 | 8K×8 | 200 | CMOS | +5 | 28 |
| 62128 | 16K×8 | 200 | CMOS | +5 | 28 |
| 62256 | 32K×8 | 200 | CMOS | +5 | 28 |

（1）内部结构和原理。6264 是 8KB 静态 RAM，内部结构如图 5-15 所示。由图可见，6264 采用双译码编址方式，A12～A0 地址线共分为两组，行向 8 条，列向 5 条。行向地址经行三态输入门和行地址译码后产生 256 条行地址选择线，列向地址由列三态输入门及译码电路译码产生 32 条列地址选择线，行、列地址选择线共同对存储阵列中的 8192

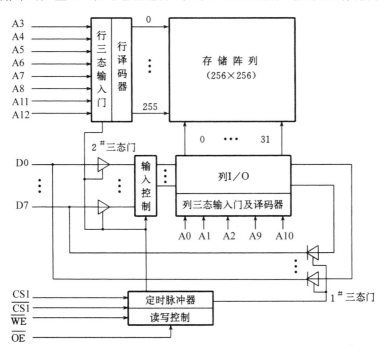

图 5-15  6264 内部结构框图

189

个存储单元选址。CS1 和 $\overline{\text{CS1}}$ 为片选控制线,当 CS1 为高电平且 $\overline{\text{CS1}}$ 为低电平时,本芯片被选中工作,否则本芯片就不工作;$\overline{\text{WE}}$ 线为控制读写线,$\overline{\text{WE}}$ 为高电平时 6264 处于读出状态,$\overline{\text{WE}}$ 为低电平时处于写入状态,$\overline{\text{OE}}$ 控制读出数据是否送到数据线 D7～D0 上。

若芯片被选中为读出状态(即 CS1＝1、$\overline{\text{CS1}}$＝0、$\overline{\text{WE}}$＝1 和 $\overline{\text{OE}}$＝0),则 A12～A0 上的地址码经行列译码后选中相应存储单元工作,被选中的存储单元中的内容读出后经 1# 三态门(2# 三态门因 $\overline{\text{WE}}$＝1 和 $\overline{\text{OE}}$＝0 而被封锁)被送到数据线 D7～D0 上。若芯片被选中为写入状态(即 $\overline{\text{WE}}$＝0),则 D7～D0 上写入信号经 2# 三态门(1# 三态门因 $\overline{\text{WE}}$＝0 和 $\overline{\text{OE}}$＝1 而被封锁)写入由 A12～A0 选中的存储单元。

(2) 引脚功能(28 条)。由表 5-5 知,6264、62128 和 62256 都是 28 引脚的 SRAM,其引脚的分配关系如图5-16 所示。它们的主要差别是,62128 的 26 号引脚为 A13,62256 的 26 号引脚为 A13 且 1 号引脚为 A14,故它们可公用一个管座。现以 6264 为例来说明各引脚的功能。

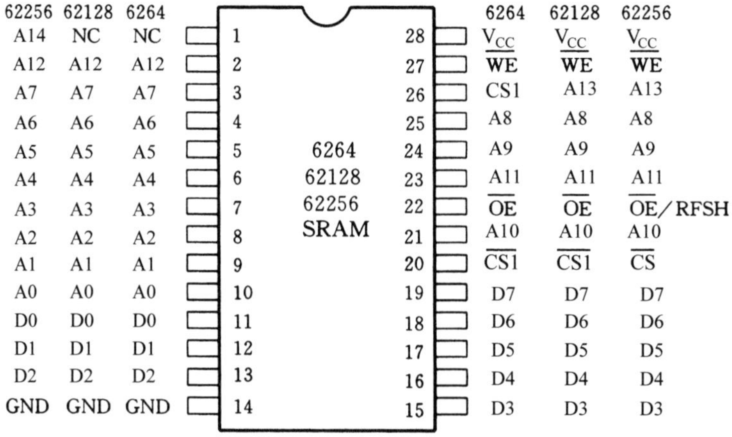

| 62256 | 62128 | 6264 | 引脚 | | 引脚 | 6264 | 62128 | 62256 |
|---|---|---|---|---|---|---|---|---|
| A14 | NC | NC | 1 | | 28 | $V_{CC}$ | $V_{CC}$ | $V_{CC}$ |
| A12 | A12 | A12 | 2 | | 27 | $\overline{\text{WE}}$ | $\overline{\text{WE}}$ | $\overline{\text{WE}}$ |
| A7 | A7 | A7 | 3 | | 26 | CS1 | A13 | A13 |
| A6 | A6 | A6 | 4 | | 25 | A8 | A8 | A8 |
| A5 | A5 | A5 | 5 | 6264 | 24 | A9 | A9 | A9 |
| A4 | A4 | A4 | 6 | 62128 | 23 | A11 | A11 | A11 |
| A3 | A3 | A3 | 7 | 62256 | 22 | $\overline{\text{OE}}$ | $\overline{\text{OE}}$ | $\overline{\text{OE}}$/RFSH |
| A2 | A2 | A2 | 8 | SRAM | 21 | A10 | A10 | A10 |
| A1 | A1 | A1 | 9 | | 20 | $\overline{\text{CS1}}$ | $\overline{\text{CS1}}$ | $\overline{\text{CS}}$ |
| A0 | A0 | A0 | 10 | | 19 | D7 | D7 | D7 |
| D0 | D0 | D0 | 11 | | 18 | D6 | D6 | D6 |
| D1 | D1 | D1 | 12 | | 17 | D5 | D5 | D5 |
| D2 | D2 | D2 | 13 | | 16 | D4 | D4 | D4 |
| GND | GND | GND | 14 | | 15 | D3 | D3 | D3 |

图 5-16　6264/62128/62256 引脚分配

① 地址线 A12～A0(13 条):A12～A0 为输入地址线,用于传送 CPU 送来的地址编码信号,高电平表示 1,低电平表示 0。

② 数据线 D7～D0(8 条):D7～D0 为双向数据线,D7 为最高位,D0 为最低位。正常工作时,D7～D0 用来传送 6264 的读写数据。

③ 控制线(4 条)。

允许输出线 $\overline{\text{OE}}$:该输入线用于控制从 6264 中读出的数据是否送到数据线 D7～D0 上。若 $\overline{\text{OE}}$ 为低电平,则读出数据可以直接送到数据总线 D7～D0;否则,读出数据只能到达 6264 的内部总线。

片选输入线 CS1 和 $\overline{\text{CS1}}$:若 CS1＝1 且 $\overline{\text{CS1}}$＝0,则本芯片被选中工作;否则,本芯片不被选中工作。

读写命令线 $\overline{\text{WE}}$:若 $\overline{\text{WE}}$ 为高电平,则 6264 建立读出工作状态;若 $\overline{\text{WE}}$ 为低电平,则 6264 处于写入状态。

④ 电源线(2 条):$V_{CC}$ 为＋5V 电源线,允许在 ±10％ 范围内波动。GND 为接地线。

（3）工作方式。6264 共有 5 种工作方式，其中的读出和写入方式是有效方式。每种工作方式对有关引脚上电平的依赖关系如表 5-6 所示。

表 5-6　6264 工作方式选择表

| 工作方式 | $\overline{CS1}$ | CS1 | $\overline{WE}$ | $\overline{OE}$ | 功　　能 |
|---|---|---|---|---|---|
| 禁　　止 | 0 | 1 | 0 | 0 | 不允许$\overline{WE}$和$\overline{OE}$同时为低电平 |
| 读　　出 | 0 | 1 | 1 | 0 | 从 6264 读出数据到 D7～D0 |
| 写　　入 | 0 | 1 | 0 | 1 | 把 D7～D0 数据写入 6264 |
| 选　　通 | 0 | 1 | 1 | 1 | 输出高阻 |
| 未选通 | 1 | 1 | × | × | 输出高阻 |

注：×表示任意电平。

**2. Intel 2116（动态 RAM）**

DRAM 具有集成度高、功耗低、快速和廉价等优点，其存储容量可以做得很大，1GB 和 4GB 的 DRAM 已投放市场。表 5-7 列出了几种微型机控制系统中常用的 DRAM 存储器。这里，我们仅对 2116 的内部结构和使用特点进行介绍。

表 5-7　几种常用的 DRAM 存储器

| 型　　号 | 存储容量/b | 最大存取时间/ns | 所用工艺 | 所需电源/V | 引脚数 |
|---|---|---|---|---|---|
| 2104A | 4K×1 | 150～300 | NMOS | ±5,+12 | 16 |
| 2108A | 8K×1 | 200～300 | NMOS | ±5,+12 | 16 |
| 2116 | 16K×1 | 200～300 | NMOS | ±5,+12 | 16 |
| 2118 | 16K×1 | 100～150 | HMOS | +5 | 16 |
| 2164 | 64K×1 | 100～150 | HMOS | +5 | 16 |
| HM50256 | 256K×1 | 150～200 | HMOS | +5 | 16 |

2116 是 Intel 公司的 16K 位 DRAM，采用双层 NMOS 工艺，单管动态基本存储电路，是一种有 16 引脚的双列直插式 DRAM，其内部结构如图 5-17 所示。

2116 的存储容量为 16K×1b，按照地址码和存储单元数之间的关系（$2^{14}=16\,384$），共需 14 条地址线，但图中只有 7 条地址线。这是因为 2116 内部的地址锁存器仍有 14 位，7 位行地址锁存器和 7 位列地址锁存器，14 位地址码是通过地址线 A6～A0 分两次送给行地址锁存器和列地址锁存器的。当 A6～A0 上出现低 7 位地址码时，$\overline{RAS}$（Row Address Strobe，行地址选通信号）上的低电平可以把行地址锁存到行地址锁存器；当 A6～A0 上出现高 7 位地址码时，$\overline{CAS}$（Column Address Strobe，列地址选通信号）上的低电平可以把列地址锁存到列地址锁存器。2116 对 14 位行列地址译码后可以选中 4 个 32×128 存储阵列中的某个存储单元工作，若是读出数据方式（$\overline{WE}$线为高电平），则"输入数据锁存器"被封锁，读出信号经"输出锁存及缓冲器"在 $D_{OUT}$ 上输出；若是写入方式（$\overline{WE}$线为低电平），则"输出锁存及缓冲器"封锁，$D_{IN}$ 上写入信号经"输入数据锁存器"写入由行

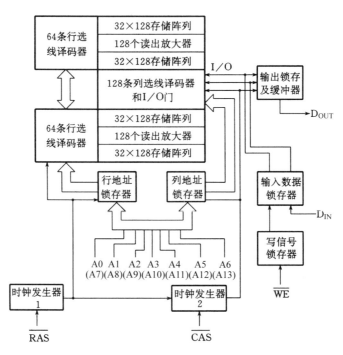

图 5-17　Intel 2116 内部结构框图

列地址所选中的存储单元(一位)。

因此,2116 的数据输入线 $D_{IN}$ 和数据输出线 $D_{OUT}$ 是分开设置的,都有各自的锁存器,实际使用时应使 $D_{IN}$ 和 $D_{OUT}$ 短接。2116 共需 +12V、+5V 和 -5V 三种电源和一条写命令控制线 $\overline{WE}$,且无专用的片选输入线。2116 的引脚分配如图 5-18 所示。

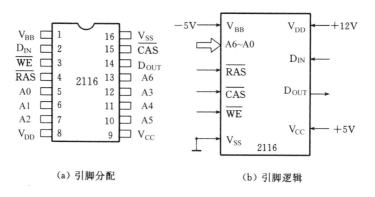

(a) 引脚分配　　　　　　　　　(b) 引脚逻辑

图 5-18　2116 引脚分配和逻辑关系图

2116 内部有专门的刷新电路,刷新由 CPU 按 A6~A0 上传送来的刷新地址进行,每次刷新一行(128 个存储单元,每个存储单元 1 位)。因此,所有存储单元刷新一遍共需 128 次。此外,在实际使用时,还必须为 2116 配有专门的行列地址多路转换器和行列地址切换控制电路,以便把 CPU 送来的 14 位地址分时地锁存到 2116 内部的行地址锁存器和列地址锁存器。

### 3. Intel 2186（全集成化 DRAM）

2186 是 Intel 公司的一种新型 DRAM，它克服了普通 DRAM 需要外加刷新控制接口的缺点，内部含有全套动态刷新电路，自成一个独立而且完整的刷新体系，兼有动态 RAM 和静态 RAM 的优点。Intel 公司的部分全集成化 DRAM 如表 5-8 所示。

**表 5-8　Intel 公司的部分全集成化 DRAM**

| 型　号 | 存储容量/KB | 最大存取时间/ns | 所 用 工 艺 | 所需电源/V | 引脚数 |
|---|---|---|---|---|---|
| 2186 | 8 | 200 | HMOS-D2 | +5 | 28 |
| 2187 | 8 | 200 | HMOS-D2 | +5 | 28 |
| 8148 | 4 | 200 | HMOS-D2 | +5 | 28 |

2186 片内刷新控制电路包括刷新地址计数器、多路转换器、刷新内部定时和高速裁决请求等方面的电路。刷新操作既可以外部控制，也可以内部控制。外部刷新需要在 RDY/$\overline{\text{REFEN}}$ 引脚上每 2ms 输入 128 个同步选通脉冲，内部刷新能自动在 RDY/$\overline{\text{REFEN}}$ 引脚上输出一个低电平打"招呼"信号去告诉 MCS-51 2186 正在刷新，该低电平持续到刷新完成时为止。因此，当 MCS-51 对 2186 存取时正遇上 2186 刷新时，它必须通过查询或中断方式等待 RDY/$\overline{\text{REFEN}}$ 上出现高电平才能进行存取操作。2186 的引脚逻辑关系如图5-19所示。

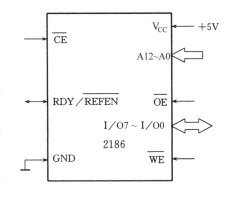

图 5-19　2186 引脚逻辑关系

有关引脚的名称为

| | | | |
|---|---|---|---|
| A12～A0 | 地址输入线 | I/O7～I/O0 | 数据输入输出线 |
| $\overline{\text{OE}}$ | 允许输出输入线 | $\overline{\text{WE}}$ | 允许写输入线 |
| $\overline{\text{CE}}$ | 片选输入线 | RDY/$\overline{\text{REFEN}}$ | 准备好/刷新允许线 |
| $V_{CC}$ | +5V 电源线 | GND | 接地线 |

## 5.4　MCS-51 和外部存储器的连接

MCS-51 单片机和外部存储器连接包括它对外部 RAM 和外部 ROM 的连接，这种连接是通过地址总线、数据总线和控制总线实现的，也是单片机硬件设计的重要组成部分。

### 5.4.1　连接中应考虑的问题

MCS-51 对外部存储器连接中应充分考虑如下 5 个问题。

#### 1. 选取存储器芯片的原则

只读存储器常用于固化固定程序和常数，以便系统一开机就可按照预定程序工作。只读存储器有掩膜 ROM、PROM 和 EPROM 三种：若所设计的系统是小批量生产或研制中的产品,则建议采用 EPROM 型器件;若为定型的大批量产品,则应采用 PROM 或掩膜 ROM,以降低生产成本并提高系统的可靠性。PROM 通常包括双极型熔丝式 PROM 和 OTP ROM 两类。OTP ROM 是一种新型存储器,它比双极型熔丝式 PROM 更加可靠,故它在具有中、小批量的定型产品中获得了广泛应用,大有替代 UVEPROM 的倾向。

随机存取存储器有 SRAM 和 DRAM 两类,常用来存放实时数据、变量和运算结果。若系统所用 RAM 容量较小,则宜采用 SRAM,以简化硬件电路设计。在单片机控制系统中,由于所用 RAM 容量通常较小,故常采用 SRAM,以简化硬件电路并减小系统体积。DRAM 容量可以做得很大,但它需要外加刷新电路,常用在像 PC 和工作站等一类系统机中。闪速存储器(Flash)在功能上也是一种 RAM 型存储器,工作速度比 $E^2$PROM 快得多,也可用来存放变量、运算结果和实时数据,且所存信息不会因停电而消失。近年来,在单片机控制系统中闪速存储器大有取代 SRAM 的趋势,特别适用于像 IC 卡水表一类采用干电池供电的单片机控制系统中。

**2. 工作速度匹配**

MCS-51 对外部存储器进行读写所需要的时间称为 MCS-51 的访存时间,是指从它向外部存储器发出地址码和读写信号到从 P0 口选通读出数据或保存写入数据所需要的时间,这个时间至少需要两个时钟周期以上(见第 2 章)。存储器最大存取时间是存储器固有的时间,这个时间参数可以从有关手册或实际测量中获得。为了使 MCS-51 和外部存储器同步从而可靠工作,MCS-51 的访存时间必须大于所用外部存储器的最大存取时间。例如,若 8031 的主脉冲为 6MHz,则它的访存时间至少要大于 400ns,故所选存储器芯片的最大存取时间必须小于这个数。

**3. MCS-51 对存储容量的要求**

MCS-51 所需要的存储容量和存储芯片本身能提供的存储容量不是同一概念。MCS-51 所需要的存储容量由实际单片机应用系统的实时数据和应用程序的数量决定,每个存储单元必须为二进制 8 位,而且受所选单片机寻址能力所制约;存储器芯片本身的存储容量由所选存储器芯片的型号决定,且每个存储单元的二进制位数不一定是二进制 8 位。因此,所设计的系统需要的存储器芯片数量必须考虑从存储单元数量和位数两方面同时满足系统的要求。例如,某一单片机应用系统需要 32KB RAM 存储器,若采用 6264 仅需 4 块,若改用 2116 就需要 16 块。这就是说,在 MCS-51 实际所需存储容量不变的前提下,所选存储芯片本身存储容量越大,所用芯片数量就越少。

**4. MCS-51 对存储器地址的分配**

在确定外部 RAM 和 ROM 的容量以及所选存储器芯片的型号和数量以后,还必须给每块芯片划定一个地址分配范围,因为分给存储器的地址范围不同,它和地址译码器的连接也不一样。在图 5-20 中,8031 分给 2764 的地址范围是 0000H～1FFFH,故它的 $\overline{\text{CE}}$ 应和 $\overline{\text{Y}_0}$ 直接相连;若要使 2764 的地址范围改为 6000H～7FFFH,则它的 $\overline{\text{CE}}$ 就必须和 $\overline{\text{Y}_3}$ 相连。其他情况下的地址分配范围和 $\overline{\text{CE}}$ 的连接请读者自行考虑。

**5. 地址译码方式**

为了实现 MCS-51 对外部存储器的连接并且便于分析问题,把单片机的所有地址线划分为片内地址线和片选地址线两部分。CPU 的片内地址线定义为单片机可以直接(或通过外部地址锁存器)和所选存储芯片地址对应相连的那部分地址线,CPU 的片选地址线定义为除片内地址线外的其余地址线。因此,CPU 的片内地址线条数和所用存储器芯片的地址线条数相等。这就是说,CPU 的片内地址线和片选地址线的分配不是一成不变的,它与相应系统内所用的存储器芯片型号有关。例如,在图 5-20 中,片选地址线为 P2.7、P2.6 和 P2.5,其余为片内地址线,若系统改用 27128 芯片,则 8031 的片选地址线变为 P2.7 和 P2.6 两条,其余为片内地址线。

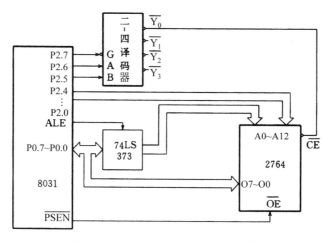

图 5-20　8031 和 2764 的连接示意图

在 MCS-51 的外部存储器设计中,CPU 片内地址线通常是直接或经过外部地址锁存器与相应存储器地址线相连;片选地址线通常与存储器芯片的 $\overline{CE}$ 直接相连或经过地址译码器输出后与它相连,也可以悬空不用。按照片选地址线的这 3 种连接方式,单片机的地址译码通常可分为全译码、部分译码和线选法译码 3 种。

(1) 全译码方式。单片机地址的全译码方式是指所有片选地址线全部参加译码的工作方式,图 5-20 中的 8031 就是一种全译码方式。在全译码方式中,存储器每个存储单元只有唯一的一个 CPU 地址与它对应,只要单片机发出这个地址就可选中该存储单元工作,故不存在地址重叠现象。全译码方式的缺点是:所需地址译码电路较多,尤其在单片机寻址能力较大且所采用的存储芯片容量较小时更为严重。

(2) 部分译码方式。部分译码方式是指单片机片选线中只有一部分参加了译码,其余部分是悬空的。在图 5-23 中,片选线 P2.4 和 P2.3 悬空,故它是部分译码方式。在部分译码方式下,无论 CPU 使悬空片选地址线上电平如何变化,都不会影响它对存储单元的选址,故存储器每个存储单元的地址不是唯一的,必然会有一个以上的 CPU 地址与它对应(即地址有重叠)。因此,采用部分译码方式必须把程序和数据放在基本地址范围内(即悬空片选地址线全为低电平时存储芯片的地址范围),以避免因地址重叠引起程序运行错误。部分译码的优点是可以减少所用地址译码器的数量,尤其在系统所用存储芯片容量与 CPU 寻址范围相比为较小时更为突出。

(3) 线选法方式。线选法译码是指片选地址线中的某一条与存储芯片 $\overline{CS}$(或 $\overline{CE}$)直接相连的工作方式。线选法译码方式有可能产生地址重叠:若除与存储芯片$\overline{CS}$相连的片选线以外还存在悬空的片选线,则存储单元的地址就有重叠现象;否则,存储单元的地址就是唯一的。由于存储芯片的片选线$\overline{CS}$通常只有一条,因此实际上总会存在悬空的片选地址线。在图 5-22 中,片选线 P2.6、P2.5、P2.4 和 P2.3 悬空,故 2817 中每个存储单元的地址对于 CPU 不是唯一的,有重叠地址。例如,CPU 的 0800H、1000H、1800H、…、7800H 等 15 个地址都是 0000H 的重叠地址。

## 5.4.2　MCS-51 对外部 ROM 的连接

### 1. AT89C51 对 27C64 的连接

AT89C51 是 Atmel 公司的一种 CMOS 型单片机,它和 Intel 公司的 MCS-51 完全兼容;27C64 是 CMOS 型的 UVEPROM 只读存储器。AT89C51 和 27C64 的连接如图 5-21 所示。图中,由于 27C64 存储容量为 8KB,故 AT89C51 的片内地址线为 A12～A8 和 AD7～AD0(A12～A8 直接与 27C64 的 A12～A8 相接,AD7～AD0 经 74LS373 后接到 27C64 的 A7～A0),共 13 条;片选地址线为 A15、A14 和 A13,共 3 条(全部悬空);$\overline{PSEN}$ 与 27C64 的 $\overline{OE}$ 相接,以便 AT89C51 执行指令时产生低电平而选中 27C64 工作;$\overline{EA}$ 接 +5V 电源,以便 AT89C51 选中片内 ROM 的 00H～FFH 低地址区工作(参见第 2 章);P1.3～P1.0 与一个 7SEG-BCD-GRN(带 BCD 译码的七段绿色数码管)相接;其他如图所示。

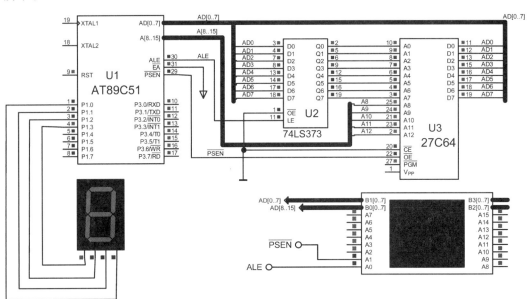

图 5-21　AT89C51 对 27C64 的接口

根据基本地址范围的定义,即未参加译码的片选线 A15～A13 上以低电平 0 计算时的地址范围,故 27C64 基本地址范围为 0000H～1FFFH。重叠地址范围定义为未参加译码(悬空)的片选地址线和片内地址线从全 0 变到全 1 时的地址范围,故 27C64 的重叠地址范围为

| | | | | |
|---|---|---|---|---|
| 0000H~1FFFH | 8KB | | 8000H~9FFFH | 8KB |
| 2000H~3FFFH | 8KB | | A000H~BFFFH | 8KB |
| 4000H~5FFFH | 8KB | | C000H~DFFFH | 8KB |
| 6000H~7FFFH | 8KB | | E000H~FFFFH | 8KB |

上述分析表明:AT89C51 的基本地址范围(0000H～1FFFH)其实是它的重叠地址范围(0000H～FFFFH)的一个子域,也就是说,27C64 中的每一个实际存储单元都对应于 AT89C51 的 8 个地址。例如,AT89C51 只要在地址总线上发出 0000H、2000H、4000H、6000H、8000H、A000H、C000H 和 E000H 单元的任何一个地址码都会选中 27C64 中的 0000H 单元工作,这就是为什么用户程序必须全部放在基本地址范围的原因。

图 5-21 所示电路也可以在 PROTEUS 环境下进行仿真(见附录 E)。仿真前,先要从 PROTEUS 元件库中选取元器件,并按图 5-21 连接好电路;虚拟逻辑分析仪的 B0[0..7] 接 AD[8..15],B1[0..7]接 AD[0..7];AT89C51 的 ALE 接逻辑分析仪的 A0,$\overline{PSEN}$接 A1 也要连接好。然后把如下程序(EXPA. ASM)输入、修改和汇编成目标代码,并装入(编程)AT89C51 的内部 ROM。

```
                        ORG   0000H
0000H   021000H         LJMP  1000H        ;转 1000H 处执行
                        END
```

接着,把命名为 27C64. ASM 的如下程序也输入和汇编成目标代码(程序左边第 1 栏为地址,第 2 栏为指令的机器码),并将其写入(编程)27C64 以 1000H 为始址的 ROM 区域。

```
                        ORG   1000H
1000H   7A00H           MOV   R2 , #00H    ;00H 送 R2
1002H   EAH             MOV   A , R2       ;R2 送 A
1003H   F590H    START: MOV   P1 , A       ;送 P1 口显示
1005H   0AH             INC   R2           ;R2 加 1
1006H   EAH             MOV   A , R2       ;R2 送 A
1007H   540FH           ANL   A , #0FH     ;取出低 4 位
1009H   8DF8H           SJMP  START        ;循环
                        END
```

在 PROTEUS 环境下,AT89C51 仿真执行 EXPA. ASM(内部 ROM)程序就会自动转入 27C64. ASM(外部 ROM)程序执行。只要 PROTEUS 仿真正常,读者一方面可以看到在 BCD 数码显示管上轮流显示 0～F(若显示速度太快,则可在第 4 条语句后插入延时程序或多条 NOP 指令),另一方面还可以在逻辑分析仪上见到 AT89C51 访问外部 ROM 时总线上信号的状态(将鼠标移到逻辑分析仪上,右击,在弹出的菜单中选 VSM Logic Analyser 并单击)。这个波形其实和图 2-20 所示是一致的。在图 5-21 中,读者还可以在逻辑分析仪的 B0 上看到 10(AT89C51 高 8 位地址)、B1 上看到 03 和 04(AT89C51 低 8 位地址),F5 和 90 是 27C64. ASM 程序中第 4 条语句的指令码。

**2. 8031 对 E²PROM 的连接**

2817 是 Intel 公司的 E²PROM,是一种存储容量为 2KB 的、可以省去全部硬件接口电路而且能执行数据写入的固件。2817 可以通过 RDY/$\overline{BUSY}$ 引脚在系统环境中避免总线冲突。图 5-22 列出了它与 8031 的连接关系。由图可见,8031 采用线选法译码方式,P2.7～P2.3 的 5 条片选线中只有 P2.7 连到 2817 的 $\overline{CE}$(其余悬空),故它的基本地址范围为 0000H～07FFH,重叠地址范围为 0000H～7FFFH,共 32KB。这就是说,只要 8031 在 P2.7 上发出低电平 0,其余地址线无论怎样变化均可选中 2817 工作(即 2817 的每个存储单元均可对应于 CPU 的 $2^4=16$ 个地址,其中 4 为悬空片选线的位数)。8031 的 $\overline{RD}$ 和 $\overline{PSEN}$ 经与门(即低电位或门)连到 2817 的 $\overline{OE}$ 端,以便控制对 2817 的读操作和字节写入操作(2817 应预先片擦除)。

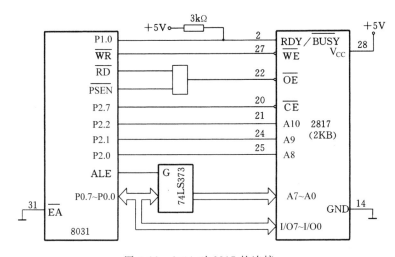

图 5-22　8031 对 2817 的连接

由于 8031 的 P1.0 和 2817 的 RDY/$\overline{BUSY}$ 引脚相连,故 8031 可以采用查询(或中断)方式对 2817 进行字节写入操作的管理。其工作过程如下。

(1) 8031 先通过程序向 2817 发出"字节写入"命令($\overline{WR}$ 为低电平 0),然后对 P1.0 进行程序查询。若它为低电平,则表明 2817 的字节写入操作尚未完成,8031 继续查询等待。

(2) 2817 收到 8031 的"字节写入"命令后 16ms 便可完成一个存储单元的字节写入操作,然后使 RDY/$\overline{BUSY}$ 变为高电平。

(3) 8031 查询到 RDY/$\overline{BUSY}$ 变为高电平意味着本次字节写入操作已经完成,可以准备下一次的"字节写入"操作。

8031 进行下次字节写入操作只需重复上述各步骤。

### 5.4.3　MCS-51 对外部 RAM 的连接

**1. MCS-51 对静态 RAM 的连接**

图 5-23 所示为 8031 对 6116(2KB)的连接。图中,8031 的 $\overline{RD}$ 和 $\overline{WR}$ 分别连到 6116 的 $\overline{OE}$ 和 $\overline{WE}$,以便 8031 执行 MOVX 指令时选中 6116 工作。片选线 P2.7～P2.5 参加译码(P2.7 连到二-四译码器控制端 G),片选线 P2.4 和 P2.3 未参加译码,故为部分译码方

式。根据前面对重叠地址的定义,6116 的重叠地址范围为

| $1^{\#}$ 6116 | 0000H～1FFFH | 8KB |
| $2^{\#}$ 6116 | 2000H～3FFFH | 8KB |

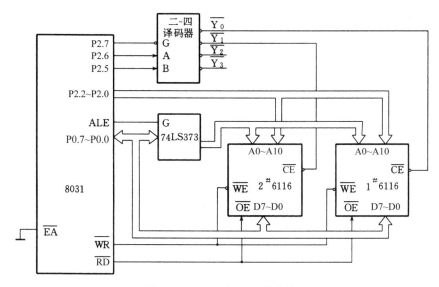

图 5-23　8031 对 6116 的连接

显然,重叠地址范围是连续的。其中,基本地址范围为

| $1^{\#}$ 6116 | 0000H～07FFH | 2KB |
| $2^{\#}$ 6116 | 2000H～27FFH | 2KB |

为了进一步弄清 MCS-51 对静态 RAM 的连接原理,现以图 5-24 所示实例加以说明。

图 5-24 所示为 AT89C51 对 6264(8KB)的连接图。图中,AT89C51 的 P3.7/$\overline{RD}$ 和 P3.6/$\overline{WR}$ 分别连到 6264 的 $\overline{OE}$ 和 $\overline{WE}$,以便 CPU 在执行 MOVX 指令时选中 6264 工作。AT89C51 的片选线 A15、A14 和 A13 未参加译码(悬空),故 AT89C51 的地址译码方式采用线选法。AT89C51 的片内地址线为 A12～A0,共 13 条。其中,高 5 位 A[12..8]直接与 6264 同名端相接;低 8 位 AD[7..0]一方面直接和 6264 的 D7～D0 相接,另一方面又经外部地址锁存器 74LS373 与 6264 的 A7～A0 相连。AT89C51 的 ALE 与 74LS373 的 LE 相接,以便 CPU 在执行 MOVX 指令时用其下降沿锁存 AD[7..0]上的低 8 位地址码。这就是说,AT89C51 的 AD[7..0]在 ALE 的下降沿以后便可用来传送随后而来的 6264 的读/写数据。AT89C51 的 $\overline{PSEN}$ 悬空不用,故用户程序只能定位在 AT89C51 的内部 ROM 区;$\overline{EA}$ 接+5V 电源,XTAL1 接 CLOCK 时钟源;其余如图 5-24 所示。

根据基本地址范围和重叠地址范围的定义,本例中 AT89C51 的基本地址范围是 0000H～1FFFH;重叠地址范围因其各个子域的首末地址相互连续而可以表示为 0000H～FFFFH。显然,它们和图 5-21 的情况是完全相同的。

图 5-24 所示电路同样可以在 PROTEUS 环境下加以仿真(见附录 E)。在仿真实验前,读者同样应先从 PROTEUS 元件库中选取元器件并按图 5-24 连接好电路,然后打开

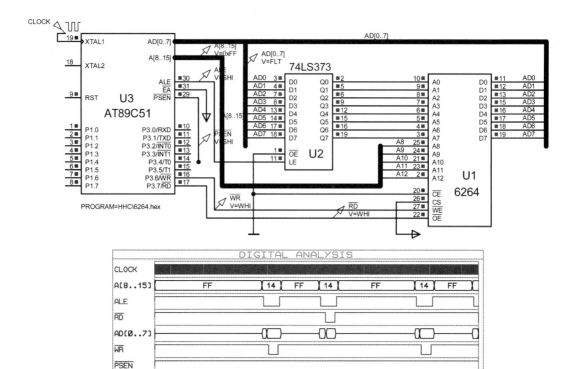

图 5-24　MCS-51 对 6264 的连接

PROTEUS 的文本编辑器 SRCEDIT,在其中编辑如下程序(以 6264. ASM 为文件名)并汇编成目标代码(见如下程序中第 2 栏)。

```
                        ORG    0000H
0000H    800EH          SJMP   STAR
                        ORG    0010H
0010H    901456H   STAR:MOV    DPTR,♯1456H      ;DPTR 指向 1456H
0013H    7455H          MOV    A,♯55H           ;55H 写入 1456H
0015H    F0H            MOVX   @DPTR,A
0016H    E4H            CLR    A                ;累加器 A 清零
0017H    E0H            MOVX   A,@DPTR          ;(1456H)读入 A
0018H    00H            NOP
0019H    7498H          MOV    A,♯98H           ;98H 送 A
001BH    0582H          INC    DPL
001DH    F0H            MOVX   @DPTR,A          ;98H 存入 1457H
001EH    00H            NOP
001FH    E0H            MOVX   A,@DPTR          ;读出 1457H 中的内容
0020H    00H            NOP
0021H    80DDH          SJMP   STAR
                        END
```

在 PROTEUS 环境下,读者可先在上述程序第 9 条语句(物理地址为 0018H)处设置一个断点,然后运行程序。此时,读者既可以在外部 RAM(6264)的 1456H 单元中观察到 55H(见图 5-25),又可以在 Watch Window 和 U3 窗口中看到 DPTR(物理地址为 83H 和 82H)中内容为 0x1456H 和累加器 A(物理地址为 0EH)中内容为 0x55H,其中 0x 表示紧跟其后的代码为十六进制。显然,这和上述程序执行到断点地址 0018H 处时的分析结果完全吻合。在图 5-24 电路中,人们还可以再加上虚拟高级图表 ASF(如图中空心箭头所示),然后重新进行 PROTEUS 仿真。此时,读者便可进一步观察到 AT89C51 对外部 RAM(6264)的读/写时序(见图 5-24)。显然,这个时序(图中 14 为 AT89C51 发给 6264 的高 8 位地址码)和图 2-21 中的时序完全一致,读者仔细体会便能理解第 2 章中所学内容的深刻含义。

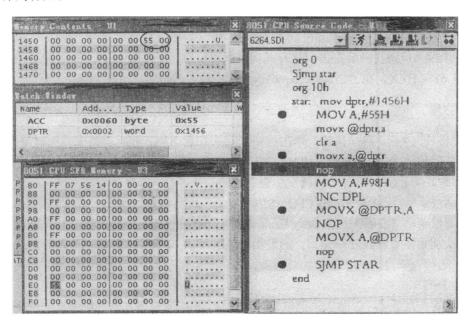

图 5-25　AT89C51 仿真扩展 6264 时的源代码窗口

### 2. MCS-51 对动态 RAM 的连接

2186 是全集成化 8KB 动态 RAM,把全部刷新控制电路集成在基片的平面上,使系统设计者既能获得动态 RAM 的密度、功耗和价格方面的优点,又不必为设计刷新控制接口而增加硬件成本。图 5-26 示出了 8031 对 2186 的连接。由图可见,8031 通过 $\overline{CE}$ 下降沿把出现在 P0 口的低 8 位地址(由 A7~A0 进入)锁存到 2186 内部地址锁存器中,故 P0 口可以与 2186 的 A7~A0 直接相连而无须外接地址锁存器。8031 的 P2.4~P2.0 与 2186 的 A12~A8 相连,由 P2 口提供高 5 位地址码。8031 的 $\overline{RD}$ 和 $\overline{WR}$ 连到 2186 的 $\overline{OE}$ 和 $\overline{WE}$,以提供 2186 所需的读写选通信号。

2186 有同步和异步两种工作方式。8031 在主频 8MHz 时可以与 2186 同步工作,因为 8031 在 ALE 下降沿到对 2186 读写(ALE 经或门 $M_2$ 和 $\overline{CE}$)以前有足够时间保证 2186

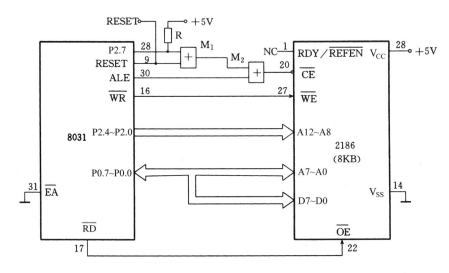

图 5-26　8031 对 2186 的连接

完成一次刷新操作。这就是说,8031 不会因为 2186 需要刷新而影响对它的正常读写,故 RDY/$\overline{\text{REFEN}}$保留未用。在主频高于 8MHz 时,8031 必须采用异步方式对 2186 工作。例如,若 8031 对 2186 读写时刚好是 2186 的刷新周期,则读写操作必须等待刷新周期完成后才能对所寻址的内存单元进行读写操作,2186 此时也使 RDY/$\overline{\text{REFEN}}$释放回到 $V_{cc}$ 高电平,因此 8031 对RDY/$\overline{\text{REFEN}}$查询(或作为中断请求)即可实现对 2186 的异步读写操作。

由于 P2.7 上的信号采用 ALE 选通$\overline{\text{CE}}$,故 2186 的基本地址范围为 0000H～1FFFH。此外,P2.6 和 P2.5 由于未参加译码而悬空,其重叠地址范围为 0000H～7FFFH,共 32KB。

### 5.4.4　MCS-51 对外部存储器的连接

8031 对外部 ROM 和 RAM 的连接如图 5-27 所示。由图可见,8031 的地址采用全译码方式,片选线 P2.7 用于控制二-四译码器工作,片选线 P2.6 和 P2.5 参加译码,且无悬空的片选线,因此存储器所有地址对于 8031 都是唯一的,地址无重叠。地址译码器的$\overline{Y_0}$、$\overline{Y_1}$和$\overline{Y_2}$输出端分别与 1#、2# 和 3# 存储器的$\overline{\text{CE}}$相连,故各存储器芯片的基本地址范围为

| 1# 2764 | 0000H～1FFFH | 8KB |
| 2# 6264 | 2000H～3FFFH | 8KB |
| 3# 6264 | 4000H～5FFFH | 8KB |

**应当指出**:由于 8031 的$\overline{\text{PSEN}}$和$\overline{\text{RD}}$经过低电位或门(即高电位与门)后接到 2# 和 3# 存储器位置上的$\overline{\text{OE}}$引脚,$\overline{\text{WR}}$则直接与相应的$\overline{\text{WE}}$相接,因此 2# 和 3# 存储器位置上的芯片插座既可以安装 6264,也可以插上 2764。如果安装 6264,那么 6264 既可以作为 8031 的外部 RAM,也可以作为外部 ROM 来存放数据和程序。

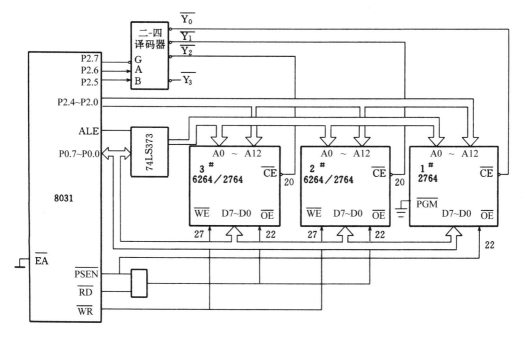

图 5-27　8031 对外部 ROM 和 RAM 的连接

# 习题与思考题

**5.1**　半导体存储器共分哪几类？各有什么特点？作用是什么？

**5.2**　半导体存储器的主要技术指标有哪些？它们能对微型计算机产生什么影响？

**5.3**　单译码编址存储器通常由哪几部分组成？地址线和字线间的关系是什么？

**5.4**　双译码编址存储器和单译码编址存储器的主要区别是什么？大容量存储器为什么都采用双译码编址方式？

**5.5**　今有存储容量为 512K×4b、1K×4b、2K×8b、4K×1b、4K×4b、16K×1b、32K×4b、64KB、128K×8、512KB 和 4MB 的存储器,这些存储器分别需要多少条地址线和数据线(设它们均非动态 RAM)？

**5.6**　某 ROM 存储容量为 64K×8b,内部采用双译码编址结构。它有 X 地址选择线和 Y 地址选择线共多少条？位线多少条？每条位线应与多少个基本存储电路相连？若改用单译码编址方式,共需字线多少条？

**5.7**　试比较 MOS 型掩膜 ROM、熔丝式 PROM 和 UVEPROM 的基本存储电路各有什么特点。用它们做成的只读存储器分别适合在什么场合下使用？

**5.8**　试根据图 5-7(a)简述 2764 的读出过程。读出时各控制引脚应加什么信号？被选中存储单元消耗的是什么功耗？未被选中的存储单元消耗的是什么功耗？

**5.9**　试比较 2764 正常读出和编程校验的异同。在编程时,2764 的 $\overline{CE}$、$\overline{OE}$、$\overline{PGM}$ 和

203

$V_{PP}$ 等引脚上各需加什么电平?

**5.10** 比较 2764 的擦除和 2815 的片擦除的异同。在进行 2815 字节擦除时 $V_{PP}$ 上应加什么信号?

**5.11** 比较 SRAM 和 DRAM 的基本存储电路的异同。请根据图 5-13 简述 SRAM 的读写过程。

**5.12** 62128 的存储容量是多少? 若采用六管 MOS 静态存储电路,共有多少个基本存储电路? 存储阵列至少需要多少只 MOS 管?

**5.13** 根据图 5-17 简述 2116 的读出过程。它有多少个存储单元? 有多少个基本存储电路?

**5.14** 今要设计一个 32KB 的外部 RAM 存储器,若采用 2114,需要多少块? 若改用 2116,需要多少块?

**5.15** 在进行外部存储器设计时,考虑单片机对存储器工作速度匹配的理由是什么? 为什么要对每片外部存储器进行地址分配?

**5.16** 在进行外部存储器设计中,地址译码共有哪 3 种方式? 各有什么特点?

**5.17** 请比较并记住表 5-9 中 3 种 RAM 芯片各功耗的差异,指出产生这种差异的原因。

表 5-9 3 种 RAM 芯片功耗的比较

| 类 型 | 工 艺 | 型 号 | 存储容量/b | 操作/维持功耗/mW | 制造厂家 |
|---|---|---|---|---|---|
| SRAM | NMOS | MK4802 | 2K×8 | 690/520 | Mostek |
| SRAM | CMOS | HM611P-2 | 2K×8 | 180/100 | Hitachi |
| DRAM | NMOS | NMC5295 | 16K×1 | 200/20 | National |

**5.18** 画出 8031 和 2716 的连线图,要求采用三-八译码器,8031 的 P2.5、P2.4 和 P2.3 参加译码,基本地址范围为 3000H～3FFFH。该 2716 有没有重叠地址? 根据是什么? 若有,则写出每片 2716 的重叠地址范围。

**5.19** 在图 5-24 中,若把 6264 中的 $\overline{CE}$ 与地断开而改接到 AT89C51 的 A13(A15 和 A14 仍然悬空),则该电路中 AT89C51 的基本地址范围是多少? 重叠地址范围是多少? 并写出所有重叠地址的子范围。

**5.20** 试用线选法画出 8031 对一片 62128 的连线图,要求基本地址范围为 8000H～BFFFH,重叠地址范围为 8000H～FFFFH。若基本地址范围为 8000H～9FFFH 和 C000H～DFFFH,重叠地址范围为 8000H～FFFFH,连线图应如何修改?

**5.21** 图 5-28 为 8031 对 2114(1K×4b)的连线图,采用分级全译码方式。图中 1# 2114 和 2# 2114 的基本地址范围分别是多少? 若要装满 64KB,共需 2114 多少块? 二-四译码器多少个?

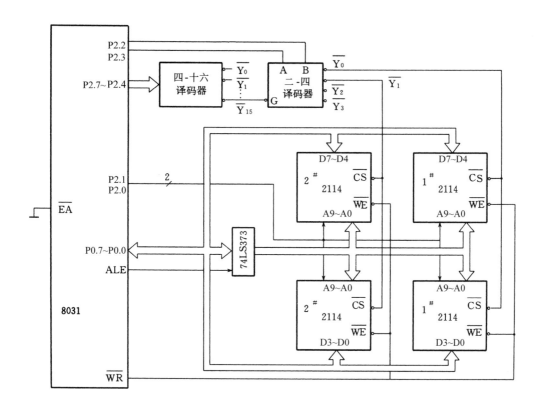

图 5-28　8031 对 2114 的连接

# 第 6 章　MCS-51 中断系统

MCS-51 有了 ROM 和 RAM 就可以执行存储器中的程序,从而对数据进行加工处理。但是,人们怎样把这些程序和数据存入存储器,并把处理后的运算结果送给外界呢? MCS-51 是通过专门的外部设备来完成它与外界的这种联系的。外部设备分为输入设备和输出设备两种,故它又称为输入输出(I/O)设备。人们通过输入设备向计算机输入原始的程序和数据,计算机则通过输出设备向外界输出运算结果。因此,外部设备也是微型计算机或单片微型计算机的重要组成部分。

其实,微型计算机和外部设备之间不是直接相连的,而是通过不同的接口电路来达到彼此间的信息传送的,这种信息传送方式通常可以分为同步传送、异步传送、中断传送和 DMA(Direct Memory Access,直接(内)存储器存取)传送 4 种,但中断传送尤为重要。为了建立单片微型计算机的整机概念并弄清它的信息输入输出过程,就必须率先对中断系统进行分析和研究。遵照这一宗旨,本章将先介绍中断和中断源的概念,然后讨论 MCS-51 中断系统及其对外部中断源的扩张。

## 6.1　概　　述

中断是现代计算机必须具备的重要功能,也是计算机发展史上的一个重要里程碑。因此,建立准确的中断概念并灵活掌握中断技术是学好本门课程的关键问题之一。

### 6.1.1　中断的定义和作用

中断是指计算机暂时停止原程序的执行转而为外部设备服务(执行中断服务程序),并在服务完成后自动返回原程序执行的过程。中断由中断源产生,中断源在需要时可以向 CPU 提出“中断请求”。“中断请求”通常是一种电信号,CPU 一旦对这个电信号进行检测和响应便可自动转入该中断源的中断服务程序执行,并在执行完后自动返回原程序继续执行,而且中断源不同,中断服务程序的功能也不同。因此,中断又可以定义为 CPU 自动执行中断服务程序并返回原程序执行的过程。

按照这一思想制成的现代计算机有以下优点。

**1. 可以提高 CPU 的工作效率**

CPU 有了中断功能就可以通过分时操作启动多个外设同时工作,并能对它们进行统一管理。CPU 执行人们在主程序中安排的有关指令可以令各外设与它并行工作,而且任何一个外设在工作完成后(例如,打印完第一个数的打印机)都可以通过中断得到满意服务(例如,给打印机送第二个需要打印的数)。因此,CPU 在与外设交换信息时通过中断就可以避免不必要的等待和查询,从而大大提高它的工作效率。

### 2. 可以提高实时数据的处理时效

在实时控制系统中,被控系统的实时参量、越限数据和故障信息必须为计算机及时采集、进行处理和分析判断,以便对系统实施正确的调节和控制。因此,计算机对实时数据的处理时效常常是被控系统的生命,是影响产品质量和系统安全的关键。CPU 有了中断功能,系统的失常和故障就都可以通过中断立刻通知 CPU,使它可以迅速采集实时数据和故障信息,并对系统做出应急处理。

## 6.1.2 中断源

中断源是指引起中断原因的设备或部件,或发出中断请求信号的源泉。弄清中断源设备可以有助于正确理解中断的概念,这也是灵活运用 CPU 中断功能的重要方面。通常,中断源有以下几种。

### 1. 外部设备中断源

外部设备主要为微型计算机输入和输出数据,故它是最原始和最广泛的中断源。在用作中断源时,通常要求它在输入或输出一个数据时能自动产生一个"中断请求"信号(TTL 低电平或 TTL 下降沿)送到 CPU 的中断请求输入线 $\overline{\text{INT0}}$ 或 $\overline{\text{INT1}}$,以供 CPU 检测和响应。例如,打印机打印完一个字符时可以通过打印中断请求 CPU 为它送下一个打印字符;人们在键盘上按下一个键符时也可通过键盘中断请求 CPU 从它那里提取输入的键符编码。因此,打印机和键盘都可以用作中断源。

### 2. 控制对象中断源

在计算机用作实时控制时,被控对象常常被用作中断源,用于产生中断请求信号,要求 CPU 及时采集系统的控制参量、越限参数以及要求发送和接收数据,等等。例如,电压、电流、温度、压力、流量和流速等超越上限和下限以及开关和继电器的闭合或断开(见图 6-8 中的按钮开关)都可以作为中断源来产生中断请求信号,要求 CPU 通过执行中断服务程序加以处理。因此,被控对象常常是用作实时控制的计算机的巨大中断源。

### 3. 故障中断源

故障中断源是产生故障信息的源泉,把它作为中断源是要 CPU 以中断方式对已发生的故障进行分析处理。计算机故障中断源有内部和外部之分:CPU 内部故障源引起内部中断,如被零除中断等;CPU 外部故障源引起外部中断,如掉电中断等。在掉电时,掉电检测电路检测到它时就自动产生一个掉电中断请求,CPU 检测到后,便在大滤波电容维持正常供电的几秒钟内,通过执行掉电中断服务程序来保护现场和启用备用电池,以便市电恢复正常后继续执行掉电前的用户程序。

和上述 CPU 故障中断源类似,被控对象的故障源也可用作故障中断源,以便对被控对象进行应急处理,从而可以减少系统在发生故障时的损失。

### 4. 定时脉冲中断源

定时脉冲中断源又称为定时器中断源,它实际上是一种定时脉冲电路或定时器。定时脉冲中断源用于产生定时器中断,定时器中断有内部和外部之分。内部定时器中断由 CPU 内部的定时器/计数器溢出(全 1 变全 0)时自动产生,故又称为内部定时器溢出中断;外部定时器中断通常由外部定时电路的定时脉冲通过 CPU 的中断请求输入线引起。

不论是内部定时器中断还是外部定时器中断都可以使 CPU 进行计时处理,以便达到时间控制的目的。

### 6.1.3　中断的分类

中断按照功能通常可以分为可屏蔽中断、非屏蔽中断和软件中断三类。图 6-1 示出了 Z80 CPU 的可屏蔽中断请求输入线$\overline{\text{INT}}$和非屏蔽中断请求输入线$\overline{\text{NMI}}$。现对它们的工作特点分述如下。

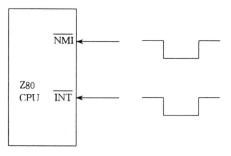

图 6-1　Z80 CPU 对$\overline{\text{NMI}}$和$\overline{\text{INT}}$中断的输入

**1. 可屏蔽中断**

可屏蔽中断是指 CPU 对$\overline{\text{INT}}$中断请求输入线上输入的中断请求是可以控制(或屏蔽)的,这种控制通常可以通过中断控制指令来实现。CPU 可以通过预先执行一条开中断指令来响应来自$\overline{\text{INT}}$上的低电平中断请求,也可以通过预先执行一条关中断指令来禁止来自$\overline{\text{INT}}$上的低电平中断请求。因此,$\overline{\text{INT}}$上的可屏蔽中断请求是否为 CPU 响应最终可以由人们通过指令来控制。MCS-51 就是具有可屏蔽中断功能的一类 CPU。

**2. 非屏蔽中断**

非屏蔽中断是指 CPU 对来自$\overline{\text{NMI}}$中断输入线上的中断请求是不可屏蔽(或控制)的,也就是说只要$\overline{\text{NMI}}$上输入一个低电平,CPU 就必须响应$\overline{\text{NMI}}$上的这个中断请求。美国 Zilog 公司的 Z80 CPU 就具有这样的非屏蔽中断功能。

**3. 软件中断**

软件中断是指人们可以通过相应的中断指令使 CPU 响应中断,CPU 只要执行这种指令就可以转入相应的中断服务程序执行,以完成相应的中断功能。因此,具有软件中断功能的 CPU 十分灵活,人们只要在编程时有这种需要就可以通过安排一条中断指令来使 CPU 产生一次中断,以完成一次特定的任务。具有软件中断功能的 CPU 有 Intel 公司的 8088 和 8086 等。

### 6.1.4　中断的嵌套

通常,一个 CPU 总会有若干中断源,可以接收若干个中断源发出的中断请求。但在同一瞬间,CPU 只能响应若干个中断源中的一个中断请求,CPU 为了避免在同一瞬间因响应若干个中断源的中断请求而带来的混乱,必须给每个中断源的中断请求赋一个特定的中断优先级,以便 CPU 先响应中断优先级高的中断请求,然后再逐次响应中断优先级次高的中断请求。中断优先级又称为中断优先权,可以直接反映每个中断源的中断请求为 CPU 响应的优先程度,也是分析中断嵌套的基础。

与子程序类似,中断也是允许嵌套的。在某一瞬间,CPU 因响应某一中断源的中断请求而正在执行它的中断服务程序时,若 CPU 此时的中断是开放的,那它必然可以把正在执行的中断服务程序暂停下来转而响应和处理中断优先权更高中断源的中断请求,等到处理完后再转回继续执行原来的中断服务程序,这就是中断嵌套。因此,中断嵌套的先决条件是中断服务程序开头应设置一条开中断指令(因为 CPU 会因响应中断而自动关闭中断),其次才是要有中断优先权更高中断源的中断请求存在。两者都是实现中断嵌套的必要条件,缺一不可。非屏蔽中断是一种不受屏蔽的中断,故 $\overline{NMI}$ 并不存在中断嵌套问题。

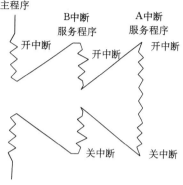

图 6-2 中断嵌套示意图

图 6-2 为中断嵌套示意图。图中,若假设 A 中断比 B 中断的中断优先级高,则中断嵌套过程可以归纳如下。

(1) CPU 执行安排在主程序开头的开中断指令后,若来了一个 B 中断请求,CPU 便可响应 B 中断,从而进入 B 中断服务程序执行。

(2) CPU 执行设置在 B 中断服务程序开头的一条开中断指令后使 CPU 中断再次开放,若此时又来了优先级更高的 A 中断请求,则 CPU 响应 A 中断,从而进入 A 中断服务程序执行。

(3) CPU 执行到 A 中断服务程序末尾的一条中断返回指令 RETI 后自动返回,执行 B 中断服务程序。

(4) CPU 执行到 B 中断服务程序末尾的一条中断返回指令 RETI 后,又可返回执行主程序。

至此,CPU 便已完成一次嵌套深度为 2 的中断嵌套。对于嵌套深度更大的中断嵌套,其工作过程也与此类似,请读者自己分析。

## 6.1.5 中断系统的功能

中断系统是指能够实现中断功能的那部分硬件电路和软件程序。对于 MCS-51 单片机,大部分中断电路都是集成在芯片内部的,只有 $\overline{INT0}$ 和 $\overline{INT1}$ 中断输入线上的中断请求信号产生电路才分散在各中断源电路或接口芯片电路里。虽然没有必要去弄清 MCS-51 内部中断电路的细枝末节,但从系统高度论述一下这部分电路的功能却是十分必要的。

中断系统的功能通常有如下几条。

**1. 进行中断优先权排队**

一个 CPU 通常可以与多个中断源相连,故总会发生在同一瞬时有两个或两个以上中断源同时请求中断的情况,这就要求人们能按轻重缓急给每个中断源的中断请求赋一个中断优先级。这样,当多个中断源同时向 CPU 请求中断时,CPU 就可以通过中断优先权排队电路率先响应中断优先权高的中断请求,而把中断优先权低的中断请求暂时搁置起来,等到处理完优先权高的中断请求后再来响应优先权低的中断。MCS-51 内部集成的中断优先权排队电路在软件程序的配合下可以对它的五级中断(8031 或 8051)进行优先权排队。

**2. 实现中断嵌套**

CPU 实现中断嵌套的先决条件是要有可屏蔽中断功能,其次要有能对中断进行控制的指令。CPU 的中断嵌套功能可以使它在响应某一中断源中断请求的同时再去响应更高中断优先权的中断请求,而把原中断服务程序暂时束之高阁,等处理完这个更高中断优先权的中断请求后来来响应。例如,某单片机电台监测系统正在响应打印中断时巧遇敌电台开始发报,若监测系统不能暂时终止打印机的打印中断而去嵌套响应捕捉敌台信号的中断,那就会贻误战机,造成无法弥补的损失。

**3. 自动响应中断**

中断源产生的中断请求是随机发生且无法预料的。因此,CPU 必须不断检测中断输入线 $\overline{INT}$ 或 NMI 上的中断请求信号,而且相邻两次检测必须不能相隔太长,否则会影响响应中断的时效。通常,CPU 总是在每条指令的最后状态对中断请求进行一次检测,因此中断源产生中断请求到被 CPU 检测到它的存在一般不会超过一条指令的时间。例如,当某中断源使 8031 的 $\overline{INT0}$ 线变为低电平时,8031 便可在现行指令的 S5P2 或 S6P1 时检测到 $\overline{INT0}$ 上中断是否开放,若 $\overline{INT0}$ 上中断是开放的,则 8031 立即响应,否则就暂时搁置。CPU 在响应中断时通常要自动做三件事:一是自动关闭中断(严防其他中断进来干扰本次中断)并把原执行程序的断点地址(在程序计数器 PC 中)压入堆栈,以便中断服务程序末尾的中断返回指令 RETI 可以按照此地址返回执行原程序;二是按中断源提供(或预先约定)的中断矢量自动转入相应的中断服务程序执行;三是自动或通过安排在中断服务程序中的指令来撤除本次中断请求,以避免 CPU 返回主程序后再次响应本次中断请求。

**4. 实现中断返回**

通常,每个中断源都要为它配一个中断服务程序,中断源不同,相应的中断服务程序也不相同。各个中断服务程序由用户根据具体情况编好后放在一定的内存区域(若允许中断嵌套,则中断服务程序开头应安排开中断指令)。CPU 在响应某中断源的中断请求后便自动转入相应的中断服务程序执行,在执行到安排在中断服务程序末尾的中断返回指令时,便自动到堆栈取出断点地址(CPU 在响应中断时自动压入),并按此地址返回中断前的原程序执行(参见 RETI 指令的功能)。

上述中断功能对 MCS-51 单片机也不例外,它也是由集成在芯片内部的中断电路完成的,并与软件程序配合,这些将在 6.2 节专门介绍。

# 6.2  MCS-51 的中断系统

本节专门讨论 MCS-51 的中断源和中断标志、MCS-51 对中断请求的控制和响应、中断响应时间、中断撤除、中断系统初始化和 MCS-51 对外部中断的仿真实例等问题。

## 6.2.1  MCS-51 的中断源和中断标志

在 MCS-51 单片机中,单片机类型不同,其中断源个数和中断标志位的定义也有差别。例如 8031、8051 和 8751 有 5 级中断;8032、8052 和 8752 有 6 级中断;80C32、80C252 和 87C252 有 7 级中断。现以 8031、8051 和 8751 的 5 级中断为例加以介绍。

**1. 中断源**

8031 的 5 级中断分为两个外部中断、两个定时器溢出中断和一个串行口中断。

(1) 外部中断源。8031 有 $\overline{\text{INT0}}$ 和 $\overline{\text{INT1}}$ 两条外部中断请求输入线,用于输入两个外部中断源的中断请求信号,并允许外部中断源以低电平或负边沿两种中断触发方式输入中断请求信号。8031 究竟工作于哪种中断触发方式,可由用户通过对定时器控制寄存器 TCON 中 IT0 和 IT1 位状态的设定来选取(见图 6-3)。8031 在每个机器周期的 S5P2 时对 $\overline{\text{INT0}}$/$\overline{\text{INT1}}$ 线上的中断请求信号进行一次检测,检测方式和中断触发方式的选取有关。若 8031 设定为电平触发方式(IT0=0 或 IT1=0),则 CPU 检测到 $\overline{\text{INT0}}$/$\overline{\text{INT1}}$ 上低电平时就可认定其中断请求有效;若设定为边沿触发方式(IT0=1 或 IT1=1),则 CPU 需要两次检测 $\overline{\text{INT0}}$/$\overline{\text{INT1}}$ 线上的电平方能确定其中断请求是否有效,即前一次检测为高电平且后一次检测为低电平时,$\overline{\text{INT0}}$/$\overline{\text{INT1}}$ 上的中断请求才有效。因此,8031 检测 $\overline{\text{INT0}}$/$\overline{\text{INT1}}$ 上负边沿中断请求的时刻不一定恰好是其上中断请求信号发生负跳变的时刻,但两者之间最多不会相差一个机器周期时间。

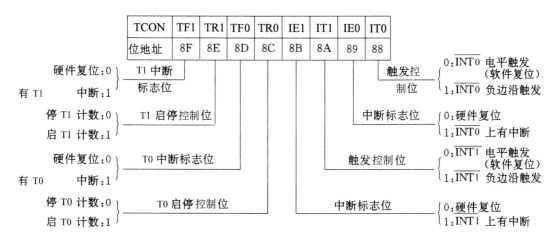

图 6-3　定时器控制寄存器 TCON 各位定义

(2) 定时器溢出中断源。定时器溢出中断由 8031 内部定时器中断源产生,故它们属于内部中断。8031 内部有两个 16 位定时器/计数器,由内部定时脉冲(主脉冲经 12 分频后)或 T0/T1 引脚上输入的外部定时脉冲计数。定时器 T0/T1 在定时脉冲作用下从全 1 变为全 0 时可以自动向 CPU 提出溢出中断请求,以表明定时器 T0 或 T1 的定时时间已到。定时器 T0/T1 的定时时间可由用户通过程序设定,以便 CPU 在定时器溢出中断服务程序内进行计时。例如,若定时器 T0 的定时时间设定为 10ms,则 CPU 每响应一次 T0 溢出中断请求就可在中断服务程序中使 1/100s 单元加 1,100 次中断后 1/100s 单元清零的同时使秒单元加 1,以后则重复上述过程。定时器溢出中断通常用于需要进行定时控制的场合。

(3) 串行口中断源。串行口中断由 8031 内部串行口中断源产生,故也是一种内部中断。串行口中断分为串行口发送中断和串行口接收中断两种。在串行口进行发送/接收数据时,每当串行口发送/接收完一组串行数据时,串行口电路自动使串行口控制寄存器SCON中的RI或TI中断标志位置位(见图6-4),并自动向CPU发出串行口中断请求,CPU响应串行口中断后便立即转入串行口的中断服务程序执行。因此,只要在串行口中断服务程序中安排一段对SCON中的RI和TI中断标志位状态的判断程序,便可区分串行口发生了接收中断请求还是发送中断请求。

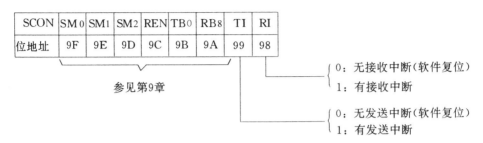

图 6-4 串行口控制寄存器 SCON 定义

## 2. 中断标志

8031在每个机器周期的S5P2时检测(或接收)外部(或内部)中断源来的中断请求信号后,先使相应中断标志位置位,然后便在下个机器周期检测这些中断标志位状态,以决定是否响应该中断。8031中断标志位集中安排在定时器控制寄存器TCON和串行口控制寄存器SCON中,由于它们对8031中断初始化关系密切,故读者应注意熟悉或记住它们。

(1)定时器控制寄存器TCON。定时器控制寄存器各位定义如图6-3所示。各位含义如下。

① IT0和IT1:IT0为$\overline{INT0}$中断触发控制位,位地址是88H。IT0状态可由用户通过程序设定:若使IT0=0,则$\overline{INT0}$上中断请求信号的中断触发方式为电平触发(即低电平引起中断);若IT0=1,则$\overline{INT0}$设定为负边沿中断触发方式(即由负边沿引起中断)。IT1的功能和IT0相同,区别仅在于被设定的外部中断触发方式不是$\overline{INT0}$而是$\overline{INT1}$,位地址为8AH。

② IE0和IE1:IE0为外部中断$\overline{INT0}$中断请求标志位,位地址是89H。当CPU在每个机器周期的S5P2检测到$\overline{INT0}$上的中断请求有效时,IE0由硬件自动置位;当CPU响应$\overline{INT0}$上的中断请求后进入相应中断服务程序时,IE0被自动复位。IE1为外部中断$\overline{INT1}$的中断请求标志位,位地址为8BH,其作用和IE0相同。

③ TR0和TR1:TR0为定时器T0的启停控制位,位地址为8CH。TR0状态可由用户通过程序设定:若使TR0=1,则定时器T0立即开始计数;若TR0=0,则定时器T0停止计数。TR1为定时器T1的启停控制位,位地址为8EH,其作用和TR0相同。

④ TF0和TF1:TF0为定时器T0的溢出中断标志位,位地址为8DH。当定时器T0产生溢出中断(全1变为全0)时,TF0由硬件自动置位;当定时器T0的溢出中断为CPU响应后,TF0被硬件复位。

TF1为定时器T1的溢出中断标志位,位地址为8FH,其作用和TF0相同。

(2)串行口控制寄存器SCON。串行口控制寄存器SCON各位定义如图6-4所示。

图中,TI 和 RI 两位分别为串行口发送中断标志位和接收中断标志位,其余各位用于串行口方式设定和串行口发送/接收控制,将在第 9 章中详细介绍。

TI 为串行口发送中断标志位,位地址为 99H。在串行口发送完一组数据时,串行口电路向 CPU 发出串行口中断请求的同时也使 TI 位置位,但它在 CPU 响应串行口中断后是不能为硬件复位的,故用户应在串行口中断服务程序中通过指令来使它复位。

RI 为串行口接收中断标志位,位地址为 98H。在串行口接收到一组串行数据时,串行口电路在向 CPU 发出串行口中断请求的同时也使 RI 位置位,表示串行口已产生了接收中断。RI 也应由用户在中断服务程序中通过软件复位。

### 6.2.2 MCS-51 对中断请求的控制

#### 1. 对中断允许的控制

MCS-51 没有专门的开中断和关中断指令,中断的开放和关闭是通过中断允许寄存器 IE 进行两级控制的。两级控制是指有一个中断允许总控位 EA,配合各中断源的中断允许控制位共同实现对中断请求的控制。这些中断允许控制位集成在中断允许寄存器 IE 中(见图 6-5)。

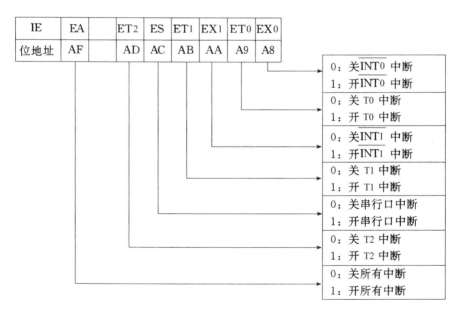

图 6-5　中断允许寄存器 IE 各位定义

现对 IE 各位的含义和作用分析如下。

① EA：EA 为允许中断总控位,位地址为 AFH。EA 的状态可由用户通过程序设定：若使 EA=0,则 MCS-51 的所有中断源的中断请求均被关闭;若使 EA=1,则 MCS-51 所有中断源的中断请求均被开放,但它们最终是否能为 CPU 响应还取决于 IE 中相应中断源的中断允许控制位状态。

② EX0 和 EX1：EX0 为$\overline{\text{INT0}}$中断请求控制位,位地址是 A8H。EX0 状态也可由用户通过程序设定：若使 EX0=0,则$\overline{\text{INT0}}$上的中断请求被关闭;若使 EX0=1,则$\overline{\text{INT0}}$上的中断

请求被允许,但 CPU 最终是否能响应 $\overline{INT0}$ 上的中断请求还要看允许中断总控位 EA 是否为 1 状态。

EX1 为 $\overline{INT1}$ 中断请求允许控制位,位地址为 AAH,其作用和 EX0 相同。

③ ET0、ET1 和 ET2:ET0 为定时器 T0 的溢出中断允许控制位,位地址是 A9H。ET0 状态可以由用户通过程序设定:若 ET0=0,则定时器 T0 的溢出中断被关闭;若 ET0=1,则定时器 T0 的溢出中断被开放,但 CPU 最终是否响应该中断请求还要看允许中断总控位 EA 是否处于 1 状态。

ET1 为定时器 T1 的溢出中断允许控制位,位地址是 ABH;ET2 为定时器 T2 的溢出中断允许控制位,位地址是 ADH。ET1、ET2 和 ET0 的作用相同,但只有 8032、8052 和 8752 等芯片才具有 ET2 这一中断功能。

④ ES:ES 为串行口中断允许控制位,位地址是 ACH。ES 状态可由用户通过程序设定:若 ES=0,则串行口中断被禁止;若 ES=1,则串行口中断被允许,但 CPU 最终是否能响应这一中断还取决于中断允许总控位 EA 的状态。

中断允许寄存器 IE 的单元地址是 A8H,各控制位(位地址为 A8H~AFH)也可位寻址,故人们既可以用字节传送指令,也可以用位操作指令来对各个中断请求加以控制。例如,可以采用如下字节传送指令来开放定时器 T1 的溢出中断:

MOV    IE,  #88H

若改用位寻址指令,则需采用如下两条指令:

SETB    EA
SETB    ET1

**应当指出**:在 MCS-51 复位时,IE 各位被复位成 0 状态,CPU 因此而处于关闭所有中断状态。所以,在 MCS-51 复位以后,用户必须通过主程序中的指令来开放所需中断,以便相应中断请求来到时能被 CPU 响应。

**2. 对中断优先级的控制**

MCS-51 对中断优先级的控制比较简单,所有中断都可设定为高、低两个中断优先级,以便 CPU 对所有中断实现两级中断嵌套。在响应中断时,CPU 先响应高优先级中断,然后响应低优先级中断。每个中断的中断优先级都是可以通过程序来设定的,由中断优先级寄存器 IP 统一管理(见图 6-6)。

在 MCS-51 中,中断优先级寄存器 IP 是用户对中断优先级控制的基础。现对 IP 各位的定义分析如下。

① PX0 和 PX1:PX0 是 $\overline{INT0}$ 中断优先级控制位,位地址为 B8H。PX0 的状态可由用户通过程序设定:若 PX0=0,则 $\overline{INT0}$ 中断被定义为低中断优先级;若 PX0=1,则 $\overline{INT0}$ 中断被定义为高中断优先级。PX1 是 $\overline{INT1}$ 中断优先级控制位,位地址是 BAH,其作用和 PX0 相同。

② PT0、PT1 和 PT2:PT0 称为定时器 T0 的溢出中断控制位,位地址是 B9H。PT0 状态可由用户通过程序设定:若 PT0=0,则定时器 T0 被定义为低中断优先级;若 PT0=1,则定时器 T0 被定义为高中断优先级。PT1 为定时器 T1 的溢出中断控制位,位地址是

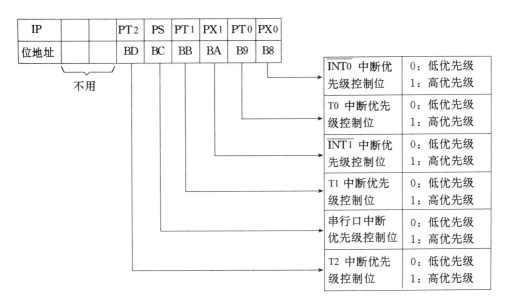

图 6-6　中断优先级寄存器 IP 各位定义

BBH；PT2 为定时器 T2 的溢出中断控制位，位地址是 BDH。PT1 及 PT2 的功能和 PT0 相同，但只有 8032、8052 和 8752 等芯片才有 PT2。

③ PS：PS 为串行口中断控制位，位地址是 BCH。PS 状态也由用户通过程序设定：若 PS＝0，则串行口中断定义为低中断优先级；若 PS＝1，则串行口中断定义为高中断优先级。

中断优先级寄存器 IP 也是 8031 CPU 的 21 个特殊功能寄存器之一，各位状态均可由用户通过程序设定，以便对各中断优先级进行控制。8031 共有 5 个中断源，但中断优先级只有高低两级。因此，8031 在工作过程中必然会有两个或两个以上中断源处于同一中断优先级（或者为高中断优先级，或者为低中断优先级）。若出现这种情况，8031 又该如何响应中断呢？原来，MCS-51 内部中断系统对各中断源的中断优先级有统一规定，在出现同级中断请求时就按这个顺序来响应中断（见表 6-1）。

表 6-1　8031 内部各中断源中断优先级的顺序

| 中　断　源 | 中　断　标　志 | 优　先　级　顺　序 |
|---|---|---|
| $\overline{INT0}$ | IE0 | 高 |
| 定时器 T0 | TF0 | |
| $\overline{INT1}$ | IE1 | |
| 定时器 T1 | TF1 | ↓ |
| 串行口中断 | TI 或 RI | 低 |

MCS-51 有了这个中断优先级的顺序功能就可同时处理两个或两个以上中断源的中断请求问题了。例如，若 $\overline{INT0}$ 和 $\overline{INT1}$ 同时设定为高中断优先级（PX0＝1 和 PX1＝1），其余中断设定为低中断优先级（PT0＝0、PT1＝0 和 PS＝0），则当 $\overline{INT0}$ 和 $\overline{INT1}$ 同时请求中断时，MCS-51 就会在先处理完 $\overline{INT0}$ 上的中断请求后自动转去处理 $\overline{INT1}$ 上的中断请求。

### 6.2.3 MCS-51 对中断的响应

MCS-51 响应中断时与一般的中断系统类似,通常也需要满足如下条件之一。

(1) 若 CPU 处在非响应中断状态且相应中断是开放的,则 MCS-51 在执行完现行指令后就会自动响应来自某中断源的中断请求。

(2) 若 CPU 正处在响应某一中断请求状态时又来了新的优先级更高的中断请求,则 MCS-51 便会立即响应并实现中断嵌套;若新来的中断优先级比正在服务的优先级低,则 CPU 必须等到现有中断服务完成以后才会自动响应新来的中断请求。

(3) 若 CPU 正处在执行 RETI 或任何访问 IE/IP 指令(如 SETB EA)的时刻,则 MCS-51 必须等待执行完下条指令后才响应该中断请求。

在满足上述 3 个条件之一的基础上,MCS-51 均可响应新的中断请求。在响应新中断请求时,MCS-51 的中断系统先把该中断请求锁存在各自的中断标志位中,然后在下个机器周期内按照 IP 和表 6-1 的中断优先级顺序查询中断标志位状态,并完成中断优先级排队。在下个机器周期的 S1 状态时,MCS-51 开始响应最高优先级中断。在响应中断的三个机器周期里,MCS-51 必须做三件事:①把中断点的地址(断点地址),也就是当前程序计数器 PC 中的内容压入堆栈,以便执行到中断服务程序中的 RETI 指令时按此地址返回原程序执行;②关闭中断,以防在响应中断期间受其他中断的干扰;③根据中断源入口地址(见表 6-2)转入执行相应中断服务程序(即自动执行一条长转移指令)。

表 6-2  8031/8051 中断入口地址表

| 中　断　源 | 中断服务程序入口 | 中　断　源 | 中断服务程序入口 |
| --- | --- | --- | --- |
| $\overline{\text{INT0}}$ | 0003H | 定时器 T1 | 001BH |
| 定时器 T0 | 000BH | 串行口中断 | 0023H |
| $\overline{\text{INT1}}$ | 0013H | | |

由表 6-2 可知:8031 五个中断源的入口地址之间彼此相差 8 个存储单元,这 8 个存储单元用来存放中断服务程序通常是放不下的。为了解决这一困难问题,可在 8 个中断入口地址处存放一条三字节的长转移指令,CPU 执行这条长转移指令便可转入相应中断服务程序的执行。例如,$\overline{\text{INT0}}$ 中断服务程序起始地址为 2000H 单元,则如下指令执行后便可转入 2000H 处执行中断服务程序。

```
ORG     0003H
LCALL   2000H
```

### 6.2.4 MCS-51 对中断的响应时间

在实时控制系统中,为了满足控制速度的要求,常要弄清 CPU 响应中断所需的时间。响应中断的时间有最短和最长之分。

响应中断的最短时间需要 3 个机器周期。这 3 个机器周期的分配是:第一机器周期用于查询中断标志位状态(设中断标志已建立且 CPU 正处在一条指令的最后一个机器周期);第二和第三个机器周期用于保护断点、关 CPU 中断和自动转入一条长转移指令的地址。因此,MCS-51 从响应中断到开始执行中断入口地址处的指令为止,最短需要 3 个机器周期。

若 CPU 在执行 RETI(或访问 IE/IP)指令的第一个机器周期中查询到有了某中断源的中断请求(设该中断源的中断是开放的),则 MCS-51 需要再执行一条指令才会响应这个中断请求。在这种情况下,CPU 响应中断的时间最长,共需 8 个机器周期。这 8 个机器周期的分配为:执行 RETI(或访问 IE/IP)指令需要另加一个机器周期(CPU 需要在这类指令的第一个机器周期查询该中断请求的存在);执行 RETI(或访问 IE/IP)指令的下一条指令最长需要 4 个机器周期;响应中断到转入该中断入口地址需要 3 个机器周期。

一般情况下,MCS-51 响应中断的时间在 3~8 个机器周期之间。当然,若 CPU 正在为同级或更高级中断服务(执行它们的中断服务程序)时,则新中断请求的响应需要等待的时间就无法估计了,因为这个中断请求必须等到 CPU 正为之服务的同级或更高优先级的中断服务程序执行完并返回主程序以后才能得到 CPU 响应。中断响应的时间在一般情况下可不予考虑,但在某些需要精确定时控制场合就需要据此对定时器的时间常数初值做出某种调整。

## 6.2.5  MCS-51 对中断请求的撤除

在中断请求被响应前,中断源发出的中断请求是由 CPU 锁存在特殊功能寄存器 TCON 和 SCON 的相应中断标志位中的。一旦某个中断请求得到响应,CPU 必须把它的相应中断标志位复位成 0 状态。否则,MCS-51 就会因中断标志未能得到及时撤除而重复响应同一中断请求,这是绝对不允许的。

8031、8051 和 8751 有 5 个中断源,但实际上只分属于 3 种中断类型。这 3 种中断类型是外部中断、定时器溢出中断和串行口中断。对于这 3 种中断类型的中断请求,其撤除方法是不相同的。现对它们分述如下。

**1. 定时器溢出中断请求的撤除**

TF0 和 TF1 是定时器溢出中断标志位(见图 6-3),它们因定时器溢出中断源的中断请求的输入而置位,因定时器溢出中断得到响应而自动复位成 0 状态。因此,定时器溢出中断源的中断请求是自动撤除的,用户根本不必专门撤除它们。

**2. 串行口中断请求的撤除**

TI 和 RI 是串行口中断的标志位(见图 6-4),中断系统不能自动将它们撤除,这是因为 MCS-51 进入串行口中断服务程序后常需要对它们进行检测,以测定串行口发生了接收中断还是发送中断。为了防止 CPU 再次响应这类中断,用户应在中断服务程序的适当位置处通过如下指令将它们撤除。

```
CLR    TI   ;撤除发送中断
CLR    RI   ;撤除接收中断
```

若采用字节型指令,也可采用如下指令:

```
ANL    SCON,♯0FCH    ;撤除发送中断和接收中断
```

**3. 外部中断请求的撤除**

外部中断请求有两种触发方式：电平触发和负边沿触发。对于这两种不同的中断触发方式，MCS-51 撤除它们的中断请求的方法是不相同的。

在负边沿触发方式下，外部中断标志 IE0 或 IE1 是依靠 CPU 两次检测$\overline{INT0}$或$\overline{INT1}$上的触发电平状态而置位的。因此，芯片设计者使 CPU 在响应中断时自动复位 IE0 或 IE1 就可撤除$\overline{INT0}$或$\overline{INT1}$上的中断请求，因为外部中断源在得到 CPU 的中断服务时是不可能再在$\overline{INT0}$或$\overline{INT1}$上产生负边沿，从而使相应中断标志位 IE0 或 IE1 置位。

在电平触发方式下，外部中断标志 IE0 或 IE1 是依靠 CPU 检测$\overline{INT0}$或$\overline{INT1}$上的低电平而置位的。尽管 CPU 响应中断时相应中断标志 IE0 或 IE1 能自动复位成 0 状态，但若外部中断源不能及时撤除它在$\overline{INT0}$或$\overline{INT1}$上的低电平，CPU 就会再次使已经变 0 的中断标志 IE0 或 IE1 置位，这是绝对不允许的。因此，电平触发型外部中断请求的撤除必须使$\overline{INT0}$或$\overline{INT1}$上的低电平随着其中断被 CPU 响应而变为高电平。一种可供采用的电平型外部中断的撤除电路如图 6-7 所示。

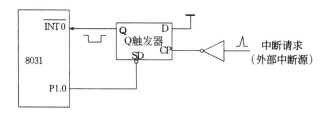

图 6-7    电平型外部中断的撤除电路

由图 6-7 可见，当外部中断源产生中断请求时，Q 触发器复位成 0 状态，Q 端的低电平被送到$\overline{INT0}$端，该低电平被 8031 检测到后则使中断标志 IE0 置 1。8031 响应$\overline{INT0}$上的中断请求便可转入$\overline{INT0}$中断服务程序执行，故可以在中断服务程序的开始安排如下程序来撤除$\overline{INT0}$上的低电平。

```
INSVR：ANL    P1,♯0FEH      ;令 P1.0 变为低电平
       ORL    P1,♯01H       ;令 P1.0 变为高电平
       CLR    IE0
        ⋮
       END
```

8031 执行上述程序就可在 P1.0 上产生一个宽度为 2 个机器周期的负脉冲。在该负脉冲作用下，Q 触发器被置位成 1 状态，$\overline{INT0}$上的电平也因此而变高，从而撤除了中断请求。

## 6.2.6　MCS-51 中断系统的初始化

MCS-51 中断系统的功能可以通过上述特殊功能寄存器进行统一管理，中断系统初始化是指用户对这些特殊功能寄存器中的各控制位进行赋值。

中断系统初始化步骤如下。

(1) 开相应中断源的中断。

(2) 设定所用中断源的中断优先级。

(3) 若为外部中断,则应规定是低电平还是负边沿的中断触发方式。

[例 6.1] 请写出 $\overline{INT1}$ 为低电平触发和高中断优先级的中断系统初始化程序。

解:① 采用位操作指令。

```
SETB    EA
SETB    EX1                 ;开INT1中断
SETB    PX1                 ;令INT1为高优先级
CLR     IT1                 ;令INT1为电平触发
```

② 采用字节型指令。

```
MOV     IE,♯84H             ;开INT1中断
ORL     IP,♯04H             ;令INT1为高优先级
ANL     TCON,♯0FBH          ;令INT1为电平触发
```

显然,采用位操作指令进行中断系统初始化比较简单,因为用户不必记住各控制位在相应特殊功能寄存器中的确切位置,而各控制位名称是比较容易记忆的。

## 6.2.7 MCS-51 外部中断的应用

如前所述,MCS-51 共有 5 级中断:两个外部中断 $\overline{INT0}$ 和 $\overline{INT1}$;两个定时器中断 T0 和 T1;一个串行口中断。为了加深读者对 $\overline{INT0}$ 和 $\overline{INT1}$ 中断功能的理解和掌握它们的使用方法,现结合如下两个实例加以分析。对于 T0 和 T1 的中断功能及其使用方法将在第 9 章中介绍,在此不再赘述。

**1. 用 $\overline{INT0}$ 中断控制显示字形 8**

[例 6.2] 请根据图 6-8 编出能在数码显示管上轮流显示各字段的主程序,并能在每按一次按钮开关后改显一遍(8 次)字形 8 的中断服务程序。

解:在图 6-8 中,按钮开关用于向 AT89C51 提供一个低电平负脉冲,以便向 CPU 申请一次 $\overline{INT0}$ 中断请求。AT89C51 的 P2 口通过 RN1(8 排阻,阻值可设定)和一只带公共端共阳七段绿色数码管(7SEG-COM-AN-GRN)相接,公共端接 +5V 电源;其他如图所示。

AT89C51 的主程序由 $\overline{INT0}$ 中断初始化和轮流显示字段的程序段组成。$\overline{INT0}$ 中断初始化程序包括开 $\overline{INT0}$ 中断、设定 $\overline{INT0}$ 为负边触发方式和使 P3.2 引脚设定为高电平等指令组成。为了使数码显示管轮流显示各字段,AT89C51 只要通过指令把累加器 A 中字段码 FEH 送到 P2 口,则 P2.0 上低电平(其他引脚上为高电平)就会通过排阻 RN1 使数码显示管 a 引脚(见图 7-21(c))也变为低电平,从而点亮了字段 a;点亮一段时间后,AT89C51 只要把累加器 A 中字段码 FEH 左移一位后(变为 FDH)再次送到 P2 口就可以点亮 b 字段;逐次重复 b 字段的点亮方法就可依次点亮 c 字段、d 字段……

相应程序如下:

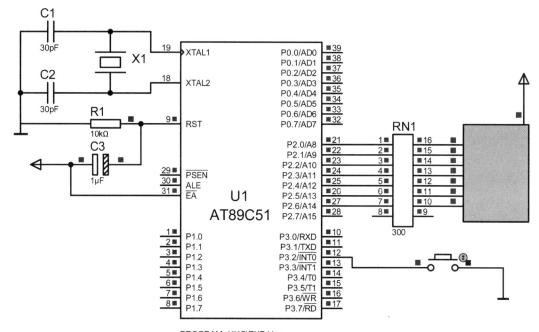

PROGRAM=HHC\EXP4.hex

图 6-8　AT89C51 用 $\overline{\text{INT0}}$ 中断控制字形 8 的显示

```
        ORG   0000H
        LJMP   START
        ORG   0003H
        SJMP   INT0I
        ORG   0050H
INT0I： PUSH   ACC          ;保护现场
        MOV   R2，♯08H       ;点亮次数送 R2
LOOP： CLR   A             ;A 中形成 8 的字形码
        MOV   P2，A          ;显示 8
        ACALL  DELAY        ;转延时程序
        MOV   A，♯0FFH       ;灭显示
        MOV   P2，A
        ACALL  DELAY        ;延时
        DJNZ  R2，LOOP       ;8 次显示未完,则转 LOOP
        POP   ACC          ;恢复现场
        RETI

 DELAY： MOV   R7，♯00H       ;延时子程序
DELAY1：MOV   R6，♯00H
DELAY2：DJNZ  R6，DELAY2
        DJNZ  R7，DELAY1
        RET
```

```
              ORG    0400H
START：MOV    IE，#81H          ;开INT0中断
              MOV    TCON，#01H       ;令INT0为负边沿触发中断
              MOV    A，#0FEH         ;"a："的字段码送A
              MOV    P3，#0FFH        ;准备好INT0引脚
LOOP1：MOV    P2，A            ;轮流显示字段
              ACALL DELAY
              RL     A
              SJMP   LOOP1
              END
```

为了实现按一次按钮开关就能显示一遍字形 8,就必须为 AT89C51 编写一个 INT0
的中断服务程序。由于 INT0 的中断入口地址是 0003H(见表 6-2),故读者应在 0003H 处
放一条 SJMP 指令作为跳板,以便转到它的中断服务程序始址 INT0I 处执行,相应程序
被定位在 0050H 为始址的 ROM 区域。

本程序也可以在 PROTEUS 环境下仿真演示。读者只要按图 6-8 连接好电路原理
图,然后把上述程序在 PROTEUS 环境下输入和编辑并以 EXP4. ASM 的文件名存盘,
接着汇编成目标代码并装入到 AT89C51 内部 ROM。运行程序后,AT89C51 便会自动
从 0000H 处转入 0400H 处执行主程序。此时,读者一方面可以在数码显示管上看到
各字段在轮流显示,另一方面 AT89C51 也会在每条指令的 S5P2 处自动对 INT0 引脚加
以检测,以监视按钮开关。当单击一下按钮开关时,AT89C51 便会在当前指令的 S5P2
时检测到 INT0 引脚上的低电平,从而停止主程序执行而自动转入 0003H 处执行 INT0
的中断服务程序,以便可以在数码显示管上闪亮 8 次以后,AT89C51 便会因执行安排
在中断服务程序末尾的一条 RETI 指令而返回主程序断点地址处执行,从而使数码显
示管可以继续轮流显示各字段,以便 AT89C51 可以继续对 INT0 引脚上的按钮开关进
行监视。

**2. INT0对INT1中断的嵌套**

[例 6.3] 请根据图 6-9 编写出在三个数码显示管上都能分别轮流显示 1~8 字形
的程序。

其中,AT89C51 在 P0 口数码显示管上的显示由主程序控制;P2 口数码显示管由
INT0 上的按钮开关控制;P1 口数码显示管由 INT1 上的按钮开关控制。

**解**:本程序有三部分程序组成:一是主程序,由中断初始化程序段和数码管轮流
显示 1~8 的程序段组成;二是 INT0 中断服务程序,主要由数码显示管轮流显示 1~8
的程序段组成;三是 INT1 中断服务程序,几乎和 INT0 中断服务程序类似。相应程序
EXP5. ASM 如下:

```
              ORG    0000H
              LJMP   START
              ORG    0003H
              LJMP   INT0S
```

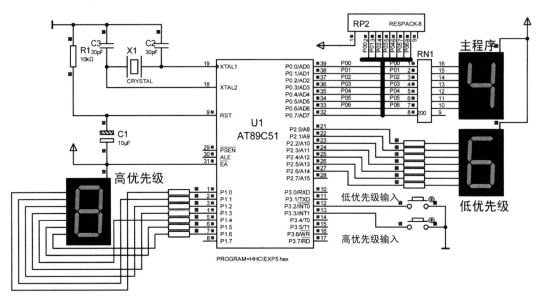

图 6-9  $\overline{INT0}$ 对 $\overline{INT1}$ 中断的嵌套

```
            ORG    0013H
            LJMP   INT1S

            ORG    0100H
    START:  MOV    IE,#85H          ;开INT0和INT1中断
            MOV    TCON,#05H        ;令INT0和INT1为负边沿触发
            MOV    P3,#0FFH         ;准备好INT0和INT1上的中断请求
            SETB   PX1              ;令INT1为高中断优先级
    MLOOP:  MOV    A,#01H           ;从1开始显示
    MLOOP1: PUSH   ACC              ;A中内容压栈
            ACALL  SEG7             ;查表得被显字符的字形码
            MOV    P0,A             ;送P0口显示
            MOV    R5,#04H
    MLOOP2: ACALL  DELAY            ;延时
            DJNZ   R5,MLOOP2
            POP    ACC              ;修改被显字符
            INC    A
            CJNE   A,#09H,MLOOP1    ;循环显示8次
            SJMP   MLOOP            ;重新显示

    INT0S:  PUSH   ACC              ;保护现场
            MOV    A,#00H
    LOOP:   INC    A                ;从1开始显示
            PUSH   ACC              ;A中内容压栈
            ACALL  SEG7             ;查表得被显字符的字形码
            MOV    P2,A             ;送P2口显示
```

```
            ACALL   DELAY            ;延时
            POP   ACC                ;恢复 A 中内容
            CJNE  A,♯08H,LOOP        ;一遍未显完,则转 LOOP
            MOV   P2,♯0FFH           ;灭 P2 口显示
            POP   ACC                ;恢复现场
            RETI


    INT1S:  PUSH  ACC                ;保护现场
            MOV   A,♯00H
    LOOP1:INC   A                    ;从 1 开始显示
            PUSH   ACC               ;被显字符压栈
            ACALL  SEG7              ;查表得被显字符的字形码
            MOV   P1,  A             ;送 P1 口显示
            ACALL  DELAY             ;延时
            POP   ACC                ;恢复 A 中内容
            CJNE  A,♯08H,LOOP1       ;一遍未显完,则转 LOOP1
            MOV   P1,♯0FFH           ;灭 P1 口显示
            POP   ACC                ;恢复现场
            RETI
    DELAY:MOV   R7,♯00H              ;延时子程序
    DELAY1:MOV   R6,♯00H
    DELAY2:DJNZ   R6,DELAY2
            DJNZ   R7,DELAY1
            RET
      SEG:INC   A
            MOVC  A,@A+PC
            RET
  SEGTAB:DB  0C0H,0F9H,0A4H,0B0H,
            DB  99H,92H,82H,0F8H,80H
            END
```

采用前述同样方法(见附录 E),本程序也可在 PROTEUS 环境下演示。读者只要把
EXP5.ASM 汇编成目标代码并装入到 AT89C51 的内部 ROM,运行程序便会自动执行
0000H 处的一条长转移指令而跳转到 START 处执行主程序,以便能在 P0 口数码显示
管上不停地轮流显示 1~8 的字形码。因此,读者在 AT89C51 执行主程序时无论单击
$\overline{INT0}$上还是$\overline{INT1}$上的按钮开关,总会使 CPU 暂停主程序执行而转入相应中断服务程
序,从而在 P2 口(或 P1 口)数码显示管上进行 1~8 的轮流显示。但读者若在 P0 口数码
管显示到 8 和 P2 口数码管显示到 2 时又按下了$\overline{INT1}$上的按钮开关,则 P1 口数码管也会
开始轮流显示字符 1~8(见图 6-9)。这是因为 AT89C51 在响应$\overline{INT0}$中断过程中,又来
了更高优先级的$\overline{INT1}$中断。$\overline{INT0}$固有的中断优先级比$\overline{INT1}$要高(见表 6-1),但
AT89C51 在中断初始化程序段中执行了一条 SETB  PX1 指令。

# 6.3 中断控制器 8259A

8259A(以下简称 8259)是 Intel 公司生产的一种可编程中断控制器(Interrupt Controller),可以配合 Intel 8086/8088 和 Intel 8080/8085(也可用于 MCS-51)来扩展外部中断源的个数。一片 8259 有 8 级中断优先级控制能力;9 片 8259 级联可以组成 64 级中断优先级管理系统,使 CPU 的外部中断源扩展到 64 个。8259 中断控制功能极强,可以为用户提供矢量和查票两种中断结构。

## 6.3.1 8259 的内部结构

8259 的内部结构如图 6-10 所示。由图可见,8259 有数据总线缓冲器、读写逻辑、控制逻辑、级联缓冲/比较器、IRR(Interrupt Request Register,中断请求寄存器)、IMR(Interrupt Mask Register,中断屏蔽寄存器)、ISR(In Service Register,现行服务寄存器)和 PR(Priority Resolver,优先级分析器)8 个功能块组成。8259 各功能块彼此连成一个有机整体,共同实现对中断的控制和管理。

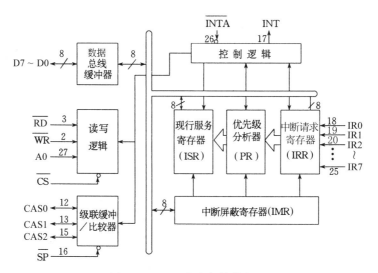

图 6-10  8259 的内部结构框图

**1. 数据总线缓冲器**

这是一个具有输入、输出和高阻的三态 8 位缓冲器,用于传送 CPU 和 8259 间的命令和状态信息。

**2. 读写逻辑**

这个功能控制块由操作命令寄存器和状态寄存器组成。操作命令寄存器存放 CPU 送来的操作命令字,以设定 8259 的工作模式;状态寄存器存放现行状态字,供 CPU 读取。

**3. 控制逻辑**

控制逻辑按照初始化程序设定的工作方式管理 8259 的全部工作。该电路可以根据 IRR 中的内容与 PR 的比较结果向 CPU 发出中断请求信号 INT,并接收$\overline{\text{INTA}}$引脚上的

224 -->

中断应答信号,使 8259 进入中断状态。

**4. 级联缓冲/比较器**

这部分电路用于级联。级联时,8259 有主片($\overline{SP}$线接+5V)和从片($\overline{SP}$线接地)之分,主片 8259 的级联缓冲/比较器可在 CAS2～CAS0 上输出代码,从片 8259 的级联缓冲/比较器可以从 CAS2～CAS0 上接收主片发来的代码并与 ICW3 中的 ID 标识码(初始化时送来)进行比较。

**5. 中断请求寄存器(IRR)**

IRR 是一个 8 位寄存器,用于存放 8259 来自 IR0～IR7 上的中断请求。8259 对来自 IR0～IR7 上的中断请求信号采用前沿锁定,其有效高电平至少保持到 8259 收到第一个 $\overline{INTA}$ 之后。

**6. 中断屏蔽寄存器(IMR)**

IMR 由 8 个触发器构成,用于存放 CPU 送来的中断屏蔽码。若 IMR 的某位为 1 状态,则 IRR 相应位的中断请求被屏蔽;若 IMR 的某位为 0 状态,则 IRR 中相应位的中断请求被允许输入到优先级分析器 PR 中。

**7. 现行服务寄存器(ISR)**

ISR 也有二进制 8 位,用于存放 CPU 正为之服务的中断请求。当 8259 IR0～IR7 上某个中断请求得到响应(最后一个 $\overline{INTA}$)时,ISR 相应位置位。

**8. 优先级分析器(PR)**

PR 能对 IRR 中未被屏蔽的中断请求进行优先级排队,并从中挑选出优先级最高的中断和现行服务的中断(相应 ISR=1)进行优先级比较。若它比现行服务的中断优先级低,则它不被 8259 响应;若它比现行服务的优先级高,则 PR 使 INT 线升为高电平,CPU 响应后在 $\overline{INTA}$ 上发出 3 个低电平信号,PR 在第 3 个 $\overline{INTA}$ 脉冲时使 ISR 中的相应位置位,并使 IRR 中的相应位复位,表示 CPU 已响应了这个高优先级中断。

在弄清上述各电路功能的基础上,对 8259 的中断响应过程加以总结是十分必要的。

当 8259 IR0～IR7 上输入某一中断请求(如 IR5)时,IRR 中的相应位(IRR5)置位,以锁存这个中断请求信号。若该位中断请求未被 IMR 中的相应位屏蔽(即 IMR5=0),则 PR 就把它(IRR5)和现行服务的中断进行优先级比较;若它(IRR5)比现行服务的中断优先级高,则 8259 使 INT 线变为高电平,用于向 CPU 提出中断请求。CPU 响应后就在 $\overline{INTA}$ 线上连续发出 3 个负脉冲,用于从 8259 提取一条三字节 CALL *nn* 指令的指令码(*nn* 为 16 位中断转移地址,又称为中断矢量,由 CPU 在初始化时送给 8259),并在第 3 个 $\overline{INTA}$ 之后使 ISR 的相应位(ISR5)置位,以阻止其后优先级低的中断请求,同时清除 IRR 中的相应位(IRR5)。CPU 收到和执行这条 CALL *nn* 指令便可自动转入相应的(IR5)中断服务程序执行。在执行到该中断服务程序结束时,由于 8259 不能自动使 ISR 中的相应位(ISR5)复位,故中断服务程序末尾必须安排一条 EOI 命令,以便使 ISR 中的相应位(ISR5)复位成 0 状态。

## 6.3.2 8259 的引脚功能

8259 采用 NMOS 工艺制成,是一种 28 引脚双列直插式封装芯片,采用单电源+5V

供电。各引脚的功能分述如下。

**1. 数据总线（8 条）**

D7～D0：三态数据总线，D7 为最高位，用于传送 CPU 与 8259 间的命令和状态字。

**2. 中断线（10 条）**

IR0～IR7：中断请求输入线，用于传送各外部中断源送来的中断请求信号。

INT：中断请求输出线，高电平有效，用于向 CPU 请求中断。

$\overline{INTA}$：中断响应输入线，低电平有效。CPU 响应 8259 中断时，可以通过 $\overline{INTA}$ 线上传送的 3 个负脉冲使 8259 把一条三字节 CALL *nn* 指令的指令码送到数据总线。

**3. 读写控制线（4 条）**

$\overline{CS}$：片选输入线，低电平有效。若 $\overline{CS}=0$，则本 8259 被选中工作，容许它和 CPU 通信；若 $\overline{CS}=1$，则本 8259 不工作。

$\overline{RD}$ 和 $\overline{WR}$：$\overline{RD}$ 为读命令线，$\overline{WR}$ 为写命令线，均低电平有效。若使 $\overline{RD}=0$，$\overline{WR}=1$，则 8259 输出状态字；若 $\overline{RD}=1$，$\overline{WR}=0$，则 8259 从数据总线接收命令字。

A0：地址输入线，常和 CPU A0 相连。A0 可以配合 $\overline{CS}$、$\overline{RD}$ 和 $\overline{WR}$ 完成给 8259 写入命令字和读出状态字。

**4. 级联线（4 条）**

$\overline{SP}$：称为双向主从控制线，共有两个作用。在 8259 设定为缓冲方式时，$\overline{SP}$ 输出的低电平用于启动它外部的数据总线驱动器，以增强 8259 输入输出数据的驱动能力。在 8259 设定为非缓冲方式时，$\overline{SP}$ 为主片/从片的输入控制线，若使 $\overline{SP}=1$，则本片为主片状态工作；若 $\overline{SP}=0$，则本片为从片状态工作。

CAS2～CAS0：线联线。若 8259 设定为主片，则 CAS2～CAS0 为输出线；若 8259 设定为从片，则 CAS2～CAS0 为输入线。

**5. 电源线（2 条）**

$V_{cc}$：+5V 电源线。

GND：接地线。

### 6.3.3　8259 的命令字

8259 有 7 条命令，分别存放在它内部的 7 个专用寄存器中，由 CPU 通过程序送来。7 个命令字分为两组：初始化命令字 ICW 和操作命令字 OCW。

**1. 初始化命令字 ICW**

ICW（Initialization Command Word，初始化命令字）包括 ICW1、ICW2、ICW3 和 ICW4，用于给 8259 初始化。通常，CPU 在初始化 8259 时必须至少给每片 8259 送 ICW1 和 ICW2 两个命令字，ICW3 和 ICW4 仅在多片 8259 级联时才需要。

（1）ICW1 命令字。ICW1 称为芯片控制初始化命令字。ICW1 各位的含义如图 6-11(a) 所示。ICW1 由用户根据需要选定，写入 8259 的偶地址端口（A0＝0）。现对 ICW1 中各位定义进一步分析如下。

D7～D5：这几位在 8086/8088 系统中不用，可为 0 也可为 1。在 8080/8085 系统中，这几位和 ICW2 的 8 位一起组成中断矢量页面地址 A15～A5，即 D7～D5 作为 A7～A5，

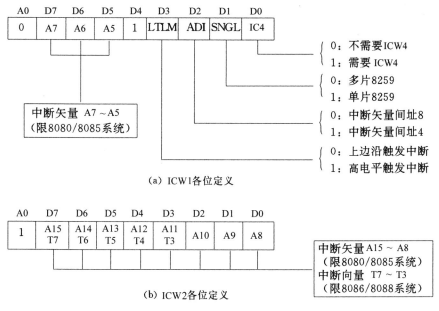

（a）ICW1各位定义

（b）ICW2各位定义

图 6-11　ICW1 和 ICW2 各位定义

ICW2 中的 8 位作为 A15～A8。

D4：D4＝1 为 ICW1 的特征位。

D3（LTLM）：为 IRR 的触发方式选择位。若 D3＝0，则 8259 设定为边沿触发方式；若 D3＝1，则 8259 设定为高电平触发方式。例如，若把 D3＝0 的 ICW1 初始化字送给 8259，则 IR0～IR7 上升沿会使 IRR 中的相应位置位。

D2～D0：D2（ADI）为中断矢量间址选择位。若 ADI＝0，则 IR0～IR7 各中断矢量地址间隔 8；若 ADI＝1，则 IR0～IR7 各中断矢量地址间隔 4（见表 6-3）。D1（SNGL）为级联选择位：若 SNGL＝1，则系统中只有一片 8259；若 SNGL＝0，则系统中有多片 8259。D0（IC4）为 ICW4 设置位：若 IC4＝0，则表示 8259 设定为 8080/8085 系统；若 IC4＝1，则表示 8259 设定为 8086/8088 系统。

表 6-3　中断矢量低 8 位地址的形成

| 中断输入 | 中断矢量低 8 位（间隔 4） | | | | | | | | | 中断矢量低 8 位（间隔 8） | | | | | | | | |
|---|---|---|---|---|---|---|---|---|---|---|---|---|---|---|---|---|---|---|
| | D7 | D6 | D5 | D4 | D3 | D2 | D1 | D0 | 十六进制 | D7 | D6 | D5 | D4 | D3 | D2 | D1 | D0 | 十六进制 |
| IR0 | A7 | A6 | A5 | 0 | 0 | 0 | 0 | 0 | 00H | A7 | A6 | 0 | 0 | 0 | 0 | 0 | 0 | 00H |
| IR1 | A7 | A6 | A5 | 0 | 0 | 1 | 0 | 0 | 04H | A7 | A6 | 0 | 0 | 1 | 0 | 0 | 0 | 08H |
| IR2 | A7 | A6 | A5 | 0 | 1 | 0 | 0 | 0 | 08H | A7 | A6 | 0 | 1 | 0 | 0 | 0 | 0 | 10H |
| IR3 | A7 | A6 | A5 | 0 | 1 | 1 | 0 | 0 | 0CH | A7 | A6 | 0 | 1 | 1 | 0 | 0 | 0 | 18H |
| IR4 | A7 | A6 | A5 | 1 | 0 | 0 | 0 | 0 | 10H | A7 | A6 | 1 | 0 | 0 | 0 | 0 | 0 | 20H |
| IR5 | A7 | A6 | A5 | 1 | 0 | 1 | 0 | 0 | 14H | A7 | A6 | 1 | 0 | 1 | 0 | 0 | 0 | 28H |
| IR6 | A7 | A6 | A5 | 1 | 1 | 0 | 0 | 0 | 18H | A7 | A6 | 1 | 1 | 0 | 0 | 0 | 0 | 30H |
| IR7 | A7 | A6 | A5 | 1 | 1 | 1 | 0 | 0 | 1CH | A7 | A6 | 1 | 1 | 1 | 0 | 0 | 0 | 38H |

注：A7A6A5＝000B。

（2）ICW2 命令字。初始化命令字 ICW2 是一种设置中断矢量高 8 位地址的命令字，必须写到 8259 的奇地址端口（A0＝1）。ICW2 各位格式如图 6-11（b）所示。

在 8086/8088 系统中，T7～T3 为中断矢量地址的高 5 位，中断矢量的低 3 位和 ICW2 中的 D2～D0 无关，但和 8259 IR0～IR7 上的中断请求有关。

在 8080/8085 系统中，ICW2 和 ICW1 中的 D7～D5 一起构成中断矢量的页面地址。ICW1 和 ICW2 由 CPU 初始化时送给 8259。在初始化完成并开中断后，CPU 响应 8259 IR0～IR7 上的某个中断时，8259 就把 ICW2 原封不动地作为 CALL *nn* 指令中转移地址的高 8 位反送给 CPU。反送的转移地址低 8 位既和 ICW1 中的 D2 位状态有关，也和 IR0～IR7 上输入的中断请求有关。若 8259 被设定为中断矢量的 4 地址间隔，则 A7～A5 由 ICW1 中的 D7～D5 位状态决定，A4～A0 由 8259 自动形成；若 8259 被设定为中断矢量 8 地址间隔，则 A7A6 由 ICW1 中的 D7D6 位状态决定，A5～A0 由 8259 自动形成（见表 6-3）。

（3）ICW3 命令字。ICW3 也称为主片/从片标志命令字，仅在 8259 级联（ICW1 中 D1＝0）时使用，必须写到 8259 的奇地址端口（即 A0＝1）中，CPU 送给主 8259 和从 8259 的 ICW3 格式是不相同的（见图 6-12）。

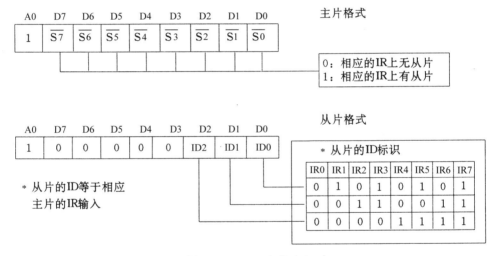

图 6-12　ICW3 各位定义

送给主 8259 的 ICW3 要根据其 IR0～IR7 上所接从片的情况决定：若主 8259 的 IR0～IR7 中某位接有从片，则送给主 8259 的 ICW3 中相应位为 1；否则应为 0。例如，若某主 8259 仅在 IR6 和 IR3 上接有从片，则主 8259 的 ICW3 应为 48H（见图 6-20）。

送给从 8259 的 ICW3 取决于从片的 INT 线究竟和主 8259 IR0～IR7 中的哪一路相连。例如，若某从 8259 的 INT 线连到主片的 IR6 引脚上，则该从片的 ICW3 应为 06H。

在多片 8259 级联情况下，主片和所有从片的 CAS2～CAS0 是以同名端方式互连的。因此，主片在 CAS2～CAS0 上输出的编码可以被它的所有从片接收，该编码和引起主片中断的从片有关，对应关系如表 6-4 所示。

表 6-4　主 8259 在 CAS2～CAS0 上输出的编码

| 输出编码 | 引起主片中断的 IR | | | | | | | |
|---|---|---|---|---|---|---|---|---|
| | IR0 | IR1 | IR2 | IR3 | IR4 | IR5 | IR6 | IR7 |
| ID2 | 0 | 0 | 0 | 0 | 1 | 1 | 1 | 1 |
| ID1 | 0 | 0 | 1 | 1 | 0 | 0 | 1 | 1 |
| ID0 | 0 | 1 | 0 | 1 | 0 | 1 | 0 | 1 |

所有从片把从 CAS2～CAS0 上接收来的编码和 CPU 送来的 ICW3 中的 D2～D0(即 ID2～ID0)位比较,只有比较相等的从 8259 才会在第二和第三个 $\overline{\text{INTA}}$ 负脉冲到来时把自身的中断矢量反送给 CPU。CPU 收到并执行这条 CALL *nn* 指令(CALL *nn* 指令的操作码 CDH 由主 8259 在收到第一个 $\overline{\text{INTA}}$ 负脉冲时送出)便可转入相应中断服务程序。

(4) ICW4 命令字。ICW4 也称为方式控制初始化命令字,也必须写到 8259 奇地址端口(A0=1)。ICW4 仅在 ICW1 中的 D0=1 时才有必要设置,否则可省略不用。ICW4 的格式如图 6-13 所示。

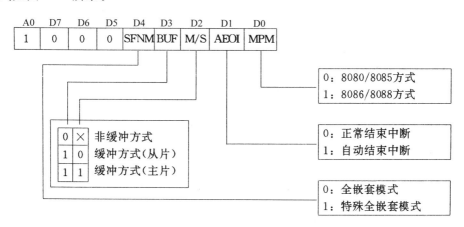

图 6-13　ICW4 各位定义

现对 ICW4 各位的含义进一步分析如下。

D7～D5：标志位,应为全 0。

D4(SFNM)：为特殊全嵌套中断模式设置位。若 SFNM=1,则 8259 可设定为特殊全嵌套模式;否则为全嵌套模式。

D3(BUF)：为缓冲方式设置位。若 BUF=0,则为非缓冲方式;若 BUF=1,则 8259 设定为缓冲方式。缓冲方式只有在多片 8259 级联成的大系统中才需要,8259 在这种方式下可以通过它外部的总线驱动器把状态字送给 CPU,此时 $\overline{\text{SP}}$ 引脚上输出的低电平可以启动该总线驱动器工作。

D2(M/S)：此位在缓冲方式下用来表示本片是主片还是从片。若 M/S=1(且 BUF=1),则本片为主片;若 M/S=0(且 BUF=1),则本片为从片。在非缓冲方式(BUF=0)下,M/S 不起作用。

D1(AEOI)：为自动结束中断设置位。若 AEOI＝0,则本 8259 以正常方式结束中断;若 AEOI＝1,则本 8259 便可在第二个 $\overline{\text{INTA}}$ 脉冲结束时使相应 ISR 位(最高中断优先级)清零,表示本次中断即将结束。

D0(MPM)：为微处理器系统控制位。若 MPM＝0,则本 8259 所在系统为 8080/8085 系统;若 MPM＝1,则本 8259 所在系统为 8086/8088 系统。

### 2. 8259 的初始化流程

8259 进入正常工作前,用户必须对系统中的每片 8259 进行初始化。初始化是通过给 8259 端口写入初始化命令字实现的,端口地址与硬件连线有关。8259 初始化必须遵守固定顺序,图 6-14 为 8259 的初始化流程图。

**8259 初始化时如下几点值得注意:**

(1) 8259 的端口地址是有限制的,ICW1 必须写入偶地址端口(A0＝0),ICW2～ICW4 写入奇地址端口(A0＝1)。

(2) ICW1～ICW4 的设置顺序是固定的,不可颠倒。

(3) 在单片 8259 所构成的中断系统中,8259 的初始化仅需设置 ICW1 和 ICW2。在多片 8259 级联时,主片和从片

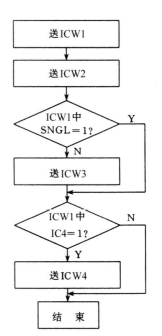

图 6-14    8259 的初始化流程图

8259 除 ICW1 和 ICW2 外还必须设置 ICW3,而且主片和从片的 ICW3 格式是不相同的。

(4) ICW4 只有在 8086/8088 系统下以及特殊全嵌套模式、缓冲方式或自动结束中断方式下才需要设置。

[**例 6.4**]    现有一单片 8259 需要初始化。设中断矢量转移表起始地址为 3960H,要求中断矢量地址为 4 间隔,请列出各中断矢量转移地址并写出该 8259 的初始化程序。

**解：** ① 中断矢量转移地址为

```
3960H
3964H
3968H
396CH
3970H
3974H
3978H
397CH
```

② 主程序中 8259 的初始化程序。

设 8259 为上边沿触发中断,相应程序为

```
        ORG     2000H
PT59A   EQU     DAH
PT59B   EQU     DBH
```

| | | | |
|---|---|---|---|
| MOV | IP，♯01H | ;令$\overline{INT0}$为高优先级 | |
| MOV | R0，♯PT59A | ; | |
| MOV | A，♯76H | ; ⎫ ICW1 送 8259 | |
| MOVX | @R0，A | ; ⎭ | |
| MOV | R0，♯PT59B | ; | |
| MOV | A，♯39H | ; ⎫ ICW2 送 8259 | |
| MOVX | @R0，A | ; ⎭ | |
| SETB | EA | ;开所有中断位 | |
| SETB | EX0 | ;开$\overline{INT0}$中断 | |
| SETB | IT0 | ;令$\overline{INT0}$为负边沿触发中断 | |

⋮

END

### 3．操作命令字 OCW

OCW(Operation Command Word)包括 OCW1、OCW2 和 OCW3，用于设定 8259 的工作方式。设置 OCW 的顺序无严格要求，但端口地址是有限制的，即 OCW1 必须写入奇地址端口(A0＝1)，OCW2 和 OCW3 写入偶地址端口(A0＝0)。

(1) OCW1 命令字。OCW1 也称为中断屏蔽命令字，要求写入 8259 的奇地址端口(A0＝1)。OCW1 的具体格式如图 6-15(a)所示。若 OCW1 中某位为 1,则与该位相应的中断请

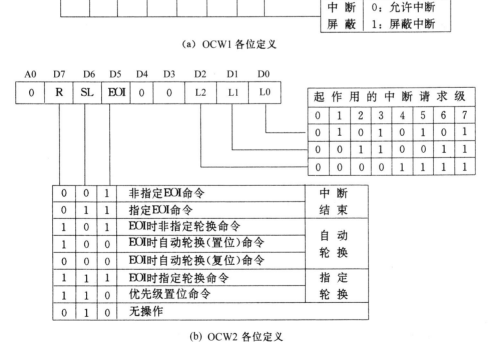

(a) OCW1 各位定义

(b) OCW2 各位定义

图 6-15　OCW1 和 OCW2 各位定义

求被屏蔽;若该位为 0,则相应中断请求得到允许。例如,若把 OCW1＝06H 命令字送给
8259,则它的 IR2 和 IR1 上的中断请求被屏蔽,其他中断请求得到允许。

(2) OCW2 命令字。OCW2 也称为中断模式设置命令字,要求写入 8259 偶地址端口
(A0＝0)。OCW2 的具体格式如图 6-15(b)所示。OCW2 各位定义说明如下。

D7～D5:D7(R)为中断优先级轮换模式设置位。若 R＝0,则 8259 处于非轮换模式;
若 R＝1,则 8259 处于优先级轮换模式。D6(SL)决定 OCW2 中的 L2L1L0 是否有效:若
SL＝0,则 L2L1L0 无效;若 SL＝1,则 OCW2 中的 L2L1L0 有效。D5(EOI)为中断结束
命令位:若 EOI＝0,则本 8259 处于优先级自动轮换模式;若 EOI＝1,则 ISR 中相应位复
位,现行中断结束。

D2～D0(L2L1L0):在 SL＝1 时这三位的作用如下。

① 作为指定 EOI 命令的一部分,用于指出 ISR 中哪一位需要清除。

② 在指定优先级轮换命令字中指示哪个中断优先级最低。

总之,OCW2 命令字共包括 7 条具体命令,由 D7～D5 的不同组合决定,各命令的作
用将在 6.3.4 节"8259 的工作模式"中详细介绍。

(3) OCW3 命令字。OCW3 的命令字格式如图 6-16 所示。OCW3 命令字有 3 个功
能:①设置或撤销特殊屏蔽模式;②设置中断查票方式;③设置读 8259 内部寄存器模
式。OCW3 必须写入 8259 的偶地址端口(A0＝0)。

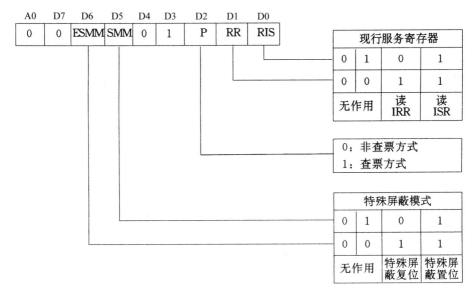

图 6-16 OCW3 各位定义

D6D5:D6(ESMM)为特殊屏蔽模式位,D5(SMM)为特殊屏蔽控制位。若 ESMM＝
SMM＝1,则 8259 处于特殊屏蔽模式;若 ESMM＝1 且 SMM＝0,则 8259 撤销特殊屏蔽
模式。

D2(P):称为查票方式控制位。若 P＝0,则 8259 处于非查票(正常)工作方式;若 P＝1,
则 8259 处于查票方式。

D1 和 D0：D1（RR）为读出控制位，D0（RIS）为寄存器选择位。若 RR＝RIS＝1，则 8259 处于读 ISR 方式；若 RR＝1 和 RIS＝0，则 8259 处于读 IRR 方式。

### 6.3.4　8259 的工作模式

8259 有多种工作模式，这些模（方）式都可由用户通过命令字设定，故 8259 使用灵活，但也不易为人们完全掌握。在此，将重点介绍全嵌套中断模式、中断优先级轮换模式、中断屏蔽模式、查票模式和状态读取模式 5 种模式，对特殊全嵌套中断模式、优先级指定轮换模式和缓冲模式只进行一般性介绍。

**1. 全嵌套中断模式**

在讲述全嵌套中断模式前先介绍中断结束命令。

（1）中断结束命令。在全嵌套模式下，常常要用到指定和非指定 EOI（End of Interrupt，中断结束）命令。这两条命令由 OCW2 衍生而来，作用是使 ISR 中相应位复位，通常用在中断服务程序末尾。

① 非指定 EOI 命令：非指定 EOI 命令字为 20H（见图 6-15（b））。该命令送给 8259 后能使当前中断服务程序所对应的 ISR 相应位清零，即有：

$$ISR_{最高优先级}＝0$$

例如，若 CPU 正处理某 8259 IR5 上的中断请求（ISR5＝1），则 OCW2＝20H 的命令字送给 8259 后 ISR5＝0，表示现行服务的最高优先级中断即将结束。

② 指定 EOI 命令：指定 EOI 命令格式为

| A0 | D7 | D6 | D5 | D4 | D3 | D2 | D1 | D0 |
|----|----|----|----|----|----|----|----|----|
| 0 | R | SL | EOI | 0 | 0 | L2 | L1 | L0 |
|    | 0 | 1 | 1 |    |    |    |    |    |

本命令用于指定 ISR 中的相应位（$ISR_{L2L1L0}$）复位。例如，若把 63H 的 OCW2 送给 8259，则 8259 的 ISR3＝0。

（2）全嵌套模式。8259 初始化后，不写任何 OCW 命令字就能进入全嵌套模式，以便能以全嵌套方式处理 IR0～IR7 上的中断请求。图 6-17 为全嵌套中断模式的一个实例。在这种情况下，IR0 优先级最高、IR1 优先级次高……IR7 优先级最低。现对其工作过程分析如下。

① CPU 执行主程序时，ISR0～ISR7 为全 0。

② CPU 响应 IR3 上的中断请求便进入 IR3 中断服务程序，8259 的 ISR3＝1，以禁止同级 IR3 和低于同级（IR4～IR7 上）的中断请求，ISR3 置位也表示 IR3 中断未处理完毕。

③ 由于 IR1 的中断优先级比 IR3 要高，故 CPU 响应 IR1 上的中断就可进入 IR1 中断服务程序。此时，8259 使 ISR1＝1，以禁止 IR1 及其以下各级中断请求的输入和表示 IR1 中断服务程序未执行完毕。

④ 在 IR1 中断服务程序末尾，必须使用 EOI 命令。这个命令的作用是使 ISR1＝0，表示 IR1 中断即将结束，以便开放 IR1～IR3 上的中断请求。

⑤ CPU 返回 IR3 中断服务程序并执行到程序末尾时也必须使用 EOI 命令。这个命

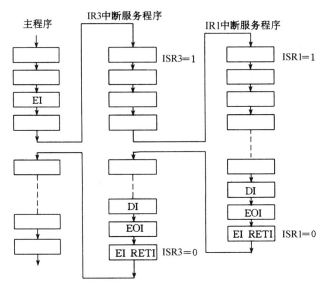

图 6-17　全嵌套中断模式的实例

令的作用是使 ISR3＝0,表示 IR3 中断即将结束,以便开放 IR3 和 IR3 以下的各级中断。

CPU 返回主程序以后,全嵌套中断宣告结束。

(3)特殊全嵌套中断模式。特殊全嵌套中断模式和全嵌套中断模式基本相同。只有一点不同,就是在特殊全嵌套中断模式下,当 CPU 正处理某一级中断时,如果有同级中断请求,CPU 也能给予响应,从而实现一种对同级中断请求的特殊嵌套。

**2. 中断优先级轮换模式**

什么叫"中断优先级轮换"? 若有三台中断优先级彼此相等的外设,分别为 I/O1、I/O2 和 I/O3,CPU 要能先为 I/O1 服务,服务完后再为 I/O2 服务,然后为 I/O3 服务,如此轮换服务,如图 6-18 所示。显然,在中断优先级轮换模式下,各外设的中断优先级相等,都能得到机会均等的服务。

中断优先级轮换很容易实现,只要在每台外设的中断服务程序末尾使它的优先级变为最低即可。

优先级轮换分为自动轮换和指定轮换两种:自动轮换使现行服务的最高优先级的 ISR 复位,并把刚复位的 ISR 的中断请求指定为最低优先级,其他各个中断请求相应地轮转升级;指定轮换允许程序员用编程办法改变优先级等级,由此也确定了最高优先级的中断。

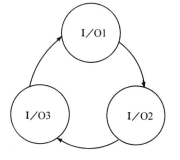

图 6-18　中断优先级轮换示意图

优先级自动轮换和优先级指定轮换两者是有区别的:前者的初始优先级队列为 IR0,IR1,…,IR7,其中 IR0 为最高优先级;后者的初始优先级队列由编程确定。

优先级轮换模式由如下 4 种命令字(OCW2 衍生)设定。

(1) EOI 时自动轮换(置位)命令。EOI 时自动轮换(置位)命令字为 80H(见

图 6-15(b))。本命令能使现行正服务(最高中断优先级)的 ISR 复位,使刚复位的 ISR 位所对应的中断请求为最低优先级,其他中断轮转升级。

中断优先级轮换意味着所有外设(即外部中断源)具有同等的重要性。因此,在这些中断服务程序中,开中断指令应放在 EOI 命令之后,以保证中断服务程序不被中断,具有不可侵犯的特点。

[**例 6.5**] 若 CPU 正为 8259 IR4 上的中断服务,现希望在 IR4 中断服务程序末尾自动轮换中断优先级(该模式由 EOI 时的自动轮换复位命令清除)。试问在使用 EOI 自动轮换置位命令前后 ISR 中的内容和中断优先级顺序。

**解**:① ISR 中的内容:

|  | ISR0 | ISR1 | ISR2 | ISR3 | ISR4 | ISR5 | ISR6 | ISR7 |
|---|---|---|---|---|---|---|---|---|
| 轮 换 前 | 0 | 0 | 0 | 0 | 1 | 0 | 0 | 0 |
| 轮 换 后 | 0 | 0 | 0 | 0 | 0 | 0 | 0 | 0 |

② 中断优先级顺序:

|  | | | | | | | | |
|---|---|---|---|---|---|---|---|---|
| 轮 换 前 | IR0 | IR1 | IR2 | IR3 | IR4 | IR5 | IR6 | IR7 |
| 轮 换 后 | IR5 | IR6 | IR7 | IR0 | IR1 | IR2 | IR3 | IR4 |

高 ——————————————————→ 低

不论使用 EOI 时自动轮换置位命令前各中断源的中断优先级顺序如何,命令使用后 IR4 的中断优先级均变为最低,其他中断优先级也因此而确定。

**应当注意**:在优先级自动轮换方式下,一般通过 ICW4 中的 AEOI 位为 1 使相应中断服务程序自动结束中断。

(2) EOI 时非指定轮换命令。本命令的命令字为 A0H,用于使当前处理的最高中断优先级对应的 ISR 位被清除,并使系统仍按优先级轮换方式工作,当前各中断的优先级轮转升级。例如,若 CPU 正处理 IR5 上的中断请求,则将 OCW2 为 A0H 的命令字送给 8259 后 ISR5 复位,新的中断优先级顺序变为

IR6    IR7    IR0    IR1    IR2    IR3    IR4    IR5

高 ——————————————————→ 低

(3) EOI 时指定轮换命令。EOI 时指定轮换命令格式为

| A0 | D7 | D6 | D5 | D4 | D3 | D2 | D1 | D0 |
|---|---|---|---|---|---|---|---|---|
| 0 | R | SL | EOI | 0 | 0 | L2 | L1 | L0 |
|  | 1 | 1 | 1 |  |  |  |  |  |

本命令规定了要复位的 ISR 位,使中断优先级轮换并指定 $IR_{L2L1L0}$ 为最低优先级。例如,若 CPU 当前正处理 IR5 上的中断,则把 OCW2 为 E3H 的命令字送给 8259 后 ISR5 被清除,轮换后的优先级顺序变为

IR4    IR5    IR6    IR7    IR0    IR1    IR2    IR3

高 ——————————————————→ 低

（4）优先级置位命令。优先级置位命令格式为

| A0 | D7 | D6 | D5 | D4 | D3 | D2 | D1 | D0 |
|----|----|----|----|----|----|----|----|----|
| 0 | R | SL | EOI | 0 | 0 | L3 | L2 | L1 |
|  | 1 | 1 | 0 |  |  |  |  |  |

本命令允许程序员选择最低优先级设备（其他优先级也随之确定）而与 EOI 无关，也不影响 ISR 中各位状态。例如，当用户把 OCW2 为 C3H 的命令字送给 8259 时，IR3 变为最低优先级，其他中断优先级顺序变为

IR4　IR5　IR6　IR7　IR0　IR1　IR2　IR3

高 ————————————————————→ 低

### 3. 中断屏蔽模式

8259 有普通屏蔽和特殊屏蔽两种中断屏蔽模式。前者由中断屏蔽命令（即 OCW1）建立，后者由特殊屏蔽命令（OCW3 中的 D6D5）建立并清除。这两种模式都能对 8259 IR0～IR7 上的信号进行屏蔽，只是使用场合不同。

在设置特殊屏蔽模式后，采用 OCW1 对屏蔽寄存器中的某一位置位，则会同时使当前中断服务寄存器 ISR 中的对应位自动清 0，这就不只屏蔽了当前正在处理的这级中断，而且真正开放了其他级别较低的中断。现举例说明特殊屏蔽方式的使用。

[例 6.6] 设 CPU 正处理 IR4 上的中断，现希望在 IR4 中断服务程序中挂起一段代码（即在该段代码内允许低于 IR4 的中断请求），然后再恢复全嵌套中断方式，试写出 IR4 中断服务程序。

**解**：IR4 中断服务程序为

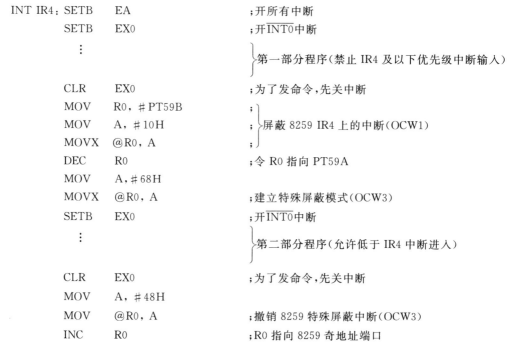

```
INT IR4：SETB    EA              ;开所有中断
         SETB    EX0             ;开 INT0 中断
            ⋮                    ⎫第一部分程序（禁止 IR4 及以下优先级中断输入）

         CLR     EX0             ;为了发命令,先关中断
         MOV     R0,♯PT59B       ;⎫
         MOV     A,♯10H          ;⎬屏蔽 8259 IR4 上的中断（OCW1）
         MOVX    @R0,A           ;⎭
         DEC     R0              ;令 R0 指向 PT59A
         MOV     A,♯68H          ;
         MOVX    @R0,A           ;建立特殊屏蔽模式（OCW3）
         SETB    EX0             ;开 INT0 中断
            ⋮                    ⎫第二部分程序（允许低于 IR4 中断进入）

         CLR     EX0             ;为了发命令,先关中断
         MOV     A,♯48H
         MOV     @R0,A           ;撤销 8259 特殊屏蔽中断（OCW3）
         INC     R0              ;R0 指向 8259 奇地址端口
```

```
        MOV     A,♯00H
        MOVX    @R0,A              ;撤销8259 IR4 的中断屏蔽(OCW1)
        SETB    EX0                ;开 INT0 中断
        ⋮                          第三部分程序(恢复全嵌套模式)
        DEC     R0                 ;R0 指向 PT59A
        MOV     A,♯20H
        MOVX    @R0,A              ;令 ISR4=0,结束 IR4 中断
        RETI                       ;中断返回
        END
```

**4. 查票模式**

8259 的查票模式由查票方式字设定,用于查询某 8259 的 IR0～IR7 上是否有中断请求。查票方式字为 0CH,由 OCW3 衍生,如图 6-16 所示。CPU 查票时先把查票方式字送给 8259,令最高中断优先级的相应 ISR 位置 1,以建立查票方式并产生一个查票字。查票字格式如下:

| A0 | D7 | D6 | D5 | D4 | D3 | D2 | D1 | D0 |
|----|----|----|----|----|----|----|----|----|
| 0 | I | — | — | — | — | W2 | W1 | W0 |

其中,I 为中断标志位。若 I=0,则本 8259 IR0～IR7 上无中断输入,且 W2W1W0=111B;若 I=1,则脚标 W2～W0 所指示的 IR 为最高优先级中断请求。例如,若 8259 产生的查票字为 82H(即 I=1,W2W1W0=010B),则表明它的 IR2 上有当前最高优先级的中断请求。接着,CPU 必须紧跟查票方式字后,用如下两条指令(奇地址端口)接收这个查票字:

```
        MOV     R0,♯PT59A
        MOVX    A,@R0
```

总之,为了启动查票,CPU 必须在查票时首先关中断,然后给 8259(查票对象)送一个查票方式字,8259 收到查票方式字后便在下一个 $\overline{RD}$ 脉冲(由 CPU 输入指令产生)把查票字放入数据总线,供 CPU 接收。CPU 对收到的查票字进行软件分析便可弄清 8259 是否产生了中断请求。若有中断请求,则根据查票字中的 W2W1W0 代码转入相应的中断服务程序;若无中断请求(I=0,W2W1W0=111B),则返回主程序或继续对级联中的另一 8259 进行查票。

**5. 状态读取模式**

为了解 8259 的工作状态,CPU 常常要读取 ISR、IRR 和 IMR 中的内容。对于 IMR 来说,CPU 可以在任何时候用输入指令读取,只要端口地址中的 A0=1 即可。

对于 ISR 和 IRR,CPU 必须先给 8259 送一个读状态命令字,该命令字由 OCW3 衍生。其格式如图 6-19 所示。

[例 6.7]  设 8259 奇地址端口(A0=1)为 PT59B,偶地址端口(A0=0)为 PT59A,请写出 CPU 读 ISR 中内容的程序。

**解:**相应程序为

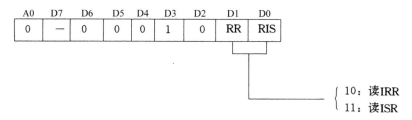

| A0 | D7 | D6 | D5 | D4 | D3 | D2 | D1 | D0 |
|----|----|----|----|----|----|----|----|-----|
| 0 | — | 0 | 0 | 0 | 1 | 0 | RR | RIS |

10：读IRR
11：读ISR

图 6-19　读状态命令字

```
          ⋮
MOV    R0，♯PT59A    ;R0 ← 偶地址端口
MOV    A，♯0BH       ;读 ISR 命令字送 A
MOVX   @R0，A        ;读 ISR 命令字送 8259
INC    R0            ;R0 指向 8259 奇地址端口
MOVX   A，@R0        ;IRS 中内容送 A
          ⋮
END
```

**应当指出**：一旦给 8259 送过读 IRR(或 ISR)命令字，就没有必要在以后每次读 IRR (或 ISR)前再送这个命令字了，因为 8259 能记住前面是否已经送过读 IRR(或 ISR)的命令字。

### 6.3.5　8259 的级联

8259 级联可用来扩张中断级数而无须另附硬件电路。图 6-20 为一片主 8259 和两片从 8259 构成的 22 级中断系统。图中，主 8259 的 $\overline{\text{SP}}$ 接 +5V；从 8259A 和从 8259B 的 $\overline{\text{SP}}$ 接地；所有 CAS2～CAS0 的同名端互连。主 8259 的 CAS2～CAS0 为输出线，输出代码的值和主 8259 IR0～IR7 上哪一个引起中断有关；从 8259A 和从 8259B 的 CAS2～CAS0

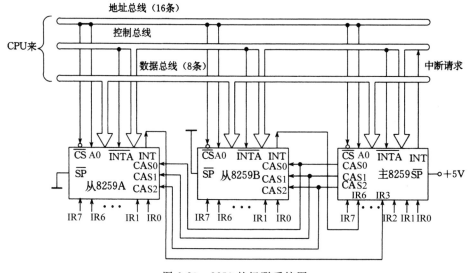

图 6-20　8259 的级联系统图

为输入线,用于接收主 8259 CAS2～CAS0 上的输出代码。其他引脚的连接如图 6-20 所示。

下面介绍一下从 8259B 上合法中断的响应过程,以便对 8259 有一个全面认识。

(1) 若从 8259B 的 IR5 上输入一个正跳变脉冲(设从 8259A 和从 8259B 的其他 IR 输入端均无中断请求),则 8259B 只做两件事:①使它的 IRR5 置位;②在 INT 端产生高电平送到主 8259 的 IR6 上。

(2) 主 8259 收到 IR6 上的中断请求信号后也做两件事:①使 IRR6 置位;②在 INT 端产生高电平反相后送到 CPU 的 $\overline{INT0}$ 端。

(3) CPU 响应 $\overline{INT0}$ 上的中断请求后在所有 8259 的 $\overline{INTA}$ 上发出连续三个负脉冲。第一个 $\overline{INTA}$ 脉冲被主 8259 接收,主 8259 接收到后要做三件事:①使 ISR6 置位,表示它已响应从 8259B 发来的中断请求;②在 CAS2～CAS0 总线上输出 110B 代码,因为从 8259B 的 INT 是和主 8259 的 IR6 相连的;③把 CALL $nn$ 指令的操作码 CDH 送到数据总线。

(4) 从 8259A 和从 8259B 收到主 8259 发来的 CAS 代码 110B 后,立即与各自初始化时送来的 ICW3 中的 ID 标识码相比较。只有在从 8259B 上才会发现二者的比较结果是相等的,故从 8259B 一方面使 ISR5＝1,另一方面在收到 CPU 送来的第二个和第三个 $\overline{INTA}$ 后把 CALL $nn$ 指令中的 16 位中断矢量地址 $nn$ 送给 CPU。

(5) CPU 收到并执行从 8259B 送来的 CALL $nn$ 指令,便可转入从 8259B 的 IR5 上所接外设的中断服务程序,并在执行完后返回主程序。

**上述分析中还应注意以下几点。**

(1) CPU 响应来自 8259 的 IR5 上的一个中断请求将有两个 ISR 位置位,一个是主 8259 的 ISR6,另一个是从 8259B 的 ISR5,故在从 8259B 的中断服务程序中应有两个 EOI (End of Interrupt,中断结束)命令,一个用于使从 8259B 的 ISR5 复位,另一个使主 8259 的 ISR6 复位。

(2) 主 8259、从 8259A 和从 8259B 都必须有自己的初始化序列。在初始化序列中,所用命令字有 ICW1、ICW2 和 ICW3。其中,送给主 8259 和从 8259 的 ICW3 格式是不相同的。

(3) 从 8259A 和从 8259B 可以接收不同的命令,从而工作于不同的工作模式。例如,从 8259A 可以工作在全嵌套中断模式,从 8259B 工作在轮换中断优先级模式。

(4) 采用矢量中断和查票模式相结合的混合模式:第一层一片主 8259;第二层 8 片从 8259;第三层 64 片从 8259。这样,就组成了 512 级中断系统。


# 6.4 MCS-51 对外部中断源的扩展


MCS-51 共有 $\overline{INT0}$ 和 $\overline{INT1}$ 两个外部中断源,为使它和更多外部设备联机工作,其中断源个数必须加以扩展。MCS-51 共有三种扩展外部中断源的方法,它们是借用定时器溢出中断扩展外部中断源、采用查询法扩展外部中断源和采用 8259 扩展外部中断源。现对它们的工作原理介绍如下。

## 6.4.1 借用定时器溢出中断扩展外部中断源

MCS-51 内部定时器是 16 位的,定时器从全 1 变为全 0 时会向 CPU 发出溢出中断请求。根据这一原理,可以把 MCS-51 内部不用的定时器借给外部中断源使用,以达到扩展一个(或两个)外部中断源的目的。借用定时器溢出中断作为外部中断的方法如下。

(1) 使被借用定时器工作在方式 2,即 8 位自动装载方式。这是两个 8 位计数器方式:低 8 位用作计数器,高 8 位用来存放计数器初值,每当低 8 位计数器产生溢出中断时,高 8 位的计数初值自动装入低 8 位,以便为下一次计数做好准备。

(2) 使被借用定时器装载初值 FFFFH,即高 8 位和低 8 位均为 FFH,以达到每计数一次产生一次溢出中断的目的。

(3) 把被借用定时器的计数输入端 T0(或 T1)作为被扩展外部中断源的中断请求输入线。

(4) 在被借用定时器中断入口地址 000BH(或 001BH)处存放一条三字节长转移指令,以便 CPU 在响应该定时器溢出中断时可以转移到相应外部中断源的中断服务程序。

上述分析表明:若要借用定时器中断来扩展外部中断源,除了 T0(或 T1)引脚线应作为被扩展外部中断请求输入线外,还需要在主程序开头对被借用定时器进行初始化。初始化包括定时器工作方式设定和定时器初值设置,现结合实例加以说明。

[例 6.8] 写出定时器 T0 中断源用作外部中断源的初始化程序。

解:定时器 T0 方式字 06H 的选取参见第 7 章中的定时器方式寄存器 TMOD 各位定义。相应初始化程序为

```
MOV    TMOD, #06H       ;定时器方式字送 TMOD
MOV    TL0, #0FFH       ;送低 8 位定时器初值
MOV    TH0, #0FFH       ;送高 8 位定时器初值
SETB   EA               ;开所有中断
SETB   ET0              ;允许定时器 T0 中断
SETB   TR0              ;启动定时器 T0 工作
    ⋮
END
```

借用定时器 T0 来扩展外部中断源实际上相当于使 MCS-51 的 T0 线变成了一个边沿触发型外部中断请求输入线,而少了一个定时器溢出中断源。此时,T0 线上外部中断的入口地址应为 000BH。

## 6.4.2 采用查询法扩展外部中断源

如果 MCS-51 需要扩展的外部中断源较多时,借用定时器溢出中断来扩展外部中断源已不能满足实际外部设备的需要,也可以采用查询法来扩展外部中断源。采用查询法扩展外部中断源需要必要的支持硬件和查询程序,现举例加以说明。

[例 6.9] 请根据图 6-21(a)的支持电路,写出查询外部中断请求线 EI1～EI4 上的中断请求程序。

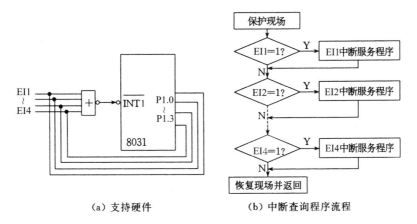

（a）支持硬件　　　　　　（b）中断查询程序流程

图 6-21　查询法扩展中断源

**解**：这是一个利用外部中断请求输入线 $\overline{INT1}$ 扩展外部中断源个数的应用实例。利用这个支持电路，MCS-51 可以把外部中断源个数扩展到 5 个，即允许有 5 个外部设备和 CPU 联机工作。这 5 个外部中断源的中断请求输入线是 $\overline{INT0}$、EI1、EI2、EI3 和 EI4。其中，$\overline{INT0}$ 的中断入口地址是 0003H；EI1～EI4 的中断入口地址是 0013H，但必须在 0013H 处放一段查询程序，该查询程序应能查询 EI1～EI4 线上的状态和根据查询结果转向各自中断服务程序。这些中断服务程序应作为子程序处理，末尾是一条 RET 指令而不是 RETI 指令。EI1～EI4 的中断优先级由查询顺序决定，相应程序流程图如图 6-21（b）所示。查询程序如下：

```
          ORG    0013H
          LJMP   ITROU
            ⋮
ITROU：PUSH   PSW              ;保护现场
          PUSH   ACC
          ANL    P1, #0FH         ;取出 P1 口低 4 位
          MOV    A, P1
          JNB    ACC.0, N1        ;若非 EI1 中断,则转 N1
          ACALL  BR1              ;若为 EI1 中断,则转 BR1
    N1：JNB    ACC.1,N2         ;若非 EI2 中断,则转 N2
          ACALL  BR2              ;若为 EI2 中断,则转 BR2
    N2：JNB    ACC.2, N3        ;若非 EI3 中断,则转 N3
          ACALL  BR3              ;若为 EI3 中断,则转 BR3
    N3：JNB    ACC.3, N4        ;若非 EI4 中断,则转 N4
          ACALL  BR4              ;若为 EI4 中断,则转 BR4
    N4：POP    ACC              ;恢复现场
          POP    PSW
          RETI
  BR1：…    …              ;EI1 中断服务程序
          …    …
```

```
            RET
BR2：…        …                      ;EI2 中断服务程序
            …        …
            RET
BR3：…        …                      ;EI3 中断服务程序
            …        …
            RET
BR4：…        …                      ;EI4 中断服务程序
            …        …
            RET
            END
```

查询法扩展外部中断源比较简单,但当扩展的外部中断源个数较多时,查询时间太长,常常不能满足现场的控制要求。

### 6.4.3 采用 8259 扩展外部中断源

为了克服查询法扩展外部中断源所需查询时间长的缺点,人们通常采用 8259 中断控制器来扩展外部中断源。现结合实例分析如下。

**1. MCS-51 与 8259 的接口电路**

8259 是专门为 8086/8088 和 8080/8085 系列芯片设计的可编程序中断控制器,它和 MCS-51 系列芯片的特性不完全兼容,使用时必须加以调整。图 6-22 示出了 8259 和 8031 的接口电路。

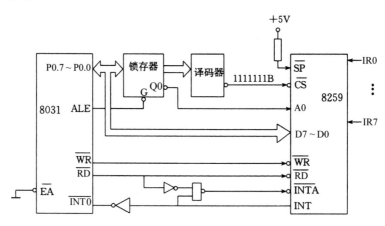

图 6-22　8259 和 8031 的接口电路

图 6-22 所示的接口电路有以下两点值得注意。

(1) 8259 需要 CPU 在 $\overline{\text{INTA}}$ 线上连续送三个中断应答信号,以控制 8259 给 CPU 发送一条三字节 CALL $nn$ 指令。但是,MCS-51 不会自动发送 $\overline{\text{INTA}}$ 信号。为此,在中断服务程序中必须连续安排三条“MOVX A,@ R0”指令,以便利用 MOVX 指令时序中 $\overline{\text{RD}}$ 信号和 8259 的 INT 相结合(在此期间 INT 一直有效),从而得到所需 $\overline{\text{INTA}}$ 信号。8259 的

INT 线上的信号经反相器后与 8031 的 $\overline{INT0}$ 相连,用来向 MCS-51 请求中断。

(2) MCS-51 不能直接使用 8259 送来的 CALL $nn$ 指令,因为两者的机器码并不兼容。但是,CALL $nn$ 中所包含的 16 位中断矢量 $nn$ 还是可以利用的。为此,MCS-51 把收到的 CALL $nn$ 指令的第一字节操作码 CDH 丢弃不用,而把收到的第二和第三字节(中断矢量 $nn$)送入 DPTR,然后按它转入中断服务程序的入口去执行程序。

### 2. MCS-51 和 8259 的接口程序

MCS-51 和 8259 的接口程序是 8259 及其被扩展的外部中断源赖以工作的基础。该程序由两部分组成:初始化程序和被扩展外部中断源的中断服务程序。

若设 8259 工作于全嵌套中断模式(只需为它送 ICW1 和 ICW2);中断矢量间址为 4 字节;8259 IR0 上中断的服务程序起始地址为 2100H,请结合图 6-22 编写 CPU 响应 IR0 上中断请求时的主程序和中断服务程序。

(1) 主程序。由图 6-22 可知,8259 的端口地址为 FFH 和 FEH。主程序开头应放初始化程序。初始化程序包括对 8259 的初始化和对 MCS-51 本身中断系统的初始化,相应程序如下。

```
        ORG    1000H
        MOV    R0, #0FEH      ;8259 端口地址(A0=0)送 R0
        MOV    A, #16H
        MOVX   @R0, A         ;ICW1 送 8259(A0=0)
        INC    R0             ;R0 指向 8259 奇地址端口
        MOV    A, #21H
        MOVX   @R0, A         ;ICW2 送 8259(A0=1)
        SETB   EA             ;开所有中断
        SETB   EX0            ;开 INT0 中断
        SETB   IT0            ;令 INT0 为边沿触发
        ⋮
```

(2) 中断服务程序:

```
        ORG    0003H
        AJMP   INT59
        ORG    0100H
INT59:  PUSH   PSW
        PUSH   ACC            ;保护现场
        MOV    R0, #0FEH      ;R0 指向 8259 端口(A0=0)
        MOVX   A,@R0          ;读 CALL 操作码,丢弃
        MOVX   A,@R0          ;读低 8 位中断矢量
        MOV    DPL,A          ;存入 DPTR 低 8 位
        MOVX   A,@R0          ;读高 8 位中断矢量
        MOV    DPH,A          ;存入 DPTR 高 8 位
        CLR    A              ;清累加器 A
        JMP    @A+DPTR        ;转入 IR0 上中断的服务程序
```

```
INTIR0：  ORG     2100H
          ⋮
          LJMP    CONT
          ORG     2A00H
CONT：     MOV     R0，#0FEH     ；R0 指向 8259 端口地址（A0＝0）
          MOV     A，#20H
          MOVX    @R0，A        ；非指定 EOI 命令送 8259
          POP     ACC          ；恢复现场
          POP     PSW
          RETI
          END
```

应当指出：8259 的 8 个中断可以有 8 个中断服务程序段（例如 INTIR0）。这 8 个程序段均不以 RETI 结尾，而是以 LJMP CONT 结尾，以便统一进行中断结束处理并实现中断返回。

# 习题与思考题

**6.1**　什么叫中断？中断通常可以分为哪几类？计算机采用中断有什么好处？

**6.2**　什么叫中断源？MCS-51 有哪些中断源？各有什么特点？

**6.3**　什么叫中断嵌套？什么叫中断系统？中断系统的功能是什么？

**6.4**　8031 的 6 个中断标志位代号是什么？它们在什么情况下被置位和复位？

**6.5**　中断允许寄存器 IE 的各位定义是什么？请写出允许 T1 定时器溢出中断的指令。

**6.6**　试写出设定 $\overline{INT0}$ 和 $\overline{INT1}$ 上的中断请求为高优先级和允许它们中断的程序。此时，若 $\overline{INT0}$ 和 $\overline{INT1}$ 引脚上同时有中断请求信号输入，MCS-51 先响应哪个引脚上的中断请求？为什么？

**6.7**　MCS-51 响应中断是有条件的，请说出这些条件。中断响应的全过程如何？

**6.8**　写出并记住 8031 五级中断的入口地址。8031 响应中断的最短时间是多少？

**6.9**　在 MCS-51 中，哪些中断可以随着中断被响应而自动撤除？哪些中断需要用户来撤除？撤除的方法是什么？

**6.10**　试写出 $\overline{INT0}$ 为负边沿触发方式的中断初始化程序。

**6.11**　在例 6.2 中，若把按钮开关改接到 $\overline{INT1}$ 引脚以控制数码显示管显示字形 6，则 EXP4. ASM 程序应如何修改？为什么？

**6.12**　在例 6.3 中，如果把 EXP5. ASM 程序的中断初始化程序段中 SETB　PX 去掉，并能获得同样显示效果，那么 EXP5. ASM 程序应做哪些修改？为什么？

**6.13**　请解释 8259 内部的 IRR、ISR、IMR 和 PR 的作用。IRR 和 ISR 中相应位在什么情况下置位和复位？

**6.14**　在全嵌套中断方式下，8259 在 ISR0＝1 和 ISR3＝1 时正响应哪个 IR 上来的中断请求？为什么？

**6.15**　请分析 8259 响应中断的过程。

**6.16** 决定 8259 选口地址的引脚是什么？CAS2～CAS0 的作用是什么？

**6.17** 为什么单片 8259 初始化时要给它送 ICW1 和 ICW2 两个命令字？

**6.18** 8259 级联时,给主 8259 送 ICW3(主片格式)的目的是什么？给从 8259 送 ICW3(从片格式)的目的是什么？若从片的 INT 线接到主片的 IR4 输入端,试问主片和从片的 ICW3 命令字各为多少？

**6.19** 在哪些情况下需要给 8259 送 ICW4？

**6.20** OCW2 中包括哪些具体命令？这些命令的作用是什么？OCW3 中包括哪些具体命令？各命令用于什么情况？

**6.21** 如何才能进入全嵌套中断模式？在全嵌套中断模式下为什么各 IR$n$($n$ 取值为 0～7)的中断服务程序中要使用指定或非指定的 EOI 命令？是否可以不用？

**6.22** 哪些命令可以使 8259 进入中断优先级轮换模式？

**6.23** CPU 对 8259 查票的目的是什么？请说出查票的全过程。

**6.24** 5 片 8259 级联最多可以构成多少级中断系统？

**6.25** MCS-51 有哪三种扩展外部中断源方法？各有什么特点？

**6.26** 写出定时器 T1 作为外部中断源的初始化程序。

**6.27** 试比较采用查询法和采用 8259 扩展中断源的优缺点。

**6.28** 采用 8259 扩展 MCS-51 外部中断源时,为什么要在中断服务程序中连续安排三条"MOVX A,@Ri"指令？

# 第7章 并行 I/O 接口

输入输出(I/O)接口是 CPU 和外设间信息交换的桥梁,是一个过渡的大规模集成电路,可以和 CPU 集成在同一块芯片上,也可以单独制成芯片出售。I/O 接口有并行接口和串行接口两种。本章介绍并行 I/O 接口和 MCS-51 内部定时器。

## 7.1 概 述

为了弄清 I/O 接口的地位和作用,首先需要介绍 CPU 和外设的连接关系,现结合图 7-1 介绍如下。

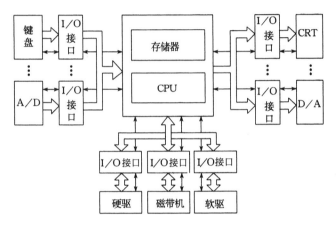

图 7-1 微型机和外设的接口示意图

外部设备分为输入设备和输出设备两种,故又称为输入输出(I/O)设备。输入设备用于向计算机输入信息。例如,人们只要按动键盘上的按键就可以向 CPU 送入数据或命令。A/D 转换器也可以把模拟电量变成数字量输入计算机。输出设备用于输出程序和运算结果。例如,CRT(阴极射线管)能把输出信息显示在荧光屏上。D/A 转换器把CPU 处理后的数字信息还原为模拟电量,以便对被控对象进行实时控制。因此,键盘和A/D 转换器属于输入设备,CRT 和 D/A 转换器属于输出设备。另一类 I/O 设备是磁盘驱动器和磁带机,它们依靠磁介质存储信息,这些磁性载体是微型计算机常用的外存储器。磁盘驱动器和磁带机既可以接收从 CPU 送来的信息,也可以把存储在磁盘和磁带上的程序代码和数据读出来送给 CPU,故它们既可以看作输入设备又可以看作输出设备,是二者兼而有之的 I/O 设备。由于 CPU 与外部设备间所传递信息的性质、传送方式、传送速度和电平各不相同,因此 CPU 和外设之间不是简单地直接相连,而必须借助I/O 接口这个过渡电路才能协调起来。这就好像不同直径的自来水管需用"异型接头"连接的情形一样。

现代计算机外部设备种类繁多,可以是机械的、电动的和电子的等多种形式。因此,企图设计一种接口电路把千差万别的外设同 CPU 连成一体是不现实的。为了满足各种不同外设对 CPU 的不同要求,I/O 接口电路的形式和种类也是多种多样的。虽然各种具体 I/O 接口的作用各不相同,但综述一下它们的共同特点十分必要。

### 7.1.1  I/O 接口的作用

**1. 实现与不同外设的速度匹配**

不同外设的工作速度差别很大,但大多数外设的速度很慢,无法和纳秒级的 CPU 媲美。CPU 和外设间的数据传送方式有同步、异步、中断和 DMA(Direct Memory Access,直接存储器存取)4 种,不论设计者采用哪种数据传送方式来设计 I/O 接口电路,所设计的接口电路本身必须能实现 CPU 和外设间工作速度的匹配。通常,I/O 接口采用中断方式传送数据,以提高 CPU 的工作效率。

**2. 改变数据传送方式**

通常,I/O 数据有并行和串行两种传送方式。对于 8 位机而言,并行传送是指数据在 8 条数据总线上同时传送,一次传送 8 位二进制信息;串行传送是指数据在一条数据总线上分时地传送,一次只传送一位二进制信息。通常,数据在 CPU 内部传送是并行的,而有些外部设备(例如盒式磁带机、磁盘机和通信系统)中的数据传送是串行的。因此,CPU 在和采用串行传送数据的外设联机工作时必须采用能够改变数据传送方式的 I/O 接口电路。也就是说,这种 I/O 接口电路必须具有能把串行数据变换成并行传送(或把并行数据变换成串行传送)的本领。

**3. 改变信号的性质和电平**

CPU 和外设间交换的信息有两类:一类是数据型的,例如程序代码、地址和数据;另一类是状态和命令型的,状态信息反映外部设备的工作状态(如输入设备"准备好"和输出设备"忙"信号),命令信息用于控制外部设备的工作(如外部设备的"启动"和"停止"信号)。因此,I/O 接口必须既能把外设送来的状态信息规整后送给 CPU,又能自动根据要求给外部设备发送控制命令。

通常,CPU 输入输出的数据和控制信号是 TTL 电平(例如,小于 0.6V 表示 0 信号,大于 3.4V 表示 1 信号),而外部设备的信号电平类型较多(例如,小于 5V 表示 0 信号,大于 24V 表示 1 信号)。为了实现 CPU 和外设间的信号传送,I/O 接口电路也要能具备信号电平的这种自动变换。

### 7.1.2  外部设备的编址

I/O 接口(Interface)和 I/O 端口(Port)是有区别的,不能混为一谈。I/O 端口简称 I/O 口,常指 I/O 接口中带有端口地址的寄存器或缓冲器,CPU 通过端口地址就可以对端口中的信息进行读写。I/O 接口是指 CPU 和外设间的 I/O 接口芯片,一个外设通常需要一个 I/O 接口,但一个 I/O 接口中可以有多个 I/O 端口,传送数据字的端口称为数据口,传送命令字的端口称为命令口,传送状态字的端口称为状态口。当然,不是所有外设都需要三端口齐全的 I/O 接口。

因此，外设的编址实际上是给所有 I/O 接口中的端口编址，以便 CPU 通过端口地址和外设交换信息。通常，外设端口有两种编址方式：①对外设端口单独编址；②外设端口和存储器统一编址。

**1. 外设端口单独编址**

外设端口单独编址是指外设端口地址和存储器存储单元地址分别编址，互为独立。例如，存储器地址范围为 0000H～FFFFH，外设端口地址范围为 00H～FFH。但是，存储器地址和外设端口地址所用的地址总线通常是公用的，即地址总线中的低 8 位既可以用来传送存储器的低 8 位地址，又可以传送外设端口地址。这就需要区分 CPU 低 8 位地址总线上的地址究竟是送给存储器的还是送给外设端口的。为了区分这两种地址，制造 CPU 时必须单独集成专用 I/O 指令所需要的那部分逻辑电路。例如，Z80 指令系统中就有如下的专用 I/O 指令：

IN　　　A，(n)　　；A ← n 端口中的数
OUT　　(n)，A　　；A → n 端口中

这两条指令的功能是实现外设端口和累加器 A 交换信息。

外设端口单独编址如图 7-2(a)所示。CPU 在执行访问存储器指令时自动使 $\overline{\text{MREQ}}$ 为低电平（$\overline{\text{IORQ}}$ 为高电平），该 $\overline{\text{MREQ}}$ 信号用于为存储器从地址总线上选通 16 位地址。CPU 在执行 I/O 指令时自动使 $\overline{\text{IORQ}}$ 为低电平（$\overline{\text{MREQ}}$ 为高电平），以通知相应外设端口从低 8 位地址总线选通地址。

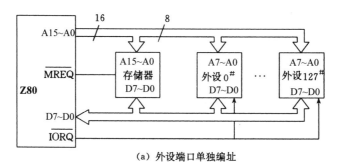

(a) 外设端口单独编址

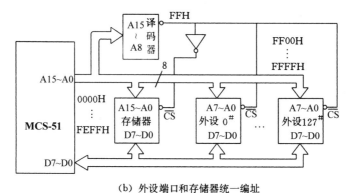

(b) 外设端口和存储器统一编址

图 7-2　外设端口的编址方式示意图

外设端口单独编址的优点是,它不占用存储器地址,但需要 CPU 指令集中有专用的 I/O 指令,并且也要增加 $\overline{\text{MREQ}}$ 和 $\overline{\text{IORQ}}$ 两条控制线。

**2. 外设端口和存储器统一编址**

这种编址方式是把外设端口当作存储单元对待,也就是让外设端口地址占用部分存储器单元地址。图 7-2(b)为这种编址方式的示意图。

图 7-2(b)中,存储器地址范围为 0000H～FEFFH,而 FF00H～FFFFH 让给了外设端口,存储器不再使用。为使 CPU 对外设端口寻址时不去寻找相同地址的存储单元,使用时必须在硬件连接上加以保证,图中译码器输出端 FFH 经反相后控制存储器 $\overline{\text{CS}}$ 端就是为了这一目的而使用的。

外设端口和存储器统一编址方式的优点如下。

(1) CPU 访问外部存储器的一切指令均适用于对 I/O 端口的访问,这就大大增强了 CPU 对外设端口信息的处理能力。

(2) CPU 本身不需要专门为 I/O 端口设置 I/O 指令。

(3) 外设端口地址安排灵活,数量不受限制。

外设端口和存储器统一编址方式的缺点:外设端口占用了部分存储器地址,所用译码电路较为复杂。但由于 CPU 通常有 16 条或 16 条以上的地址线,而外设端口的数量不会太多,因此这种编址方式仍有较为广泛的应用,MCS-51 的外设端口地址就是属于这种编址方式。

## 7.1.3 I/O 数据的 4 种传送方式

为了实现与不同外设的速度匹配,I/O 接口必须根据不同外设选用恰当的 I/O 数据传送方式。因此,在详细讨论 I/O 接口电路前,有必要先分析 I/O 数据的 4 种传送方式,即同步传送、异步传送、中断传送和 DMA 传送。

**1. 同步传送**

同步传送又称为无条件传送,类似于 CPU 和存储器间的数据传送。同步传送比较简单,常在以下两种情况中使用。

(1) 外设工作速度非常快。当外设工作速度能和 CPU 速度差不多时,常常采用同步传送方式。例如,CPU 和 A/D 或 D/A 间传送数据时,CPU 可在任何时候从 A/D 芯片采集经模/数变换后的数字量,或者把处理后的信息送到 D/A 芯片,以控制被控对象工作。

(2) 外设工作速度非常慢。当外设工作速度非常慢,以致人们任何时候都认为它已处于"准备好"状态时,也可以采用同步传送方式。例如,在图 7-3 的 I/O 接口电路中,变压器油开关几天或几星期才改变一次,CPU 采集它的状态是要了解电力线路上的负荷状况。因此,CPU 随时都可以执行如下指令:

```
MOV     DPTR,#0FF00H
MOVX    A,@DPTR
```

便可将油开关状态取到累加器 A,供 CPU 分析处理。

**2. 异步传送**

异步传送又称为条件传送,也称为查询传送。在不便使用同步传送的场合下,也可采

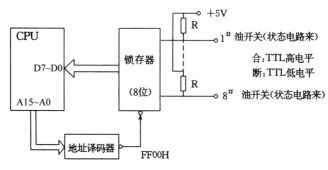

图 7-3　CPU 和开关电路的接口

用异步传送来解决 CPU 和外设间的速度匹配问题。在异步传送方式下,CPU 需要 I/O 接口为外设提供状态和数据两个端口,CPU 通过状态口查询外设"准备好"后就进行数据传送。

图 7-4(a)示出了 8031 和打印机连接的示意图。图中,数据口地址为 FFH,状态口接到 8031 的 P1 端口。CPU 通过查询程序(流程图见图 7-4(b))查询 P1.0 上的状态:若 BUSY＝1,则表示打印机尚未完成前一数据的打印,要求 CPU 继续等待;若 BUSY＝0,则表示 CPU 可给打印机传送下一个打印数据。

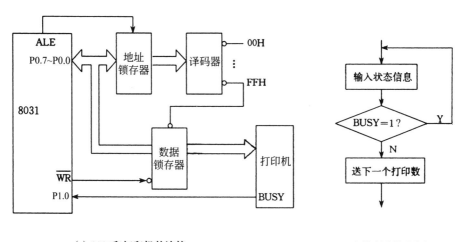

(a) 8031和打印机的连接　　　　　　　　(b) 查询程序流程图

图 7-4　I/O 数据的异步传送示意图

异步传送的优点是通用性好,硬件接线和查询程序十分简单,但 CPU 在查询等待中会失去时效。为了提高 CPU 对外设工作的效率,I/O 接口通常采用中断传送 I/O 数据。

**3. 中断传送**

中断传送是利用 CPU 本身的中断功能和 I/O 接口的中断功能来实现对外设 I/O 数据的传送,图 7-5 为这种数据传送方式的一种示意图。现在,分析一下它的工作过程。

由图 7-5 可见,打印机的 BUSY 信号是送到 I/O 接口的 $\overline{STB}$ 控制端的,I/O 接口从 $\overline{STB}$ 端收到 BUSY 信号后可向 CPU 的 $\overline{INT1}$ 线发出中断请求。CPU 响应 $\overline{INT1}$ 上的中断

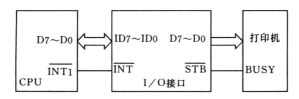

图 7-5  I/O 数据的中断传送示意图

请求便可进入打印机中断服务程序,并在中断服务程序中完成一个打印数据的传送。当然,打印机的第一个打印数据必须预先在主程序中送给打印机。

显然,采用中断方式可使 CPU 和外设并行工作,CPU 仅需在外设准备好后才中断主程序并进入外设中断服务程序,执行完后又返回主程序继续执行。因此,采用中断方式传送 I/O 数据可以大大提高 CPU 的工作效率。

**4. DMA 传送**

在上述 3 种数据传送方式中,不论是从外设传送到内存的数据还是从内存传送到外设的数据,都要转道 CPU 才能实现。因此,尤其在 I/O 数据批量传送时,数据传送效率较低。为了提高数据传送的效率,I/O 数据可否不经过 CPU 而直接在外设和内存之间传送呢? 回答是肯定的,数据的这种传送方式称为 DMA 传送。

DMA(Direct Memory Access,直接存储器存取)是一种由硬件执行数据传送的工作方式。DMA 传送必须依靠带有 DMA 功能的 CPU 和专用 DMA 控制器实现,图 7-6 给出了 DMA 控制器的工作框图。现以输入数据的情况为例简述 DMA 传送 I/O 数据的工作过程。

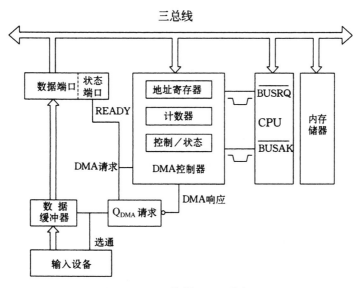

图 7-6  DMA 控制器的工作框图

在主程序开头,CPU 预先通过指令把要输入数据的个数送入 DMA 控制器中的计数器,并把这些输入数据在内存存放的起始地址送给 DMA 控制器中的地址寄存器。然后

CPU 便可执行主程序中的其他程序,同时也是等待 DMA 控制器在 $\overline{\text{BUSRQ}}$ 线上发来低电平的 DMA 请求的过程。

当输入设备输入一个数据以后,选通信号一方面把输入数据通过数据缓冲器送入数据端口,另一方面又通过"$Q_{DMA}$ 请求"触发器的置位向 DMA 控制器发出"DMA 请求",并向"状态端口"输入 READY 信号。DMA 控制器接到"DMA 请求"以后,一方面复位 $Q_{DMA}$ 请求触发器,另一方面向 CPU 的 $\overline{\text{BUSRQ}}$ 送一个低电平。若 CPU 在现行机器周期检测到 $\overline{\text{BUSRQ}}$ 线上的低电平,则它一方面使地址总线、数据总线和控制总线处于高阻并撤出对三总线的控制,另一方面又使 $\overline{\text{BUSAK}}$ 变为低电平有效,以指示 DMA 控制器接管上述三总线。

DMA 控制器接管三总线后,就会把地址寄存器中的输入数据在内存的起始地址先发送给内存储器,然后自动加 1,并控制把数据端口中的输入数据存入内存储器的相应存储单元,然后使计数器减 1 并判断它是否等于零。若计数器中的内容不为零(一批数据未输入完),则重复上述过程,直到所有 I/O 数据传送完毕为止。

在所有输入数据均存入内存以后(计数器为零),DMA 控制器使得 $\overline{\text{BUSRQ}}$ 恢复高电平。CPU 在下个机器周期检测到 $\overline{\text{BUSRQ}}$ 线上变为高电平后,自动恢复对三总线的控制并使 $\overline{\text{BUSAK}}$ 线变为高电平。因此,CPU 在 DMA 传送期间是暂停等待的,只有 DMA 传送完成以后才会继续执行输入设备 DMA 请求前的原程序。这样,DMA 请求是一种特殊的中断请求也就不难理解了。

应当指出:MCS-51 不具备 DMA 功能,也没有提供用户 $\overline{\text{BUSRQ}}$(总线请求)和 $\overline{\text{BUSAK}}$(总线响应)两条引脚线,故 MCS-51 无法简单地与 DMA 控制器联机工作。

### 7.1.4 I/O 接口的类型

I/O 接口的种类很多,但归根结底只有串行 I/O 接口和并行 I/O 接口两种基本类型。

**1. 串行 I/O 接口**

串行 I/O 接口可以满足串行 I/O 设备的要求。串行 I/O 接口可以从发送数据线(如 TXD)上逐位连续发送数据,并在发送完二进制 8 位后自动(通过中断)从 CPU 并行接收下一个要发送的字节;也可以从接收数据线(如 RXD)上连续接收串行数据,并在收到一个字节后自动向 CPU 发出中断请求,CPU 响应该中断请求后便可通过中断服务程序从串行口并行提取这个接收到的数据。串行 I/O 接口电路既可集成在 CPU 内部(如 MCS-51),也可制成专用 I/O 芯片(如 Intel 8251)供用户选用(本书第 9 章将专门介绍这类 I/O 接口电路的原理和应用)。

**2. 并行 I/O 接口**

并行 I/O 接口用于并行传送 I/O 数据,例如打印机、键盘、A/D 和 D/A 芯片等都要通过并行 I/O 接口才能和 CPU 联机工作。并行 I/O 接口一方面以并行方式和 CPU 传送 I/O 数据,另一方面又可以以并行方式和外设交换数据。也就是说,并行 I/O 接口并不改变数据的传送方式,只是实现 CPU 与外设间速度和电平的匹配以及起到 I/O 数据的缓冲作用。和串行接口一样,并行 I/O 接口电路也可集成在 CPU 内部,也可制成专用芯片(如 Intel 8255 和 Intel 8155 等)出售。MCS-51 内部集成有 4 个并行 I/O 口(P0~P3),

还可在它的 I/O 口上外接其他并行 I/O 接口电路,以扩展并行 I/O 端口的数目。对此,本章后续部分将进行专门介绍。

## 7.2 MCS-51 内部并行 I/O 端口及其应用

### 7.2.1 MCS-51 内部并行 I/O 端口

8031 有 4 个并行 I/O 端口,分别命名为 P0、P1、P2 和 P3。这 4 个并行 I/O 端口的内部结构如图 7-7 所示,每个端口均有 8 位,但图中只画出了其中的一位。由图可见,每个 I/O 端口都由一个 8 位数据锁存器和一个 8 位数据缓冲器组成。其中,8 位数据锁存器与端口号 P0、P1、P2 和 P3 同名,属于 21 个特殊功能寄存器中的 4 个,用于存放需要输出的数据;8 位输入数据缓冲器 T3 用于对端口引脚上输入的数据进行缓冲,但不能锁存,因此各引脚上输入的数据必须一直保持到 CPU 把它读走为止。

P0、P1、P2 和 P3 端口的功能不完全相同,电路形式也不一样。现把它们的不同之处分述如下。

(1) P0 和 P2 口内部各有一个二选一的选择电路,受 CPU 内部控制器控制。若控制端使选择电路中的电子开关 MUX 打向上方,则 P0 口的“地址/数据”端和 P2 口的“地址”端信号均可经过输出驱动器 T2 输出;若 MUX 开关打向下方,则端口锁存器中的信号得以输出。因此,P0 和 P2 口除作为输入输出数据外都有第二功能:P0 口的第二功能先是用于传送外部存储器低 8 位地址,后是传送外部存储器的读写数据;P2 口的第二功能用于传送外部存储器的高 8 位地址。

(2) P1 和 P3 端口虽无选择电路,但彼此间是有差别的。P1 口比较简单,无第二功能(对 8031),仅进行输入输出数据。P3 除作为输入输出数据外还有第二功能,但 P3 口各位的第二功能并不相同。例如,P3.0 的第二功能是可接收串行数据,是作为输入引脚 RXD 来用的;P3.1 的第二功能是可发送串行数据,是作为输出线 TXD 来用的(见表 2-4)。

### 7.2.2 MCS-51 内部并行 I/O 端口的应用

MCS-51 的 4 个 I/O 端口共有三种操作方式:输出数据方式、读端口数据方式和读端口引脚方式。

在输出数据方式下,CPU 通过一条数据操作指令就可以把输出数据写入 P0~P3 的端口锁存器,然后通过输出驱动器送到端口引脚线。因此,凡是端口操作指令都能达到从端口引脚线上输出数据的目的,例如,如下指令均可在 P0 口输出数据:

```
MOV   P0,A          ;累加器 A 中内容送 P0 口
ORL   P0,#data      ;P0∨data 送 P0 口
ANL   P0,A          ;P0∧A 送 P0 口
XRL   P0,#data      ;P0⊕data 送 P0 口
```

读端口数据方式是一种仅对端口锁存器中的数据进行读入的操作方式,CPU 读入的

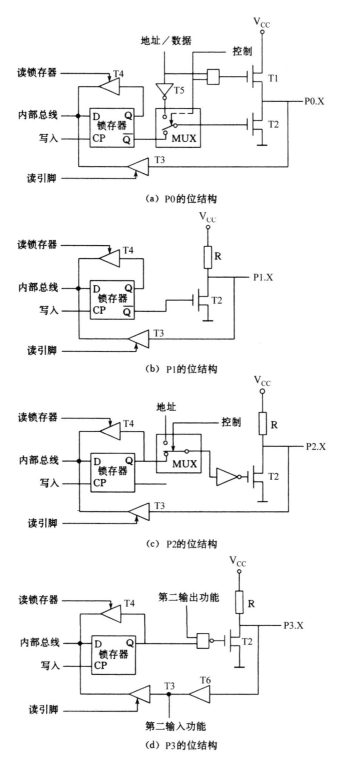

(a) P0 的位结构

(b) P1 的位结构

(c) P2 的位结构

(d) P3 的位结构

图 7-7　MCS-51 各通道某位的结构

这个数据并非端口引脚线上输入的数据,而是上次从该端口输出的数据。因此,CPU只要用一条传送指令就可把端口锁存器中的数据读入累加器 A 或内部 RAM 中,例如,如下指令可以从 P1 口输入数据:

```
MOV   A,P1           ;P1 锁存器中的数据送 A
MOV   R1,P1          ;P1 锁存器中的数据送 R1
MOV   20H,P1         ;P1 锁存器中的数据送 20H
MOV   @R0,P1         ;P1 锁存器中的数据送(R0)
```

读引脚方式可以从端口引脚线上读入信息。在这种方式下,CPU 首先必须使欲读端口引脚所对应的锁存器置位,以便驱动器中 T2 管截止(见图 7-7);然后打开输入三态缓冲器 T3,使相应端口引脚线上的信号输入 MCS-51 内部数据总线。因此,用户在读引脚时必须连续使用两条指令,例如读 P1 口低 4 位引脚线上信号的程序为

```
MOV P1, #0FH         ;使 P1 口低 4 位锁存器置位
MOV A, P1            ;读 P1 口低 4 位引脚线信号送 A
```

**应当指出**:MCS-51 内部 4 个 I/O 端口既可以进行字节寻址,也可以进行位寻址,每一位既可以用作输入,也可以用作输出。现分别对它们的使用方法进行讨论。

**1. I/O 口直接用于输入输出**

在 I/O 口直接用于输入输出时,CPU 既可以把它们看作数据口,也可以把它们看作状态口,由用户根据实际情况决定。

**[例 7.1]** 试根据图 7-8 编出从 P2 口输入开关量,并从 P1 口输出显示字符的程序。

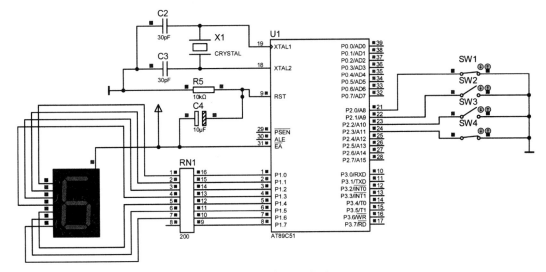

图 7-8　例 7-1 附图

**解**:图中,SW4~SW1 为带锁存单刀单掷开关 SW-SPST(常可加接限流电阻);P1 口为输出口,通过 8 排阻 RN1 与带公共端共阳绿色七段数码显示管相接,数码显示管用于显示 0~F 等 16 个字符(参见图 7-21 和表 7-3),分别由 P2 口上开关的编码加以控制。相

应程序如下：

```
                    ORG    0000H
                    LJMP   START
                    ORG    0300H
        START:MOV   P2,#0FFH          ;准备读 P2 口
                    MOV    A,P2              ;所读开关量送 A
                    ANL    A,#0FH           ;屏蔽高 4 位
                    ACALL SEG7             ;查表得被显字符的字形码
                    MOV    P1,A             ;送 P1 口显示
                    SJMP   START            ;循环
        SEG7:INC    A
                    MOVC   A,@A+PC
                    RET
        ZXMTAB:DB   0C0H,0F9H,0A4H,0B0H    ;字形码表
                    DB     99H,92H,82H,0F8H
                    DB     0C6H,0A1H,86H,8EH
                    END
```

在 PROTEUS 环境下，本程序也可以在相应编辑状态下进行输入和修改，并汇编成十六进制目标代码。然后，只要使 AT89C51 仿真运行上述程序，读者便可单击 SW4～SW1 开关，相应开关状态的编码字符也就可在数码显示管上清晰可见。图中，数码显示管上显示的 6 是因为 SW4～SW1 开关状态所产生的二进制编码是指 110B。

**2. 8 位 I/O 端口改装为非 8 位端口**

在实际应用中，外设所需 I/O 端口常少于 8 位。为了充分利用 I/O 端口资源，8 位 I/O 端口可以改装成非 8 位端口（即虚口）。8 位 I/O 端口改装成非 8 位 I/O 虚口常常通过程序实现。编制这种程序有两种方法：一种是每次只输出 8 位 I/O 端口中的一个虚口数据，其余虚口中数据保持不变；另一种是每次输出前把所有虚口数据准备好，然后再一起输出。

**[例 7.2]** 试根据图 7-9 编出把 P2 口和 P1 口改装成两个 6 位 X 和 Y 虚口以及一个 4 位 Z 虚口的程序。其中，X 虚口分别接 6 个单刀单掷开关，作为开关量输入口；Y 虚口分别接 6 个氖灯，用于指示从 X 虚口输入的开关量；Z 虚口接一个 BCD 数码显示管，用于显示 X 虚口低 4 位输入的开关量（要求 X 虚口输入的开关量大于 0FH 时显示 0）。设 X、Y 和 Z 虚口的分配关系如下：

| P2 口 | | | | | | | | P1 口 | | | | | | | |
|------|------|------|------|------|------|------|------|------|------|------|------|------|------|------|------|
| P2.7 | P2.6 | P2.5 | P2.4 | P2.3 | P2.2 | P2.1 | P2.0 | P1.7 | P1.6 | P1.5 | P1.4 | P1.3 | P1.2 | P1.1 | P1.0 |
| Z3 | Z2 | Z1 | Z0 | Y5 | Y4 | Y3 | Y2 | Y1 | Y0 | X5 | X4 | X3 | X2 | X1 | X0 |
| Z 虚口 | | | | Y 虚口 | | | | | | X 虚口 | | | | | |

**解**：设从 Y 和 Z 虚口输出的开关量分别存放在 Y 和 Z 单元。Z 单元用于存放从 X 虚口输入的开关量；Y 单元用于存放从 X 虚口读入开关量的反码，以便可以直接将它送到 Y

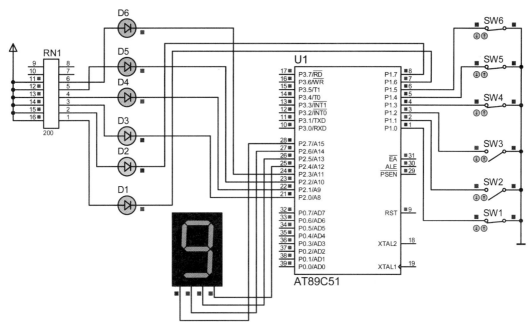

图 7-9　例 7.2 附图

虚口去点亮相应氖灯;P2 口高 4 位接有一只共阳 BCD 数码显示管。普通七段数码显示管同 BCD 数码显示管的主要区别在于:普通的七段数码显示管需要 7 条输入线和一条电源线,用于输入被显字符的字形码(见图 7-8);BCD 数码显示管只需要 4 条输入线,用于输入欲显字符(0~F)的二进制码,该二进制码被其内部译码电路译码后会自动产生所需字符的字形码,去点亮相应字段发光。因此,普通七段数码显示管需要输入的是被显字符的字形码而不是被显字符本身。也就是说:普通七段数码显示管的被显字符必须要有查表子程序,以便获得相应字符的字形码才可以送去显示;对于 BCD 数码显示管,其被显字符的值不需要再通过查表程序就可以直接送到它的输入引脚。相应程序如下:

```
        ORG  0000H
        LJMP  MAIN
        ORG  0100H
    Y   DATA  20H
    Z   DATA  21H
MAIN: ACALL  INX          ;转 X 口输入子程序
      ACALL  OUTY         ;转 Y 口输出子程序
      ACALL  OUTZ         ;转 Z 口输出子程序
      ACALL  DELAY        ;转延时子程序
      SJMPMAIN

INX:  ANL   P1 ,#0FFH     ;准备读 P1 口
      MOV   A,P1          ;读 P1 口开关量
      ANL   P1 ,#3FH      ;去掉高 2 位
```

257

```
            MOV   Z，A              ;开关量送入 Z
            CPL   A                ;取反后送 Y
            MOV   Y，A
            RET

    OUTY：MOV   A，Y
            MOV   B，#40H           ;64 送 B
            MUL   AB               ;A×64(即 BA 左移 6 位)
            ANL   P1，#3FH          ;P1.7 和 P1.6 不变
            ORL   P1，A             ;输出 Y1 和 Y0
            MOV   A，B              ;Y5～Y2 置入 A
            ANL   P2，#0F0H         ;P2.7～P2.4 不变
            ORL   P2，A             ;输出 Y5～Y2
            RET

    OUTZ：MOV   A，Z               ;开关量送 A
            CJNE  A，#10H，LOOP      ;形成 Cy＝0
    LOOP：JNC   LOOP1              ;若开关量≥16,则转 LOOP1
            ANL   A，#0FH           ;去掉高 4 位
    LOOP2：SWAP  A                 ;调入高 4 位
            ANL   P2，#0FH          ;P2.3～P2.0 不变
            ORL   P2，A             ;输出 Z3～Z0
            RET
    LOOP1：MOV   A，#00H            ;0 的显示码送 A
            SJMP  LOOP2

    DELAY：MOV   R4，#04H
    DELAY1：MOV   R5，#00H
    DELAY2：DJNZ  R5，DELAY2
            DJNZ  R4，DELAY1
            RET
            END
```

上述程序中,X 虚口的开关量是一次性输入的；Y 虚口分两次输出(A×64 用于对 Y 单元中开关量左移 6 次后放到 B 和 A 寄存器中,并进行两次处理后再与 P2 和 P1 口装配输出)；Z 单元中的数据经分析处理后也是一次性从 P2 口输出。

本程序同样可以在 PROTEUS 环境下运行。读者只要单击 SW6～SW1 中的某个开关,该开关所对应的氖灯就会被点亮或变暗(点亮氖灯为 1,变暗氖灯为 0)；SW6～SW1 低 4 位所对应的字符也会在 BCD 数码显示管上加以显示。在图 7-9 中,由于 SW6～SW1 的开关状态为 001001B,故 BCD 数码显示管上能显示字符 9,氖灯 D4 和 D1 被点亮,其组合代码也是 01001B,显然和开关状态是一致的。

### 3. MCS-51 对外部三态门和锁存器的接口

(1) I/O 口对外部三态门的接口。在某些较为简单的控制中,常常需要使 I/O 口通过

258

外部三态门和输入设备相连,以便输入数据能得到缓冲。图 7-10 为 8031 通过 74LS244
和输入设备的接口图。图中,74LS244 是 8 位三态缓冲器,仅当$\overline{1G}$和$\overline{2G}$端为低电平时输入
和输出接通,当$\overline{1G}$和$\overline{2G}$端为高电平时输出端(1Y1~1Y4 和 2Y1~2Y4)呈高阻。输入
设备输入一组数据即可在 74LS244 中得到缓冲,74LS244 的选口地址由 P2.7＝0 决定。
若选口地址取 7FFFH,则如下指令便可从该端口输入数据:

| | | |
|---|---|---|
| MOV | DPTR,♯7FFFH | ;DPTR 指向 74LS244 口 |
| MOVX | A,@DPTR | ;输入数据 |

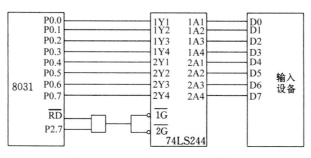

图 7-10　8031 和 74LS244 的接口

　　(2) I/O 口对外部锁存器的接口。采用数据缓冲器只能使数据得到缓冲,这就要求
输入数据应一直保持到 CPU 从该端口读走为止。为了提高数据传输速率,常常需要使
I/O 口通过外部锁存器和输入设备相连,并利用中断方式实现 I/O 数据的传送。图 7-11
为 8031 通过 74LS373 和输入设备的接口图。图中,当输入设备在 IN0~IN7 上输出数据
的同时还使$\overline{STB}$端变为低电平,该低电平一方面使 74LS373 锁存 1D~8D 上输入数据,另
一方面向 8031 的$\overline{INT0}$上发出中断请求。8031 响应该中断请求后在中断服务程序中也
可通过如下指令读取输入数据:

| | | |
|---|---|---|
| MOV | DPTR,♯7FFFH | ;DPTR 指向 74LS373 端口 |
| MOVX | A,@DPTR | ;输入数据 |

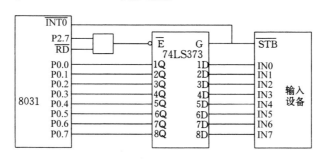

图 7-11　8031 和 74LS373 的接口

　　**应当注意**:8031 也可以通过外部锁存器输出数据,但由于 8031 内部每个 I/O 端口
都带有 8 位锁存器,因此只有扩展 I/O 端口时才需要利用外部锁存器来输出数据。

# 7.3 MCS-51 并行 I/O 端口的扩展

MCS-51 有 4 个 8 位 I/O 端口,但真能够提供用户使用的只有 P1 口,因为 P2 口通常需要用来传送外部存储器的地址和数据,P3 也需要使用它的第二功能。因此,MCS-51 的 I/O 端口通常需要扩展,以便它能和更多外设联机工作。MCS-51 I/O 端口的扩展方法有两种:一种是借用外部 RAM 的地址来扩展 I/O 端口;另一种是采用并行 I/O 接口芯片来扩展 I/O 端口。前者比较简单,但使用常常受到限制;后者较为复杂,但十分有用。为此,我们得先从 I/O 接口芯片谈起。

## 7.3.1 Intel 8155

在单片机控制系统中,经常需要用到 I/O 接口芯片来扩展并行 I/O 端口。这类 I/O 接口芯片的种类颇多,例如 8255A(专门为 8080/8085 系统设计)、8155、8755 和 8243 等。8255A 能为用户提供 A、B、C 三个并行 I/O 端口,并有基本输入输出、带选通输入输出和双向输入输出三种工作方式。其中,A 口和 B 口为 8 位二进制端口,C 口为 6 位口。MCS-51 通过 8255A 可以很好地与键盘、打印机和各类外设联机工作,篇幅所限就不再介绍了。尽管并行 I/O 接口芯片的种类繁多,但基本工作原理十分相似,现以 8155 为例加以分析。

8155 也是 Intel 公司研制的通用 I/O 接口芯片。MCS-51 和 8155 相连不仅可为外设提供两个 8 位 I/O 端口(A 口和 B 口)和一个 6 位 I/O 端口(C 口),也可为 CPU 提供一个 256B 的 RAM 和一个 14 位定时器/计数器。因此,8155 广泛应用于 MCS-51 系统中。

**1. 内部结构和引脚功能**

(1) 内部结构。8155 内部结构框图如图 7-12 所示。8155 共由 7 部分电路组成,它们是:双向数据总线缓冲器、地址锁存器、地址译码器和读写控制器、RAM 存储器、I/O 寄存器、命令寄存器和状态寄存器以及定时器/计数器。现对各部分电路分述如下。

① 双向数据总线缓冲器:该缓冲器是 8 位的,用于传送 CPU 对 RAM 存储器的读写数据。

② 地址锁存器:共有 8 位,用于锁存 CPU 送来的 RAM 单元地址和端口地址。

③ 地址译码器和读写控制器:地址译码器的 3 位地址由地址锁存器输出端送来,译码后可以选中命令/状态寄存器、定时器/计数器和 A、B、C 三个 I/O 寄存器中的某一个工作。读写控制器接收 $\overline{RD}$ 和 $\overline{WR}$ 线上的信息,实现对 CPU 和 8155 间所传信息的控制。

④ RAM 存储器:容量为 256B,主要用于存放实时数据。存储器存储单元地址由地址锁存器输出端送来。

⑤ I/O 寄存器:分为 A、B 和 C 三个端口。A 口和 B 口的 I/O 寄存器为 8 位,既可以存放外设的输出数据,也可以存放外设的输入数据;C 口的 I/O 寄存器只有 6 位,用于存放 I/O 数据或命令/状态信息。8155 在某一瞬时只能选中某个 I/O 寄存器工作,这由 CPU 送给 8155 的命令字决定。

⑥ 命令寄存器和状态寄存器:均为 8 位寄存器。命令寄存器存放 CPU 送来的命令

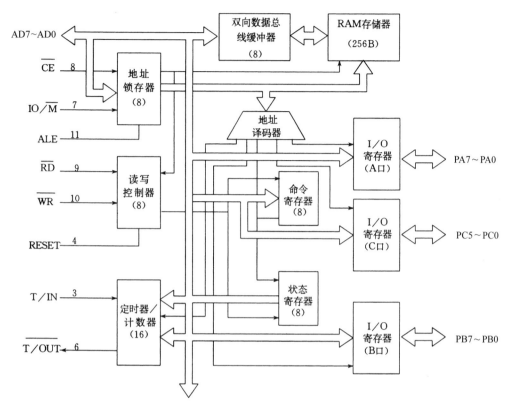

图 7-12 8155 内部结构

字,状态寄存器存放 8155 的状态字。

⑦ 定时器/计数器:这是一个二进制 14 位的减 1 计数器,计数器初值由 CPU 通过程序送来。定时器/计数器由 T/IN 输入线上的脉冲减 1,每当计满溢出(回零)时可在 T/OUT线上输出一个终止脉冲。

(2) 引脚功能。8155 共有 40 条引脚线,采用双列直插式封装。

① AD7~AD0(8 条):AD7~AD0 为地址/数据总线,常与 MCS-51 的 P0 口相接,用于分时传送地址/数据信息。

② I/O 总线(22 条):PA7~PA0 为通用 I/O 线,用于传送 A 口上的外设数据,数据传送方向由 8155 命令字中 D0 的状态决定(见图 7-13)。PB7~PB0 为通用 I/O 线,用于传送 B 口上的外设数据,数据传送方向也由 8155 命令字中 D1 的状态决定。PC5~PC0 为 I/O 数据/控制线,共有 6 条,在通用 I/O 方式下,用作传送 I/O 数据;在选通 I/O 方式下,用作传送命令/状态信息。

③ 控制总线(8 条):RESET 是 8155 的总输入线,在 RESET 线上输入一个大于 600ns 宽的正脉冲时,8155 立即处于总清状态,A、B、C 三口也定义为输入方式。

$\overline{\text{CE}}$ 和 IO/$\overline{\text{M}}$:$\overline{\text{CE}}$ 为 8155 片选输入线,若 $\overline{\text{CE}}$=0,则 CPU 选中本 8155 工作;否则,本 8155 不工作。IO/$\overline{\text{M}}$ 为 I/O 端口或 RAM 的选通输入线:若 IO/$\overline{\text{M}}$=0,则 CPU 选中 8155 的 RAM 工作;若 IO/$\overline{\text{M}}$=1,则 CPU 选中 8155 片内某一 I/O 寄存器工作。

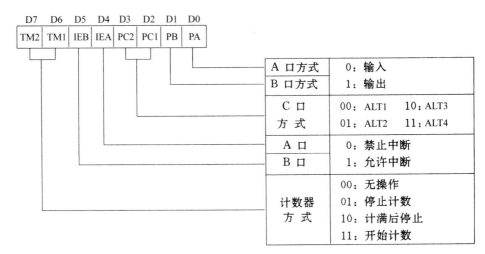

图 7-13　8155 命令字格式

$\overline{RD}$ 和 $\overline{WR}$：$\overline{RD}$ 是 8155 的读写命令输入线，$\overline{WR}$ 为写命令线，当 $\overline{RD}=0$ 且 $\overline{WR}=1$ 时，8155 处于读出数据状态；当 $\overline{RD}=1$ 且 $\overline{WR}=0$ 时，8155 处于写入数据状态。

ALE：为允许地址输入线，高电平有效。若 ALE＝1，则 8155 允许 AD7～AD0 上的地址锁存到"地址锁存器"；否则，8155 的地址锁存器处于封锁状态。8155 的 ALE 常与 MCS-51 的同名端相连。

T/IN 和 $\overline{T/OUT}$：T/IN 是计数器输入线，其上脉冲用于对 8155 片内 14 位计数器减 1。$\overline{T/OUT}$ 为计数器输出线，当 14 位计数器计满回零时就可以在该引线上输出脉冲波形，输出脉冲的形状和计数器工作方式有关。

④ 电源线(2 条)：$V_{cc}$ 为＋5V 电源输入线，$V_{ss}$ 为接地线。

**2. CPU 对 8155 I/O 口的控制**

8155 的 A、B、C 三口的数据传送由命令字和状态字控制。

(1) 8155 端口地址。8155 内部有 7 个寄存器，需要 3 位地址加以区分。表 7-1 列出了端口地址分配。

表 7-1　8155 端口地址分配

| $\overline{CE}$ | IO/$\overline{M}$ | A7 | A6 | A5 | A4 | A3 | A2 | A1 | A0 | 所选端口 |
|---|---|---|---|---|---|---|---|---|---|---|
| 0 | 1 | × | × | × | × | × | 0 | 0 | 0 | 命令/状态寄存器 |
| 0 | 1 | × | × | × | × | × | 0 | 0 | 1 | A 口 |
| 0 | 1 | × | × | × | × | × | 0 | 1 | 0 | B 口 |
| 0 | 1 | × | × | × | × | × | 0 | 1 | 1 | C 口 |
| 0 | 1 | × | × | × | × | × | 1 | 0 | 0 | 计数器低 8 位 |
| 0 | 1 | × | × | × | × | × | 1 | 0 | 1 | 计数器高 8 位 |
| 0 | 0 | × | × | × | × | × | × | × | × | RAM 单元 |

注：×表示 0 或 1。

（2）8155命令字。8155命令字共有8位，用于设定8155的工作方式以及实现对中断和定时器/计数器的控制。各位定义如图7-13所示。图中，D7和D6是计数器方式控制位，D5和D4是B口和A口的中断控制位，D3和D2是C口的4种方式控制位，D1和D0分别是B口和A口的输入输出方式控制位。例如，若D0＝0，则PA7～PA0被定义为输入方式；若D0＝1，则PA7～PA0被定义为输出方式。

（3）8155状态字。8155状态字由7位组成，最高位空出不用，其余各位定义如图7-14所示。

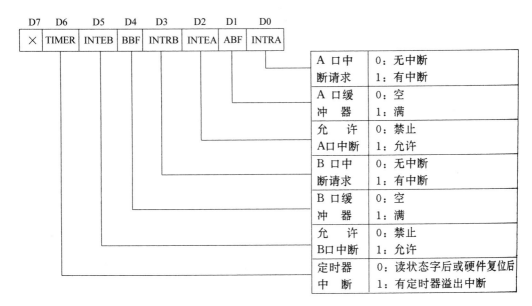

图7-14　8155状态字格式

D6：为定时器中断状态标志位。若定时器正在计数或开始计数前，则D6＝0；若定时器计满后变为全0，则D6＝1，并在硬件复位或对它读出后又恢复为0。

D5和D2：分别为B口和A口的中断允许标志位，用于表示8155 B口或A口的中断请求状态。例如，若D5＝1，则B口的中断处于被允许状态。

D4和D1：分别为B口和A口的缓冲器状态标志位，用于表示8155的B口和A口缓冲器的工作状态。例如，若D4＝0，则B口缓冲器空；若D4＝1，则B口缓冲器满。

D3和D0：分别为B口和A口的中断请求标志位，用于表示8155的B口或A口是否有了中断请求。例如，若D3＝0，则表示B口无中断请求；若D3＝1，则表示B口有中断请求。

状态字存放在8155状态寄存器中，状态寄存器的端口地址为A2A1A0＝000B（见表7-1），CPU通过一条"MOVX A，@Ri"或"MOVX A，@DPTR"指令便可读取8155状态字，用于判断8155所处的工作状态。

**应当注意**：8155命令寄存器和状态寄存器是共用一个I/O端口地址的，这由对该端口进行读还是写来区分。

（4）8155定时器长度字。定时器长度字有16位，分为高字节和低字节。定时器长度字用于设定定时器的工作方式和定时器的定时初始值。这点将在稍后进行专门介绍。

**3. 8155 的工作方式**

（1）存储器方式。8155 的存储器方式用于对片内 256B RAM 单元进行读和写,若 IO/$\overline{\text{M}}$＝0 且 $\overline{\text{CE}}$＝0,则 8155 立即处于本工作方式。此时,CPU 可以通过 AD7～AD0 上的地址选择 RAM 中的任一单元读写。

（2）I/O 方式。8155 的 I/O 方式又可分为通用 I/O 和选通 I/O 两种工作方式,如表 7-2 所示。在 I/O 方式下,8155 可选择对片内任一寄存器读写,端口地址由 A2A1A0 3 位决定(见表 7-1)。

表 7-2 C 口在 4 种 I/O 工作方式下各位定义

| C 口 | 通用 I/O 方式 | | 选通 I/O 方式 | |
| --- | --- | --- | --- | --- |
| | ALT1 | ALT2 | ALT3 | ALT4 |
| PC0 | 输入 | 输出 | A INTR（A 口中断） | A INTR（A 口中断） |
| PC1 | 输入 | 输出 | A BF（A 口缓冲器满） | A BF（A 口缓冲器满） |
| PC2 | 输入 | 输出 | $\overline{\text{A STB}}$(A 口选通) | $\overline{\text{A STB}}$(A 口选通) |
| PC3 | 输入 | 输出 | 输出 | B INTR（B 口中断） |
| PC4 | 输入 | 输出 | 输出 | B BF（B 口缓冲器满） |
| PC5 | 输入 | 输出 | 输出 | $\overline{\text{B STB}}$(B 口选通) |

① 通用 I/O 方式:在本方式下,A、B、C 3 口用作输入输出,由图 7-13 所示的命令字决定。其中,A、B 两口的输入输出由 D1D0 决定,C 口各位由 D3D2 状态决定。例如,若把 02H 的命令字送到 8155 命令寄存器,则 8155 A 口和 C 口各位设定为输入方式,B 口设定为输出方式。

② 选通 I/O 方式:由命令字中的 D3D2＝10B 或 D3D2＝11B 状态设定,A 口和 B 口都可独立工作于这种方式。此时,A 口和 B 口用作数据口,C 口用作 A 口和 B 口的联络控制。C 口各位联络线的定义是在设计 8155 时规定的,其分配和命名如表 7-2 所示。

选通 I/O 方式又可分为选通 I/O 数据输入和选通 I/O 数据输出两种方式。

a. 选通 I/O 数据输入。A 口和 B 口都可设定为本工作方式:若命令字中的 D0＝0 和 D3D2＝10B(或 11B),则 A 口设定为本工作方式;若命令字中的 D1＝0 和 D3D2＝11B,则 B 口设定为本工作方式。选通 I/O 数据输入的工作过程和 8255A 时的情况类似,如图 7-15 所示。现以 A 口为例分述如下。

（a）当"输入设备"输入一个数据并把它送到 A 口时,该设备还向 8155 的 $\overline{\text{A STB}}$(A 口选通)线上发送一个低电平选通信号。

（b）8155 收到 $\overline{\text{A STB}}$ 上的负脉冲信号后做两件事:一是从 PA7～PA0 上把输入的数据锁存到 A 口锁存器;二是通过 A 口缓冲器满触发器 $Q_{ABF}$ 的置位使 A 口缓冲器满输出线 ABF 变为高电平,以便通知"输入设备",8155 已从 A 口收到了它的输入数据。

（c）8155 在 $\overline{\text{A STB}}$ 上升沿检测到 $Q_{ABF}$ 和 A 口中断允许触发器 $Q_{IEA}$(由命令字 D4 设定)都为 1 状态时,使 A INTR 中断输出线变为高电平,从而向 CPU 请求中断。

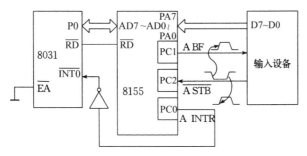

图 7-15　选通 I/O 数据输入示意图

(d) CPU 响应中断后进入相应中断服务程序。当执行到从 A 口锁存器读取输入数据时，$\overline{\text{RD}}$ 上升沿一方面撤销 A INTR 线上的中断请求（A INTR 变为低电平），另一方面使 $Q_{ABF}$ 触发器复位，从而使 A BF 输出线变为低电平，通知输入设备可以输入下一个数据。在输入设备输入下一个数据后，8155 重复上述过程。

b. 选通 I/O 数据输出。A 口和 B 口都可设定为本工作方式：若命令字中的 D0＝1 且 D3D2＝10B（或 11B），则 A 口设定为本工作方式；若命令字中的 D1＝1 且 D3D2＝11B，则 B 口设定为本工作方式。选通 I/O 数据的输出过程也与 8255A 时的情况类似，图 7-16 为它的示意图。

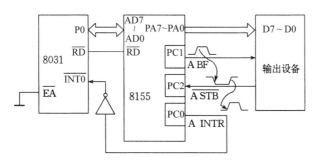

图 7-16　选通 I/O 数据输出示意图

现以 A 口为例分述如下。

(a) 8031 通过"MOVX @Ri,A"或"MOVX @DPTR,A"指令可以把输出数据送到 A 口锁存器，8155 收到后使 $Q_{ABF}$ 触发器置位，从而使 A BF 线变为高电平，以通知输出设备输出数据已到达 PA7～PA0 上。

(b) "输出设备"收到 A BF 线上的高电平后做两件事：一是从 D7～D0 上接收输出数据；二是使 $\overline{\text{A STB}}$ 线变为低电平，以便通知 8155 输出设备已收到输出数据。

(c) 8155 利用 $\overline{\text{A STB}}$ 上升沿检测到 $Q_{ABF}$ 和 $Q_{IEA}$（由命令字 D4＝1 位设定）触发器均为 1 状态时，使 A INTR 线变为高电平，以便向 8031 提出中断请求。

(d) 8031 CPU 响应 $\overline{\text{INT0}}$ 线上的中断请求后，可在中断服务程序中把下一个输出数据送到 A 口锁存器，进行下一个数据的输出。

**4. 8155 内部定时器及使用**

定时器共有 4 种工作方式，由定时器长度字高字节中的 M2、M1 两位状态决定，定时器长度字的低 14 位用于给定时器设置初值。定时器长度字格式如图 7-17 所示。

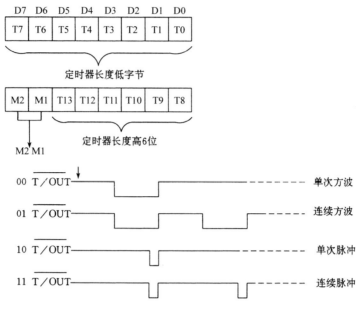

图 7-17　8155 定时器长度字格式及$\overline{\text{T/OUT}}$输出波形

8155 定时器在不同的工作方式下,$\overline{\text{T/OUT}}$线上的输出波形也不同。现对定时器在 4 种工作方式下的$\overline{\text{T/OUT}}$波形分述如下。

① 在 M2M1＝00 时,定时器在计数的后半周期内使$\overline{\text{T/OUT}}$线上输出低电平(一个矩形波)。矩形波周期和定时器长度字初值有关:若定时器长度字初值为偶数,则$\overline{\text{T/OUT}}$线上的矩形波是对称的;若它为奇数,则矩形波高电平持续期比低电平的多一个计数脉冲时间。

② 在 M2M1＝01 时,定时器每当减 1 到全 0 时,都能自动装入定时器长度字初值,故$\overline{\text{T/OUT}}$线上输出连续矩形波。矩形波周期也与定时器长度字初值的设定有关。

③ 在 M2M1＝10 时,定时器每当减 1 到全 0 时,便会在$\overline{\text{T/OUT}}$线上输出一个单次脉冲。

④ 在 M2M1＝11 时,定时器每当减 1 变为全 0 时,都能自动装入定时器长度字初值,故$\overline{\text{T/OUT}}$线上能输出一串连续脉冲。连续脉冲的频率也与定时器长度字初值有关。

8155 对定时器的控制是由命令字中的 D7D6 两位状态决定的(见图 7-13)。现把这两位对定时器的控制分述如下。

D7D6＝00 时,无操作。即 D7D6＝00 的命令字对定时器工作不产生影响。

D7D6＝01 时,停止计数。若定时器原为停止状态,则它继续停止计数;若定时器正在运行,则 D7D6＝01 的命令字送给 8155 后便能立即停止定时器的减 1 计数。

D7D6＝10 时,计满后停止。若定时器原为停止状态,则它继续停止计数;若定时器正在运行,则 8155 收到 D7D6＝10 的命令字后,必须等到定时器回零时才会停止计数。

D7D6＝11 时,开始计数。若定时器原为停止状态,则它收到 D7D6＝11 的命令字后立即开始计数;若定时器正在运行,则它在回零后立即按新输入的定时器长度字开始计数。

定时器的工作由 CPU 通过程序控制。通常,CPU 需要给 8155 送 3 个 8 位初始化控制字,首先送定时器长度字高字节,然后送定时器长度字低字节,最后送命令字。8155 定时器是一个 14 位减法计数器,由 T/IN 线上输入的脉冲计数,计满回零时做两件事:一是使状态字中的 TIMER 置位,形成定时器中断标志位,供 CPU 对它查询;二是在 $\overline{T/OUT}$ 线上输出矩形波或脉冲波。$\overline{T/OUT}$ 线上的波形可作为定时器溢出中断请求输入到 MCS-51 的 $\overline{INT0}$ 或 $\overline{INT1}$ 端。此外,在定时器计数期间,CPU 随时可以读出定时器中的状态,以了解定时器的工作情况。

**[例 7.3]** 请编出把 8155 定时器用作 200 分频器的初始化程序。

**解:** 设 8155 有关寄存器端口地址为

        20H   命令字寄存器
        24H   定时器低字节
        25H   定时器高字节

相应初始化程序为

```
ORG    0A00H
MOV    R0,♯25H        ;定时器高字节地址送 R0
MOV    A,♯40H         ;定时器高字节送 A
MOVX   @R0,A          ;装入定时器高字节
DEC    R0             ;R0 指向定时器低字节端口
MOV    A,♯0C8H        ;定时器低字节送 A
MOVX   @R0,A          ;装入定时器低字节
MOV    R0,♯20H        ;命令寄存器地址送 R0
MOV    A,♯0C0H        ;命令字送 A
MOVX   @R0,A          ;装入命令字,启动定时器工作
       ⋮
END
```

MCS-51 执行上述程序后,定时器便开始减 1 计数。定时器计满回零时,一方面自动把定时器长度字初值装入定时器并启动它计数,另一方面在 $\overline{T/OUT}$ 线上输出一个负脉冲。由于定时器长度字初值为 C8H,故 $\overline{T/OUT}$ 线上的脉冲频率与 T/IN 线上的输入脉冲频率相比被进行 200 分频了。若把 $\overline{T/OUT}$ 和 MCS-51 的 $\overline{INT1}$ 相连,则 MCS-51 在中断服务程序中便可进行软件计时。

## 7.3.2　MCS-51 对并行 I/O 端口的扩展

MCS-51 扩展 I/O 端口的方法通常有两种:①借用外部 RAM 的地址来扩展 I/O 端口;②采用并行 I/O 接口芯片来扩展 I/O 端口。前者比较简单,所扩展的 I/O 端口数量不限,但当外设本身没有接口能力时使用受到限制;后者较为复杂,但 I/O 数据可以得到缓冲和锁存,并可采用中断方式来传送 I/O 数据。

**1. 借用外部 RAM 地址扩展 I/O 端口**

MCS-51 对外部 RAM 有 64KB 的寻址能力,寻址范围是 0000H~FFFFH。借用外

部 RAM 地址扩展 I/O 端口是指在外部 RAM 地址中让出一部分供外设端口使用,即把外设端口和外部 RAM 进行统一编址。这样,CPU 就可以通过 MOVX 类指令与外设交换数据,但所用 MOVX 指令类型和分配给外设端口的地址范围有关。例如,若把 00H～FFH 分配给外设端口,则可以用如下两条指令:

```
MOVX   A，@Ri
MOVX   @Ri，A
```

而对于 0100H～FFFFH 范围内的外设端口,CPU 和外设端口交换数据的指令则必须改为

```
MOVX   A，@DPTR
MOVX   @DPTR，A
```

**［例 7.4］** 请分析图 7-18 所示电路的工作原理,并编出把 8031 内部 RAM 起始地址为 20H 的连续 50 个数据输出到打印机的程序。

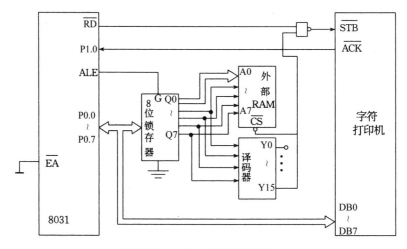

图 7-18   8031 与打印机的接口

**解**:① 电路原理。

图中,Q7～Q0 是地址锁存器输出端,它一方面与外部 RAM 相接,另一方面又把其中的 Q7～Q4 与译码器相连。当 8031 执行如下指令而给打印机送第一个需要打印的数据时,

```
MOV    R0，#0F0H      ;打印口地址 F0H 送 R0
MOVX   @R0，A         ;A 中数据送打印机打印
```

锁存器 Q7～Q4 为全 1,经译码后 Y15 输出高电平,配合 $\overline{RD}$ 上的高电平使打印机 $\overline{STB}$（选通输入端）为低电平。打印机接到 $\overline{STB}$ 上的低电平后,一方面锁存从 P0 口送来的第一个打印数据,另一方面令打印机打印并使 $\overline{ACK}$ 为高电平,以通知 8031 打印机正处于“忙”状态。当打印机打印完第一个数据后,它使 $\overline{ACK}$（应答）线变为低电平。因此,人们只要通过程序不断查询和判断 P1.0 引脚上的电平,就可以了解到打印机是否完成前一个数据

的打印。一旦 CPU 检测到 P1.0 引脚上出现低电平,便可通过程序给打印机输送第二个需要打印的数据。

在图 7-18 所示的电路中,打印机选口地址是 F0H～FFH,这几个地址实际上是外部 RAM 地址范围中的一部分。为了防止 CPU 在选中打印机工作的同时,又选中外部 RAM 的 F0H～FFH 单元之一工作,从而引起混乱,电路中把地址译码器的 Y15 输出端和外部 RAM 的 $\overline{CS}$ 相连,以便 CPU 在选中打印机工作的同时,可以封锁对外部 RAM 的 F0H～FFH 单元的选址。这样,外部 RAM 的实际可用地址就变为 00H～EFH 了。

② 相应程序。

```
        ORG     1000H
        ⋮
        MOV     R0, ♯ 0F0H      ;打印口地址送 R0
        MOV     R1, ♯ 20H       ;数据块起始地址送 R1
        MOV     R2, ♯ 32H       ;数据长度送 R2
NEXT:   MOV     A, @R1          ;打印数据送 A
        MOVX    @R0, A          ;送打印机打印
        ORL     P1, ♯ 01H       ;准备读出 P1.0 引脚
LOOP:   MOV     A, P1           ;读 P1 引脚
        JB      ACC.0, LOOP     ;若打印"忙",则转 LOOP
        INC     R1              ;修改数据指针
        DJNZ    R2, NEXT        ;若未打印完,则转 NEXT
        ⋮                       ;若已打印完,则执行其他程序
        END
```

若把 $\overline{ACK}$ 和 8031 的 $\overline{INT0}$ 或 $\overline{INT1}$ 直接相连,则可以实现打印数据的中断式传送,有关程序也是不难编写的。

**2. 采用 8255A 扩展 I/O 端口**

MCS-51 和 8255A 的连接很简单,只需一个 8 位地址锁存器即可。图 7-19 是 8031 通过 8255A 与字符打印机的连接图。为简便起见,8031 采用线选法与 8255A 相连,只要 P0.7＝0 的地址均选中 8255A 工作即可。若要减少 8255A 所占外部 RAM 的地址数量,可另附地址译码电路。

[**例 7.5**]　请根据图 7-19 编写能把 CPU 内部 RAM 以 20H 为起始地址的连续 50 个单元中的数据输出打印的程序。

**解:**在模式 1 输出方式下,A 口在 $\overline{OBFA}$(PC7)上提供的是电平信号,而字符打印机通常需要的选通信号是负脉冲,故不能把 PC7 直接和打印机的 $\overline{STB}$ 端相连,必须利用 C 口单一置复位控制字产生一个驱动脉冲(例如,PC0)使打印机工作。设 8255A 的方式控制字为

　　　　A8H　　A 口为模式 1 输出,PC0 为输出

现假设:8255A 的端口地址分配为

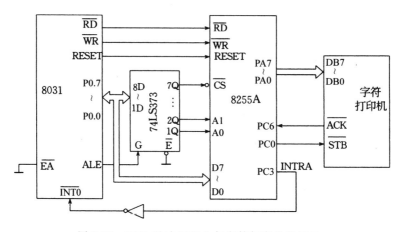

图 7-19  8031 通过 8255A 与字符打印机的接口

| 00H | A 口 |
| 01H | B 口 |
| 02H | C 口 |
| 03H | 控制口 |

相应程序如下。

① 主程序。

```
        ORG    1000H
        ⋮
        SETB   EA                 ;开所有中断
        SETB   EX0                ;允许INT0上中断
        SETB   PX0                ;令INT0为高中断优先级
        SETB   IT0                ;令INT0为负边沿触发中断
        MOV    R0,＃03H           ;控制口地址送 R0
        MOV    A,＃0A8H           ;方式控制字送 A
        MOVX   @R0,A              ;送 8255A 控制口
        MOV    R1,＃20H           ;数据块起始地址送 R1
        MOV    R2,＃31H           ;中断次数 49 送 R2
        MOV    R0,＃00H           ;A 口地址送 R0
        MOV    A,@R1              ;第一个打印数据送 A
        MOVX   @R0,A              ;送 8255A 的 A 口
        MOV    R0,＃03H           ;控制口地址送 R0
        MOV    A,＃01H
        MOVX   @R0,A              ;PC0＝1 控制字送控制口
        MOV    A,＃00H
        MOVX   @R0,A              ;PC0＝0 控制字送控制口
        MOV    A,＃0DH            ;单一置复位控制字送 A
        MOVX   @R0,A              ;令 8255A 的 A 口允许中断
```

```
LOOP：SJMP    $                        ;等待中断(虚拟)
```

② 中断服务程序。

```
        ORG    0003H
        LJMP   PINT0
        ORG    2000H
PINT0：MOV    R0，#00H            ;R0 指向 8255A 的 A 口
       INC    R1                 ;数据指针送 R1
       MOV    A，@R1             ;打印数据送 A
       MOVX   @R0，A             ;送 8255A 的 A 口
       MOV    R0，#02H           ;R0 指向 C 口
       MOV    A，#01H            ;产生负选通脉冲
       MOVX   @R0，A
       MOV    A，#00H
       MOVX   @R0，A
       DJNZ   R2，NEXT           ;若未打完,则转 NEXT
       CLR    EX0                ;若已打完,则关INT0中断
       SJMP   DONE
NEXT：SETB   EX0                ;开INT0中断
DONE：RETI                      ;中断返回
       END
```

### 3. 采用 8155 扩展 I/O 端口

MCS-51 和 8155 的接口极为简单,因为 8155 内部包含有一个 8 位地址锁存器,故可以用来锁存 CPU 送来的端口地址和 RAM(256B)地址。在 MCS-51 和 8155 的硬件连接中,所用地址译码的方法有全译码、部分译码和线选法 3 种,这和 8255A 的情况类似。

(1) 8 位地址的全译码法。

如果把 MCS-51 的 P2 口各位接地或经一电阻接+5V,那么 8155 在本译码方式下内部各 I/O 端口和 RAM 地址在 00~FFH 范围内就具有唯一性,无地址重叠可言。8031和 8155 的这种连接关系如图 7-20 所示。图中,P0.7~P0.3 经或非门接到 8155 的 IO/$\overline{\text{M}}$端。当 P0.7~P0.3 全为 0 时,则或非门输出为 1,选中 8155 内部各 I/O 寄存器工作。此时,8155 各端口地址(见表 7-1)为

| | |
|---|---|
| 00H | 命令/状态口 |
| 01H | A 口 |
| 02H | B 口 |
| 03H | C 口 |
| 04H | 定时器低字节 |
| 05H | 定时器高字节 |
| 06H<br>07H | 空 |

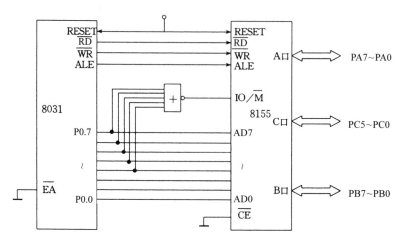

图 7-20  8031 和 8155 的接口

当 A7～A3≠00000B 时,或非门输出为 0,选中 8155 内部 RAM(256B)工作。因此,在 RAM 的地址范围为 08H～FFH 时,CPU 把 8155 内部 40H 单元中的 X 送到 A 口的输出程序如下:

```
ORG    0500H
MOV    R0, ♯ 00H        ;命令/状态口地址送 R0
MOV    A, ♯ 01H         ;命令字送 A(A 口为输出)
MOVX   @R0, A           ;装入 8155
MOV    R1, ♯40H
MOVX   A, @R1           ;X 送 A
INC    R0               ;R0 指向 A 口
MOVX   @R0, A           ;X 送 A 口输出
       ⋮
END
```

(2) 8 位地址的线选法。

若把图 7-20 中的或非门去掉,并把 P0.7 和 8155 的 IO/$\overline{\text{M}}$ 直接相连,则 8031 和 8155 的接线成为 8 位地址的线选法译码方式(P2 口各位仍接地或经一小电阻接+5V)。

当 P0.7=1 时,IO/$\overline{\text{M}}$ 为 1,选中 8155 内部各 I/O 寄存器工作。此时,8155 的选口地址为

```
80H～87H        基本选口地址
80H～FFH        重叠选口地址
```

当 P0.7=0 时,IO/$\overline{\text{M}}$ 为 0,选中 8155 内部 RAM(256B)工作。相应地址范围为 00H～7FH。

显然,在 8155 内部 RAM(256B)地址范围中,80H～FFH 被 8155 内部 I/O 端口占用,实际可用的 RAM 单元减少了一半。

（3）16 位地址的线选法。

若把图 7-20 中的或非门去掉，并把 8155 IO/$\overline{\text{M}}$ 和 P2.7 相连（P2.6～P2.0 悬空），则 8031 和 8155 的接线变成 16 位地址的线选法译码方式。

当 P2.7（A15）＝1 时，选中 8155 内部各 I/O 端口工作。此时，8155 的选口地址为

|  |  |  |
|---|---|---|
| 8000H～8007H | 基本选口地址 |
| 8000H～FFFFH | 重叠选口地址 |

当 P2.7（A15）＝0 时，选中 8155 内部 RAM（256B）工作。此时，8155 内部 RAM 的单元地址为

|  |  |
|---|---|
| 0000H～00FFH | 基本地址 |
| 0000H～7FFFH | 重叠地址 |

显然，上述把 8155 内部 40H 单元中的 X 传送到 A 口输出的程序变为

```
        ORG   0500H
        MOV   R0，＃00H        ;R0 指向命令/状态口
        MOV   R1，＃40H        ;R1 指向 X 单元
        SETB  P2.7             ;令 IO/M̄＝1
        MOV   A，＃01H         ;命令字 01H 送 A
        MOVX  @R0，A           ;装入 8155
        CLR   P2.7             ;令 IO/M̄＝0
        MOVX  A，@R1           ;X 送 A
        SETB  P2.7             ;令 IO/M̄＝1
        INC   R0               ;R0 指向 A 口
        MOVX  @R0，A           ;X 从 A 口输出
          ⋮
        END
```

本程序还可采用 DPTR 编写。

扩展 MCS-51 并行 I/O 口的方法颇多，除采用 8255A 和 8155 外，还可以采用 8243（输入输出扩展器）和其他并行 I/O 接口芯片，使用方法类似，在此不再赘述。

# 7.4　MCS-51 对 LED/键盘的接口

在单片机系统中，LED/LCD 和键盘是两种很重要的外设。键盘用于输入数据、代码和命令，LED/LCD 用来显示控制过程和运算结果。

## 7.4.1　MCS-51 对 LED 的接口

LED（Light-Emitting Diode，发光二极管）有七段和八段之分，也有共阴和共阳两种。

**1. LED 数码显示管的显示原理**

LED 数码显示管的结构简单，价格便宜。图 7-21 示出了八段 LED 数码显示管的结

构和原理图:图 7-21(a)为八段共阴数码显示管的结构图,图 7-21(b)为它的原理图,图 7-21(c)为八段共阳 LED 显示管的原理图。八段 LED 显示管由 8 个发光二极管组成,编号是 a、b、c、d、e、f、g 和 SP,分别与同名引脚相连。七段 LED 显示管比八段 LED 少一个发光二极管 SP,其他与八段 LED 相同。

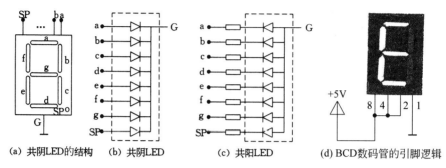

(a) 共阴LED的结构　(b) 共阴LED　　(c) 共阳LED　　(d) BCD数码管的引脚逻辑

图 7-21　八段 LED 数码显示管结构和原理

八段 LED 数码显示管的原理很简单,是通过同名引脚上所加电平的高低来控制发光二极管是否点亮从而显示不同字形。例如,若在共阴 LED 管的 SP、g、f、e、d、c、b、a 引脚上分别加上 7FH 控制电平(即 SP 上为 0V,不亮;其余为 TTL 高电平,全亮),则 LED 显示管显示字形 8。7FH 是按 SP、g、f、e、d、c、b、a 顺序排列后的十六进制编码(0 为 TTL 低电平,1 为 TTL 高电平),常称为字形码或字段码。因此,LED 上所显示的字形不同,相应的字形码也不一样。八段共阴 LED 数码显示管能显示的字形及相应字形码如表 7-3 所列。该表常放在内存中,SGTB 为表的起始地址,各地址偏移量为相应字形码对表起始地址的项数。由于 B 和 8、D 和 0 字形相同,故 B 和 D 均以小写字母 b 和 d 显示。

图 7-21(b)为共阴八段 LED 的原理图。图中,所有发光二极管阴极共连后接到引脚 G,G 脚为控制端,用于控制 LED 是否点亮。若 G 脚接地,则 LED 被点亮;若 G 脚接 TTL 高电平,则 LED 被熄灭。

**表 7-3　八段共阴 LED 数码显示管字形码表**

| 地址偏移量 | 共阴字形码 | 共阳字形码 | 所显字符 | 地址偏移量 | 共阴字形码 | 共阳字形码 | 所显字符 |
|---|---|---|---|---|---|---|---|
| SGTB+0H | 3FH | C0H | 0 | SGTB+BH | 7CH | 83H | b |
| +1H | 06H | F9H | 1 | +CH | 39H | C6H | C |
| +2H | 5BH | A4H | 2 | +DH | 5EH | A1H | d |
| +3H | 4FH | B0H | 3 | +EH | 79H | 86H | E |
| +4H | 66H | 99H | 4 | +FH | 71H | 8EH | F |
| +5H | 6DH | 92H | 5 | +10H | 00H | FFH | 空格 |
| +6H | 7DH | 82H | 6 | +11H | F3H | 0CH | P |
| +7H | 07H | F8H | 7 | +12H | 76H | 89H | H |
| +8H | 7FH | 80H | 8 | +13H | 80H | 7FH | · |
| +9H | 6FH | 90H | 9 | +14H | 40H | BFH | — |
| +AH | 77H | 88H | A | | | | |

图 7-21(c)为共阳八段 LED 数码显示管的原理图。图中,所有发光二极管阳极共连后接到 G 脚。正常显示时 G 脚接+5V,各发光二极管是否点亮取决于 a~SP 各引脚上是否是低电平 0V。因此,共阴和共阳所需字形码恰好相反,如表 7-3 所示。

前面章节中还曾提到一种称为 BCD 的数码显示管。该数码显示管其实和普通的八段或七段数码显示管类似,只不过 BCD 数码显示管通常要求输入的是 0~9 的 BCD 码而得名。该数码显示管有 4 条输入引脚,各引脚的权值为 8、4、2、1(见图 7-21(d))。各引脚输入的 BCD 码(或 A~F 的二进制编码)由其内部译码电路产生字形码,以便使相应字段点亮。因此,在采用 BCD 数码显示管时,欲显字符的 BCD 码可以直接从它的引脚输入,用户程序中不用再通过查字形码表就可进行显示了。

**2. MCS-51 对 LED 的显示**

MCS-51 对 LED 的显示可以分为静态和动态两种。静态显示的特点是各 LED 能稳定地同时显示各自字形;动态显示是指各 LED 轮流地一遍一遍显示各自字符,人们由于视觉暂留,看到的是各 LED 似乎在同时显示不同字形。

为了减少硬件开销,提高系统可靠性并降低成本,单片机控制系统通常采用动态扫描显示。图 7-22 示出了 8031 通过 8155 对 6 只共阳 LED 的接口电路。图中,B 口和所有 LED 的 a、b、c、d、e、f、g、SP 引线相连,各 LED 控制端 G 和 8155 C 口相连,故 B 口为字形口,C 口为字位口,因为 CPU 可以通过 C 口控制各 LED 是否点亮。参见表 7-1 可以很容易地看出 8155 的端口地址分配:

| | |
|---|---|
| 8000H | 命令/状态口 |
| 8001H | A 口 |
| 8002H | B 口(字形口) |
| 8003H | C 口(字位口) |
| 8004H | 定时器低 8 位口 |
| 8005H | 定时器高 8 位口 |
| 8000H~FFFFH | 8155 I/O 重叠地址区 |
| 0000H~00FFH | 8155 RAM 基本地址区 |
| 0000H~7FFFH | 8155 RAM 重叠地址区 |

动态显示采用软件法把要显示的十六进制数(或 BCD 码)转换为相应的字形码,故通常需要在 RAM 区建立一个显示缓冲区。显示缓冲区内包含的存储单元个数常和系统中 LED 显示器的个数相等。显示缓冲区的起始地址很重要,它决定了显示缓冲区在 RAM 中的位置。

显示缓冲区中的每个存储单元用于存放相应 LED 显示管要显示的字符在字形码表中的地址偏移量,故 CPU 可以根据这个地址偏移量通过查字形码表找出所需显示字符的字形码,以便送到字形口显示。

[**例 7.6**] 请根据图 7-22 编出能在 LED5~LED0 上显示 2017.6 的动态显示子程序。

**解**:设显示缓冲区放在 CPU 内部 RAM 中,起始地址为 70H,显示缓冲区中被显示字符的字形码表的地址偏移量应预先放入,如图 7-23 所示。相应程序为

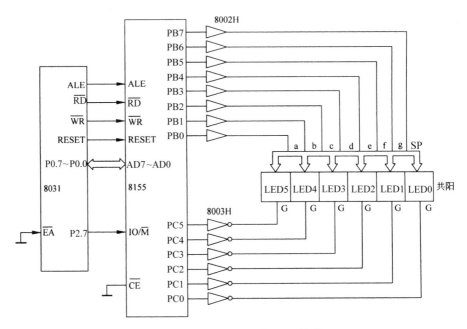

图 7-22  8031 通过 8155 对 LED 的接口

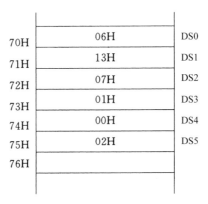

图 7-23  例 7.6 的显示缓冲区

```
        ORG     0600H
DISPLY： MOV     A，#06H              ;方式控制字 06H 送 A
        MOV     DPTR，#8000H
        MOVX    @DPTR，A             ;方式控制字送 8155 命令口
DISPLY1：MOV     R0，#70H             ;显示缓冲区起始地址送 R0
        MOV     R3，#0FEH            ;字位码始值送 R3
        MOV     A，R3
LD0：    MOV     DPTR，#8003H         ;C 口地址送 DPTR
        MOVX    @DPTR，A             ;字位码送 C 口
        MOV     DPTR，#8002H         ;B 口地址送 DPTR
        MOV     A，@R0               ;待显字符地址偏移量送 A
```

```
        ADD    A，♯13                       ;对 A 进行地址修正
        MOVC   A，@ A+PC                     ;查字形码表
        MOVX   @DPTR，A                      ;字形码送 B 口
        ACALL  DELAY                        ;延时 1ms
        INC    R0                           ;修正显示缓冲区指针
        MOV    A，R3                         ;字位码送 A
        JNB    ACC.5，LD1                    ;若显示完一遍，则转 LD1
        RL     A                            ;字位码左移一位
        MOV    R3，A                         ;送回 R3
        AJMP   LD0                          ;显示下一个数码
LD1：   RET
DTAB：  DB     0C0H，  0F9H，  0A4H，  0B0H，  99H
        DB     92H，   82H，   0F8H，  80H，   90H
        DB     88H，   83H，   0C6H，  0A1H，  86H
        DB     8EH，   0FFH，  0CH，   89H，   7FH
        DB     0BFH
DELAY： MOV    R7，♯02H                       ;延时 1ms 程序
DELAY1：MOV    R6，♯0FFH
DELAY2：DJNZ   R6，DELAY2
        DJNZ   R7，DELAY1
        RET
        END
```

## 7.4.2　MCS-51 对非编码键盘的接口

键盘是若干按键的集合，是单片机的常用输入设备，操作人员可以通过键盘输入数据或命令，实现人机通信。键盘可以分为独立连接式和行列（矩阵）式两类，每一类又可根据对按键的译码方法分为编码键盘和非编码键盘两种类型。

编码键盘主要通过硬件电路产生被按按键的键码和一个选通脉冲，选通脉冲常用作 CPU 的中断请求信号，以便通知 CPU 以中断方式接收被按按键的键码。这种键盘使用方便，但硬件电路复杂，常不被微型计算机采用。

在非编码键盘中，每个按键的作用只是使相应接点接通或断开，每个按键的键码并非由硬件电路产生，而是由相应扫描处理程序对它扫描形成的。因此，非编码键盘硬件电路极为简单，在微型计算机中得到了广泛应用。

### 1. MCS-51 对独立式非编码键盘的接口

在独立连接式非编码键盘中，每个按键都是彼此独立的，均需占用 CPU 的一条 I/O 输入数据线。图 7-24 为 8031 对独立式非编码键盘的接口电路，图中的每个按键均和 8031 的 P1 口中的一条相连。若没有按键按下，8031 从 P1 口读得的引脚电平均为 1（+5V）；若某一按键被按下，则该键所对应的端口线变为低电平。单片机定时对 P1 口进行程序查询，即可发现键盘上是否有键按下以及哪个按键被按下。

[例 7.7]　请根据图 7-24 写出 8031 对键盘的查询程序（按键的软件去抖动暂不考虑）。

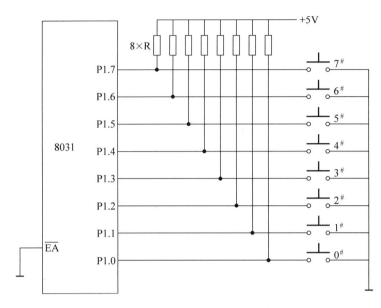

图 7-24 8031 对独立式键盘的接口

**解**：相应程序如下：

```
          ORG    0100H
READKEY：MOV    A,        ♯0FFH      ;准备读 P1 口
          MOV    P1        A
          MOV    A,        P1         ;读键盘状态
          JNB    ACC.0,    RP10       ;若 0♯ 键按下,则转 RP10
          JNB    ACC.1,    RP11       ;若 1♯ 键按下,则转 RP11
          JNB    ACC.2,    RP12       ;若 2♯ 键按下,则转 RP12
          JNB    ACC.3,    RP13       ;若 3♯ 键按下,则转 RP13
          JNB    ACC.4,    RP14       ;若 4♯ 键按下,则转 RP14
          JNB    ACC.5,    RP15       ;若 5♯ 键按下,则转 RP15
          JNB    ACC.6,    RP16       ;若 6♯ 键按下,则转 RP16
          JNB    ACC.7,    RP17       ;若 7♯ 键按下,则转 RP17
   DONE：RET
   RP10：LJMP      PROM0
   RP11：LJMP      PROM1
   RP12：LJMP      PROM2
            ⋮
   RP17：LJMP      PROM7
PROM0：
            ⋮                         ;0♯ 键处理程序
          JMP       DONE
PROM1：
            ⋮                         ;1♯ 键处理程序
          JMP       DONE
```

```
          ⋮
PROM7：
          ⋮                                  ;7# 键处理程序
          JMP          DONE
          END
```

独立式非编码键盘的优点是硬件电路简单,缺点是每个按键都要占用一条 I/O 端口线。

**2. MCS-51 对行列式非编码键盘的接口**

行列式非编码键盘是一种把所有按键排列成行列矩阵的键盘。在这种键盘中,每根行线(水平线)和列线(垂直线)的交叉处都接有一个按键,每当某个按键被按下时,与这个按键相连的行线和列线就会接通,否则是断开状态。因此,一个 $M \times N$ 的行列式非编码键盘只需 $M$ 条行线和 $N$ 条列线,共占用 $M+N$ 条单片机的 I/O 端口线。

MCS-51 对行列式非编码键盘的接口电路如图 7-25 所示。图中同时画出 8031 对 LED 的接口。该键盘有 32 个按键,分成 4 行(L3~L0)8 列(R7~R0),只有某键被按下时的相应行线和列线才会接通。键盘中各键的定义如图 7-26 所示。图中,32 个键分为两类:一是数字键 0~F,共 16 个;二是功能键,共 16 个。按键中,大部分键都定义有双重功能,甚至更多功能,由键盘操作方法加以区别。

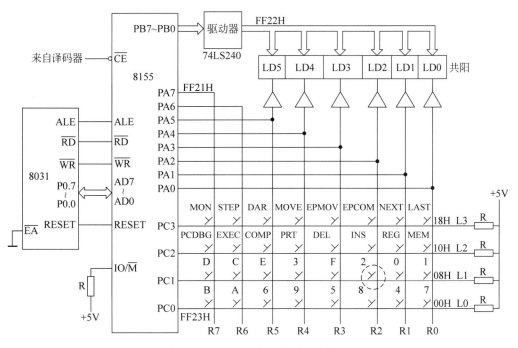

图 7-25　8031 对键盘/LED 的接口

现结合图 7-25 和图 7-26,对行列式非编码键盘的工作原理和按键识别程序进行介绍。

| R7 / 7 | DPL / 8 | DPH / 9 | A / A | TV / MEM | EPRGH / DEL | PRT | EXEC / FVBP |
|---|---|---|---|---|---|---|---|
| R4 / 4 | R5 / 5 | R6 / 6 | B / B | REG / OFST | ODRW / INS | COMP | PCDBG / EPRGL |
| R1 / 1 | R2 / 2 | R3 / 3 | PSW / C | F1 / LAST | EPMOV | MOVE | STEP / NVBP |
| R0 / 0 | PCH / F | PCL / E | SP / D | F2 / NEXT | EPCH / EPCOM | DAR | MON |

图 7-26　键盘按键排布图

（1）监视键盘的方法。

采用非编码键盘，CPU 必须对所有按键进行监视。一旦发现有键按下，CPU 应通过程序加以识别，并转入相应键的处理程序，实现该键功能。

① 键值表。CPU 扫描键盘时可以通过程序读取被按键的行首键号（每行第 0 列的键号）和列值（R0 的列值为 0，R1 的列值为 1……R7 的列值为 7，见图 7-25），并求出被按键的键号（即键值表的地址偏移量，见表 7-4），然后再查键值表，即可知道什么键被按下。表 7-4 列出了图 7-26 中各键的键值、行首键号、列值和相应键间的关系。

表 7-4　键值表

| 地址偏移量 | 键值 | 行首键号 | 列值 | 按键 |
|---|---|---|---|---|
| 00H | 07H | 00H | 00H | 7 |
| 01H | 04H | 00H | 01H | 4 |
| 02H | 08H | 00H | 02H | 8 |
| 03H | 05H | 00H | 03H | 5 |
| 04H | 09H | 00H | 04H | 9 |
| 05H | 06H | 00H | 05H | 6 |
| 06H | 0AH | 00H | 06H | A |
| 07H | 0BH | 00H | 07H | B |
| 08H | 01H | 08H | 00H | 1 |
| 09H | 00H | 08H | 01H | 0 |
| 0AH | 02H | 08H | 02H | 2 |
| 0BH | 0FH | 08H | 03H | F |
| 0CH | 03H | 08H | 04H | 3 |
| 0DH | 0EH | 08H | 05H | E |
| 0EH | 0CH | 08H | 06H | C |
| 0FH | 0DH | 08H | 07H | D |
| 10H | 10H | 10H | 00H | MEM |

| 地址偏移量 | 键值 | 行首键号 | 列值 | 按键 |
|---|---|---|---|---|
| 11H | 11H | 10H | 01H | REG |
| 12H | 12H | 10H | 02H | INS |
| 13H | 13H | 10H | 03H | DEL |
| 14H | 14H | 10H | 04H | PRT |
| 15H | 15H | 10H | 05H | COMP |
| 16H | 16H | 10H | 06H | EXEC |
| 17H | 17H | 10H | 07H | PCDBG |
| 18H | 18H | 18H | 00H | LAST |
| 19H | 19H | 18H | 01H | NEXT |
| 1AH | 1AH | 18H | 02H | EPCOM |
| 1BH | 1BH | 18H | 03H | EPMOV |
| 1CH | 1CH | 18H | 04H | MOVE |
| 1DH | 1DH | 18H | 05H | DAR |
| 1EH | 1EH | 18H | 06H | STEP |
| 1FH | 1FH | 18H | 07H | MON |

② 判断是否有键按下。CPU 监视键盘中是否有键按下的原理很简单。在图 7-25 中,CPU 只要把全 0 送到 8155 的 PA7～PA0,就可以在所有列线 R7～R0 上得到 TTL 低电平,然后读取 PC3～PC0 上的行值就可以判断是否有键按下。若无键按下,则所读行值必为 0FH;若有键按下,则行值就因被按按键的行、列线接通而不等于 0FH。

③ 被按键行首键号和列值的读取。若 CPU 发现有键按下,则获取被按键的行首键号和列值。CPU 获取被按键的行首键号和列值只需逐列对键盘扫描(即轮流地使 8155 的 A 口中每条列线变为低电平)以读取和判断 PC3～PC0 上的行值即可。若行值为 0FH,则表明被按键不在本列;若行值不为 0FH,则判断处于 0 状态的行即可获得行首键号,以及判断处于 0 状态的列(设置一个列值计数器 R0,并在列扫描前清零)即可得到列值。例如,若被按键为图 7-25 中虚线圆圈中的数字键 2,则 CPU 获得的行首键号为 08H (L1 为低电平)和列值为 02H(R2 列为低电平)。

④ 按键的去抖动和窜键处理。在按下某个按键时,被按键的簧片总会有轻微抖动,这种抖动常常会持续 10ms 左右。因此,CPU 在按键抖动期间扫描键盘必然会得到错误的行首键号和列值,最好的办法是使 CPU 在检测到有键按下时延时 20ms 再进行列向扫描。

用户在操作时常常因不小心同时按下了一个以上的按键,即发生了窜键。CPU 处理窜键的原则是把最后放开的按键认作真正被按的按键。CPU 在处理发生在两个不同列上的窜键时,可以预先设定一个窜键标志寄存器。窜键标志寄存器在列扫描前清零,在列扫描期间用于记录被按键个数,故发生窜键时窜键标志寄存器中的值必定大于 01H。因此,CPU 在列扫描时必须不以发现第一个被按键为满足,而是应继续完成对所有列的一遍扫描,并在该列扫描结束后,根据审键标志寄存器来判断是否发生审键。如果未发现审键,则本次扫描的行首键号和列值就是被按键的行首键号和列值;如果发现了审键,则 CPU 返回主程序重新开始下一次列扫描,就可获取最后放开键的行首键号和列值。

⑤ 求键值。由于键盘上所有按键的键值都存放在键值表(见表 7-4)中,因此要求被按键的键值,必须先求出被按键键值在键值表中的地址偏移量(如数字键 2 的键值为 02H,它在键值表中的地址偏移量是 0AH)。被按键键值的地址偏移量实际上是被按键的键号,这个键号其实等于被按键所在的行首键号与它的列值之和。求取公式为

$$被按键的键号 N = 行首键号 + 列值$$

CPU 求得被按键的键号 $N$(地址偏移量)后,就可以利用查表指令求得被按键的键值了。例如,数字键 2 的行首键号为 08H,列值为 02H,故它的键号(地址偏移量)$N = 08H + 02H = 0AH$。

⑥ 被按键的类型判别。在键值表 7-4 中,数字键所对应的键值必小于 10H,功能键的键值是大于或等于 10H 的。因此,CPU 判别被按键是数字键还是功能键十分容易。若被按键的键值小于 10H,则转数字键处理程序;若被按键的键值大于等于 10H,则通过查键值表就可以很快转入相应功能键的处理程序。

(2)按键识别程序。

按键识别程序由判断有无键按下程序段、按键扫描程序段和求键值程序段三部分组成,程序流程框图如图 7-27 所示。该程序有一个入口和两个出口,入口来自主程序,然后判断是否有键按下。若无键按下,则 CPU 使累加器 A=FFH 作为主程序判断的标志,然后返回主程序;若有键按下,则 CPU 通过列扫描获得被按键的行首键号和列值,并经查键值表后得到被按键的键值,最后返回主程序。

相应程序如下(8155 各 I/O 端口地址如图 7-25 所示):

```
            ORG      0100H
SCAN：  MOV      DPTR, #0FF21H        ;DPTR 指向 PA 口
        MOV      A,#00H
        MOVX     @DPTR,A               ;令 PA 口输出低电平
        MOV      DPTR,#0FF23H         ;DPTR 指向 PC 口
        MOVX     A,@DPTR               ;读 PC 口的状态
        ANL      A,#0FH                ;屏蔽高 4 位
        CJNE     A,#0FH,KEYSCAN        ;若有键按下,则转 KEYSCAN
        SJMP     EXIT                  ;若无键按下,则转 EXIT
KEYSCAN：ACALL    DY12MS                ;延时 12ms 去抖动
        MOV      R2, #0FEH             ;列扫描始值→R2
        MOV      R3, #08H              ;列数 8→R3
        MOV      R0, #00H              ;列值计数器 R0 清零
KEYSM1：MOV      A, R2
        MOV      DPTR, #0FF21H         ;DPTR 指向 PA 口
        MOVX     @DPTR, A              ;列扫描
        RL       A
```

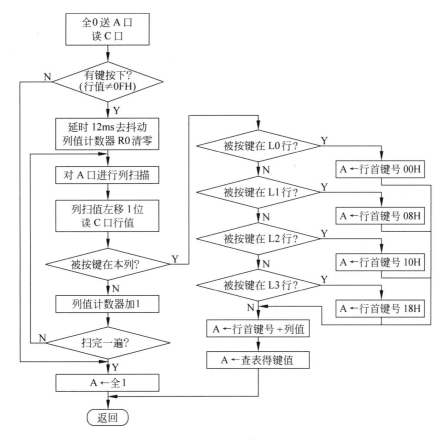

图 7-27  SCAN 程序流程图

| | MOV | R2, A | ;列扫值左移 1 位 |
|---|---|---|---|
| | MOV | DPTR，♯0FF23H | ;DPTR 指向 PC 口 |
| | MOVX | A，@DPTR | ;读 PC 口行值 |
| | ANL | A，♯0FH | ;屏蔽高 4 位 |
| | CJNE | A，♯0FH,JSADD | ;若被按键在本列,则转 JSADD |
| | INC | R0 | ;若被按键不在本列,R0 加 1 |
| | DJNZ | R3, KEYSM1 | ;若未扫完一遍,则循环 |
| EXIT： | MOV | A，♯0FFH | ;A←全 1 |
| | SJMP | DONE | |
| JSADD： | JB | ACC. 0, JSADD1 | ;被按键不在 L0 行,则转 JSADD1 |
| | MOV | A，♯00H | ;被按键在 L0 行,则行首键号 00H 送 A |
| | AJMP | JSADD4 | |
| JSADD1： | JB | ACC. 1, JSADD2 | ;被按键不在 L1 行,则转 JSADD2 |
| | MOV | A，♯08H | ;被按键在 L1 行,则转 A←08H |
| | AJMP | JSADD4 | |
| JSADD2： | JB | ACC. 2, JSADD3 | ;被按键不在 L2 行,则转 JSADD3 |
| | MOV | A，♯10H | ;被按键在 L2 行,则 A←10H |
| | AJMP | JSADD4 | |

| | | | |
|---|---|---|---|
| JSADD3：JB | ACC.3,JSADD4 | ;被按键不在 L3 行,则转 JSADD4 | |
| MOV | A,♯18H | ;被按键在 L3 行,则 A←18H | |
| JSADD4：ADD | A,R0 | ;A←行首键号+列值 | |
| MOV | DPTR,♯KEYTAB | ;DPTR 指向键值表 | |
| MOVC | A,@A+DPTR | ;查表得键值(留 A) | |
| DONE：RET | | ;返回 | |
| KEYTAB：DB | 07H,04H,08H,05H,09H,06H,0AH,0BH | | |
| DB | 01H,00H,02H,0FH,03H,0EH,0CH,0DH | | |
| DB | 10H,11H,12H,13H,14H,15H,16H,17H | | |
| DB | 18H,19H,1AH,1BH,1CH,1DH,1EH,1FH | | |
| DY12MS：MOV | R7,♯18H | ;延时 12ms 子程序 | |
| DY12MS1：MOV | R6,♯0FFH | | |
| DY12MS2：DJNZ | R6,DY12MS2 | | |
| DJNZ | R7,DY12MS1 | | |
| RET | | | |

### 7.4.3 键盘/显示系统

在单片机控制系统中,键盘/显示系统常用来监视和分析键盘输入的命令和数据,以及显示被控系统的工作状态。键盘/显示系统是单片机不可缺少的部件,它由硬件电路和软件程序两部分组成。硬件电路如图 7-25 所示,图中的 LED 显示器为共阳接法,且 8155 端口地址的分配也与图 7-22 不同。软件程序有动态显示子程序 DISPLAY(由例 7-6 中的程序修改而成)和按键识别程序 SCAN 等组成。

图 7-28 为键盘/显示系统的主程序流程图。图中,数字键处理程序 NUM 以及功能键处理程序中的 MEM、REG……MON 均未给出具体程序。这些程序与单片机控制系统

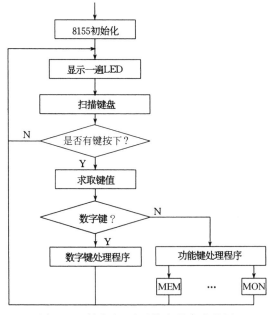

图 7-28  键盘/显示系统主程序流程图

的功能、键盘操作和各按键的定义有关。

键盘/显示系统的主程序为

```
            ORG    0400H
START：MOV    SP，#60H              ;置堆栈底地址 60H
            MOV    DPTR ，#0FF20H        ;DPTR 指向 8155 命令口
            MOV    A，#03H               
            MOVX   @DPTR，A              ;令 8155 的 A、B 口为输出，C 口为输入
  DSP：ACALL  DISPLAY              ;调用显示子程序
            ACALL  SCAN                 ;调用键盘扫描子程序
            CJNE   A，#0FFH，NEXT        ;若有键按下，则转 NEXT
            SJMP   DSP                  ;若无键按下，则转 DSP
NEXT：CJNE   A，#10H，CONT         ;是否数字键
CONT：JC     NUM                  ;若是数字键，则转 NUM
            MOV    DPTR ，#JTAB          ;若是功能键，则 DPTR←JTAB
            SUBB   A，#10H               ;在 A 中形成 JTAB 表地址偏移量
            RL     A                    
            JMP    @A+DPTR              ;转入相应功能键分支程序
JTAB：AJMP   MEM                  ;转入 MEM 功能键处理程序
            AJMP   REG                  ;转入 REG 键处理程序
            ⋮                           
            AJMP   MON                  ;转入 MON 键处理程序
  NUM：⋮                           
            SJMP   DSP                  
  MEM：↓                           ;MEM 程序段
            SJMP   DSP                  
  REG：↓                           ;REG 程序段
            SJMP   DSP                  
  MON：⋮                           ;MON 程序段
            ↓                           
            SJMP   DSP                  
            END                         
```

键盘/显示系统程序要求 CPU 不断对 LED 进行动态显示并实现对键盘的监视，但监视键盘所需程序极短，故常被人们所采用。

# 7.5  MCS-51 内部定时器/计数器

MCS-51 内部除有并行和串行 I/O 接口外，还带有二进制 16 位的定时器/计数器，8031/8051 有两个这样的定时器/计数器，8032/8052 有三个这样的定时器/计数器。MCS-51 这种卓越的结构不仅可使单片机方便地用于定时控制，而且还可作为分频器以及用于事故记录。MCS-51 的这种结构特点集中体现在如下三方面。

（1）MCS-51 内部定时器/计数器可以分为定时器模式和计数器模式两种。在这两种

模式下,又可单独设定为方式0、方式1、方式2和方式3工作。

（2）定时器模式下的定时时间或计数器模式下的计数值均可由 CPU 通过程序设定,但都不能超过各自的最大值。最大定时时间或最大计数值与定时器/计数器位数的设定有关,而位数的设定又取决于工作方式的设定。例如,若定时器/计数器在定时器模式的方式0下工作,则它按二进制13位计数。因此,最大定时时间为

$$T_{\max} = 2^{13} \times T_{计数}$$

式中,$T_{计数}$ 为定时器/计数器的计数脉冲周期时间,由单片机主脉冲经12分频而来。

（3）定时器/计数器是一个二进制的加1计数器,当计数器计满回零时能自动产生溢出中断请求,表示定时时间已到或计数器已经计满。

### 7.5.1 MCS-51 对内部定时器/计数器的控制

MCS-51 对内部定时器/计数器的控制主要是通过 TCON 和 TMOD 两个特殊功能寄存器实现的。

#### 1. 定时器控制寄存器 TCON

定时器控制寄存器 TCON 是一个 8 位寄存器,各位定义如图 7-29 所示。图中,TR0和 TR1 分别用于控制内部定时器/计数器 T0 和 T1 的启动和停止,TF0 和 TF1 用于标志 T0 和 T1 计数器是否产生了溢出中断请求。T0 和 T1 计数器的溢出中断请求还受中断允许寄存器 IE 中 EA、ET0 和 ET1 状态的控制。

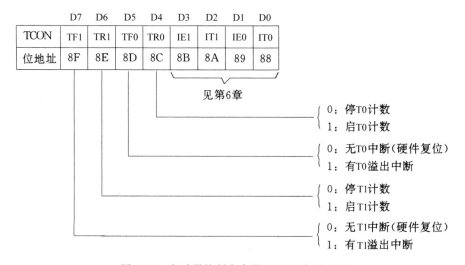

图 7-29　定时器控制寄存器 TCON 各位定义

#### 2. 定时器方式寄存器 TMOD

定时器方式寄存器 TMOD 的地址为 89H,CPU 可以通过字节传送指令来设定TMOD 中各位的状态,但不能用位寻址指令改变。TMOD 中各位定义如图 7-30 所示。图中,M1 和 M0 为方式控制位,C/T 为定时器/计数器的模式控制位,GATE 为门控位。

TMOD 的控制作用可以通过方式控制逻辑实现,图 7-31 示出了定时器/计数器 T0的方式控制逻辑,T1 也有这样的一套逻辑电路。现结合图 7-31 对 T0 方式控制逻辑讨论

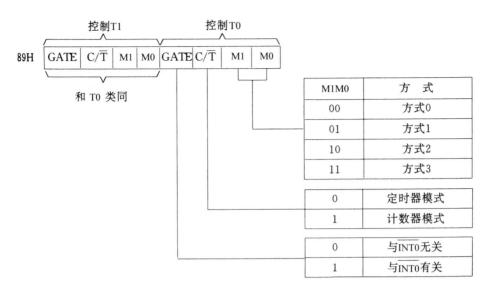

图 7-30　定时器方式控制寄存器 TMOD 的格式

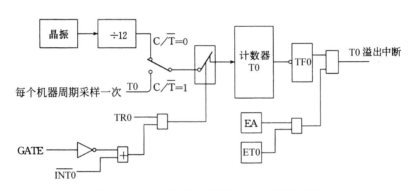

图 7-31　定时器/计数器 T0 的方式控制逻辑

如下。

　　定时器/计数器 T0 可以设定为 13 位、16 位、8 位重装和两个独立 8 位计数器 4 种工作方式,这由 TMOD 中的 M1M0(D1D0)两位状态设定。T0 的定时器模式/计数器模式由 TMOD 中的 C/$\overline{\text{T}}$ 状态决定:若 C/$\overline{\text{T}}$=0,则 T0 设定为定时器模式,计数脉冲由单片机主脉冲经 12 分频后送来;若 C/$\overline{\text{T}}$=1,则 T0 为计数器模式,计数脉冲从单片机 T0 输入引脚上送来。CPU 在每个机器周期内对 T0(或 T1)检测一次,但只有在前一次检测为 1 和后一次检测为 0 时才会使计数器加 1。因此,计数器不是由外部时钟负边沿触发,而是在两次检测到负跳变存在时才进行计数。由于两次检测需要 24 个时钟脉冲,故 T0 线上输入脉冲的 0 或 1 的持续时间不能少于一个机器周期。通常,T0 或 T1 输入线上的计数脉冲频率总小于 100kHz。

　　由图中还可见到,计数器 T0 是否工作还与 TR0、GATE 和 $\overline{\text{INT0}}$ 有关。GATE 是门控位,由 TMOD 中的 D3 状态决定。GATE 用于确定 $\overline{\text{INT0}}$ 是否需要参与对计数器 T0 的控制:若 GATE=0,则计数器 T0 只受 TR0 控制,$\overline{\text{INT0}}$ 仍作为中断请求输入线;若

GATE＝1,则$\overline{\text{INT0}}$线可作为计数器 T0 的辅助控制线,不再用作中断请求输入线。此时,若$\overline{\text{INT0}}$＝0,则 TR0 对计数器 T0 的控制作用被禁止;若$\overline{\text{INT0}}$＝1,则允许 TR0 控制计数器 T0 的启动或停止。GATE 的这种控制作用可以使定时器/计数器用来测量脉冲的宽度。

计数器 T0 在计满回零时能自动使 TCON 中的 TF0 置位,以表示计数器 T0 产生了溢出中断请求,若此时中断是开放的(即 EA＝1,ET0＝1),则计数器 T0 的溢出中断请求便可被 CPU 响应。

### 7.5.2 MCS-51 内部定时器/计数器的工作方式

8031/8051 单片机有 T0 和 T1 两个内部定时器/计数器。每个定时器/计数器都属于特殊功能寄存器,T0 由高 8 位 TH0 和低 8 位 TL0 组成,T1 由高 8 位 TH1 和低 8 位 TL1 组成。因此,T0 和 T1 均可通过字节传送指令为它们分别设置初值,以便它们可以定时为不同的时间并获得所需的计数值。

定时器/计数器的功能是与它们的工作方式有关的,表 7-5 列出了它们在 4 种工作方式下的不同功能。

表 7-5 8031/8051 内部定时器/计数器的工作方式

| 工 作 方 式 | 计 数 器 功 能 |
| --- | --- |
| 方式 0 | 13 位计数器 |
| 方式 1 | 16 位计数器 |
| 方式 2 | 自动重装初值的 8 位计数器 |
| 方式 3 | T0 为两个 8 位独立计数器,T1 为无中断重装 8 位计数器 |

#### 1. 方式 0

在本工作方式下,定时器/计数器按 13 位加 1 计数器工作,这 13 位由 TH 中的高 8 位和 TL 中的低 5 位组成,其中 TL 中的高 3 位是不用的,如图 7-32(a)所示。设计这种工

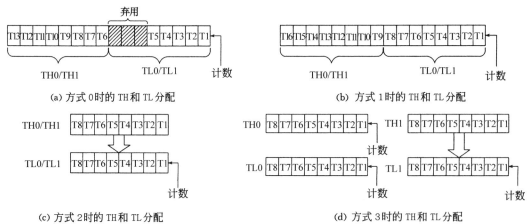

图 7-32 定时器/计数器的 TH 和 TL 分配

作方式主要是为了它能与 MCS-48 单片机定时器/计数器兼容。

在定时器/计数器启动工作前,CPU 先要为它装入方式控制字,以设定其工作方式,然后再为它装入定时器/计数器初值,并通过指令启动其工作。13 位计数器按加 1 计数器计数,计满为零时能自动向 CPU 发出溢出中断请求,但若要它再次计数,CPU 必须在其中断服务程序中为它重装时间常数初值。

**2. 方式 1**

在本方式下,定时器/计数器是按 16 位加 1 计数器工作的,该计数器由高 8 位 TH 和低 8 位 TL 组成,如图 7-32(b)所示。定时器/计数器在方式 1 下的工作情况和方式 0 时相同,只是最大定时/计数值是方式 0 时的 8 倍。

**3. 方式 2**

在方式 2 时,定时器/计数器被拆成一个 8 位寄存器 TH(TH0/TH1)和一个 8 位计数器 TL(TL0/TL1),CPU 对它们初始化时必须送相同的定时时间常数初值/计数器初值。当定时器/计数器启动后,TL 按 8 位加 1 计数器计数,每当它计满回零时,一方面向 CPU 发出溢出中断请求,另一方面从 TH 中重新获得时间常数初值并启动计数,如图 7-32(c)所示。

显然,定时器/计数器在方式 2 下工作时是不同于前两种方式的,定时器/计数器在方式 0 和方式 1 下计满回零时需要通过软件为它们重装定时初值/计数初值,而在方式 2 下 TL 回零能自动重装 TH 中的初值,但方式 2 下计数器长度仅有 8 位,最大计数值只有 $2^8 = 256$。

**4. 方式 3**

在前三种工作方式下,T0 和 T1 的功能是完全相同的,但在方式 3 下,T0 和 T1 的功能就不相同了,而且只有 T0 才能设定方式 3。此时,TH0 和 TL0 按两个独立的 8 位计数器工作,T1 只能按不需要中断的方式 2 工作,如图 7-32(d)所示。

在方式 3 下的 TH0 和 TL0 是有区别的:TL0 可以设定为定时器或计数器模式工作,仍由 TR0 控制启动或停止,并采用 TF0 作为溢出中断标志;TH0 只能按定时器模式工作,它借用 TR1 来控制启动/停止和 TF1 来存放溢出中断标志。因此,T1 就没有控制位可用了,故 TL1 在计满回零时是不会产生溢出中断请求的。

显然,T0 设定为方式 3 实际上也就设定了 T1 的工作方式,相当于设定了 3 个 8 位计数器同时工作,其中 TH0 和 TL0 为两个由软件重装的 8 位计数器,TH1 和 TL1 为自动重装的 8 位计数器,但无溢出中断请求产生。由于 TL1 工作于无中断请求状态,故用它来作为串行口可变波特率发生器是最好不过的。

### 7.5.3 MCS-51 对内部定时器/计数器的初始化

**1. 初始化步骤**

MCS-51 内部定时器/计数器是可编程序的,其工作方式和工作过程均可由 MCS-51 通过程序进行设定和控制。因此,MCS-51 在定时器/计数器工作前必须先对它进行初始化。初始化步骤如下。

(1) 根据要求先给定时器方式寄存器 TMOD 送一个方式控制字,以便设定定时器/计数器的相应工作方式。

（2）根据实际需要给定时器/计数器选送定时器时间常数初值或计数器基值，以确定需要定时的时间和需要计数的初值。

（3）根据需要给中断允许寄存器 IE 选送中断控制字，并给中断优先级寄存器 IP 选送中断优先级字，以开放相应中断并设定中断优先级。

（4）给定时器控制寄存器 TCON 送命令字，以便启动或禁止定时器/计数器的运行。

**2. 计数器初值的计算**

定时器/计数器在计数器模式下工作时，必须给计数器选送计数器初值，这个计数器初值是送到 TH（TH0/TH1）和 TL（TL0/TL1）中的。

定时器/计数器中的计数器是在计数初值基础上以加法计数，并能在计数器从全 1 变为全 0 时自动产生定时溢出中断请求。因此，可以把计数器计满为零，所需要的计数值设定为 $C$，计数初值设定为 TC，由此便可得到如下的计算通式：

$$TC = M - C$$

式中，$M$ 为计数器模值，该值和计数器工作方式有关。在方式 0 时 $M$ 为 $2^{13}$；在方式 1 时 $M$ 为 $2^{16}$；在方式 2 和方式 3 时 $M$ 为 $2^8$。

**3. 定时器初值的计算**

在定时器模式下，计数器由单片机主脉冲经 12 分频后计数。因此，定时器定时时间 $T$ 的计算公式为

$$T = (M - TC) T_{计数} \tag{7-1}$$

上式也可写成：

$$TC = M - T/T_{计数} \tag{7-2}$$

式中，$M$ 为模值，和定时器的工作方式有关；$T_{计数}$ 是单片机时钟周期 $T_{CLK}$（$\Phi_{CLK}$ 的倒数）的 12 倍；TC 为定时器的定时初值，$T$ 为欲定时的时间。

在式（7-1）中，若设 TC＝0，则定时器定时时间为最大。由于 $M$ 的值和定时器工作方式有关，因此不同工作方式下定时器的最大定时时间也不一样。例如，若设单片机主脉冲频率 $\Phi_{CLK}$ 为 12MHz，则最大定时时间为

方式 0 时　　　　　$T_{max} = 2^{13} \times 1\mu s = 8.192ms$

方式 1 时　　　　　$T_{max} = 2^{16} \times 1\mu s = 65.536ms$

方式 2 和方式 3 时　$T_{max} = 2^8 \times 1\mu s = 0.256ms$

[**例 7.8**]　若单片机时钟频率 $\Phi_{CLK}$ 为 12MHz，请计算定时 2ms 所需的定时器初值。

**解**：由于定时器工作在方式 2 和方式 3 下时的最大定时时间只有 0.256ms，因此要想获得 2ms 的定时时间，定时器必须工作在方式 0 或方式 1。

若采用方式 0，则根据式（7-2）可得定时器初值为

$$TC = 2^{13} - 2ms/1\mu s = 6192 = 1830H$$

即 TH0 应装 C1H；TL0 应装 10H（高三位为 0）。

若采用方式 1，则有：

$$TC = 2^{16} - 2ms/1\mu s = 63536 = F830H$$

即 TH0 应装 F8H；TL0 应装 30H。

### 7.5.4 应用举例

MCS-51 内部定时器/计数器用途广泛,当它作为定时器使用时,可用来对被控系统进行定时控制;当它作为计数器使用时,可作为分频器来产生各种不同频率的方波,或作为事故记录以及测量脉冲宽度等。

**[例7.9]** 设 8031 时钟频率 $\Phi_{CLK}$ 为 12MHz,请编出利用定时器/计数器 T0 在 P1.0 引脚上输出 2s 的方波程序。

**解:** 要产生周期为 2s 的方波,定时器 T0 必须能定时 1s,这个值显然已超过了定时器的最大定时时间。为此,只有采用定时器定时和软件计数相结合的方法才能解决问题。例如,可以在主程序中设定一个初值为 20 的软件计数器 R0 并使 T0 定时 50ms。这样,每当 T0 定时到 50ms 时 CPU 就响应它的溢出中断请求,从而进入它的中断服务程序。在中断服务程序中,CPU 先使软件计数器减 1,然后判断它是否为零。若为零,则表示定时 1s 已到,便可恢复软件计数器初值(令 R0=20)并改变 P1.0 引脚上的电平,然后返回主程序;若不为零,则表示定时 1s 未到,也返回主程序。如此重复上述过程,便可在 P1.0 引脚上观察到周期为 2s 的方波。

本程序显然由主程序和中断服务程序两部分组成。

① 主程序。

主程序包括对 8031 内部定时器 T0 的初始化和设定软件计数器初值等。由于需要定时 50ms,故定时器 T0 必须工作于方式 1。根据式(7-2),T0 的定时器时间常数初值为

$$TC = M - T/T_{计数} = 2^{16} - 50ms/1\mu s = 15536 = 3CB0H$$

相应程序为

```
            ORG    1000H
START:  MOV   TMOD , #01H        ;令 T0 为定时器方式1
            MOV   TH0 , #3CH       ;装入定时初值
            MOV   TL0 , #0B0H
            MOV   IE , #82H          ;开 T0 中断
            SETB  TR0                  ;启动 T0 计数
            MOV   R0 , #14H         ;软件计数器 R0 赋初值
LOOP:   SJMP  $                     ;等待中断(虚拟)
```

② 中断服务程序。

```
            ORG     000BH
            AJMP   BRT0
            ORG     0080H
BRT0:   DJNZ   R0 , NEXT          ;若未到 1s,则转 NEXT
            CPL     P1.0                  ;若已到 1s,则改变 P1.0 电平
            MOV    R0 , #14H         ;恢复 R0 初值
NEXT:   MOV    TH0 , #3CH        ;重装定时器初值
            MOV    TL0 , #0B0H
```

```
RETI
END
```

应当指出：CPU 从响应 T0 中断到完成定时器初值重装这段时间,定时器 T0 并不停止工作,而是继续计数。因此,为了确保 T0 能准确定时 50ms,重装的定时器时间常数初值必须加以修正,修正的定时器时间常数初值必须考虑到从原定时器时间常数初值中扣除计数器多计的脉冲个数。由于定时器计数脉冲的周期恰好和机器周期吻合,因此修正量等于 CPU 从响应中断到重装完 TL0 为止所用的机器周期数。CPU 响应中断通常需要 3~8 个机器周期,因为无法预先知道 CPU 响应中断时正在执行哪一类指令,故通常以 4~5 个机器周期计算。中断响应结束到重装完 TL0 为止这段时间是可以知道的,本例中有 3 条指令,共需 6 个机器周期。所以,中断服务程序中定时器时间常数初值可以修正为 3CBAH 或 3CBBH。

[例 7.10]　请根据图 7-33 编出 60s 倒计时程序。设:AT89C51 的主频为 12MHz,数码显示管采用带公共端的七段共阳绿色数码管 7SEG-COM-AN-GRN。

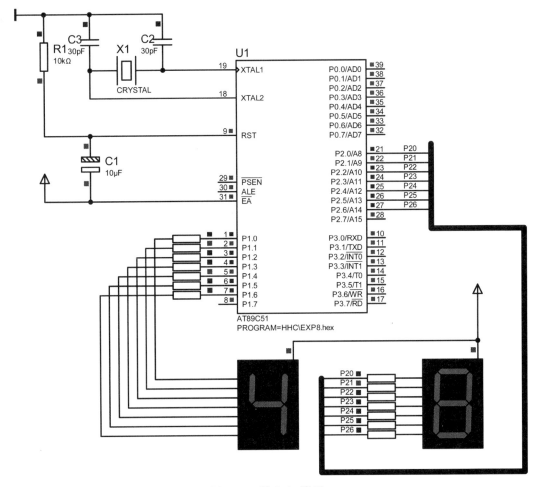

图 7-33　例 7.10 附图

**解**：本程序由主程序和 T1 中断服务程序两部分组成：定时器 T1 定时 50ms 产生一次中断；主程序除要有 T1 初始化和显示程序段以外，还要设定 R2 和 R4 两个计数器。R2 为秒计数器（初值为 20，因为 20 次中断为 1s），R4 为 60 秒计数器（初值为 60，1s 已到要减 1 一次）。T1 中断服务程序中除要重装时间常数初值外还要判断是否 1s 已到（即 R2=0）。若 R2≠0，则 1s 未到就中断返回；若 R2=0（1s 已到），则 R2 应重置初值 20，并判断计数器 R4 中的值是否为零。若 R4≠0（60s 未到）就减 1 后转显示程序，最后返回主程序；若 R4=0 就先使 T1 停止计数，然后转显示程序，进行中断返回。显示程序包括：二进制数的十进制转换和字形码的查表程序等。时间常数初值与上例相同。

相应程序清单如下：

```
            ORG     0000H
            LJMP    MAIN
            ORG     001BH
            LJMP    T1S
            ORG     0080H
     MAIN：MOV      R4,＃60          ;倒计时计数器置初值
            MOV     R2,＃20          ;秒计数器置初值
            MOV     IE,＃88H         ;开 T1 中断
            MOV     TM0D,＃10H       ;T1 为定时器方式 1
            MOV     TH1,＃3CH        ;T1 定时 50ms
            MOV     TL1,＃0B0H
            SETB    TR1             ;启 T1 计数
            MOV     A,R4            ;R4 中的内容转换为 BCD 码
            MOV     B,＃10
            DIV     AB              ;十位在 A 中
            ACALL   SEG7            ;查表得十位字形码
            MOV     P1,A            ;送 P1 口显示
            MOV     A,B             ;个位 BCD 码送 A
            ACALL   SEG7            ;查表得个位字形码
            MOV     P2,A            ;送 P2 口显示
            SJMP    $
     T1S：  MOV     TH1,＃3CH        ;重送时的常数初值
            MOV     TL1,＃0B0H
            DJNZ    R2,T1S1         ;若 20 次中断未到,则中断返回
            MOV     R2,＃20          ;否则,秒计数器 R2 重装初值
            DJNZ    R4,T1S0         ;若 60s 未到,则转 T1S0
            CLR     TR1             ;若 60s 已到,则停 T1 计数
     T1S0： MOV     A,R4            ;显示 R4 中的秒值
            MOV     B,＃10
            DIV     AB
            ACALL   SEG7
            MOV     P1,A            ;显示十位
            MOV     A,B
```

```
        ACALL  SEG7
        MOV    P2,A                    ;显示个位
  T1S1： RETI
  SEG7： INC    A                      ;字形码查表
        MOVC   A,@A+PC
        RET
SEGTAB：DB     0C0H,0F9H,0A4H,0B0H,99H,92H,82H,0F8H
        DB     80H,90H,88H,83H,0C6H,0A1H,86H,8EH
        END
```

在 PROTEUS 环境下,本程序也可在相应编辑状态下输入、修改和以 EXP8. ASM 文件名存盘,并汇编成十六进制代码,然后运行上述程序,读者便可看到数码管在倒计时。

# 7.6  MCS-51 对 LCD 的接口

LCD(Liquid Crystal Display) 液晶显示器分类方法颇多:按其所用光效应可分为动态散射型和扭曲向列型;按采光方式不同可分为透射式和反射式两类;按字形显示方式又可分为字段式和点阵式两种。为了弄清 LCD 的原理和掌握它们的使用方法,现分字段式和点阵式两方面加以讨论。

## 7.6.1  字段式 LCD 液晶显示器

字段式液晶显示器结构相对简单,被显字符的位数也有限。字段式 LCD 显示器有动态散射型和扭曲向列型之分。

### 1. LCD 的基本结构和原理

扭曲向列型 LCD 的基本结构如图 7-34(a)所示。图中,密封盒内注有扭曲向列型液晶材料,无色透明的玻璃电极排布在上、下电极基板的内侧面上。七段 LCD 电极分配如图 7-34(b)所示,当电极上不加电压时,液晶材料的内部分子呈 90°扭曲状态,线性偏振光透过时由液晶分子形成的偏振面也会旋转 90°,LCD 不产生显示。当电极两端加上＋3V左右电压时,液晶分子的扭曲结构在电磁场作用下消失,线性偏振光可直接透过液晶而投射在反射面上,使 LCD 显示器进行显示。因此,扭曲向列型 LCD 显示器的工作原理是利用电场的开关来控制线性偏振光的偏振面是否旋转而进行显示的。若这种透射式 LCD 显

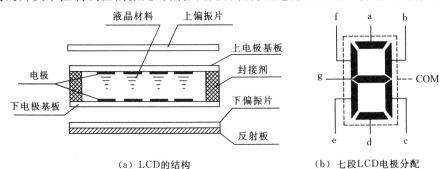

(a) LCD的结构          (b) 七段LCD电极分配

图 7-34  七段 LCD 液晶显示器原理和结构

示器采用后光源显示,则后光源应安装在器件正后方,也就是反射板的位置上,并在后光源前面加一个散射器件以扩大视角。液晶盒安放在偏振片之间,自然光透过偏振片以产生线性偏振光。因此,人们只要改变上、下偏振片间相对位置,就可以得到白底黑字或黑底白字的显示形式。

**2. LCD 显示器的驱动原理**

液晶在电场作用下很容易分解和失效,因此 LCD 显示器必须采用交流方波驱动,而不是前述的+3V 直流驱动。现以七段 LCD 显示器中某一段(笔画)的驱动电路(见图 7-35(a))为例进行分析。

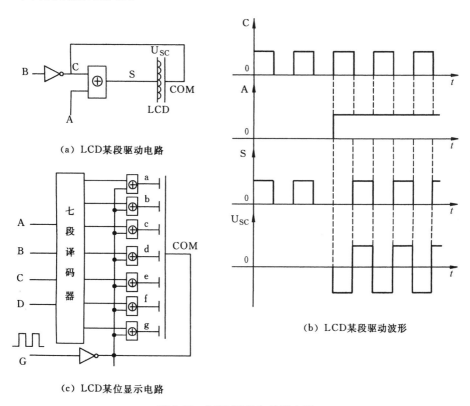

(a) LCD某段驱动电路

(c) LCD某位显示电路

(b) LCD某段驱动波形

图 7-35  LCD 驱动和显示电路

在图 7-35(a)中,A 点为某字段(笔画)的电极信号输入端;B 点为交流方波信号输入端,经反相器反相后和 LCD 的公共背极 COM 相接。由于异或门作用,当 A 点为低电平0V 时 S 点信号和 C 点(背极)方波同相,从而使电极电压 $U_{SC}$ 为 0V,LCD 不显示;当 A 点变为高电平 1V 时 S 点和 C 点信号反相,电极电压 $U_{SC}$ 变为交流方波驱动电压,LCD 相应字段就显示(见图 7-35(b))。

LCD 的这种驱动方式要求公共背极上需要施加一个交流方波,方波频率通常为几十到几百赫兹,以便把 A 点上的控制信号 0 或 1 的字段信号变成 0V 或交流方波加在电极上。方波信号必须严格对称,以确保加到 LCD 字段电极两端的交流电压平均值为 0V,至少要小于 100mV。否则,过大的直流电压会使液晶材料迅速分解,显示器的工作寿命就会大大缩短。

七段 LCD 显示器和一位字段式 LCD 的显示原理相同,这种显示器的内部结构如图 7-35(c)所示。A、B、C 和 D 四个输入端用于输入被显字符的 BCD 码,经七段译码器和异或门电路后在 a、b、c、d、e、f 和 g 端产生交流方波驱动信号,用于点亮 LCD 显示器工作,G 端为背极方波信号,频率为 25～100Hz。LCD 某位显示电路的真值表如表 7-6 所示,a、b、c、d、e、f、g 的排列见图 7-34(b)。

表 7-6　LCD 某位显示电路的真值表

| A B C D | a | b | c | d | e | f | g | 被显数符 |
|---------|---|---|---|---|---|---|---|---------|
| 0 0 0 0 | 1 | 1 | 1 | 1 | 1 | 1 | 0 | 0 |
| 0 0 0 1 | 0 | 1 | 1 | 0 | 0 | 0 | 0 | 1 |
| 0 0 1 0 | 1 | 1 | 0 | 1 | 1 | 0 | 1 | 2 |
| 0 0 1 1 | 1 | 1 | 1 | 1 | 0 | 0 | 1 | 3 |
| 0 1 0 0 | 0 | 1 | 1 | 0 | 0 | 1 | 1 | 4 |
| 0 1 0 1 | 1 | 0 | 1 | 1 | 0 | 1 | 1 | 5 |
| 0 1 1 0 | 1 | 0 | 1 | 1 | 1 | 1 | 1 | 6 |
| 0 1 1 1 | 1 | 1 | 1 | 0 | 0 | 0 | 0 | 7 |
| 1 0 0 0 | 1 | 1 | 1 | 1 | 1 | 1 | 1 | 8 |
| 1 0 0 1 | 1 | 1 | 1 | 1 | 0 | 1 | 1 | 9 |

LCD 驱动方式分为静态和动态两种驱动。上述驱动电路称为"静态交流驱动",一位 LCD 需要 7 个异或门和 8 条引线(含背极)。随着 LCD 位数增加,其驱动异或门和引线数量也骤然增多。例如,若一个 12 位的 LCD 采用静态交流驱动,其驱动异或门需要 84 个,外引线多达 96 条;若改用动态驱动,则外引线仅需 28 条。因此,静态驱动适合显示位数较少场合。在显示位数较多时,LCD 需要采用动态驱动方式。动态驱动又称为"动态扫描驱动",有时还称为"动态分时驱动"等。

在动态交流驱动方式中,液晶字段(笔画)常采用三分割或四分割甚至 11 分割或 16 分割等方法,驱动电压有 1/2 偏压、1/3 偏压、1/4 偏压等之分;扫描信号的占空比也可采用 1/2、1/3、1/4、1/8 和 1/16 甚至 1/32 等。这种驱动方式实际上是利用拓扑学方法把液晶显示字段(笔画)分割成行列矩阵:每位字段(a、b、c、d、e、f 和 g)的背极划分为若干组(如四分割法为 4 组),所有位的同组背极对应相连而成为行;每位字段(a、b、c、d、e、f 和 g)的控制端(正面电极)也划分为若干组,每位字段内的同一组对应相连而成为列(同一列上的字段分属于不同背极)。每行每列上在显示时可以分别施加不同的周期性驱动信号,现以 2×2 矩阵上采用 1/3 偏压法驱动为例加以分析(见图 7-36),以帮助读者深刻理解。

在图 7-36(a)中,假设电极 D 上已施加 2/3Vc 电压,电极 C 上没有施加电压(0V),D 和 S 线的交点为显示点。若要该点不显示,则只要在电极 S 和 R 端都施加 1/3Vc 电压,但 S 端电压的极性必须与 D 端和 R 端同相。若要该点显示,则只要把 S 端电压波形的相

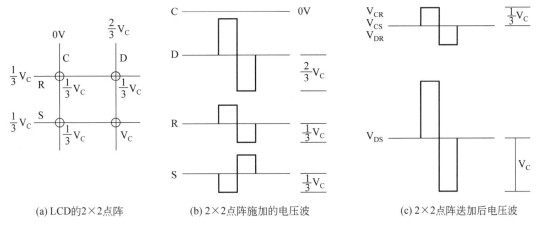

(a) LCD的2×2点阵　　　(b) 2×2点阵施加的电压波　　　(c) 2×2点阵迭加后电压波

图 7-36　2×2 点阵偏压的迭加驱动原理示意图

位取反而使它与 D 端反相,如图 7-36(b)所示。这样,各个交叉点上就能得到如图 7-36(c)所示的电压波形,即 $V_{CR}$、$V_{CS}$ 和 $V_{DR}$ 为 $1/3Vc$;$V_{DS}$ 为 $Vc$。显然,只要把 LCD 的阈值电压控制在 $1/3$ Vc 和 $2/3$ Vc 之间,那么只有 D 线和 S 线交叉处的字段才会点亮,其他三个交叉处的液晶字段因只受到半选干扰而不会显示。对于其他分割和不同偏压的动态交流驱动方法,只是行列矩阵的分组不同和所施加在行列线上的周期性信号不同,其基本原理是一样的。

### 3. LCD 显示器的主要参数

LCD 的主要参数是用户正确选用 LCD 显示器的唯一依据,通常有响应时间、余辉、阈值电压和对比度等四项。

① 响应时间:加上方波电压到光透过率达到 90% 饱和值为止所需要的时间。

② 余辉:去掉方波电压到光透过率递减到透过值的 10% 为止所需要的时间。

③ 阈值电压:令 LCD 显示所需要的最小电压,该值和液晶材料特性有关。

④ 对比度:零伏电压下光透过率对工作电压下光透过率的比值。

### 4. MCS-51 对 LCD 的接口

LCD 的驱动电路十分复杂,尤其是被显示字符较多时更是如此。因此,早期的 LCD 驱动电路常常做成专用芯片而出售。LCD 的驱动方式有静态和动态之分,MCS-51 与不同驱动方式的专用驱动芯片的接口也不一样。为了弄清 LCD 的工作原理和更好掌握它们的使用方法,现分别加以讨论。

HD44100 是一个通用型 LCD 静态交流驱动器,由两个独立的 20 路液晶显示驱动电路组成。HD44100 既可以以静态驱动方式工作也可以动态驱动方式工作;显示驱动所用的偏置电压可以从静态的 1/1 偏压到动态的 1/5 偏压。HD44100 可以接收来自显示控制器 HD44780 或 MCS-51 的时序信号和串行数据,并把它们转换成相应的液晶驱动波形输出。由于两路驱动电路相互独立,故 HD44100 既可作为列(字段)驱动器,也可用作行驱动器,或二者兼而有之。其内部结构如图 7-37 所示。

由图可见,HD44100 由 2 个 20 位双向移位寄存器、2 个 20 位锁存器、2 个 LCD 驱动器和门电路等组成。"20 位移位寄存器"用于从 DR1(或 DL1)和 DR2(或 DL2)上输入数

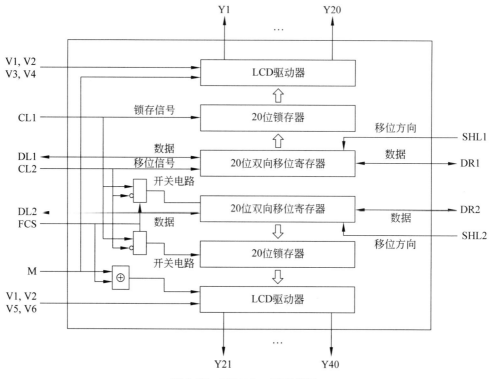

图 7-37　HD44100 原理框图

据,移位方向由 SHL1 和 SHL2 加以控制(见表 7-7),移位脉冲由 CL2 馈入。20 位锁存器的功能有三点:一是给 LCD 显示驱动电路提供显示数据(1 为显示,0 为不显示);二是实现电平转换,因为 20 位锁存器的前导电路采用+5V 供电,而后续驱动电压自动变为 $V_{CC}-V_{EE}$;三是"LCD 驱动器"正在被驱动的同时,要能允许移位寄存器继续接收下一扫描帧的显示数据,锁存信号由 CL1 引线提供。"LCD 驱动器"电路的作用是产生液晶所需要的驱动波形,受控于 M 引脚上的输入信号,驱动波形峰值电压的选择由 20 路锁存器内相应数据决定。偏置电压由 V1~V6 提供:V1 和 V2 用于选择显示波形的高、低电平;V3 和 V4 是通道 1 未被选显时波形的高、低电平;V5 和 V6 是通道 2 未被选显时波形的高、低电平。Y1~Y40 为 LCD 液晶面板所需要的行或列驱动线。

表 7-7　数据移位方向控制表

| SHL1(SHL2) | DL1　(DL2) | DR1　(DR2) | 功　　能 |
|:---:|:---:|:---:|:---:|
| 1 | 输出 | 输入 | 数据左移 |
| 0 | 输入 | 输出 | 数据右移 |

　　HD44100 还提供了一套可以把通道 2(下半部)的列驱动转换为行驱动的转换电路,从而实现 HD44100 可作为行驱动器使用的功能。其实,行驱动和列驱动的差别在于移位脉冲不同、偏置电压不同和输入数据不同。图 7-37 中所示的与非和异或门电路可以将 CL1、CL2 和 M 信号转换成符合行驱动功能的时序信号,转换电路的启动由引脚 FCS 控

制,其作用如表 7-8 所示。FCS 还把液晶显示的偏置电压由列驱动方式转换成行驱动方式。作者选用 HD44100 作为静态驱动旨在为后续章节介绍字符型 LCD 的原理打下基础,因此 FCS 对偏置电压的行列驱动转换表以及时序波形就不作讨论了。

表 7-8　FCS 的行列驱动变换表

| 功　能 | FCS | 锁存信号 | 移位信号 | M 极性 |
|---|---|---|---|---|
| 列驱动器 | 0 | CL1 下降沿 | CL1 下降沿 | M |
| 行驱动器 | 1 | CL2 上升沿 | CL2 上升沿 | $\overline{M}$ |

(1) MCS-51 对 LCD 的静态驱动接口。

MCS-51 采用 HD44100 用作静态驱动时的电路,如图 7-38 所示。V1、V4 和 V6 接至 $V_{CC}$;V2、V3 和 V5 接地;FCS 接地而使 HD44100 作为列驱动器使用。P3.0 上来的串行数据在移位脉冲 CL2 的下降沿传输,故 CL2 上来的 80 个移位脉冲就可以把 LCD 的字段信号由左向右地移入 HD44100 内部的各 20 位双向移位寄存器(最先移入的是最低位,最后移入的是最高位),并在 CL1 上一个锁存信号的下降沿锁存到它们内部 20 位锁存器,然后在 M 信号作用下转换成符合列驱动功能要求的时序信号,以驱动 LCD 工作。因此,CL1 上锁存信号的频率也是液晶显示器的帧频率。M 引脚上提供的信号应是锁存信号 CL1 的二倍,而且必须是 50% 占空比的方波,其频率由 LCD 显示器器件本身的要求决定,通常是 30～500Hz。HD44100 既可以采用液晶显示控制器 HD44780(见图 7-40)控制,也可以用 MCS-51 来控制。本例中采用 8051 单片机控制,全部控制功能由软件实现。但编程时应注意两点:一是 M 应是 50% 占空比的方波;二是 M 和锁存信号 CL1 必须同步下降,以减少波形中的直流分量。

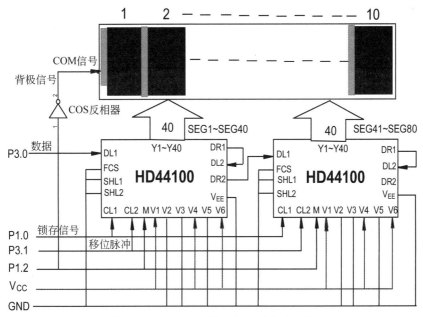

图 7-38　HD44100 静态驱动的电路连接

299　·

假设：8051 内部 RAM 的 20H～29H(低位在前,高位在后)为显示缓冲区,用于存放欲显字符的字形码;要求串行口设定为方式 0,数据由 RXD(P3.0)上发送和 TXD(P3.1)上产生移位脉冲;采用 T0 的中断方式产生 M 线上的 50Hz 交流驱动信号,故 T0 的定时时间为 20ms(设 8051 的主频为 6MHz);要求 M 与 CL1 上锁存信号同时下降,且 M 的频率是 CL1 频率的两倍。相应的初始化程序如下：

```
        MOV    R0，#20H        ;显示缓冲区始址送 R0
        CLR    A
        MOV    R2，#0AH        ;显示缓冲区个数送 R2
MLOOP:  MOV    @R0,A           ;显示缓冲区清零
        DJNZ   R2, MLOOP       ;若未完,则转 MLOOP
        CLR    P1              ;P1.0=CL1=0,P1.2=M=0
        MOV    TL0, #0EFH      ;给 T0 送定时 20ms 时间常数初值
        MOV    TH0, #0D8H      ;故扫描频率为 50Hz
        MOV    TMOD, 01H       ;T0 为定时器方式 1
        MOV    SCOM, #00H      ;串行口为方式 0
        MOV    IE, #82H        ;开 T0 中断
        SETB   TR0             ;启 T0 工作
```

T0 中断服务程序如下：

```
        ORG    000BH
INITSV: MOV    TL0, #0EFH      ;重送时间常数初值
        MOV    TH0, #0D8H
        MOV    R0, #20H        ;重送显示缓冲区始址
        MOV    R2,#0AH         ;重送显示缓冲区个数
INITSV1:MOV    A, @R0          ;取一个数
        MOV    SBUF, A         ;发送一个字符
        INC    R0              ;显示缓冲区指针加 1
INITSV2:JNB    TI, INITSV2     ;等待 1 字节发完(TI=1)
        DJNZ   R2, INITSV1     ;若 80 位未发完,则转 INITSV1
        CLR    TI              ;若已发完,则复位 TI
        CPL    P1              ;M、CL1 取反(CL1 在上升沿时无作用)
        RETI
```

**应当注意**：锁存信号 CL1 下降沿的作用是使 CL1 与 M 同步变化,每两次中断更新一次数据。也就是说：M 是 20ms 翻转一次,CL1 虽然也是 20ms 翻转一次,但 CL1 在上升沿时是无效的,实际上它是 40ms 才翻转一次。

(2) MCS-51 对 LCD 的动态驱动接口。

MC145000 和 MC145001 是较为常用的一种专用 LCD 动态交流驱动芯片,MC145000 是主驱动器,MC145001 是从驱动器,主从驱动器均采用串行数据输入。主驱动器可以驱动 48 个显示字段或点阵,每增加一片从驱动器可以增加 44 个显示字段或点阵。驱动方式可以采用 1/4 占空系数的 1/3 偏压法。图 7-39 为采用一片 MC145000 和一片 MC145001 组成的 LCD 主从式动态交流驱动接口电路。

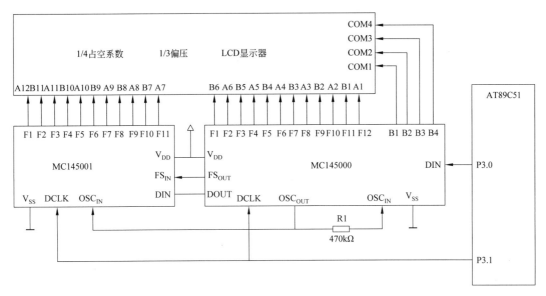

图 7-39　AT89C51 动态驱动 LCD 的接口

图中,MC145000 的 B1～B4 端是背极驱动端,它们和 LCD 显示器背电极 COM1～COM4 相接。MC145000 的 F1～F12 端和 MC145001 的 F1～F11 端是正面电极驱动端,分别和 LCD 显示器的 A1～A12 和 B1～B11 对应相连(见图 7-39)。对于七段字符的 LCD 显示器,COM1 应接所有字符的 a 和 f 字段的背电极;COM2 接所有字符的 b 和 g 字段背极;COM3 接所有字符的 e 和 c 字段背极;COM4 接所有字符的 d 和 dp 字段背极。MC145000 和 MC145001 的 F1 接 d、e、f 和 g 的正面电极而组成列;F2 接 a、b、c 和 dp 的正面电极也组成列;其他正面电极的连接如图所示。DIN 是串行数据输入端:当其上的串行数据有效时,DCLK 上一个移位脉冲的负跳变就可以把数据移入它们的内部移位寄存器的最高序号位,即 MC145000 的第 48 位,并使移位寄存器中原来的数据向低序号位移动一位。MC145000 的最低序号位移入 MC145001 的最高序号位。串行数据由单片机 P3.0 送来,首先送来的应是 MC145001 的第 1(最高)位数据,最后送来的是 MC145000 的第 48(最低)位数据。数据 1 使相应字段点亮;数据 0 使相应字段熄灭。MC145000 内部显示寄存器各位与显示矩阵间的对应关系如表 7-9 所示;MC145001 与 MC145000 的区别只是少了 F12 端所对应的一列,其他对应关系完全相同。

表 7-9　MC145000 内部显示寄存器各位与显示矩阵的对应关系

|  | F1 | F2 | F3 | F4 | F5 | F6 | F7 | F8 | F9 | F10 | F11 | F12 |
|---|---|---|---|---|---|---|---|---|---|---|---|---|
| B1 | 4 | 8 | 12 | 16 | 20 | 24 | 28 | 32 | 36 | 40 | 44 | 48 |
| B2 | 3 | 7 | 11 | 15 | 19 | 23 | 27 | 31 | 35 | 39 | 43 | 47 |
| B3 | 2 | 6 | 10 | 14 | 18 | 22 | 26 | 30 | 34 | 38 | 42 | 46 |
| B4 | 1 | 5 | 9 | 13 | 17 | 21 | 25 | 29 | 33 | 37 | 41 | 45 |

MC145000 带有系统时钟电路,在 $OSC_{IN}$ 和 $OSC_{OUT}$ 之间接一个电阻可以产生 LCD

显示所需要的时钟信号。这个时钟信号由 OSC$_{OUT}$ 端输出,接到主片 MC145000 和各从片 MC145001 的 OSC$_{IN}$ 端。时钟频率由谐振电路的电阻大小决定,电阻越大频率越低。使用 470kΩ 的电阻时,时钟频率约为 50Hz。时钟信号经 256 分频后用作显示时钟,其作用与静态时的方波信号一样,用于控制驱动器输出电平的等级和极性。另外,这个时钟还用作动态扫描的定时信号,每个周期扫描 4 个背电极中的一个。由于背电极的驱动信号只由主驱动器 MC145000 产生,所以主、从驱动器必须同步工作。同步信号由主驱动器的帧同步输出端 FS$_{OUT}$ 输出,被送到从驱动器帧同步输入端 FS$_{IN}$。每扫完一个周期,主驱动器就会在 FS$_{OUT}$ 端发送一个帧同步信号,以便能及时更新显示寄存器中内容。显示子程序如下:

```
            ORG    0060H
DISPLYD     DS     12              ;预留 12B 用作显示缓冲区
            ORG    1000H
DISPLAY：MOV    R0 ,♯DISPLYD    ;R0 指向显示缓冲区始址
            MOV    R2 , ♯12         ;显示缓冲区长度送 R2
DISPLY1：MOV    A , @R0          ;取一个显示数据
            INC    R0              ;显示缓冲区指针加 1
            MOV    R7,♯08H
DISPLY2：CLR    P3.1            ;令时钟端为低电平
            RLC    A               ;A 中最高位移入 Cy
            MOV    P3.0 , C        ;送 P3.0 输出
            SETB   P3.1            ;置时钟端为高电平
            DJNZ   R7 ,DISPLY2     ;1 字节未送完,则转 DISPLY2
            CLR    P3.1            ;令时钟端为低电平
            DJNZ   R2 , DISPLY1    ;若所有字节未送完,则循环
            RET
```

应当注意:作者的良苦用心是要为读者打下坚实基础,以便学好、用好 LCD 显示器。其实,读者并不需要过多过细弄清 LCD 内部硬件电路的细枝末节,因为现代 LCD 显示器件已将 LCD 显示屏及其驱动电路封装一体。

### 7.6.2 点阵式 LCD 液晶显示器

字段式 LCD 显示器只能显示数字和少量字符,其使用范围也受到一定限制。点阵式液晶显示器可以通过液晶点阵的组合来显示大量字符、曲线和图形,显示信息量很大。点阵式 LCD 通常分为字符显示器和图形显示器两类,前者用于显示字符,后者主要用来显示曲线和图形。为了弄清这类 LCD 显示器的原理和掌握它们的使用方法,现从 DMC24138 液晶显示模块入手加以介绍。由于篇幅所限,点阵式图形 LCD 显示器就不再讨论了。

#### 1. DMC24138 液晶显示模块

DMC24138 是日本 DMC 系列产品中的一种,可以在一行上显示 24 个 5×11 点阵字符。DMC24138 把 LCD 显示器、点阵驱动器和控制器等芯片集装在同一块双面印刷电路板上,使用起来也十分方便。

（1）DMC24138 的内部结构。

DMC24138 的内部结构如图 7-40 所示,它是由点阵液晶显示器 FRD7168、点阵驱动器 HD44100 和控制器 HD44780 三块集成电路芯片构成。点阵液晶显示器 FRD7168 是一个 11 分割的 11 行 120 列的点阵液晶显示器,故可在一行上显示 24 个 5×11 的点阵字符;点阵驱动器 HD44100 是一个能和 HD44780 配套使用的 40 列扩充交流扫描驱动器,可以接收控制器 HD44780 送来的 CL1(锁存时钟)、CL2(移位时钟)、M(同步时钟)和 D (串行数据)信号,并产生 11 分割的 40 列驱动信号(见图 7-37)。因此,两块 HD44100 和 HD44780 共可为 FRD7168 提供 120 列驱动信号,结合 HD44780 的 11 路行驱动器,以满足 FRD7168 在一行上显示 24 个 5×11 点阵字符的要求。

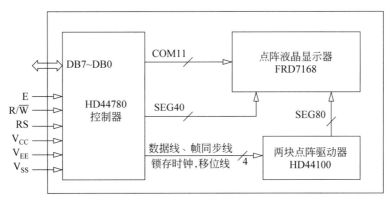

图 7-40　DMC24138 的内部结构框图

HD44780 是 DMC24138 模块的核心部件,也是 DMC24138 模块和单片机相连的控制中枢,故弄清 HD44780 的内部结构和原理是正确使用 DMC24138 的关键,对学好、用好 LCD 显示器至关重要。HD44780 内部结构如图 7-41 所示。

HD44780 是日本日立公司生产的 LCD 显示器的专用控制芯片,也是日本主流产品 DMC 系列中各类字符型液晶显示模块的核心构件。HD44780 除片内具有驱动 16×40 点阵液晶像素能力外,它还可以通过像 HD44100 这样的外接驱动器把 LCD 的列向路数再扩 360 列。因此,HD44780 最多可以驱动 80 个 5×11 点阵字符的 LCD 显示器工作。

在图 7-41 中,I/O 缓冲器用于接收单片机通过 E、R/$\overline{\text{W}}$ 和 RS 等引脚上送来的控制命令,实现单片机和 HD44780 间指令、数据和状态信息的传送。时序发生器电路通过 OSC1 和 OSC2 引脚可以产生 125～350kHz 的系统时钟以及 HD44100 所需要的 CL1、CL2 和 M 信号,其输出经 16 位移位寄存器和行驱动器产生背极所需的 16 行交流驱动信号,通过 COM16～COM1 馈送给 LCD 显示器。CGRAM 和 CGROM 中存放字符的字模数据,经并/串数据转换电路、40 位移位寄存器、40 位锁存器和段信号驱动器产生片内 40 列交流扫描驱动信号,通过 SEG40～SEG1 馈送给 FRD7168(见图 7-40),D 端用于串行传送外扩 HD44100 所需的字模信号。光标闪烁控制电路用于在显示屏上产生光标以及控制光标和字符的闪烁效果,光标以底线形式在字符位第 8 行上显示。光标是否显示以及光标和字符是否闪烁,均可由用户通过给 HD44780 送一条显示控制指令来设定,显

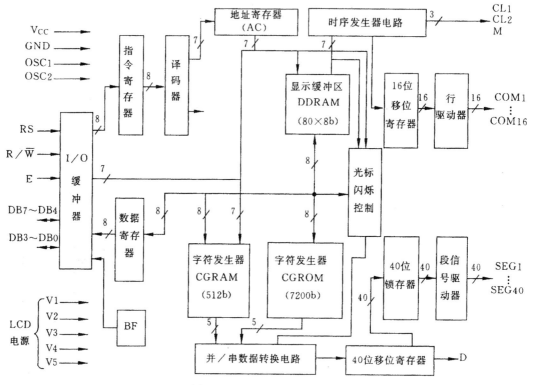

图 7-41 HD44780 原理框图

示控制指令是 HD44780 专用指令系统中的一条。指令寄存器共有 8 位,用于存放 CPU 送来的指令码,可以是 8 条指令(见表 7-11)中的任何一条。指令码经译码后控制 7 位地址寄存器工作。地址寄存器 AC 中地址用于对 DDRAM 或 CGRAM 寻址。也就是说,单片机对 DDRAM 和 CGRAM 中哪个存储单元读/写,其地址是由地址寄存器 AC 提供的。地址寄存器 AC 一方面允许用户对它装入一个新的地址,另一方面还可通过指令设定它具有加 1/减 1 功能。若 AC 设定为加 1 功能,则用户只要给地址寄存器送一个 DDRAM 或 CGRAM 的起始地址,就能对其后的连续单元进行读/写;AC 设定为减 1 功能时的情况和加 1 功能类似。BF 称为“忙标志”位,是 HD44780 向 CPU 提供的唯一状态位,用户可以通过对 HD44780 的一条“读 BF 和 AC 值”指令来读取。若读得的 BF=0,则表示 HD44780 处于准备好状态,允许 CPU 对它进行读/写操作;若 BF=1,则它处于“忙”状态,禁止 CPU 对它进行其他操作。因此,单片机在对 HD44780 进行操作前必须先读取 BF 状态,以判断 HD44780 是否处于“忙”状态。

CGRAM(Character Generator RAM)的容量是 64B,地址范围为 00H～3FH,用来存放自编字符(例如汉字)的字模数据。每个自编字符都是通过它的字模数据完成其字形显示的:表 7-10 列出了 5×8 点阵的“月”和“日”字的字模数据,其中“月”字的字模数据是 0FH、09H、0FH、09H、0FH、09H、13H 和 00H;“日”字的字模数据是 0FH、09H、09H、0FH、09H、09H、0FH 和 00H。因此,CGRAM 的 00H～3FH 单元最多只能存放 8 个 5×8(或 4 个 5×11)点阵的自编字符的字模数据。每个自编字符必须赋予一个特定的字符代码,自编字符的字符代码共有 6 位二进制,高三位为 000B,低三位为 C2C1C0,即 00H～07H(或 08H～0FH)。每个自编字符的字符代码对应于一组字模数据,分别存放在 CGRAM 中的 8 个连续单元,其地址由该字符代码的低三位 C2C1C0 和行计数器 R2R1R0 拼装而成,如表 7-10 所示。表中,由于"月"的字模数据存在 CGRAM 的 00H～07H 以及"日"字的字模数据存放在 08H～0FH 中,因此"月"字的字符代码是 00H 和"日"字的字符代码为 01H。总之,自编字符的定义过程为:首先确定每个自编字符的字模数据,然后给每个自编字符赋一个字符代码,最后根据每个自编字符的字符代码中的低三位把所有字符的字模数据存储到 CGRAM 中相应单元。

表 7-10　"月"和"日"的字模数据与它们的 CGRAM 地址

| CGRAM 地址 | CGRAM 单元值 | 字模数据 | CGRAM 地址 | CGRAM 单元值 | 字模数据 |
|---|---|---|---|---|---|
| C2 C1 C0 R2 R1 R0 | D7 D6 D5 D4 D3 D2 D1 D0 | (H) | C2 C1 C0 R2 R1 R0 | D7 D6 D5 D4 D3 D2 D1 D0 | (H) |
| 0 0 0 0 0 0 | 0 1 1 1 1 | 0F | 0 0 1 0 0 0 | 0 1 1 1 1 | 0F |
| 0 0 0 0 0 1 | 0 1 0 0 1 | 09 | 0 0 1 0 0 1 | 0 1 0 0 1 | 09 |
| 0 0 0 0 1 0 | 0 1 1 1 1 | 0F | 0 0 1 0 1 0 | 0 1 0 0 1 | 09 |
| 0 0 0 0 1 1 | 0 1 0 0 1 | 09 | 0 0 1 0 1 1 | 0 1 1 1 1 | 0F |
| 0 0 0 1 0 0 | 0 1 1 1 1 | 0F | 0 0 1 1 0 0 | 0 1 0 0 1 | 09 |
| 0 0 0 1 0 1 | 0 1 0 0 1 | 09 | 0 0 1 1 0 1 | 0 1 0 0 1 | 09 |
| 0 0 0 1 1 0 | 1 0 0 1 1 | 13 | 0 0 1 1 1 0 | 0 1 1 1 1 | 0F |
| 0 0 0 1 1 1 | 0 0 0 0 0 | 00 | 0 0 1 1 1 1 | 0 0 0 0 0 | 00 |

字符发生器 CGROM(Character Generator ROM)又称为"字符的字模库",用于存放 160 种 5×7 点阵字符和 32 种 5×10 点阵字符的字模数据,故它的存储容量为 160×5×7+32×5×10＝7200(bit)。CGROM 中的 192 种字符的字模数据是在芯片出厂前就固化进去的,用户可以选用但不能对它修改。和 CGRAM 类同,CGROM 中的 192 种字符也有各自的字符代码,字符和它的字符代码间的关系如附录 D 所示。在附录 D 中,00H～0FH 是预留给 CGRAM 所用,作为自编字符的字符代码区;10H～FFH 为 CGROM 所用,作为 CGROM 字模库中字符的字符代码区。例如,00H 分给了"月"字,作为"月"字的字符代码(见表 7-10);01H 分给了"日"字,作为"日"字的字符代码(见表 7-10);1 的字符代码为 31H,2 的字符代码为 32H,A 的字符代码为 41H,等等。CGROM 不能被 MCS-51 访问,但用户可以把被显字符的字符代码通过程序送入 DDRAM。

DDRAM 称为显示缓冲区(器),共 80 个 RAM 单元,用于存放当前被显字符的字符代码,该字符代码可以是 CGROM 中的字符代码,也可以是 CGRAM 中的自编字符的字符代码。用户只要把被显字符的字符代码通过指令写入 DDRAM,HD44780 便会自动根据该字符代码和行计数器拼装成 CGRAM/CGROM 地址,并根据该地址读出相应字符的字模数据,送到列驱动器就可在 LCD 屏幕的相应位置上加以显示。但是,DDRAM 的地址是由地址寄存器 AC 提供的,因此 CPU 对 DDRAM 读/写时必须分两步进行。第一步是先给 HD44780 送一条"DDRAM 地址设置指令",以确定 AC 初值;第二步才是针对 AC 中内容为地址的 DDRAM 连续读/写。连续读/写方式有 AC 自动加 1 读/写和 AC 自动减 1 读/写两种,这可以由系统初始化时送给 HD44780 的一条

"输入方式设置"指令来确定。DDRAM 中的每个单元都对应着显示屏上的特定位置，即使是所选显示屏没有这么大，但对应关系依然存在。DDRAM 地址单元和显示屏显示位置间的对应关系如下：

一行显示

| 显示位置 | 1 | 2 | 3 | 4 | 5 | 6 | 7 | 8 | … | 74 | 75 | 76 | 77 | 78 | 79 | 80 |
|---|---|---|---|---|---|---|---|---|---|---|---|---|---|---|---|---|
| DDRAM 地址 | 00 | 01 | 02 | 03 | 04 | 05 | 06 | 07 | … | 49 | 4A | 4B | 4C | 4D | 4E | 4F |

二行显示

| 显示位置 | 1 | 2 | 3 | 4 | 5 | 6 | 7 | 8 | … | 34 | 35 | 36 | 37 | 38 | 39 | 40 |
|---|---|---|---|---|---|---|---|---|---|---|---|---|---|---|---|---|
| 第一行 | 00 | 01 | 02 | 03 | 04 | 05 | 06 | 07 | … | 21 | 22 | 23 | 24 | 25 | 26 | 27 |
| 第二行 | 40 | 41 | 42 | 43 | 44 | 45 | 46 | 47 | … | 61 | 62 | 63 | 64 | 65 | 66 | 67 |

四行显示

| 显示位置 | 1 | 2 | 3 | 4 | 5 | 6 | 7 | 8 | … | 14 | 15 | 16 | 17 | 18 | 19 | 20 |
|---|---|---|---|---|---|---|---|---|---|---|---|---|---|---|---|---|
| 第一行 | 00 | 01 | 02 | 03 | 04 | 05 | 06 | 07 | … | 0D | 0E | 0F | 10 | 11 | 12 | 13 |
| 第二行 | 40 | 41 | 42 | 43 | 44 | 45 | 46 | 47 | … | 4D | 4E | 4F | 50 | 51 | 52 | 53 |
| 第三行 | 14 | 15 | 16 | 17 | 18 | 19 | 1A | 1B | … | 21 | 22 | 23 | 24 | 25 | 26 | 27 |
| 第四行 | 54 | 55 | 56 | 56 | 58 | 59 | 5A | 5B | … | 61 | 62 | 63 | 64 | 65 | 66 | 67 |

DDRAM 的上述地址分配以及它和显示屏位置间的对应关系是在设计 HD44780 时规定的，使用时应十分注意。

HD44780 是针对 DMC 类液晶显示模块而设计的，它可以满足 DMC 系列中各种显示模块的要求。但对这个系列里的某个具体 LCD 显示器，情况就不相同了。例如，对于 DMC24138，因为它其实只用到 COM16～COM1 中的 11 条行驱动线，并且只与 2 块 HD44100 驱动器联机工作，故它只能在一行上驱动和显示 24 个 $5 \times 11$ 的点阵字符。这就是说：DDRAM 的地址范围虽然是 00H～4FH，但 DMC24138 只能用到它其中的一部分地址（即 00H～17H），其余的地址范围是不能使用的。

HD44780 的 I/O 缓冲器控制电路用于接收单片机通过 E、R/$\overline{W}$ 和 RS 等引脚上送来的控制命令，实现对 DMC24138 的控制。各引脚的功能如下。

① E：称为"片选线输入线"，高电平有效。若 E=0，则本片不被选中；若 E=1，则本片被选中。

② R/$\overline{W}$：称为"读/写输入线"。若 R/$\overline{W}$=0，则允许用户对本模块进行写入操作；若 R/$\overline{W}$=1，则本模块处于读状态。

③ RS：称为"数据/指令控制线"。若 RS=0，则数据总线 DB7～DB0 上传送的是指令；若 RS=1，则指示 DB7～DB0 上传送的是数据。

④ DB7～DB0：称为"数据总线"，用于传送指令、数据、地址和状态信息，共 8 条。

HD44780 可以有 8 位数据和 4 位数据两种数据传送方式。在 4 位数据传送方式下，DB7～DB4 作为数据总线，DB3～DB0 空着不用。HD44780 的 4 位数据传送方式主要用于和 4 位单片机兼容，本书仅对 8 位数据传送方式进行介绍。

(2) DMC24138 的指令系统。

HD44780 有它专用的指令系统，用于控制 DMC24138 工作。HD44780 共有 8 条指令，指令功能如表 7-11 所示。

表 7-11　HD44780 指令系统表

| 指令名称 | 控制信号 | | 指令代码 | | | | | | | | 功　　能 |
| --- | --- | --- | --- | --- | --- | --- | --- | --- | --- | --- | --- |
| | RS | R/$\overline{\text{W}}$ | D7 | D6 | D5 | D4 | D3 | D2 | D1 | D0 | |
| 清屏 | 0 | 0 | 0 | 0 | 0 | 0 | 0 | 0 | 0 | 1 | 送空码到 DDRAM，AC＝0 |
| 归位 | 0 | 0 | 0 | 0 | 0 | 0 | 0 | 0 | 1 | × | AC＝0，光标和显示回原点 |
| 输入方式 | 0 | 0 | 0 | 0 | 0 | 0 | 0 | 1 | I/D | S | 设置光标/画面移动方向 |
| 显示控制 | 0 | 0 | 0 | 0 | 0 | 0 | 1 | D | C | B | 对画面和光标进行闪烁控制 |
| 光标/画面移位 | 0 | 0 | 0 | 0 | 0 | 1 | S/C | R/L | × | × | 移动光标/显示画面一个字符位 |
| 功能设置 | 0 | 0 | 0 | 0 | 1 | DL | N | F | × | × | 设置位长、显示行数和字符点阵 |
| CGRAM 地址设置 | 0 | 0 | 0 | 1 | A5 | A4 | A3 | A2 | A1 | A0 | 给 AC 写入 CGRAM 6 位地址 |
| DDRAM 地址设置 | 0 | 0 | 1 | A6 | A5 | A4 | A3 | A2 | A1 | A0 | 给 AC 写入 DDRAM 7 位地址 |
| 读 BF 和 AC | 0 | 1 | BF | A6 | A5 | A4 | A3 | A2 | A1 | A0 | 读 BF 和 AC 值 |
| 写数据 | 1 | 0 | | | | 数　据 | | | | | 写数据到 DDRAM 或 CGRAM |
| 读数据 | 1 | 1 | | | | 数　据 | | | | | 从 DDRAM 或 CGRAM 读数据 |

注：×表示任意。

① 清屏指令(指令码为 01H)。

本指令按指令口地址(RS＝0)被写入 HD44780 的指令寄存器以后，DDRAM 的 80 个单元会全部写成空码 20H，地址计数器 AC 清零，光标和闪烁位置均返回原点 00H 处显示，但 DDRAM 中内容不变。

② 归位指令(指令码为 02H)。

用户按本指令口地址(RS＝0)送给 HD44780 指令寄存器后，AC 被清零，显示画面、光标或闪烁位置均返回原点 00H 显示，但 DDRAM 中的内容不变。

③ 输入方式指令(指令码为 0000 01 I/D S)。

本指令可以设定用户读/写 DDRAM 和 CGRAM 的工作方式以及确定输入字符时显示画面和光标的变化效果。指令所带 I/D 和 S 参数的含义如下。

I/D：称为"AC/光标的方向控制位"，用于设定用户每次对 DDRAM 或 CGRAM 读/写后 AC 中地址的变化方向。

若 I/D＝0，则每次读/写后 AC 自动加 1，光标右移一位。

若 I/D＝1，则每次读/写后 AC 自动减 1，光标左移一位。

S：称为"画面控制位"，用来设定用户每次对 DDRAM 或 CGRAM 写入数据后显示画面是否向左或向右移动一位。

若 S＝0,则显示画面移位无效;若 S＝1,则显示画面左移/右移由 I/D 控制。

设用户按 0、1、2 顺序给 DMC24138 输入数据,则几种常用输入方式下显示屏的显示效果如表 7-12 所示。

表 7-12　几种常用输入方式下的屏幕显示效果

| 输入方式代码 | 显 示 位 置 | | | | | | | | 显 示 效 果 |
|---|---|---|---|---|---|---|---|---|---|
| | 7 | 8 | 9 | 10 | 11 | 12 | 13 | 14 | |
| 04H<br>(S＝0,I/D＝0) | | | | — | | | | | 显示画面不动<br>(光标右移) |
| | | | | 0 | — | | | | |
| | | | | 0 | 1 | — | | | |
| | | | | 0 | 1 | 2 | — | | |
| 05H<br>(S＝1,I/D＝0) | | | | | — | | | | 显示画面右移<br>(光标不动) |
| | | | | | — | 0 | | | |
| | | | | | — | 1 | 0 | | |
| | | | | | — | 2 | 1 | 0 | |
| 06H<br>(S＝0,I/D＝1) | | | | — | | | | | 显示画面不动<br>(光标左移) |
| | | | — | 0 | | | | | |
| | | — | 1 | 0 | | | | | |
| | — | 2 | 1 | 0 | | | | | |
| 07H<br>(S＝1,I/D＝1) | | | | — | | | | | 光标不动,显示画面左移<br>(计算器输入数据时的显示效果) |
| | | | 0 | — | | | | | |
| | | 0 | 1 | — | | | | | |
| | 0 | 1 | 2 | — | | | | | |

④ 显示控制指令(指令码为 0000 1 D C B)。

本指令用于控制画面是否显示以及光标和闪烁的开启或关闭。指令的三个参数含义如下。

D:显示开关。若 D＝0,则显示关闭;若 D＝1,则显示开启,立即显示 DDRAM 中的数据。

C:光标开关。若 C＝0,则光标消失;若 D＝1,则光标出现。光标显示于第 8 行底线上。

B:闪烁开关。若 B＝0,则光标或字符闪烁;若 B＝1,则闪烁被关闭。

B,C,D 参数对显示状态的关系如表 7-13 所示。

表 7-13　B、C、D 参数对显示状态的关系表

| 指 令 代 码 | 参 数 位 | | | 功 能 |
|---|---|---|---|---|
| | D | C | B | |
| 08H | 0 | 0 | 0 | 关显示 |
| 0CH | 1 | 0 | 0 | 开显示,不显示光标 |
| 0DH | 1 | 0 | 1 | 开显示,闪烁画面 |
| 0EH | 1 | 1 | 0 | 开显示,显示光标 |
| 0FH | 1 | 1 | 1 | 开显示,显示光标,闪烁画面 |

光标位置由 AC 中地址确定,并随 AC 中地址的变化而移动,当 AC 值超出屏幕范围时,光标在显示屏上消失。

⑤ 光标或画面移位指令(指令码为 0001 S/C R/L 00)。

本指令通过程序被送入 HD44780 中指令寄存器后,可使光标或画面左移/右移一个字符位。指令的两个参数含义如下。

S/C:移位对象选择位。若 S/C＝0,则为光标移位;若 S/C＝1,则为画面移位。

R/L:移位方向选择位。若 R/L＝0,则为左移;若 R/L＝1,则为右移。

当仅有画面移位而无光标出现时,AC 中值不被修改;当光标存在时,光标移位和画面移位都会引起光标移位,AC 中内容也会被修改。

本指令和输入方式指令都会引起光标移位或画面移位。前者执行后会立即产生移位效果;后者只是完成某种设置,其移位效果要等到数据被写入 DDRAM 后才会出现。

⑥ 功能设置指令(指令码为 001 DL N F 00)。

本指令是 HD44780 的一条方式设置指令,通常在 DMC24138 初始化时使用。指令的参数含义如下。

DL:数据总线位长设置位。若 DL＝0,则 DB 总线位长为 4 位(DB7～DB4 有效,DB3～DB0 无效);若 DL＝1,则 DB 总线位长为 8 位。在 DL＝0 方式下,8 位指令码和数据均需分两次传输,顺序是高 4 位在前和低 4 位在后。

N:显示行数设置位。若 N＝0,则字符显示为一行;若 N＝1,则字符显示为两行。

F:字符点阵设置位。若 F＝0,则字符点阵为 5×7;若 F＝1,则字符点阵为 5×10。

N 与 F 设置的组合规定了 HD44780 的驱动占空比,其 N 与 F 同显示占空比系数的关系如表 7-14 所示。

表 7-14　N 与 F 参数和显示占空比的关系

| N  F | 显示字符行数 | 字体形式 | 占 空 比 | 备 注 |
|---|---|---|---|---|
| 0  0 | 1 | 5×7 | 1/8 | |
| 0  1 | 1 | 5×10 | 1/11 | |
| 1  0 | 2 | 5×7 | 1/16 | 仅 5×7 字体 |

为使 DMC24138 工作可靠,建议用户在系统开启后先对 HD44780 进行软件初始化。初始化流程如图 7-42 所示。

⑦ CGRAM 地址设置指令(指令码为 01A5A4A3A2A1A0)。

本指令可把 6 位 CGRAM 地址码(00H～3FH)写入 AC,使 AC 指向 CGRAM 中欲读/写单元,以便随后而来的读/写操作可以对 CGRAM 进行。

⑧ DDRAM 地址设置指令(指令码为 1A6A5A4A3A2A1A0)。

本指令用于把 DDRAM 的 7 位地址写入地址计数器 AC,使 AC 指向 DDRAM 单元,以便随后而来的读/写操作对 DDRAM 进行。DDRAM 的地址范围如下。

N＝0(1 行字符行):00H～4FH。

N＝2(2 行字符行):00H～27H。

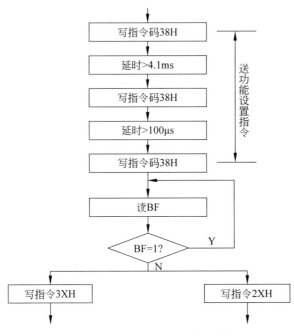

图 7-42　DMC24138 初始化流程图

40H～67H

⑨ 读 BF 和 AC 操作(RS＝0 和 R/$\overline{\text{W}}$＝1)。

单片机对 DMC24138 指令口(RS＝0,R/$\overline{\text{W}}$＝1)进行一次读操作,便可读得 BF 和 AC 中内容。格式为

| DB7 | DB6 | DB5 | DB4 | DB3 | DB2 | DB1 | DB0 |
|-----|-----|-----|-----|-----|-----|-----|-----|
| BF | A6 | A5 | A4 | A3 | A2 | A1 | A0 |

读得的 AC 中内容可能是 DDRAM 地址,也可能是 CGRAM 地址,这取决于最新写入 AC 中的地址。

⑩ 写 DDRAM/CGRAM 数据(RS＝1 和 R/$\overline{\text{W}}$＝0)。

MCS-51 写数据到 DDRAM/CGRAM 是通过 DMC24138 数据口(RS＝1)进行的。数据写到 DDRAM 还是 CGRAM 要看写之前 AC 中地址是指向 DDRAM 还是 CGRAM。因此,CPU 在连续读/写数据前,必须先送两条准备指令:第一条是输入方式指令,用于设定 AC 中地址的变化方向;第二条是 DDRAM/CGRAM 的地址设置指令,以确定 AC 指向 DDRAM 还是指向 CGRAM。

⑪ 读 DDRAM/CGRAM 数据(RS＝1 和 R/$\overline{\text{W}}$＝1)。

单片机连续对 DMC24138 的数据口(RS＝1)进行读操作,便可读出 DDRAM/CGRAM 中连续单元中内容,但究竟对 DDRAM 还是 CGRAM 进行读操作也是由 AC 中地址的指向确定的。因此,CPU 在读数据以前,也必须给 DMC24138 送输入方式指令和 DDRAM/CGRAM 地址设置指令,以确定 AC 地址的变化方向和 AC 地址的指向。

（3）MCS-51 对 DMC24138 的接口。

DMC24138 点阵式液晶显示模块专门为微处理器而设计，使用非常方便。DMC24138 利用片选信号 E 的上升沿锁存 RS 线上信号，以确定 DB7～DB0 上传送的是指令还是数据；利用片选信号 E 的下降沿采样 R/$\overline{\text{W}}$ 上电平，以确定它处于读状态还是写状态。

MCS-51 对 DMC24138 的接口有直接访问和间接控制两种接口，如图 7-43 所示。直接访问方式是把 DMC24138 作为存储器或 I/O 设备直接挂接在 MCS-51 的总线上。在直接访问方式下，DMC24138 应采用 8 位数据传送形式，数据端 DB7～DB0 直接与 MCS-51 的数据线连接，RS 和 R/$\overline{\text{W}}$ 引脚由 MCS-51 的地址线控制，E 线上的信号由 MCS-51 的 $\overline{\text{RD}}$ 和 $\overline{\text{WR}}$ 经与非门后提供，以满足 HD44780 所需的接口时序，如图 7-43（a）所示。这种控制方式的优点是不占用 MCS-51 的并行接口，并且可以采用 MOVX 指令来实现对 DMC24138 的控制。间接控制方式是把 DMC24138 作为终端连接在 MCS-51 的并行接口上，MCS-51 便可通过并行口间接实现对 DMC24138 的控制，如图 7-43（b）所示。这种接口方式的缺点是需要占用 MCS-51 的并行 I/O 口，编写程序时也有些麻烦。

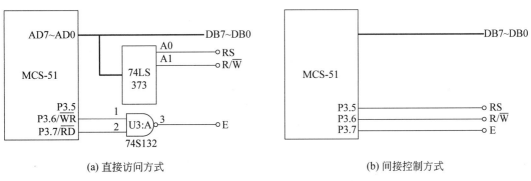

(a) 直接访问方式　　　　　　　　　　　　　(b) 间接控制方式

图 7-43　MCS-51 对 DMC24138 的接口

### 2. 字符型 LCD 显示器的结构和原理

随着 VLSI(Very Large Scale Integration) 的发展和 LCD 技术的进步，人们逐渐开始把 HD44780、HD44100 和 FRD7168 三种不同类型的芯片集成一体，这就是现代字符型 LCD 显示器。

字符型 LCD 显示器种类颇多，美国 EPSON 公司的部分 LCD 显示器的外部尺寸如表 7-15 所示。

表 7-15　EPSON 公司的部分 LCD 显示器的外部尺寸

| 名　称 | 字符数目 | 视觉范围/cm | 字符点阵 | 字符尺寸/cm | 点阵尺寸/cm | 速率/cm |
|---|---|---|---|---|---|---|
| EA-D16015 | 16×1 | 64.5×13.8 | 5×7 | 3.07×6.56 | 0.55×0.75 | 1/16 |
| EA-D16025 | 16×2 | 61.0×15.8 | 5×7 | 2.96×5.56 | 0.56×0.66 | 1/16 |
| EA-D20025 | 20×2 | 83.0×18.6 | 5×7 | 3.20×5.55 | 0.60×0.65 | 1/16 |

| 名 称 | 字符数目 | 视觉范围/cm | 字符点阵 | 字符尺寸/cm | 点阵尺寸/cm | 速率/cm |
|---|---|---|---|---|---|---|
| EA-D20040 | 20×4 | 76.0×25.2 | 5×7 | 3.01×4.48 | 0.57×0.57 | 1/16 |
| EA-D24016 | 24×1 | 100.0×13.8 | 5×10 | 3.15×8.70 | 0.55×0.70 | 1/11 |
| EA-D40016 | 40×1 | 154.4×15.8 | 5×10 | 3.15×8.70 | 0.55×0.70 | 1/11 |
| EA-D40025 | 40×2 | 154.4×15.8 | 5×7 | 3.20×5.55 | 0.60×0.65 | 1/16 |

日本的产品有 H2570(16×1)、H2571(32×1)、H2572(40×1)、LM015(16×1)、LM016(16×2)、LM017(32×2)、LM018(40×2)、LM032(20×2)和 LM041(16×4)等；国产的有 LCD0802(8×2)、LCD1601(16×1)、LCD1602(16×2)、LCD1604(16×4)、LCD2002(20×2)和 LCD2004(20×4)等。无论哪家产品,字符型 LCD 显示器内部结构和使用方法大同小异。例如,EPSON 公司的 LCD 显示器内部的控制器是 SEG1278,但它的作用相当于 HD44780;其余 LCD 内部所用控制器几乎毫无例外都是采用日立公司的 HD44780。现以 LM027 和 LM041 为例来加以介绍。

(1) LM027 字符式液晶显示器。

LM027 字符式液晶显示器由点阵式液晶显示面板、HD44780 控制器和两块列驱动器 HD44100 等电路组成,如图 7-44(a)所示。HD44780 控制器本身不仅可以进行显示模板的时序控制,而且也能驱动一个 11 行 40 列的显示点阵;2 个列驱动器 HD44100 可以提供 80 列的驱动能力。这样,LM027 共可驱动 120×11 的显示点阵工作。若每个字符的显示点阵为 5×7(或 5×10),则共可在一行上显示 120÷5=24 个字符,第 8 行或第 11 行上的点用来显示光标。LM027 字符式液晶显示器的引脚排列及外型如图 7-44(b)所示,各引脚功能如下。

Vss:引脚 1,地线。

$V_{DD}$:引脚 2,+5V 电源输入线,允许的电压范围为 5±0.25V。

$V_O$:引脚 3,液晶显示面板亮度调节线。$V_O$ 通常接到 10~20kΩ 电位计的中间抽头,起到调节显示亮度的作用。LCD 的驱动电压为 $V_{DD}-V_O$。

RS:引脚 4,指令/数据选择线。若 RS=0,则选通指令寄存器工作,用来传送 MCS-51 送来的指令码;若 RS=1,则选通数据寄存器工作,用来传送数据。

R/$\overline{W}$:引脚 5,读/写信号选择线。若 R/$\overline{W}$=0,则允许 MCS-51 对 LM027 进行写入操作;若 R/$\overline{W}$=1,则允许 MCS-51 对 LM027 进行读操作。

E:引脚 6,允许输入线,高电平有效。

DB7~DB0:引脚 7~14,数据总线。若功能设置指令设定本片为 4 位数据总线操作,则 DB7~DB4 有效;若设定为 8 位数据总线操作,则 DB7~DB0 有效。

RS、R/$\overline{W}$ 和 E 三条引脚状态的全部功能组合如表 7-16 所示。LM027 的读/写时序如图 7-45 所示。

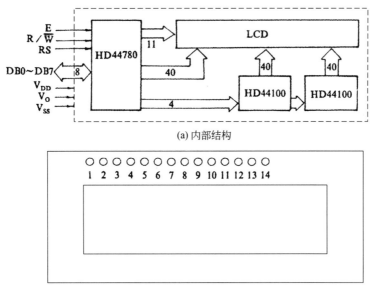

(a) 内部结构

(b) 引脚排列及尺寸

图 7-44　LM027 的内部结构及引脚排布

表 7-16　RS、R/$\overline{\text{W}}$和 E 的全部功能组合

| RS | R/$\overline{\text{W}}$ | E | 功　　能 |
|----|----|----|----|
| 0 | 0 |  ⌐\_ | 写指令代码 |
| 0 | 1 |  _⌐‾ | 读 BF 和 AC 值 |
| 1 | 0 |  ⌐\_ | 写数据 |
| 1 | 1 |  _⌐‾ | 读数据 |

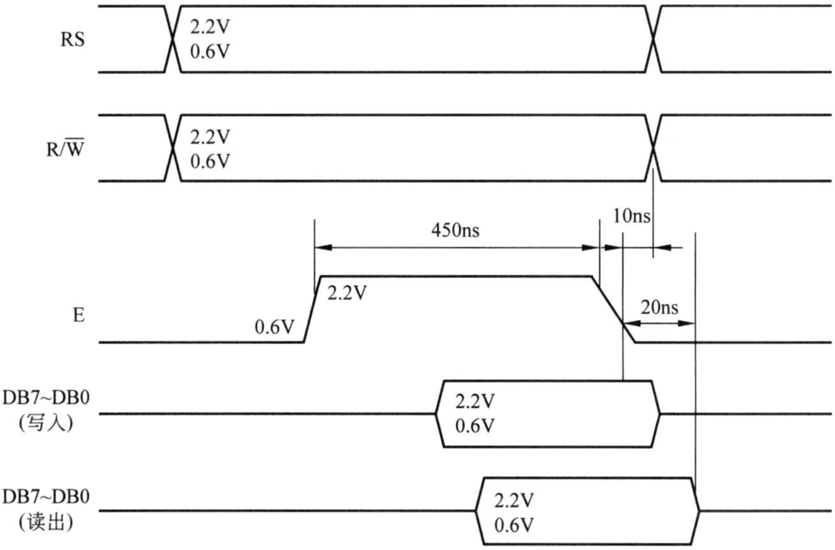

图 7-45　LM027 的读出和写入时序

显然,LM027 字符式液晶显示器(见图 7-44(a))和 DMC24138 显示模块(见图 7-40)完全一样,使用方法也没有什么不同。

(2) LM041 字符式液晶显示器。

LM041 字符式液晶显示器由点阵式液晶显示模板、HD44780 控制器和 3 块列驱动器 HD44100 等电路组成,如图 7-46 所示。HD44780 控制器完成显示面板的时序控制,同时也能驱动一个 16 行 40 列字符点阵;3 个列驱动器 HD44100 可以有 120 列点阵的驱动能力。这样,LM041 总共可驱动 80×32 的显示点阵,故可在 4 行上同时显示 80÷5＝16 字符。若每个字符为 5×7 点阵,则第 8 行或第 16 行上显示光标。若每个字符为 5×10 点阵,则 LM041 也可在 2 行上每行显示 16 个字符,光标在第 11 行或第 27 行上显示。LM041 的引脚功能和排布也与 LM027 相同(见图 7-44(b))。LM041 的指令系统、显示字符种类和数据的读/写时序也与 LM027 完全相同,在此不再赘述。LM041 的电源供给和亮度调节如图 7-47 所示。

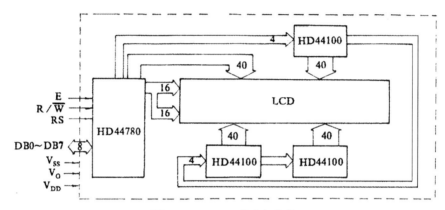

图 7-46　LM041 的内部结构

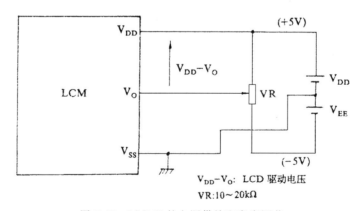

$V_{DD}-V_O$: LCD 驱动电压

VR:10~20kΩ

图 7-47　LM041 的电源供给和亮度调节

总之,现代字符式 LCD 显示器内部结构和引脚功能都是类似的,无非是片内所含显示模块的型号差别和列驱动器数量多少的差别。因此,读者只要弄清 DMC24138 的工作原理和使用方法,其他 LCD 显示器的使用也就驾轻就熟了。

### 3. 字符型 LCD 显示器的应用举例

如前所述,MCS-51 和 DMC24138 显示模块有直接访问和间接控制两种接口方式,显然这两种方式也适合 MCS-51 和所有字符式 LCD 显示器的接口。现分别举例加以说明。

[例7.11] 请根据图 7-48 编一程序(设 CPU 主频为 12MHz),显示 15s 内按动按钮开关次数。若 15s 内读者用鼠标按动按钮的次数不超过 255,则屏幕显示按钮的被按次数,并以 END 结尾;若 15s 内的按动次数超过 255,则就显示"000 OVER"。

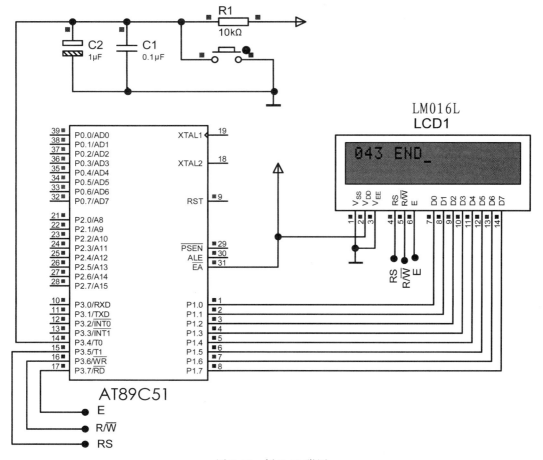

图 7-48 例 7.11 附图

**解**:由图可见,AT89C51 和 LM016L 采用了间接控制的接口方式。AT89C51 的 P1 口接 LM016L 的数据总线;P3.7、P3.6 和 P3.5 分别接 LM016L 的片选线 E、读/写输入线 R/$\overline{W}$ 和指令/数据选择线 RS。为此,读者必须在 P3.7、P3.6 和 P3.5 上程序产生 E、R/$\overline{W}$ 和 RS 所必需的时序信号,以满足 CPU 对 LM016L 的控制。

其次是定时器 T0 应工作在计数器方式 2,以记录按钮的按动次数;定时器 T1 工作在定时器方式 1,定时时间为 60ms,采用 250 次中断就能达到定时 15s 的目的。整个程序由主程序和 T0、T1 中断服务程序组成。主程序包括:T0 和 T1 的初始化;LCD 的初始化和显示程序段等。T0 中断服务程序除需要在程序中停止 T0 和 T1 的计数外,还需要使 LCD 显示"000　OVER";T1 中断服务程序除需要判断是否已到 15s 外,还需要显示按钮的按动次数(记录在 TL0 中),并在 15s 已到情况下使 LCD 显示 END。相应程序清单如下:

```
;本程序所用写命令子程序(产生 LCD 写命令所需时序)如下
        WRCMD：MOV   P3,＃1EH            ;令 RS＝R/W̄＝E＝0
              NOP
              SETB  E                    ;令 E＝1
              MOV   P1, A                ;A 中命令送 P1 口
              MOV   R6,＃00H             ;等待写完
              DJNZ  R6, $
              CLR   E                    ;令 E＝0
              RET
;本程序所用写数据子程序(产生 LCD 写数据所需时序)如下
        WRDATA：MOV  P3,＃3FH            ;令 RS＝1 且 R/W̄＝0
              NOP
              SETB  E                    ;令 E＝1
              MOV   P1, A                ;A 中数据写入 P1 口
              MOV   R6,＃00H             ;等待写完
              DJNZ  R6, $
              CLR   E                    ;令 E＝0
              RET
;其他程序清单如下
        RS    BIT   P3.5
        RW    BIT   P3.6
        E     BIT   P3.7
              ORG   0000H
              LJMP  START
              ORG   000BH
              LJMP  T0INT
              ORG   001BH
              LJMP  T1INT
        START：MOV   TMOD,＃16H          ;令 T0 为计数器方式 2
              MOV   TE,    ＃8AH         ;令 T1 为定时器方式 1
              SETB  PT0                  ;令 T0 为高优先级
              MOV   R4,    ＃250         ;R4 置初值
              MOV   TH1,   ＃21          ;定时 60ms 时间常数送 T1
              MOV   TL1,   ＃0A0H
              MOV   TH0,   ＃00H         ;计数器 T0 置初值
              MOV   TL0,   ＃00H
              SETB  TR1                  ;启动 T1 计数
              SETB  TR0                  ;启动 T0 计数
              ACALL INIT                 ;转 LCD 初始化子程序
```

```
            SJMP    $

      INIT：MOV    A，    ♯01H              ;清屏,LCD 初始化子程序
            ACALL  WRCMD
            MOV    R5，   ♯03H
INITLOOP：MOV    A，    ♯38H              ;8 位 2 行,5×7 点阵
            ACALL  WRCMD
            DJNZ   R5，   INITLOOP         ;循环 3 次
            MOV    A，    ♯06H              ;画面不动,光标左移
            ACALL  WRCMD
            MOV    A，    ♯0FH              ;开显示,光标闪
            ACALL  WRCMD
            MOV    A，    ♯80H              ;送 DDRAM 地址
            ACALL  WRCMD
            MOV    R3，   TL0               ;计数值送 R3
            ACALL  DISP                     ;显示 R3 中的内容
            RET


    T0INT：CLR    TF0                      ;清 T0 标志
            CLR    TR0                      ;停 T0 计数
            CLR    TR1                      ;停 T1 计数
            NOP
            MOV    A，    ♯80H
            ACALL  WRCMD                    ;写 DDRAM 地址
            MOV    R3，   TL0
            ACALL  DISP                     ;显示计数值
            MOV    A，    ♯20H              ;显示空格
            ACALL  WRDATA
            MOV    A，    ♯4FH              ;显示 O
            ACALL  WRDATA
            MOV    A，    ♯56H              ;显示 V
            ACALL  WRDATA
            MOV    A，    ♯45H              ;显示 E
            ACALL  WRDATA
            MOV    A，    ♯52H              ;显示 R
            ACALL  WRDATA
            RETI


    T1INT：MOV    TH1，   ♯21               ;令 T1 定时 60ms
            MOV    TL1，   ♯090H
            MOV    A，    ♯80H              ;送 DDRAM 地址
            ACALL  WRCMD
            MOV    R3，   TL0               ;显示计数值
            ACALL  DISP
```

```
            DJNZ    R4,      T1DONE        ;15s 未到,则转 T1DONE
            CLR     TR0                     ;15s 已到,则停 T0 计数
            CLR     TR1                     ;停 T1 计数
            MOV     R4,      #250           ;令 R4 置初值
            MOV     TL0,     #00H           ;T0 清零
            MOV     TH0,     #00H
            CLR     TF0                     ;清 T0 标志
            CLR     TF1                     ;清 T1 标志
            MOV     A,       #20H           ;送空格
            ACALL   WRDATA
            MOV     A,       #45H           ;显示 E
            ACALL   WRDATA
            MOV     A,       #4EH           ;显示 N
            ACALL   WRDATA
            MOV     A,       #44H           ;显示 D
            ACALL   WRDATA
T1DONE：RETI


DISP：  ACALL BBCD                          ;转 BBCD 子程序
            MOV     R0,      #30H
DISP0：MOV     A,       @R0               ;写显 DDRAM
            ACALL   WRDATA
            TNC     R0
            CJNE    R0,      #33H,DISP0     ;未完,则循环
            RET


BBCD：  PUSH    ACC                         ;二进制数转换成 BCD 数
            MOV     R0,      #30H           ;送入 30H～32H
            MOV     A,       R3
            MOV     B,       #100
            DIV     AB
            ADD     A,       #30H
            MOV     @R0,     A              ;送百位到 30H
            MOV     A,B
            MOV     B,       #10
            DIV     AB
            INC     R0
            ADD     A,       #30H
            MOV     @R0,A                   ;送十位到 31H
            INC     R0
            MOV     A,B
            ARR     A,       #30H
            MOV     @R0,A                   ;送个位到 32H
            POP     ACC
```

                    RET
                    END

在 PROTEUS 环境下,按图 7-48 连接好电路,并在电气检测无误后输入、修改、编辑和汇编上述程序。仿真运行程序,就能获得满意的显示效果。

[例 7.12] 设 8051 的主频为 1.2MHz,请根据图 7-49 编一程序能实现功能:在 LM032L 屏幕的第一行上显示"欢迎用 LM032L!!",第二行上显示"2017 年 4 月 18 日";5s 后,在第一行上慢显示"WELCOM TO USE LM032L",第二行上慢显示"2017.04.18";4s 后,在第一和第二行上慢显示"A  LM032 driven by virtual 8051 processor";4s 后重复上述显示过程。

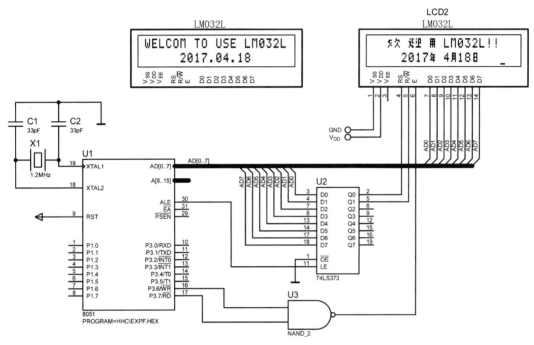

图 7-49　例 7.12 附图

**解**:LM032L 是日本生产的一种 20×2 的 LCD 显示器,能在每行上显示 20 个字符 (5×7 点阵),共显示两行。在图 7-49 中,8051 对 LM032L 采用直接访问的接口形式,E 信号由 CPU 的 RD 和 R/$\overline{\text{W}}$ 经低电位或非门 U3(与非门)提供,由表 7-15 可得如下选口地址:

00H:写命令口地址　　　　　02H:读 BF 和 AC 口地址

01H:写数据口地址　　　　　03H:读数据口地址

整个程序由主程序和若干子程序组成。主程序开头需要初始化,初始化包括给 LM032L 送"功能设置指令"和"开显示",接着就是给 CGRAM 写字模数据(字模数据存放在 worddata 为始址的存储器区域,其值不会超过 0FH,故用 FFH 结尾加以判断),后面就是给 DDRAM 写字符代码(字符代码的值也不会超过 F0H,故也用 FFH 结尾加以判断)、写字符串 1、2(string1、string2)和写字符串 3、4(string3、string4),但别忘了在每组写

319 ·

字符串前需要清屏,每组写字符串后要插入延时子程序。string1~string4 的值均以 00H 结尾作为判断标志。虽然 WRSLOW 为慢写 DDRAM 子程序,WRSTR 为快写字符串子程序,WRCHAR 为写字符代码子程序,但它们都是给 DDRAM 写数据,这几个子程序大同小异;WRCMD 为写命令子程序。WTMS 为定时 1ms 的延时子程序(T0 工作在定时器方式 1,主频为 1.2MHz,12 分频后的每个计数脉冲为 10$\mu$s,T0 在 100 个计数脉冲后溢出,恰好能定时 1ms);DPTR 为延时子程序 WTMS 的一个软件计数器,故只要在调用该延时子程序前预先给 DPTR 送一个初值就能很方便地获得所需的延时时间。程序流程图如图 7-50 所示。

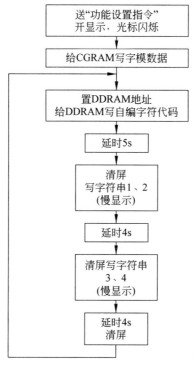

图 7-50 例 7.12 程序流程图

程序清单如下:

```
;LCD ADDR
 LCD_CMD_WR        EQU    0
LCD_DATA_WR        EQU    1
LCD_BUSY_RD        EQU    2
LCD_DATA_RD        EQU    3
;LCD COMMAND
        LCD_CLS        EQU    1        ;清屏命令
LCD_SETVISIBLE     EQU    8        ;显示开关
LCD_SETCGADDR      EQU    64       ;置 CGRAM 地址
LCD_SETDDADDR      EQU    128      ;置 DDRAM 地址
```

```
         ORG      0000H
         JMP      START
         ORG      0100H
worddata： DB      00H,0EH,18H,0AH,04H,0AH,10H,01H    ;"欢"的字符代码 00H
         DB       08H,0FH,11H,04H,04H,0AH,11H,00H    ;"欢"的字符代码 01H
         DB       0BH,02H,1AH,0BH,08H,0EH,13H,00H    ;"迎"的字符代码 02H
         DB       17H,05H,15H,17H,04H,04H,1FH,00H    ;"迎"的字符代码 03H
         DB       1FH,15H,1FH,15H,1FH,15H,15H,13H    ;"用"的字符代码 04H
         DB       08H,0FH,12H,0FH,0AH,1FH,02H,02H    ;"年"的字符代码 05H
         DB       0FH,09H,0FH,09H,0FH,09H,11H,00H    ;"月"的字符代码 06H
         DB       0FH,09H,09H,0FH,09H,09H,0FH,00H    ;"日"的字符代码 07H
         DB       0FFH
charcode1： DB     20H,20H,00H,01H,20H,02H,03H,20H,04H,20H,4CH
         DB       4DH,30H,33H,32H,4CH,21H,21H,0FFH
charcode2： DB     20H,20H,20H,20H,32H,30H,31H,37H,05H,20H,34H
         DB       06H,31H,38H,07H,20H,20H,20H,0FFH
string1： DB       'WELCOM TO USE LM032L'
         DB       0
string2： DB       '    2017.04.18    '
         DB       0
string3： DB       'A LM032 driven by vi'
         DB       0
string4： DB       'rtual 8051 processor'
         DB       0


         ORG      0200H
START：MOV        A,#38H                      ;5×7 点阵初始化
         CALL     WRCMD
         MOV      A,#LCD_SETVISIBLE+6         ;开显示
         CALL     WRCMD
         MOV      A,#LCD_SETCGADDR            ;写 CGRAM 地址
         CALL     WRCMD
         MOV      DPTR,#worddata             ;写字模数据
         CALL     WTDDRAM
MAINLOOP：MOV      A,#LCD_SETDDADDR           ;置 DDRAM 地址
         CALL     WRCMD
         MOV      DPTR,#charcode1            ;写显字符代码 1
         CALL     WTDDRAM
         MOV      A,#LCD_SETDDADDR+64        ;置 DDRAM 地址 C0H
         CALL     WRCMD
         MOV      DPTR,#charcode2            ;写显字符代码 2
         CALL     WTDDRAM
         MOV      DPTR,#5000                 ;延时 5s
         CALL     WTMS
```

```
            MOV     A,#LCD_CLS                    ;清屏
            CALL    WRCMD
            MOV     DPTR,#string1                 ;写显字符串 1
            CALL    WRSLOW
            MOV     DPTR,#400                     ;延时 0.4s
            CALL    WTMS
            MOV     A,#LCD_SETDDADDR+64           ;置 DDRAM 地址 C0H
            CALL    WRCMD
            MOV     DPTR,#string2                 ;写显字符串 2
            CALL    WRSLOW
            MOV     DPTR,#4000                    ;延时 4s
            CALL    WTMS
            MOV     A,#LCD_CLS                    ;清屏
            CALL    WRCMD
            MOV     DPTR,#string3                 ;写显字符串 3
            CALL    WRSLOW
            MOV     A,#LCD_SETDDADDR+64           ;置 DDRAM 地址 C0H
            CALL    WRCMD
            MOV     DPTR,#string4                 ;写显字符串 4
            CALL    WRSLOW
            MOV     A,#LCD_SETVISIBLE+7           ;令光标闪亮
            CALL    WRCMD
            MOV     DPTR,#4000                    ;延时 4s
            CALL    WTMS
            MOV     A,#LCD_CLS                    ;清屏
            CALL    WRCMD
            JMP     MAINLOOP
WRSTR：MOV     R0,#LCD_DATA_WR               ;R0 指向 LCD 数据口地址 01H
WRSTR1：CLR     A
            MOVC    A,@A+DPTR                     ;查表得被显字符的 ASCII 码
            JZ      WRSTR2                       ;若已写完,则转 WRSTR2
            MOVX    @R0,A                        ;若未写完,则写入 LCD
            CALL    WTBUSY                       ;等待写完
            INC     DPTR                         ;DPTR 指向下一个字符
            PUSH    DPL                          ;压入堆栈
            PUSH    DPH
            POP     DPH
            POP     DPL
            JMP     WRSTR1                       ;循环
WRSTR2：RET

WRSLOW：MOV     R0,#LCD_DATA_WR               ;数据口地址 01H 送 R0
WRSLW1：CLR     A
            MOVC    A,@A+DPTR                     ;取一个字符送 A
```

```
        JZ      WRSLW2                  ;若未写完,则转 WRSLW2
        MOVX    @R0,A                   ;否则,写入一个字符
        CALL    WTBUSY                  ;等待写完
        INC     DPTR                    ;DPTR 指向下一个字符
        PUSH    DPL                     ;压入堆栈
        PUSH    DPH
        MOV     DPTR,♯100               ;延时 0.1s
        CALL    WTMS
        POP     DPH
        POP     DPL                     ;恢复 DPTR
        JMP     WRSLW1                  ;循环
WRSLW2：RET

WRCMD：MOV      R0,♯LCD_CMD_WR          ;写命令地址 00H 送 R0
        MOVX    @R0,A                   ;A 中内容写入 LCD
        JMP     WTBUSY                  ;等待写完

WRCHAR：MOV     R0,♯LCD_DATA_WR         ;R0 指向 LCD 数据口地址 01H
        MOVX    @R0,A                   ;A 中字符写入 LCD
WTBUSY：MOV     R1,♯LCD_BUSY_RD         ;R1 指向读 BF 命令口
        MOVX    A,@R1
        JB      ACC.7,WTBUSY            ;若未读到,则继续读
        RET                             ;若已读完,则返回

WTMS：XRL       DPL,♯0FFH
        XRL     DPH,♯0FFH
        INC     DPTR
WTMS1：MOV      TL0,♯9CH                ;T0 加 1   100 次后溢出
        MOV     TH0,♯0FFH
        MOV     TMOD,♯01H               ;T0 为定时器方式 1
        SETB    TCON.4                  ;启动 T0 计数
WTMS2：JNB      TCON.5,WTMS2            ;等待溢出
        CLR     TCON.5                  ;停 T0 计数
        CLR     TCON.4                  ;清 T0 标志
        INC     DPTR                    ;DPTR 加 1
        MOV     A,DPL
        ORL     A,DPH
        JNZ     WTMS1                   ;若 DPTR 不为 0,则继续
        RET                             ;否则,返回

WTDDRAM：MOV    R0,♯LCD_DATA_WR         ;数据口地址 01H 送 R0
WTDDRAM1：CLR   A
        MOVC    A,@A+DPTR               ;取一个字符送 A
        CJNE    A,♯0FFH,WTDDRAM2
```

| WTDDRAM2: | JNC | WTDDRAM3 | ;若写完,则转 WTDDRAM3 |
| | MOVX | @R0,A | ;否则,写入一个字符 |
| | CALL | WTBUSY | ;等待写完 |
| | INC | DPTR | ;DPTR 指向下一个字符 |
| | JMP | WTDDRAM1 | ;循环 |
| WTDDRAM3: | RET | | |
| | END | | |

上述程序同样可以在 PROTEUS 环境下运行,并能得到预期的效果。

# 习题与思考题

**7.1** 什么叫 I/O 接口? I/O 接口的作用是什么?

**7.2** 外设端口有哪两种编址方法? 各有什么特点?

**7.3** I/O 数据有哪 4 种传送方式? 各在什么场合下使用?

**7.4** 结合图 7-6 说明 DMA 传送的工作过程。

**7.5** MCS-51 内部 4 个并行 I/O 口各有什么异同? 作用是什么?

**7.6** MCS-51 对内部 4 个并行 I/O 端口有哪三种操作方式? 各有什么特点?

**7.7** 8 位 I/O 端口改装成非 8 位 I/O 端口的程序有两种编写方法,请采用第二种方法编写例 7.2 中所需程序。

**7.8** 决定 8155 选口地址的引脚有哪些? IO/$\overline{M}$ 的作用是什么? T/IN 和 $\overline{\text{T/OUT}}$ 的作用是什么?

**7.9** 结合图 7-16 说明 8155 I/O 数据选通输出的工作原理。

**7.10** 设 8155 T/IN 端输入脉冲频率为 12MHz,请问 8155 定时器的最大定时时间是多少?

**7.11** 设 8155 T/IN 端输入脉冲频率为 1MHz,请编写能在 $\overline{\text{T/OUT}}$ 上输出周期为 8ms 的方波程序。

**7.12** 在图 7-18 中,若把字符打印机的 $\overline{\text{ACK}}$ 和 8031 的 $\overline{\text{INT0}}$ 相接,请简述电路的工作原理,编写能把以 20H 为起始地址的连续 50 个内存单元中的内容输出打印的程序。

**7.13** 在例 7.5 中,请用查询法编出相应打印程序。

**7.14** 某一生产过程共有 6 道工序,每道工序的持续时间均为 10s,生产过程循环进行。任何一道工序出现故障时都会产生故障信号,要求故障信号能引起单片机中断,停止送出顺序控制信号,并进行声光告警。现采用 MCS-51 通过 8155 进行控制,A 口用于输出各工序的顺序控制信号,C 口中某一位输入故障信号,B 口中某两位用于声光告警。请画出相应硬件图并编写有关程序。

**7.15** 上题中,若 C 口中某两位接有两路故障信号,请用查询 C 口故障信号法编写有关程序。

**7.16** 已知 20H 单元中有一带符号数,若是正数,则在图 7-22 所示接口电路中自左至右显示 0;若是负数,则自左至右显示 1。请编写相应程序。

**7.17** 什么叫显示缓冲区? MCS-51 的显示缓冲区一般放在哪里? 显示缓冲区中通常存放的是什么?

**7.18** 什么叫窜键? CPU 处理窜键的方法是什么? CPU 消除按键抖动的方法是什么?

**7.19** 试比较 MCS-51 内部定时器 4 种工作方式下的异同。

**7.20** 设单片机时钟为 12MHz,请利用定时器 T0 编出令 P1.0 引脚输出 2ms 的矩形波程序,要求占空系数为 1:2(高电平时间短)。

**7.21** 已知 8155 RAM 中以 DATA1 为起始地址的数据区有 100 个数,要求每隔 100ms 向内部 RAM 的以 DATA2 为起始地址的数据区传送 10 个数,通过 10 次传送完成。要求采用定时器 T1 定时,单片机时钟为 12MHz,请编写有关程序。

**7.22** 扭曲向列型 LCD 的显示原理是什么?

**7.23** 结合图 7-35(a)和图 7-35(b)说明 LCD 中某字段的驱动原理。

**7.24** 按照字形显示方式,LCD 液晶显示器可以分为哪两大类? 各有什么特点?

**7.25** 字段式 LCD 显示器有哪两种驱动方式? 各有什么优缺点?

**7.26** 结合图 7-37 说明 HD44100 驱动器的工作原理。

**7.27** 在图 7-38 中,阐述 HD44100 用作静态驱动时的工作原理。它与 MCS-51 连接时共有哪四条引脚? 各引脚的作用是什么?

**7.28** 在图 7-39 中,MC145000 和 MC145001 是依靠哪条引线与 LCD 显示模块同步工作?

**7.29** 在图 7-39 中,请结合图 7-36 说明动态扫描驱动的工作原理。

**7.30** 点阵式液晶显示器通常可以分为哪两类? 各有什么特点?

**7.31** DMC24138 液晶显示模块由哪三种芯片或器件组成? 各部分的作用是什么?

**7.32** 结合图 7-41 说明 DDRAM、CGRAM 和 CGROM 的地址分配和作用。

**7.33** CGRAM 是设计者专门提供给用户使用的一种特殊字符发生器,用来存放特殊字符(例如汉字)的字模数据。请写出"王"和"力"两个汉字的字模数据。

**7.34** HD44780 有哪 8 条可提供给用户使用的指令? 每条指令的作用是什么?

**7.35** DDRAM 称为显示缓冲器,共有 80 个存储单元,其地址分配和屏幕位置间的关系随显示行数而异。请写出两行显示和四行显示时被显字符的屏幕位置与 DDRAM 的地址间的关系。这是所有采用 HD44780 作为控制器的 LCD 显示器都必须遵守的一条规则,不论该显示器能在屏幕上显示多少个字符。

**7.36** MCS-51 对 DMC24138 有哪两种接口方式? 各有什么特点?

**7.37** 某 LCD 显示器欲采用 HD44780 作为控制器,请问它最多允许集成多少个 HD44100? 若需四行显示,请问它每行最多能显示多少个 5×7 点阵字符? 为什么?

**7.38** 认真阅读例 7.11,并画出主程序和 T0、T1 中断服务程序的程序流程图。

**7.39** 分析例 7.12 中的程序,画出给 CGRAM 写自编字符字模数据的程序流程图。

**7.40** 分析例 7.12 中的程序,画出延时子程序 WTMS 的程序流程图。

# 第 8 章 MCS-51 对 A/D 和 D/A 的接口

D/A 转换器(Digital to Analog Converter)是一种能把数字量转换成模拟量的电子器件。A/D 转换器(Analog to Digital Converter)则相反,它能把模拟量转换成相应的数字量。在单片机控制系统中,经常需要用到 A/D 和 D/A 转换器。它们的功能及其在实时控制系统中的地位如图 8-1 所示。由图可见,被控实体的过程信号可以是电量(如电流、电压、功率和开关量等),也可以是非电量(如温度、压力、流速和密度等),其数值是随时间连续变化的。过程信号是由变送器和各类传感器变换成相应的模拟电量,然后经图中的多路开关汇集给 A/D 转换器,再由 A/D 转换器转换成相应的数字量送给单片机。单片机对过程信息进行运算和处理,把过程信息进行当地显示并打印,以输出被控实体的工作状况或发生故障的时间、地点和性质。另一方面,单片机还把处理后的数字量送给D/A转换器,转换成相应的模拟量,对被控系统实施控制和调整,使之始终处于最佳工作状态。

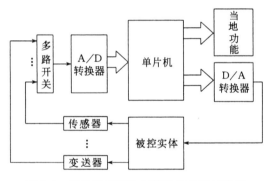

图 8-1 单片机和被控实体间的接口示意图

上述分析表明：A/D 转换器在单片机控制系统中主要用于数据采集,向单片机提供被控对象的各种实时参数,以便单片机对被控对象进行监视;D/A 转换器用于模拟控制,通过机械或电气手段对被控对象进行调整和控制。因此,A/D 和 D/A 转换器是架设在单片机和被控实体之间的桥梁,在单片机控制系统中占有极为重要的地位。本章着重介绍 A/D 和 D/A 芯片的工作原理及其与 MCS-51 的接口。

## 8.1 D/A 转换器

通常,D/A 转换器可以直接从 MCS-51 输入数字量,并转换成模拟量推动执行机构动作,以控制被控实体的工作过程。这无疑需要 D/A 转换器的输出模拟量能够随输入数字量成正比地变化,以便使输出模拟量 $V_{OUT}$ 能直接反映数字量 $B$ 的大小(见图 8-2),即有如下关系式：

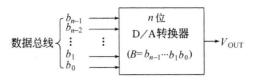

图 8-2　最简单 D/A 转换器框图

$$V_{\text{OUT}} = B \times V_{\text{R}} \tag{8-1}$$

式(8-1)中：$V_R$ 为常量，由参考电压 $V_{\text{REF}}$ 决定；$B$ 为数字量，常为一个二进制数。

数字量 $B$ 的位数通常为 8 位和 12 位等，由 D/A 转换器芯片型号决定。$B$ 为 $n$ 位时的通式为

$$B = b_{n-1}\ b_{n-2} \cdots\ b_1\ b_0 = b_{n-1} \times 2^{n-1} + b_{n-2} \times 2^{n-2} + \cdots + b_1 \times 2^1 + b_0 \times 2^0 \tag{8-2}$$

式(8-2)中：$b_{n-1}$ 为 $B$ 的最高位；$b_0$ 为 $B$ 的最低位。

## 8.1.1　D/A 转换器的原理

D/A 转换器的原理很简单，可以总结为"按权展开，然后相加"几个字。换句话说，D/A 转换器要能把输入数字量中的每位都按其权值分别转换成模拟量，并通过运算放大器求和相加，因此，D/A 转换器内部必须有一个解码网络，以实现按权值分别进行 D/A 转换。

解码网络通常有两种：二进制加权电阻网络和 T 形电阻网络。在二进制加权电阻网络中，每位二进制位的 D/A 转换是通过相应位加权电阻实现的，这必然导致加权电阻阻值差别极大，尤其在 D/A 转换器位数较大时更不能容忍。例如，若某 D/A 转换器有 12 位，则最高位加权电阻为 $10\text{k}\Omega$ 时的最低位加权电阻应当是 $10\text{k}\Omega \times 2^{11} = 20\text{M}\Omega$。这么大的电阻值在 VLSI 技术中很难制造出来，即便制造出来，其精度也很难符合要求。因此，现代 D/A 转换器几乎毫无例外地采用 T 形电阻网络进行解码活动。

为了说明 T 形电阻网络的原理，现以 4 位 D/A 转换器为例加以介绍。图 8-3 为它的原理框图。图中，虚线框内为 T 形电阻网络(桥上电阻均为 $R$，桥臂电阻为 $2R$)；OA 为运算放大器(可外接)，A 点为虚拟地(接近 0V)；$V_{\text{REF}}$ 为参考电压，由稳压电源提供；$S_3 \sim S_0$ 为电子开关，受 4 位 DAC 寄存器中 $b_3$、$b_2$、$b_1$、$b_0$ 的控制。为了分析问题，设 $b_3$、$b_2$、$b_1$、$b_0$ 全为 1，故 $S_3$、$S_2$、$S_1$、$S_0$ 全部和 1 端相连，如图 8-3 所示。根据克希荷夫定律，如下关系成立：

$$I_3 = \frac{V_{\text{REF}}}{2R} = 2^3 \times \frac{V_{\text{REF}}}{2^4 R}$$

$$I_2 = \frac{I_3}{2} = 2^2 \times \frac{V_{\text{REF}}}{2^4 R}$$

$$I_1 = \frac{I_2}{2} = 2^1 \times \frac{V_{\text{REF}}}{2^4 R}$$

$$I_0 = \frac{I_1}{2} = 2^0 \times \frac{V_{\text{REF}}}{2^4 R}$$

实际上，$S_3 \sim S_0$ 的状态是受 $b_3$、$b_2$、$b_1$、$b_0$ 控制的，并不一定是全 1。若它们中有些位为 0，$S_3 \sim S_1$ 中相应开关会因与 0 端相接而无电流流入 A 点。为此，可以得到式(8-3)：

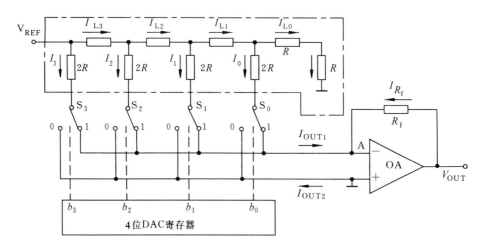

图 8-3 T 形电阻网络型 D/A 转换器

$$I_{\text{OUT1}} = b_3 I_3 + b_2 I_2 + b_1 I_1 + b_0 I_0$$

$$= (b_3 \times 2^3 + b_2 \times 2^2 + b_1 \times 2^1 + b_0 \times 2^0) \times \frac{V_{\text{REF}}}{2^4 R} \quad (8\text{-}3)$$

选取 $R_f = R$，并考虑 A 点为虚拟地，故

$$I_{R_f} = -I_{\text{OUT1}}$$

因此，可以得到

$$V_{\text{OUT}} = I_{R_f} R_f = -(b_3 \times 2^3 + b_2 \times 2^2 + b_1 \times 2^1 + b_0 \times 2^0) \times \frac{V_{\text{REF}}}{2^4 R} R_f$$

$$= -B \frac{V_{\text{REF}}}{16} \quad (8\text{-}4)$$

对于 $n$ 位 T 形电阻网络，式(8-4)可变为

$$V_{\text{OUT}} = -(b_{n-1} \times 2^{n-1} + b_{n-2} \times 2^{n-2} + \cdots + b_1 \times 2^1 + b_0 \times 2^0) \times \frac{V_{\text{REF}}}{2^n R} R_f$$

$$= -B \frac{V_{\text{REF}}}{2^n} \quad (8\text{-}5)$$

上述讨论表明：D/A 转换过程主要由解码网络实现，而且解码网络是并行工作的。换句话说，D/A 转换器并行输入数字量，每位代码也是同时被转换成模拟量。这种转换方式的速度快，一般为微秒级，有的可达几十纳秒。

## 8.1.2 D/A 转换器的性能指标

DAC(Digital Analog Converter，数字/模拟转换器)的性能指标是选用 DAC 芯片型号的依据，也是衡量芯片质量的重要参数。DAC 性能的指标很多，主要有以下 4 个。

**1. 分辨率(resolution)**

分辨率是指 D/A 转换器能分辨的最小输出模拟增量，取决于输入数字量的二进制位数。一个 $n$ 位的 DAC 所能分辨的最小电压增量定义为满量程值的 $2^{-n}$ 倍。例如，满量程为 10V 的 8 位 DAC 芯片的分辨率为 $10\text{V} \times 2^{-8} = 39\text{mV}$(计算结果取整数，后同)；一个同样量程的 16 位 DAC 的分辨率高达 $10V \times 2^{-16} = 153\mu V$。

**2. 转换精度（conversion accuracy）**

转换精度和分辨率是两个不同的概念。转换精度是指满量程时 DAC 的实际模拟输出值和理论值的接近程度。对 T 形电阻网络的 DAC，其转换精度与参考电压 $V_{REF}$、电阻值和电子开关的误差有关。例如，满量程时理论输出值为 10V，实际输出值为 9.99～10.01V，其转换精度为 ±10mV。通常，DAC 的转换精度为分辨率的一半，即为 LSB/2。LSB 是分辨率，是指最低 1 位数字量变化所引起输出电压幅度的变化量。

**3. 偏移量误差（offset error）**

偏移量误差是指输入数字量为零时，输出模拟量对零的偏移值。这种误差通常可以通过 DAC 的外接 $V_{REF}$ 和电位计加以调整。

**4. 线性度（linearity）**

线性度是指 DAC 的实际转换特性曲线和理想直线之间的最大偏差。通常，线性度不应超出 $\pm\frac{1}{2}$LSB。

除上述指标外，转换速度（conversion rate）和温度灵敏度（temperature sensitivity）也是 DAC 的重要技术参数。不过，因为它们都比较小，通常情况下不予考虑。

## 8.1.3　DAC0832

目前，市售 D/A 转换器有两大类：一类在电子电路中使用，不带使能端和控制端，只有数字量输入线和模拟量输出线；另一类是专为微型计算机设计的，带有使能端和控制端，可以直接与微型计算机连接。

能与微型计算机连接的 DAC 芯片也有很多种，有内部带数据锁存器和不带数据锁存器的，也有 8 位、10 位和 12 位之分。DAC0832 是这类 DAC 芯片中的一种，由美国国民半导体公司（National Semiconductor Corporation）研制，其姊妹芯片还有 DAC0830 和 DAC0831，它们都是 8 位芯片，可以相互替换。现对 DAC0832 的内部结构和引脚功能分述如下。

**1. DAC0832 的内部结构**

DAC0832 内部由三部分电路组成，如图 8-4 所示。"8 位输入寄存器"用于存放 CPU 送来的数字量，使输入数字量得到缓冲和锁存，由 $\overline{LE1}$ 加以控制。"8 位 DAC 寄存器"用于存放待转换数字量，由 $\overline{LE2}$ 控制。"8 位 D/A 转换电路"由 8 位 T 形电阻网络和电子开关组成，电子开关受"8 位 DAC 寄存器"输出控制，T 形电阻网络能输出与数字量成正比的模拟电流。因此，DAC0832 通常需要外接运算放大器才能得到模拟输出电压。

**2. 引脚功能**

DAC0832 共有 20 条引脚，双列直插式封装。引脚连接和命名如图 8-4 所示。

（1）数字量输入线 DI7～DI0（8 条）。DI7～DI0 常和 CPU 数据总线相连，用于输入 CPU 送来的待转换数字量，DI7 为最高位。

（2）控制线（5 条）。$\overline{CS}$ 为片选线。当 $\overline{CS}$ 为低电平时，本片被选中工作；当 $\overline{CS}$ 为高电平时，本片不被选中工作。

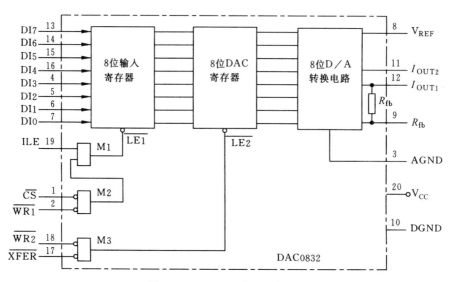

图 8-4　DAC0832 的原理框图

ILE 为允许数字量输入线。当 ILE 为高电平时,"8 位输入寄存器"允许数字量输入。$\overline{\text{XFER}}$ 为传送控制输入线,低电平有效。

$\overline{\text{WR1}}$ 和 $\overline{\text{WR2}}$ 为两条写命令输入线。$\overline{\text{WR1}}$ 用于控制数字量输入到输入寄存器:若 ILE 为 1,$\overline{\text{CS}}$ 为 0 和 $\overline{\text{WR1}}$ 为 0 同时满足,则与门 M1 输出高电平,"8 位输入寄存器"接收信号;若上述条件中有一个不满足,则 M1 输出由高变低,"8 位输入寄存器"锁存 DI7~DI0 上的输入数据。$\overline{\text{WR2}}$ 用于控制 D/A 转换的时间:若 $\overline{\text{XFER}}$ 和 $\overline{\text{WR2}}$ 同时为低电平,则 M3 输出高电平,"8 位 DAC 寄存器"输出跟随输入;否则,M3 输出由高电平变为低电平时,"8 位 DAC 寄存器"锁存数据。$\overline{\text{WR1}}$ 和 $\overline{\text{WR2}}$ 的脉冲宽度要求不小于 500ns,即便 $V_{CC}$ 提高到 15V,其脉冲宽度也不应小于 100ns。

(3) 输出线(3 条)。$R_{\text{fb}}$ 为运算放大器反馈线,常常接到运算放大器输出端。$I_{\text{OUT1}}$ 和 $I_{\text{OUT2}}$ 为两条模拟电流输出线。$I_{\text{OUT1}}+I_{\text{OUT2}}$ 为一常数:若输入数字量为全 1,则 $I_{\text{OUT1}}$ 为最大,$I_{\text{OUT2}}$ 为最小;若输入数字量为全 0,则 $I_{\text{OUT1}}$ 为最小,$I_{\text{OUT2}}$ 为最大。为了保证额定负载下输出电流的线性度,$I_{\text{OUT1}}$ 和 $I_{\text{OUT2}}$ 引脚线上的电位必须尽量接近地电平。为此,$I_{\text{OUT1}}$ 和 $I_{\text{OUT2}}$ 通常接运算放大器输入端。

(4) 电源线(4 条)。$V_{CC}$ 为电源输入线,可为 +5~+15V;$V_{REF}$ 为参考电压,一般为 -10~+10V,由稳压电源提供;DGND 为数字量地线;AGND 为模拟量地线。通常,两条地线接在一起。

## 8.2　MCS-51 对 D/A 的接口

如前所述,按照输入数字量的位数,DAC 常可分为 8 位、10 位和 12 位三种。本节着重讲授 MCS-51 对 8 位和 12 位 DAC 的接口。但 MCS-51 对它们的接口常与 DAC 的应用有关。因此,这里先讨论 DAC 的应用问题,然后分析它们对 MCS-51 的接口。

### 8.2.1 DAC 的应用

DAC 的用途很广，为使问题简化，现以 DAC0832 为例介绍以下三方面的应用。

**1. DAC 用作单极性电压输出**

在需要单极性模拟电压环境下，可以采用图 8-8 所示接线。由于 DAC0832 是 8 位的 D/A 转换器，故由式(8-5)可得输出电压 $V_{OUT}$ 与输入数字量的关系为

$$V_{OUT} = -B\frac{V_{REF}}{256} \tag{8-6}$$

式(8-6)中：$B = b_7 2^7 + b_6 2^6 + \cdots + b_1 2^1 + b_0 2^0$；$V_{REF}/256$ 为一常数。

显然，$V_{OUT}$ 和 $B$ 成正比关系。输入数字量 $B$ 为 0 时，$V_{OUT}$ 也为 0；输入数字量 $B$ 为 255 时，$V_{OUT}$ 为负的最大值，输出电压为负的单极性。

**2. DAC 用作双极性电压输出**

在被控对象需要用到双极性电压的场合下，可以采用图 8-5 所示接线。图中，DAC0832 的数字量由 CPU 送来，OA1 和 OA2 均为运算放大器，$V_{OUT}$ 通过 $2R$ 电阻反馈到运算放大器 OA2 输入端，其他如图所示。G 点为虚拟地，故由克希荷夫定律得到：

$$\begin{cases} I_1 + I_2 + I_3 = 0 \\ I_1 = \dfrac{V_{OUT1}}{R}, \quad I_2 = \dfrac{V_{OUT}}{2R}, \quad I_3 = \dfrac{V_{REF}}{2R} \\ V_{OUT1} = -B\dfrac{V_{REF}}{256} \end{cases}$$

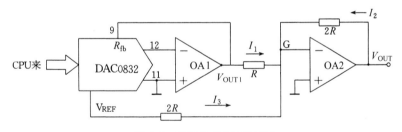

图 8-5　双极性 DAC 的接法

解上述方程组得到：

$$V_{OUT} = (B - 128)\frac{V_{REF}}{128} \tag{8-7}$$

由式(8-7)可列出表 8-1。表中，输入数字量最高位 $b_7$ 为符号位，其余为数值位，参考电压 $V_{REF}$ 可正可负。在选用 $+V_{REF}$ 时，若输入数字量最高位 $b_7$ 为 1，则输出模拟电压 $V_{OUT}$ 为正；若输入数字量最高位为 0，则输出模拟电压 $V_{OUT}$ 为负。选用 $-V_{REF}$ 时 $V_{OUT}$ 的取值正好和选用 $+V_{REF}$ 时相反。其中，LSB 表示输入数字量 $b_0$ 由 0 变 1 时 $V_{OUT}$ 的增量，即 $LSB = V_{REF}/128$。

表 8-1　双极性输出电压与输入数字量的关系

| 输入数字量 $B$ | | | | | | | | $V_{OUT}$（理想值） | |
|---|---|---|---|---|---|---|---|---|---|
| $b_7$ | $b_6$ | $b_5$ | $b_4$ | $b_3$ | $b_2$ | $b_1$ | $b_0$ | $+V_{REF}$ 时 | $-V_{REF}$ 时 |
| 1 | 1 | 1 | 1 | 1 | 1 | 1 | 1 | $|V_{REF}|-$LSB | $-|V_{REF}|+$LSB |
| | | | | $\vdots$ | | | | $\vdots$ | $\vdots$ |
| 1 | 1 | 0 | 0 | 0 | 0 | 0 | 0 | $|V_{REF}|/2$ | $-|V_{REF}|/2$ |
| | | | | $\vdots$ | | | | $\vdots$ | $\vdots$ |
| 1 | 0 | 0 | 0 | 0 | 0 | 0 | 0 | 0 | 0 |
| | | | | $\vdots$ | | | | $\vdots$ | $\vdots$ |
| 0 | 1 | 1 | 1 | 1 | 1 | 1 | 1 | $-$LSB | LSB |
| | | | | $\vdots$ | | | | $\vdots$ | $\vdots$ |
| 0 | 0 | 1 | 1 | 1 | 1 | 1 | 1 | $-|V_{REF}|/2-$LSB | $|V_{REF}|/2+$LSB |
| | | | | $\vdots$ | | | | $\vdots$ | $\vdots$ |
| 0 | 0 | 0 | 0 | 0 | 0 | 0 | 0 | $-|V_{REF}|$ | $|V_{REF}|$ |

双极性电压输出时，DAC0832 的另一种接线如图 8-6 所示。

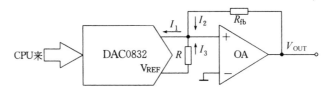

图 8-6　双极性 DAC 的另一种接法

### 3. DAC 用作控制放大器

DAC 还可以用作控制放大器，其电压放大倍数可由 CPU 通过程序设定。图 8-7 为用作电压放大器的 DAC 接线。由图可见，需要放大的电压 $V_{IN}$ 和反馈输入端 $R_{fb}$ 相接，运算放大器的输出 $V_{OUT}$ 还作为 DAC 的基准电压 $V_{REF}$，数字量由 CPU 送来，其余如图 8-7 所示。根据前面所学知识，DAC0832 内部的 $I_{OUT1}$ 一边与 T 形电阻网络相连，另一边又通过反馈电阻 $R_{fb}$ 与 $V_{IN}$ 相通，故可得到下列方程组：

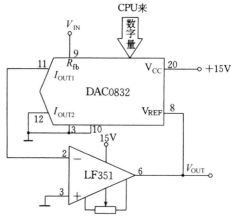

图 8-7　用作电压放大器的 DAC 接线

$$\begin{cases} I_{OUT1} = B \times \dfrac{V_{REF}}{256R} = B \times \dfrac{V_{OUT}}{256R} \\[2mm] I_{R_{fb}} = \dfrac{V_{IN}}{R_{fb}} \\[2mm] I_{R_{fb}} + I_{OUT1} = 0 \end{cases}$$

解上述方程组可得：

$$V_{OUT} = -\frac{V_{IN}}{B} \times \frac{R}{R_{fb}} \times 256$$

选 $R = R_{fb}$，则上式变为

$$V_{OUT} = -\frac{256}{B} \times V_{IN} \qquad\qquad\qquad (8\text{-}8)$$

在式(8-8)中，256/$B$ 可看作放大倍数，但数字量 $B$ 不得为 0，否则放大倍数为无限大，放大器因此而处于饱和状态。

## 8.2.2　MCS-51 对 8 位 DAC 的接口

MCS-51 和 DAC0832 连接时，可以有三种连接方式：直通方式、单缓冲方式和双缓冲方式。

**1. 直通方式**

DAC0832 内部有两个起数据缓冲器作用的寄存器，分别受 $\overline{LE1}$ 和 $\overline{LE2}$ 控制。如果使 $\overline{LE1}$ 和 $\overline{LE2}$ 均为高电平，那么 DI7～DI0 上的信号便可直通地到达"8 位 DAC 寄存器"，进行 D/A 转换。因此，ILE 接 +5V 以及使 $\overline{CS}$、$\overline{XFER}$、$\overline{WR1}$ 和 $\overline{WR2}$ 接地，DAC0832 就可在直通方式下工作(见图 8-4)。直通方式下工作的 DAC0832 常用于不带微机的控制系统。

**2. 单缓冲方式**

单缓冲方式是指 DAC0832 内部的两个数据缓冲器有一个处于直通方式，并且另一个受 MCS-51 控制。图 8-8 示出 MCS-51 和 DAC0832 的单缓冲方式接线。

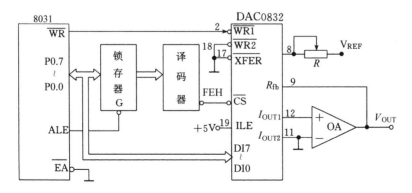

图 8-8　单缓冲方式下的 DAC0832

由图 8-8 可见，$\overline{WR2}$ 和 $\overline{XFER}$ 接地，故 DAC0832 的"8 位 DAC 寄存器"工作于直通方式。8 位输入寄存器受 $\overline{CS}$ 和 $\overline{WR1}$ 端信号的控制，而且 $\overline{CS}$ 由译码器输出端 FEH 送来。因此，8031 执行如下两条指令就可在 $\overline{WR1}$ 和 $\overline{CS}$ 上产生低电平信号，使 DAC0832 接收 8031

送来的数字量：

```
MOV    R0,   ♯0FEH
MOVX   @R0,  A
```

现举例说明单缓冲方式下 DAC0832 的应用。

[例 8.1] DAC0832 用作波形发生器。试根据图 8-8 接线，分别写出产生锯齿波、三角波和方波的程序。

解：在图 8-8 中，运算放大器 OA 输出端 $V_{OUT}$ 直接反馈到 $R_{fb}$，故这种接线产生的模拟输出电压是单极性的。现把产生上述三种波形的参考程序列出如下。

① 锯齿波程序。

```
        ORG    1000H
START：MOV    R0,   ♯0FEH
        MOVX   @R0,  A
        INC    A
        SJMP   START
        END
```

上述程序产生的锯齿波如图 8-9(a)所示。

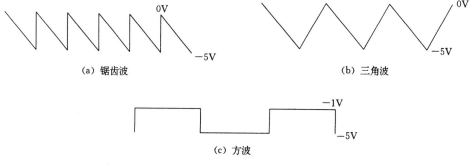

（a）锯齿波        （b）三角波

（c）方波

图 8-9　例 8.1 所产生的波形

由于运算放大器的反相作用，图中锯齿波是负向的，而且可以从宏观上看到它从 0V 线性下降到负的最大值。但是，实际上它分成 256 个小台阶，每个小台阶暂留时间为执行一遍程序所需时间。因此，在上述程序中插入 NOP 指令或延时程序，显然可以改变锯齿波的频率。

② 三角波程序。

三角波由线性下降段和线性上升段组成。

相应程序为

```
        ORG    1080H
START：CLR    A
        MOV    R0,   ♯0FEH
DOWN：MOVX   @R0,  A              ;线性下降段
        INC    A
        JNZ    DOWN                ;若未完，则转 DOWN
```

```
            MOV       A,       ♯0FEH
       UP：MOVX      @R0,         A            ;线性上升段
            DEC       A
            JNZ       UP                       ;若未完,则转 UP
            SJMP      DOWN                     ;若已完,则循环
            END
```

执行上述程序产生的三角波如图 8-9(b)所示。三角波频率同样可以在循环体内插入 NOP 指令或延时程序来改变。

③ 方波程序。

```
            ORG       1100H
     START：MOV      R0,       ♯0FEH
      LOOP：MOV      A,        ♯33H
            MOVX      @R0,        A            ;置上限电平
            ACALL     DELAY                    ;形成方波顶宽
            MOV       A,        ♯0FEH
            MOVX      @R0,        A            ;置下限电平
            ACALL     DELAY                    ;形成方波底宽
            SJMP      LOOP                     ;循环
   DELAY：
                       ⋮
            END
```

程序执行后产生图 8-9(c)所示的方波,方波频率也可以用上述同样方法改变。

[**例 8.2**]　请根据图 8-10(a)编写一程序,能在运放输出端产生图 8-10(b)所示金鱼状电压波。

**解：**本题粗看甚难,其实较为容易。关键是：MCS-51 应给 DAC0832 送一组随时间变化的数字量,这组数字量的个数不应太少(假设为 50 个),因为电压波是一个随时间变化的连续物理量。获得 DAC0832 输出金鱼波所需数字量的方法分为如下三步。

(1) 在 $XY$ 平面坐标系的第四象限内画一个金鱼状图形,这个图形应在以下范围内。沿 $X$(时间)轴正方向为金鱼的长度,划分成 50 等分,每等分 4ms,共 200ms,为一帧;沿 $Y$ 轴的负方向为金鱼的体宽,也划分成 50 等分,每等分为 0.1V,共 5V。

(2) 在金鱼图的上下方向上交替(即鱼背一个点;鱼肚一个点)设定 50 个采样点,每个采样点沿 $X$ 轴展开,分别处在不同的时间等分(4ms)内。

(3) 根据每个采样点的输出电压($Y$ 轴),按时间顺序分别计算它们所需的数字量即可。

为了引导大家的思维重点放在 DAC0832 的工作原理之上,作者特地为读者准备了一组金鱼波所需的数字量,并将它放在始址为 DATATAB 的一张表内,以便编程时可以随时调用。整个程序分为两部分：一是主程序,用于 T0 初始化为定时器方式 1,4ms 产生一次中断,并设定一个存放数字量个数的计数器 R2,初始化为 0;二是 T0 中断服务程序,用于重送时间常数初值和给 DAC0832 送一个金鱼波所需的数字量,并判断 R2 中 50 个数字量是否已经送完。若未送完,则计数器 R2 加 1 后中断返回;若已送完,则计数器 R2 清 0 后中断返回。

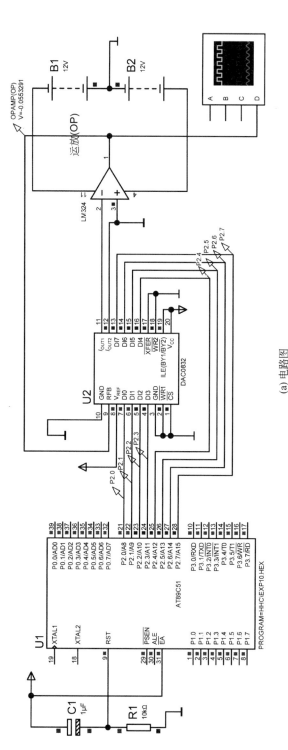

(a) 电路图

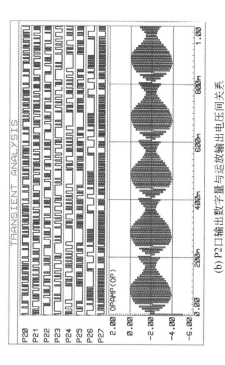

(b) P2口输出数字量与运放输出电压间关系

图 8-10 例 8.2 附图

相应程序如下:

```
            ORG     0000H
            LJMP    MAIN
            ORG     000BH
            MOV     TH0,#HIGH(61536)      ;给 T0 重送时间常数初值
            MOV     TL0,#LOW(61536)
            MOV     A,R2                  ;R2 送 A
            MOV     DPTR,#DATATAB         ;DPTR 指向 DATATAB
            MOVC    A,@A+DPTR             ;查表得 D/A 数字量
            MOV     P2,A                  ;送 P2 口进行 D/A 转换
            INC     R2                    ;R2 指向下一数字量
            CJNE    R2,#50,RETF           ;若一帧数字量未送完,则转 RETF
            MOV     R2,#00H               ;若一帧已送完,则 0 送 R2
    RETF:   RETI
 DATATAB:   DB      100,118,76,142,60,157,46,170,110,27,186,17,193,11,197,7
            DB      200,3,198,2,197,0,194,3,188,7,183,16,174,25,166,37,156,50
            DB      145,60,137,67,128,73,122,75,124,65,129,54,136,46,145,40
    MAIN:   MOV     TH0,#HIGH(61536)      ;T0 定时 4ms
            MOV     TL0,#LOW(61536)
            MOV     TMOD,#01H             ;令 T0 为定时器方式 1
            SETB    EA                    ;开 CPU 中断
            SETB    ET0                   ;开 T0 中断
            SETB    TR0                   ;启 T0 工作
            MOV     R2,#00H               ;R2 为初值 0
            SJMP    $                     ;等待中断
            END
```

本程序可在 PROTEUS 环境下运行,MCS-51 仿真执行上述程序,T0 就会每隔 4ms 中断一次,并在中断服务程序中给 DAC0832 送一个数字量,以便能在运算放大器输出端产生金鱼状电压波。图 8-10(b) 所示为混合型高级图表仿真仪,它可以在同一张图表上同时显示 DAC0832 输入的数字量和运放输出端输出的模拟量。感兴趣的读者不妨一试,DAC0832 输入输出间的关系便会昭然若揭。

**3. 双缓冲方式**

双缓冲方式是指 DAC0832 内部"8 位输入寄存器"和"8 位 DAC 寄存器"都不应当在直通方式下工作。CPU 必须通过 $\overline{LE1}$ 来锁存待转换的数字量,通过 $\overline{LE2}$ 启动 D/A 转换(见图 8-4)。因此,双缓冲方式下,每个 DAC0832 应为 CPU 提供两个 I/O 端口。图 8-11 为 8031 和两片 DAC0832 在双缓冲方式下的接线图。图中,1# DAC0832 的 $\overline{CS}$ 和 P2.5 相连,故 8031 控制 1# DAC0832 中 $\overline{LE1}$ 的选口地址为 DFFFH;2# DAC0832 的 $\overline{CS}$ 和 P2.3 相连,故控制 2# DAC0832 中 $\overline{LE1}$ 的选口地址为 F7FFH;1# 和 2# DAC0832 的 $\overline{XFER}$ 同 P2.7 相连,故控制 1# 和 2# DAC0832 中 $\overline{LE2}$ 的选口地址为 7FFFH。工作时,8031 可以分别通过选口地址 DFFFH 和 F7FFH 把 1# 和 2# DAC0832 的数字量送入它们的相应 8 位输入寄存器,然后再通过选口地址 7FFFH 把输入寄存器中的数据同时送入相应的 8 位 DAC

寄存器中,以实现 D/A 转换。

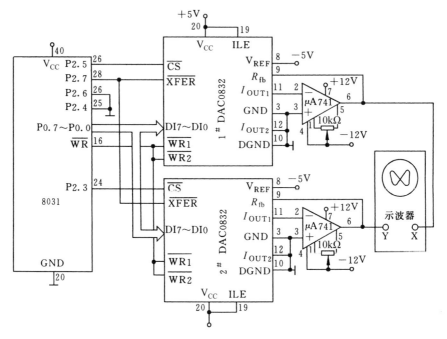

图 8-11 8031 与两片 DAC0832 的接线图(双缓冲方式)

相应程序如下:

```
ORG     1200H
MOV     DPTR,#0DFFFH        ;DPTR 指向 DFFFH
MOV     A,#Xdata
MOVX    @DPTR,A             ;Xdata 写入 1# DAC0832
MOV     DPTR,#0F7FFH        ;DPTR 指向 F7FFH
MOV     A,#Ydata
MOVX    @DPTR,A             ;Ydata 写入 2# DAC0832
MOV     DPTR,#7FFFH         ;DPTR 指向 7FFFH
MOVX    @DPTR,A             ;启动 1# DAC0832 和 2# DAC0832 工作
⋮
END
```

8031 执行上述程序后,示波器光点就会移到(Xdata,Ydata)坐标处。

## 8.2.3 MCS-51 对 12 位 DAC 的接口

8 位 DAC 分辨率比较低,为了提高 DAC 的分辨率,可采用 10 位、12 位或更多位数的 DAC。现以 12 位 DAC1208 为例说明这类 DAC 和 MCS-51 的连接关系。

**1. DAC1208 的内部结构和原理**

DAC1208 的内部结构框图如图 8-12 所示。它内部有三个寄存器:一个 4 位输入寄存器,用于存放 12 位数字量中的低 4 位;一个 8 位输入寄存器,存放 12 位数字量中的高 8 位;一个 12 位 DAC 寄存器,存放上述两个输入寄存器送来的 12 位数字量。12 位 D/A 转换器由 12 个电子开关和 12 位 T 形电阻网络组成,用于完成 12 位 D/A 转换。

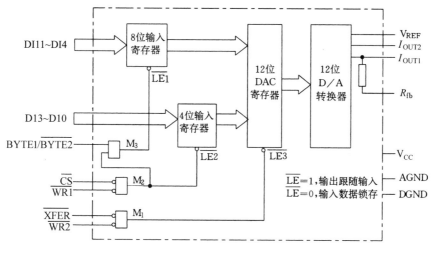

图 8-12　DAC1208 的内部框图

DAC1208 的控制基本上和 DAC0832 相同,$\overline{\text{XFER}}$和$\overline{\text{WR2}}$用来控制"12 位 DAC 寄存器",$\overline{\text{CS}}$和$\overline{\text{WR1}}$控制输入寄存器。但为了区分是 4 位还是 8 位输入寄存器,DAC1208 增加了一条 BYTE1/$\overline{\text{BYTE2}}$控制线。当 BYTE1/$\overline{\text{BYTE2}}$为 0 时,与门 $M_3$ 封锁,与门 $M_2$ 因 $\overline{\text{CS}}=0$ 和 $\overline{\text{WR1}}=0$ 而输出高电平,选中 4 位输入寄存器工作;当 BYTE1/$\overline{\text{BYTE2}}$为 1,$\overline{\text{CS}}=0$ 且 $\overline{\text{WR1}}=0$ 时,$M_2$ 和 $M_3$ 都输出高电平选中 8 位和 4 位输入寄存器工作。因此,MCS-51 给 DAC1208 送 12 位输入数字量时,必须先送高 8 位,再送低 4 位,否则结果就不会正确。除 BYTE1/$\overline{\text{BYTE2}}$外,其余引脚功能和 DAC0832 类同,在此不再赘述。

**2. MCS-51 对 DAC1208 的连接**

图 8-13 示出 8031 和 DAC1208 的一种连接关系。

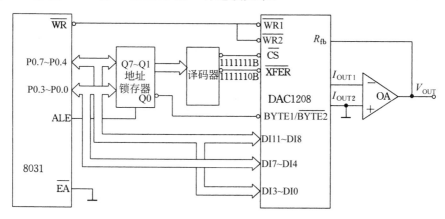

图 8-13　8031 和 DAC1208 的连接

由图 8-13 可见,由于和 $\overline{\text{CS}}$ 相连的译码器输出线为

$$Q7\ Q6\ Q5\ Q4\ Q3\ Q2\ Q1 = 1\ 1\ 1\ 1\ 1\ 1\ 1\ B$$

而 $\overline{\text{XFER}}$ 的译码输出线为

$$Q7\ Q6\ Q5\ Q4\ Q3\ Q2\ Q1 = 1\ 1\ 1\ 1\ 1\ 1\ 0\ B$$

以及 BYTE1/$\overline{\text{BYTE2}}$ 和 8031 地址线中的 A0(即 Q0)相连,因此,DAC1208 内部三个 I/O 端口实际上占用了 4 个 I/O 端口地址。其中,"4 位输入寄存器"端口地址为 FEH(因为该地址经地址锁存器锁存和译码器译码后能使 $\overline{\text{CS}}$ 和 BYTE1/$\overline{\text{BYTE2}}$ 为低电平,从而使 DAC1208 内部的 4 位输入寄存器从 DI3～DI0 上接收 8031 送来的数字量),"8 位输入寄存器"的地址为 FFH(因为此时的 BYTE1/$\overline{\text{BYTE2}}$ 为高电平),12 位 DAC 寄存器的地址为 FCH 或 FDH(因为 $\overline{\text{XFER}}$ 引脚上会得到低电平)。

由图 8-13 中还可看到,DAC1208 是以双缓冲方式工作的。8031 遵守先送高 8 位和后送低 4 位的原则,分两批把 12 位数字量送到输入寄存器,然后通过 FCH 或 FDH 端口使 12 位 DAC 寄存器同时从输入寄存器接收数字量,进行 D/A 转换。因此,$V_{\text{OUT}}$ 端不会出现"毛刺"。相反,如果让 DAC1208 工作在单缓冲方式,那么 $V_{\text{OUT}}$ 输出必然会在 8031 两次送数字量间产生电压突变从而形成"毛刺"。

［例 8.3］ 设内部 RAM 的 DA 和 DA＋1 单元内存放一个 12 位数字量(DA 中为高 8 位,DA＋1 中为低 4 位),请根据图 8-13 编写把它们送到 DAC 进行变换的程序。

**解**:DAC1208 各端口的地址综述如下:

FEH　　　　　4 位输入寄存器
FFH　　　　　8 位输入寄存器
FCH 或 FDH　　12 位 DAC 寄存器

相应参考程序为

```
        ORG    1200H
DA      DATA   20H
DAC：MOV    R0,   #0FFH   ;8 位数字量地址送 R0
        MOV    R1,   #DA     ;DA 送 R1
        MOV    A,    @R1     ;高 8 位数字量送 A
        MOVX   @R0,  A       ;高 8 位数字量送 DAC
        DEC    R0            ;4 位数字量地址送 R0
        INC    R1            ;DA+1 送 R1
        MOV    A,    @R1     ;低 4 位数字量送 A
        SWAP   A             ;A 中高低 4 位交换
        MOVX   @R0,  A       ;低 4 位数字量送 DAC
        MOV    R0,   #0FCH
        MOVX   @R0   A       ;启动 DAC 工作
        RET
        END
```

# 8.3 A/D 转换器

A/D 转换器是一种能把输入模拟电压或电流变成与它成正比的数字量,即能把被控对象的各种模拟信息变成计算机可以识别的数字信息。A/D 转换器种类很多,但从原理

上通常可分为以下 4 种：计数器式 A/D 转换器、双积分式 A/D 转换器、逐次逼近式 A/D 转换器和并行 A/D 转换器。

计数器式 A/D 转换器的结构很简单，但转换速度也很慢，所以很少采用。双积分式 A/D 转换器的抗干扰能力强，转换精度也很高，但速度不够理想，常用于数字式测量仪表中。计算机中广泛采用逐次逼近式 A/D 转换器作为接口电路，它的结构不太复杂，转换速度也高。并行 A/D 转换器的转换速度最快，但因结构复杂而造价较高，故只用于那些转换速度极高的场合。本书仅对逐次逼近式和并行 A/D 转换器进行介绍。

### 8.3.1 逐次逼近式 A/D 转换原理

逐次逼近式 A/D 转换器也称为连续比较式 A/D 转换器。这是一种采用对分搜索原理来实现 A/D 转换的方法，逻辑框图如图 8-14 所示。图中，$V_x$ 为 A/D 转换器被转换的模拟输入电压；$V_s$ 是"$N$ 位 D/A 转换网络"的输出电压，其值由"$N$ 位寄存器"中的内容决定，受控制电路控制；比较器对 $V_x$ 和 $V_s$ 电压进行比较，并把比较结果送给"控制电路"。整个 A/D 转换是在逐次比较过程中形成，形成的数字量存放在 $N$ 位寄存器中，先形成最高位，然后是次高位，最后形成最低位。现对它的工作过程分析如下。

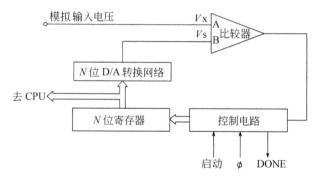

图 8-14 逐次逼近式 A/D 转换器逻辑框图

"控制电路"从"启动"输入端收到 CPU 送来的"启动"脉冲，然后开始工作。"控制电路"工作后便使"$N$ 位寄存器"中的最高位置 1，其余位清零，"$N$ 位 D/A 转换网络"根据"$N$ 位寄存器"中的内容产生 $V_s$ 电压，其值为满量程 $V_x$ 的一半，并送入比较器进行比较。若 $V_x \geqslant V_s$，则比较器输出逻辑 1，通过"控制电路"使"$N$ 位寄存器"中最高位的 1 保留，表示输入模拟电压 $V_x$ 比满量程的一半还大；若 $V_x < V_s$，则比较器通过控制电路使 $N$ 位寄存器的最高位复位，表示 $V_x$ 比满量程的一半还小。这样，A/D 转换的最高位数字量就形成了。因此，控制电路依次对 $N-1$、$N-2$、…、$N-(N-1)$ 位重复上述过程，就可使"$N$ 位寄存器"中得到和模拟电压 $V_x$ 相对应的数字量。"控制电路"在 A/D 转换完成后还自动使 DONE 变为高电平。CPU 查询 DONE 引脚上的状态（或作为中断请求）就可从 A/D 转换器提取 A/D 转换后的数字量。

### 8.3.2 并行 A/D 转换原理

上述 $N$ 位逐次逼近式 A/D 转换器需要进行 $N$ 次比较，才能完成输入模拟电压的一次 A/D 转换。为了进一步提高 A/D 转换速度,可采用并行 A/D 转换器。图 8-15 为 3 位二进制并行 A/D 转换电路,其工作过程如下。

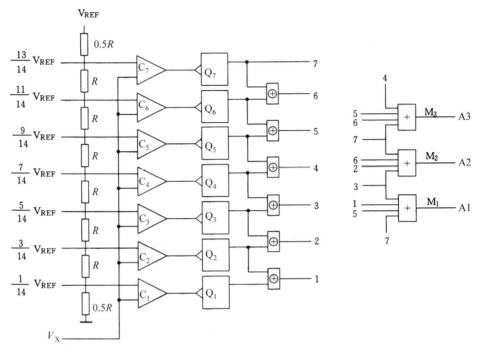

图 8-15　3 位二进制并行 A/D 转换电路

（1）参考电压 $V_{REF}$ 经电阻分压网络分压成 $\frac{13}{14}V_{REF}$、$\frac{11}{14}V_{REF}$、$\frac{9}{14}V_{REF}$、…、$\frac{1}{14}V_{REF}$,分别输入到比较器 $C_7 \sim C_1$ 的相应输入端,各比较器另一输入端彼此相连后接到模拟电压输入端 $V_x$。

（2）$C_7 \sim C_1$ 比较器把 $V_x$ 与相应标准分压比较。若 $V_x$ 大于或等于某一标准分压,则比较器使 $Q_7 \sim Q_1$ 中的相应触发器置 1;若 $V_x$ 小于某一标准分压,则 $Q_7 \sim Q_1$ 中相应位复位成 0。因此,任一输入模拟电压 $V_x$ 都会在 $Q_7 \sim Q_1$ 中产生状态信息。

（3）$Q_7 \sim Q_1$ 中的状态信息经异或门控制编码电路,编码电路由 $M_3$、$M_2$ 和 $M_1$ 组成,数字量从 A3、A2、A1 端输出。例如,当 $V_x$ 恰好为 $\frac{13}{14}V_{REF}$ 时,$Q_7 \sim Q_1$ 为全 1,从而使得 A3A2A1 输出数字量 111B。又如,若 $V_x$ 恰好为 $\frac{1}{14}V_{REF}$ 时,$Q_1$ 为 1,$Q_7 \sim Q_2$ 为全 0,使得 A3A2A1 输出数字量 001B。

对于 $N$ 位并行 A/D 转换器,其电阻分压网络需要分压成 $m (m = 2^N - 1)$ 个标准电压。$N$ 越大,电阻网络越复杂,制造时越困难,成本也越高。但转换电路中各比较器、触发器和其他电路几乎是同时工作的,故在需要极高转换速度的场合下采用并行 A/D 转换器还是十分需要的。

### 8.3.3 A/D 转换器的性能指标

A/D 转换器的性能指标是正确选用 ADC 芯片的基本依据,也是衡量 ADC 质量的关键问题。ADC 的性能指标很多,有些已在前面章节中进行过介绍,例如分辨率、线性度、偏移误差、温度灵敏度和功耗,等等。这里主要讲两点。

**1. 转换速度(Conversion Rate)**

转换速度是指完成一次 A/D 转换所需时间的倒数,这是一个很重要的指标。ADC 的型号不同,转换速度差别很大。通常,8 位逐次比较式 ADC 的转换时间为 $100\mu s$ 左右。选用 ADC 的型号应视现场需要而定,在被控系统的控制时间允许的情况下,应尽量选用便宜的逐次比较式 A/D 转换器。

**2. 转换精度(Conversion Accuracy)**

ADC 的转换精度由模拟误差和数字误差组成。模拟误差是比较器、解码网络中的电阻值以及基准电压波动等引起的误差,数字误差主要包括丢失码误差和量化误差。前者属于非固定误差,由器件质量决定;后者和 ADC 输出数字量的位数有关,位数越多,误差越小。

在 A/D 转换过程中,模拟量是连续变化的量,数字量是断续的量。因此,A/D 转换器的位数固定以后,并不是所有模拟电压都能用数字量精确表示。例如,假定 3 位二进制 A/D 转换器的满量程值 $V_{FS}$ 为 7V,即输入模拟电压可以在 0~7V 连续变化,但3 位数字量只能有 8 种组合。如果模拟输入电压为 0V、1V、2V、3V、4V、5V、6V 和 7V 时,3 位数字量恰好能精确表示,不会出现量化误差。如果输入模拟电压为其余值,则会产生量化误差,输入模拟电压为0.5V、1.5V、2.5V、3.5V、4.5V、5.5V 和 6.5V 时量化误差最大,应当是 0.5V(见图 8-15),故量化误差的定义是分辨率的一半,其计算公式为

$$Q = \frac{V_{FS}}{(2^N - 1) \times 2} \tag{8-9}$$

式中,$N$ 为 ADC 的二进制位数。

### 8.3.4 ADC0809

ADC 也有两大类:一类在电子线路中使用,不带使能控制端;另一类带有使能控制端,可与微机直接连接。ADC0809 是一种 8 位逐次逼近式 A/D 转换器,可以和微机直接连接。ADC0809 的姊妹芯片是 ADC0808,可以相互替换。

**1. 内部结构**

ADC0809 由 8 路模拟开关、地址锁存与译码器、比较器、256 电阻阶梯、树状开关、逐次逼近式寄存器 SAR、控制电路和三态输出锁存器等组成,如图 8-16 所示。

(1) 8 路模拟开关及地址锁存与译码器。8 路模拟开关用于输入 IN0~IN7 上的 8 路模拟电压。地址锁存与译码器在 ALE 信号控制下可以锁存 ADDA、ADDB 和 ADDC 上的地址信息,经译码后控制 IN0~IN7 上某一路模拟电压送入比较器。例如,当 ADDA、ADDB 和 ADDC 上均为低电平 0 且 ALE 为高电平时,地址锁存与译码器输出使 IN0 上的模拟电压送到比较器输入端 $V_{IN}$。

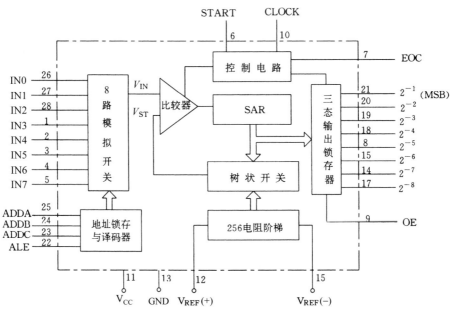

图 8-16 ADC0809 逻辑框图

（2）256 电阻阶梯和树状开关。为了简化问题,现以 2 位电阻阶梯和树状开关（见图 8-17）为例加以说明。图中,4 个分压电阻使 A、B、C 和 D 4 点分压成 2.5V、1.5V、0.5V 和 0V。SAR 中高位 D1 控制左边两个树状电子开关,低位 D0 控制右边 4 个树状开关。各开关旁的 0 和 1 表示树状开关的闭合条件,由 D1D0 状态决定。例如 D1＝1,则上面开关闭合而下面开关断开,D1＝0 时的情况正好与此相反。树状开关输出电压 $V_{ST}$ 和 D1D0 的关系见表 8-2。

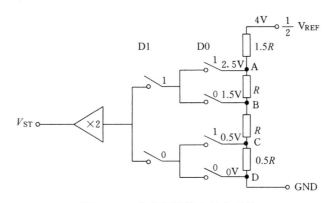

图 8-17　2 位电阻阶梯和树状开关

表 8-2　$V_{ST}$ 和 D1D0 的关系表

| D1 D0 | $V_{ST}/V$ | D1 D0 | $V_{ST}/V$ |
|-------|-----------|-------|-----------|
| 0　0 | 0 | 1　0 | 1.5 |
| 0　1 | 0.5 | 1　1 | 2.5 |

对于 8 位 A/D 转换器,SAR 为 8 位,电阻阶梯、树状开关和上述情况类似,只是需要有 $2^8 = 256$ 个分压电阻,形成 256 个标准电压供给树状开关使用。$V_{ST}$ 送给比较器输入端。

(3) SAR 和比较器。SAR 在 A/D 转换过程中存放暂态数字量,在 A/D 转换完成后存放数字量,并可送到"三态输出锁存器"。

A/D 转换前,SAR 为全 0。A/D 转换开始时,控制电路使 SAR 最高位为 1,并控制树状开关的闭合和断开,由此产生 $V_{ST}$ 送给比较器,比较器对输入模拟电压 $V_{IN}$ 和 $V_{ST}$ 进行比较。若 $V_{IN} < V_{ST}$,则比较器输出逻辑 0,使 SAR 最高位由 1 变为 0;若 $V_{IN} \geq V_{ST}$,则比较器输出 1,使 SAR 最高位保留 1。此后,控制电路在保持最高位不变的情况下,依次对次高位、次次高位……最低位重复上述过程,就可在 SAR 中得到 A/D 转换完成后的数字量。

(4) 三态输出锁存器和控制电路。三态输出锁存器用于锁存 A/D 转换完成后的数字量。CPU 使 OE 引脚变为高电平就可以从"三态输出锁存器"取走 A/D 转换后的数字量。

控制电路用于控制 ADC0809 的工作过程。

**2. 引脚功能**

ADC0809 采用双列直插式封装,共有 28 条引脚,如图 8-16 所示。

(1) IN0~IN7(8 条)。IN0~IN7 为 8 路模拟电压输入线,用于输入被转换的模拟电压。

(2) 地址输入和控制(4 条)。ALE 为地址锁存允许输入线,高电平有效。当 ALE 线为高电平时,ADDA、ADDB 和 ADDC 三条地址线上的地址信号得以锁存,经译码后控制 8 路模拟开关工作。ADDA、ADDB 和 ADDC 为地址输入线,用于选择 IN0~IN7 上的某一路模拟电压送给比较器进行 A/D 转换。ADDA、ADDB 和 ADDC 对 IN0~IN7 的选择如表 8-3 所示。

表 8-3　被选模拟电压路数和地址的关系

| 被选模拟电压路数 | ADDC | ADDB | ADDA |
|---|---|---|---|
| IN0 | 0 | 0 | 0 |
| IN1 | 0 | 0 | 1 |
| IN2 | 0 | 1 | 0 |
| IN3 | 0 | 1 | 1 |
| IN4 | 1 | 0 | 0 |
| IN5 | 1 | 0 | 1 |
| IN6 | 1 | 1 | 0 |
| IN7 | 1 | 1 | 1 |

(3) 数字量输出及控制线(11 条)。START 为"启动脉冲"输入线,该线上的正脉冲由 CPU 送来,宽度应大于 100ns,上升沿清零 SAR,下降沿启动 ADC 工作。EOC 为转换

结束输出线,该线上的高电平表示 A/D 转换已结束,数字量已锁入"三态输出锁存器"。$2^{-1} \sim 2^{-8}$ 为数字量输出线,$2^{-1}$ 为最高位。OE 为"输出允许"线,高电平时能使 $2^{-1} \sim 2^{-8}$ 引脚上输出转换后的数字量。

(4) 电源线及其他(5条)。CLOCK 为时钟输入线,用于为 ADC0809 提供逐次比较所需 640kHz 时钟脉冲序列。$V_{CC}$ 为+5V 电源输入线,GND 为地线。$V_{REF}(+)$ 和 $V_{REF}(-)$ 为参考电压输入线,用于给电阻阶梯网络供给标准电压。$V_{REF}(+)$ 常和 $V_{CC}$ 相连,$V_{REF}(-)$ 常接地或接负电源电压。

# 8.4 MCS-51 对 A/D 的接口

MCS-51 与 ADC 连接时必须弄清并处理好三个问题。

① 要给 START 线送一个 100ns 宽的启动正脉冲。

② 获取 EOC 线上的状态信息,因为它是 A/D 转换的结束标志。

③ 要给"三态输出锁存器"分配一个端口地址,也就是给 OE 线上送一个地址译码器输出信号。

MCS-51 和 ADC 连接时通常可以采用查询和中断两种方式。采用查询方式传送数据时 MCS-51 应对 EOC 线查询它的状态:若它为低电平,表示 A/D 转换正在进行,则 MCS-51 应当继续查询;若查询到 EOC 变为高电平,则给 OE 线送一个高电平,以便从 $2^{-1} \sim 2^{-8}$ 线上提取 A/D 转换后的数字量。采用中断方式传送数据时,EOC 线作为 CPU 的中断请求输入线。CPU 响应中断后,应在中断服务程序中使 OE 线变为高电平,以提取 A/D 转换后的数字量。

## 8.4.1 MCS-51 对 ADC0809 的接口

如前所述,ADC0809 内部有一个 8 位"三态输出锁存器"可以锁存 A/D 转换后的数字量,故它本身既可看作一种输入设备,也可认为是并行 I/O 接口芯片。因此,ADC0809 可以直接和 MCS-51 连接,也可通过像 8255 这样的其他接口芯片连接。但在大多数情况下,8031 是和 ADC0809 直接相连的,如图 8-18 所示。由图可见,START 和 ALE 互连可使 ADC0809 在接收模拟量路数地址时启动工作。START 启动信号由 8031 $\overline{WR}$ 和译码器输出端 $\overline{F0H}$ 经高电位或非门 $M_2$ 产生。平时,START 因译码器输出端 $\overline{F0H}$ 上的高电平而封锁。当 8031 执行如下程序后

```
MOV    R0,     #0F0H
MOV    A,      #07H      ;选择 IN7 模拟电压地址送 A
MOVX   @R0,    A         ;START 上产生正脉冲
```

START 上正脉冲(此时 $\overline{F0H}$ 和 $\overline{WR}$ 线上均为低电平)启动 ADC0809 工作,ALE 上正脉冲使 ADDA、ADDB 和 ADDC 上的地址得到锁存,以选中 IN7 路模拟电压送入比较器。显然,8031 此时是把 ADDA、ADDB 和 ADDC 上的地址作为数据来处理的,如果 ADDA、ADDB 和 ADDC 分别和 P2.0、P2.1 和 P2.2 相连,情况就会发生变化。8031 只有执行如

下指令才会给 ADC0809 送去模拟量路数地址:

```
MOV    DPTR,    ＃07F0H
MOVX   @DPTR,   A
```

此时,8031 是把 ADDA、ADDB 和 ADDC 作为地址线处理的。

从图 8-18 中还可见到,EOC 线经过反相器和 8031 $\overline{INT1}$ 线相连,这就说明 8031 是采用中断方式来和 ADC0809 传送 A/D 转换后的数字量的。为了给 OE 线分配一个地址,图中把 8031 $\overline{RD}$ 和译码器输出 $\overline{F0H}$ 经高电位或非门 $M_1$ 和 OE 相连。平时,因译码器输出 $\overline{F0H}$ 为高电平,从而使 OE 处于低电平封锁状态。在响应中断后,8031 执行中断服务程序中如下两条指令就可以使 OE 变为高电平(此时 $\overline{F0H}$ 和 $\overline{RD}$ 线上均为低电平),从而打开三态输出锁存器,让 CPU 提取 A/D 转换后的数字量。

```
MOV    R0,     ＃0F0H
MOVX   A,      @R0       ;OE 变为高电平,数字量送 A
```

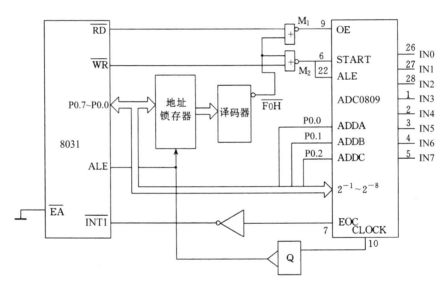

图 8-18　8031 和 ADC0809 的接口

为加深读者印象,现举例说明如下。

[**例 8.4**]　在图 8-18 中,请编程对 IN0~IN7 上的模拟电压采集一遍数字量,并送入内部 RAM 以 30H 为始址的输入缓冲区。

**解:**本程序分为主程序和中断服务程序两部分。主程序用来对中断初始化,给 ADC0809 发启动脉冲和送模拟量路数地址等。中断服务程序用来从 ADC 接收 A/D 转换后的数字量并判断是否对 IN0~IN7 上的模拟电压采集一遍。参考程序如下。

① 主程序。

```
ORG     0A00H
MOV     R1,     ＃30H      ;输入数据区始址送 R1
MOV     R4,     ＃8        ;模拟量总路数送 R4
```

```
        MOV        R2，      #00H      ;IN0 地址送 R2
        SETB       EA                  ;开 CPU 中断
        SETB       EX1                 ;允许 INT1 中断
        SETB       IT1                 ;令 INT1 为边沿触发
        MOV        R0，      #0F0H     ;送端口地址 F0H 到 R0
        MOV        A，       R2        ;IN0 地址送 A
        MOVX       @R0，     A         ;送 IN0 地址并启动 A/D
        SJMP            $              ;等待中断或其他
```

② 中断服务程序。

```
        ORG        0013H
        AJMP       CINT1               ;转中断服务程序
        ORG        0100H
CINT1：  MOV        R0，      #0F0H     ;端口地址送 R0
        MOVX       A，       @R0       ;输入数字量送 A
        MOV        @R1，     A         ;存入输入数据区
        INC        R1                  ;输入数据区指针加 1
        INC        R2                  ;修改模拟量路数地址
        MOV        A，       R2        ;下个模拟量路数地址送 A
        MOVX       @R0，     A         ;送下路模拟量路数地址,并启动 A/D
        DJNZ       R4，      LOOP      ;若未采集完 8 路,则转 LOOP
        CLR        EX1                 ;若已采集完 8 路,则关 INT1 中断
LOOP：   RETI                          ;中断返回
        END
```

ADC0809 所需时钟信号可以由 8031 的 ALE 信号提供。8031 的 ALE 信号通常是每个机器周期出现两次,故它的频率是单片机时钟频率的 1/6。若 8031 的主频是 6MHz,则 ALE 信号频率为 1MHz,若使 ALE 上的信号经触发器二分频接到 ADC0809 的 CLOCK 输入端,则可获得 500kHz 的 A/D 转换脉冲。当然,ALE 上的脉冲会在 MOVX 指令的每个机器周期内少出现一次(见图 2-21),但通常情况下影响不大。

[例 8.5] 请分析图 8-19 中的电路接线,编出能将电位计 RV1 中间抽头上的模拟电压转换成数字量并在数码管上进行显示的程序。

**解**:ADC0808 是 ADC0809 的姊妹芯片,其内部结构和使用方法相同。图中, ADC0808 的 START 和 ALE 引线相连,由异或门 U4:A 的输出端控制。当 AT89C51 执行一条写端口指令(地址为 FE00H,即 P2.0 为 0V)"MOVX @DPTR,A"时,就能在 START 端产生一个正脉冲(因 P2.0 和 WR 均为低电平),而启动 ADC0808 进行 A/D 转换。由于 ADC0808 的 ADDA、ADDB 和 ADDC 三条引线均接地,故能接通内部的 IN0 路模拟开关,以便把电位计中间抽头上送来的模拟电压转换成数字量。IN0 引脚线上还接有一只虚拟电压表,用于测量电位计中间抽头到地的电压。一旦 ADC0808 完成 A/D 转换,它便会自动在 EOC 上产生一个高电平,并经 U3 反相后向 CPU 提出中断请求; AT89C51 响应 INT0 上中断请求,就可在它的中断服务程序中通过一条读端口指令(地址

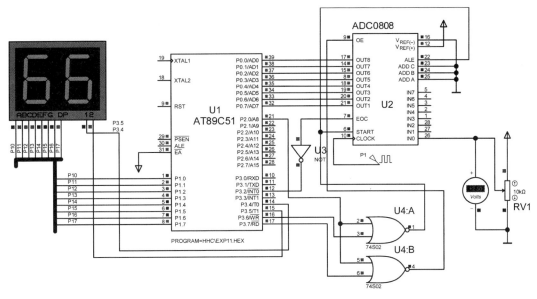

图 8-19　例 8.5 附图

为 FE00H)"MOVX　A,@DPTR"(此时 P2.0 和 $\overline{RD}$ 均为低电平)而读取 A/D 转换后的数字量。7SEG-MPX2-CA-BLUE 为 8 段共阳双数码显示器,字形码从 A、B、C、D、E、F、G 和 DP 端输入,引脚 1 上的高电平允许十位(左边)上的数码管显示;引脚 2 上的高电平允许个位(右边)上的数码管显示。

本程序有两种编写方法:一种是中断法;另一种是查询法。中断法只需要 CPU 在主程序中启动一次 A/D 转换,然后就可一边工作、一边等待 $\overline{INT0}$ 上来中断。一旦 $\overline{INT0}$ 上有了中断,CPU 便可立即响应,并通过安排在中断服务程序中的一条读端口指令而读取 A/D 转换后的数字量。查询法需要 CPU 在启动 A/D 转换后不断查询 P3.2 引脚上的电平:若它为低电平,则表明 A/D 转换尚未完成,需要继续查询;若为高电平,则便可读取 A/D 转换后的数字量。查询法的缺点是 CPU 在查询中失去时效,但常被初学者在实验中采用。

查询法的相应程序如下:

```
            ORG     0000H
            LJMP    MAIN
            ORG     0200H
MAIN:  MOV      DPIR,＃0FE00H        ;DPIR 指向 A/D 口
LOOP:  CLR      P3.4
            CLR      P3.5
            MOVX    @DPTR,A             ;启动 A/D 转换
            SETB    P3.2                 ;准备读 P3.2
LPP1:  MOV      C,P3.2               ;P3.2 读入 Cy
            JC       LOOP1               ;等待 A/D 完成
            MOVX    A,@DPTR             ;若 A/D 已完,则数字量存入 30H
            MOV      30H,A
```

```
        ANL     A,♯0FH              ;取出低 4 位
        LCALL   SEG7               ;查表得字形码
        MOV     P1,A               ;送 P1 口显示
        SETB    P3.5
        LACLL   DELAY              ;等待个位显示
        CLR     P3.5               ;关显示
        MOV     A,30H              ;取出数字的高 4 位
        ANL     A,♯0F0H
        SWAP    A                  ;调入低 4 位
        LCALL   SEG7               ;查表得字形码
        MOV     P1,A               ;送入 P1 口显示
        SETB    P3.4
        LCALL   DELAY              ;等待十位显示
        SJMP    LOOP
SEG7:   INC     A                  ;字形码查表子程序
        MOVC    A,@A+PC
        RET
        DB   0C0H,0F9H,0A4H,0B0H,99H,92H,82H,0F8H
        DB   80H,90H,88H,83H,0C6H,0A1H,86H,8EH

DELAY: MOV     R7,♯60H             ;延时子程序
DELAY1:MOV     R6,♯00H
DELAY2:DJNZ    R6,DELAY2
       DJNZ    R7,DELAY1
       RET
       END
```

在 PROTEUS 环境下,按图 8-19 进行电路布线,在电气检查无误后便可输入、修改和汇编上述程序。运行程序,并调节电位计中间抽头的位置,读者便可从虚拟电压表上读得 A/D 转换前的模拟电压和从数码管上观察到 A/D 转换后的数字量。请比较 A/D 转换前、后所读值的一致性。

**但要注意**:从数码管上读得的数字量是十六进制的,需要换算。

## 8.4.2  MCS-51 对 AD574A 的接口

为了提高 A/D 的转换精度,可采用 10 位、12 位或更多位数的 A/D 转换器。现以应用最广的 AD574A 为例来介绍它和 MCS-51 的接口。

**1. AD574A 的结构特点和引脚功能**

AD574A 是美国 AD 公司研制的 12 位逐次逼近式 ADC,适合在高精度快速采样系统中使用。

(1) AD574A 的结构特点。AD574A 的内部结构和 ADC0809 类同,只是数字量位数由 8 位提高到了 12 位,故对于它的内部结构不再赘述,只对它和 ADC0809 的主要差别加以分析。

350 •

① AD574A 内部集成有转换时钟、参考电压源和三态输出锁存器,故使用方便,也可与微机直接连接,而且无须外接 CLOCK 时钟。

② AD574A 的转换时间可达 $25\mu s$,这与 ADC0809 的 $100\mu s$ 相比显然要小得多,但与同系列 $3\mu s$ 的 AD578 相比还是逊色不少。

③ ADC0809 输入模拟电压为 $0\sim+5V$,是单极性的。但 AD574A 的输入模拟电压既可以是单极性也可以是双极性:单极性输入时为 $0\sim+10V$ 或 $0\sim+20V$;双极性输入时为 $-5\sim+5V$ 或 $-10\sim+10V$。

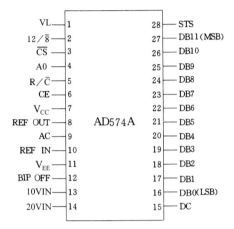

图 8-20 AD574A 引脚配置

④ AD574A 的数字量位数可以设定为 8 位,也可以设定为 12 位。

(2) 引脚功能。AD574A 为 28 引脚双列直插式封装,引脚分配如图 8-20 所示。

① 模拟量输入线(3 条):10VIN 为 10V 量程的模拟电压输入线,单极性时为 $0\sim+10V$,双极性时为 $-5\sim+5V$;20VIN 为 20V 量程模拟电压输入线,单极性时为 $0\sim+20V$,双极性时为 $-10\sim+10V$。AC 为模拟电压公共地线。

② 数字量输出线(12 条):DB11~DB0 为数字量输出线,DB11 为最高位;DC 为数字量公共接地线,常和 AC 相连后接地。

③ 控制线(6 条):$\overline{CS}$ 为片选线,低电平有效;CE 为片选使能线,高电平有效。$\overline{CS}$ 和 CE 共同用于片选控制,当 $\overline{CS}$ 为 0 且 CE 为 1 时,选中本片工作,否则本片处于禁止状态。

$R/\overline{C}$ 为读出/转换控制输入线。若使 $R/\overline{C}$ 为 0,则本片启动工作;若使 $R/\overline{C}$ 为 1,则本片处于允许读出数字量状态。

A0 和 $12/\overline{8}$。这两条控制线能决定进行 12 位还是 8 位 A/D 转换,控制功能如表 8-4 所示。应当强调指出,在启动 AD574A 进行 A/D 转换时,应先使 $R/\overline{C}$ 为低电平,然后再使 $\overline{CS}$ 和 CE 分别变为有效,这样可以避免启动 A/D 转换前出现不必要的读操作。

表 8-4　AD574A 操作功能表

| CE | $\overline{CS}$ | $R/\overline{C}$ | $12/\overline{8}$ | A0 | 完 成 操 作 |
|----|----|----|----|----|----|
| 1 | 0 | 0 | $\times$ | 0 | 启动 12 位 A/D 转换 |
| 1 | 0 | 0 | $\times$ | 1 | 启动 8 位 A/D 转换 |
| 1 | 0 | 1 | 1 | $\times$ | 12 位数字量输出 |
| 1 | 0 | 1 | 0 | 0 | 高 8 位数字量输出 |
| 1 | 0 | 1 | 0 | 1 | 低 4 位数字量输出 |
| 0 | $\times$ | $\times$ | $\times$ | $\times$ | 无操作 |
| $\times$ | 1 | $\times$ | $\times$ | $\times$ | |

STS 为转换状态输出线。STS 为高电平,表示 AD574A 正处于 A/D 转换状态;若

STS 变为低电平,则它的 A/D 转换已完成。因此,在使用中 STS 线可供 CPU 查询,也可作为 MCS-51 的外中断请求输入线。

④ 测试/调零线(3 条):REF IN 和 REF OUT 线,REF IN 为内部解码网络所需参考电压输入线;REF OUT 为内部参考电压输出线。通常,REF IN 和 REF OUT 之间可以跨接一个 100Ω 金属陶瓷电位计,用来调整各量程增益。BIP OFF 为补偿调整线,用于在模拟输入为零时把 ADC 输出数字量调整为零。

⑤ 电源线(4 条):VL 为 +5V 电源线;$V_{CC}$ 为 +12～+15V 电源线;$V_{EE}$ 为 -12～-15V 电源线;DC 为直流电压地线。

### 2. 8031 对 AD574A 的接口

图 8-21 示出了 8031 对 AD574A 的接口电路,现对图中接线说明如下。

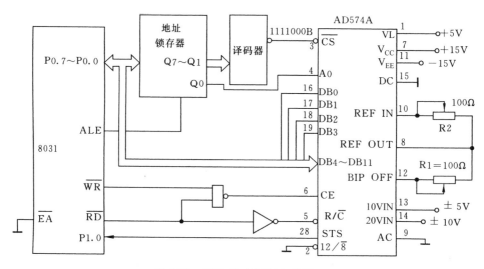

图 8-21　8031 和 AD574A 的接口

(1) AD574A 有两个选口地址,由 A0 区分。若把译码器 Q7Q6Q5Q4Q3Q2Q1 = 1111000B 端接到 $\overline{CS}$(见图 8-21),则 AD574A 的两个选口地址为 F0H 和 F1H(Q0 为 0 或 1)。其中,写 F0H 用于启动 12 位 A/D 转换;写 F1H 启动 8 位 A/D 转换;读 F0H 用于读取高 8 位数字量;读 F1H 用于读取低 4 位数字量。这点可以对照表 8-4 看出来。

(2) 12/$\overline{8}$ 引脚接地表示 8031 需要分两次从 AD574A 输入 A/D 转换后的 12 位数字量。

(3) 在图 8-21 中,BIP OFF 线的接法表示 10VIN 或 20VIN 被设定为双极性电压输入。若要使 10VIN 或 20VIN 设定为单极性电压输入,可让 BIP OFF 线按图 8-22 接线。

(4) 电位计 R1 用于零点调整。单极性电压输入下,零点调整办法是先使模拟电压输入最小值 $\left(0～10V \text{ 量程时为} \dfrac{LSB}{2} = 0.0012V\right)$,

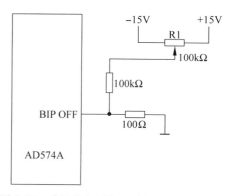

图 8-22　单极性电压输入时的 BIP OFF 接线

然后调整 R1 使输出数字量为 0000H～0001H。

（5）电位计 R2 用于增益调整。单极性电压输入下增益调整的办法是，先使模拟输入为额定值 $\left(0\sim10\text{V 量程时为 }V_{FSR}-3\times\dfrac{\text{LSB}}{2}=+9.9964\text{V}\right)$，然后调整 R2 使输出数字量为 FFFEH～FFFFH。其中，$V_{FSR}$ 为满量程模拟电压值。

[例 8.6]　在图 8-21 中，请编写程序令 AD574A 工作，并把 A/D 转换后的 12 位数字量存入内部 RAM 的 20H 和 21H 单元。设 21H 单元低 4 位存放 12 位数字量的低 4 位。

**解**：根据前面对图 8-21 的分析，参考程序为

```
        ORG    8000H
        MOV    R1,      #20H     ;输入数据区始址送 R1
        MOV    R0,      #0F0H    ;端口地址 F0H 送 R0
        MOVX   @R0,     A        ;启动 12 位 A/D 转换
LOOP:   JB     P1.0,    LOOP     ;若 STS=1,则连续查询
        MOVX   A,       @R0      ;读高 8 位数字量送 A
        MOV    @R1,     A        ;存入 20H 单元
        INC    R0                ;端口地址 F1H 送 R0
        INC    R1                ;修改输入数据区始址
        MOVX   A,       @R0      ;读低 4 位数字量送 A
        ANL    A,       #0FH     ;屏蔽高 4 位
        MOV    @R1,     A        ;存入 21H 单元
          ⋮
        END
```

上述程序是按查询法输入 A/D 转换后的数字量。如果为了提高 CPU 的利用率而改用中断法，只需把图 8-21 中的 STS 经反相器改接到 $\overline{\text{INT0}}$ 或 $\overline{\text{INT1}}$。不过，程序需要重新编写，应当包括主程序和中断服务程序两部分。

# 习题与思考题

**8.1**　D/A 转换器的作用是什么？A/D 转换器的作用是什么？各在什么场合下使用？

**8.2**　根据图 8-3 简述 D/A 转换的原理。为什么 D/A 转换器通常不采用加权电阻解码网络？

**8.3**　D/A 转换器的主要性能指标有哪些？设某 DAC 有二进制 14 位，满量程模拟输出电压为 10V，试问它的分辨率和转换精度各为多少？

**8.4**　结合图 8-4 弄清 DAC0832 的工作原理和引脚功能。

**8.5**　DAC 的单极性和双极性电压输出的根本区别是什么？

**8.6**　DAC0832 当作控制放大器使用时，为什么输入数字量不能为零？

**8.7**　DAC0832 和 MCS-51 连接时有哪三种工作方式？各有什么特点？适合在什么

场合下使用?

**8.8** 图 8-23 用于产生各种波形,图中 DAC-IC8B 是一种内部不带输入寄存器的 8 位 DAC 芯片,可以有电流和电压两种输出方式(图示为电压输出方式)。8031 执行以下程序可以在 $V_{OUT}$ 处产生频率和幅度可变的锯齿波。

```
        ORG     1200H
        MOV     P1,     #00H        ;P1 口输出 00H
        MOV     R1,     #data1
        MOV     R2,     #data2
        MOV     A,      R2
        MOV     B,      R1
        DIV     AB
        MOV     B,      R1
        MUL     AB
        MOV     20H,    A
LOOP:   CLR     A
NEXT:   MOV     P1,     A           ;开始输出锯齿波
        ADD     A,      R1          ;幅度递增
        CJNE    A,      20H,NEXT
        MOV     P1,     A
        SJMP    LOOP                ;产生下一个锯齿波
        END
```

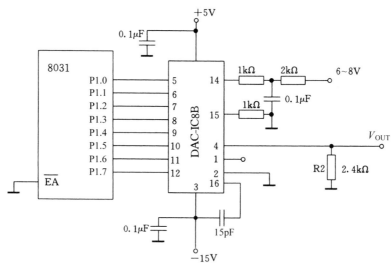

图 8-23 习题 8.8 附图

请仔细阅读上述程序,并回答如下问题。

① 改变锯齿波频率应调整哪个寄存器中的初值? 改变波幅应修改哪个寄存器中的初值?

② 上述程序中,DIV 和 MUL 指令的作用是什么?

③ 设 8031 的时钟频率为 6MHz,试问 data1 和 data2 为何值时可以获得最大锯齿波周期?周期是多少?

④ 设 8031 主频仍为 6MHz,试问 data1＝0DH 且 data2＝9FH 时,锯齿波周期是多少?

**8.9** 编写能在图 8-23 中产生梯形波的程序。要求梯形波的上底和下底由 8031 内部定时器延时产生。

**8.10** 请根据图 8-10(a)的电路接线,分别修改例 8.1 中锯齿波、三角波和方波程序,然后在 PROTEUS 环境下运行,并能在 Digital Oscillscope 上观察到相应波形。

**8.11** MCS-51 和 DAC1208 连接时,CPU 为什么必须给它先送高 8 位、后送低 4 位数字量? 这时的 DAC1208 能否在直通或单缓冲方式下工作? 为什么?

**8.12** 利用图 8-13,编写能把从 20H 开始的 20 个数据(高 8 位数字量在前一单元,低 4 位数字量在后一单元中的低 4 位)送 DAC 转换的程序。

**8.13** ADC 共分哪几种类型? 各有什么特点?

**8.14** 决定 ADC0809 模拟电压输入路数的引脚有哪几条?

**8.15** 根据图 8-19,请用中断法编出能将电位计 RV1 中间抽头上的模拟电压转换成数字量,并加以显示。

**8.16** 图 8-24 示出 8031 和 ADC0809 的接口。设在内部 RAM 始址 20H 处有一数据区,请写出对 8 路模拟电压连续采集并存入(或更新)这个数据区的程序。

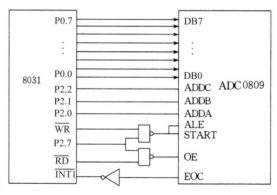

图 8-24 习题 8.16 和习题 8.17 的附图

**8.17** 利用图 8-24 编写每分钟采集一遍 IN0～IN7 上的模拟电压,并把采集的数字量存入(或更新)内部 RAM 从 20H 开始的数据区(利用 8031 内部定时器)的程序。

**8.18** 习题 8.17 中,若要求连续采集 1 小时,且每次采集到的数字量要全部保留到外部 RAM,请编写程序。

**8.19** AD574A 的主要特性是什么? 哪些引脚可以决定它的选口地址?

**8.20** 在图 8-21 中,若把 STS 和 8031 的 $\overline{INT0}$ 相连,请编写对 AD574A 采集 40 次,并把采集到的数字量存入以 20H 为始址的数据区的主程序和中断服务程序。

# 第 9 章 MCS-51 的串行通信

串行通信是一种能把二进制数据按位传送的通信,故所需传输线条数极少,特别适用于分级、分层和分布式控制系统以及远程通信。

MCS-51 内部除含有 4 个并行 I/O 接口外,还带有一个串行 I/O 接口。本章专门介绍 MCS-51 的串行 I/O 接口及其应用。

## 9.1 串行通信基础

在计算机系统中,串行通信是指计算机主机与外设之间以及主机系统与主机系统之间数据的串行传送。由于串行通信与通信制式、传送距离以及 I/O 数据的串并变换等许多因素有关,因此读者必须先弄清如下问题才能为进一步学习 MCS-51 的串行接口打下基础。

### 9.1.1 串行通信的分类

按照串行数据的同步方式,串行通信可以分为同步通信和异步通信两类。同步通信是按照软件识别同步字符来实现数据的发送和接收,异步通信是一种利用字符的再同步技术的通信方式。

**1. 异步通信(Asynchronous Communication)**

在异步通信中,数据通常以字符(或字节)为单位组成字符帧传送。字符帧由发送端逐帧发送,通过传输线被接收设备逐帧接收。发送端和接收端可以由各自的时钟来控制数据的发送和接收,这两个时钟源彼此独立,互不同步。

那么,究竟发送端和接收端依靠什么来协调数据的发送和接收呢?也就是说,接收端怎么会知道发送端何时开始发送和何时结束发送呢?原来,这是由字符帧格式规定的。平时,发送线为高电平(逻辑 1),每当接收端检测到传输线上发送过来的低电平逻辑 0(字符帧中的起始位)时,就知道发送端已开始发送,每当接收端接收到字符帧中的停止位时,就知道一帧字符信息已发送完毕。

在异步通信中,字符帧格式和波特率是两个重要指标,由用户根据实际情况选定。

(1) 字符帧(Character Frame)。字符帧也称为数据帧,由起始位、数据位、奇偶校验位和停止位 4 部分组成,如图 9-1 所示。现对各部分结构和功能分述如下。

① 起始位:位于字符帧开头,只占 1 位,始终为逻辑 0 低电平,用于向接收设备表示发送端开始发送一帧信息。

② 数据位:紧跟起始位之后,用户根据情况可取 5 位、6 位、7 位或 8 位,低位在前高位在后。若所传数据为 ASCII 字符,则常取 7 位。

③ 奇偶校验位:位于数据位后,仅占 1 位,用于表征串行通信中采用奇校验还是偶校

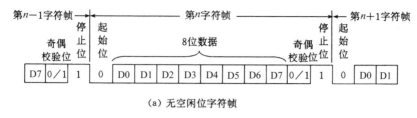

(a) 无空闲位字符帧

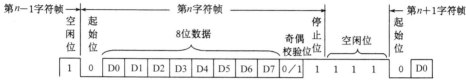

(b) 有空闲位字符帧

图 9-1 异步通信的字符帧格式

验,由用户根据需要决定。

④ 停止位:位于字符帧末尾,为逻辑高电平1,通常可取 1 位、1.5 位或 2 位,用于向接收端表示一帧字符信息已发送完毕,也为发送下一帧字符做准备。

在串行通信中,发送端逐帧发送信息,接收端逐帧接收信息。两相邻字符帧之间可以无空闲位,也可以有若干空闲位,这由用户根据需要决定。图 9-1(b)示出具有三个空闲位时的字符帧格式。

(2) 波特率(baud rate)。波特率的定义为每秒钟传送二进制数码的位数(又称为比特数),单位是 b/s(bit per second)。波特率是串行通信的重要指标,用于表征数据传输的速度。波特率越高,数据传输速度越快,但和字符的实际传输速率不同。字符的实际传输速率是指每秒内所传字符帧的帧数,和字符帧格式有关。例如,波特率为1200b/s 的通信系统,若采用图 9-1(a)的字符帧,则字符的实际传输速率为 1200b/s/11=109.09(帧/s);若改用图 9-1(b)的字符帧,则字符的实际传输速率为 1200b/s/14=85.71(帧/s)。

每位的传输时间定义为波特率的倒数。例如,波特率为1200b/s 的通信系统,其每位的传输时间应为

$$T_\mathrm{d}=\frac{1\mathrm{b}}{1200\mathrm{b/s}}=0.833\mathrm{ms}$$

波特率还与信道的频带有关。波特率越高,信道频带越宽。因此,波特率也是衡量信道频宽的重要指标。通常,异步通信的波特率为 50～9600b/s。波特率不同于发送时钟和接收时钟,常是时钟频率的 1/16 或 1/64。

异步通信的优点是不需要传送同步脉冲,字符帧长度也不受限制,故所需设备简单。缺点是字符帧中因包含起始位和停止位而降低了有效数据的传输速率。

**2. 同步通信(Synchronous Communication)**

同步通信是一种连续串行传送数据的通信方式,一次通信只传送一帧信息。这里的信息帧和异步通信中的字符帧不同,通常含有若干个数据字符,如图 9-2 所示。

它们均由同步字符、数据字符和校验字符 CRC(Cyclic Redundancy Check,循环冗余校验)三部分组成。其中,同步字符位于帧结构开头,用于确认数据字符的开始(接收端不

| 同步<br>字符 | 数据<br>字符 1 | 数据<br>字符 2 | 数据<br>字符 3 | | 数据<br>字符 *n* | CRC1 | CRC2 |
|---|---|---|---|---|---|---|---|

(a) 单同步字符帧结构

| 同步<br>字符 1 | 同步<br>字符 2 | 数据<br>字符 1 | 数据<br>字符 2 | | 数据<br>字符 *n* | CRC1 | CRC2 |
|---|---|---|---|---|---|---|---|

(b) 双同步字符帧结构

图 9-2　同步通信中的字符帧结构

断对传输线采样,并把采样到的字符和双方约定的同步字符比较,只有比较成功后才会把后面接收到的字符加以存储);数据字符在同步字符之后,个数不受限制,由所需传输的数据块长度决定;校验字符有 $1\sim2$ 个,位于帧结构末尾,用于接收端对接收到的数据字符的正确性进行校验。

在同步通信中,同步字符可以采用统一标准格式,也可由用户约定。在单同步字符帧结构中,同步字符常采用 ASCII 码中规定的 SYN(即 16H)代码,在双同步字符帧结构中,同步字符一般采用国际通用标准代码 EB90H。

同步通信的数据传输速率较高,通常可达 56Mb/s 或更高。同步通信的缺点是要求发送时钟和接收时钟保持严格同步,故发送时钟除应和发送波特率保持一致外,还要求把它同时传送到接收端去。

### 9.1.2　串行通信的制式

在串行通信中,数据是在两个站之间传送的。按照数据传送方向,串行通信可分为半双工和全双工两种制式。

**1. 半双工(Half Duplex)制式**

在半双工制式下,A 站和 B 站之间只有一个通信回路,故数据或者由 A 站发送被 B 站接收,或者由 B 站发送被 A 站接收。因此,A、B 两站之间只需要一条信号线和一条接地线,如图 9-3(a)所示。

**2. 全双工(Full Duplex)制式**

在全双工制式下,A、B 两站间有两个独立的通信回路,两站都可以同时发送和接收数据。因此,全双工方式下的 A、B 两站之间至少需要三条传输线:一条用于发送,一条用于接收,一条用于信号地,如图 9-3(b)所示。

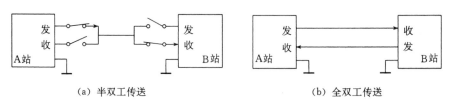

(a) 半双工传送　　　　　　　　　(b) 全双工传送

图 9-3　串行通信数据传送的制式

### 9.1.3 串行通信中的调制解调器

在计算机中,数据信号电平是 TTL 型的,即 $\geqslant 2.4V$ 表示逻辑 1,$\leqslant 0.5V$ 表示逻辑 0。因此,这种信号用于远距离传输必然会使信号衰减和畸变,以致传送到接收端后无法辨认。为了使数据能在远程通信中可靠传送,调制解调器(Modem)是一个最好的帮手,如图 9-4 所示。图中,Modem 和计算机系统之间以及 Modem 和远程终端之间由 RS-232C 电缆相连,Modem 和 Modem 之间由公用电话网络相连。在计算机系统中,数字信号 0 和 1 首先通过 Modem 调制成两种不同频率的模拟信号,沿着电话线可以远传并为远程 Modem 解调成数字信号,馈入远程终端。由于 Modem 是全双工的,因此远程终端的键盘上既能输入信号也能接收并显示从本地计算机系统发送来的信号。

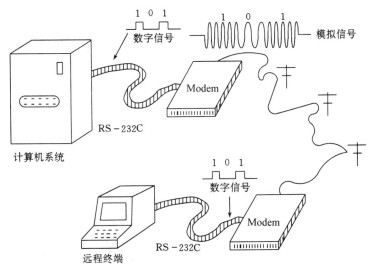

图 9-4　通信网络中的调制与解调

Modem 在远程通信中发挥了关键作用,在计算机的本地通信中也是不可缺少的重要部件。短距离 Modem 的通信距离通常在 16km 之内,但波特率可达 1Mb/s,常可用于一个工厂的车间级的过程控制或企事业单位内的计算机系统中。目前,Modem 的应用日益广泛,已成为非常流行的微型计算机必须配置的设备。为此,有必要对它进行深入讨论。

**1. Modem 的分类**

Modem 的分类方法很多,但通常可按工作速度和调制技术进行分类。按照工作速度,Modem 通常可分为以下三类。

(1) 低速 Modem。低速 Modem 价格便宜,波特率通常为 600b/s,常用于在主计算机系统和它的外部设备之间进行通信。例如贝尔 103 调制解调器,采用 FSK(Frequency Shift Keying,频移键控)调制技术。

(2) 中速 Modem。这类 Modem 采用 PSK 技术,波特率为 1200~9600b/s,常用于计算机系统间的快速串行通信。例如贝尔 201B 型调制解调器。

（3）高速 Modem。高速 Modem 采用复杂的 PAM(Pulse Amplitude Modulation,脉冲振幅调制)技术,波特率可达 9600b/s 以上,常用于高速计算机系统间的远程通信。例如 USR 56K V. 90 黑猫、GVC 网上银梭等。

按照对数字信号的调制技术,Modem 也可分为三类:频移键控(FSK)型、相移键控(PSK)型和脉冲振幅调制(PAM)型。这三种 Modem 的分类方法之间的关系如图 9-5 所示。

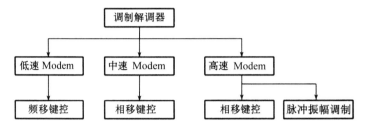

图 9-5　Modem 的分类

**2. Modem 的调制解调**

PSK 和 PAM 型 Modem 的调制解调原理比较复杂,因篇幅所限,恕不介绍。现以 FSK 型 Modem 为例来分析它的工作原理。

（1）应答式 Modem 的发送器。通常,低速 Modem 均采用 FSK 调制技术,即采用两种不同的音频信号来调制数字 0 和 1。调制频率的分配为

1070Hz　　　　发送空号(逻辑 0)
1270Hz　　　　发送传号(逻辑 1)

两个调制信号分别由两个振荡器产生,被调制的数字信号由 RS-232 总线送来。调制后的模拟信号由运算放大器组合后沿着公用电话线发送出去,如图 9-6 所示。由图可见,当 RS-232 的 TXD 线为－12V(逻辑 1)时,电子开关 1 开启(电子开关 2 断开),故一串 1270Hz 脉冲便可经电子开关 1 和运算放大器 OA 后输出传号脉冲(逻辑 1);当 RS-232 的 TXD 线为＋12V(逻辑 0)时,电子开关 2 开启(电子开关 1 断开),振荡源 2 的一串空号脉冲(1070Hz)经过电子开关 2 和运算放大器被传送到 OA 输出端。

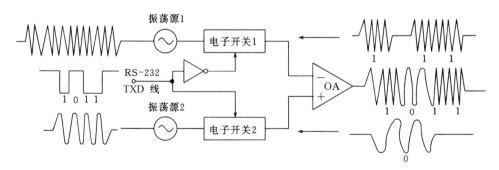

图 9-6　Modem 发送器的调制示意图

显然,运算放大器输出的模拟信号频率是随 RS-232 上信号的不同而不同的。

(2) 应答式 Modem 的接收器。始发端的应答式 Modem 在次通道上接收对方发来的模拟信号,该模拟信号的两种频率和主通道不同,通常为

2025Hz    接收空号(逻辑 0)
2225Hz    接收传号(逻辑 1)

对方 Modem 发来的由上述频率调制的模拟信号是由公用电话线传输到接收器的,接收器电路如图 9-7 所示。由图 9-7 可见,接收器解调电路由上下两个通道组成。上通道用于检测频率为 2225Hz 的传号脉冲,下通道用于检测频率为 2025Hz 的空号脉冲。两个通道内各有一个带通滤波器和带阻滤波器。2225Hz 的带阻滤波器对 2225Hz 为中心的频率呈现高阻抗,用于滤去 2025Hz 为中心的空号脉冲;2225Hz 的带通滤波器和带阻滤波器正好相反,它对 2025Hz 为中心的空号脉冲呈现高阻,让 2225Hz 的传号脉冲通过。同理,下通道让 2025Hz 的空号脉冲通过,2225Hz 的传号脉冲被滤掉。上下通道经检波器(两个检波器输出是互补的,即上通道检波器输出为高电平,下通道检波器输出必为低电平;反之亦然)检波后,在运算放大器中组合成 RS-232 电平信号(即 +12V 表示 0,−12V 表示 1)。至此,Modem 的接收宣告结束。

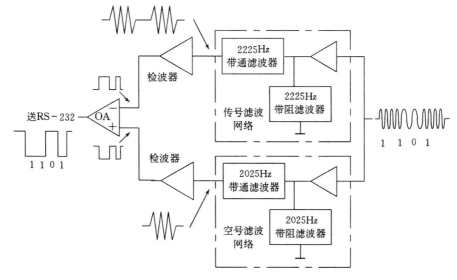

图 9-7    Modem 接收器的解调示意图

### 3. Modem 的现状和前景

Modem 的种类很多,功能各异。有些 Modem 具有内部诊断能力,不仅能检测 Modem 本身,还能测试通信线路和本地系统的信道。用户应根据实际情况加以选用。

在计算机应用领域内,与总线兼容的 Modem 最受人们青睐,这是由于计算机系统总线标准化引起的。一种可以插入 S-100 总线底板上的单板 Modem 可以提供自动应答、自动拨号、呼叫及应答方式,并能与公用电话网络直接连接。这一类 Modem 现已成为标准 I/O 板的一部分。

Modem 的另一动向是大规模集成化。Motorola 半导体产品公司提供一种 CMOS 集成电路器件,该器件包含了构成低速 103 型 Modem 所必需的大多数电路,这种芯片有 16 根引线,双列直插式封装,称为 MC14412 通用低速 Modem。但要使 Modem 完全工作,还必须加一个带通滤波器、一个电源和一个晶体。

### 9.1.4 串行通信中串行 I/O 数据的实现

串行通信中的数据是逐位依次传送的,而计算机系统或计算机终端中的数据是并行传送的。因此,发送端必须把并行数据变成串行才能在线路上传送,接收端接收到的串行数据又需要变换成并行数据才可以送给终端。数据的这种并串(或串并)变换可以用软件方法实现,也可以用硬件方法实现。

**1. 软件实现**

为了弄清数据并串变换的软件实现原理,现以异步通信中的数据发送为例加以讨论。

[例 9.1] 设内部 RAM 以 20H 为起始地址有一数据块,数据块长度在 LEN 单元,数据块中每一数的低 7 位为字符位,最高位为奇校验位(已由程序设置好),请编写能在8031 的 P1.0 引脚上串行输出字符帧的程序。要求字符帧长度为 11 位,1 位起始位、7 位字符位、1 位奇校验位和 2 位停止位。

**解:**本程序应采用双重循环,外循环控制发送字符的个数,内循环控制字符帧的位数。相应参考程序为

```
        ORG     1000H
SOUT:   MOV     R0,     #20H        ;数据块起始地址送 R0
NEXT:   MOV     R2,     #0BH        ;字符帧长度送 R2
        CLR     C                   ;清 Cy
        MOV     A,      @R0         ;发送数据送 A
        RLC     A                   ;起始位送 ACC.0
        INC     R0                  ;数据块指针 R0 加 1
LOOP:   MOV     R1,     A           ;发送字符暂存 R1
        ANL     A,      #01H        ;屏蔽 A 中高 7 位
        ANL     P1,     #0FEH       ;清除 P1.0
        ORL     P1,     A           ;在 P1.0 上输出串行数据
        MOV     A,      R1          ;恢复 A 中的值
        ACALL   DELAY               ;调用延时程序
        RRC     A                   ;准备输出下一位
        SETB    C                   ;在 Cy 中形成停止位
        DJNZ    R2,     LOOP        ;若一帧未发完,则转 LOOP
        DJNZ    LEN,    NEXT        ;若所有字符未发完,则转 NEXT
        RET                         ;若所有字符已发完,则返回
DELAY:
        ⋮
        END
```

上述延时程序的延时时间由串行发送的位速率决定,近似等于位速率的倒数。

用软件实现并串变换比较简单,无须外加硬件电路,但字符帧格式变化时常需要修改程序,而且 CPU 的效率也不高,故通常不被人们采用。

**2. 硬件实现**

并串变换通常采用 UART 芯片实现。UART(Universal Asynchronous Receiver/Transmitter,通用异步接收/发送器)硬件框图如图 9-8 所示。现对它的工作原理和特点分析如下。

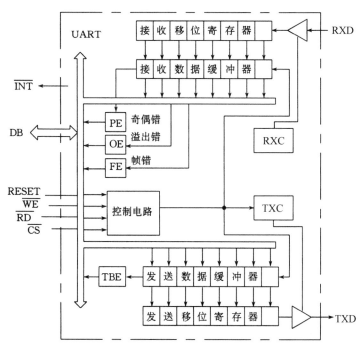

图 9-8　UART 硬件框图

(1) 工作原理。串行发送时,CPU 可以通过数据总线把 8 位并行数据送到"发送数据缓冲器",然后并行送给"发送移位寄存器",并在发送时钟和发送控制电路的控制下通过 TXD 线逐位发送出去。起始位和停止位是由 UART 在发送时自动添加上去的。UART 发送完一帧后产生中断请求,CPU 响应中断后可以把下一个字符送到发送数据缓冲器,以重复上述过程。

在串行接收时,UART 监视 RXD 线,并在检测到 RXD 线上有一个低电平(起始位)时就开始一个新的字符接收过程。UART 每接收到 1 位二进制数据位后则使"接收移位寄存器"左移一次,连续接收到一个字符后则并行传送到"接收数据缓冲器",并通过中断促使 CPU 从中取走所接收的字符。

(2) UART 对 RXD 线的采样。UART 对 RXD 线的采样是由接收时钟 RXC 完成的。其周期 $T_c$ 与所传数据位的传输时间 $T_d$(位速率的倒数)必须满足如下关系:

$$T_c = \frac{T_d}{K} \tag{9-1}$$

式中,$K=16$ 或 64。

现以 $K=16$ 来说明 UART 对 RXD 线上字符帧的接收过程。

平常,UART 按 RXC 脉冲上升沿采样 RXD 线。每当连续采样到 RXD 线上的 8 个低电平(起始位之半)后,UART 便确认对方在发送数据(不是干扰信号)。此后,UART 便每隔 16 个 RXC 脉冲采样 RXD 线一次,并把采样到的数据作为输入数据,以移位方式存入接收移位寄存器。RXC 对 RXD 线的采样关系如图 9-9 所示。

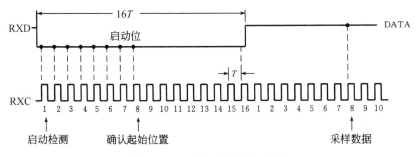

图 9-9　UART 对数据的采样

（3）错误校验。数据在长距离传送过程中必然会发生各种错误,奇偶校验是一种最常用的能对数据传送错误进行校验的方法。奇偶校验分奇校验和偶校验两种。UART 的奇偶校验是通过发送端的奇偶校验位添加电路和接收端的奇偶校验位检测电路实现的,如图 9-10 所示。

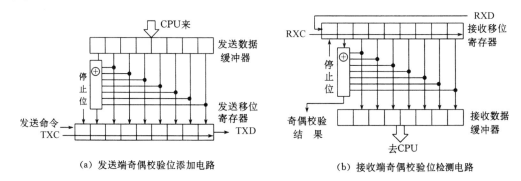

（a）发送端奇偶校验位添加电路　　　　（b）接收端奇偶校验位检测电路

图 9-10　收发两端的奇偶校验电路

UART 在发送时,⊕电路自动检测发送字符位中 1 的个数,并在奇偶校验位上添加 1 或 0,使得 1 的总和(包括奇偶校验位)为偶数(奇校验时为奇数),如图 9-10(a)所示。

UART 在接收时,⊕电路对字符位和奇偶校验位中 1 的个数加以检测。若 1 的个数为偶数(奇校验时为奇数),则表明数据传输正确;若 1 的个数变为奇数(奇校验时为偶数),则表明数据在传送过程中出现了错误,如图 9-10(b)所示。

为了使数据传输更可靠,UART 常设置如下三种出错标志。

① 奇偶错误 PE(Parity Error):奇偶错误 PE 由奇偶错误标志触发器指示,该触发器由奇偶校验结果信号置位(见图 9-10(b))。

② 帧错误 FE(Frame Error):帧错误由帧错误标志触发器 FE 指示。该触发器在 UART 检测到帧的停止位不是 1 而为 0 时,FE 被置位。

③ 溢出错误 OE(Overrun Error):UART 接收端在接收到第一个字符后便放入"接

收数据缓冲器",然后继续从 RXD 线上接收第二个字符,并等待 CPU 从"接收数据缓冲
器"中取走第一个字符。如果 CPU 很忙,一直没有机会取走第一个字符,以致接收到的
第二个字符进入"接收数据缓冲器",从而造成第一个字符被丢失。发生这种错误时,
UART 自动使"溢出错误标志触发器"OE 置位。

# 9.2 MCS-51 的串行接口

MCS-51 内部含有一个可编程全双工串行通信接口 SIO,具有 UART 的全部功能。
该接口电路不仅能同时进行数据的发送和接收,也可作为一个同步移位寄存器使用。现
对它的内部结构、工作方式和波特率讨论如下。

## 9.2.1 串行口的结构

MCS-51 串行口的结构由串行口控制寄存器 SCON、发送和接收电路三部分组成。

### 1. 发送和接收电路

串行口的发送和接收电路如图 9-11 所示。由图可见,发送电路由 SBUF(发送)、零

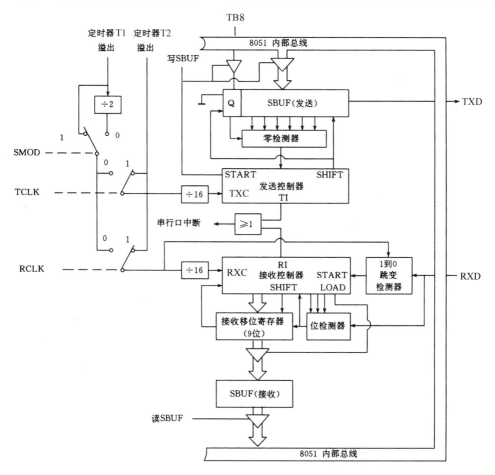

图 9-11  MCS-51 串行口发送和接收电路框图

检测器和发送控制器等电路组成,用于串行口的发送;接收电路由 SBUF(接收)、接收移位寄存器和接收控制器等组成,用于串行口的接收。SBUF(发送)和 SBUF(接收)均为 8 位缓冲寄存器,SBUF(发送)用于存放将要发送的字符数据;SBUF(接收)用于存放串行口接收到的字符。SBUF(发送)和 SBUF(接收)共用一个选口地址 SBUF(99H),CPU 可以通过执行不同指令对它们进行存取。CPU 执行"MOV SBUF,A"指令产生"写 SBUF"脉冲,以便把累加器 A 中要发送的字符送入 SBUF(发送)寄存器;执行"MOV A,SBUF"指令可以产生"读 SBUF"脉冲,把 SBUF(接收)中接收到的字符通过内部总线传送到累加器 A。

在异步通信中,发送和接收都是在发送时钟和接收时钟控制下进行的,发送时钟和接收时钟都必须同字符位数的波特率保持一致。MCS-51 串行口的发送和接收时钟既可由主机频率 $f_{osc}$ 经过分频后提供(图 9-11 中未画出),也可由内部定时器 T1 或 T2 的溢出率经过 16 分频后提供。定时器 T1 的溢出率还受 SMOD 触发器状态的控制。SMOD 位于电源控制寄存器 PCON 的最高位(见图 9-12(b))。PCON 也是一个特殊功能寄存器,选口地址为 87H。

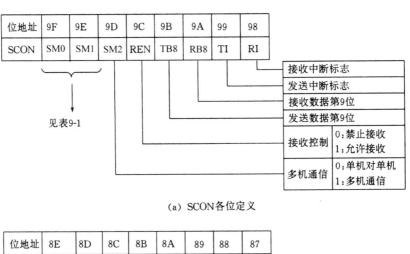

(a) SCON各位定义

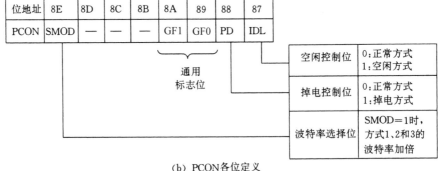

(b) PCON各位定义

图 9-12 SCON 和 PCON 中各位定义

串行口的发送过程源于 CPU 执行如下一条指令:

MOV    SBUF,    A

累加器 A 中要发送的字符进入 SBUF(发送)寄存器后,发送控制器在发送时钟 TXC 的作用下自动在发送字符前后添加起始位、停止位和其他控制位,然后在 SHIFT(移位)脉冲控制下逐位地从 TXD 线上串行发送字符帧。

串行口的接收过程基于采样脉冲(接收时钟的 16 倍)对 RXD 线的监视。当"1 到 0 跳变检测器"连续 8 次采样到 RXD 线上的低电平时,该检测器便可确认 RXD 线上出现了起始位。此后,接收控制器就从下一个数据位开始改为对第 7、8、9 三个脉冲采样 RXD 线(参见图 9-9),并遵守三中取二的原则来决定所检测的值是 0 还是 1。采用这一检测的目的在于抑制干扰和提高信号的传输可靠性,因为采样信号总是在每个接收位的中间位置,这样不仅可以避开信号两端的边沿失真,也可防止接收时钟频率和发送时钟不完全同步所引起的接收错误。接收电路连续接收到一帧字符后就自动去掉起始位和使 RI=1,并向 CPU 提出中断请求(设串行口中断是开放的)。CPU 响应中断可以通过"MOV A,SBUF"指令把接收到的字符送入累加器 A。至此,一帧字符接收过程宣告结束。

**2. 串行口控制寄存器 SCON 和 PCON**

MCS-51 对串行口的控制是通过 SCON 实现的,这也与电源控制寄存器 PCON 有关。SCON 和 PCON 都是特殊功能寄存器,选口地址分别为 98H 和 87H,如图 9-12 所示。

(1) SCON 各位定义。SM0 和 SM1:串行口方式控制位,用于设定串行口的工作方式,如表 9-1 所示。

表 9-1　串行口的工作方式和所用波特率对照表

| SM0　SM1 | 相应工作方式 | 说　　明 | 所用波特率 |
|---|---|---|---|
| 0　　0 | 方式 0 | 同步移位寄存器 | $f_{osc}/12$ |
| 0　　1 | 方式 1 | 10 位异步收发 | 由定时器控制 |
| 1　　0 | 方式 2 | 11 位异步收发 | $f_{osc}/32$ 或 $f_{osc}/64$ |
| 1　　1 | 方式 3 | 11 位异步收发 | 由定时器控制 |

SM2:多机通信控制位,主要在方式 2 和方式 3 下使用。在方式 0 时,SM2 不用,应设置为 0 状态。在方式 1 下,SM2 也应设置为 0,此时 RI 只有在接收电路接收到停止位 1 时才被激活成 1,并能自动发出串行口中断请求(设中断是开放的)。在方式 2 或方式 3 下,若 SM2=0,串行口以单机发送或接收方式工作,TI 和 RI 以正常方式被激活;若 SM2=1 且 RB8=1 时,则串行口 SIO 不仅可使 RI 被激活而且可以向 CPU 请求中断。

REN:允许接收控制位。若 REN=0,则串行口 SIO 禁止接收;若 REN=1,则串行口 SIO 允许接收。

TB8:发送数据第 9 位,用于在方式 2 和方式 3 时存放发送数据第 9 位。TB8 由软件置位或复位。

RB8:接收数据第 9 位,用于在方式 2 和方式 3 时存放接收数据第 9 位。在方式 1 下,若 SM2=0,则 RB8 用于存放接收到的停止位。方式 0 下,不使用 RB8。

TI：发送中断标志位,用于指示一帧数据发送是否完成。在方式 0 下,发送电路发送完第 8 位数据时,TI 由硬件置位;在其他方式下,TI 在发送电路开始发送停止位时置位。这就是说,TI 在发送前必须由软件复位,发送完一帧后由硬件自动置位。因此,CPU 查询TI 状态便可知晓一帧信息是否已发送完毕。

RI：接收中断标志位,用于指示一帧信息是否接收完。在方式 1 下,RI 在接收电路接收到第 8 位数据时由硬件自动置位;在其他方式下,RI 是在接收电路接收到停止位的中间位置时自动置位的。RI 也可供 CPU 查询,以通知 CPU 是否需要从 SBUF(接收)中提取接收到的字符或数据。RI 也由软件复位。

(2) PCON 各位的定义。SMOD 为波特率选择位。在方式 1、方式 2 和方式 3 时,串行通信波特率和 $2^{SMOD}$ 成正比,即当 SMOD＝1 时,通信波特率可以提高一倍。SMOD 的这种控制作用可以形象地用图 9-11 中的 SMOD 开关表示。

PCON 中的其余各位用于 MCS-51 的电源控制(已在第 2 章中介绍过),在此从略。

### 9.2.2　串行口的工作方式

MCS-51 有方式 0、方式 1、方式 2 和方式 3 共 4 种工作方式。现结合图 9-11 对每种工作方式下的特点进行进一步说明。

#### 1. 方式 0

在方式 0 下,串行口的 SBUF 是作为同步移位寄存器使用的。在串行口发送时,SBUF(发送)相当于一个并入串出的移位寄存器,由 MCS-51 的内部总线并行接收 8 位数据,并从 TXD 线串行输出;在接收操作时,SBUF(接收)相当于一个串入并出的移位寄存器,从 RXD 线接收一帧串行数据,并把它并行地送入内部总线。在方式 0 下,SM2、RB8 和 TB8 均不起作用,它们通常均应设置为 0 状态。

发送操作是在 TI＝0 下进行的,CPU 通过"MOV SBUF,A"指令给 SBUF(发送)送出发送字符后,RXD 线上即可发出 8 位数据,TXD 线上发送同步脉冲。8 位数据发送完后,TI 由硬件自动置位,并可向 CPU 请求中断(若中断开放)。CPU 响应中断后先用软件使 TI 清零,然后再给 SBUF(发送)送下一个要发送的字符,以重复上述过程。

接收过程是在 RI＝0 和 REN＝1 条件下进行的。此时,串行数据由 RXD 线输入,TXD 线输出同步脉冲。接收电路接收到 8 位数据后,RI 自动置 1 并发出串行口中断请求。CPU 查询到 RI＝1 或响应中断后便可通过如下指令把 SBUF(接收)中的数据送入累加器 A：

```
MOV    A,   SBUF
```

RI 也由软件复位。

**应当指出**：在串行口方式 0 下工作并非是一种同步通信方式。它的主要用途是和外部同步移位寄存器外接,以达到扩展一个并行 I/O 口的目的。

#### 2. 方式 1

在方式 1 下,串行口设定为 10 位异步通信方式。字符帧中除 8 位数据位外,还可有 1 位起始位和 1 位停止位。

发送操作在 TI＝0 时执行"MOV SBUF，A"指令后开始，然后发送电路自动在 8 位发送字符前后分别添加 1 位起始位和 1 位停止位，并在移位脉冲作用下在 TXD 线上依次发送一帧信息，发送完后自动维持 TXD 线为高电平。TI 也由硬件在发送停止位时自动置位，并由软件将它复位。

接收操作在 RI＝0 和 REN＝1 条件下进行，这点与方式 0 时相同。平常，接收电路对高电平的 RXD 线采样，采样脉冲频率是接收时钟的 16 倍。当接收电路连续 8 次采样到 RXD 线为低电平时，相应检测器便可确认 RXD 线上有了起始位。此后，接收电路就改为对第 7、8、9 三个脉冲采样到的值进行位检测，并以三中取二的原则来确定所采样数据的值。这点在前面已介绍过，在此重复的目的是要加深读者的印象。

在接收到第 9 数据位（即停止位）时，接收电路必须同时满足以下两个条件：RI＝0 且 SM2＝0 或接收到的停止位为 1，才能把接收到的 8 位字符存入 SBUF（接收）中，把停止位送入 RB8 中，使 RI＝1 并发出串行口中断请求（若中断开放）。若上述条件不满足，则这次收到的数据就被舍去，不装入 SBUF（接收）中，这是不能允许的，因为这意味着丢失了一组接收数据。

其实，SM2 是用于方式 2 和方式 3 的。在方式 1 下，SM2 应设定为 0。

在方式 1 下，发送时钟、接收时钟和通信波特率均由定时器溢出率脉冲经过 32 分频获得，并由 SMOD＝1 倍频（见图 9-11）。因此，方式 1 时的波特率是可变的，这点同样适用于方式 3。

### 3. 方式 2 和方式 3

方式 2 和方式 3 都是 11 位异步收发。两者的差异仅在于通信波特率有所不同：方式 2 的波特率由 MCS-51 主频 $f_{osc}$ 经 32 或 64 分频后提供；方式 3 的波特率由定时器 T1 或 T2 的溢出率经 32 分频后提供，故它的波特率是可调的。

方式 2 和方式 3 的发送过程类似于方式 1，所不同的是方式 2 和方式 3 有 9 位有效数据位。发送时，CPU 除要把发送字符装入 SBUF（发送）外，还要把第 9 数据位预先装入 SCON 的 TB8 中。第 9 数据位可由用户安排，可以是奇偶校验位，也可以是其他控制位。第 9 数据位的装入可以用如下指令中的一条来完成：

```
SETB    TB8
CLR     TB8
```

第 9 数据位的值装入 TB8 后，便可用一条以 SBUF 为目的的传送指令把发送数据装入 SBUF 来启动发送过程。一帧数据发送完后，TI＝1，CPU 便可通过查询 TI 来以同样方法发送下一字符帧。

方式 2 和方式 3 的接收过程也和方式 1 类似。所不同的是：方式 1 时 RB8 中存放的是停止位，方式 2 或方式 3 时 RB8 中存放的是第 9 数据位。因此，方式 2 和方式 3 时必须满足接收有效字符的条件变为：RI＝0 且 SM2＝0 或 RI＝0 和收到的第 9 数据位为 1，只有上述两个条件同时满足，接收到的字符才能送入 SBUF，第 9 数据位才能装入 RB8 中，并使 RI＝1；否则，这次收到的数据无效，RI 也不置位。

其实，上述第一个条件（RI＝0）是要求 SBUF 空，即用户应预先读走 SBUF 中的信息,以便让接收电路确认它已空。第二个条件(SM2＝0)是提供了利用 SM2 和第 9 数据位共同对接收加以控制:若第 9 数据位是奇偶校验位,则可令 SM2＝0,以保证串行口能可靠接收;若要求利用第 9 数据位参与接收控制,则可令 SM2＝1,然后依靠第 9 数据位的状态来决定接收是否有效。

### 9.2.3 串行口的通信波特率

串行口的通信波特率恰到好处地反映了串行传输数据的速率。通信波特率的选用不仅与所选通信设备、传输距离和 Modem 型号有关,还受传输线状况的制约。用户应根据实际需要加以正确选用。

**1. 方式 0 的波特率**

在方式 0 下,串行口的通信波特率是固定的,其值为 $f_{osc}/12$($f_{osc}$ 为主机频率)。

**2. 方式 2 的波特率**

在方式 2 下,通信波特率为 $f_{osc}/32$ 或 $f_{osc}/64$。用户可以根据 PCON 中 SMOD 位的状态来驱使串行口在某个波特率下工作。选定公式为

$$波特率 = \frac{2^{SMOD}}{64} \cdot f_{osc} \tag{9-2}$$

这就是说,若 SMOD＝0,则所选波特率为 $f_{osc}/64$;若 SMOD＝1,则波特率为 $f_{osc}/32$。

**3. 方式 1 或方式 3 的波特率**

在这两种方式下,串行口波特率是由定时器的溢出率决定的,因而波特率也是可变的。相应公式为

$$波特率 = \frac{2^{SMOD}}{32} \cdot 定时器 T1 的溢出率 \tag{9-3}$$

定时器 T1 的溢出率定义为定时时间的倒数,计算公式(参见 7.5 节)为

$$定时器 T1 的溢出率 = \frac{f_{osc}}{12}\left(\frac{1}{2^K - 初值}\right) \tag{9-4}$$

因此,把式(9-4)代入式(9-3),便可得到方式 1 或方式 3 的波特率计算公式:

$$波特率 = \frac{2^{SMOD}}{32} \cdot \frac{f_{osc}}{12} \cdot \left(\frac{1}{2^K - 初值}\right) \tag{9-5}$$

式中:$K$ 为定时器 T1 的位数,它和定时器 T1 的设定方式有关,即若定时器 T1 为方式 0,则 $K＝13$;若定时器 T1 为方式 1,则 $K＝16$;若定时器 T1 为方式 2 或方式 3,则 $K＝8$。

其实,定时器 T1 通常采用方式 2,因为定时器 T1 在方式 2 下工作,TH1 和 TL1 分别设定为两个 8 位重装计数器(当 TL1 从全 1 变为全 0 时,TH1 中的内容重装 TL1)。这种方式不仅可使操作方便,也可避免因重装初值(时间常数初值)而带来的定时误差。

由式(9-5)可知,方式 1 或方式 3 下所选波特率常常需要通过计算来确定定时器/计数器的初值,因为该初值是要在定时器 T1 初始化时使用的。为避免繁杂的计算,波特率和定时器 T1 初值间的关系常可列成表 9-2,以供查考。

**表 9-2　常用波特率和定时器 T1 的初值关系表**

| 波特率/(b/s) | | $f_{osc}$/MHz | SMOD | 定　时　器　T1 | | |
| --- | --- | --- | --- | --- | --- | --- |
| | | | | C/$\overline{\text{T}}$ | 所选方式 | 相应初值 |
| 串行口方式 0 | 0.5M | 6 | × | × | × | × |
| 串行口方式 2 | 187.5k | 6 | 1 | × | × | × |
| 方式 1 或 3 | 19.2k | 6 | 1 | 0 | 2 | FEH |
| | 9.6k | 6 | 1 | 0 | 2 | FDH |
| | 4.8k | 6 | 0 | 0 | 2 | FDH |
| | 2.4k | 6 | 0 | 0 | 2 | FAH |
| | 1.2k | 6 | 0 | 0 | 2 | F4H |
| | 0.6k | 6 | 0 | 0 | 2 | E8H |
| | 110 | 6 | 0 | 0 | 2 | 72H |
| | 55 | 6 | 0 | 0 | 1 | FEEBH |

**应当注意**：表中定时器 T1 的时间常数初值和相应波特率之间有一定误差（例如，FDH 的对应波特率的理论值是 10 416 波特，与这个表中给出的 9600 波特相差 816 波特），消除误差一是可以通过调整单片机的主频 $f_{osc}$ 实现；二是在定时器 T1 方式 1 时的初值应考虑它的重装时间（例如表中 55 波特下的情况）。

# 9.3　MCS-51 串行口的应用

学习 MCS-51 的串行口，归根结底是要应用，是要学会编制通信软件的方法和技巧。现以串行口工作方式为主线来讨论它在点对点异步通信中的应用。

## 9.3.1　串行口在方式 0 下的应用

串行口在方式 0 下有两种不同的用途：一种是把串行口设置成并入串出的输出口；另一种是把串行口设置成串入并出的输入口。

串行口设置成并入串出的输出口时需要外接一片 8 位串行输入和并行输出的同步移位寄存器 74LS164 或 CD4094（见图 9-13），串行口设置成串入并出的输入口时，需要外接一片 8 位并行输入和串行输出的同步移位寄存器 74LS165 或 CD4014（见图 9-14）。现举例加以说明。

［**例 9.2**］　根据图 9-13 的线路连接，请编写发光二极管自左至右以一定速度轮流显示的程序。设发光二极管为共阴极接法。

**解**：CD4094 是一种 8 位串行输入（DATA 端）并行输出的同步移位寄存器，采用 CMOS 工艺制成。CLK 为同步脉冲输入端。STB 为控制端：若 STB＝0，则 8 位并行数据输出端关闭，但允许串行数据从 DATA 输入；若 STB＝1，则 DATA 输入端关闭，但允

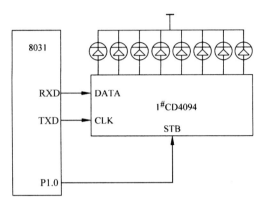

图 9-13　单片机串行口扩展成 LED 并行口

许 8 位数据并行输出。

设串行口采用中断方式发送,发光二极管的显示时间依靠延时程序 DELAY 实现。整个程序由主程序和中断服务程序两部分组成。

① 主程序。

```
        ORG     2000H
        MOV     SCON，    ＃00H    ;串行口初始化为方式 0
        MOV     IE，      ＃90H    ;开串行口中断
        CLR     P1.0             ;禁止 CD4094 并行输出
        MOV     A，       ＃80H    ;起始显示码送 A
        MOV     SBUF，    A        ;8031 串行输出
LOOP：SJMP     LOOP             ;等待串行口输出完
```

② 中断服务程序。

```
        ORG     0023H
        AJMP    SBV              ;转 SBV
        ORG     0100H
SBV：SETB    P1.0             ;点亮发光二极管
        ACALL   DELAY            ;点亮一段时间
        CLR     TI               ;清发送中断标志
        RR      A                ;准备点亮下一位
        CLR     P1.0             ;灭显示
        MOV     SBUF，    A        ;串行口输出
        RETI                     ;中断返回
DELAY：                          ;延时程序
        ⋮
        END
```

[**例 9.3**]　根据图 9-14 电路,编写 MCS-51 串行输入开关量并把它存入 20H 单元的程序。要求控制开关 $K_C$ 断开($K_C=1$)时 8031 处于等待状态,$K_C$ 合上($K_C=0$)时 8031 开始输入并进行模拟。

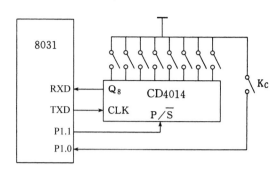

图 9-14  8031 串行口扩展成串入并出的输入口

**解**：CD4014 是并行输入串行输出的同步移位寄存器。其中，$Q_8$ 为串行输出端，CLK 为同步移位脉冲输入端，$P/\overline{S}$ 为控制端。若 $P/\overline{S}=0$，则 CD4014 可以串行输出（并行输入端关闭）；若 $P/\overline{S}=1$，则 CD4014 可以并行输入数据（串行输出端关闭）。

程序采用对 P1.0 查询，查询到 $K_C$ 闭合时再通过对 P1.1 的控制完成开关量的输入。相应程序为

```
        ORG     2000H
START：JB      P1.0,    $        ;若 Kc 断开,则等待
        SETB    P1.1                  ;令 CD4014 并行输入开关量
        CLR     P1.1                  ;CD4014 开始串行输出
        MOV     SCON,   #10H     ;令串行口为方式 0,启动接收
        JNB     RI,     $        ;等待接收
        CLR     RI                    ;若串行口接收已完,则清 RI
        MOV     A,      SBUF     ;开关量送累加器 A
        MOV     20H,    A        ;存入内存
        ACALL   OTHPRO                ;转其他程序
        SJMP    START                 ;准备下次开关量输入
        END
```

### 9.3.2  串行口在其他方式下的应用

在方式 1、方式 2 和方式 3 下，串行口均用于异步通信。它们间的主要差别体现在字符帧格式和通信波特率两个方面。在字符帧格式上，方式 1 为 10 位异步通信，有 8 位数据位，不可以用于多机通信；方式 2 和方式 3 为 11 位异步通信，有 9 位数据位，可在多机方式下通信（SM2＝1）。在波特率上，方式 2 的波特率是固定的，由主脉冲频率 $f_{osc}$ 决定，可以在 $f_{osc}/32$ 和 $f_{osc}/64$ 中选择；方式 1 和方式 3 的波特率可变，由 MCS-51 内部定时器 T1 或 T2 的方式决定。

现以发送、接收和出错处理三种情况举例分析如下。

[**例 9.4**]  请用中断法编出串行口方式 1 下的发送程序。设单片机主频为 6MHz，定时器 T1 用作波特率发生器，波特率为 2400b/s，发送字符块在内部 RAM 的起始地址为 TBLOCK 单元，字符块长度为 LEN。要求奇校验位在数据第 8 位发送，字符块长度

LEN 率先发送。

**解**：为使发送波特率为 2400b/s，取 SMOD＝1，由表 9-2 查得 TH1 和 TL1 的时间常数初值为 F4H。

本程序由主程序和中断服务程序两部分组成。主程序起始地址为 2100H，用于定时器 T1 和串行口初始化，以及发送字符块长度字节 LEN 和中断初始化，如图 9-15(a) 所示。中断服务程序起始地址为 2150H，用于形成奇校验位添加到发送数据第 8 位。发送这个字符，其程序流程如图 9-15(b) 所示。

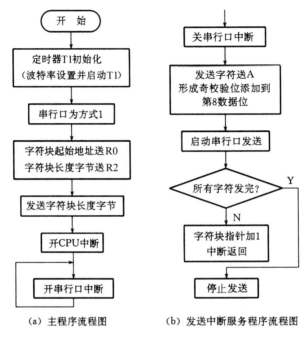

(a) 主程序流程图　　　　　(b) 发送中断服务程序流程图

图 9-15　例 9.4 程序流程图

① 主程序。

```
           ORG     2100H
TBLOCK  DATA    20H
   LEN  DATA    14H
START：  MOV     TMOD,    ＃20H        ;定时器 T1 为方式 2
           MOV     TL1,     ＃0F4H       ;波特率为 2400b/s
           MOV     TH1,     ＃0F4H       ;给 TH1 送重装初值
           MOV     PCON,    ＃80H        ;令 SMOD＝1
           SETB    TR1                   ;启动 T1
           MOV     SCON,    ＃40H        ;串行口为方式 1
           MOV     R0,      ＃TBLOCK     ;字符块起始地址送 R0
           MOV     A,       ＃LEN
           MOV     R2,      A            ;字符块长度字节送 R2
           MOV     SBUF,    A            ;发送 LEN 字节
           SETB    EA                    ;开 CPU 中断
```

```
WAIT：  SETB    ES                              ;允许串行口中断
        SJMP    WAIT                            ;等待中断
```

② 中断服务程序。

```
        ORG     0023H
        LJMP    TXSVE                           ;转发送服务程序
        ORG     2150H
TXSVE： CLR     ES                              ;关串行口中断
        CLR     TI                              ;清 TI
        MOV     A,      @R0                     ;发送字符送 A
        MOV     C,      PSW.0                   ;奇偶校验位送 C
        CPL     C                               ;形成奇校验位送 C
        MOV     ACC.7,  C                       ;使 A 中成为奇数个 1
        MOV     SBUF,   A                       ;启动发送
        DJNZ    R2,     NEXT                    ;若字符块未发完,则转 NEXT
        SJMP    $                               ;停止发送
NEXT：  INC     R0                              ;字符块指针加 1
        RETI                                    ;中断返回
        END
```

[例 9.5] 用查询法编出串行口在方式 2 下的发送程序。设单片机主频为 6MHz，波特率为 $f_{osc}/32$,发送字符块起始地址为 TBLOCK(内部 RAM),字符块长度为 LEN。要求采用累加和校验,空出第 9 数据位以供他用。

解：累加和是指累加所有需要发送或接收的数据(字符)字节后得到的低字节和(大于 255 部分舍去)。累加和校验要求发送端在发送完数据后把累加和也发送出去,接收端除要计算接收数据的累加和外,还必须接收发送端发来的累加和,并把它同求得的累加和比较。若比较结果相同,则数据传送正确;否则,数据传送有错。

本程序由主程序和发送子程序组成。主程序完成串行口初始化、波特率设置和调用发送子程序前的准备,程序流程如图 9-16(a)所示。发送子程序用于发送数据块长度、数据块中的字符以及累加和,其程序流程图如图 9-16(b)所示。

① 主程序。

```
        ORG     1000H
TBLOCK  DATA    20H
LEN     DATA    1EH
START： MOV     SCON,   ＃80H                   ;串行口为方式 2
        MOV     PCON,   ＃80H                   ;波特率为 f_osc/32
        MOV     R0,     ＃TBLOCK                ;数据块起始地址送 R0
        MOV     R2,     ＃LEN                   ;数据块长度送 R2
        MOV     R3,     ＃LEN                   ;存入累加和寄存器 R3
        ACALL   TXSUB                           ;调用发送程序
        ⋮
        SJMP    $                               ;停机
```

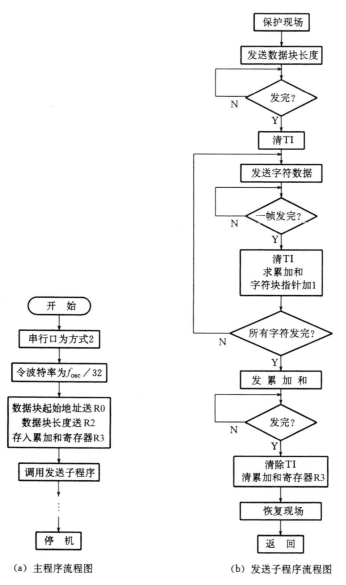

（a）主程序流程图　　　　　　　（b）发送子程序流程图

图 9-16　例 9.5 程序流程图

② 发送子程序。

```
            ORG      1100H
TXSUB：PUSH     ACC              ;保护 A 中的内容
            PUSH     PSW              ;保护 PSW 中的内容
            CLR      TI               ;清 TI
TXLEN：MOV      SBUF,    R2      ;发送数据块长度
            JNB      TI,      $       ;等待发完
            CLR      TI               ;发完后清 TI
TXD：MOV      A,       @R0     ;发送字符送 A
```

| | MOV | SBUF, | A | ;启动发送 |
|---|---|---|---|---|
| | JNB | TI | $ | ;等待发完 |
| | CLR | TI | | ;发完后清 TI |
| | ADD | A, | R3 | ;求累加和 |
| | MOV | R3 | A | ;存入 R3 |
| | INC | R0 | | ;字符块指针加 1 |
| | DJNZ | R2, | TXD | ;若字符未全发完,则继续 |
| TXSUM: | MOV | SBUF, | R3 | ;若字符已发完,则发累加和 |
| | JNB | TI, | $ | ;等待累加和发完 |
| | CLK | TI | | ;若累加和发完,则清 TI |
| | MOV | R3, | ♯00H | ;清累加和寄存器 R3 |
| | POP | PSW | | ;恢复 PSW 中的内容 |
| | POP | ACC | | ;恢复 ACC 中的内容 |
| | RET | | | ;中断返回 |
| | END | | | |

[例 9.6] 请用查询法编出串行口在方式 3 下的接收程序。设单片机主频为 6MHz,波特率为 2400b/s,接收数据区起始地址为 RBLOCK(内部 RAM),接收数据块长度字节由始发端发送来。要求采用累加和校验,并要编写出错程序。

**解**:本程序由主程序、接收子程序和出错处理程序组成。

① 主程序。

主程序流程图如图 9-17(a)所示。相应程序为

| | ORG | 1000H | | |
|---|---|---|---|---|
| RBLOCK | DATA | 30H | | |
| START: | MOV | TMOD, | ♯20H | ;T1 工作于方式 2 |
| | MOV | TH1, | ♯0F4H | ;设置时间常数初值 |
| | MOV | TL1, | ♯0F4H | |
| | SETB | TR1 | | ;启动 T1 |
| | MOV | SCON, | ♯0D0H | ;串行口工作于方式 3 |
| | MOV | PCON, | ♯80H | ;使 SMOD=1 |
| | MOV | R0, | ♯RBLOCK | ;接收数据区起始地址送 R0 |
| | MOV | R3, | ♯00H | ;累加和寄存器清零 |
| | ACALL | RXSUB | | ;转接收子程序 |
| | ⋮ | | | |
| | SJMP | $ | | ;停机 |

② 接收子程序。

接收子程序流程图如图 9-17(b)所示。参考程序为

| | | | | |
|---|---|---|---|---|
| RXSUB: | CLR | RI | | ;清 RI |
| RXLEN: | JNB | RI, | $ | ;等待接收数据块长度字节 |
| | CLR | RI | | ;接收完后清 RI |
| | MOV | A, | SBUF | ;数据块长度字节送 A |
| | MOV | R2, | A | ;存入 R2 |

377

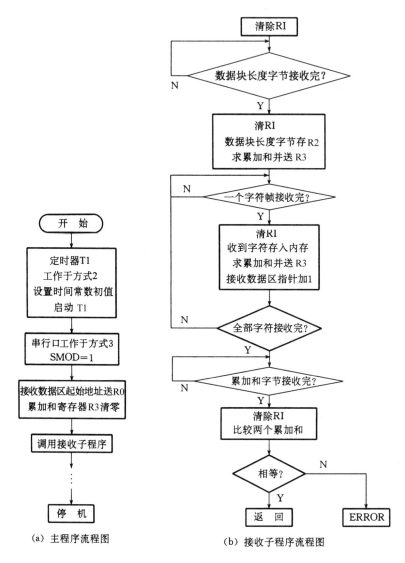

图 9-17　例 9.6 程序流程图

| | ADD | A， | R3 | ;开始求累加和 |
|---|---|---|---|---|
| | MOV | R3， | A | ;累加和存入 R3 |
| RXD: | JNB | RI， | $ | ;等待接收字符 |
| | CLR | RI | | ;接收完后清 RI |
| | MOV | A， | SBUF | |
| | MOV | @R0， | A | ;接收字符存入内存 |
| | ADD | A， | R3 | ;求累加和 |
| | MOV | R3， | A | ;存入 R3 |
| | INC | R0 | | ;接收数据区指针加 1 |
| | DJNZ | R2， | RXD | ;若数据块未收完,则继续 |
| RXSUM: | JNB | RI， | $ | ;等待接收累加和 |
| | CLR | RI | | ;接收完后清 RI |

```
MOV      A,       SBUF          ;接收到的累加和送 A
XRL      A,       R3            ;比较两个累加和
JNZ      ERROR                  ;若不等,则转出错处理
RET                             ;若相等,则返回
```

③ 出错处理程序。

始发端发送的字符被接收端接收后,若校验结果有错,常常需要接收端把出错指示信息(例如 WRONG MESSAGE)连同求得的累加和一起回送给始发端,始发端接收到后进行屏幕显示并进行重发。WRONG MESSAGE 常存放在 ROM 中,需要时可通过查表方式取出发送。出错指示字符串通常采用 ASCII 码中的 CR 和 LF 作为起始标识符,以 ESE 作为结束标识符。相应程序为

```
ERROR: ACALL   ERRSTR             ;转发送出错指示信息
       DB      0DH,0AH            ;CR 和 LF 的 ASCII 码
       DB      'WRONG MESSAGE'    ;出错指示信息
       DB      1BH                ;ESC 的 ASCII 码
TXERRSUM: MOV  A,    R3           ;回送求得的累加和
       MOV     SBUF, A
       RET                        ;返回
ERRSTR: POP    DPH
       POP     DPL                ;弹出 CR 的地址到 DPTR
       CLR     A
       MOVC    A,  @A+DPTR        ;查表得到 CR
LOOP:  MOV     SBUF,  A           ;发送出错信息
       JNB     TI,  $             ;等待发送完一帧
       CLR     TI                 ;发送完后清 TI
       INC     DPTR               ;修改出错信息表指针
       CLR     A
       MOVC    A,@A+DPTR          ;取下一个待发字符
       CJNE    A,#1BH,LOOP        ;若不是 ESC,则继续
       MOV     A,   #1
       JMP     @A+DPTR            ;若是 ESC,则转 TXERRSUM
       END
```

在上述程序中,出错指示信息表起始地址(即 0DH 的地址)是通过堆栈传送到 DPTR 的。因此,以 LOOP 开始的发送程序可以很方便地通过"MOVC  A,@A+DPTR"查表指令找到要发送的出错指示信息。出错指示信息发送完后,回送求得的累加和是通过修改 DPTR 而自动回到 TXERRSUM 执行程序后实现的。

# 9.4  单片机的多机通信

单片机的多机通信是指由两台以上单片机组成的网络结构,可以通过串行通信方式共同实现对某一过程的最终控制。目前,单片机多机通信的形式较多,但通常可分为星型、环型、串行总线型和主从式多机型 4 种,如图 9-18 所示。

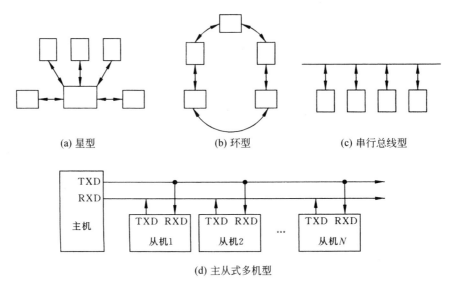

(a) 星型    (b) 环型    (c) 串行总线型

(d) 主从式多机型

图 9-18    多机通信网的结构形式

主从式多机型是分散型网络结构,具有接口简单和使用灵活等优点,现对它进行重点介绍。

### 9.4.1　软件中断型主从式多机通信

主从式多机通信程序有两种编写方法:一种是软件中断法,所有从机在收到主机发来的地址时就使 RI 置 1,从机响应串行口中断后就在中断服务程序中实现与主机的联络和通信;另一种是查询法,从机通过查询 RI 和 TI 状态来实现数据的接收或发送。现以软件中断法为例进行介绍。

**1. 主从式多机通信原理**

在主从式多机系统中,只有一台主机,但从机可以有多台。主机发送的信息可以传送到各个从机或指定从机,从机发送的信息只能被主机接收,各从机之间不能直接通信。主机通常由系统机(例如 IBM-PC/386)充任,也可由单片机担当;从机通常为单片机,如图 9-19 所示。

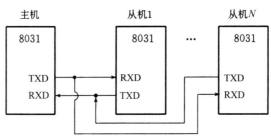

图 9-19　主从式多机通信

MCS-51 使用于多机通信时必须在方式 2 或方式 3 下工作,主机 8031 的 SM2 应设定为 0,从机 8031 的 SM2 设定为 1。主机发送并被从机接收的信息有两类:一类是地址,用于指示需要和主机通信的从机地址,由串行数据第 9 位(TB8)为 1 来标志;另一类是数据,由串行数据第 9 位(TB8)为 0 来标志。由于所有从机的 SM2＝1,故每个从机总能在 RI＝0 时收到主机发来的地址(因为串行数据的第 9 位为 1),并进入各自的中断服务程序。在中断服务程序中,每台从机把接收到的从机地址和它的本机地址(系统设计时所分配)进行比较。所有比较不相等的从机均从各自的中断服务程序中退出(SM2 仍为 1),只有比较成功的从机才是被主机寻址通信的从机。被寻址的从机在程序中使 SM2＝0,以便接收随之而来的数据或命令(RB8＝0)。上述过程进一步归结如下。

(1) 主机的 SM2＝0;所有从机的 SM2＝1,以便接收主机发来的地址。

(2) 主机给从机发送地址时,第 9 数据位应设置 1,以指示从机接收这个地址。

(3) 所有从机在 SM2＝1、RB8＝1 和 RI＝0 时,接收主机发来的从机地址,进入相应中断服务程序,并与本机地址相比较,以便确认是否为被寻址从机。

(4) 被寻址从机通过指令清除 SM2,以便正常接收数据,并向主机发回接收到的从机地址,供主机核对。未被寻址的从机保持 SM2＝1,并退出各自中断服务程序。

(5) 被寻址从机完成它与主机之间的数据通信,被寻址从机在通信完成后重新使 SM2＝1,并退出中断服务程序,等待下次通信。

**2. 主从式多机通信实例**

在多机通信中,主机通常把从机地址作为 8 位数据(第 9 数据位为 1)发送。因此,MCS-51 构成的多机通信系统最多允许 255 台从机(地址为 00H～FEH),FFH 作为一条控制命令由主机发送给从机,以便使被寻址从机的 SM2＝1。

[例 9.7] 请按照图 9-19 编写主机和从机的通信程序,要求通信波特率为 1200b/s。

解:本题程序由主机程序和从机程序组成。主机程序装于主机,从机程序在所有从机中运行,但各从机中的本机地址 SLAVE 是互不相同的。

在多机通信中,主从机之间除传送从机地址和数据(由发送数据第 9 位指示)外,还应当传送一些供主机或从机识别的命令和状态字。本题中,假设有如下的命令字和状态字。

① 两条控制命令如下。

00H——主机发送从机接收命令。

01H——从机发送主机接收命令。

这两条命令均以数据形式发送(即第 9 数据位为 0)。

② 从机状态字。该状态字由被寻址的从机发送,被主机接收,用于指示从机的工作状态,其格式如图 9-20 所示。

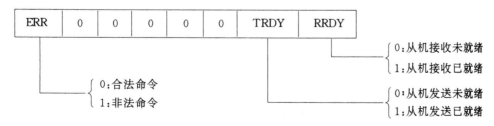

图 9-20　从机状态字格式

a. 主机程序：由主机主程序和主机通信子程序组成。主机主程序用于定时器 T1 初始化、串行口初始化和传递主机通信子程序所需入口参数。主机通信子程序用于主机和被寻址从机间一个数据块的传送,程序流程图如图 9-21 所示。

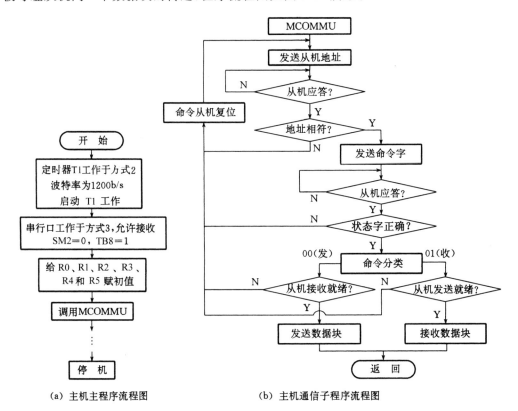

（a）主机主程序流程图　　　　　（b）主机通信子程序流程图

图 9-21　主机程序流程图

程序中所用寄存器分配如下。

R0：存放主机发送的数据块起始地址。

R1：存放主机接收的数据块起始地址。

R2：存放被寻址的从机地址。

R3：存放主机发出的命令。

R4：存放发送的数据块长度。

R5：存放接收的数据块长度。

主机主程序：

```
            ORG   2000H
    START：  MOV TMOD，  ♯20H      ;定时器 T1 工作于方式 2
            MOV TH1，   ♯0F4H     ;波特率为 1200b/s
            MOV TL1，   ♯0F4H
            SETB TR1             ;启动 T1 工作
            MOV SCON，  ♯0D8H     ;串行口为方式 3,允许接收,SM2＝0,TB8＝1
```

```
        MOV   PCOH，  ＃00H
        MOV   R0，    ＃40H        ;发送数据块起始地址送 R0
        MOV   R1，    ＃20H        ;接收数据块起始地址送 R1
        MOV   R2，    ＃SLAVE      ;被寻址从机地址送 R2
        MOV   R3，    ＃00H/01H    ;若为 00H,则主机发送从机接收命令
                                   ;若为 01H,则从机发送主机接收命令
        MOV   R4，    ＃20D        ;发送数据块长度送 R4
        MOV   R5，    ＃20D        ;接收数据块长度送 R5
        ACALL   MCOMMU             ;调用主机通信子程序
        ⋮
        SJMP  $                    ;停机
```

主机通信子程序：

```
                ORG   2100H
MCOMMU：  MOV   A，    R2          ;从机地址送 A
          MOV   SBUF，  A          ;发送从机地址
          JNB   RI，    $          ;等待接收从机应答地址
          CLR   RI                 ;从机应答后清 RI
          MOV   A，    SBUF        ;从机应答地址送 A
          XRL   A，    R2          ;核对两个地址
          JZ    MTXD2              ;相符,则转 MTXD2
MTXD1：   MOV   SBUF，  ＃0FFH      ;发送从机复位信号
          SETB  TB8                ;地址帧标志送 TB8
          SJMP  MCOMMU             ;重发从机地址
MTXD2：   CLR   TB8                ;准备发送命令
          MOV   SBUF，  R3         ;送出数传方向命令
          JNB   RI，    $          ;等待从机应答
          CLR   RI                 ;从机应答后清 RI
          MOV   A，    SBUF        ;从机应答状态字送 A
          JNB   ACC.7，MTXD3       ;核对无错,则命令分类
          SJMP  MTXD1              ;若核对有错,则重新联络
MTXD3：   CJNE  R3，＃00H，MRXD      ;若为从机发送命令,则转 MRXD
          JNB   ACC.0，MTXD1       ;若从机接收未就绪,则重新联络
MTXD4：   MOV   SBUF，  @R0         ;若从机接收就绪,则开始发送数据
          JNB   TI，    $          ;等待发送一帧结束
          CLR   TI                 ;发送一帧结束后清 TI
          INC   R0                 ;R0 指向下一发送数据
          DJNZ  R4，    MTXD4       ;若数据块未发完,则继续
          RET
MRXD：    JNB   ACC.1，MTXD1       ;若为从机发送未就绪,则重新联络
MRXD1：   JNB   RI，    $          ;若为从机发送就绪,则等待接收完一帧
          CLR   RI                 ;接收到一帧后清 RI
          MOV   A，    SBUF        ;收到的数据送 A
          MOV   @R1，  A           ;存入内存
```

```
        INC   R1                 ;接收数据区指针加 1
        DJNZ R5,    MRXD1         ;若未接收完,则继续
        RET
        END
```

b. 从机程序：从机程序由从机主程序和从机中断服务程序组成。从机主程序用于定时器 T1 初始化、串行口初始化和中断初始化。从机中断服务程序用于对主机的通信。现分述如下。

从机主程序：从机主程序流程图如图 9-22(a)所示。相应程序为

```
        ORG   1000H
START： MOV TMOD，♯20H            ;定时器 T1 为方式 2
        MOV  TH1，    ♯0F4H       ;波特率为 1200b/s
        MOV  TL1，    ♯0F4H
        SETB TR1                  ;启动 T1 工作
        MOV  SCON，   ♯0F8H       ;串行口为方式 3,允许接收,SM2＝1,TB8＝1
        MOV  PCON，   ♯00H
        MOV  R0，     ♯20H        ;R0 指向发送数据块起始地址
        MOV  R1，     ♯40H        ;R1 指向接收数据区起始地址
        MOV  R2，     ♯20D        ;发送数据块长度送 R2
        MOV  R3，     ♯20D        ;接收数据块长度送 R3
        SETB EA                   ;开 CPU 中断
        SETB ES                   ;允许串行口中断
        CLR  RI                   ;清 RI
          ⋮
        SJMP $                    ;停机
```

**应当注意**：主机程序中的发送数据块长度及接收数据块长度要同从机程序中的保持一致(程序中假设均为 20D),即主机的发送数据块长度应等于被寻址从机的接收数据块长度,主机的接收数据块长度应等于从机的发送数据块长度,否则,就应当像例 9.5 中那样,把发送数据块长度字节传送给接收端,以便接收端根据发送数据块长度来确定接收数据区的长度。

从机中断服务程序：由于从机串行口设定为方式 3、SM2＝1 和 RI＝0,且串行口中断已经开放,因此从机的接收中断总能被响应(主机发送地址时)。在中断服务程序中,SLAVE 是从机的本机地址,F0H(即 PSW.5)为本机发送就绪位地址(即 F0H 中为 1 表示从机发送准备就绪),PSW.1 为本机接收就绪状态位(即 PSW.1＝1 为本机已准备好接收)。从机中断服务程序流程如图 9-22(b)所示。寄存器分配如下。

R0：存放发送数据块起始地址。

R1：存放接收数据块起始地址。

R2：存放发送数据块长度。

R3：存放接收数据块长度。

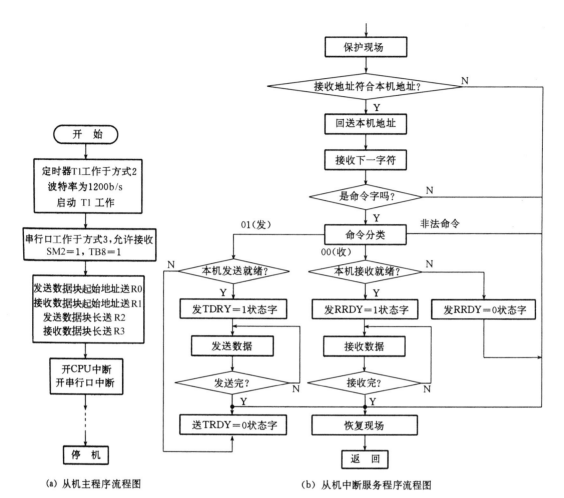

图 9-22 从机程序流程图

(a) 从机主程序流程图          (b) 从机中断服务程序流程图

|            |       |              |                           |
|------------|-------|--------------|---------------------------|
|            | ORG   | 0023H        |                           |
|            | SJMP  | SINTSBV      | ;转入从机中断服务程序     |
|            | ORG   | 0100H        |                           |
| SINTSBV：  | CLR   | RI           | ;接收到地址后清 RI        |
|            | PUSH  | ACC          | ;保护 A 到堆栈            |
|            | PUSH  | PSW          | ;保护 PSW 到堆栈          |
|            | MOV   | A, SBUF      | ;接收的从机地址送 A       |
|            | XRL   | A, ♯SLAVE    | ;与本机地址进行核对       |
|            | JZ    | SRXD1        | ;若是呼叫本机,则继续       |
| RETURN：   | POP   | PSW          | ;若不是呼叫本机,则恢复 PSW |
|            | POP   | ACC          | ;恢复 ACC                 |
|            | RETI  |              | ;中断返回                 |
| SRXD1：    | CLR   | SM2          | ;准备接收数据/命令        |
|            | MOV   | SBUF,♯SLAVE  | ;发回本机地址,供核对       |
|            | JNB   | RI, $        | ;等待接收主机发来的数据/命令 |
|            | CLR   | RI           | ;接收到后清 RI            |

```
         JNB      RB8, SRXD2        ;若是数据/命令,则继续
         SETB     SM2               ;若是复位信号,则令 SM2=1
         SJMP     RETURN            ;返回主程序
SRXD2：  MOV      A,   SBUF         ;接收命令送 A
         CJNE     A,♯02H,NEXT       ;命令合法?
NEXT：   JC       SRXD3             ;若命令合法,则继续
         CLR      TI                ;若命令不合法,则清 TI
         MOV      SBUF,♯80H         ;发送 ERR=1 的状态字
         SETB     SM2               ;令 SM2=1
         SJMP     RETURN            ;返回主程序
SRXD3：  JZ       SCHRX             ;若为接收命令,则转 SCHRX
         JB       F0H, STXD         ;若本机发送就绪,则转 STXD
         MOV      SBUF,♯00H         ;若本机发送未就绪,则发 TRDY=0
         SETB     SM2               ;令 SM2=1
         SJMP     RETURN            ;返回主程序
STXD：   MOV      SBUF,♯02H         ;发送 TRDY=1 的状态字
         JNB      TI,  $            ;等待发送完毕
         CLR      TI                ;发送完后清 TI
LOOP1：  MOV      SBUF,@R0          ;发送一个字符数据
         JNB      TI,  $            ;等待发送完毕
         CLR      TI                ;发送完后清 TI
         INC      R0                ;发送数据块起始地址加 1
         DJNZ     R2,  LOOP1        ;字符未发完,则继续
         SETB     SM2               ;发送完后,令 SM2=1
         SJMP     RETURN            ;返回主程序
SCHRX：  JB       PSW.1,SRXD        ;本机接收就绪,则转 SRXD
         MOV      SBUF,♯00H         ;本机接收未就绪,则发 RRDY=0
         SETB     SM2               ;令 SM2=1
         SJMP     RETURN            ;返回主程序
SRXD：   MOV      SBUF,♯01H         ;发出 RRDY=1 状态字
LOOP2：  JNB      RI,  $            ;接收一个字符
         CLR      RI                ;接收一个字符后清 RI
         MOV      @R1, SBUF         ;存入内存
         INC      R1                ;接收数据块指针加 1
         DJNZ     R3,  LOOP2        ;若未接收完,则继续
         SETB     SM2               ;令 SM2=1
         SJMP     RETURN            ;返回主程序
         END
```

上述程序用于说明主从式多机通信的基本原理。

## 9.4.2  硬件中断型主从式多机通信

在前述主从式多机通信中,无论是查询式还是软件中断式通信程序,在和主机建立通信关系之前,所有从机都要预先使 SM2=1,并对通信线路的状态加以监视,等待主机联

络。因此,从机就会在等待中失去时效,不能做其他有益的工作。为了改变这种状况,从机可以采用外部中断方式与主机进行通信,其硬件电路如图 9-23 所示。

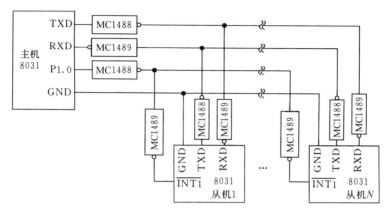

图 9-23　硬件中断型主从式多机通信结构

在图 9-23 中,主机和从机之间采用 RS-232 标准接口,如果通信距离超过 15m,则应使用调制解调器。MC1488 与 MC1489 用于电平转换,主机的 P1.0 通过 MC1488 和 MC1489 同所有从机的 $\overline{\text{INT1}}$ 相连,用于主机向所有从机在需要通信时发送中断请求信号。所有从机在收到主机的中断请求时进入中断服务程序,在中断服务程序中先关闭 $\overline{\text{INT1}}$ 中断,然后使 SM2=1,接收主机发来的从机地址,并对其进行识别。若收到的从机地址和本机地址相符,则令 SM2=0,继续接收主机发来的数据或命令,完成通信后实现中断返回,继续进行中断前的工作;若收到的从机地址和本机地址不符,则仍使 SM2=1,中断返回后继续进行中断前的工作。

### 9.4.3　分布式通信系统

分布式通信系统又称为“集散控制系统”。在这种通信系统中,作为前置(或下位)机的单片机通常有 N 台,用于独立地进行数据采集和控制,并把采集到的数据传送给作为后置(或上位)机用的 IBM-PC。IBM-PC 一方面可以对接收数据进行分类、统计和处理,在 CRT 上显示并由打印机打印成各类报表;另一方面又可以把用户输入的控制命令切换成可操作的命令信息,分送给各台前置单片机。目前,分布式通信系统已在许多领域得到广泛应用,用于达到对生产过程和被控实体进行分散控制,以及集中调度和统一管理的目的。

**1. 采用 RS-232C 总线的分布式通信系统**

这种分布式通信系统的结构通常采用主从式串行总线型,其硬件电路如图9-24 所示。

在图 9-24 中,IBM-PC 给出的是标准 RS-232 电平,而 8031 给出的是 TTL 电平,故 8031 单片机串行口 TXD 和 RXD 端应分别加接 MC1488 和 MC1489,实现 TTL 电平与 RS-232 电平间的转换。由于 MC1488 输出无高阻状态,故图中采用二极管隔离,且 MC1488 需要采用±12V 电源供电。

[**例 9.8**]　试根据图 9-24 编写单片机和 PC 的通信程序。设通信波特率为 9600b/s,单

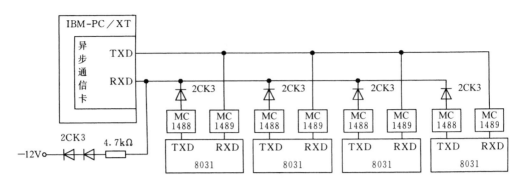

图 9-24 采用 MC1488 和 MC1489 的分布式控制系统

片机 8031 的主脉冲频率为 6MHz。

**解**：PC 和单片机之间采用全双工方式工作。单片机接收数据块和发送数据块长度相等。

（1）单片机通信程序。单片机 8031 通信程序由主程序和中断服务程序组成，图 9-25 为它的程序流程图。

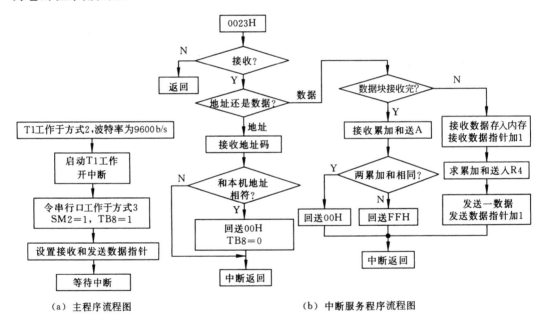

（a）主程序流程图　　　　　　（b）中断服务程序流程图

图 9-25 单片机 8031 通信程序流程图

① 主程序清单。

```
           ORG     1000H
COMUNZ: MOV     TMOD,#20H      ;令 T1 工作于方式 2
           MOV     TH1,#0FDH      ;令波特率为 9600b/s
           MOV     TL1,#0FDH
           MOV     PCON,#80H      ;SMOD=1
           SETB    TR1            ;启动 T1 工作
```

```
            SETB      EA                      ;开所有中断
    RPT：SETB      ES                      ;开串行口中断
            MOV       SCON,♯0F8H          ;令 SM2＝1,TB8＝1
            MOV       23H,♯0CH            ;令接收数据指针为 0C00H
            MOV       22H,♯00H
            MOV       21H,♯08H            ;令发送数据指针为 0800H
            MOV       20H,♯00H
            MOV       R4,♯00H             ;累加和单元 R4 清零
            MOV       R5,25H              ;R6R5←块长
            MOV       R6,26H
    RPTT：SJMP       RPTT                ;等待中断
    RPTR：CLR        ES                   ;关串行口中断
            ⋮
```

② 中断服务程序清单。

```
            ORG       0023H
            LJMP      INTV
            ORG       102FH
    INTV：JBC       RI,RLL              ;若为接收,则转 RLL
  INTUR1：RETI                          ;若为发送,则返回主程序
   INTUR：JBC       TI,INTUR1
    TLL：MOV        A,24H               ;24H 为接收累加和存放单元
            XRL       A,R4                ;累加和相符?
            JZ        TL3                 ;若相符,则发 00H
    TL2：POP        ACC                  ;若不符,则发 FFH
            POP       ACC
            MOV       DPTR,♯RPT           ;RPT 送 DPTR
            MOV       SBUF,♯0FFH          ;发 FFH
            PUSH      DPL                 ;压入堆栈
            PUSH      DPH
            RETI                          ;返回主程序 RPT 处执行
    TL3：POP        ACC                  ;堆栈指针减 2
            POP       ACC
            MOV       DPTR,♯RPTR          ;RPTR 送 DPTR
            PUSH      DPL                 ;压入堆栈
            PUSH      DPH
            MOV       SBUF,♯00H           ;发 00H
            RETI                          ;返回主程序 RPTR 处执行
    TL4：MOV        DPH,21H             ;发送数据块指针送 DPTR
            MOV       DPL,20H
            MOVX      A,@DPTR             ;发送数据送 A
            INC       DPTR                ;发送数据块指针加 1
```

| | | | |
|---|---|---|---|
| | MOV | 21H,DPH | ;存入 21H 和 20H |
| | MOV | 20H,DPL | |
| | MOV | SBUF,A | ;发送数据 |
| TL5： | RETI | | |
| RLL： | JNB | 9DH,RL3 | ;若为数据(SM2=0),则转 RL3 |
| | MOV | A,SBUF | ;若为地址,则接收地址码 |
| | CLR | C | |
| | SUBB | A,27H | ;和本机地址比较 |
| | JNZ | RL2 | ;若不符,则返回 |
| | MOV | SBUF,♯00H | ;若相符,则回送 00H |
| | CLR | 9BH | ;TB8=0 |
| RL2： | RETI | | |
| RL3： | DJNZ | R5,RL4 | |
| | DJNZ | R6,RL4 | ;若数据块未接收完,则转 RL4 |
| | MOV | 24H,SBUF | ;若数据块已接收完,则接收累加和送 24H |
| | AJMP | TLL | |
| RL4： | MOV | A,SBUF | ;接收数据送 A |
| | MOV | DPH,23H | ;接收数据指针送 DPTR |
| | MOV | DPL,22H | |
| | MOVX | @DPTR,A | ;接收数据存入接收数据区 |
| | ADD | A,R4 | ;求累加和 |
| | MOV | R4,A | ;存入 R4 |
| | INC | DPTR | ;接收数据指针加 1 |
| | MOV | 23H,DPH | ;送入 23H 和 22H |
| | MOV | 22H,DPL | |
| | AJMP | TL4 | |

(2) PC 通信程序。PC 通信程序可采用 8086/8088 汇编语言编写,能直接操作到 UART(8250/8251)的各寄存器,以中断方式和 8031 通信;也可采用 C♯语言等进行编写。采用查询方式的 PC 通信程序流程如图 9-26 所示。

相应程序清单略。

**2. 采用 RS-422 总线的分布式通信系统**

这种分布式通信系统通常采用主从式串行总线的网络结构。在这种网络结构中,后置机(或上位机)常由 IBM-PC 或其兼容机充任,因为它们的通用性好、价格便宜、软件丰富,并具有汉字和图形功能,可以完成各种复杂的管理任务;前置机(或下位机)采用 MCS-51 单片机,因为它们的速度较快、功能较强,使用灵活,并具有多机通信功能,适合于组成集散式控制系统。采用 RS-422 总线的典型分布式通信系统如图 9-27 所示。

图 9-27 中,所有下位单片机全部挂接在上位 PC 的 RS-422A 标准总线上,并经 RS-232/RS-422 转接板(图中虚线框所示)和 IBM-PC 的 RS-232 串行通信板相连。任何下位机都可以和上位 PC 进行串行通信,但各下位机之间不能进行串行通信。

在 PC 进行数据发送时,RS-232 接口板中 TXD 输出的 RS-232 电平信号由 RS-232/

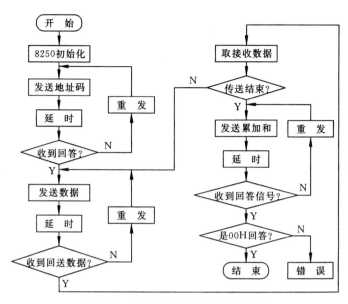

图 9-26 PC 查询式通信程序流程图

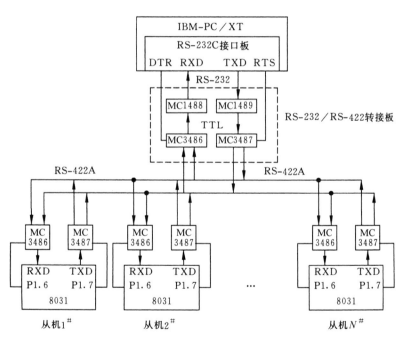

图 9-27 采用 RS-422 总线的分布式通信系统

RS-422 转接板中的 MC1489 转换成 TTL 电平信号,再由 MC3487 转换成 RS-422 电平信号进行传输,并经 MC3486 转换成 TTL 电平信号,送到下位控制机 8031 的 RXD 端。

在 PC 接收数据时,下位机 8031 中 TXD 发出的 TTL 电平信号经 MC3487 转换成 RS-422 电平信号进行传输,到达 RS-232/RS-422 转接板后再由其中的 MC3486 转换成 TTL 电平信号,并由 MC1488 转换成 RS-232 电平送到 IBM-PC 中 RS-232 接口板的

RXD端。其中,RS-232/RS-422转接板中MC3487的控制端由PC中RS-232接口板的请求发送信号RTS控制;MC3486的控制端由PC中RS-232接口板的数据终端就绪信号DTR控制。在下位机中,MC3487的控制端由8031的P1.7控制;MC3486的控制端由8031的P1.6控制。

MC3487(同SN75174)和MC3486(同SN75175)是一种具有三态控制的发送和接收驱动芯片,也是一种RS-422电平转换器,其逻辑引脚如图9-28所示。

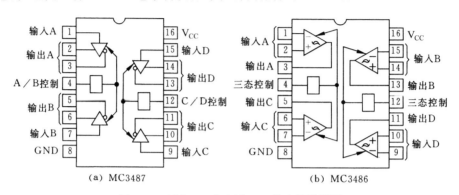

图9-28   MC3487和MC3486的功能引脚图

在图9-28中,MC3486采用平衡差分输入,输出端受三态控制引脚4和12控制;MC3487可以把TTL电平转换成双端输出的RS-422标准电平信号,并受三态控制引脚4和12控制。当某一下位机和PC通信时,该下位机的P1.6或P1.7输出高电平,从而使相应的MC3486或MC3487直通,其他下位机的MC3486和MC3487均因P1.6和P1.7上的低电平而处于高阻状态,以确保RS-422总线上传送数据的唯一性和正确性。

一个实际的PC和RS-232/RS-422转接板的连接电路如图9-29所示。

在PC发送数据时,PC的RS-232接口板中的请求发送RTS变为高电平,经过MC1489、74LS05和光电隔离器到达MC3487的三态控制端,打开MC3487的三态门;PC从TXD端输出的TTL电平信号经过MC1489、74LS05和光电隔离器到达MC3487的输入端,由于此时MC3487因RTS而打开,故上述输入信号经MC3487便可转换成双端输出的RS-422标准电平,加到RS-422总线的TXD+和TXD-端。

在PC接收数据时,由于MC3486的三态控制端接+5V,故处于常开状态,RS-422总线中的RXD+和RXD-端输出的双端RS-422电平信号便可穿过MC3486变成单端的TTL电平,然后经过74LS05、光电隔离器和MC1488到达PC的RS-232接口总线的接收数据端RXD。

由于电路中采用了MC3487、MC3486和光电隔离器,因此线路的负载能力和抗干扰能力大大提高,通信距离也可扩大到1200m以上,完全可以满足一般的集散控制系统的网络通信要求。相应通信软件和前述类似,在此不再赘述。

### 9.4.4   光纤通信简介

光纤通信是20世纪70年代发展起来的一种信息传输新技术,是一种以光波作为信

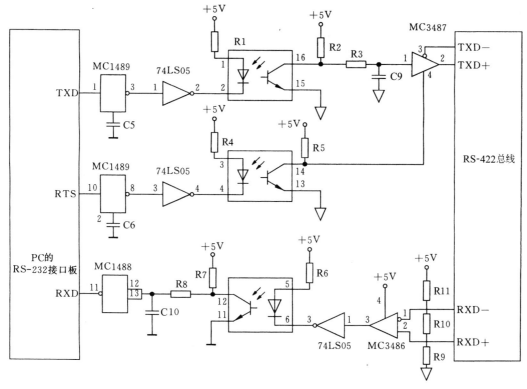

图 9-29  RS-232/RS-422 转接板的接口电路

息载体和以光导纤维作为传输介质的通信技术。光纤是光学纤维或光导纤维的简称,是一种由高纯度玻璃或透明聚合物构成的绝缘波导。一根或多根光纤可以组成光缆。光缆中的每根光纤可以允许光波在其内部传输而不能辐射到外部,所传信息加载在光波上进行传输。

光纤通信的优点如下。

(1)光纤通信的通信容量大,通常是微波通信的 10 万倍,同轴电缆通信的 1 万倍。若采用四窗口复用,一根光纤就可以传输 122 880 路电话。

(2)光纤通信的传输损耗低,带宽为 2.6GHz,光纤的传输损耗仅为 0.2dB/km,中继站间隔可达 100km,而带宽为 100MHz 的同轴电缆最低损耗高达 75dB/km,12km 就需要设一个中继站。

(3)光纤体积小、重量轻且铺设简单,外径为 125μm、长 1km 的一根光纤仅为 27g,1kg 石英玻璃可以拉制 100km 长的光纤,而 100km 长的同轴电缆则需要 12t 铜和 50t 铅。

(4)玻璃光纤是绝缘的,既不会受到电磁干扰,也不怕雷击,是目前唯一无法被窃听的一种通信。

(5)在设计光纤通信系统时不需要接地线,不需考虑通信两地的共地干扰,光纤还能耐高温,不会产生短路故障。

目前,光纤通信已广泛应用于各个领域,用于传输电话、电视和计算机信息。

**1. 光纤通信系统的组成**

光纤通信系统由电端机、光端机和光中继器等组成,其组成框图如图 9-30 所示。

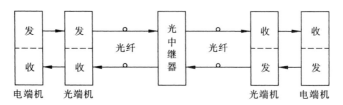

图 9-30　光纤通信系统的组成框图

电端机可以是一台微型计算机,用于把需要发送的信息送给光端机,由光端机将发送信号调制在光波上,然后将光波注入光纤中。光中继器把输入的光信号变换为电信号进行放大,并把放大后的电信号还原为光信号注入后续的光纤中继续传送,以补偿光波在光纤中传输所带来的损耗。光信号到达接收端以后,由光端机对光信号进行解调,还原成原来的电信号、送给接收端的电端机。

由于光纤通信系统通常是全双工的,因此光端机和光中继器主要由光发射机和光接收机组成。当然,近距离的光纤通信也可不加光中继器。图 9-31 所示为两台单片机之间的光纤通信系统。

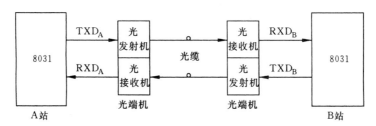

图 9-31　采用光纤通信的两台单片机

A 站单片机把要发送的电信号送给光发射机,由光发射机变换成调制的光信号注入光纤中传输,到达 B 站后由 B 站的光接收机接收,并将它变换成电信号为 B 站的单片机所接收。B 站发送和 A 站接收的情况与之相同。

**2. 光纤通信的原理**

在计算机之间的光纤通信中,光纤通信是借助光发射机(光发送器)和光接收机(光接收器)以及光纤来实现的。因此,光发送器和光接收器也可以看作是计算机的一种光纤通信接口器件。图 9-32 所示为光纤通信接口的示意图。

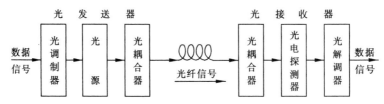

图 9-32　光纤通信接口框图

（1）光发送器的原理。光发送器由光调制器、光源和光耦合器等组成（见图 9-32）。光源通常有两种：一种是半导体光源（即发光二极管 LED）；另一种是激光二极管 LD。发光二极管又有短波 LED（波长为 $0.85\mu m$）和长波 LED（波长为 $1.3\mu m$）之分。LED 发射的光功率可通过电流来调制，常用于短波低速光纤通信系统；LD 用于高速长途光纤通信。

为了进一步说明光发送器的工作原理，现以图 9-33 所示分立元件组成的光调制电路为例加以说明。

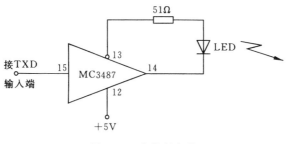

图 9-33　光发射电路

图 9-33 中，MC3487（同 SN75174）为单端输入和双端输出的长线驱动器，用于驱动 LED 工作，把电信号转换成光信号。当 MC3487 的输入（15 脚）为 1 时，LED 变"暗"；当输入为 0 时，LED 变"亮"。这样就完成了电信号到光信号的调制，光信号经光纤传送出去。

（2）光接收器的原理。光接收器由光耦合器、光电探测器和光解调器等组成（见图 9-32）。发送端由光纤传送过来的光信号经光耦合器、光电探测器和光解调器把光信号转换成电信号。图9-34表示分立元件的光解调电路。

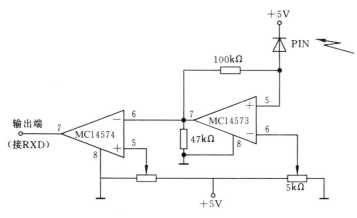

图 9-34　光解调电路

图 9-34 中，MC14574 和 MC14573 均为电压比较器。当光纤传送过来的是"暗"信号 0 时，光敏二极管 PIN 的电阻变大，MC14573 正端（引脚 5）电压变低，致使它的引脚 7 电位也变低，若该电位低于 MC14574 正端（引脚 5）的输入电位，则 MC14574 输出端（7 脚）

将输出一个高电平;当光纤传送过来的是"亮"信号 1 时,PIN 的电阻变小,MC14573 正端(引脚 5)电位变高,致使输出端(引脚 7)电位变高,若这个电平高于 MC14574 正端(引脚 5)输入电压,则输出端(引脚 7)就可输出一个低电平。这样,光敏二极管的"亮"和"暗"信号通过光解调电路就被转换成电信号。

**3. 光纤通信的实例**

在实际使用中,光发送器和光接收器常常做成专用的光纤通信接口器件。图 9-35 所示为采用 FOT110 和 FOR110 的数字/模拟通信接口。

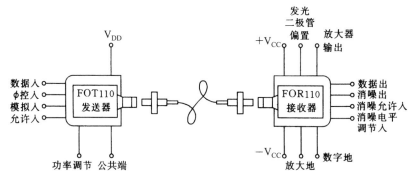

图 9-35  FOT110、FOR110 的数字/模拟通信接口

图 9-35 中,FOT110 为光纤发送器,用于把 TTL 电平数据转换成光信号,通过光缆传送出去;FOR110 为光纤接收器,用于把光缆中传送过来的光信号还原成 TTL 电平数据。接收器还具有噪声抑制功能的自动阈值调节。该通信接口也可以高线性度发送与接收 $10 \sim 10^6$ Hz 的模拟信号,数据传送距离不小于 1.7km。若使用红外型发送器,则发送速度略低一些,但传送距离可达 7km。

FOT110 和 FOR110 常用于计算机与计算机或单片机与单片机之间的光纤通信,如图 9-36 所示。

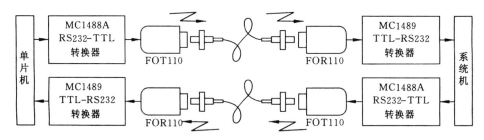

图 9-36  计算机/单片机间的通道连接

# 习题与思考题

**9.1**  异步通信和同步通信的区别是什么?MCS-51 串行口有没有同步通信功能?

**9.2**  异步通信和同步通信的波特率范围各为多少?

**9.3** 串行通信有哪几种制式？各有什么特点？

**9.4** 串行通信中为什么要用 Modem？按数字信号的调制技术，Modem 可分为哪三类？

**9.5** 根据图 9-6 简述 FSK 式 Modem 的数据发送过程。

**9.6** 根据图 9-7 简述 FSK 式 Modem 的数据接收过程。

**9.7** UART 有哪三种出错标志？各自的含义是什么？

**9.8** 简述 MCS-51 的 SIO 串行口发送和接收数据的过程。

**9.9** MCS-51 串行口控制寄存器 SCON 中 SM2 的含义是什么？主要在什么方式下使用？

**9.10** 简述 MCS-51 的 SIO 串行口在 4 种工作方式下的字符格式。

**9.11** 试比较和分析 MCS-51 的 SIO 串行口在 4 种工作方式下发送和接收数据的基本条件。

**9.12** 简述 MCS-51 的 SIO 串行口在 4 种工作方式下波特率的产生方法。

**9.13** 请用中断法编出串行口方式 1 下的发送程序。设 8031 单片机主频为 6MHz，波特率为 600b/s，发送数据缓冲区在外部 RAM，起始地址为 TBLOCK，数据块长度为 30，采用偶校验，放在发送数据第 8 位（数据块长度不发送）。

**9.14** 请用中断法编出串行口方式 1 下的接收程序。设 8031 单片机主频仍为 6MHz，波特率仍为 600b/s，接收数据缓冲器在外部 RAM，起始地址为 RBLOCK，接收数据区长度为 30，采用偶校验（数据块长度不发送）。

**9.15** 请用中断法编出 8031 串行口在方式 2 下的发送程序。设：波特率为 $f_{osc}/64$，发送数据缓冲区在外部 RAM，起始地址是 TBLOCK，发送数据长度为 30，采用偶校验，放在发送数据第 9 位上（数据块长度不发送）。

**9.16** 请用查询法编出 8031 串行口在方式 2 下的接收程序。设波特率为 $f_{osc}/32$，接收数据块在外部 RAM，起始地址为 RBLOCK，数据块长度为 50，采用奇校验，放在接收数据的第 9 位上（接收数据块长度不发送）。

**9.17** 单片机多机通信有哪几种网络结构？

**9.18** 设 8031 单片机的发送缓冲区和接收缓冲区均在内部 RAM，起始地址分别为 TBLOCK 和 RBLOCK，数据块长度均为 20B。请编写主站端既能发送又能接收的全双工通信程序。

**9.19** 硬件中断型主从式多机通信为什么能提高从机的工作效率？

**9.20** 采用 RS-422 总线的分布式通信系统有什么优点？

**9.21** 光纤通信有哪些优点？

**9.22** 简述光纤通信的原理。

# 第10章 单片机应用系统的设计

在前面章节中,已经系统地介绍了单片机的内部结构、指令系统、存储器扩充和主要接口技术。本章首先介绍单片机的总线结构、单片机前向通道的设计和单片机后向通道的设计;然后介绍单片机温度控制系统的一个应用实例;最后介绍单片机应用(控制)系统的抗干扰设计。这些内容是单片机应用系统的重要组成部分,也是系统能够稳定可靠工作的重要条件。

## 10.1 单片机的总线结构

总线是计算机的重要组成部分,总线不仅存在于芯片内部,而且还存在于芯片外部。存在于芯片内部的总线称为内部总线,这通常是芯片制造商研究和关心的问题。本节主要介绍的是存在于芯片外部的总线,即板级总线和通信总线等。

### 10.1.1 单片机总线概述

在微型计算机系统中,总线是信息传输的通路,是各部件之间的实际互连线,也是系统设计者需要经常关心和研究的问题。

现代控制系统大多数是集计算机数据采集、计算机监督控制和计算机管理于一体的复杂系统。在硬件设计上采用"分级构造"的方法,即把整个控制系统分成直接控制层、间接监督层和管理控制层。每一控制层本身就是一个控制子系统。在控制子系统内,通常采用模块化设计,使子系统可以由多个模块组成。这里的模块也称为模板,一个模块常常是一个插件板。插件板或模板俗称为卡。例如,IBM-PC II 中的 VGA 卡、存储器扩充卡和防病毒卡等。国际标准化组织对总线中的引脚条数和总线电平规定了统一标准,即总线标准。不同的计算机总线其总线标准也不相同。例如,STD 总线共有 56 条,每条引线上传送的信号电平均为 TTL 电平,即 0 信号电平 $\leqslant 0.5V$,1 信号电平 $\geqslant 3.6V$;RS-232C 总线共有 56 条,其上的 $+12V$ 代表逻辑 0,$-12V$ 代表逻辑 1。这样,不同厂家生产的部件(例如插件板)只要通过相应总线的接口电路就可以挂接在同一条系统总线上,以达到改变整个系统功能和便于维修的目的。

**1. 总线的分类**

在上述控制系统中,插件板与插件板之间、子系统与子系统之间以及层与层之间显然需要有总线相连,而且彼此间的总线标准不一样,因为它们的功能是不相同的。为了区分这些不同功能的总线标准,计算机系统中所用总线通常可以分成板级总线、通信总线和串行外围扩展总线三大类。

(1)板级总线。板级总线也称为系统总线,是一种并行总线,有时还称为内总线。在板级总线的下一层次,还有局部总线。局部总线不同于板级总线。图 10-1 示出一个多处理机系统的板级总线和局部总线的关系。

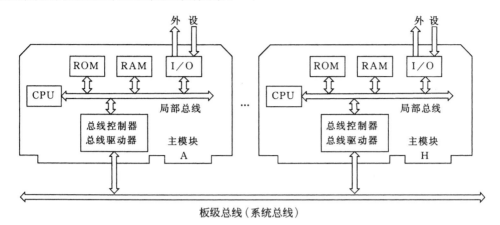

图 10-1　局部总线和板级总线的关系

由图 10-1 可见,局部总线是元件级总线,是芯片与芯片之间的一种互连线。由于局部总线处于模板内部,故有时称为内部总线。板级总线是系统级总线,是微机系统和单片机控制系统特有的总线,是子系统内各插件模块彼此间的一种互连线。

(2) 通信总线。系统与系统之间的互连线称为通信总线,用于系统与系统之间进行串行或并行通信。通信总线应用广泛,在分层控制中,用于层系统与层系统间的通信;在分级控制系统中,用于级系统与级系统间的通信;在分段控制系统中,用于主系统与子系统之间的通信。在通信系统中,通信总线用于主机系统与远方智能终端间的通信。

(3) 串行外围扩展总线。串行外围扩展总线是一种 CPU 与外围芯片间的扩展总线,是一种可以替代图 10-1 中局部总线和板级总线的新型单片机串行总线,主要作为总线型特别是非总线型单片机扩展外围器件时用。在采用板级总线的单片机应用系统中,模块和模块之间的数据传送是并行的,数据传送时不仅在硬件上要增加总线控制器和总线驱动器一类的芯片,而且在软件设计上也要考虑总线握手和总线占用权判定等问题,此外总线条数多,软、硬件设计也不规范。在采用串行外围扩展总线的单片机应用系统中,所有单片机和各类外围器件内部都集成有串行外围扩展总线接口,系统内的所有单片机和各类外围器件都可通过串行外围扩展总线连成一体,用户只要设计和执行串行外围扩展总线应用程序就可以完成芯片间串行数据的传送。因此,采用串行外围扩展总线的单片机应用系统不仅可以使总线规范的应用尽可能地"傻瓜"化,而且还可以使单片机应用系统的软、硬件设计标准化、模块化和简单化,从而进一步缩小单片机应用系统的体积并加快单片机应用系统的开发周期。

目前,单片机应用系统中使用的串行外围扩展总线主要有 Philips 公司的 $I^2C$(Inter Integrated Circuit,内部集成电路)总线、Motorola 公司的 SPI(Serial Peripheral Interface,串行外围接口)和 NS 公司的串行同步双工通信接口 MICROWARE/PLUS 等。

**2. 总线及其接口**

总线和接口的关系采用图 10-1 的板级总线加以说明。由图中可见,局部总线和芯片的接口比较简单,可以直接连接。CPU 通过地址线(或地址译码器)、数据线和控制线可以直接选中 ROM、RAM 和 I/O 接口工作,以完成彼此间的数据、地址、命令和状态信息的传输。

　　系统总线和各插件板之间的接口比较复杂,一条系统总线往往需要挂接多个主模块和多个从模块,这必然会发生在同一瞬时有多个主模块都要使用系统总线的情况,但同一瞬时只能有一个主模块占用总线。因此,为了防止各主模块竞争总线,最好的办法是给每个主模块赋予占有总线的优先权。这就是说,每个主模块内部必须有一个能和系统总线连接的电路,这个电路应由总线锁存器、总线收发器、总线控制器和总线裁决器等芯片组成。现以 Intel 公司的 MULTIBUS 总线为例来说明接口电路的工作原理。

　　图 10-2 示出某主模块中接口电路和 MULTIBUS 总线的连接关系。图中,8086/8088 为 CPU,8282 是总线锁存器,常用来锁存来自 8086 的地址码;8286 是总线收发器,常和 8086 的数据总线相接,以控制数据的流向;8288 是总线控制器,用于控制8282 和 8286 工作,决定本模块是否需要占用或释放 MULTIBUS 总线;8289 是总线裁决器,用于仲裁要求占用总线的主模块的总线优先权,并控制 8288 工作。其工作过程简述如下。

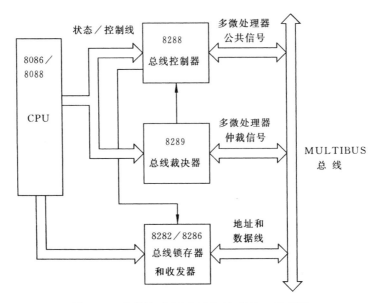

图 10-2　主模块对 MULTIBUS 的接口示意图

　　在 MULTIBUS 总线系统中,当同一瞬时有多个主模块竞争使用总线时,所有参加竞争的主模块中的 8289 对所有主模块的总线优先权进行仲裁,总线优先权最高的主模块中的 8289 就指示相应 8288(通过 8282 和 8286)抢占被释放的 MULTIBUS 总线,而其他主模块中的 8289 或者因为本模块未参加总线竞争或者因为本模块的总线优先权低而指示它的 8288(通过 8282 和 8286)去切断它的主模块对 MULTIBUS 总线的联系。总线优先权最高(参与竞争)的主模块竞争到系统总线后,它就通过系统总线中的地址线选中相应模块去完成总线的读写操作。总线读操作完成主模块从被寻址模块中读取信息,总线写操作实现把主模块中的信息写入被寻址模块。

通常,单片机控制系统都是单机工作的,系统内部只有一个主模块板,信息主要在主模块和多个从模块之间传送,因此,总线接口和总线操作都比较简单。

**3. 总线标准和总线功能**

"总线标准"是系统制造商在激烈的市场竞争中逐步形成的特有"标准",也是市场角逐中成为佼佼者的厂家强加给用户的一种"标准"。其实,"总线标准"并非完全标准,它既受制造商企图垄断市场的影响,也和权威定标机构的切身利益有关。因此,现有"总线标准"还会不断完善和发展。

系统设计的模块化是建立在某种"总线标准"基础上的。因此,"总线标准"的功能不能仅从传输信息的狭隘意义上理解,而应当提高到模块化高度去看待。现对"总线标准"的功能综述如下。

(1)可以简化系统结构的复杂程度。复杂控制系统采用某种总线标准就等于把整个系统分解成若干个简单模块。每个设计人员分头进行设计,然后连成一个完整的系统。这种群体设计思想大大加快了产品设计的进程,也缩短了产品的更新周期。

(2)可以提高系统的灵活性。系统结构模块化以后,一条系统总线上可以连接若干个插件座,各插件座彼此完全相同。由于不同插件板依附于同一总线标准(即每种插件板引出线相同),故可任意插在每个插件座上,用户不必担心它是否会被损坏。而且,只要更换插件板的类型和数量就可达到改变系统功能的目的。

(3)可以降低成本和方便维护。系统结构模块化以后,可以根据需要选用所需的插件板,不必购置所有的插件板。系统功能一旦需要增加,只要购买相应的插件板就可满足要求,这不仅扩大了系统的应用范围,而且也降低了生产成本。

系统结构模块化的另一优点是系统维护十分方便,系统的故障范围可以缩小到插件板一级,一旦判断出故障的性质,只需更换相应插件板就可排除故障。

## 10.1.2 板级总线

板级总线是指单片机应用系统中各印刷电路板之间的总线,总线的物理间距通常在同一个机箱之内,数据传输均以并行传送为主。板级总线的类型很多,例如,MULTIBUS总线、S100 总线、PC 总线、STD 总线和 6800 系统总线,等等。现以 STD 总线为例加以介绍。

STD 总线又称为 IEEEP96 总线,是美国普洛(PRO-LOG)公司于 1978 年开发。目前,STD 总线已成为工业控制领域内最流行的标准总线之一,主要用于 8 位微处理机和单片机工业控制系统。典型结构示意图如图 10-3 所示。

在图 10-3 中,8031 主模块板属于永久性主模块板,DMA 主模块板为暂时主模块板,其余为从模块板。

**1. STD 总线**

STD 总线共有 56 条,各模块板的元件面的引脚号为单数号,焊接面的引脚号为双数号。各引脚定义如表 10-1 所示。

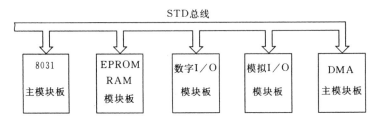

（a）采用STD总线的系统结构

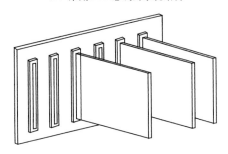

（b）采用STD总线系统的插槽结构

图 10-3　采用 STD 总线的系统模块板示意图

STD 总线的 56 条引线分为 5 类：逻辑电源、辅助电源、数据总线、地址总线和控制总线。现对它们的功能分述如下。

（1）逻辑电源和辅助电源总线（10 条）。STD 总线采用辅助和逻辑电源分开供电，共有 ±5V 和 ±12V 四种电源、地线 4 条，如表 10-1 所示。

（2）数据总线（8 条）。D7/A23～D0/A16：为数据/地址线，8 位双向三态总线。平常，数据总线上所传数据的方向由现行主模块控制。在 DMA 操作时，数据总线上的数据由 DMA 控制器控制。在所有模块均不使用总线时，数据总线呈现三态高阻。

（3）地址总线（16 条）。A15～A0 为地址总线，其上地址由现行主模块产生，用于传送扩展存储器地址或扩展I/O地址。在 DMA 操作期间，地址总线上的地址由 DMA 控制器产生，因为永久主模块板已释放总线。

（4）控制总线（22 条）。控制总线用于传送各模块板间的控制信号。通常，控制总线可分为存储器和 I/O 控制线、外设定时线、中断和总线控制线、时钟和复位线、串行优先级链 5 部分。

① 存储器和 I/O 控制线（6 条）。

$\overline{\text{WR}}$ 和 $\overline{\text{RD}}$：$\overline{\text{WR}}$ 为写命令线，$\overline{\text{RD}}$ 为读命令线，这两条线上的信号均由现行主模块产生，为其他模块所用。当 $\overline{\text{WR}}=0$ 或 $\overline{\text{RD}}=1$ 时，现行主模块向存储器（或输出设备）表明数据总线上保持着被寻址存储器（或输出设备）的输入数据。此时，数据由现行主模块流向被寻址存储器或输出设备。当 $\overline{\text{WR}}=1$ 或 $\overline{\text{RD}}=0$ 时，现行主模块向存储器（或输入设备）表明地址总线上保持着被寻址存储器（或输入设备）的地址，此时数据由存储器（或外设）流向现行主模块。现行主模块不会同时使 $\overline{\text{WR}}$ 和 $\overline{\text{RD}}$ 保持低电平。

表 10-1  STD 总线各引脚排列及名称

| 类型 | 引脚 | 信号名称 | 方向 | 说明 | 引脚 | 信号名称 | 方向 | 说明 |
|---|---|---|---|---|---|---|---|---|
| | | 元 件 面 | | | | 焊 接 面 | | |
| 逻辑电源 | 1 | Vcc | 入 | 逻辑电源＋5V | 2 | Vcc | 入 | 逻辑电源＋5V |
| | 3 | GND | 入 | 数字地 | 4 | GND | 入 | 数字地 |
| | 5 | VBB1(−5V) | 入 | 备用电源(电池) | 6 | VBB2(−5V) | 入 | 备用电源(电池) |
| 数据总线 | 7 | D3/A19 | 双向 | 数据/地址线 | 8 | D7/A23 | 双向 | 数据/地址线 |
| | 9 | D2/A18 | 双向 | | 10 | D6/A22 | 双向 | |
| | 11 | D1/A17 | 双向 | | 12 | D5/A21 | 双向 | |
| | 13 | D0/A16 | 双向 | | 14 | D4/A20 | 双向 | |
| 地址总线 | 15 | A7 | 出 | 地址线 | 16 | A15 | 出 | 地址线 |
| | 17 | A6 | 出 | | 18 | A14 | 出 | |
| | 19 | A5 | 出 | | 20 | A13 | 出 | |
| | 21 | A4 | 出 | | 22 | A12 | 出 | |
| | 23 | A3 | 出 | | 24 | A11 | 出 | |
| | 25 | A2 | 出 | | 26 | A10 | 出 | |
| | 27 | A1 | 出 | | 28 | A9 | 出 | |
| | 29 | A0 | 出 | | 30 | A8 | 出 | |
| 控制总线 | 31 | $\overline{WR}$ | 出 | 写存储器或 I/O | 32 | $\overline{RD}$ | 出 | 读存储器或 I/O |
| | 33 | $\overline{IORQ}$ | 出 | I/O 地址请求 | 34 | $\overline{MEMRQ}$ | 出 | 存储器地址请求 |
| | 35 | IOEXP | 双向 | I/O 扩展 | 36 | MEMEX | 双向 | 存储器扩展 |
| | 37 | $\overline{REFRESH}$ | 出 | 定时刷新 | 38 | $\overline{MCSYNC}$ | 出 | 机器周期同步 |
| | 39 | STATUS1 | 出 | 状态线 1 | 40 | STATUS0 | 出 | 状态线 0 |
| | 41 | $\overline{BUSAK}$ | 出 | 总线响应 | 42 | $\overline{BUSRQ}$ | 入 | 总线请求 |
| | 43 | $\overline{INTAK}$ | 出 | 中断响应 | 44 | $\overline{INTRQ}$ | 入 | 中断请求 |
| | 45 | $\overline{WAITRQ}$ | 入 | 等待请求 | 46 | $\overline{NMIRQ}$ | 入 | 非屏蔽中断请求 |
| | 47 | $\overline{SYSRESET}$ | 出 | 系统复位 | 48 | $\overline{PBRESET}$ | 入 | 按钮复位 |
| | 49 | CLOCK | 出 | 处理器时钟 | 50 | CNTRL | 入 | 辅助时钟 |
| | 51 | PCO | 出 | 优先级链输出 | 52 | PCI | 入 | 优先级链输入 |
| 辅助电源 | 53 | AUX GND | 入 | 辅助接地 | 54 | AUX GND | 入 | 辅助接地 |
| | 55 | AUX＋V(＋12V) | 入 | 辅助正电源 | 56 | AUX−V(−12V) | 入 | 辅助负电源 |

$\overline{IORQ}$ 和 $\overline{MEMRQ}$：$\overline{IORQ}$ 为 I/O 地址请求线，$\overline{MEMRQ}$ 为存储器地址请求线，两者均由现行主模块产生，低电平有效。$\overline{IORQ}$ 是所有 I/O 设备都要用的一个选通信号，用于指示地址总线上的地址应由 I/O 设备接收。$\overline{MEMRQ}$ 是存储器选通信号，指出地址总线上的地址是存储器单元的地址。

IOEXP和MEMEX：IOEXP为I/O扩展信号，MEMEX为存储器扩展信号，两者均由现行主模块产生，高电平有效。IOEXP用于扩展I/O端口的选通信号，即IOEXP为高电平表示系统要访问I/O扩展口，IOEXP为低电平表示对非扩展I/O口操作；MEMEX用于扩展存储器的选通信号，即MEMEX为高电平表示现行主模块要对扩展存储器寻址，MEMEX为低电平时表示现行主模块要对非扩展存储器操作。

② 外设定时线(4条)。

$\overline{REFRESH}$和$\overline{MCSYNC}$：$\overline{REFRESH}$为刷新信号线，$\overline{MCSYNC}$为机器周期同步信号线，二者均为三态输出，低电平有效，由现行主模块产生。$\overline{REFRESH}$用于动态RAM的刷新，若系统中仅有静态RAM，则$\overline{REFRESH}$可以悬空不用。$\overline{MCSYNC}$在每个机器周期中出现一次，表示机器周期的开始，用于使现行主模块同外围设备同步操作。

STATUS1和STATUS0：STATUS1为状态线1，三态输出，高电平有效，出现行主模块产生，用于为外设提供辅助定时信号。STATUS0为状态线0，也是三态输出和高电平有效，也由现行主模块产生，用于为外设提供附加辅助定时信号。

③ 中断和总线控制线(6条)。

$\overline{BUSRQ}$和$\overline{BUSAK}$：$\overline{BUSRQ}$为总线请求，低电平有效，集电极/漏极开路输出，由DMA控制器主模块产生，为现行主模块中CPU接收。CPU收到$\overline{BUSRQ}$上的低电平后，便立即释放它对地址总线、数据总线和控制总线的控制，并在$\overline{BUSAK}$上产生低电平，向DMA控制器表明现行主模块已释放总线；DMA控制器可以抢占三总线了。

$\overline{INTRQ}$和$\overline{INTAK}$：$\overline{INTRQ}$为中断请求线，集电极/漏极开路输出，低电平有效。$\overline{INTRQ}$由外设产生，被主模块中CPU接收。$\overline{INTAK}$为中断应答线，低电平有效，由现行主模块在收到$\overline{INTRQ}$上的低电平后发出，用于表示CPU已响应了中断请求。若为矢量中断，申请中断的外设将在$\overline{INTAK}$有效期间把中断矢量低8位放到D7～D0上，现行主模块从D7～D0上接收此中断矢量后按此地址转入相应中断服务程序。

$\overline{WAITRQ}$和$\overline{NMIRQ}$：$\overline{WAITRQ}$为等待请求线，集电极/漏极开路输出，低电平有效。$\overline{WAITRQ}$由慢速存储器或I/O设备产生，被现行主模块板中的CPU接收，一旦CPU接收后便立即进入暂停状态，直到$\overline{WAITRQ}$变为高电平为止。因此，快速CPU利用$\overline{WAITRQ}$功能可以同慢速存储器和I/O设备同步工作。$\overline{NMIRQ}$为非屏蔽中断请求，低电平有效，集电极/漏极开路输出，常由电源故障产生，现行主模块板响应$\overline{NMIRQ}$后就会立即进入相应的中断服务程序。

④ 时钟和复位线(4条)。

$\overline{SYSRESET}$和$\overline{PBRESET}$：$\overline{SYSRESET}$为系统复位线，低电平有效，集电极/漏极开路输出。$\overline{SYSRESET}$由系统复位电路产生，用于使系统处于复位状态。$\overline{PBRESET}$为按钮复位线，低电平有效，集电极/漏极开路输出，由按钮开关电路产生，用于使整个系统处于复位状态。

CLOCK和CNTRL：CLOCK为处理器时钟，由永久性主模块产生，用作系统同步和时钟源。CNTRL由模块板的专用时钟辅助电路产生，可作为多微处理器的时钟信号或处理器外部输入信号。

⑤ 串行优先级链(2 条)。

PCI 和 PCO：PCI 为中断优先级输入线，PCO 为中断优先级输出线，均为高电平有效。PCI 和 PCO 用于模块板间的中断优先级排队，如图 10-4 所示。

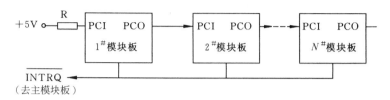

图 10-4　链形模块板中断优先级排队电路

由图 10-4 可见，1# 模块板中断优先级最高，因为它的 PCI 接 +5V。当 1# 模块板无中断请求输入时，使 PCO 变为高电平，以允许中断优先级比它低的模块板的中断请求；当 1# 模块板有中断请求时，1# 模块板使 $\overline{\text{INTRQ}}$ 变为低电平(发出中断请求)，同时又使它的 PCO 变为低电平，以禁止优先级比它低的所有模块板的中断请求。其他模块板的中断请求和 1# 模块板相同，在此不再赘述。

### 2. STD 总线的接口

单片机控制系统采用 STD 总线后，各模块板和 STD 总线之间有一个接口问题。图 10-5 为主模块板的总线接口框图。

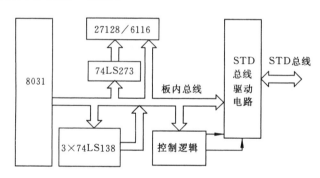

图 10-5　主模块板的总线接口框图

由图 10-5 可见，主模块板和 STD 总线的接口是通过 STD 总线驱动电路实现的。为了实现对板内 RAM 寻址和对 STD 总线驱动电路的控制，8031 采用 74LS138 译码器。译码器输出一方面选通板内存储器寻址，另一方面又输入给控制逻辑，控制逻辑用于控制板内总线和 STD 总线间的切换。

一种实际可用的 STD 总线驱动器和控制逻辑如图 10-6 所示。图中，74LS244 为 8 同相三态缓冲/驱动器，8031 通过它可以驱动 STD 总线中的地址线和控制线工作。74LS245 是 8 同相双向三态收发器，既可以把板内数据总线上的数据经 74LS373 锁存器送到 STD 总线中的 D7～D0，又可以从 STD 总线的 D7～D0 上接收数据到板内来。74LS245 的这种双向功能由 DIR 和 $\overline{\text{G}}$ 控制端控制。

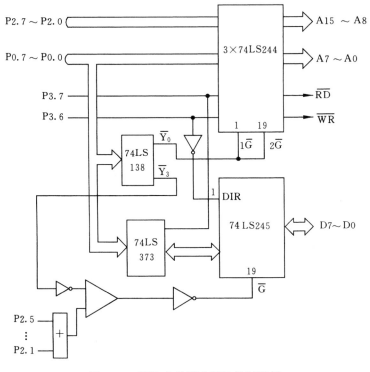

图 10-6　STD 总线驱动器和控制逻辑

### 10.1.3　通信总线

通信总线是系统与系统之间的一种传输线,总线的物理间距短到可以存在于同一个房间或大楼,长到可以是几十到几百千米,数据传输方式通常有并行和串行两种。现以 RS-232 串行通信总线为例进行介绍。

RS-232C 标准是美国电子工业协会(EIA)在 1969 年颁布的一种推荐标准,RS 是 Recommended Standard 的缩写;C 代表 RS-232 的最新一次修改,RS-232C 也简称 RS-232。RS-232 是按位串行通信的总线,可在同步和异步两种通信方式下使用,所传数据类型和帧长均不受限制。

RS-232 总线的诞生是人们普遍采用公用电话网为媒体进行数据通信的结果,也是调制解调器商品化的产物。RS-232 总线是一种 DTE(Data Terminal Equipment,数据终端设备)和 DCE(Data Communication Equipment,数据通信设备)间的信号传输线,在当代微型计算机系统中得到了广泛使用。DTE 是所传数据的源或宿主,可以是一台计算机或一个数据终端或一个外围设备;DCE 可以是一个调制解调器或一种数据通信设备,也可以是一台计算机或一种外围设备,如图 10-7 所示。由图可见,远程主机系统是作为 DTE 来用的,是所传信息的信息源;CRT 显示器也作为 DTE 使用,是所传信息的宿主;调制解调器作为 DCE 使用,是所传信息的调制解调设备。如果把图中 CRT 改成键盘,那么键盘就成为信息源,远程主机系统就成为信息的宿主。

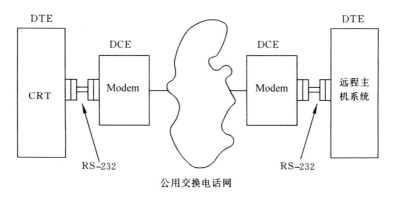

图 10-7　微型计算机远程通信示意图

RS-232 是一种由 25 条传输线构成的总线,RS-232 总线和 DTE 或 RS-232 总线和 DCE 的连接是通过 DB-25 型连接器实现的。其中,DB-25-P 为阳连接器,常和 DTE 相连;DB-25-S 为阴连接器,常和 DCE 相连。连接器尺寸如图 10-8 所示。

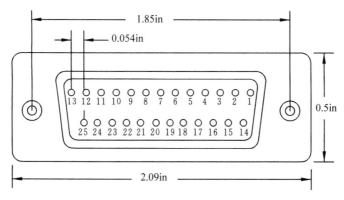

图 10-8　DB-25 连接器尺寸图

### 1. RS-232 的引线功能

RS-232 的 25 条信号引脚定义如表 10-2 所示。表中,每条引脚在"符号"一栏中按第一个字母分为 5 类:A 表示地线或公共回线;B 表示数据线;C 表示控制线;D 代表定时线;S 代表次级信道线。现对各引脚功能分述如下。

(1) 本地通信线(6 条)。

AA 和 AB:AA 为保护地线,常和机壳相连,以构成屏蔽地;AB 为信号地线,是除保护地外其他信号线的测量基准点。

BA 和 BB:BA 为发送数据线 TXD,其上数据由 DTE 发送,被 DCE 接收;BB 为接收数据线 RXD,其上信号由 DCE 发出,被 DTE 接收。平时,TXD 线始终保持逻辑 1(传号)状态,只有在发送数据时才有可能变为逻辑 0(空号)状态。RXD 线在不发送数据的全部时间里以及发送数据的间隔期内,也始终保持逻辑 1(传号)状态。

CA 和 CB:CA 为请求发送线 RTS,由 DTE 发出并为 DCE 接收;CB 为允许发送线 CTS,由 DCE 发出并为 DTE 接收。这一对线主要用于 DTE 询问 DCE 对信道的连接状况。当 DTE 需要发送数据时,使 RTS 变为逻辑 1 有效,用于请求 DCE 去接通通信链路。一旦 DCE 和通信链路接通,DCE 则使 CTS 变为逻辑 1 有效,以通知 DTE 可以在 TXD 线上发送数据了。

表 10-2　RS-232 各信号引脚定义

| 引脚 | 符号 | 助记符 | 名　　称 | 引脚 | 符号 | 助记符 | 名　　称 |
|---|---|---|---|---|---|---|---|
| 1 | AA | GND | 保护地线 | 14 | SBA | STXD | 次级发送数据线 |
| 2 | BA | TXD | 发送数据线 | 15 | DB | | 发送信号码元定时(DCE 为源) |
| 3 | BB | RXD | 接收数据线 | 16 | SBB | SRXD | 次级接收数据线 |
| 4 | CA | RTS | 请求发送线 | 17 | DD | | 接收信号码元定时(DCE 为源) |
| 5 | CB | CTS | 允许发送线 | 18 | — | | 未定义 |
| 6 | CC | DSR | 数据设备就绪线 | 19 | SCA | SRTS | 次级请求发送线 |
| 7 | AB | GND | 信号地线 | 20 | CD | DTR | 数据终端就绪线 |
| 8 | CF | DCD | 数据载波检测线 | 21 | CG | | 信号质量检测线 |
| 9 | — | — | 未定义 | 22 | CE | RI | 振铃指示线 |
| 10 | — | — | 未定义 | 23 | CH/CI | | 数据信号速率选择线 |
| 11 | — | — | 未定义 | 24 | DA | | 发送信号码元定时(DTE 为源) |
| 12 | SCF | SDCD | 次级载波检测线 | 25 | — | — | 未定义 |
| 13 | SCB | SCTS | 次级允许发送线 | | | | |

上述 6 条线通常可以实现本地微型计算机系统间的串行通信,故常称之为本地通信线。这类通信的距离短,DCE 可以采用零调制解调器或一般的调制解调器,不需另附数据通信设备。

(2) 远程通信线(7 条)。

CD:数据终端就绪线 DTR。DTR 信号由 DTE 发出并为 DCE 接收,用于表示数据终端(DTE)的状态。若 DTR=1,则表示 DTE 准备就绪;若 DTR=0,则表示 DTE 尚未准备就绪。通常,DTE 在加电启动后就准备就绪了。

CC:数据设置就绪线 DSR。由 DCE 发出,被 DTE 接收,是 DTE 的应答线,用于表示 DCE 中数据设备的状态。若 DSR=1,则表示 DCE 的数据设备已准备好(例如自动呼叫成功),但 DCE 是否和信道接通应由 CTS 指示;若 DSR=0,则表示 DCE 中数据设备尚未准备好。

CE:振铃指示器线 RI。由 DCE 发出,被 DTE 接收,用于表示通信的另一方有无振铃。若 RI=1,则表示 DCE 正在接收对方 DCE 发来的振铃信号。RI 在 DCE 没有收到振铃信号的所有其他时间内都维持在逻辑 0 的电平状态。

CF:数据载波检测线 DCD,又称为接收线路信号检测线。DCD 信号由 DCE 发出,被 DTE 接收。当本地 DCE 正接收来自远程的 DCE 载波信号时,DCD 变为逻辑 1 的电平。在调制解调器中,DCD 常接到标有载波(Carrier)的发光二极管指示器上。

DA/DB:这是在同步通信方式必须使用的两条线,两个信号不能同时使用,只能使用其中一个。DA 是 DTE 为源的发送信号码元定时线,该信号是由 DTE 产生的同步时钟,用于使调制解调器能和 DTE 同步地发送数据;DB 是 DCE 为源的发送信号码元定时线,其上的同步时钟由 DCE 产生,用于使调制解调器和 DCE 同步发送数据。

DD:接收信号码元定时线。该信号由 DCE 产生,用作同步接收时钟,接收时必须把此信号从调制解调器发送给 DTE。

以上 7 条通信线配合 6 条本地通信线,常在以公用电话网为媒体的远程通信中使用,以协调 DTE 和 DCE 间的数据传送。

**应当指出**:在以公用电话网为媒体的远程通信中,TXD 线上发送数据的条件是 RTS、CTS、DTR 和 DSR 均应为逻辑 1 有效状态,但在没有专用数据设备的本地通信中,DTR 和 DSR 两条线是可以不用的。

(3)其他引线(12 条)。

这些引线的定义和名称已在表 10-2 中列出。其中,5 条留作用户定义,其余 7 条在大多数微型计算机系统中都空出不用,故在此从略。

### 2. RS-232 的电缆结构

RS-232 总线实际上是一种符合 RS-232 标准的带有 D 型连接器的专用电缆。在不同的通信方式中,总线对 DTE 和 DCE 的连接也是不一样的。在微型计算机系统中,RS-232 总线共有 7 种典型结构供用户选用,如表 10-3 所示。

表 10-3    RS-232 的典型结构

| 引脚 | 助记符 | 仅发送 | 具有 RTS 的仅发送 | 仅接收 | 半双工 | 全双工 | 具有 RTS 的全双工 | 专用 |
|---|---|---|---|---|---|---|---|---|
| 1 | 保护地 | — | — | — | — | — | — | 0 |
| 7 | 信号地 | V | V | V | V | V | V | V |
| 2 | TXD | V | V | | | V | V | V | 0 |
| 3 | RXD | | | V | V | V | V | 0 |
| 4 | RTS | | V | | V | | V | 0 |
| 5 | CTS | V | V | | V | V | V | 0 |
| 6 | DSR | V | V | V | V | V | V | 0 |
| 20 | DTR | S | S | S | S | S | S | 0 |
| 22 | RI | S | S | S | S | S | S | 0 |
| 8 | DCD | | | V | V | V | V | 0 |

注:V 表示必须采用;S 表示使用公用电话网通信方式所采用;0 表示由电缆设计者规定。

由表 10-3 可见,通信方式不同,所用通信线条数和种类也不同。例如,在仅发送方式下,只需 4 条引线;采用公用电话网的具有 RTS 全双工方式,至少需要 9 条引线。

为了适应上述 7 种方式的通信要求,RS-232 提供了 5 种专用电缆供用户选用,如图 10-9 所示。

图 10-9(a)为具有 RTS 的全双工通信专用电缆,常在以公用电话网络为媒体的数字通信系统中应用。图 10-9(b)为三线经济型电缆,用于微型计算机和它的外围设备间的连接。图 10-9(c)为三线多环回型结构,也在本地微型计算机系统中使用。图 10-9(d)和图 10-9(e)分别为多环回零调制解调器和双交叉跨接的零调制解调器,用于 DTE 和 DTE

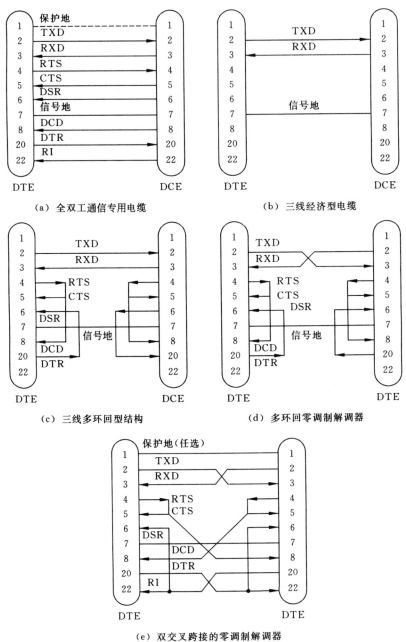

（a）全双工通信专用电缆　　　　　　　　（b）三线经济型电缆

（c）三线多环回型结构　　　　　　　　　（d）多环回零调制解调器

（e）双交叉跨接的零调制解调器

图 10-9　RS-232 专用电缆

以及 DCE 和 DCE 之间的连接。

### 3. RS-232 的接口电路

RS-232 本是一种采用公共电话网络为传输媒体的、远程通信中用于协调 DTE 和 DCE 间数据传送的接口总线,近年来已在各种各样的短距离数据通信中发挥了极好的作用。例如,在计算机和终端、计算机和打印机、计算机和磁盘以及前置机和后台机之间,

RS-232 都能发挥极好的作用。这就是说,RS-232 电缆长度最短可以是几十厘米,最长可达几千米,DCE 和 DTE 可以分放在不同房间、不同楼层或不同大楼中。

但是,微型计算机中的信号电平是 TTL 型的,即≥2.4V 表示 1,≤0.5V 表示 0。如果 DTE 和 DCE 之间仍采用这个电平传送数据,那么在两者距离增大时很可能会使信号源点的逻辑 1 电平在到达目的点时衰减到 0.5V 以下,从而使通信失败。因此,为了提高数据通信的可靠性并消除线路上各种噪声的影响,RS-232 标准中规定信号源点的逻辑 0 (空号)电平范围为+5～+15V,逻辑 1(传号)电平范围为−5～−15V;目的点的逻辑 0 为+3～+15V,逻辑 1 为−3～−15V。噪声容限为 2V,如图 10-10 所示。

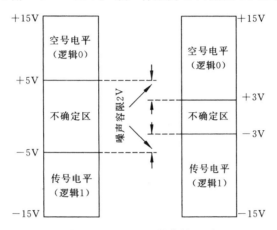

图 10-10　RS-232 的信号电平

在图 10-10 中,−5～+5V 以及−3～+3V 分别为源点和目的点信号的不确定区。通常,RS-232 总线逻辑电平采用+12V 表示 0,−12V 表示 1。

为了实现上述电平转换,RS-232 常采用运算放大器、晶体管和光电隔离器电路来完成电平转换。为了方便起见,它们常做成专用集成块在市场出售。例如,第 9 章中所用的 MC1488 和 MC1489。其中,MC1488 可以把 TTL 电平转换成 RS-232 电平,MC1489 可以把 RS-232 电平转换成 TTL 电平。

RS-232 总线除采用电平转换接口外,还可采用电流输出接口电路,即用有无电流来传输信号。常用的有 20mA 和 60mA 两种电流回路。

在接口电路输出的形式上,RS-232 总线采用单端线驱动和接收电路,如图 10-11 所示。

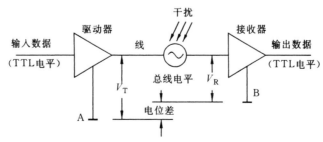

图 10-11　RS-232 的单端线驱动和接收电路

在图 10-11 中,$V_T$ 为发信端的发送信号电平(对 A 点地),$V_R$ 为接收信号电平(对 B 点地)。但 A 点地和 B 点地实际上是有差别的,特别是在收发两地间距较远或分别接到不同供电系统时,A、B 两点间的电位差甚至可达数伏,这就是采用 RS-232 总线通信系统的 DTE 和 DCE 之间的最大距离不能超过 30m 的原因。

**4. RS-423 和 RS-422 总线标准**

RS-423 和 RS-422 两种总线标准可以改善 RS-232 的这种不足,使传输距离达到 1500m。RS-423 总线接口采用差分接收原理,如图 10-12(a)所示。

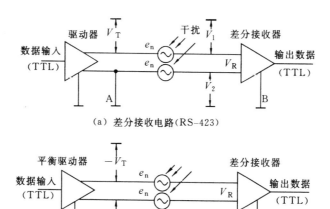

(a) 差分接收电路(RS-423)

(b) 平衡驱动和差分接收电路(RS-422)

图 10-12　RS-423 和 RS-422 的接口电路

在图 10-12(a)中,$V_T$ 为发送信号电压;$e_n$ 为干扰噪声电压;$V_R$ 为接收信号电压。显然,关系为

$$V_1 = V_T + e_n$$
$$V_2 = e_n$$

故可得到:
$$V_R = V_1 - V_2 = V_T + e_n - e_n = V_T \tag{10-1}$$

式(10-1)表明:发送端输出的信号电压 $V_T$ 经过线路传输后(若忽略线路衰减)可以直接到达差分接收器输入端,而与干扰电压无关,这就可以大大延伸总线的可用距离。

RS-422 对 RS-423 又进行了改进,采用了平衡驱动和差分接收电路(见图 10-12(b))。图中,发信端驱动器有两个输出端,一个输出端输出为 $V_T$,另一个输出为 $-V_T$。这样,差分接收器收到的信号电压应当是 RS-423 时的两倍。因此,RS-422 除可以获得更大的传输距离和允许更大的信号衰减外,还可抗击电磁干扰,使位速率高达 10Mb/s,而 RS-232 最大只有 9600b/s。

**5. RS-232 总线的应用举例**

在 IBM-PC 背面,有两个 RS-232 总线连接器。其中一个是 15 针的 RS-232 阴连接器,用于和系统机显示器相连;另一个是 9 芯的 RS-232 阳连接器,提供给用户使用。读者可以用 RS-232 阳连接器通过 RS-232 连接电缆与单片机实验仪相连,以便实现单片机和系统机间的通信。现举例加以说明。

[**例 10.1**] 请根据图 10-13 编出单片机与 PC 间的通信程序,并阐述其工作原理。

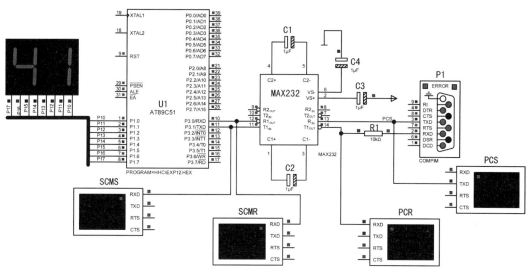

图 10-13    MCS-51 通过 RS-232 总线与 PC 的接口

**解**:在这里,IBM-PC 为主机主模块(图中未画出),AT89C51 及其图 10-13 中电路为从机从模块。主模块和从模块之间采用 RS-232 总线电缆连成一体。IBM-PC 中 CPU 产生的发送数据(TTL 电平)可以通过其内部的 MC1488(或 MAX232 芯片)变换成 RS-232电平,经其机箱背面的 9 芯 RS-232 阳连接器及电缆被送到本电路中连接器 P1 的 TXD(引脚 3)。TXD 引脚上由主机发送来的数据(RS-232 电平)经本电路中 MAX232 变换成TTL 电平而被 AT89C51 接收。同理,作为从机的 AT89C51 回送给 IBM-PC 的数据也可以经过本电路中的 MAX232 变换成 RS-232 电平,并被送到 IBM-PC 机箱背面的 RS-232连接器中的 RXD(引脚 2),最后由 IBM-PC 内部的 MC1489(或 MAX232)变换成 TTL 电平并被其 CPU 接收。

在本电路中,设定 4 个虚拟终端的监测点:PCS 和 PCR;SCMS 和 SCMR。其中,PCS 用来模拟输入由 IBM-PC 发送来的数据;PCR 用来监测 MCS-51 回送给 IBM-PC 的数据;SCMR 用来监测 MCS-51 的接收数据(TTL 电平);SCMS 用来监测回送 IBM-PC的数据(TTL 电平)。单片机 AT89C51 的通信程序包括:串行口初始化、等待接收以及收到主机发来的数据后进行回送和显示等程序段。相应程序如下:

```
          ORG    0000H
          LJMP   MAIN
          ORG    0030H
MAIN: MOV    TMOD, ♯20H        ;令 T1 为定时器方式 2
          MOV    PCON, ♯00H        ;令 SMOD=0
          MOV    TH1, ♯E6H         ;12MHz,1200b/s
          MOV    TL1, ♯0E6H
```

```
            SETB    TR1                     ;启动 T1 计数
            CLR     ES                      ;关串行口中断
            MOV     SP，♯5FH                 ;令 60H 开始为堆栈区
    LOOP：MOV     SCON，♯50H               ;串口为 10 位异步收发,允许接收
            JNB     RI，$                    ;等待接收
            CLR     RI                      ;收到后清 RI
            MOV     A，SBUF                  ;把收到数据压入堆栈
            PUSH    ACC
            CJNE    A，♯30H，RANG1
    RANG1：JC      RANG3                    ;若收到的数据＜0,则转 RANG3
            CJNE    A，♯3AH，RANG2
    RANG2：JNC     RANG3                    ;若收到的数据＞9,则转 RANG3
            CLR     C
            SUBB    A，♯30H                  ;若收到的数据为 0～9,则 A－30H 送 A
    RANG3：MOV     P1，A                     ;送 P1 口显示
            POP     ACC                     ;恢复 A 中原数
    RANG4：NOP
            NOP
            NOP
            NOP
            MOV     SBUF，A                  ;送串口发送
            JNB     TI，$                    ;等待发完
            LJMP    LOOP                    ;循环
            END
```

在 PROTEUS 环境下,按照本电路连线无误,进行程序输入和汇编后运行程序。接着将鼠标移到虚拟终端 PCS 屏幕上右击,并在弹出的菜单中选取 Virtual Terminal-PCS 后,就会弹出 Virtual Terminal-PCS 窗口。读者只要在该窗口中再右击选取 Echo Typed Characters 和 Hex Display Mode 选项,并从键盘上输入 5 即可看到在 PCS 屏幕上显示 5 和数码管上显示 05;用同样方法可以激活 PCR、SCMR 和 SCMS 窗口,并会在相应窗口中都看到显示数字 5;显然这和程序运行的结果是一致的。假如读者再在 Virtual Terminal-PCS 窗口中输入大写字母 A,则可以在数码管上都看到显示 41 和在其他的 4 个窗口中看到显示 A;显然这和程序运行的预想结果也是一致的。

# 10.2　单片机前向通道的设计

在单片机控制系统中,前向通道是指单片机对被控参数的输入通道,后向通道是指单片机把处理后的数字量进行传递、输出、控制和调节的通道。在工业控制中,由于被控对象的参数常常是非电物理量(如温度、湿度、压力、压强、流量、流速和亮度等),因此,如何把它们变成电量并经过 A/D 变换后输入到单片机中,是每一个单片机应用工作者都应当关心的问题。单片机控制系统的前向通道如图 10-14 所示。

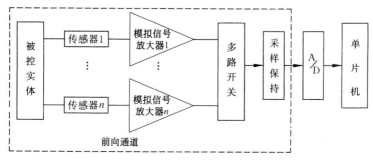

图 10-14　单片机控制系统的前向通道

由图 10-14 可见,单片机前向通道由传感器、模拟信号放大器、多路开关和采样保持等部分组成。

## 10.2.1　传感器和模拟信号放大器

### 1. 传感器

传感器是控制和获取外界信息的重要手段,也是单片机前向通道的关键部件。如果没有传感器对原始被测参量准确可靠的捕捉和转换,单片机对任何被控对象的监控都将无法实现。有人把传感器比喻成计算机的五官,称为"电五官"。光电类传感器如同人的眼睛,声电类传感器如同人的耳朵,热电或力电类传感器如同人的皮肤,气体类传感器相当于人的鼻子,化学类传感器相当于人的舌头。其实,传感器的功能远非如此,几乎涉及国民经济的各个领域,尤其在高新武器制造中具有广泛应用。例如,一架航天飞机上就有100 多种 4000 多个传感器;万吨级舰艇上就有 300 多个温度和压力传感器。

传感器又称为"换能器"或"变换器",在我国国家标准中定义为"能感受规定的被测量并按照一定规律转换成可用输出信号的器件或装置"。但在单片机应用系统中,传感器通常是指被测的非电物理量转换成与之对应的电量或电参量(如电流、电压、电阻、电容、频率等)输出的一种装置。

传感器的种类很多,分类方法也各不相同。按被测物理量来分,传感器通常可分为温度类传感器、力学类传感器、光电类传感器、磁电类传感器、机械位移类传感器、转速和线速度类传感器、流量和流速类传感器、物理类传感器、气体类传感器和接近类传感器,等等。图 10-15 所示为接近传感器的一个应用实例。

图 10-15 中,当传送带上一个工件运动到接近传感器时,接近传感器就输出一个脉冲信号到单片机,由单片机对工件计数或处理。

由于传感器的内部结构和工作原理与它们的型号有关,在此就不专门介绍了。

### 2. 模拟信号放大器

被测物理量经过传感器的捕捉和转换,其输出信号幅度(如电流、电压等)往往很小,无法进行 A/D 转换。因此,传感器输出常常要接模拟信号放大器。模拟信号放大器通常采用集成运算放大器,因为它具有输入阻抗高、输出阻抗低和放大倍数大的特点,能很好地对传感器输出的小信号进行有效地放大。由于集成运算放大器已在模拟电子技术中介绍过,因此这里仅介绍几种常用运算放大器在单片机控制系统中的应用。

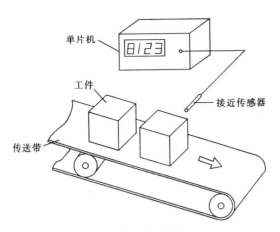

图 10-15　生产线工件计数装置示意图

AD620 是一种价格低、精度高且功耗小的运算放大器,仅需外接一个电阻 $R_G$ 就能使增益在 1~1000 范围内调整。AD620 的电源电压范围为 $\pm 2.3 \sim \pm 18V$,最大输入失调电压为 $125\mu V$,最大输入失调漂移为 $1\mu V/℃$,最小共模抑制比(增益 G＝10)为 93dB。AD620 器件内部功能框图和引脚分布如图 10-16 所示。

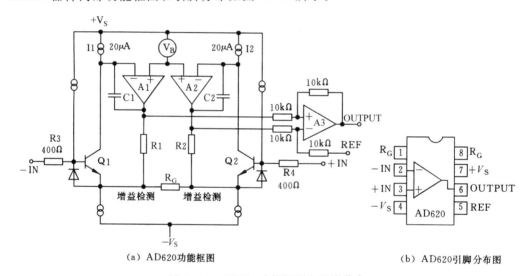

(a) AD620功能框图　　　　　　　　(b) AD620引脚分布图

图 10-16　AD620 功能框图和引脚分布

图 10-16 中,＋$V_S$ 和－$V_S$ 为电源电压输入端,REF 为参考电压输入端,＋IN 和－IN 为运算放大器信号输入端,OUTPUT 为运算放大器信号输出端,引脚 1 和引脚 8 两端接运算放大器反馈电阻。AD620 主要用于便携式仪器、数据采集系统、医疗仪器和过程控制中作为传感器接口,图 10-17 所示为 AD620B 在压力测量系统中应用的一个实例。

在图 10-17 中,4 个 $3k\Omega$ 压阻式压力传感器组成一个电桥,当传感器上无压力存在时电桥处于平衡状态,无电压输出;当传感器上受到压力作用时电桥就失去平衡,输出电压经 AD620B 的放大作为 ADC 转换器的输入。其中,运算放大器 AD705 对参考电压进行缓冲,以获得良好的共模抑制比。A/D 转换器的参考电压 REF 由＋5V 经电阻分压得

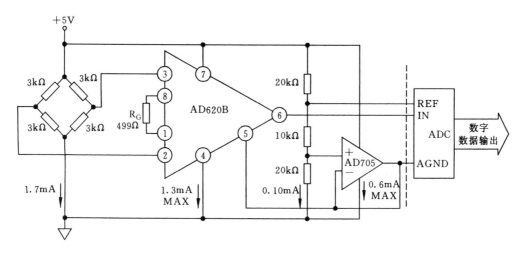

图 10-17　AD620B 组成的压力测量电路

到,其输出数字量可为单片机采集。

**3. 集成传感器**

集成传感器是指一种能把传感器和运算放大器等集成在同一块芯片中的新型传感器。用户采用这种传感器能使单片机控制系统前向通道的硬件电路更加简化。现以霍尔集成开关传感器 CS839 为例加以介绍。

霍尔集成开关传感器 CS839(相应日本型号为 DN839)是一种无触点、双路输出的磁敏器件,是利用霍尔效应和集成电路技术制成的半导体磁电转换器件,也是当前敏感器件集成化的一种典型芯片。CS839 传感器的输入为磁感应强度,输出为数字量,可以直接驱动 TTL、CMOS 等集成电路,也可以馈入单片机进行处理。

霍尔集成开关传感器 CS839 由霍尔元件、差分放大器、施密特触发器和输出级电路组成,其内部结构和引脚如图 10-18 所示。图中,$V_{CC}$ 为引脚 1,接 +18V 电源;引脚 4 为接地端;引脚 2(O1)和引脚 3(O2)为输出端,其他如图中所示。

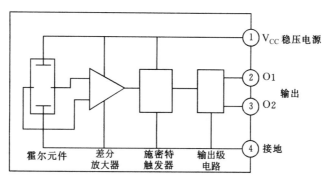

图 10-18　霍尔集成开关传感器 CS839 的内部功能框图

CS839 具有体积小、集成度高和双路输出的特点,可以用作键盘开关、接近开关、位置传感器和速度传感器,也可在单片机控制系统的前向通道中使用。图 10-19 为 CS839 在液位监测系统中应用的一个实例。

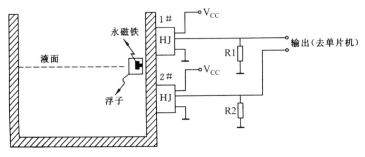

图 10-19 CS839 在液位监测系统中的应用

在图 10-19 中,浮子可随容器中的液面升高或下降,浮子上装有永磁铁。两个霍尔传感器 HJ(CS839)安装在容器外部,永磁铁产生的磁力线可以透过容器壁使传感器工作。当液面升高到上限位时,1# HJ 工作,使其输出端产生 1 信号;当容器中的液体减少使液面下降到下限位时,2# HJ 工作,使其输出端产生 1 信号。1# HJ 和 2# HJ 输出信号既可以作为数字量,也可以作为中断请求信号输入单片机,再由单片机对容器中的液体进行控制和调节。

### 10.2.2 多路开关和采样保持器

#### 1. 多路开关

多路开关又称为"多路模拟转换器"。多路开关通常有 $N$ 个模拟量输入通道和一个公共的模拟量输出端,并通过地址线上不同的地址信号把 $N$ 个通道中任一通道输入的模拟信号从公共输出端输出,实现由 $N$ 线到 1 线的接通功能。反之,当模拟信号由公共输出端输入时,作为信号的分离,实现了由 1 线到 $N$ 线的分离功能。因此,多路开关通常是一个具有双向传输能力的器件。现以模拟开关 CC4051 为例加以介绍。

CC4051 是一种单片、CMOS、8 通道模拟开关。该芯片由 DTL/TTL-CMOS 电平转换器、有禁止控制的 8 选 1 译码器以及由译码器输出分别加以控制的 8 个 CMOS 模拟开关 TG 组成。CC4051 的内部原理框图如图 10-20 所示,相应真值表如表 10-4 所示。

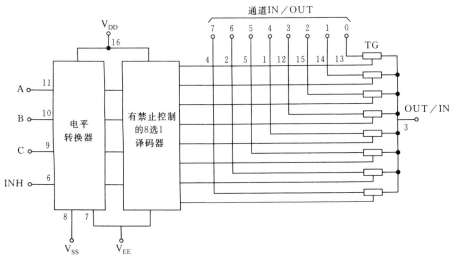

图 10-20 CC4051 功能框图

图 10-20 中各引脚定义如下。

通道线 IN/OUT(4,2,5,1,12,15,14,13)：该组引脚作为输入时,可实现 8 选 1 功能;作为输出时,可实现 1 分 8 功能。

OUT/IN(3)：该引脚作为输出时,为公共输出端;作为输入时,为输入端。

A、B、C(11,10,9)：地址引脚。

INH(6)：禁止输入引脚。若 INH 为高电平,则为禁止各通道和输出端 OUT/IN 接通;若 INH 为低电平,则允许各通道按表 10-4 中的关系分别和输出端 OUT/IN 接通。

表 10-4　CC4051 真值表

| 输入状态 | | | | 接通通道 | 输入状态 | | | | 接通通道 |
| --- | --- | --- | --- | --- | --- | --- | --- | --- | --- |
| INH | C | B | A | | INH | C | B | A | |
| 0 | 0 | 0 | 0 | 0 | 0 | 1 | 0 | 1 | 5 |
| 0 | 0 | 0 | 1 | 1 | 0 | 1 | 1 | 0 | 6 |
| 0 | 0 | 1 | 0 | 2 | 0 | 1 | 1 | 1 | 7 |
| 0 | 0 | 1 | 1 | 3 | 1 | × | × | × | 均不接通 |
| 0 | 1 | 0 | 0 | 4 | | | | | |

$V_{DD}$(16)和 $V_{SS}$(8)：$V_{DD}$ 为正电源输入端,极限值为 +17V;$V_{SS}$ 为负电源输入端,极限值为 -17V。

$V_{EE}$(7)：电平转换器电源,通常接 +5V 或 -5V。

CC4051 完成 8 选 1 功能时,若 A、B、C 均为逻辑 0(INH=0 时),则地址码 000B 经译码后使输出端 OUT/IN 和通道 0 接通。其他情况下,输出端 OUT/IN 和各通道的接通关系如表 10-4 所示。

**2. 采样保持器**

在前向通道中,采样保持器的作用主要有两点:一是能保证输入模拟量在 A/D 转换期间保持不变,以提高 A/D 转换的精度;二是使某一时刻各个检测点上的模拟量同时保持下来,供单片机分时地加以检测和处理,以确保检测到的数字量具有时间上的一致性。当然,对于缓慢变化的模拟量,采样保持器也可以省去不用。但对于快速变化的模拟量,只有使用采样保持器才能确保检测精度。对于模拟量快慢的判定,设计者既要考虑所用 A/D 转换器的转换时间,又要考虑系统所允许的最大采样时间。

(1) 采样/保持电路。典型的采样/保持电路如图 10-21 所示。

采样/保持电路有采样和保持两个工作状态,受方式控制端的数字信号值控制,如图 10-21(a)所示。当方式控制端输入信号为 0(低电平)时,开关 K 闭合,采样/保持电路处于采样状态,运算放大器 A1 的输出电流经电阻 R 限流后给电容器 C 充电,$V_{OUT}$ 也会随 $V_{IN}$ 的变化而变化;当方式控制端信号电平为高电平 1 时,电子开关 K 打开,由 R 和 C 组成的采样/保持电路则处于"保持"状态,输出端 $V_{OUT}$ 保持 $V_{IN}$ 在 K 打开时的电平值。电容 C 的值对采样/保持的精度影响颇大。电容 C 选得过大会影响 $V_{OUT}$ 对 $V_{IN}$ 的跟随特

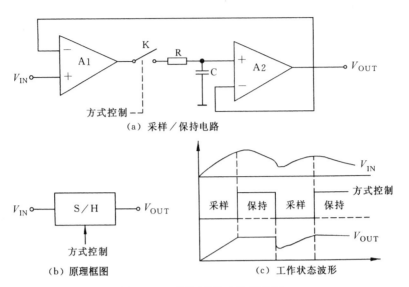

图 10-21　采样/保持电路原理图

性,电容 C 选得过小则会使 $V_{OUT}$ 在"保持"期间发生变化。因此,图中采用了运算放大器 A1 和 A2,以提高输入阻抗和减小输出阻抗。采样保持电路常采用图 10-21(b)所示符号,工作状态波形见图 10-21(c)。

(2)采样保持器。采样保持器又称为采样保持放大器,因为它常和运算放大器集成在同一块芯片上。目前的市售采样保持器种类很多:常用的采样保持器有 AD346、AD389、AD582、AD583 和 LF198/398 等;高速采样保持放大器有 THS-0025、THS-0060、THC-0300 和 THC-1500 等;高分辨率采样保持器有 SHA-1144 和 ADC1130 等;内含保持电容和补偿网络的高速采样保持器有 AD346 和 AD389 等。为弄清采样保持器的内部结构和使用方法,现以 AD582 为例加以介绍。

AD582 是一种普及型采样保持放大器,由高性能运算放大器、低漏电模拟开关和 JFET 集成放大器等组成,其内部框图和引脚分布如图 10-22 所示。

在图 10-22(a)中,CH 为外接保持电容,挂接在运算放大器 A2 的反相输入端和输出端之间,故 AD582 是一种反馈型采样保持放大器,其中 A2 相当于积分器,通过"密勒效应"产生的等效保持电容 CH=(1+A2)CH。因此,在相同的采样速率下,AD582 的外接电容值要比 LF398 小得多,故它可以工作在采样速率更快的环境下。在精度要求不太高(±0.1%)和速度要求较高的场合,CH 的值常小于 100pF;在精度要求较高(±0.01%)以及要和 12 位 A/D 转换器配合工作时,CH 的值达 1000pF。

AD582 的引脚分布如图 10-22(b)所示,除 2、7、13 和 14 这 4 条引脚空着不用外,其余各引脚的功能分述如下。

① $V_{IN}$:引脚 1 和引脚 9,为模拟量输入引脚。若模拟量从 $V_{IH}$(+)端输入,则输出和输入同相;若模拟量从 $V_{IN}$(-)端输入,则输出和输入反相。

② $V_{OUT}$:引脚 8,采样保持器输出引脚,其输出信号常作为 A/D 转换器的输入。

③ CH:引脚 6,常和外接电容 CH 的一端相接,CH 电容的另一端和引脚 8 相连。

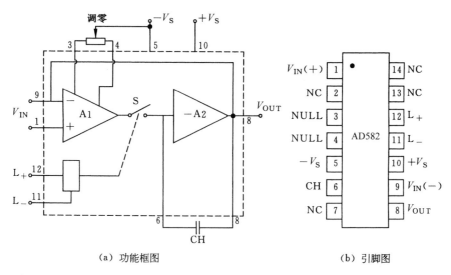

（a）功能框图　　　　　　　　　　　（b）引脚图

图 10-22　AD582 内部框图和引脚分布

CH 电容的值应根据采样频率和所要求的采样精度选取,采样频率越高,电容越小。

　④ 调零线：引脚 3 和引脚 4,常外接一调零电位计,用于调节差分放大器 A2 的工作电流,达到对 AD582 校零的效果。

　⑤ 采样保持控制线：引脚 11 和引脚 12。在 $L_-$(11)接地时,若 $L_+$(12)对 $L_-$ 为逻辑 0(即 $L_+$ 为 0.8～−6V),则 AD582 处于"采样"状态;若 $L_+$ 对 $L_-$ 为逻辑 1(即 $L_+$ 为 +2～($+V_S$−3)V),则 AD582 处于"保持"状态。

　⑥ 电源线：$+V_S$ 和 $-V_S$,分别接 +15V 和 −15V。

　采样保持放大器广泛应用于数据采集系统,作为 A/D 转换器的前置级。图 10-23 为一个采用 AD582 的实用数据采集系统的硬件电路。

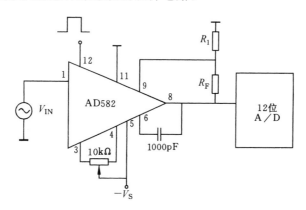

图 10-23　一个采用 AD582 的实用数据采集电路

　图 10-23 中,模拟信号由引脚 1 输入,$V_{OUT}$ 输出馈入 12 位 A/D,采样频率的脉冲由引脚 12 输入,10kΩ 电位计用于 AD582 的调零,1000pF 电容为外接保持电容 CH,$R_1$ 和 $R_F$ 用于调节 AD582 的增益。

$R_F$ 和 $R_1$ 的值由如下公式确定,其中 AV 为放大器的增益,是一个选定值。

$$AV = 1 + \frac{R_F}{R_1} \tag{10-2}$$

### 10.2.3 DS18B20 的原理及应用

DS18B20 是一种集温度传感元件、放大器和 A/D 变换器于一体的新型单总线数字温度传感器,由美国 DALLAS 公司研制和生产。

**1. DS18B20 的内部结构及原理**

DS18B20 具有体积小、精度高和使用方便等优点,可以直接和单片机连接,其引脚排布如图 10-24 所示。

(1) DS18B20 与单片机的接口。

① 引脚功能。DS18B20 共有三条引脚线:GND 为接地线;$V_{DD}$ 为外接电源输入线(寄生电源供电模式时接地);DQ 为数字信号输入输出线。

② 与单片机的接口。DS18B20 与单片机连接时通常有两种供电模式:一是寄生电源供电模式($V_{DD}$ 接地);二是外部供电模式($V_{DD}$ 接外部电源+5V)。寄生电源供电模式的工作原理是:DQ 线拉为高电平时寄生电容被充电(电荷存储在寄生电容上);DQ 线变为低电平时寄生电容对 DQ 线供电。因此,在远程温度测量和测量

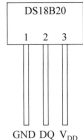

图 10-24 DS18B20 引脚排布图

空间受限的情况下,寄生电源供电模式深受用户青睐。但在多点温度转换期间或者需要将 DS18B20 中高速缓存中数据复制到 $E^2$ PROM 时,DQ 线上所需供电电流会高达 1.5mA,以致超出了寄生电容所能提供的最大电流范围。外部供电模式是一种大多数情况下都可采用的供电方式,这种供电电路又可分为单点测温供电电路和多点测温供电电路两种,如图 10-25 所示。

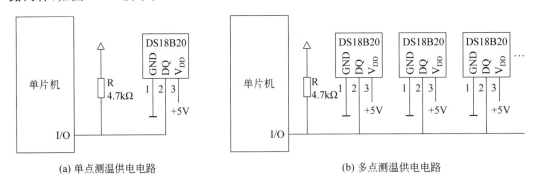

(a) 单点测温供电电路          (b) 多点测温供电电路

图 10-25 外部供电式测温电路

(2) DS18B20 的主要特性。

① 供电范围宽。电压范围为 3.0~5.5V,寄生电源供电方式下由 DQ 线供电。

② 单总线接口。单片机与外设间的通信数据总线主要有 $I^2C$ 总线、SPI 和 SCI 总线等。其中,$I^2C$ 总线为同步串行 2 线制通信(1 条同步时钟线,1 条串行数据线);SPI 总线

是同步串行 3 线制通信总线(1 条同步时钟线,1 条数据输入线,1 条数据输出线);SCI 是异步二线制通信总线。这就是说:总线的通信方式至少需要 2 条或 3 条通信连接线。DS18B20 为单总线通信制式,只需占用 MCS-51 的一条 I/O 端口线。因此,MCS-51 采用 DS18B20 可以减少硬件开销和降低生产成本,其应用前景广阔。

③ 测温范围宽和测量精度高。DS18B20 的温度测量范围为 $-55\sim+125℃$;温度测量范围在 $-10\sim+85℃$ 时测量精度可达 $\pm0.5℃$。

④ 测量结果为数字量。DS18B20 测得的数字量可直接通过 DQ 线送给单片机,而且可输出校验码,以便进行出错指示。

⑤ 被测温度分辨率可变。被测温度分辨率设定为 9 位时可辨别的最小温度为 0.5℃;10 位时可辨别的温度为 0.25℃;11 位时为 0.125℃;12 位时为 0.0625℃。

⑥ 转换速度快。DS18B20 的温度分辨率设定为 9 位时,进行一次温度转换通常需要 93.75ms 时间;设定为 12 位分辨率时,最多需要 750ms 时间。

⑦ 具有多点组网功能。多个 DS18B20 可以并联在单片机的同一条 I/O 端口线上(见图 10-25(b)),以便进行多点测温和实现与上位机的组网。

⑧ 具有掉电保护功能。DS18B20 报警温度的上、下限值和分辨率,一旦写入其片内的 $E^2PROM$ 便可永久保存。

⑨ 具有报警搜索命令。执行本命令可确定是哪片 DS18B20 产生了温度超限。

(3) DS18B20 的测温原理。

DS18B20 内部有高温度系数和低温度系数两个晶振,如图 10-26 所示。低温度系数晶振产生的脉冲振荡频率是固定的,几乎不受温度变化的影响;高温度系数晶振产生的脉冲频率随温度下降,温度越高其晶振的脉冲频率就越低。测温前,计数器 1、计数器 2 和温度寄存器都会预置一个对应于 $-55℃$ 的基值。低温度系数晶振产生的脉冲信号(固定频率)使计数器 1 减 1,每当计数器 1 减为 0 时,其控制电路一方面使温度寄存器加 1,另一方面又使计数器 1 重置基值……如此不断循环。因此,温度寄存器的加 1 是由低温度系数晶振产生的频率固定的脉冲计数的,计数时间越长,温度寄存器中的值就越大。高温度系数晶振产生的脉冲信号(振荡频率随温度而下降)作为减法计数器 2 的输入脉冲,每当减法计数器 2 减为 0 时,控制电路就能立即终止"温度寄存器"的计数。这就是说:低温度系数晶振使"温度寄存器"是否计数是由高温度系数晶振频率(即被测温度)所决定。

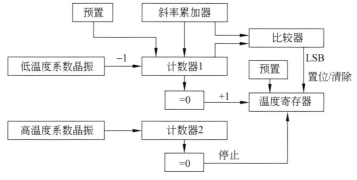

图 10-26  DS18B20 测温原理框图

被测温度越高,则高温度系数晶振产生的脉冲频率就越低,计数器 2 减为 0 的时间就越长,"温度寄存器"中被加 1 的值就越大;若被测温度变低,则高温度系数晶振产生的脉冲频率就会变高,计数器 2 减为 0 的时间就越短,"温度寄存器"中被加 1 的值就越小。因此,温度寄存器中的数值就能代表被测温度的值。为了改善晶振本身及其测温过程中产生的非线性,斜率累加器可以用来修正减法计数器的预置值,从而可以修正被测温度的精确程度。

(4) DS18B20 的内部结构。

DS18B20 内部由 64 位 ROM 和单总线接口、高速缓冲存储器(包括温度灵敏元件、非挥发的温度报警触发器 TH 和 TL 及配置寄存器等)、8 位 CRC 生成器和控制电路等部分组成,如图 10-27 所示。现分别讨论如下。

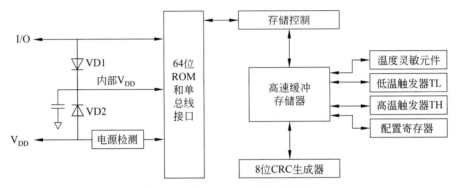

图 10-27　DS18B20 内部结构框图

① 64 位 ROM 和单总线接口。64 位 ROM 是光刻 ROM,用来存放每个 DS18B20 都具有的 64 位序列号。该序列号是出厂前被光刻好的,可以看作 DS18B20 的地址码。64 位 ROM 的光刻排列顺序是:开头 8 位是产品类型号,接着的 48 位是 DS18B20 自身序列号,最后 8 位是前面 56 位的循环冗余校验(CRC)码,如图 10-28 所示。每个 DS18B20 在出厂前光刻成的序列号各不相同,是唯一的,以便用户可以实现一条总线上挂接多个 DS18B20。DS18B20 的单总线接口用于它和单片机进行数据通信,例如传送数据、命令、地址和指令等。

高位 ←————————————————————————————— 低位

| 8位CRC冗余码 | 48位序列号 | 8位产品类型号 |
| --- | --- | --- |

图 10-28　DS18B20 片内 64 位序列号的分配图

② 8 位 CRC 生成器共有 8 位,用于对 64 位序列号中前 56 位代码进行计算,产生冗余校检码,以指示代码传送过程中是否出现错误。

③ 高速缓冲存储器。DS18B20 中的温度传感器用于对温度的测量,测量精度可以配置成 9 位,10 位,11 位或 12 位 4 种。DS18B20 在完成温度测量后将被测值存储在它片内的 9 字节 RAM 单元中,数据的存储格式如图 10-29 所示(以 12 位分辨率的温度转换为例)。若采用 11 位分辨率的转换精度,则最低位 $2^{-4}$ 位未定义;若为 10 位转换精度,则最

低位 $2^{-4}$ 和次低位 $2^{-3}$ 为未定义位;若采用 9 位转换精度,则最低 3 位均为未定义位。在图 10-29 中,前面 5 位(SSSSS)是符号位(若测得的温度大于 0℃,则 5 位符号位皆为 0;若测得的温度小于 0℃,则 SSSSS 为全 1);其余 11 位为被测温度的值。在 11 位被测温度中:低 4 位为小数位;其余 7 位为整数位。被测温度值的计数方法是:若测得的温度值大于 0℃,则仅需将被测值乘以 0.0625 即可得到实际温度的值;若测得的温度小于 0℃,则需先将被测温度值取反加 1 后再乘以 0.0625 才能得到实测温度的值。例如,被测温度为 +125℃的数字量输出为 07D0H;+25.0625℃的数字量输出为 0191H;−25.0625℃的数字量输出为 FE6FH;−55℃的数字量输出为 FC90H 等。DS18B20 完成温度转换后,会把温度的测得值与 TH(或 TL)中的值进行比较。若测得的温度值 $T \geqslant$ TH 或 $T \leqslant$ TL,则器件内的告警标志位就置位,并能对主机发来的告警搜索命令做出响应。因此,单片机对多个 DS18B20 同时进行温度测量并进行告警搜索,就能确认被测温度是否会超越预先设定的上限或下限。

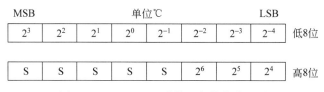

图 10-29　DS18B20 采样温度值的分配图

高速缓冲存储器还包括一个高速 RAM 存储器和一个 $E^2$PROM。$E^2$PROM 可以用来存放高温度报警限值 TH 和低温度报警限值 TL,并可作为配置寄存器。这些数据可以先写入高速 RAM 存储器,经校验后再传送给 $E^2$PROM 。高速 RAM 暂存器有 9 个连续 RAM 单元:第 0 字节为被测温度的低八位 LS,第 1 字节是被测温度的高八位 MS (CPU 读取被测温度时是先读低字节,后读高字节,上电复位时 MS 和 LS 中的值为 85℃);第 2、3 字节为温度报警的上限值 TH 和温度报警的下限值 TL;第 4 字节单元是配置寄存器,这几个字节在每一次上电复位时均被自动刷新;第 5、6 和 7 字节单元用于内部计算;第 8 字节是 CRC 冗余检验码。DS18B20 高速暂存器分配如表 10-5 所示。配置寄存器位于高速 RAM 的第 5 个字节(字节地址为 4)地址中,该寄存器中的内容可以用来确定温度的测试模式和转换精度。配置寄存器各位的定义如下。

表 10-5　DS18B20 高速暂存器分配表

| RAM 暂存器内容 | 字 节 地 址 | RAM 暂存器内容 | 字 节 地 址 |
|---|---|---|---|
| 温度值低位(LS) | 0 | 保　留 | 5 |
| 温度值高位(MS) | 1 | 保　留 | 6 |
| 高温度限值(TH) | 2 | 保　留 | 7 |
| 低温度限值(TL) | 3 | CRC 校验值 | 8 |
| 配置寄存器 | 4 | | |

| BIT 7 | BIT 6 | BIT 5 | BIT 4 | BIT 4 | BIT 2 | BIT 1 | BIT 0 |
|-------|-------|-------|-------|-------|-------|-------|-------|
| TM | R1 | R0 | 1 | 1 | 1 | 1 | 1 |

该寄存器的低 5 位为全 1;TM 是模式设置位,用于设定 DS18B20 工作在测试模式还是工作模式,该位在 DS18B20 出厂时被设置为 0,用户不要任意改动;R1 和 R0 可以用来设置被测温度的分辨率(出厂时设置为 12 位),如表 10-6 所示。

表 10-6　DS18B20 温度分辨率设定表

| R1 | R0 | 温度分辨率/位 | 最大温度转换时间/ms |
|----|----|--------------|----------------------|
| 0 | 0 | 9 | 93.75 |
| 0 | 1 | 10 | 187.50 |
| 1 | 0 | 11 | 375 |
| 1 | 1 | 12 | 750 |

如前所述,64 位光刻 ROM 中最高 8 位是前面 56 位的 CRC 循环冗余校验码,由厂家通过光刻方式存入。单片机通过单点测温方式可以逐个读取每个 DS18B20 中的 64 位 ROM 编码,并作为它们在单总线(1-WIRE)网络通信中的通信地址。在单总线网络通信中,单片机是主设备(主机),各 DS18B20 都是从设备。当单片机要与某个 DS18B20 通信时,必须预先将该 DS18B20 的 64 位 ROM 编码(单点测温中获取)发到 1-WIRE 总线上,以便为挂接在总线上的所有 DS18B20 接收。所有 DS18B20 收到主机发来的 64 位 ROM 编码后都会与本机的 64 位 ROM 编码进行比较,只有比较相同的 DS18B20 才会做出响应,并准备好与主机通信。

在通信过程中,DS18B20 的 64 位 ROM 编码中的最高 8 位和高速 RAM 中的第 8 字节都称为循环冗余码(CRC)。但是,这两个 CRC 的代码是不相同的:64 位 ROM 编码中的 CRC 循环冗余码是根据 64 位 ROM 编码中的低 56 位计算而来,由厂家光刻在片内;高速 RAM 中的第 8 字节是根据存储在 RAM 中的值计算而来,并随 RAM 中其他值的改变而改变。因此,循环冗余码(CRC)可以为主机与 DS18B20 通信提供一个数据的验证码。为了验证所读数据的正确性,主机必须根据读取的数据计算一个 CRC,并将读取数据时计算得到的 CRC 同从 64 位 ROM 中读到的 CRC 或从高速 RAM 中读到的 CRC 比较。若计算的 CRC 同 DS18B20 中读取的 CRC 完全相同,则所读数据是正确的;否则,所读数据应舍去。

CRC 校验是主机在读取 DS18B20 中的数据时进行的,可以在读片内 64 位 ROM 地址码时进行,也可以在读片内 9 字节 RAM 中的内容时进行。程序实现 CRC 校验是采用边计算、边比较的方法,从最低字节中的最低位开始一位一位进行,直到读完所有字节的所有位为止,包括厂家光刻在 ROM 中的 CRC 校验码或 9 字节 RAM 中的第 8 字节,详细情况将在后面章节中讨论。

(5) DS18B20 的通信协议。

在 1-WIRE 网络中,主(单片)机和各 DS18B20 间应采用双绞线连接,各端点也应定义为漏极开路,即在主机端接一个上拉电阻。在 1-WIRE 网络中挂接的 DS18B20 个数较多时,还可以在主机端接一个 MOSFET 管而将总线电平上拉至 +5V,如图 10-30 所示。由于 DS18B20 是单线功能,单片机对它的所有操作必须分时完成。这些操作包括对片内 64 位光刻 ROM 的读取操作、对 9 字节 RAM 暂存器的读/写以及对 DS18B20 的初始化等。这些操作都是通过 DS18B20 提供给用户的 5 条 ROM 指令和 6 条 RAM 指令实现的。

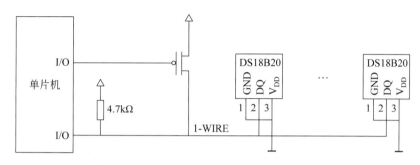

图 10-30　寄生电源供电方式

① DS18B20 的 ROM 指令。

DS18B20 共有 5 条 ROM 指令,各指令的代码及功能如表 10-7 所示。表中,第 1 条指令是"读 ROM"指令,指令码为 33H,主要在单点测温电路中使用。单片机通过执行该指令可以读出 DS18B20 片内光刻 ROM 中的 8 位产品类型号、48 位产品序列号和 8 位 CRC 冗余校验码。第 2 条称为"匹配 ROM"(又称为符合 ROM)指令,指令码为 55H,主要在多点测温电路中使用。在 1-WIRE 网络中,单片机发出本命令和一个 64 位 ROM 地址码以后,所有 DS18B20 都会处于接收地址状态,并将接收到的 64 位 ROM 地址码与本机的 64 位 ROM 地址进行比较,只有比较相同的 DS18B20 才会对随后发来的指令做出响应,其余 DS18B20 都会处于闲置状态,等待主机对它们重新初始化。第 3 条是"搜索 ROM"指令,指令码为 F0H。在系统上电复位后,主机必须识别 1-WIRE 网络中所有 DS18B20 的 64 位 ROM 编码,以便确定总线上所有从设备的类型及数量。主机可以循环发送搜索 ROM 指令(搜索 ROM 指令后跟 64 位 ROM 编码)来确定总线上所有的从设备。如果在该总线上只有一个从设备,采用"读 ROM 指令"可以代替"搜索 ROM"的搜索过程。第 4 条是"跳过 ROM"指令,指令码为 CCH,主要用在单点测温电路中。在只有一片 DS18B20 的单点测温电路中,主机在发完读 RAM 指令(BEH)后就可立刻发送"温度转换"(44H)命令,以启动相应 DS18B20 进行温度变换,并在温度转换完成后读取这个采样温度;但在多点测温的 1-WIRE 网络电路中,主机向单总线发送"跳过 ROM"的指令码 CCH 后马上发送温度转换(44H)命令,就会导致总线上所有 DS18B20 同时开始进行温度变换,从而造成单总线上数据的混乱,这是不能允许的。第 5 条称为报警搜索指令,指令码为 ECH。在多点测温电路中,主机把本命令发送到 DQ 线后,只有警报标志位被置位的 DS18B20 才会做出响应。因此,本指令可以用来确定最近一段时间里有哪个 DS18B20 出现了温度超限。

表 10-7　DS18B20 的 ROM 指令表

| 指　　　令 | 代码 | 功　　　能 |
|---|---|---|
| 读 ROM | 33H | 读 ROM 中的 64 位地址码 |
| 匹配 ROM | 55H | 本命令发出后,应紧跟 64 位 ROM 地址码,以便与该地址相符合的 DS18B20 处于准备读的工作状态 |
| 搜索 ROM | F0H | 用于确定挂接在同一总线上的 DS18B20 的个数和识别 64 位 ROM 地址,为操作各器件做好准备 |
| 跳过 ROM | CCH | 跳过 ROM 继续对 DS18B20 的高速 RAM 进行操作 |
| 报警搜索 | ECH | 只有温度超过设定上、下限的芯片才能对总线做出响应 |

② DS18B20 的 RAM 指令。

DS18B20 共有 6 条 RAM 指令,各指令代码及功能如表 10-8 所示。第 1 条是"温度转换"指令,指令码为 44H,用于启动 DS18B20 进行温度转换。DS18B20 收到本命令就能立即进行温度转换,并把转换结果暂存在内部 9 字节 RAM 中,然后恢复到闲置状态。若系统采用"寄生电源"供电模式,则主机必须在本命令执行后的 $10\mu s$ 内强制拉高数据总线;若采用外部供电模式,主机不必在 $10\mu s$ 内拉高总线就可对 DQ 线发出读 RAM 命令。此时,若 DS18B20 的温度转换未完成,则主机读得的总线电平为 0;若温度转换已完成,则读得电平为 1。第 2 条是"读 RAM"指令,指令码为 BEH,用于读取 9 字节 RAM 中的数据。单片机读数据是从第 0 字节开始读,直到读完第 8 字节为止。若用户只需读取 9 字节 RAM 中的部分数据,则可在读取数据中插入一个总线初始化时序来终止。第 3 条称为"写 RAM"指令,指令码为 4EH,用于主机向 DS18B20 内部 9 字节 RAM 写入数据。数据的第 1 字节写入 TH 寄存器(字节地址为 2),第 2 字节写入 TL(字节地址为 3),所有数据都应先写低位,后写高位。第 4 条称为"复制 RAM"指令,指令码为 48H,用于把 DS18B20 内部 9 字节 RAM 的 TH 和 TL 中内容复制到 $E^2PROM$。若系统采用"寄生电源"供电,则主机必须在复制 RAM 命令发出后 $10\mu s$ 内把 1-WIRE 总线强制拉高至少

表 10-8　DS18B20 的 RAM 指令表

| 指　　　令 | 代码 | 功　　　能 |
|---|---|---|
| 温度转换 | 44H | 启动 DS18B20 进行温度转换,12 位转换精度时最长时间为 750ms,转换结果存入片内 9 字节高速 RAM |
| 读 RAM | BEH | 读 9 字节高速 RAM 中的内容 |
| 写 RAM | 4EH | 向 9 字节 RAM 中第 2、3 字节写温度的上、下限值,本命令发出后应紧跟 2 字节的温度数据 |
| 复制 RAM | 48H | 将内部 RAM 中第 2、3 字节内容复制到 $E^2PROM$ |
| 重调 $E^2PROM$ | B8H | 把 $E^2PROM$ 中温度的上、下限值恢复到 DS18B20 内部 RAM 的第 2、3 字节中 |
| 读供电模式 | B4H | 读 DS18B20 的供电模式(0 为寄生电源供电;1 为外部供电) |

10ms。第 5 条称为"重调 E²PROM"指令,指令码为 B8H,用于把 E²PROM 中温度报警的上、下限值 TH 和 TL 恢复到 9 字节 RAM 的第 2 和第 3 字节中。主机在发送完本命令后又紧跟着执行一个读时序时,若读得的为低电平为 0;则表示重调 E²PROM 命令正在执行;若读取的为高电平 1,则表示重调 E²PROM 命令已经执行完。第 6 条指令称为"读供电模式",指令码为 B4H,用于读取 DS18B20 所采用的供电模式。有时,主机需要知道 DS18B20 所采用的供电模式,以决定温度转换期间是否需要强制拉高总线。为此,主机可以先发送一个跳过 ROM 指令(CCH),后跟一个读供电模式(B4H)命令,再跟一个"读数据时序"。若读得的电平为低电平 0,则相应 DS18B20 为寄生电源供电模式;若读得的电平为高电平 1,则为外部电源供电模式。

③ DS18B20 的初始化时序。

主机每次对 DS18B20 读/写操作前都必须预先初始化,以便它们能处于复位状态。主机通过拉低 1-WIRE 总线超过 $480\mu s$ 方式来发送复位脉冲,随后就释放总线而进入接收模式(RX),总线释放后靠 $5k\Omega$ 左右的上拉电阻保持高电平。当 DS18B20 检测到主机释放总线时的上升沿后就会自动等待 $16\sim60\mu s$,然后向总线回送一个 $60\sim240\mu s$ 的存在低脉冲。主机收到 DS18B20 发来的存在低脉冲表示复位已经成功,初始化时序如图 10-31 所示。现将 DS18B20 初始化步骤归纳为:第 1 步是主机将总线置为高电平 1,稍微延时一点时间再将总线拉到低电平 0;第 2 步是使总线保持低电平的时间通常为 $750\mu s$(在 $480\sim960\mu s$ 选取),然后再把它拉回高电平;第 3 步是主机从释放总线时算起至少等待 $15\sim60\mu s$ 时间后才能读取 DS18B20 发回的存在低脉冲;第 4 步是从第 2 步中总线变为高电平起至少要在 $480\mu s$ 后才能把总线拉回高电平 1(见图 10-31)。

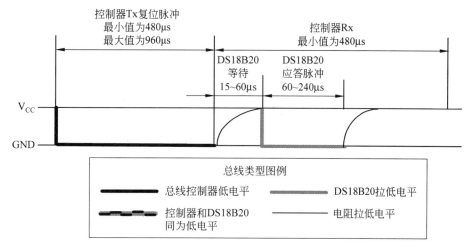

图 10-31　DS18B20 的初始化时序图

④ DS18B20 的读/写时序。

单片机通过写时序可以向 DS18B20 中写入数据,通过读时序可以从 DS18B20 中读数据。

DS18B20 的写时序如图 10-32 所示。写时序又可分为写 1 时序和写 0 时序;主机通过写 1 时序可向 DS18B20 写入逻辑 1;通过写 0 时序可以写入逻辑 0;写时段总共需要 $60\mu s$ 时间,而且两次写时段间至少需要 $1\mu s$ 恢复时间。在对 DS18B20 写 0 时,主机应先把总线拉低并在整个 $60\mu s$ 时隙内保持低电平;在对 DS18B20 写 1 时,主机拉低总线后必须在 $15\mu s$ 时间内释放总线,总线由 $4.7k\Omega$ 上拉电阻拉至高电平。在写时段开始后的 $15\sim60\mu s$ 期间,DS18B20 采样总线状态。若总线为高电平,则逻辑 1 被写入;若总线为低电平,则逻辑 0 被写入。写数据过程可分为以下 5 步:第 1 步是把总线拉为低电平,延时 $15\mu s$;第 2 步是按低位到高位顺序发送数据(一次只发送一位);第 3 步是将总线拉回高电平 1;第 4 步是重复上述第 1~3 步,直到发送完整个字节;第 5 步是将数据总线拉回高电平 1。

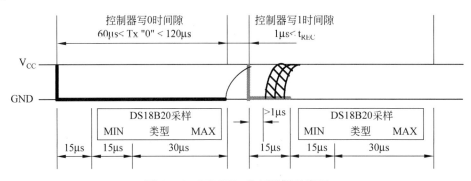

图 10-32　DS18B20 的写数据时序图

　　DS18B20 的读数据时序如图 10-33 所示。每个读时段最少需要 $60\mu s$ 时间:若后续时段是独立写时段,则写时段前至少还要增加 $1\mu s$ 恢复时间。主机在执行读时序后,DS18B20 通过拉高总线来发送逻辑 1 或拉低总线来发送逻辑 0。DS18B20 发完逻辑 0 后会释放总线,总线由上拉电阻拉到高电平。DS18B20 只有在读时序开始后的 $15\mu s$ 时间内有效,因此主机在读时序执行后的 $15\mu s$ 时间内必须释放总线并对释放后的总线采样。DS18B20 的读数据过程可归纳为 6 步:第 1 步是主机先把总线拉回高电平 1 并延时 $2\mu s$;第 2 步是将总线拉到低电平 0 并延时 $6\mu s$;第 3 步是将总线拉回高电平 1 并延时 $4\mu s$;第 4 步是对总线进行一次读操作,并对读得的状态位加以处理;第 5 步是延时 $30\mu s$;第 6 步是重复第 1~5 步,直到读完一个字节。

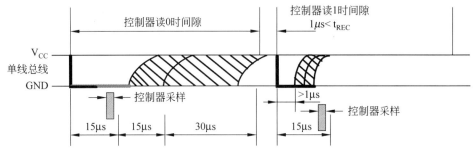

图 10-33　DS18B20 的读数据时序图

⑤ DS18B20 的操作步骤。

根据通信协议,作为主机的单片机在控制 DS18B20 进行温度转换时的操作可以归纳为以下 4 个步骤。

第 1 步:对被寻址 DS18B20 进行复位操作。也就是说,主机应先将 DQ 线下拉 $500\mu s$ 后释放总线;等待 $16\sim60\mu s$ 后,再在 $60\sim240\mu s$ 内检测 DQ 线。若检测到的 DQ 线为低电平,则复位成功;若检测到的 DQ 线为高电平,则复位无效,应重新复位或进行出错处理。

第 2 步:根据程序需要,对被寻址 DS18B20 发送一条 ROM 指令。

第 3 步:根据程序需要,对被寻址 DS18B20 发送一条 RAM 指令。

第 4 步:对被寻址 DS18B20 进行读/写操作。

(6) 注意事项。

① 每次对 DS18B20 读/写前都要进行一次复位操作,只有复位成功后才能发送 ROM 指令,接着发送 RAM 指令,最后才能对 DS18B20 进行数据的读/写操作。

② 在对 DS18B20 写数据时,主机写 0 时单总线至少被拉低 $60\mu s$,写 1 时 $15\mu s$ 内就得释放总线。

③ DS18B20 把温度转换后得到的数据存储在片内 9 字节 RAM 中,数据中的前 5 位是符号位,其余 11 位为温度数据位。若实测温度大于 0,则符号位为全 0,只要把采样的 11 位温度数据乘以 0.0625 就可得到实测温度;若实测温度小于 0,则 5 位 (SSSSS)符号位皆为 1,采样的 11 位温度数据需要先取反加 1 后再乘以 0.0625 才能得到实测温度。

④ 在多点测温电路中,在一条 I/O 端口线上所挂 DS18B20 个数超过 8 个时需要加接总线驱动器。

⑤ 连接 DS18B20 总线电缆有长度限制。若采用普通电缆,传输线长度不能超过 50m;若采用双绞线带屏蔽电缆,则通信距离可达 150m。因此,测温电缆线最好采用带屏蔽 4 芯双绞线:一组用作地线和信号线,另一组作为 $V_{CC}$ 和地线,屏蔽层应在源端单点接地。

⑥ 在复位操作时,主机应等待接收被寻址 DS18B20 的返回信号。主机只有在收到这个返回信号后才能进行下一操作,主机在 DQ 线接触不良或断线时是收不到返回信号的。

**2. DS18B20 的应用举例**

DS18B20 是一种微型化、集成化和数字化的新型传感器,可以采用单总线与单片机接口,具有功耗低、性能高和抗干扰能力强等一系列优点。因此,DS18B20 通常在冷冻库、粮仓、缸体、纺机、供电所、发电厂(如变压器、电缆槽和配电房)、汽车空调和电信机房等场所中用于温度的测量。为了阐述 DS18B20 的使用方法,现以采用外部供电模式的单点测温为例加以介绍。

[例 10.2] 请根据图 10-34 编出 AT89C51 的温度计程序。

解:本程序利用定时器 T0 定时 20ms 一次中断,50 次中断为 1s。本程序由主程序和若干子程序组成。在主程序中,主机除需要对 T0 初始化外还要判断 1s 已到。若 1s 未

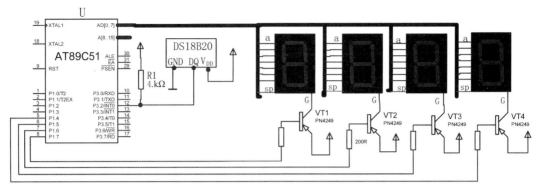

图 10-34　作为温度计用的单点测温电路

到,则等待;若 1s 已到,则再判断 DS18B20 是否在进行温度转换。若 DS18B20 不在进行温度转换,则对它启动一次温度转换;若它正在进行温度转换,则采样温度转换后的值,并对采样值进行 CRC 校验、BCD 转换和显示等,然后重复上述过程。主程序框图如图 10-35(b)所示,程序中所用存储单元的地址分配见图 10-35(a)。

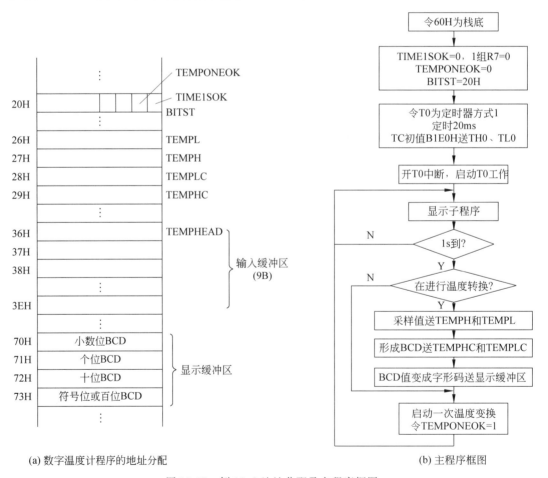

(a) 数字温度计程序的地址分配　　　　　　(b) 主程序框图

图 10-35　例 10.2 地址分配及主程序框图

```
        TIMEL      EQU    0E0H
        TIMEH      EQU    0B1H
     TEMPHEAD      EQU    36H
        BITST     DATA    20H
      TIME1SOK      BIT    BITST. 1
    TEMPONEOK      BIT    BITST. 2
        TEMPL     DATA    26H
        TEMPH     DATA    27H
       TEMPHC     DATA    29H
       TEMPLC     DATA    28H
      TEMPDIN      BIT    P3. 2
;主程序
                   ORG    0000H
                  LJMP    START
                   ORG    000BH
                  LJMP    T0IT
                   ORG    0300H
        START:MOV   SP，#60H        ;令 60H 为栈底
              MOV   20H，#00H
              MOV   0FH，#00H
              MOV   R1，#60H
              MOV   TMOD，#01H       ;T0 为定时器方式 1
              MOV   TH0，#TIMEL      ;定时 20ms,TC 初值送 T0
              MOV   TL0，#TIMEH
              NOP
              SETB  ET0             ;开 T0 中断
              SETB  TR0             ;启动 T0 工作
              SETB  EA              ;开所有中断
        MAIN：LCALL DISPAY          ;将显示缓冲区中的内容送 LED 显示
              JNB   TIME1SOK，MAIN   ;1s 未到,则显示等待
              CLR   TIME1SOK        ;1s 已到,则令 TIME1SOK=0
              JNB   TEMPONEOK，MAIN1 ;若 TEMPONEOK=0,则转 MAIN1
              LCALL READTEMP        ;转采样子程序,采样值送 TEMPH 和 TEMPL
              LCALL CONVTEMP        ;形成 BCD,存入 TEMPHC 和 TEMPLC
              LCALL DISPBCD         ;将采样值变成字形码送显示缓冲区
        MAIN1：LCALL STTEMPEX       ;启动一次温度变换
              SETB  TEMPONEOK       ;令 TEMPONEOK=1
              LJMP  MAIN
;
;T0 中断初始化程序段
        T0IT：PUSH PSW             ;保护现场
              SETB  RS0             ;进入 1# 组寄存器
              MOV   TH0，#TIMEH      ;重送时间常数初值
```

```
          MOV     TL0，♯TIMEL
          INC     R7
          CJNE    R7，♯32H，T0IT1        ;若1s未到,则转T0IT1
          MOV     R7，♯00H               ;若1s已到,则R7清零
          SETB    TIME1SOK              ;令TIME1SOK＝1
   T0IT1：POP      PSW                   ;恢复现场
          RETI                          ;中断返回
;
;初始化DS18B20程序清单
   INITDS18B20：SETB    TEMPDIN         ;主机释放DQ线
               NOP
               NOP
               CLR     TEMPDIN          ;拉低DQ线
               MOV     R6，♯0A0H        ;延时640μm
               DJNZ    R6，$
               MOV     R6，♯0A0H
               DJNZ    R6，$
               SETB    TEMPDIN          ;释放DQ线
               MOV     R6，♯32H         ;延时100μm
               DJNZ    R6，$
               MOV     R6，♯3CH
   LOOP18B20：MOV      C，TEMPDIN        ;DQ线状态送Cy
             JC        INITDS18B20      ;若无回答(Cy=1),则转INITDS18B20
             DJNZ      R6，LOOP18B20     ;若有回答(Cy=0),则等待60μm
             MOV       R6，♯64H         ;延时200μm
             DJNZ      R6，$
             SETB      TEMPDIN          ;释放DQ线
             RET
;
;DS18B20读时序子程序
READDS18B20：MOV     R7，♯08H           ;所读位数送R7
            SETB    TEMPDIN            ;释放DQ线
            NOP
            NOP
RDDS18B20LOP：CLR     TEMPDIN          ;拉低DQ线
             NOP
             NOP
             NOP
             SETB    TEMPDIN           ;释放DQ线
             MOV     R6，♯07H          ;等待15μm
             DJNZ    R6，$
             MOV     C，TEMPDIN         ;所读数送Cy
             MOV     R6，♯3CH          ;等待60μm
             DJNZ    R6，$
```

```
        RRC     A                           ;送入 A
        SETB    TEMPDIN                     ;释放 DQ 线
        DJNZ    R7,RDDS18B20LOP             ;若 8 位未读完,继续
        MOV     R6,#3CH                     ;若读完,则等待 60μm
        DJNZ    R6,$
        RET     ;返回
;
;写 DS18B20 子程序
WRITEDS18B20:MOV    R7,#08H                 ;位数 8 送 R7
            SETB    TEMPDIN                 ;释放 DQ 线
            NOP
            NOP
WRDS18B20LOP:CLR    TEMPDIN                 ;拉低 DQ 线
            MOV     R6,#07H
            DJNZ    R6,$                    ;等 15μm
            RRC     A
            MOV     TEMPDIN,C               ;写入数据送 DQ
            MOV     R6,#34H                 ;等 100μm
            DJNZ    R6,$
            SETB    TEMPDIN                 ;释放 DQ 线
            DJNZ    R7,WRDS18B20LOP         ;循环写 8 位
            RET
;
;对 DS18B20 启动一次温度转换子程序
    STTEMPEX:LCALL INITDS18B20              ;复位 DS18B20
            MOV     A,#0CCH                 ;跳过 ROM
            LCALL   WRITEDS18B20
            MOV     R6,#34H                 ;等 100μm
            DJNZ    R6,$
            MOV     A,#44H                  ;启动 DS18B20 温度变换
            LCALL   WRITEDS18B20
            MOV     R6,#34H                 ;等 100μm
            DJNZ    R6,$
            RET
;
;对 DS18B20 温度采样,采样值送 TEMPH 和 TEMPL
    READTEMP:LCALL INITDS18B20              ;复位 DS18B20
            MOV     A,#0CCH                 ;跳过 ROM
            LCALL   WRITEDS18B20
            MOV     R6,#34H                 ;等 100μm
            DJNZ    R6,$
            MOV     A,#0BEH                 ;给 DS18B20 送读命令
            LCALL   WRITEDS18B20
            MOV     R6,#34H                 ;等 100μm
```

```
        DJNZ   R6，$
        MOV    R5，♯09H
        MOV    R0，♯TEMPHEAD      ;R0 指向 36H
        MOV    B，♯00H            ;B 清 0
READTEMP2：LCALL READDS18B20        ;所读温度值送输入缓冲区
        MOV    @R0，A
        INC    R0
        LCALL CRC8CAL              ;对所读温度进行 CRC 校验
        DJNZ   R5，READTEMP2       ;若未读完,则继续读
        MOV    A，B                ;读完后,B 送 A
        JNZ    READTEMPOUT        ;若 B 不为 0,则所读温度无效
        MOV    A，TEMPHEAD         ;若 B 为 0,则温度 L 送 TEMPL
        MOV    TEMPL，A
        MOV    A，TEMPHEAD+1       ;温度 H 送 TEMPH
        MOV    TEMPH，A
READTEMPOUT：RET
;
;把 TEMPH 和 TEMPL 中的温度采样值拆成 BCD 送 TEMPHC 和 TEMPLC
  CONVTEMP：MOV   A，TEMPH          ;温度送 A
        ANL    A，♯80H
        JZ     TEMPC1             ;若温度为正,则转 TEMPC1
        CLR    C                  ;若温度为负,则求绝对值
        MOV    A，TEMPL
        CPL    A
        ADD    A，♯01H
        MOV    TEMPL，A
        MOV    A，TEMPH
        CPL    A
        ADDC   A，♯00H
        MOV    TEMPH，A
        MOV    TEMPHC，♯0BH        ;若温度为负,则 TEMPHC=0BH
        SJMP   TEMPC11            ;转 TEMPC11
  TEMPC1：MOV    TEMPHC，♯0AH       ;若温度为正,则 TEMPHC=0AH
  TEMPC11：MOV    A，TEMPHC          ;TEMPHC 中低 4 位调高 4 位,低 4 位变 0
        SWAP   A
        MOV    TEMPHC，A
        MOV    A，TEMPL            ;TEMPL 小数位查表后送 TEMPLC
        ANL    A，♯0FH
        MOV    DPTR，♯TEMPDOTTAB
        MOVC   A，@A+DPTR
        MOV    TEMPLC，A           ;TEMPLC 中高 4 位为 0,低 4 位为小数位
        MOV    A，TEMPL            ;TEMPL 中高 4 位调低 4 位,高 4 位变 0
        ANL    A，♯0F0H
        SWAP   A
```

```
              MOV     TEMPL，A
              MOV     A，TEMPH              ;TEMPH 中低 4 位调入高 4 位后送 A
              ANL     A，#0FH
              SWAP    A
              ORL     A，TEMPL             ;与 TEMPL 中低 4 位组装后送 A
              LCALL   HEX2BCD             ;A 中内容 BCD 后送 R7A
              MOV     TEMPL，A             ;TEMPL 中为十位 BCD 和个位 BCD
              ANL     A，#0F0H
              SWAP    A
              ORL     A，TEMPHC
              MOV     TEMPHC，A            ;TEMPHC 中为 A/B(符号)和十位 BCD
              MOV     A，TEMPL
              ANL     A，#0FH
              SWAP    A
              ORL     A，TEMPLC
              MOV     TEMPLC，A            ;TEMPLC 中为个位 BCD 和小数位 BCD
              MOV     A，R7                ;百位 BCD 送 A
              JZ      TEMPC12             ;若百位为 0,则转 TEMPC12
              ANL     A，#0FH
              SWAP    A
              MOV     R7，A
              MOV     A，TEMPHC            ;取出 TEMPHC 中低 4 位 送 A
              ANL     A，#0FH
              ORL     A，R7
              MOV     TEMPHC，A            ;TEMPHC 为百位和十位 BCD
      TEMPC12：RET
TEMPDOTTAB：DB       00H,01H,01H,02H,03H,03H,04H,04H
           DB       05H,06H,06H,07H,08H,08H,09H,09H
;
;把 TEMPHC 和 TEMPLC 中内容拆分后送显示缓冲区
      DISPBCD：MOV     A，TEMPLC
              ANL     A，#0FH              ;小数位的 BCD 送 70H
              MOV     70H，A
              MOV     A，TEMPLC            ;个位 BCD 送 71H
              SWAP    A
              ANL     A，#0FH
              MOV     71H，A
              MOV     A，TEMPHC            ;十位 BCD 送 72H
              ANL     A，#0FH
              MOV     72H，A
              MOV     A，TEMPHC            ;符号位/百位送 73H
              SWAP    A
              ANL     A，#0FH
              MOV     73H，A
```

```
                    RET
;
;把显示缓冲区中的内容送 LED 显示
        DISPAY： MOV    R1，#70H              ;R1 指向 70H
                 MOV    R5，#0EFH             ;字位码初值送 R5
        PLAY：   MOV    P0，#0FFH             ;灭显示
                 MOV    A，R5                 ;字位码初值送 P1 口
                 MOV    P1，A
                 MOV    A，@R1                ;被显字符送 A
                 MOV    DPTR，#TAB
                 MOVC   A，@A+DPTR            ;查表得字形码送 P0 口
                 MOV    P0，A
                 MOV    A，R5
                 JB     ACC.5，LOOP5          ;若 ACC.5＝1，则转 LOOP5
                 CLR    P0.7                 ;若 ACC.5＝0,则点亮小数点
        LOOP5：  LCALL  DELAY1MS             ;延时 1ms
                 INC    R1                   ;显示缓冲区指针加 1
                 MOV    A，R5
                 JNB    ACC.7，ENDOUT         ;若一遍已经显完,则转 ENDOUT
                 RL     A                    ;若未显完,则 R5 中字位码左移 1 位
                 MOV    R5，A
                 AJMP   PLAY                 ;循环显示
        ENDOUT： MOV    P0，#0FFH             ;灭显示
                 MOV    P1，#0FFH
                 RET
        TAB：DB         0C0H,0F9H,0A4H,0B0H,99H,92H
             DB         82H,0F8H,80H,90H,0FFH,0BFH
;
;延时 1ms 子程序
     DELAY1MS：MOV    R6，#14H                ;显示 1ms
     DELAY1：MOV      R7，#19H
     DELAY2：DJNZ     R7，DELAY2
             DJNZ     R6，DELAY1
             RET
;
     HEX2BCD：MOV    B，#64H                  ;A 中内容 BCD 后送 R7A
              DIV     AB
              MOV     R7，A
              MOV     A，#0AH
              XCH     A，B
              DIV     AB
              SWAP    A
              ORL     A，B
              RET
```

```
    ;
    ;CRC 校验子程序
        CRC8CAL：PUSH   ACC                    ;所读字节送栈
                 MOV    R7,#08H                ;位数 8 送 R7
    CRC8LOOP1：XRL     A,B
                 RRC    A                      ;A 中最低位送 Cy
                 MOV    A,B                    ;A 清 0
                 JNC    CRC8LOOP2              ;若 Cy=0,则转 CRC8LOOP2
                 XRL    A,#18H                 ;若 Cy=1,则 A=18H
    CRC8LOOP2：RRC     A                      ;A 中内容送 B
                 MOV    B,A
                 POP    ACC                    ;所读字节送 A
                 RR     A                      ;右移后入栈
                 PUSH   ACC
                 DJNZ   R7,CRC8LOOP1          ;8 位未校验完,则继续
                 POP    ACC                    ;恢复 A 中原值
                 RET
                 END
```

# 10.3　单片机后向通道的设计

单片机后向通道是指单片机把处理后的数字信号进行传送、输出、控制和调节的通道。如果说单片机前向通道反映了对监控对象的检测过程,那么后向通道反映的是对监控对象的控制和调节过程。由于单片机的输出信号电平很低,无法直接驱动外围设备工作,因此,单片机后向通道主要讨论总线信号的驱动、外围设备的驱动、信号电平的转换以及开关信号的隔离放大技术等。

## 10.3.1　线路驱动器和接收器

线路驱动器和接收器是一种用来驱动系统与系统或者模块与模块之间的专用长线驱动器和接收器。这种长线驱动器和接收器能很好地抑制传输或通信总线上因线路长度增加和传输信号频率提高而引起的反射、串扰、衰减和共地噪声等干扰。

长线和短线的概念是相对于传输信号而言的。当信号沿线传播的延时远远小于信号变化时间(信号前沿或后沿)时,信号的反射和干扰只发生在信号边沿,这样的传输线称为短线。当信号沿线传播的延时能和信号变化时间相比拟时,线路不均匀性和负载不匹配性引起的信号反射就很容易在传输线上引起"振铃",这样的传输线称为长线。因此,长线和短线不是绝对的。例如,对于 ECL 和 STTL 电路,几十厘米长的线就算是长线;而对于中速 CMOS 逻辑电路,几米长的线才算是长线,用户选用时应多加注意。

线路驱动器和接收器的类型较多,应用场合也不同。按照通信标准来分,线路驱动器和接收器通常可分为 TIA/EIA-232 驱动器和接收器、TIA/EIA-422&423 驱动器和接收器、TIA/EIA-485 驱动器和接收器以及通用线路驱动器和接收器 4 类。几种常用的线路

驱动器和接收器如表 10-9 所示。

表 10-9　几种常用的线路驱动器和接收器

| 型　　号 | 驱动器和接收器 | 符合标准 | 电源/V | 引脚数 | 备　注 |
|---|---|---|---|---|---|
| DS14185 | 3 驱动器,5 接收器 | RS-232 | +5,±12 | 20 | |
| DS14C237 | 5 驱动器,3 接收器 | RS-232 | +5,±15 | 24 | |
| DS1691A | 2 线差分驱动器 | RS-422 | ±5 | 16 | |
| DS26LS31C | 4 线差分驱动器 | RS-422 | +5 | 16 | |
| DS96172 | 4 线差分驱动器 | RS-485 | +5 | 16 | 传输率:10Mb/s |
| DS96173 | 4 线差分驱动器 | RS-485 | +5 | 16 | 传输率:10Mb/s |
| DS55114 | 双线差分驱动器 | 通用型 | +5 | 16 | 与 TTL/LS 兼容 |
| DS55115 | 双线差分接收器 | 通用型 | +5 | 16 | 与 TTL 兼容输出 |

为了加深对线路驱动器和接收器的理解,现对如下两种线路驱动器和接收器的特点进行分析。

**1. DS14185 线路驱动器和接收器**

DS14185 是一种有 3 个驱动器和 5 个接收器的器件,符合 TIA/EIA-232-E 和 CCITT V.28 标准。也就是说,它既可以驱动 RS-232 总线工作,也可以接收 RS-232 总线上串行传输的信号,是一种可以替代 MC1488 和 MC1489 工作的器件。该器件采用双极工艺,转换速率控制置于芯片内部,不需要外接转换速率控制电容。

DS14185 功能图如图 10-36 所示。

(1) 电源线(4 条)。

$V_{CC}$ 为电源电压,+5V±5%。

$V_+$ 为供电正电源,+9～+13.2V。

$V_-$ 为供电负电源,−9～−13.2V。

GND 为接地线。

(2) 驱动器引线(6 条)。

$D_{IN1}$～$D_{IN3}$ 为驱动器 TTL 输入线。

$D_{OUT1}$～$D_{OUT3}$ 为驱动器输出线。

(3) 接收器引线(10)条。

$R_{IN1}$～$R_{IN5}$ 为接收器输入线。

$R_{OUT1}$～$R_{OUT5}$ 为接收器输出线。

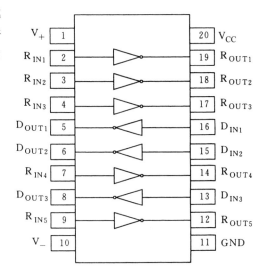

图 10-36　DS14185 功能图

在典型的 DTE(数据终端设备)和 DCE(数据通信设备)接口中,需要有两条数据线(RXD 和 TXD)和 6 条控制线(RTS、DTR、DSR、DCD、CTS 和 RI),如表 10-2 所示。因此,一片 DS14185 就可以把 RS-232 和作为 DTE 的单片机连接起来,图 10-37 显示了这种连接关系。

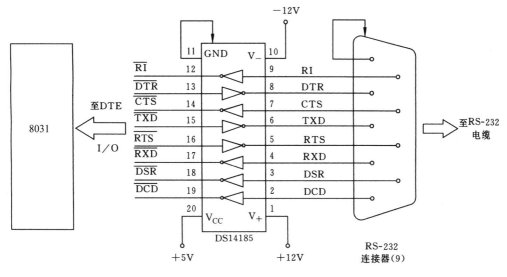

图 10-37　DS14185 的典型应用

### 2. DS7830/DS8830 双差分线路驱动器

DS7830/DS8830 是一种具有两个差分式线路的驱动器器件,可以完成双四一入"与非"或双四一入"与"功能的芯片。该芯片的 A(引脚 1/引脚 13)、B(引脚 2/引脚 12)、C(引脚 3/引脚 11)和 D(引脚 4/引脚 10)为其 4 个输入端,每个输入端都有一个保护二极管,用于防止线路的瞬间振荡,输入电路采用多发射极 TTL 晶体管,可以和标准的 TTL 系统连接。"与非"输出和"与"输出端也接有保护二极管,能防止正的和负的电压跃变,差分式的平衡输出也可消除单线传输中出现的接地环路误差。芯片的片内逻辑功能图从略。

DS7830/DS8830 可用于驱动具有 $50\sim500\Omega$ 阻抗的长距离同轴电缆以及带状或双绞传输线。图 10-38 为它们的一个应用实例。

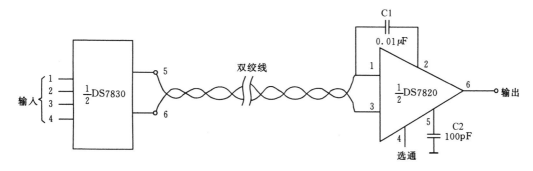

图 10-38　DS7830 的一个应用实例

在图 10-38 中,DS7820 为双线路接收器,也只用了其中的一半。电容 C1 和传输线长度有关,电容 C2 可根据控制响应时间选取。

## 10.3.2　外围驱动器

在单片机应用中,经常需要用单片机控制各种各样的高压大电流设备。例如马达、继电器和调节器等。这些设备的负载功率通常较大,直接用单片机的I/O输出来驱动是不行的,必须采用专门的驱动器,这类驱动器常称为外围驱动器。

外围驱动器的电路形式和结构一般具有以下两个特点。

① 采用集电极开路输出,以便使输出高电平近似等于外加电压,调节外加电压一定程度上可以输出比较高的电平去满足负载要求,而不受逻辑电平的限制。

② 要求输出晶体管具有比较强的负载能力,能够承受比较大的电流。

外围驱动器的品种齐全,种类繁多,表10-10列出了几种常用的外围驱动器。

表 10-10　常用外围驱动器一览表

| 名　　称 | 型　　号 | | 平均延时/ns | 输出电压/V | 输出电流/mA | 输入端相容电路 |
|---|---|---|---|---|---|---|
| | 国　内 | 国　外 | | | | |
| 双外围正与驱动器 | CJ0450 | SN75450B | 21 | 30 | 300 | DTL,TTL |
| 双外围正与驱动器 | CJ0451 | SN75451B | 21 | 30 | 300 | DTL,TTL |
| 双外围正与非驱动器 | CJ0452 | SN75452B | 21 | 30 | 300 | DTL,TTL |
| 双外围正与驱动器 | CJ0476 | SN75476 | 200 | 70 | 300 | DTL,TTL,MOS |
| 双外围正与非驱动器 | CJ0477 | SN75477 | 200 | 70 | 300 | DTL,TTL,MOS |
| 双外围正或非驱动器 | CJ0478 | SN75478 | 200 | 70 | 300 | DTL,TTL,MOS |
| 双外围正或驱动器 | CJ0441 | SN75441 | 22 | 30 | 100 | ECL |
| 达林顿反相缓冲器 | CJ0466 | SN75466 | 130 | 100 | 350 | DTL,TTL,CMOS,PMOS |
| 达林顿反相缓冲器 | CJ0467 | SN75467 | 130 | 100 | 350 | 14~25V PMOS |

外围驱动器的输入通常能和TTL、MOS或CMOS兼容,也可直接由单片机I/O驱动,输出端可以接外围设备,也可以直接驱动TTL、MOS或CMOS电路。

**注意:**当负载为感性(负载有感性和容性之分)时,外围驱动器输出端必须加接限流电阻或箝位二极管。下面举例说明这类驱动器的原理及应用。

**1. 驱动白炽灯泡**

CJ0451是双外围正与驱动器,电路框图如图10-39所示。外围驱动器可以直接驱动各类白炽灯泡,图10-40所示为采用CJ0451驱动预热灯泡的实际接线图。

当8031单片机P1口的P1.7输出高电平时,驱动器输出晶体管截止,+12V电源使灯泡中有一股小的预热电流流过并经$R_T$流入接地端,但灯泡不发光。当P1.7输出低电平时,驱动器中与非门输出高电平,输出晶体管导通,灯泡流过额定电流而发光。由于灯泡中始终有电流流过,灯泡不会处于绝对"冷态"。这不仅可以减少灯泡从导通转向截止时产生瞬态大电流,而且可以减少导通转向截止时在集电极上产生的反冲电压,从而有效地保护了驱动器输出晶体管。

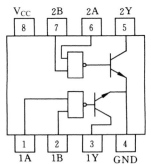

图 10-39　CJ0451 逻辑引脚图

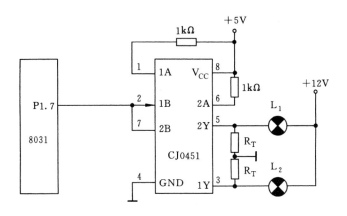

图 10-40　CJ0451 驱动预热灯泡的实用电路

外围驱动器控制灯泡发光强度的电路如图 10-41 所示。当调节图中电位计 W 时，CJ0450 的 TTL 门输出高电平 $V_{OH}$ 也随之改变，从而可改变输出晶体管的输出电流 $I_C$，达到调整灯泡亮度的目的，即当 W 值变大，$V_{OH}$ 随之变高，$I_C$ 上升，灯泡变亮；反之，灯泡变暗。

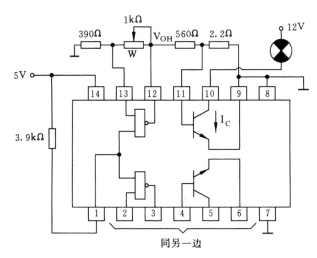

图 10-41　CJ0450 控制灯泡发光强度的实用电路

### 2. 驱动线圈

外围驱动器也可用来直接驱动线圈。电感线圈是一种感性负载，当流过线圈的电流发生变化时线圈两端会产生很大的反电动势，这个反电动势有可能损坏驱动器中的输出晶体管。因此，为了防止驱动器损坏，线圈两端必须加接箝位二极管。图 10-42 为采用 CJ0451 驱动继电器线圈的电路图。

当 8031 在 P1.7 上输出低电平时，CJ0451 相应的输出晶体管导通，继电器线圈中有电流流过，继电器吸合；当 8031 在 P1.7 上输出高电平时，驱动器相应输出晶体管截止，继电器线圈中无电流流过，继电器不吸合，触点常开。在图 10-42 中，二极管用于箝位线圈两端可能出现的反电动势。

图 10-43 为采用 CJ0476 驱动电铃线圈的实际接线图。

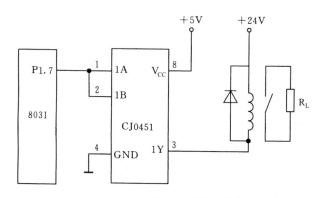

图 10-42 CJ0451 驱动继电器线圈的应用电路

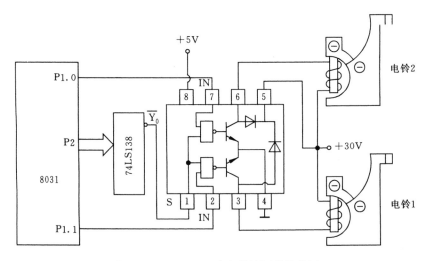

图 10-43 CJ0476 驱动电铃线圈的接线图

平常,8031 的 P1.0 输出高电平,$\overline{Y}_0$ 也为高电平,CJ0476 被禁止工作。当需要电铃 2 工作时,8031 可以通过程序使 P1.0 输出低电平,驱动器输出晶体管导通,使电铃 2 工作。电铃 1 的情况除受 P1.1 控制外,其余均与电铃 2 相同。

由图 10-43 可见,CJ0476 内部集成有两个二极管用于箝位电铃线圈两端出现的反电动势。因此,采用 CJ0476 比采用 CJ0451 更好,无须外接箝位二极管。

### 10.3.3 显示驱动器和电平转换器

显示驱动器可以直接驱动显示器工作。电平转换器可以把信号的一种电平转换成另一种逻辑电路所需要的电平,电平转换器通常具有驱动能力,故它有时又称为驱动器。

#### 1. 显示驱动器

随着科学技术的迅速发展,计算机已应用到国民经济和国防的各个领域。由于显示器能使电信号变成人们的视觉感受并能给人们以明快直观的印象,故它已成为计算机和人类交往的重要纽带。近年来,显示技术得到了广泛应用和迅速发展,并已在国民经济中发挥了巨大作用。

按照显示内容,显示器可分为数字显示、表格显示、图形显示和图像显示等。按照显示方式,显示器常可分为单色显示、彩色显示、平面显示、立体显示、管面显示和大屏幕显示等。但在单片机控制系统中,发光二极管(LED)、荧光数码管、辉光数码管、液晶显示器和高压等离子气体放电显示器是常用的几种显示器,其中 LED 和 LCD 显示器的显示原理已在前面章节中介绍过。

显示驱动器类型较多。不同的显示器由不同的显示驱动器驱动。几种常用的显示驱动器如表 10-11 所示。表中,CJ0427 用于驱动交流等离子体显示器,CJ0491 和 CJ0492 用于驱动 LED 显示器,CJ0498 用于驱动 LED 9 通道显示器,CJ0480 用于驱动高压 7 段译码阴极显示器,CJ0481 为气体放电显示器阳极驱动器,CJ0490 是热印刷头驱动器。

表 10-11　常用的显示驱动器一览表

| 国内型号 | 国外型号 | 输入相容性 | 电源/V | 特　点 |
|---|---|---|---|---|
| CJ0427 | SN75427 | CMOS | $V_{CC1}=12$<br>$V_{CC2}=40\sim90$ | 高输入阻抗,具有与非逻辑功能 |
| CJ0491 | SN75491 | MOS | 10 | |
| CJ0492 | SN75492A | MOS | 10 | 具有吸收 250mA 电流能力 |
| CJ0498 | SN75498 | TTL,MOS | $2.7\sim6.6$ | 输出端接收 100mA 电流 |
| CJ0480 | SN75480 | TTL | 5 | 输出击穿电压高 |
| CJ0481 | SN75481 | MOS | $V_{EE}=-55$<br>$V_{BB}=-18$ | $I_O=13mA$ |
| CJ0490 | SN75490A | TTL,CMOS | $\pm5$ | 输出电流 50mA |

**2. 电平转换器**

按制造工艺,集成电路通常可分为 TTL、MOS、CMOS、PMOS、DTL、HTL、ECL 和 $I^2L$ 等多种类型。当两种不同类型的集成电路在同一系统中混合作用时,由于它们间的输入输出电平的有效区间不一致,一般不能直接连接。这就是说,两种不同类型的集成电路之间通常需要加电平转换器。

电平转换器类型颇多。常用的有 TTL→MOS(TTL 电平转换为 MOS 电平)、MOS→TTL、ECL→TTL、TTL→ECL、TTL→CMOS、CMOS→TTL、TTL→HTL、HTL→TTL、ECL→MOS、MOS→ECL,等等。电平转换器通常具有驱动能力,故也称为驱动器。

电平转换器类型较多,可根据实际情况选用。常用电平转换器的基本性能如表 10-12 所示。

表 10-12　常用电平转换器的基本性能表

| 型　号 | 名　称 | 特　性 | |
|---|---|---|---|
| | | 输　出 | 输　入 |
| CJ0180 | 双 TTL→MOS | 与所有 MOS 电路兼容 | 与 TTL、DTL 兼容 |
| CJ0322 | 双 TTL→MOS | 可与高电平大电流相连 | 与 TTL、DTL 兼容 |
| CJ0270 | 七 MOS→TTL | 与 TTL 电路兼容 | 与 MOS 电路兼容 |
| CJ0365 | 四 TTL→MOS | 具有大电容驱动能力 | 与 TTL、DTL 兼容 |
| CJ0367 | 四 TTL→MOS | 与 CMOS 兼容 | 与 TTL、DTL 兼容 |

为使读者对电平转换器有一个基本了解,现以 CJ0270 七 MOS→TTL 电平转换器为例加以说明。

CJ0270 是七 MOS→TTL 电平转换器,其逻辑和引线如图 10-44 所示。由图可见,CJ0270 是一种包含有 7 个 MOS→TTL 的电平转换器,MOS 电路由 A 端输入,输出端 Y 可驱动 TTL 电路。CJ0270 的推荐工作条件为 $V_{cc}=5V$,高电平输入电流 $I_{IH}=0.5\sim 2mA$,低电平输入电流为 $I_{IL}=0\sim 0.1mA$,输出高电平有效范围为 $2.4\sim 5V$,输出低电平有效范围为 $0\sim 0.4V$。

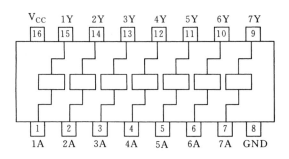

图 10-44　CJ0270 的逻辑图和引脚图

## 10.3.4　电气隔离技术

在工业控制领域中,单片机不仅要对被控对象进行监测,输入被控系统的开关量和模拟量,而且要把经过处理后的信息以开关量和模拟量形式输出并控制被控系统工作。这些开关量(如动力回路的启停、机械限位开关状态等)和模拟量(如压力、温度和流量传感器的输出,发电机的输出电压、电流和功率以及电网电压等)本身往往就是强电系统。因此,强电控制电路必将会对单片机控制系统产生严重干扰,以致单片机控制系统不能正常工作。

单片机控制系统和强电控制回路共地是引起干扰的主要原因,因为强电控制回路中的电流和电压往往很大,并会在强电使用的电器和地之间形成强大的脉动干扰。这个脉动干扰必然会通过接地不良电阻和电容耦合到单片机主机回路中。消除这些脉冲干扰的最有效方法是使单片机弱电部分和强电控制回路的地隔开,在电气连接上切断它们彼此间的耦合通路。因此,隔离器件两侧必须使用独立的电源分别供电。

电气隔离通常可分为继电器隔离和光电隔离两类。继电器隔离适用于启动负荷大且响应速度慢的动力设备,因为继电器触点的负载能力大,能直接控制动力回路工作,这点已在外围驱动器中介绍过(见图 10-42 和图 10-43),在此不再赘述。本节主要介绍光电隔离器及其应用。

**1. 光电隔离器的原理和分类**

光电隔离器又称为光电耦合器、光电去耦器或光子耦合器等。光电耦合器由光源(如发光二极管)和光传感器(如光敏三极管)组成,如图 10-45 所示。图中,当+12V 脉冲加到光电耦合器输入端时,发光二极管因导通而发光,通过光耦合作用使光敏三极管导通,故可在 $V_{OUT}$ 输出高电平;当 $V_{IN}$ 端输入 0V 时,发光二极管熄灭,光敏三极管截止,$V_{OUT}$ 输出低电平。

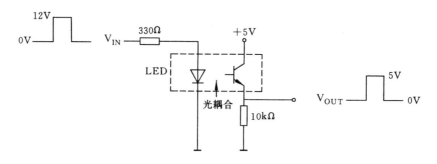

图 10-45 光隔离器的原理图

光电耦合器种类较多,品种齐全,表 10-13 给出了几种常用的光电耦合器。为了加深读者对光电耦合器的印象,现以 H11G1～H11G3 为例加以介绍。

表 10-13　几种常用的光电耦合器

| 型　　号 | 产　　地 | 主 要 参 数 | | | | 备　　注 |
|---|---|---|---|---|---|---|
| | | 隔离电压 /V | 隔离电阻 /Ω | 隔离电容 /pF | 集电极电流 /mA | |
| H11G1～H11G3 | Motorola | 7500 | $1\times10^{11}$ | 2 | 100 | 达林顿管输出 |
| G0201,G0202 | 苏州半导体总厂 | 7500 | $1\times10^{11}$ | 2 | 100 | 达林顿管输出 |
| GD331,GD332 | 北京光电器件厂 | 7500 | $1\times10^{11}$ | 2 | 100 | 达林顿管输出 |
| MOC3009～MOC3012 | Motorola | 7500 | — | — | — | 双向晶闸管输出 |
| MOC8111～MOC8113 | Motorola | 3750 | $1\times10^{11}$ | 0.2 | 6.5 | 晶体管输出 |
| G0101,G0102 | 苏州半导体总厂 | 3750 | $1\times10^{11}$ | 0.2 | 6.5 | 晶体管输出 |
| GK310,GK320 | 北京光电器件厂 | 3750 | $1\times10^{11}$ | 0.2 | 6.5 | 晶体管输出 |
| 4N38～4N38A | Motorola | 7500 | $1\times10^{11}$ | 0.2 | 7 | 晶体管输出 |
| G0111,G0102 | 苏州半导体总厂 | 7500 | $1\times10^{11}$ | 0.2 | 7 | 晶体管输出 |
| GD320,GH300 | 北京光电器件厂 | 7500 | $1\times10^{11}$ | 0.2 | 7 | 晶体管输出 |

光电耦合器 H11G1～H11G3 由砷化镓发光二极管和硅光电达林顿检测管构成,是一种含有电阻器和达林顿输出的光电耦合器,其内部电路和引脚分布如图 10-46 所示。

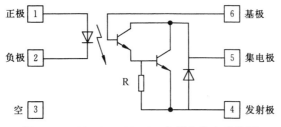

图 10-46　H11G1～H11G3 内部电路和引脚图

在图 10-46 中,电阻 R 用于改善高温工作时的漏电特性。该芯片主要性能指标如下。

(1) 电流传输系数高达 1000%。

(2) 达林顿输出 C-E 击穿电压高达 100V。

(3) 集电极输出电流为 100mA。

(4) 隔离电压为 7500V。

(5) 隔离电阻为 $1 \times 10^{11} \Omega$。

(6) 隔离电容为 2pF。

因此,H11G1~H11G3 广泛应用于高压控制、过流保护、电平匹配、线性放大、不同电位和阻抗的接口及耦合系统、相位和反馈控制系统、单片机隔离电路和固态继电器等方面。

**2. 光电隔离器在单片机前向和后向通道中的应用**

光电隔离器在单片机前向和后向通道中常用来使单片机系统和前后级强电系统间进行电气隔离,使单片机系统免受来自被控系统的各类干扰。图 10-47 为光电耦合器 TIL113 在单片机后向系统中的一个应用实例。

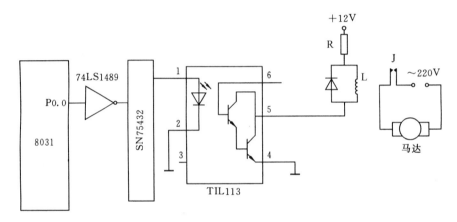

图 10-47 光电耦合器 TIL113 输出接口电路

在图 10-47 中,74LS1489 是高压门,SN75432 是外围驱动器,TIL113 为光电耦合器,L 为继电器线圈,J 为继电器触点。显然,单片机输出电路和电动机动力回路之间采用了双级隔离,即光电耦合器隔离和继电器隔离。8031 输出数字量先通过 SN75432 驱动光电耦合器 TIL113 工作,然后由光电耦合器使继电器吸合,达到启停马达的目的。

由于单片机输出电路和继电器启闭电路之间采用光电耦合器,使它们之间无电气上的联系,因此马达启停所产生的冲击干扰不会影响单片机输出电路。不过,为了彻底隔断单片机输出电路和动力回路间的任何电气联系,单片机和继电器线圈应使用独立的电源供电。

**3. 应用举例**

[例 10.3] 请根据图 10-48 编出 AT89C51 控制步进电机运行的程序,并阐述其工作原理。

**解:**图中,单极性步进电机由达林顿驱动器 ULN2003A 驱动。ULN2003A 能在 5V 电压下直接与 TTL 或 CMOS 电路相连,可承受 50V 高压,输出可以并接大电流负

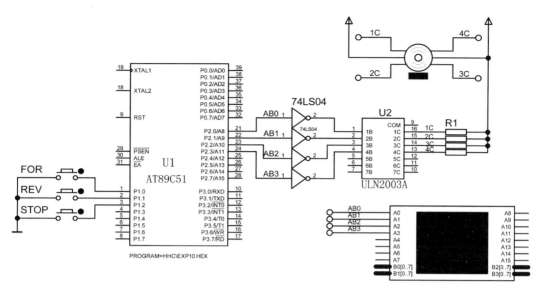

图 10-48　单片机对步进电机的控制电路图

载;74LS04 为反相器。ULN2003A 驱动器输出的控制线标注为 1C、2C、3C 和 4C,与步进电机引脚标注 1C、2C、3C 和 4C 相同,步进电机由单片机引脚 P2.0～P2.3 控制,其引出线依次标注为 AB0～AB3,与逻辑分析仪中的 A0～A3 相同。单片机 P1.0～P1.2 引脚上接有三个按钮开关:FOR 开关用来控制步进电机正转(顺时针方向);REV 开关控制步进电机反转(逆时针方向);STOP 开关用来停止步进电动机转动,其他连接如图所示。

　　本程序由主程序和两个子程序组成:一个是正转子程序 FOR;另一个是反转子程序 REV;主程序框图如图 10-49 所示。由图中可见,若无键按下,则主程序在循环检测;若按下 FOR 键,则程序在子程序 FOR 中循环;若按下 REV 键,则程序在子程序 REV 中循环。

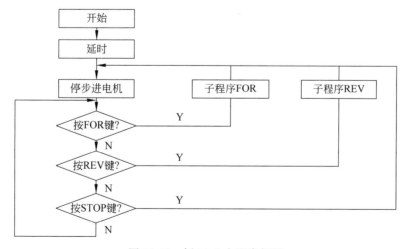

图 10-49　例 10.3 主程序框图

程序清单如下。

```
              ORG    0000H
              LJMP   START
              ORG    0100H
     START：NOP
              ACALL  DELAY                    ;延时
      STOP：ORL     P2,#0FFH                   ;停步进电机
      LOOP：JNB     P1.0,FOR                   ;若 FOR 键按下,则转 FOR
              JNB     P1.1,REV                 ;若 REV 键按下,则转 REV
              JNB     P1.2,STOP                ;若 STOP 键按下,则转 STOP
              SJMP   LOOP                      ;循环
       FOR：ACALL  DELAY                       ;延时
              JNB     P1.0,$                   ;等待 FOR 键放开
              ACALL  DELAY                     ;若放开,则延时
     FOR1：MOV     R0,#00H                     ;正转表偏移量指针置初值
     FOR2：MOV     A,R0
              MOV     DPTR,#MODETAB            ;正转模型表始址送 DPTR
              MOVC   A,@A+DPTR                 ;查表得正转模型数据
              JZ      FOR1                     ;若正转数据读完,则转 FOR1
              MOV     P2,A                     ;若正转数据未读完,则送 P2 口
              JNB     P1.2,STOP1               ;若 STOP 键按下,则转 STOP1
              JNB     P1.1,REV                 ;若 REV 键按下,则转 REV
              ACALL  DELAY                     ;否则延时
              INC     R0                       ;R0 加 1
              SJMP   FOR2                      ;转 FOR2
       REV：ACALL  DELAY                       ;延时
              JNB     P1.1,$                   ;等待 REV 键放开
              ACALL  DELAY                     ;若已放开,则延时
     REV1：MOV     R0,#05H                     ;反转表偏移量指针置初值
     REV2：MOV     A,R0
              MOV     DPTR,#MODETAB            ;正转模型表始址送 DPTR
              MOVC   A,@A+DPTR                 ;查表得反转模型数据
              JZ      REV1                     ;若反转数据读完,则转 REV1
              MOV     P2,A                     ;若反转数据未读完,则送 P2 口
              JNB     P1.2,STOP1               ;若 STOP 键按下,则转 STOP1
              JNB     P1.0,FOR                 ;若 FOR 键按下,则转 FOR
              ACALL  DELAY                     ;否则延时
              INC     R0                       ;偏移量指针加 1
              SJMP   REV2                      ;转 REV2
    STOP1：ACALL  DELAY                        ;延时
              JNB     P1.2,$                   ;等待 STOP 键放开
              ACALL  DELAY                     ;若 STOP 键已放开,则延时
              LJMP   STOP                      ;转 STOP
 MODETAB：DB      03H,09H,0CH,06H             ;正转模型数据
              DB      00H
```

```
          DB        03H,06H,0CH,09H              ;反转模型数据
          DB        00H
DELAY：MOV           R1，#20                      ;延时子程序
DELAY1：MOV          R2，#248
DELAY2：DJNZ         R2，DELAY2
          DJNZ      R1，DELAY1
          RET
          END
```

在 PROTEUS 环境下,确保本电路连线无误以及进行程序输入和汇编后运行。若读者按下 FOR 键,则能看到步进电机按顺时针方向正转;若改用按下 REV 键,则电机反转;若按下 STOP 键,则步进电机就能停转。

# 10.4 单片机应用系统的抗干扰设计

随着单片机在工业控制领域中的广泛应用,单片机的抗干扰问题越来越突出。工业环境通常比较恶劣,恶劣的环境必然会给单片机控制系统带来各种干扰,以致系统不能正常工作。

这些干扰通常可分为噪声干扰、电磁干扰、电源干扰和过程通道干扰等。要抑制和消除这些干扰对单片机控制系统的影响,设计者必须从硬件和软件两方面努力,才能提高系统抗击这些干扰的能力,从而确保系统能在恶劣环境下可靠地工作。因此,单片机的抗干扰设计通常可分为硬件抗干扰设计和软件抗干扰设计两部分。

## 10.4.1 单片机应用系统的硬件抗干扰设计

单片机应用系统的硬件抗干扰设计是整个系统抗干扰设计的主体。硬件抗干扰设计是软件抗干扰设计的基础,因为抗干扰软件及其重要数据都是以固件形式存放在 ROM 中的,没有硬件电路的可靠工作,最好的抗干扰软件也没有用武之地。

单片机应用系统的硬件抗干扰问题,有些已在前面章节中介绍过。为了加深理解和系统化,现分供电系统的抗干扰设计、长线传输中的抗干扰设计、印刷电路板的抗干扰设计和地线系统的抗干扰设计 4 个方面加以介绍。

**1. 供电系统的抗干扰设计**

供电系统给单片机应用系统带来种种电源干扰,危害十分严重。这类干扰通常有过压、欠压、浪涌、下陷和降出、尖峰电压和射频干扰等。供电系统的过压和欠压是一种缓慢的变化电压,但幅度超过±30%的过压和欠压会使系统不能正常工作,甚至烧毁部件或主机;浪涌和下陷是电压的快速变化引起的,但幅度过大也会烧毁系统,虽然±10%～±15%范围内的变化不会造成系统损坏,但连续的浪涌和下陷也会造成电源电压的振荡,以致系统无法正常工作;供电系统中的尖峰电压持续时间短,一般不会损坏系统,但 1000V 以上的尖峰电压也会使系统出错,甚至会破坏源程序,使系统控制失灵。

为抑制和消除上述电源干扰,单片机应用系统的抗干扰设计应从多方面加以考虑,但主要体现在以下两个方面。

一是电源的抗干扰设计。为了有效地抑制电源干扰,单片机控制系统的供电系统通常采用图 10-50 所示的典型结构。

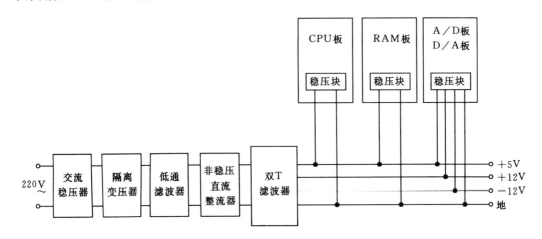

图 10-50　单片机控制系统的典型抗干扰供电系统

在图 10-50 中,交流稳压器主要用于抑制电网电源的过压和欠压,防止它们窜入单片机应用系统。隔离变压器是一种初级和次级绕组之间采用屏蔽层隔离的变压器,其初级和次级绕组之间的分布电容甚小,可以有效地抑制高频干扰的耦合。低通滤波可以滤去高次谐波,只让 50Hz 的市电基波通过,以改善电源电压的输入波形。

双 T 滤波器位于电源的整流电路之后,可以消除 50Hz 的工频干扰。现结合图 10-51来说明它的滤波原理。

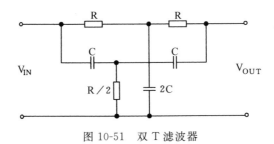

图 10-51　双 T 滤波器

图中,电路的传输函数为

$$H(j\omega) = \frac{V_{OUT}}{V_{IN}} = \frac{1-(\omega RC)^2}{1-\omega R^2 C - j4\omega RC} \tag{10-3}$$

若取 $\omega_0 = \dfrac{1}{RC}$,则当　$\omega = \omega_0 = \dfrac{1}{RC}$ 时,$V_{OUT} = 0$。

若固定电容 C,调节电阻 R,使 $\omega_0 = \dfrac{1}{RC} = 50Hz$,则 50Hz 的输入信号,其输出为 0。这就是说,双 T 滤波器可以很好地滤除 50Hz 的工频干扰。

在图 10-50 中,每个功能模块都有一个稳压块。每个稳压块都由一个三端稳压集成块(如 7805、7905、7812 和 7912)、二极管和电容等组成(见图 10-52),并具有独立的电压过载保护功能。这种采用稳压块分散供电的方法也是单片机应用系统抗电源干扰设计中常常采用的一种方法。这不仅不会因某个电源故障而使整个系统停止工作,而且有利于电源散热和减少公共电源间的相互耦合,从而可以大大提高系统的可靠性。

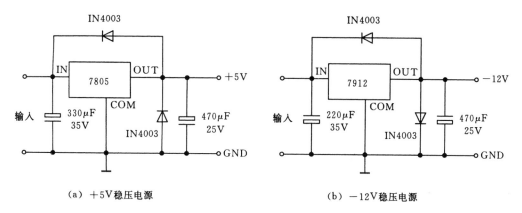

（a）+5V稳压电源 　　　　　　　　　　　（b）−12V稳压电源

图 10-52　三端稳压集成块组成的稳压块

设计者在配置供电系统时可根据需要选用高抗干扰电源和干扰抑制器。例如,采用频域均衡原理制成的干扰抑制器可抗击电网的瞬变干扰;带反激变换器的开关电源可通过变换器的储能作用在反激时抑制干扰信号,故它也是一种高抗干扰性电源。

二是掉电保护电路的设计。在单片机应用(控制)系统中,短时间停电所造成的故障可通过配置不间断电源 UPS 来避免。对于频繁的掉电,即使有 UPS 也会造成 SRAM 中的数据丢失。为了保证 SRAM 中的数据不在掉电时丢失,采用掉电保护电路是一个绝妙的方法。

对于采用+5V 供电的单片机应用系统,如果能确保电源电压在 4.75V 以下时保持 SRAM 片选端 $\overline{CS}$ 为高电平,那么 SRAM 中的数据就不会因机内振荡而受到破坏。

(1) CMOS 型 SRAM 的简单掉电保护电路。在一些不太重要的场合,也可采用图 10-53 所示简单的 SRAM 掉电保护电路。

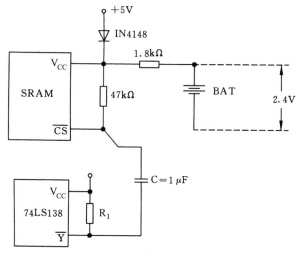

图 10-53　简单的 SRAM 掉电保护电路

在图 10-53 中,SRAM 的 $\overline{\text{CS}}$ 端由 +5V 电源和后备电源 BAT 交叉供电。在电源正常供电时,CPU 可以通过 74LS138 译码器输出端 $\overline{\text{Y}}$ 上的电容 C 对 SRAM 的片选端 $\overline{\text{CS}}$ 正常选通。在电源切换期间,$\overline{\text{CS}}$ 端因有后备电源 BAT 而能保持高电平,从而确保了 SRAM 中的数据不被丢失,但电路仍不能禁止 CPU 对 SRAM 的访问。

(2) SRAM 和日历时钟的掉电保护电路。在单片机控制系统中,采用日历时钟芯片的系统越来越多。日历时钟芯片内的各种计时数据同样需要在电源掉电时加以保护,保护方法和 SRAM 的相同。

为了克服简单的 SRAM 掉电保护电路的缺点,即不仅能在掉电期间保持 SRAM 和日历时钟的 $\overline{\text{CS}}$ 为高电平,同时也能禁止在此期间对它们的访问,通常可采用一种由 4 个晶体管构成的复杂掉电保护电路。有关这类掉电保护电路的详细内容,请读者参阅有关资料。

**2. 长线传输中的抗干扰设计**

在单片机控制系统中,过程通道是指信息的传输通道,包括单片机的前向和后向通道以及单片机和单片机间的信息传输路径。信息在过程通道中所受到的干扰称为"过程通道干扰"。在过程通道干扰中,长线传输所引起的干扰是主要的。

长线和短线是相对的,其线路长度随着信号传输频率的增加而减小。对于 50Hz 的低频传输信号,几十千米长的线路也不能算是长线。对于 1MHz 的传输信号,传输线路大于 0.5m 时就应作为长线处理,10MHz 传输频率的导线长度大于 0.2m 时也应视作长线。

在单片机应用系统中,信息是作为脉冲信号在线路上传输的,由于传输线上分布电容、分布电感和漏电阻的影响,信息在传输过程中必然会出现延时、畸变和衰减,甚至会受到来自通道的干扰。为了确保信息在长线传输过程中的可靠性,长线传输的抗干扰设计至关重要。长线传输中的抗干扰问题主要从以下三方面考虑。

(1) 长线传输中的光电隔离。在长线信号传输中,采用光电隔离器是一种常用的抗干扰设计方法。光电隔离器有两个作用:一是作为干扰信号隔离器,用于隔离被控对象通过前向和后向通道对单片机造成的危害;二是作为驱动隔离器,用于驱动长线传输中的信号并抑制各种过程通道干扰。

作为隔离驱动用的光电耦合器目前有两种形式,如图 10-54 所示。达林顿输出光电耦合器可直接用于驱动低频负载,可控硅输出光电耦合器输出采用光控晶闸管,常用于交流大功率的隔离驱动。

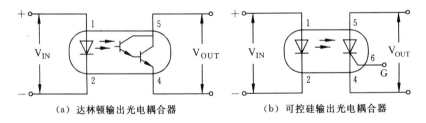

(a) 达林顿输出光电耦合器          (b) 可控硅输出光电耦合器

图 10-54  作为隔离驱动用的光电耦合器

光电耦合器具有输入阻抗小以及输入回路和输出回路间分布电容小等特点,输入回路中的发光二极管靠足够的电流发光,尖峰干扰还不足以使发光二极管发光,这就能有效地抑制各种噪声干扰。采用 6N138/6N139 的长线驱动电路如图 10-55 所示。

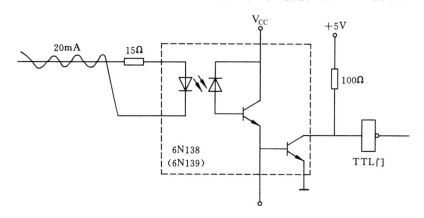

图 10-55　采用 6N138/6N139 的长线驱动电路

在图 10-55 中,6N138/6N139 是 HP 公司的达林顿输出光电耦合器,输入回路采用 20mA 双绞线电流环,输出经 TTL 门进行电平调整。

在传输线较长且现场干扰也很强时,为了保证信息传输的可靠性,也可以采用光电耦合器将长线完全"浮置"起来,如图 10-56 所示。这种长线"浮置"不仅省掉了长线两端的公共地线,消除了流经公共地线的电流产生的噪声电压,而且解决了长线的驱动和阻抗匹配问题,并能防止受控设备短路时系统受到损坏。

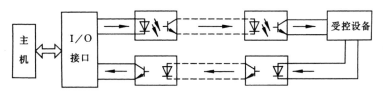

图 10-56　"浮置"结构

(2) 长线传输中的阻抗匹配。长线的分布参数包括寄生电容和分布电感。如果把某传输线分成许多单位长度,每单位长度的电感和电容分别用 $L_0$ 和 $C_0$ 表示。由于长线传输中的信号是以电流和电压波的形式传播的,因此可以用图 10-57 的等效电路来分析长线传输中的信号特性。

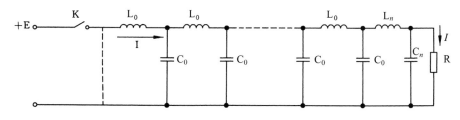

图 10-57　长线传输中的等效电路

图 10-57 中,若设开关 K 闭合 $t$ 时间后,电压波和电流波向终端传输的距离为 $X$,则以下等式一定成立:

$$XC_0 E = tI \qquad (10\text{-}4)$$

$$XL_0 I = tE \qquad (10\text{-}5)$$

式(10-4)中,$XC_0 E$ 为 $X$ 距离上总电容 $XC_0$ 所充电荷量,$tI$ 为幅度为 $I$ 的电流在 $t$ 时间内所传递的电荷量。式(10-5)中,$XL_0 I$ 为电流 $I$ 在总电感 $XL_0$ 上所产生的感应电势,$tE$ 为 $t$ 时间内电源提供的电动势。

将式(10-4)和式(10-5)两式相除,消去 $t$ 后得到

$$\frac{E}{I} = \sqrt{\frac{L_0}{C_0}} \quad 即 \quad R_p = \sqrt{\frac{L_0}{C_0}} \qquad (10\text{-}6)$$

式中,$R_p$ 称为波阻抗,反映了电压波和电流波之间的数量关系。

为了对长线传输中的阻抗匹配进行分析,现假设传输线终端接电阻负载,最后一级电容为 $C_n$(如图 10-57 所示)。一旦 $C_n$ 上建立稳定电压,传输线中电流 $I$ 就会全部流入 $R$。

当 $R = R_p$ 时,电流 $I$ 在传输线上建立的电压 $IR_p$ 和电流 $I$ 在 $R$ 上产生的压降 $IR$ 就相等,电流 $I$ 全部流入负载。此时,负载电阻和传输线是匹配的,不会出现电流或电压波的反射现象。

当 $R \neq R_p$ 时,长线上就会产生反射波。若设 $V_r$ 和 $V_f$ 分别为入射电压波波幅和反射电压波波幅,$I_r$ 和 $I_f$ 分别为入射电流波波幅和反射电流波波幅,则如下关系必然满足。

$$V_r = I_r R_p \qquad (10\text{-}7)$$

$$V_f = I_f R_p \qquad (10\text{-}8)$$

根据欧姆定律,负载 $R$ 上电压和电流的关系为

$$V_r + V_f = (I_r - I_f)R \qquad (10\text{-}9)$$

将式(10-7)和式(10-8)代入式(10-9),整理后得到

$$\frac{V_f}{V_r} = \frac{R - R_p}{R + R_p}$$

若令 $r = V_f / V_r$,则有

$$r = \frac{R - R_p}{R + R_p} \qquad (10\text{-}10)$$

式中,$r$ 称为电压的反射系数,定义为反射波与入射波之比。

若 $R < R_p$,则 $r < 0$,部分入射波被反射波抵消;若 $R > R_p$,则 $r > 0$,反射波增强了入射波。由于 $|r| < 1$,反射波幅度总是一次比一次小,当反射波幅度和信号波相比可以忽略时,长线传输达到稳定。因此,要避免长线传输中因反射而引起信号的失真就必须使负载阻抗 $R$ 同传输线的波阻抗 $R_p$ 相等,即阻抗匹配。当然,长线传输中的阻抗匹配也可发生在长线的始端。

长线传输中的波阻抗 $R_p$ 可利用示波器测定,其方法如图 10-58 所示。调节电阻 $R$,使监测 M1 输出端的示波器显示波形达到最小的畸变,此时的 $R$ 值便可视为线路的波阻抗 $R_p$。

长线传输中阻抗匹配的方法有 4 种,如图 10-59 所示。

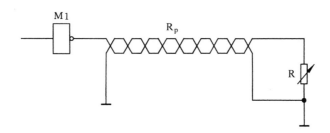

图 10-58　传输线波阻抗的测试

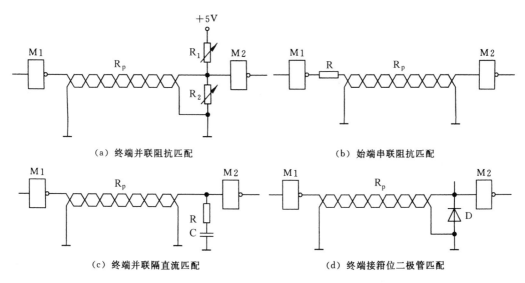

（a）终端并联阻抗匹配　　　　　　　　（b）始端串联阻抗匹配

（c）终端并联隔直流匹配　　　　　　　（d）终端接箝位二极管匹配

图 10-59　长线传输中阻抗匹配的方法

① 终端并联阻抗匹配。电路如图 10-59（a）所示，但波阻抗应满足 $R_p = \dfrac{R_1 R_2}{R_1 + R_2}$ 的关系。通常，$R_1$ 的取值为 220～330Ω，$R_2$ 的取值为 270～390Ω。这种方法的缺点是终端阻值低，高电平有所下降，因而降低了高电平的抗干扰能力。

② 始端串联阻抗匹配。电路如图 10-59（b）所示，始端电阻的取值为 $R = R_p - R_{SOL}$。式中，$R_{SOL}$ 为 M1 输出为低电平时的输出阻抗，约为 20Ω。这种方法的优点是可以基本消除 M1 输出端和传输线终端的反射干扰，但由于电流流过 R 产生压降，使终端波形的低电平略有抬高，从而降低了对低电平的抗干扰能力。

③ 终端并联隔直流匹配。在图 10-59（c）中，电容 C 只起隔直流作用，不影响阻抗匹配，R 的取值为 $R_p$。这种方法不会引起输出高电平的降低，可以确保高电平的抗干扰能力。通常，隔直流电容应满足以下关系。

$$C \geqslant \frac{10T}{R_{SOL} + R} = \frac{10T}{R_{SOL} + R_p} \tag{10-11}$$

式（10-11）中，$T$ 为传输信号的脉宽，$R_{SOL}$ 为 M1 低电平输出阻抗，约为 20Ω。

④ 终端箝位二极管匹配。在图 10-59（d）中，二极管 D 可以把 M2 输入低电平箝位在

0.3V 以下。箝位二极管 D 既可以使 M2 输入端的负偏压不致过大,又可以吸收电流反射波,从而提高了传输线的动态抗干扰能力。

(3) 双绞线传输。在长线传输中,同轴电缆和双绞线是两种常用的传输线。同轴电缆用于传输高频信号,是严格按照 $50\Omega$ 或 $75\Omega$ 波阻抗产生的;双绞线的波阻抗较高,通常为 $150\Omega$,故它的抗共模噪声能力强,并且体积小、柔软,广泛用于单片机应用系统中。

双绞线传输信号比较简单,能很好地抗击电磁干扰,但双绞线的接地和传输距离有一定要求。传输距离不同,双绞线的使用方法也不一样,限于篇幅,就不再展开了。

在单片机应用系统中,利用双绞线的传输优势及光电耦合器的隔离作用可以获得满意的抗干扰效果。图 10-60 示出了几种实用电路。

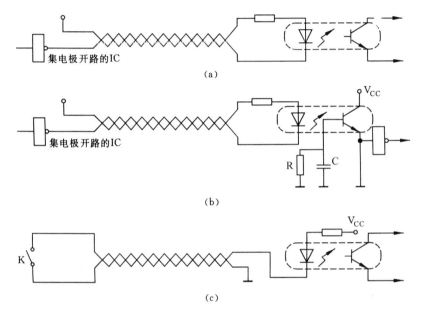

图 10-60  双绞线与光电耦合器的配合使用

在图 10-60(b)中,光敏三极管的引出基极接有并联 RC 电路,R 的取值为 $10\sim20\mathrm{M}\Omega$,C 的取值为 $10^{-5}\sim0.1\mu\mathrm{F}$;光敏三极管的集电极插入施密特门电路。因此,该电路抗击振荡和噪声干扰的能力更强些。

**3. 印刷电路板的抗干扰设计**

在单片机应用系统中,印刷电路板是电源线、信号线和元器件的高度集合体,它们在电气上会相互影响。因此,印刷电路板的设计必须符合抗干扰原则,以抑制大部分干扰,对软硬件的调试也极为重要。通常,设计印刷电路板时应遵循以下几个抗干扰原则。

(1) 电源线布置原则。在印刷电路板上,电源线的布线方法应注意三点:一是要根据电流大小,尽量加宽导线;二是电源线和地线的走向应同数据线的传递方向一致;三是印刷电路板的电源输入端应接去耦电容。稳压电源最好单独做在一块电路板上。

(2) 地线布置原则。通常,印刷电路板上的地线有数字地和模拟地两类。数字地是高速数字电路的地线,模拟地是模拟电路的地线。

数字地和模拟地的布置也应遵循三条原则:一是数字地和模拟地要分开走线,并分别和各自的电源地线相连;二是地线要加粗,至少要加粗到允许通过电流的三倍以上;三是接地线应注意构成闭合回路,以减小地线上的电位差,提高系统的抗干扰能力。

(3)信号线的分类走线。通常,印刷电路板上走线类型较多,如功率线、交流线、电位脉冲线、驱动线和信号线等。为了减小各类线间的相互干扰,功率线和交流线要同信号线分开布置;驱动线也要同信号线分开走线。

(4)去耦电容的配置。为了提高系统的综合抗干扰能力,印刷电路板上各关键部位都应配置去耦电容。需要配置去耦电容的部位有:电路板的电源进线端;每块集成电路芯片的电源引脚($V_{CC}$)到地(GND);单片机的复位端(RESET)到地。

(5)印刷电路板尺寸和元器件布置。印刷电路板尺寸要适中:尺寸过大,导线加长,抗干扰能力就会下降;尺寸过小,相邻导线以及元器件间距离都会变小,干扰也会增加。器件布置时应考虑器件类型和功能,应尽量使高频器件同低频器件分开集中布置,小电流电路和大电流电路都要远离逻辑电路。

各类印刷电路板在机箱中的位置和方向应合理布置,应注意把发热量大的印刷电路板布置在上方的通风处。

**4. 地线系统的抗干扰设计**

地线系统的设计,对系统的抗干扰性能影响极大。设计得好,可以抗干扰;设计不好,则会引起干扰。在单片机应用系统中,地线系统主要包括前述的数字地和模拟地以及保护地(大地)和屏蔽地(机壳)。

(1)正确接地的方法。正确接地对抑制系统干扰至关重要,应注意以下两点。

① 所有的逻辑地应连在一起。

② 逻辑地只能在信号源一侧或负载一侧同保护地(大地)单点相连,但通常放在信号源一侧,如图10-61(a)所示。

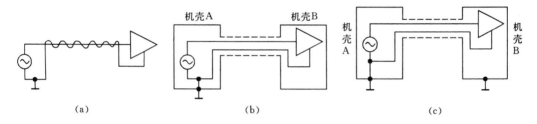

(a) (b) (c)

图 10-61 正确的接地和屏蔽方法

如果逻辑地和保护地有多点相连就会形成地回路,由于地回路的电阻很小,因此很小的干扰电压也会引起很大的回路电流。这个电流在地线上形成的地线噪声很容易窜入信号回路,而且过大的回路电流也会烧毁逻辑地的连线。

(2)正确屏蔽的方法。正确屏蔽可以有效地抑制电磁干扰,屏蔽时有三点值得注意。

① 屏蔽地一定要和逻辑地相连,以消除通过屏蔽的反馈回路。

② 当信号频率较低时,屏蔽地可以在信号源一侧或负载一侧同逻辑地单点相连,并在相连处再和保护地单点相连,如图10-61(b)所示。这是因为布线和元器件间的电感在

信号频率较低时太小,产生的干扰也小,而多点接地形成的环路电流较大,产生的干扰是主要的。不过,地线长度不应超过波长的 1/20。

③ 当信号频率高于 10MHz 时,屏蔽地应和保护地进行多点相连(见图 10-61(c))。因为在信号频率大于 10MHz 时,地线阻抗很大,环路电路引起的干扰不是主要的,故应采用多点接地来降低地线阻抗。

单片机应用系统实施正确接地和正确屏蔽以后,信息安全传送的最大距离也只能是 20m,20m 以上的信息传输应采用平衡传输。

(3)平衡传输与接地。在单片机应用系统中,如果系统的两个机箱物理位置很远,单点接地就很困难。因此,远距离传输通常采用光纤传输、光电耦合传输和平衡传输等方法。光纤传输的成本昂贵,光电耦合传输前面已进行过介绍,现就平衡传输的原理进行介绍。

平衡传输的始端要有平衡驱动器,终端要有平衡接收器。平衡驱动器为差分输出,平衡接收器为差分输入,而且输入阻抗很高。平衡传输的原理如图 10-62 所示。

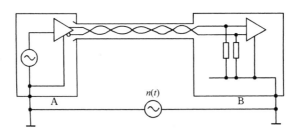

图 10-62　双绞线平衡传输

由图 10-62 可见,平衡传输的始端和终端的屏蔽地是分别和逻辑地相连的,然后分别再和保护地相接。如果始端和终端的逻辑地和机箱之间分别加接 100Ω 电阻,还可减小接地回路的环流。驱动器和接收器间的导线如果不用屏蔽线,则必须采用双绞线。

由于平衡传输的两端分别接地,两点间必定存在图中所示的地线噪声 $n(t)$。若设传输信号为 $s(t)$,则接收器两个输入端对地的信号分别为 $s(t)+n(t)$ 和 $-s(t)+n(t)$。由于接收器采用差分输入,故接收器实际的输入信号为

$$s(t)+n(t)-(-s(t)+n(t))=2s(t) \tag{10-12}$$

因此,虽然平衡传输在始端和终端都接了地,但仍能有效地抑制共模干扰。

## 10.4.2　单片机应用系统的软件抗干扰设计

单片机应用系统的抗干扰性能主要取决于硬件的抗干扰设计,软件抗干扰只是硬件抗干扰的补充和完善,但也十分重要。因为系统在噪声环境下运行时,大量的干扰常常并不损坏硬件系统,却会使系统无法正常工作。通常,硬件抗干扰完善的系统,在干扰侵害下出现的故障有以下几种。

(1)单片机在数据采集中,如果前向通道受到干扰就会使数据采集的误差加大。

(2)有些干扰会使 RAM 中的数据受到破坏,从而导致单片机后向通道中执行机构的误动作,引起控制失灵。

（3）当强干扰改变了单片机中的 PC 值时，程序运行就会失常。

针对上述故障现象，在软件编程时，采用数字滤波、RAM 数据冗余和软件陷阱等方法，就可取得较为满意的抗干扰效果。

由于软件抗干扰方法较多且程序较长，本书为节约篇幅，仅从以下三方面对软件抗干扰设计进行简要介绍。

**1. 数据采集中的软件抗干扰**

在许多工业控制场合，单片机都要采集被监控对象的各种参数。由于工业环境恶劣和被测参数的信号微弱，尽管单片机前向系统中采用了种种硬件抗干扰措施，但有时还会受到干扰侵害。因此，系统设计者常常辅之以各种抗干扰软件，采用软硬件结合的抗干扰措施，常常会收到很好的效果。

这里，首先介绍几种常用的数字滤波程序，然后介绍零点误差和零点漂移的软件抗干扰原理。

（1）超值滤波法。数字滤波的方法较多，常用的有算术平均值法、超值滤波法、中值法、比较取舍法、竞赛评分法、取极值法、滑动算术平均值法和一阶低通滤波法等。超值滤波法又称为"程序判断滤波法"，现对它介绍如下。

程序判断滤波需要根据经验来确定一个最大偏差（限额）值 $\Delta X$，若单片机对输入信号相邻两次采样的差值小于等于 $\Delta X$，则本次采样值视为有效，并加以保存；若两次采样的差值大于 $\Delta X$，则本次采样值视为由干扰引起的无效值，并选用上次采样值作为本次采样的替代值。这种滤波程序的关键是如何根据经验选取限额值（允许误差）$\Delta X$。若 $\Delta X$ 太大，则各种干扰会"乘虚而入"，系统误差增大；若 $\Delta X$ 太小，则又会使一些有用信号被"拒之门外"，使采样精度降低。例如，在大型回火炉里，炉内工件的温度是不可能在 1s 内变化近 10℃ 的。但若把 $\Delta X$ 选为 99℃ 和相邻两次采样时间定为 1s，则任何使炉膛温度变化 99℃ 的干扰信号都会被滤波程序所接受，这是不能容忍的。

为了加快程序判断速度，可以把根据经验确定的允许误差 $\Delta X$ 取反后编入程序，以便它可以和实际采样差值相加来替代减法运算，这点可以从例 10.4 中见到。

**［例 10.4］** 在某单片机温度检测系统中，设相邻两次采样的最大允许误差 $\Delta X=02H$，试编出它的超值滤波程序。

**解**：设 30H 用来存放上次采样值，31H 中存放本次采样值。

① 程序流程图。程序应先求出本次采样对上次采样的差值。若差值为正，则直接进行超限判断；若差值为负，则求绝对值后再进行超限判断。超限判断采用加法进行，即采用差值＋FD（02H 的反码）。若有进位，则超限；若无进位，则未超限。相应程序流程如图 10-63

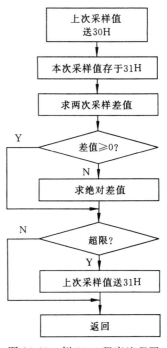

图 10-63　例 10.4 程序流程图

所示。

② 本程序清单如下：

```
        ORG    0500H
FILT1：  MOV    30H,31H      ;目前有效值送 30H
        ACALL  LOAD         ;本次采样值存入 A
        MOV    31H,A        ;暂存于 31H
        CLR    C
        SUBB   A,30H        ;求两次采样差值
        JNC    FILT11       ;若差值为正,则转 FILT11
        CPL    A            ;若差值为负,则求绝对值
        INC    A
FILT11： ADD    A,#0FDH      ;判断是否超限
        JNC    FILT12       ;若不超限,则本次采样有效
        MOV    31H,30H      ;若超限,则上次采样值送 31H
FILT12： RET
LOAD：                      ;采样子程序
        ⋮
        END
```

单片机在对温度、湿度和液位一类缓慢变化的物理参数进行采样时,本算法能很好地满足其抗干扰要求。

(2) 算术平均值滤波法。算术平均值滤波是一种取几个采样数据 $X_i(i=1\sim n)$ 的平均值作为输入信号实际值的一种滤波方法,即

$$Y = \frac{1}{n}\sum_{i=1}^{n}X_i \tag{10-13}$$

式中,$Y$ 为 $n$ 个采样值的算术平均值;$X_i$ 为第 $i$ 次采样值;$n$ 为采样次数。

本算法适用于抑制随机干扰。采样次数 $n$ 越大,平滑效果越好,但系统灵敏度会下降。为便于求算术平均值,$n$ 通常取 2 的整数次幂,即 4、8、16 等。

[例 10.5] 设 8 次采样值依次存放在 30H～37H 的连续单元中,请编写它的算术平均值滤波程序。

**解**：本程序清单如下：

```
        ORG    0600H
FILT3：  CLR    A              ;清累加器 A
        MOV    R2,A
        MOV    R3,A
        MOV    R0,#30H         ;R0 指向采样缓冲区起始地址
FILT30： MOV    A,@R0           ;取第 1 个采样值
        ADD    A,R3            ;累加到 R2R3 中
        MOV    R3,A
        CLR    A
        ADDC   A,R2
        MOV    R2,A
```

• 462 •

```
        INC    R0
        CJNE   R0,♯38H,FILT30        ;若未完,则转 FILT30
FILT31：SWAP   A                     ;R2R3/8(先除 16,A＝R2)
        RL     A                     ;乘 2
        XCH    A,R3                  ;R3→A
        SWAP   A
        RL     A
        ADD    A,♯80H               ;四舍五入
        ANL    A,♯0FH
        ADDC   A,R3                  ;结果在 A 中
        RET
```

（3）比较舍去法。比较舍去法可以从每个采样点的 $n$ 个连续采样数据中,按确定的舍去方法来剔除偏差数据。

[例 10.6]   在某数据采集系统中,设某个采样点的三次连续采样值分别存放在 R1、R2 和 R3 中,请编写"采三取二"法剔除偏差数据的抗干扰程序。

解："采三取二"法是指从某点的三次连续采样数据中取出两个相同数据中的一个作为该点的实际采样数据,如果三个采样值互不相同,则设置出错标志 R0＝0,提示重新对该点进行采样。

本程序清单如下：

```
        ORG    0700H
BS：    PUSH   ACC                  ;保护现场
        PUSH   PSW
        MOV    A,R1
        SUBB   A,R2                 ;R1＝R2?
        JZ     LP0                  ;若相等,则转 LP0
        MOV    A,R1
        SUBB   A,R3                 ;R1＝R3?
        JZ     LP0                  ;若相等,则转 LP0
        MOV    A,R2
        SUBB   A,R3                 ;R2＝R3?
        JZ     LP1                  ;若相等,则转 LP1
        MOV    R0,♯00H              ;若不相等,则 R0←0
END1：  POP    PSW                  ;恢复现场
        POP    ACC
        RET
LP0：   MOV    A,R1
        MOV    R0,A
        SJMP   END1
LP1：   MOV    A,R2
        MOV    R0,A
        SJMP   END1
        END
```

（4）零点误差及零点漂移的软件补偿。在数据采集系统和测控系统中，前向通道中的模拟电路一般都存在零点误差。这固然可以通过硬件调零电路使零点误差消除在放大器输出端，但零点误差发生变化时必须重新加以调整。采用零点误差补偿程序可以使零点误差的修正自动完成，避免了用户在每次开机前都要进行一次调零。

零点误差补偿程序的原理如图 10-64 所示。图中，当 SK 接地时，经过测量放大电路、A/D 和接口电路送到单片机的非零数据就是零点误差。

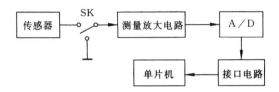

图 10-64　零点误差补偿程序的原理图

单片机工作时先使 SK 接地，并把获取的零点误差保存起来，然后再把每次采集的数据与零点误差的差值作为有效采样值，这就消除了零点误差。

零点漂移是传感器和测量电路等在环境改变时引起零位输出的动态变化。受温度影响而引起的零位动态变化称为温漂，随时间延伸而引起的零位动态变化称为时漂，二者统称为零漂。零漂的硬件补偿电路复杂，采用软件补偿比较容易。

在零点漂移的软件补偿中，可以让几路模拟输入中的一路接地，其余路和各传感器相连。单片机工作时可以周期性地从接地一路模拟量通路中获取零位补偿值，然后再对其他各路的采样值进行动态误差补偿。

**2. 控制失灵的软件抗干扰**

在单片机应用系统中，引起控制失灵的原因通常有两个：一是 RAM 中的数据因受到干扰而被破坏，引起控制失灵；二是由于后向通道受到干扰而使输出口状态发生变化，引起控制失灵。针对上述两种原因，软件抗击控制失灵的方法也有两种：一种是 RAM 数据冗余；另一种是软件冗余。

（1）RAM 数据冗余。RAM 数据冗余用于保护 RAM 中的原始数据、工作变量和计算结果等不因干扰而被破坏，其方法是把同一数据分别存放在 RAM 中的不同空间。这样，当程序一旦发现原始数据块被破坏时就可以使用备份数据块。因此，RAM 数据冗余实际上是一种备份冗余，备份数据和原始数据的存放空间应保持一定距离，或者存放在两种不同的 RAM 中，以保证它们不会被同时破坏。

在把原始数据和备份数据写入 RAM 中两个不同空间的同时，采用某种算法对原始数据进行处理，并把处理结果作为标志保存到某个指定单元。这样，在读出数据时就可按同样方法对原始数据进行处理，并把处理结果和上述指定单元中的标志比较，如果比较相同就采用原始数据，如果比较不同就改用备份数据。如有必要，也可用备份数据对原始数据进行恢复。

按照对原始数据的不同处理方法，RAM 数据冗余通常有奇偶校验法、求和法和比较法三种。

奇偶校验法 RAM 冗余是串行数据通信中常用的一种数据检错方法，其基本做法是先求出每个数据低 7 位的奇偶校验值并把它安放在最高位,然后写入 RAM 中。这样,程序在读出数据时就可先求出读出数据低 7 位的奇偶校验值,并和读出数据的最高位进行比较,比较相同就采用;比较不同就改用备份数据。

比较法 RAM 数据冗余的原理更加简单,只要把每次读出的原始数据和备份数据进行比较,相符时就作为正确数据使用,不同时就改用备份数据。对于某些重要数据,数据写入时可以多做几个备份(例如两个备份);读出时逐个比较,并把比较相同次数多的视为有效数据。因此,奇偶校验法和比较法其实是针对每个数据的,可以查出具体出错的是哪个数据。

求和法是针对数据块而言的,其方法是先对写入数据块进行求和运算,并把它作为标志存入指定 RAM 单元。程序读出时先对读出数据块进行求和运算,然后把求得的和与上述指定 RAM 单元的和标志进行比较,比较相同则使用,比较不同则改用备份数据块。

[例 10.7] 已知某数据块已存放在 R0 为指针的外部 RAM 中,块长 $N(<100)$ 在 R2 中,备份数据块指针在 R1 中。试编写求和法的 RAM 冗余写入子程序。

**解:** 设和标志只取和数的低 8 位,并应存入原始数据块和备份数据块的尾部。

本程序清单如下:

```
        ORG   0900H
        MOV   R3,#00H      ;和数低 8 位清零
AAA：   MOVX  A,@R0         ;备份数据
        MOV   @R1,A
        CLR   C
        ADD   A,R3          ;求和数低 8 位
        MOV   R3,A          ;存入 R3
        INC   R0
        INC   R1
        DJNZ  R2,AAA        ;若未完,则转 AAA
        MOV   A,R3
        MOVX  @R0,A         ;存和数低 8 位
        MOVX  @R1,A         ;存和数低 8 位
        RET
        END
```

对于求和法 RAM 冗余的读出子程序,请读者自己编写。

(2) 软件冗余。在单片机应用系统中,后向通道中的输出口常常控制着执行装置工作。例如,继电器的吸合和断开、电动机的启停以及电磁铁的通断等都是由输出口控制的。但是,如果输出程序是一次性的,输出指令只能被单片机执行一次,那么工业环境的恶劣和执行装置本身的干扰常常会改变输出口的状态,以致执行装置产生误动作。为了避免上述情况发生,就需要在输出程序中采用软件冗余。

由于执行部件常常是机电型的慢进部件,具有较大惯性,不会因为输出口状态的瞬间变化而立即改变部件的运行状况。为此,可以把输出程序设计成可以循环执行输出指令

的冗余软件。只要冗余软件在执行,任何因干扰引起的输出口状态变化都可以通过输出指令被重复执行而改正,执行部件也就不会误操作了。

现结合图 10-65 所示电机控制系统加以介绍。

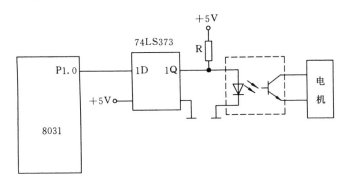

图 10-65　电机控制系统

图 10-65 中,8031 是通过 P1.0 控制电机启停的。8031 在执行完 SETB P1.0 指令后电机就开始启动,若此时的 P1.0 因干扰而变成低电平 0 状态,则刚开始启动的电机又会停止转动,这是不能容忍的。

为了克服上述干扰而引起的输出口 P1.0 的变化,可以用下述冗余程序来替代单一的输出指令 SETB P1.0。

```
            ⋮
            MOV R2,♯a
    LOOP：SETB P1.0
            ⋮
            DJNZ R2,LOOP
            ⋮
```

其中,$a$ 为循环次数,可由电机工作时间的长短来设置,循环一次的时间可根据电机运行惯性确定。

**3. 程序运行失常的软件抗干扰**

在单片机应用系统中,各种干扰源常常使指令的地址码和操作码发生改变,单片机中程序计数器 PC 就会把操作数也当作指令执行,或者 PC 值指向了非程序区,程序的运行最终导致单片机进入死循环。为了确保单片机从死循环中恢复到正常运行,通常可以采用软件陷阱或监视定时器(WDT)的方法。有关监视定时器的工作原理及其对程序运行失常的作用已在前面有关章节中详细讨论过,恕不赘述。软件陷阱其实是对"跑飞"程序的一种俘获,失常程序一旦进入"陷阱"就会被强迫回到单片机的复位状态,以重新开始程序的正常执行。

在 MCS-51 系列单片机中,长转移指令 LJMP 0000H 的指令码为 02 00 00H(3 字节);空操作指令 NOP 的指令码为 00H。如果在程序存储器的所有空白单元布满02 00 00 02 00 00…指令码,那么一旦失常的 CPU 进入这些"陷阱",单片机就会因执行某一条 LJMP 0000H 指令而自动返回 0000H 地址处执行,单片机也就会从死循环中恢复过来。

　　因此,用软件陷阱复位系统的方法比较简单,但复位系统的成功率和空白程序存储区的大小有关。空白区越大,陷阱就越多,俘获率越大,抗干扰能力也越强。

# 习题与思考题

　　**10.1**　什么叫总线? 总线常可分成哪三类? 各有什么特点?

　　**10.2**　使用总线有什么好处? 板级总线和通信总线有什么区别?

　　**10.3**　STD 总线适合在什么场合下应用? STD 总线中 $\overline{BUSRQ}$ 和 $\overline{BUSAK}$ 的作用是什么? $\overline{WAITRQ}$ 线的作用又是什么?

　　**10.4**　STD 总线中用于扩展外部存储器模块板和外部 I/O 接口模块板的引脚线是哪两条? 作用是什么?

　　**10.5**　STD 总线能解决模块板对总线的竞争问题吗? 为什么?

　　**10.6**　RS-232 总线的信号电平是多少? TTL 的信号电平是多少?

　　**10.7**　RTS 和 CTS 这对控制线同 DTR 和 DSR 这对线的功能有何不同? 在什么情况下这两对线都需要使用?

　　**10.8**　RS-232 有哪 5 种专用电缆? 各适合在什么场合下使用?

　　**10.9**　RS-232 总线目的点信号落入不确定区意味着什么? 会是什么原因造成的? 如何解决?

　　**10.10**　为什么 RS-423 比 RS-232 的传输距离长? 为什么 RS-422 比 RS-423 的传输距离长?

　　**10.11**　请画出例 10.1 中程序的流程图。

　　**10.12**　单片机应用系统前向通道包括哪些部件? 各部件的作用是什么?

　　**10.13**　传感器的定义是什么? 按被测物理量来分,传感器通常可分为哪几类?

　　**10.14**　模拟信号放大器在单片机应用系统前向通道中的作用是什么? 通常分为哪几类? 特点是什么?

　　**10.15**　霍尔集成传感器 CS839 内部由哪几部分组成? 原理是什么?

　　**10.16**　请根据图 10-20 说明多路开关 CC4051 的工作原理。

　　**10.17**　为什么单片机应用系统前向通道中要使用采样/保持器? 试根据图 10-21(a) 说明其工作原理。

　　**10.18**　单片机应用系统后向通道包括哪些部件? 各部件的作用是什么?

　　**10.19**　DS18B20 有哪两种供电模式? 各有什么优缺点?

　　**10.20**　请根据图 10.26 简述 DS18B20 的测温原理。

　　**10.21**　每片 DS18B20 内部都有一个 64 位的光刻 ROM,其作用是什么?

　　**10.22**　DS18B20 可以配置成哪 4 种测量精度? 测量精度如何设定? 出厂时的 DS18B20 的测量精度为多少?

　　**10.23**　若测量精度为 12 位,则温度采样值的各位如何定义? 被测温度如何计算?

　　**10.24**　在多点测温的单总线网络中,单片机如何对每个 DS18B20 进行温度采样?

12.25 DS18B20 有哪 5 条 ROM 指令? 作用是什么? 各在什么场合下使用?

10.26 DS18B20 有哪 6 条 RAM 指令? 作用是什么? 各在什么场合下使用?

10.27 简述 DS18B20 的初始化过程。

10.28 简述 DS18B20 的写时序过程。

10.29 简述 DS18B20 的读时序过程。

10.30 单片机对 DS18B20 的温度采样值如何进行超限报警?

10.31 在例 10.2 中,请根据 INITDS18B20 程序段画出 DS18B20 的复位程序流程图。

10.32 在例 10.2 中,请根据 READDS18B20 程序段画出 DS18B20 的读时序流程图。

10.33 在例 10.2 中,请根据 WRITEDS18B20 程序段画出 DS18B20 的写时序流程图。

10.34 在例 10.2 中,请根据 READTEMP 程序画出采样值送 TEMPH 和 TEMPL 的流程图。

10.35 在例 10.2 中,请根据 CONVTEMP 程序画出把 TEMPH 和 TEMPL 中采样值变成 BCD 后送 TEMPHC 和 TEMPLC 的流程图。

10.36 在例 10.2 中,请根据 DISPAY 程序画出把 70H～73H 显示缓冲区中字形码送 LED 显示的流程图。

10.37 外围驱动器的特点是什么? 在哪些场合下应用?

10.38 单片机应用系统后向通道中,电平转换器的作用是什么?

10.39 在单片机应用系统中使用电气隔离的目的是什么? 通常有哪两种电气隔离的方法?

10.40 光电耦合器的原理是什么? 根据图 10-47 说明 8031 控制马达工作的原理。

10.41 单片机硬件系统的抗干扰设计包括哪些内容? 单片机软件系统的抗干扰设计包括哪些内容?

10.42 长线传输中的抗干扰方法有哪三种? 各有什么优缺点?

10.43 印刷电路板抗干扰设计包括哪些内容?

10.44 单片机应用系统有了硬件上的抗干扰设计,为什么还需要软件滤波程序?

10.45 简述奇偶校验法 RAM 冗余的基本原理。

10.46 试根据图 10-65 简述软件冗余的抗干扰原理。

10.47 什么叫"软件陷阱"? 作用是什么?

# 附录 A  ASCII 码字符表

ASCII(美国信息交换标准码)字符表如表 A.1 所示。

表 A.1  ASCII(美国信息交换标准码)字符表

| 低　位 | | 高　位 | | | | | | | |
|---|---|---|---|---|---|---|---|---|---|
| | | 0 | 1 | 2 | 3 | 4 | 5 | 6 | 7 |
| | | 000 | 001 | 010 | 011 | 100 | 101 | 110 | 111 |
| 0 | 0000 | NUL | DLE | SP | 0 | @ | P | 、 | p |
| 1 | 0001 | SOH | DC1 | ! | 1 | A | Q | a | q |
| 2 | 0010 | STX | DC2 | " | 2 | B | R | b | r |
| 3 | 0011 | ETX | DC3 | # | 3 | C | S | c | s |
| 4 | 0100 | EOT | DC4 | $ | 4 | D | T | d | t |
| 5 | 0101 | ENQ | NAK | % | 5 | E | U | e | u |
| 6 | 0110 | ACK | SYN | & | 6 | F | V | f | v |
| 7 | 0111 | BEL | ETB | ' | 7 | G | W | g | w |
| 8 | 1000 | BS | CAN | ( | 8 | H | X | h | x |
| 9 | 1001 | HT | EM | ) | 9 | I | Y | i | y |
| A | 1010 | LF | SUB | * | : | J | Z | j | z |
| B | 1011 | VT | ESC | + | ; | K | [ | k | { |
| C | 1100 | FF | FS | , | < | L | \ | l | \| |
| D | 1101 | CR | GS | — | = | M | ] | m | } |
| E | 1110 | SO | RS | · | > | N | ↑ | n | ~ |
| F | 1111 | SI | US | / | ? | O | ← | o | DEL |

表中符号说明:

| | | | |
|---|---|---|---|
| NUL | 空 | DLE | 数据链换码 |
| SOH | 标题开始 | DC1 | 设备控制 1 |
| STX | 正文结束 | DC2 | 设备控制 2 |
| ETX | 本文结束 | DC3 | 设备控制 3 |
| EOT | 传输结束 | DC4 | 设备控制 4 |
| ENQ | 询问 | NAK | 否定 |
| ACK | 承认 | SYN | 空转同步 |
| BEL | 报警符 | ETB | 信息组传送结束 |
| BS | 退一格 | CAN | 作废 |
| HT | 横向制表 | EM | 纸尽 |
| LF | 换行 | SUB | 减 |
| VT | 垂直制表 | ESC | 换码 |
| FF | 走纸控制 | FS | 文字分隔符 |
| CR | 回车 | GS | 组分隔符 |
| SO | 移位输出 | RS | 记录分隔符 |
| SI | 移位输入 | US | 单元分隔符 |
| SP | 空格 | DEL | 删除 |

# 附录 B　图形字符代码表（汉字编码部分）示例图

第二字节

| b7 | b6 | b5 | b4 | b3 | b2 | b1 | 位/区 | 1 | 2 | 3 | 4 | 5 | 6 | 7 | 8 | … | 89 | 90 | 91 | 92 | 93 | 94 |
|---|---|---|---|---|---|---|---|---|---|---|---|---|---|---|---|---|---|---|---|---|---|---|
| 0 | 1 | 0 | 0 | 0 | 0 | 0 | b7 | 0 | 0 | 0 | 0 | 0 | 0 | 0 | 0 | | 1 | 1 | 1 | 1 | 1 | 1 |
| 1 | 1 | 1 | 1 | 1 | 1 | 1 | b6 | 1 | 1 | 1 | 1 | 1 | 1 | 1 | 1 | | 1 | 1 | 1 | 1 | 1 | 1 |
| 0 | 0 | 0 | 0 | 0 | 0 | 0 | b5 | 0 | 0 | 0 | 0 | 0 | 0 | 0 | 0 | | 1 | 1 | 1 | 1 | 1 | 1 |
| 0 | 0 | 0 | 0 | 0 | 0 | 1 | b4 | 0 | 0 | 0 | 0 | 0 | 0 | 0 | 1 | | 1 | 1 | 1 | 1 | 1 | 1 |
| 0 | 0 | 1 | 1 | 1 | 1 | 0 | b3 | 0 | 0 | 0 | 1 | 1 | 1 | 1 | 0 | | 0 | 0 | 0 | 1 | 1 | 1 |
| 0 | 1 | 0 | 0 | 1 | 1 | 0 | b2 | 0 | 1 | 1 | 0 | 0 | 1 | 1 | 0 | | 0 | 1 | 1 | 0 | 0 | 1 |
| 1 | 0 | 1 | 0 | 1 | 0 | 0 | b1 | 1 | 0 | 1 | 0 | 1 | 0 | 1 | 0 | | 1 | 0 | 1 | 0 | 1 | 0 |

第一字节

| b7 | b6 | b5 | b4 | b3 | b2 | b1 | 区 | 1 | 2 | 3 | 4 | 5 | 6 | 7 | 8 | … | 89 | 90 | 91 | 92 | 93 | 94 |
|---|---|---|---|---|---|---|---|---|---|---|---|---|---|---|---|---|---|---|---|---|---|---|
| 0 | 1 | 0 | 0 | 0 | 0 | 1 | 1 | | | | | | | | | | | | | | | |
| | | | | | | | …( | 非 | 汉 | 字 | 图 | 形 | 符 | 号 | ) | … | | | | | | |
| 0 | 1 | 0 | 1 | 1 | 1 | 1 | 15 | | | | | | | | | | | | | | | |
| 0 | 1 | 1 | 0 | 0 | 0 | 0 | 16 | 啊 | 阿 | 埃 | 挨 | 哎 | 唉 | 衰 | 皑 | | 谤 | 苞 | 胞 | 包 | 褒 | 剥 |
| 0 | 1 | 1 | 0 | 0 | 0 | 1 | 17 | 薄 | 雹 | 保 | 堡 | 饱 | 宝 | 抱 | 报 | | 冰 | 柄 | 丙 | 秉 | 饼 | 炳 |
| 0 | 1 | 1 | 0 | 0 | 1 | 0 | 18 | 病 | 并 | 玻 | 菠 | 播 | 拨 | 钵 | 波 | | 铲 | 产 | 阐 | 颤 | 昌 | 猖 |
| 0 | 1 | 1 | 0 | 0 | 1 | 1 | 19 | 场 | 尝 | 常 | 长 | 偿 | 肠 | 厂 | 敞 | | 蹰 | 锄 | 雏 | 滁 | 除 | 楚 |
| 0 | 1 | 1 | 0 | 1 | 0 | 0 | 20 | 础 | 储 | 矗 | 搐 | 触 | 处 | 揣 | 川 | | 殆 | 代 | 贷 | 袋 | 待 | 逮 |
| | | | | | | | … | | ( | 一 | 级 | 汉 | 字 | ) | | … | | | | | | |
| 1 | 0 | 1 | 0 | 1 | 1 | 1 | 55 | 住 | 注 | 祝 | 驻 | 抓 | 爪 | 拽 | 专 | | 座 | ( | 空 | 白 | ) | |
| 1 | 0 | 1 | 1 | 0 | 0 | 0 | 56 | 亍 | 兀 | 丌 | 丐 | 廿 | 卅 | 丕 | | | | | 攸 | | | |
| | | | | | | | … | | ( | 二 | 级 | 汉 | 字 | ) | | … | | | | | | |
| 1 | 1 | 1 | 0 | 1 | 1 | 1 | 87 | 鳌 | | 鲽 | | | 鳙 | 鳕 | | | 鬣 | | | | 鼾 | |
| 1 | 1 | 1 | 1 | 0 | 0 | 0 | 88 | | | | | | | | | | | | | | | |
| | | | | | | | … | | ( | 空 | 白 | 区 | ) | | | … | | | | | | |
| 1 | 1 | 1 | 1 | 1 | 1 | 0 | 94 | | | | | | | | | | | | | | | |

# 附录 C　MCS-51 系列单片机指令表

按照功能排列的指令表如表 C.1 所示。

表 C.1　按照功能排列的指令表

## 数 据 传 送 指 令

| 序号 | 助 记 符 | 指 令 功 能 | 对标志位影响 | | | | 操作码 |
|---|---|---|---|---|---|---|---|
| | | | Cy | AC | OV | P | |
| 1 | MOV　A,Rn | A←Rn | × | × | × | √ | E8～EFH |
| 2 | MOV　A,direct | A←(direct) | × | × | × | √ | E5H |
| 3 | MOV　A,@Ri | A←(Ri) | × | × | × | √ | E6H,E7H |
| 4 | MOV　A,♯data | A←data | × | × | × | √ | 74H |
| 5 | MOV　Rn,A | Rn←A | × | × | × | × | F8～FFH |
| 6 | MOV　Rn,direct | Rn←(direct) | × | × | × | × | A8～AFH |
| 7 | MOV　Rn,♯data | Rn←data | × | × | × | × | 78H～7FH |
| 8 | MOV　direct,A | direct←A | × | × | × | × | F5H |
| 9 | MOV　direct,Rn | direct←Rn | × | × | × | × | 88H～8FH |
| 10 | MOV　direct1,direct2 | direct1←(direct2) | × | × | × | × | 85H |
| 11 | MOV　direct,@Ri | direct←(Ri) | × | × | × | × | 86H,87H |
| 12 | MOV　direct,♯data | direct←data | × | × | × | × | 75H |
| 13 | MOV　@Ri,A | (Ri)←A | × | × | × | × | F6H,F7H |
| 14 | MOV　@Ri,direct | (Ri)←(direct) | × | × | × | × | A6H～A7H |
| 15 | MOV　@Ri,♯data | (Ri)←data | × | × | × | × | 76H～77H |
| 16 | MOV　DPTR,♯data16 | DPTR←data16 | × | × | × | × | 90H |
| 17 | MOVC　A,@A+DPTR | A←(A+DPTR) | × | × | × | √ | 93H |
| 18 | MOVC　A,@A+PC | A←(A+PC) | × | × | × | √ | 83H |
| 19 | MOVX　A,@Ri | A←(Ri) | × | × | × | √ | E2H,E3H |
| 20 | MOVX　A,@DPTR | A←(DPTR) | × | × | × | √ | E0H |
| 21 | MOVX　@Ri,A | (Ri)←A | × | × | × | × | F2H,F3H |
| 22 | MOVX　@DPTR,A | (DPTR)←A | × | × | × | × | F0H |
| 23 | PUSH　direct | SP←SP+1,(direct)→(SP) | × | × | × | × | C0H |
| 24 | POP　direct | direct←(SP),SP←SP−1 | × | × | × | × | D0H |
| 25 | XCH　A,Rn | A⇌Rn | × | × | × | √ | C8H,CFH |
| 26 | XCH　A,direct | A⇌(direct) | × | × | × | √ | C5H |
| 27 | XCH　A,@Ri | A⇌(Ri) | × | × | × | √ | C6H,C7H |
| 28 | XCHD　A,@Ri | A3～A0⇌(Ri)3～(Ri)0 | × | × | × | √ | D6H,D7H |

算 术 运 算 指 令

| 序号 | 助 记 符 | 指 令 功 能 | 对标志位影响 | | | | 操作码 |
|---|---|---|---|---|---|---|---|
| | | | Cy | AC | OV | P | |
| 1 | ADD　A,Rn | A←A+Rn | √ | √ | √ | √ | 28H~2FH |
| 2 | ADD　A,direct | A←A+(direct) | √ | √ | √ | √ | 25H |
| 3 | ADD　A,@Ri | A←A+(Ri) | √ | √ | √ | √ | 26H,27H |
| 4 | ADD　A,♯data | A←A+data | √ | √ | √ | √ | 24H |
| 5 | ADDC　A,Rn | A←A+Rn+Cy | √ | √ | √ | √ | 38H~3FH |
| 6 | ADDC　A,direct | A←A+(direct)+Cy | √ | √ | √ | √ | 35H |
| 7 | ADDC　A,@Ri | A←A+(Ri)+Cy | √ | √ | √ | √ | 36H,37H |
| 8 | ADDC　A,♯data | A←A+data+Cy | √ | √ | √ | √ | 34H |
| 9 | SUBB　A,Rn | A←A−Rn−Cy | √ | √ | √ | √ | 98H~9FH |
| 10 | SUBB　A,direct | A←A−(direct)−Cy | √ | √ | √ | √ | 95H |
| 11 | SUBB　A,@Ri | A←A−(Ri)−Cy | √ | √ | √ | √ | 96H,97H |
| 12 | SUBB　A,♯data | A←A−data−Cy | √ | √ | √ | √ | 94H |
| 13 | INC　A | A←A+1 | × | × | × | √ | 04H |
| 14 | INC　Rn | Rn←Rn+1 | × | × | × | × | 08H~0FH |
| 15 | INC　direct | direct←(direct)+1 | × | × | × | × | 05H |
| 16 | INC　@Ri | (Ri)←(Ri)+1 | × | × | × | × | 06H,07H |
| 17 | INC　DPTR | DPTR←DPTR+1 | × | × | × | × | A3H |
| 18 | DEC　A | A←A−1 | × | × | × | √ | 14H |
| 19 | DEC　Rn | Rn←Rn−1 | × | × | × | × | 18H~1FH |
| 20 | DEC　direct | direct←(direct)−1 | × | × | × | × | 15H |
| 21 | DEC　@Ri | (Ri)←(Ri)−1 | × | × | × | × | 16H,17H |
| 22 | MUL　AB | BA←A*B | 0 | × | √ | √ | A4H |
| 23 | DIV　AB | A÷B=A⋯B | 0 | × | √ | √ | 84H |
| 24 | DA　A | 对 A 进行 BCD 调整 | √ | √ | √ | √ | D4H |

逻 辑 运 算 和 移 位 指 令

| 序号 | 助 记 符 | 指 令 功 能 | 对标志位影响 | | | | 操作码 |
|---|---|---|---|---|---|---|---|
| | | | Cy | AC | OV | P | |
| 1 | ANL　A,R$n$ | A←A∧R$n$ | × | × | × | √ | 58H～5FH |
| 2 | ANL　A,direct | A←A∧(direct) | × | × | × | √ | 55H |
| 3 | ANL　A,@Ri | A←A∧(Ri) | × | × | × | √ | 56H～57H |
| 4 | ANL　A,♯data | A←A∧data | × | × | × | √ | 54H |
| 5 | ANL　direct,A | direct←(direct)∧A | × | × | × | × | 52H |
| 6 | ANL　direct,♯data | direct←(direct)∧data | × | × | × | × | 53H |
| 7 | ORL　A,R$n$ | A←A∨R$n$ | × | × | × | √ | 48H～4FH |
| 8 | ORL　A,direct | A←A∨(direct) | × | × | × | √ | 45H |
| 9 | ORL　A,@Ri | A←A∨(Ri) | × | × | × | √ | 46H,47H |
| 10 | ORL　A,♯data | A←A∨data | × | × | × | √ | 44H |
| 11 | ORL　direct,A | direct←(direct)∨A | × | × | × | × | 42H |
| 12 | ORL　direct,♯data | direct←(direct)∨data | × | × | × | × | 43H |
| 13 | XRL　A,R$n$ | A←A⊕R$n$ | × | × | × | √ | 68H～6FH |
| 14 | XRL　A,direct | A←A⊕(direct) | × | × | × | √ | 65H |
| 15 | XRL　A,@Ri | A←A⊕(Ri) | × | × | × | √ | 66H,67H |
| 16 | XRL　A,♯data | A←A⊕data | × | × | × | √ | 64H |
| 17 | XRL　direct,A | direct←(direct)⊕A | × | × | × | × | 62H |
| 18 | XRL　direct,♯data | direct←(direct)⊕data | × | × | × | × | 63H |
| 19 | CLR　A | A←0 | × | × | × | √ | E4H |
| 20 | CPL　A | A←$\overline{A}$ | × | × | × | × | F4H |
| 21 | RL　A | | × | × | × | × | 23H |
| 22 | RR　A | | × | × | × | × | 03H |
| 23 | RLC　A | | √ | × | × | √ | 33H |
| 24 | RRC　A | | √ | × | × | √ | 13H |
| 25 | SWAP　A | | × | × | × | × | C4H |

控 制 转 移 指 令

| 序号 | 助 记 符 | 指 令 功 能 | 对标志位影响 | | | | 操作码 |
| --- | --- | --- | --- | --- | --- | --- | --- |
| | | | Cy | AC | OV | P | |
| 1 | AJMP addr11 | PC10～PC0←addr11 | × | × | × | × | &.0(1) |
| 2 | LJMP addr16 | PC←addr16 | × | × | × | × | 02H |
| 3 | SJMP rel | PC←PC+2+rel | × | × | × | × | 80H |
| 4 | JMP @A+DPTR | PC←A+DPTR | × | × | × | × | 73H |
| 5 | JZ rel | 若 A=0,则 PC←PC+2+rel<br>若 A≠0,则 PC←PC+2 | × | × | × | × | 60H |
| 6 | JNZ rel | 若 A≠0,则 PC←PC+2+rel<br>若 A=0,则 PC←PC+2 | × | × | × | × | 70H |
| 7 | CJNE A,direct,rel | 若 A≠(direct),则 PC←PC+3+rel<br>若 A=(direct),则 PC←PC+3<br>若 A≥(direct),则 Cy←0;否则,Cy=1 | √ | × | × | × | B5H |
| 8 | CJNE A,♯data,rel | 若 A≠data,则 PC←PC+3+rel<br>若 A=data,则 PC←PC+3<br>若 A≥data,则 Cy=0;否则,Cy=1 | √ | × | × | × | B4H |
| 9 | CJNE Rn,♯data,rel | 若 Rn≠data,则 PC←PC+3+rel<br>若 Rn=data,则 PC←PC+3<br>若 Rn≥data,则 Cy=0;否则,Cy=1 | √ | × | × | × | B8H～BFH |
| 10 | CJNE @Ri,♯data,rel | 若 (Ri)≠data,则 PC←PC+3+rel<br>若 (Ri)=data,则 PC←PC+3<br>若 (Ri)≥data,则 Cy=0;否则,Cy=1 | √ | × | × | × | B6H,B7H |
| 11 | DJNZ Rn,rel | 若 Rn−1≠0,则 PC←PC+2+rel<br>若 Rn−1=0,则 PC←PC+2 | × | × | × | × | D8H～DFH |
| 12 | DJNZ direct,rel | 若 (direct)−1≠0,则 PC←PC+3+rel<br>若 (direct)−1=0,则 PC←PC+3 | × | × | × | × | D5H |
| 13 | ACALL addr11 | PC←PC+2<br>SP←SP+1,(SP)←PCL<br>SP←SP+1,(SP)←PCH<br>PC10～PC0←addr11 | × | × | × | × | &.1(2) |
| 14 | LCALL addr16 | PC←PC+3<br>SP←SP+1,(SP)←PCL<br>SP←SP+1,(SP)←PCH<br>PC15～PC0←addr16 | × | × | × | × | 12H |
| 15 | RET | PCH←(SP),SP←SP−1<br>PCL←(SP),SP←SP−1 | × | × | × | × | 22H |
| 16 | RETI | PCH←(SP),SP←SP−1<br>PCL←(SP),SP←SP−1 | × | × | × | × | 32H |
| 17 | NOP | PC←PC+1<br>空操作 | × | × | × | × | 00H |

位 操 作 指 令

| 序号 | 助记符 | 指令功能 | 对标志位影响 | | | | 操作码 |
| --- | --- | --- | --- | --- | --- | --- | --- |
| | | | Cy | AC | OV | P | |
| 1 | CLR　C | Cy←0 | √ | × | × | × | C3H |
| 2 | CLR　bit | bit←0 | × | × | × | × | C2H |
| 3 | SETB　C | Cy←1 | 1 | × | × | × | D3H |
| 4 | SETB　bit | bit←1 | × | × | × | × | D2H |
| 5 | CPL　C | Cy←$\overline{Cy}$ | √ | × | × | × | B3H |
| 6 | CPL　bit | bit←$\overline{(bit)}$ | × | × | × | × | B2H |
| 7 | ANL　C,bit | Cy←Cy∧(bit) | √ | × | × | × | 82H |
| 8 | ANL　C,/bit | Cy←Cy∧$\overline{(bit)}$ | √ | × | × | × | B0H |
| 9 | ORL　C,bit | Cy←Cy∨(bit) | √ | × | × | × | 72H |
| 10 | ORL　C,/bit | Cy←Cy∨$\overline{(bit)}$ | √ | × | × | × | A0H |
| 11 | MOV　C,bit | Cy←(bit) | √ | × | × | × | A2H |
| 12 | MOV　bit,C | bit←Cy | × | × | × | × | 92H |
| 13 | JC　rel | 若 Cy=1,则 PC←PC+2+rel<br>若 Cy=0,则 PC←PC+2 | × | × | × | × | 40H |
| 14 | JNC　rel | 若 Cy=0,则 PC←PC+2+rel<br>若 Cy=1,则 PC←PC+2 | × | × | × | × | 50H |
| 15 | JB　bit,rel | 若(bit)=1,则 PC←PC+3+rel<br>若(bit)=0,则 PC←PC+3 | × | × | × | × | 20H |
| 16 | JNB　bit,rel | 若(bit)=0,则 PC←PC+3+rel<br>若(bit)=1,则 PC←PC+3 | × | × | × | × | 30H |
| 17 | JBC　bit,rel | 若(bit)=1,则 PC←PC+3+rel<br>且 bit←0<br>若(bit)=0,则 PC←PC+3 | × | × | × | × | 10H |

注:
① &0=$a_{10}a_9a_8$ 0 0 0 0 1 B。
② &1=$a_{10}a_9a_8$ 1 0 0 0 1 B。

按照字母顺序排列的指令表如表 C.2 所示。

表 C.2　按照字母顺序排列的指令表

| 序号 | 助记符 | 指令码 | 字节数 | 机器周期数 |
| --- | --- | --- | --- | --- |
| 1 | ACALL　addr11 | &1 addr7~addr0 (1) | 2 | 2 |
| 2 | ADD　A,R$n$ | 28H~2FH | 1 | 1 |
| 3 | ADD　A,direct | 25 direct | 2 | 1 |
| 4 | ADD　A,@Ri | 26H~27H | 1 | 1 |

| 序号 | 助 记 符 | 指 令 码 | 字节数 | 机器周期数 |
|---|---|---|---|---|
| 5 | ADD　A,#data | 24 data | 2 | 1 |
| 6 | ADDC　A,Rn | 38H~3FH | 1 | 1 |
| 7 | ADDC　A,direct | 35H direct | 2 | 1 |
| 8 | ADDC　A,@Ri | 36H~37H | 1 | 1 |
| 9 | ADDC　A,#data | 34H data | 2 | 1 |
| 10 | AJMP　addr11 | &0 addr7~addr0 (2) | 2 | 2 |
| 11 | ANL　A,Rn | 58H~5FH | 1 | 1 |
| 12 | ANL　A,direct | 55H direct | 2 | 1 |
| 13 | ANL　A,@Ri | 56H~57H | 1 | 1 |
| 14 | ANL　A,#data | 54H data | 2 | 1 |
| 15 | ANL　direct,A | 52H direct | 2 | 1 |
| 16 | ANL　direct,#data | 53H direct data | 3 | 2 |
| 17 | ANL　C,bit | 82H bit | 2 | 2 |
| 18 | ANL　C,/bit | B0H bit | 2 | 2 |
| 19 | CJNE　A,direct,rel | B5H direct rel | 3 | 2 |
| 20 | CJNE　A,#data,rel | B4H data rel | 3 | 2 |
| 21 | CJNE　Rn,#data,rel | B8H~BFH data rel | 3 | 2 |
| 22 | CJNE　@Ri,#data,rel | B6H~B7H data rel | 3 | 2 |
| 23 | CLR　A | E4H | 1 | 1 |
| 24 | CLR　C | C3H | 1 | 1 |
| 25 | CLR　bit | C2H bit | 2 | 1 |
| 26 | CPL　A | F4H | 1 | 1 |
| 27 | CPL　C | B3H | 1 | 1 |
| 28 | CPL　bit | B2H bit | 2 | 1 |
| 29 | DA　A | D4H | 1 | 1 |
| 30 | DEC　A | 14H | 1 | 1 |
| 31 | DEC　Rn | 18H~1FH | 1 | 1 |
| 32 | DEC　direct | 15H direct | 2 | 1 |
| 33 | DEC　@Ri | 16H~17H | 1 | 1 |
| 34 | DIV　AB | 84H | 1 | 4 |
| 35 | DJNZ　Rn,rel | D8H~DFH rel | 2 | 2 |

| 序号 | 助 记 符 | 指 令 码 | 字节数 | 机器周期数 |
|---|---|---|---|---|
| 36 | DJNZ direct,rel | D5H direct rel | 3 | 2 |
| 37 | INC A | 04H | 1 | 1 |
| 38 | INC Rn | 08H~0FH | 1 | 1 |
| 39 | INC direct | 05H direct | 2 | 1 |
| 40 | INC @Ri | 06H~07H | 1 | 1 |
| 41 | INC DPTR | A3H | 1 | 2 |
| 42 | JB bit,rel | 20H bit rel | 3 | 2 |
| 43 | JBC bit,rel | 10H bit rel | 3 | 2 |
| 44 | JC rel | 40H rel | 2 | 2 |
| 45 | JMP @A+DPTR | 73H | 1 | 2 |
| 46 | JNB bit,rel | 30H bit rel | 3 | 2 |
| 47 | JNC rel | 50H rel | 2 | 2 |
| 48 | JNZ rel | 70H rel | 2 | 2 |
| 49 | JZ rel | 60H rel | 2 | 2 |
| 50 | LCALL addr16 | 12H addr15~addr8 addr7~addr0 | 3 | 2 |
| 51 | LJMP addr16 | 02H addr15~addr8 addr7~addr0 | 3 | 2 |
| 52 | MOV A,Rn | E8H~EFH | 1 | 1 |
| 53 | MOV A,direct | E5H direct | 2 | 1 |
| 54 | MOV A,@Ri | E6H~E7H | 1 | 1 |
| 55 | MOV A,#data | 74H data | 2 | 1 |
| 56 | MOV Rn,A | F8H~FFH | 1 | 1 |
| 57 | MOV Rn,direct | A8H~AFH direct | 2 | 1 |
| 58 | MOV Rn,#data | 78H~7FH data | 2 | 1 |
| 59 | MOV direct,A | F5H direct | 2 | 1 |
| 60 | MOV direct,Rn | 88H~8FH direct | 2 | 1 |
| 61 | MOV direct2,direct1 | 85H direct1 direct2 | 3 | 2 |
| 62 | MOV direct,@Ri | 86H~87H direct | 2 | 2 |
| 63 | MOV direct,#data | 75H direct data | 3 | 2 |
| 64 | MOV @Ri,A | F6H~F7H | 1 | 1 |
| 65 | MOV @Ri,direct | A6H~A7H direct | 2 | 2 |
| 66 | MOV @Ri,#data | 76H~77H data | 2 | 1 |

| 序号 | 助 记 符 | 指 令 码 | 字节数 | 机器周期数 |
|---|---|---|---|---|
| 67 | MOV　C,bit | A2H bit | 2 | 2 |
| 68 | MOV　bit,C | 92H bit | 2 | 2 |
| 69 | MOV　DPTR,♯data16 | 90H data15～data8 data7～data0 | 3 | 2 |
| 70 | MOVC　A,@A+DPTR | 93H | 1 | 2 |
| 71 | MOVC　A,@A+PC | 83H | 1 | 2 |
| 72 | MOVX　A,@Ri | E2H～E3H | 1 | 2 |
| 73 | MOVX　A,@DPTR | E0H | 1 | 2 |
| 74 | MOVX　@Ri,A | F2H～F3H | 1 | 2 |
| 75 | MOVX　@DPTR,A | F0H | 1 | 2 |
| 76 | MUL　AB | A4H | 1 | 4 |
| 77 | NOP | 00H | 1 | 1 |
| 78 | ORL　A,R*n* | 48H～4FH | 1 | 1 |
| 79 | ORL　A,direct | 45H direct | 2 | 1 |
| 80 | ORL　A,@Ri | 46H～47H | 1 | 1 |
| 81 | ORL　A,♯data | 44H data | 2 | 1 |
| 82 | ORL　direct,A | 42H direct | 2 | 1 |
| 83 | ORL　direct,♯data | 43H direct data | 3 | 2 |
| 84 | ORL　C,bit | 72H bit | 2 | 2 |
| 85 | ORL　C,/bit | A0H bit | 2 | 2 |
| 86 | POP　direct | D0H direct | 2 | 2 |
| 87 | PUSH　direct | C0H direct | 2 | 2 |
| 88 | RET | 22H | 1 | 2 |
| 89 | RETI | 32H | 1 | 2 |
| 90 | RL　A | 23H | 1 | 1 |
| 91 | RLC　A | 33H | 1 | 1 |
| 92 | RR　A | 03H | 1 | 1 |
| 93 | RRC　A | 13H | 1 | 1 |
| 94 | SETB　C | D3H | 1 | 1 |
| 95 | SETB　bit | D2H bit | 2 | 1 |
| 96 | SJMP　rel | 80H rel | 2 | 2 |
| 97 | SUBB　A,R*n* | 98H～9FH | 1 | 1 |

| 序号 | 助　记　符 | 指　令　码 | 字节数 | 机器周期数 |
|------|-----------|-----------|--------|-----------|
| 98 | SUBB　A,direct | 95H direct | 2 | 1 |
| 99 | SUBB　A,@Ri | 96H～97H | 1 | 1 |
| 100 | SUBB　A,♯data | 94H data | 2 | 1 |
| 101 | SWAP　A | C4H | 1 | 1 |
| 102 | XCH　A,R$n$ | C8H～CFH | 1 | 1 |
| 103 | XCH　A,direct | C5H direct | 2 | 1 |
| 104 | XCH　A,@Ri | C6H～C7H | 1 | 1 |
| 105 | XCHD　A,@Ri | D6H～D7H | 1 | 1 |
| 106 | XRL　A,R$n$ | 68H～6FH | 1 | 1 |
| 107 | XRL　A,direct | 65H direct | 2 | 1 |
| 108 | XRL　A,@Ri | 66H～67H | 1 | 1 |
| 109 | XRL　A,♯data | 64H data | 2 | 1 |
| 110 | XRL　direct,A | 62H direct | 2 | 1 |
| 111 | XRL　direct,♯data | 63H direct data | 3 | 2 |

注:

① &·1＝$a_{10}a_9a_8$ 1 0 0 0 1 B。

② &·0＝$a_{10}a_9a_8$ 0 0 0 0 1 B。

# 附录 D  LCD 控制芯片 HD44780 中 CGROM 字符表

LCD 控制芯片 HD44780 中 CGROM 字符表如表 D.1 所示。

**表 D.1  LCD 控制芯片 HD44780 中 CGROM 字符表**

| 低 位 | 高 位 | | | | | | | | | | | | |
|---|---|---|---|---|---|---|---|---|---|---|---|---|---|
| | 0000 | 0010 | 0011 | 0100 | 0101 | 0110 | 0111 | 1010 | 1011 | 1100 | 1101 | 1110 | 1111 |
| CGRAM | | | | | | | | | | | | | |
| ×××0000 | (1) | | 0 | @ | P | \ | p | | ― | 夕 | ミ | α | p |
| ×××0001 | (2) | ! | 1 | A | Q | a | q | 、 | ヌ | チ | ム | a | q |
| ×××0010 | (3) | " | 2 | B | R | b | r | ┐ | イ | ツ | メ | β | θ |
| ×××0011 | (4) | ♯ | 3 | C | S | c | s | ∟ | ウ | チ | モ | ε | ∞ |
| ×××0100 | (5) | $ | 4 | D | T | d | t | 、 | エ | ト | ヤ | μ | Ω |
| ×××0101 | (6) | % | 5 | E | U | e | u | 。 | オ | ナ | ユ | σ | O |
| ×××0110 | (7) | &. | 6 | F | V | f | v | ラ | カ | ニ | ヨ | ρ | Σ |
| ×××0111 | (8) | , | 7 | G | W | g | w | ア | キ | ヌ | ラ | g | π |
| ×××1000 | (1) | ( | 8 | H | X | h | x | イ | ク | ネ | リ | √ | X̄ |
| ×××1001 | (2) | ) | 9 | I | Y | i | y | ウ | ケ | ノ | ル | −1 | Y |
| ×××1010 | (3) | * | : | J | Z | j | z | エ | コ | ハ | レ | j | 千 |
| ×××1011 | (4) | + | ; | K | [ | k | { | オ | サ | ヒ | ロ | × | 万 |
| ×××1100 | (5) | , | < | L | ¥ | l | \| | セ | シ | フ | ワ | Φ | ⊕ |
| ×××1101 | (6) | ― | = | M | ] | m | } | コ | ス | ヘ | ン | £ | ÷ |
| ×××1110 | (7) | . | > | N | ∧ | n | → | ヨ | セ | ホ | ハ | n | |
| ×××1111 | (8) | / | ? | O | ― | o | ← | ツ | ソ | マ | ロ | ○ | ■ |

# 附录 E    PROTEUS 多功能 EDA 软件简介

PROTEUS 是英国 Labcenter Electronics 公司研发的多功能 EDA（Electronic Design Automation）软件。它是目前世界上最先进的单片机应用系统的仿真设计软件。PROTEUS 能在计算机上实现原理图设计、电路分析、单片机代码级调试与仿真，并能进行系统测试与功能验证，最终完成 PCB 的制板设计。PROTEUS 于 1989 年问世，经过近 30 年的发展与积累，现已十分完善，并广泛应用于全球。

**1. PROTEUS 的结构体系**

PROTEUS 是一种 EDA 工具软件，由 PROTEUS VSM（Virtual System Modelling，虚拟系统模型）和 PROTEUS PCB（Printed Circuit Block，印刷电路板）设计两部分组成。

PROTEUS VSM 由智能原理图输入系统 ISIS（Intelligent Schematic Input System）、混合模型仿真器 PROSPICE、单片机 CPU 库、元器件库和 VSM 动态器件库以及高级图表仿真 ASF（Advanced Simulation Feature）等软件组成；PROTEUS PCB DESIGN 包括 ISIS（智能原理图输入系统）、ASF（高级图表仿真）和 ARES（Advanced Routing and Editing Software，高级布线编辑软件）等软件。

**2. PROTEUS 的功能**

（1）PROTEUS VSM 的功能。PROTEUS VSM 能实现单片机、外设部件和数字/模拟混合电路的设计与仿真。这就是说，在 PROTEUS 环境下，用户可以从 VSM 动态器件库中选取所需型号的单片机、电阻、电容、按钮开关和显示器等电子器件，并按要求连接成硬件应用原理图，原理图连接是否正确还可以通过"电气检测"加以验证；然后将用户所编单片机的汇编语言源程序（或 MCS-51 源程序）进行输入、修改和编辑，并汇编（或编辑）成目标代码而装入所选单片机的程序存储器，最终在 PROTEUS 环境下加以仿真运行。

在仿真过程中，用户只需单击开关、键盘、电位计、可调电阻等动态外设模型部件，就能使单片机应用系统根据输入信号做出响应，并将响应处理结果实时地显示在 LED、LCD 等动态显示器件上，实现人-机间的实时交互与仿真。

（2）PROTEUS PCB 的设计功能。PROTEUS PCB 设计系统是基于高性能网表的设计系统，组合了 ISIS 原理图捕捉和 ARES PCB 输出程序，构成一个强大的易于使用的设计 PCB 的工具包，能完成高效、高质量的 PCB 设计。

**3. PROTEUS 的安装**

PROTEUS 有两个版本：一个是破解版；另一个是专业版。破解版和专业版在功能上无本质区别，只是破解版对有些实验（例如，MCS-51 对外部 RAM 或外部 ROM 的连接等）不能仿真和演示。因此，在实际工程项目开发中，建议读者还是要选用 PROTEUS 专业版。

PROTEUS 对它所依赖的 IBM-PC 系统机性能要求不高，一般的机器都能满足要求。

PROTEUS 的各版本可以通过中国网站 http://www.labcenter.co.uk 下载，也可以与该软件的中国区总代理广州市风标电子技术有限公司联系购买，网址为 http://www.windway.cn/。

PROTEUS 的安装并不困难(以 PROTEUS 7.5 为例),先对 Proteus7.5. rar 双击,选择解压缩到硬盘上的某个子目录(如\E:\PROTEUS),再对 3 个子压缩包分别解压缩产生 3 个新文件,并双击 PROTEUS 安装流程,遵循安装步骤和方法加以安装(第 1～10步),然后再运行 Proteus 7.5 sp3 v2.1.2. exe 文件,并选择 update。至此,英文版的PROTEUS 7.5 已宣告完成。英文版的 PROTEUS 7.5 安装后,还要把 PROTEUS 7.5 汉化包下的 ARES. DLL 7.5.1,6520 ARES PCB Layout 和 ISIS. DLL 7.5.1,6534 ISIS schematic文件复制到 C:\Program Files\Labcenter Electronics\PROTEUS 7 Professional\BIN 目录下。此后,桌面就会出现一红一蓝两个新图标。双击其中蓝色的 ISIS 图标即可进入 PROTEUS环境。

在 PROTEUS 环境下,读者只要打开 HSAMPLES 目录下 EXP1. DSN～EXP13. DSN 中任何一个 ISIS 设计文件(＊. DSN),然后运行这个文件便可实现对该文件所对应电路的实时仿真。

# 附录 F 配套光盘简介

本书配套光盘目录下共有一个文件和两个目录(可从 www.tup.com.cn 下载)。一个文件是"μV3 使用说明.doc";一个目录是 CAI;还有一个目录是 PROS。"μV3 使用说明.doc"是 Word 文件,双击文件名便可阅读。

PROS 目录下包含有一个 PROTEUS 7.5 SP3.rar 压缩文件包和一个 HSAMPLES 子目录。PROTEUS 7.5 SP3.rar 压缩文件包供读者安装 PROTEUS 7.5 版本所用; HSAMPLES 子目录下有 19 个单片机应用实例(文件名为 EXP1.DSN～EXP13.DSN, HHC 子目录下是实例所用的应用程序)。在 PROTEUS 环境下,读者只要打开并运行其中任一文件,便可进行相应原理电路的仿真和演示。

CAI 目录下共有 2 个子目录和 16 个文件: CH.exe 为主文件;Readme.exe 为课件说明文件。现将课件的内容提要、运行环境和操作说明分述如下。

## 1. 内容提要

《单片机原理及其接口技术(第 4 版)》的配套 CAI 电子教案全部内容包括 10 章和一个附录,分别与本书的第 1～10 章对应,每章末尾备有"习题与思考题"的参考答案。另外,在每章末尾的"问题与思考题"中,问答题 1 和问答题 2 分别和主教材中的习题对应,填充题和选择题是新增加的习题,并附有参考答案。第 1 章是微型计算机基础,介绍并演示了学习本课程所需的基础知识,原则上是教师辅导、学生自学,并由学生独立完成作业。第 2 章是 MCS-51 单片机结构与时序,讲授并演示了 MCS-51 的内部结构、引脚功能、工作方式和时序等。第 3 和第 4 章是 MCS-51 单片机指令系统和汇编语言程序设计,要求学生掌握程序设计的基本方法和技巧。第 5 章是半导体存储器。第 6 章是 MCS-51 中断系统。第 7 章是并行 I/O 接口,介绍并演示了 MCS-51 的内部并行 I/O 接口及应用, 8155A、MCS-51 同 LED/LCD 的接口、MCS-51 同键盘的接口以及 MCS-51 内部的定时器/计数器。第 8 章是 MCS-51 对 A/D 和 D/A 的接口。第 9 章是 MCS-51 的串行通信。第 10 章是单片机应用系统的设计。

## 2. 运行环境

配套光盘中的主文件可在 Windows 98 及更高版本的操作系统环境下使用。在该类操作系统下,显示器的显示分辨率建议设置成 1024 像素×768 像素,以便尽可能地扩大显示屏幕。使用本课件前,最好在机器的硬盘下建立一个目录,然后把配套光盘上的所有文件和目录及子目录中的内容都复制到所建目录下,双击 CH.exe 文件便可进入课件的主画面。

## 3. 操作说明

CH.exe 采用树型结构: 主画面是根画面,依次是章画面、节画面、一和(一)等画面。 Readme.exe 是本课件的说明文件,可以双击运行。

双击 CH.exe 文件,便可进入本课件的主画面,主画面就是主菜单画面,共分 10 章和一个附录。读者只要把鼠标移到所需章的标题上,鼠标便会显示手指状,然后单击就可进入章画面。章画面显示有该章的所有节标题,用同样方法可以进入所需节画面。其他画面的进入方法同章画面和节画面的进入方法相同，恕不赘述。这就是说，上级画面进入下级画面是在下级画面标题上单击进入的，下级画面标题一律采用大红色文字标记；下级画面可用"继续"和"返回"等按钮进入上级画面。其中，$\boxed{主菜单}$按钮可使主画面进入主菜单画面；$\boxed{本章菜单}$按钮可使主画面进入相应章的章画面；$\boxed{本节首页}$按钮可使主画面进入相应节的节画面；⇦(后退)和⇨(前进)按钮只能使主画面在相应一画面、二画面、三画面、四画面和五画面等同级画面间来回切换。所有这些画面均可由鼠标在其上单击而被激活。此外，画面上还会临时标有［单击鼠标继续］和［输入题号 4-7］(若输入 7，并按回车键就可见到第 4 章第 7 题的答案)等标记，给出操作提示。

本课件的操作使用十分容易，只要记住如下两点，即可顺利进行操作。

（1）根据按钮和画面提示操作。

（2）大红色文字均可单击。

# 参 考 文 献

[1] 胡汉才.单片机原理及其接口技术[M].3 版.北京:清华大学出版社,2010.

[2] 张靖武,周灵彬.单片机系统的 PROTEUS 设计与仿真[M].北京:电子工业出版社,2007.

[3] 李朝青.单片机原理及接口技术[M].北京:北京航空航天大学出版社,1994.

[4] 高海生,杨文焕.单片机应用技术大全[M].成都:西南交通大学出版社,1996.

[5] 徐惠民,安德宁.单片微型计算机原理、接口、应用[M].北京:北京邮电大学出版社,1990.

[6] 张友德,赵志英,涂时亮.单片微型机原理、应用与实验[M].上海:复旦大学出版社,1992.

[7] 李秉操,张登举,傅寿英,等.单片机接口技术及在工业控制中的应用[M].西安:陕西电子编辑部,
1991.

[8] E A Nichols,J C Nichols,K R Musson.微型计算机数据通信[M].杨润生,何诚译.北京:人民邮
电出版社,1989.

[9] 徐爱钧.智能化测量控制仪表原理与设计[M].北京:北京航空航天大学出版社,1999.

[10] 谈根林,李慧文,汪庆宝,等.微型计算机及其在测量中的应用[M].北京:计量出版社,1983.

[11] 徐泽善.传感器与压电器件——信息装备的特种元件[M].北京:国防工业出版社,1999.

[12] 朱平.液晶显示器件应用技术[M].北京:北京邮电学院出版社,1993.